U0791407

普通高等教育电工电子类课程新形态教材

电路与电子技术Ⅰ
——数字电子技术

主　编　郑玉珍　王淑琴

副主编　孙月兰　朱广信　张志飞　代红艳

中国水利水电出版社
www.waterpub.com.cn

·北京·

内 容 提 要

本书系浙江省普通高校"十三五"新形态教材。为适应新工科背景下电类专业人才培养需求，编者以OBE教育理念为指导，学习和借鉴诸多电路与电子技术类优秀教材，对传统的"电路原理""模拟电子技术"和"数字电子技术"三门专业基础课程内容进行整合，形成《电路与电子技术Ⅰ——数字电子技术》《电路与电子技术Ⅱ——电路分析基础》和《电路与电子技术Ⅲ——模拟电子技术》系列教材。

《电路与电子技术Ⅰ——数字电子技术》适用于在低年级开展数字电路教学，主要内容包括电路基本概念和基本定律、电路分析基本方法、数制与编码、逻辑代数基础、基本逻辑门电路、组合逻辑电路的分析与设计、触发器、时序逻辑电路的分析与设计、半导体存储器及其应用、脉冲发生与整形电路、数模转换器与模数转换器、现代数字电路设计概述等。本书融入课程思政，通过"探究研讨"案例开展小组合作学习，突出强基础、重应用的特色，注重培养学生的高级思维和综合应用能力。

本书配套多媒体教学课件、微课视频、在线测试、课后习题与参考答案等，通过扫描相应位置的二维码就能获得在线教学资源，便于开展线上、线下混合式教学。

本书可作为应用型普通高等院校电气与电子信息类等本科专业的基础课程教材，也可用于高职院校电气或电子类等专业的基础课程教学，以及作为相关专业技术人员的参考用书。

图书在版编目（ＣＩＰ）数据

电路与电子技术. Ⅰ，数字电子技术 / 郑玉珍，王淑琴主编. -- 北京 : 中国水利水电出版社，2021.7（2024.11重印）
普通高等教育电工电子类课程新形态教材
ISBN 978-7-5170-9713-6

Ⅰ. ①电… Ⅱ. ①郑… ②王… Ⅲ. ①电路理论－高等学校－教材②电子技术－高等学校－教材 Ⅳ. ①TM13 ②TN01

中国版本图书馆CIP数据核字(2021)第132910号

策划编辑：石永峰　责任编辑：张玉玲　加工编辑：赵佳琦　封面设计：梁　燕

书　名	普通高等教育电工电子类课程新形态教材 电路与电子技术Ⅰ——数字电子技术 DIANLU YU DIANZI JISHU Ⅰ——SHUZI DIANZI JISHU
作　者	主　编　郑玉珍　王淑琴 副主编　孙月兰　朱广信　张志飞　代红艳
出版发行	中国水利水电出版社 （北京市海淀区玉渊潭南路1号D座　100038） 网址：www.waterpub.com.cn E-mail：mchannel@263.net（答疑） sales@mwr.gov.cn 电话：（010）68545888（营销中心）、82562819（组稿）
经　售	北京科水图书销售有限公司 电话：（010）68545874、63202643 全国各地新华书店和相关出版物销售网点
排　版	北京万水电子信息有限公司
印　刷	三河市鑫金马印装有限公司
规　格	190mm×230mm　16开本　27.5印张　524千字
版　次	2021年7月第1版　2024年11月第2次印刷
印　数	2001—4000册
定　价	68.00元

前　　言

“电路与电子技术”是普通高校电气与电子信息类专业的重要基础课程，通常分为“电路原理”“模拟电子技术”和“数字电子技术”三门课程来开展教学，其中，“电路原理”主要介绍电路的基本概念、定律和分析方法，要求具备高等数学和电磁学等基础数理知识；“模拟电子技术”主要介绍各种半导体器件和线性集成电路的特性、电路分析和应用；“数字电子技术”以逻辑代数为数学基础，主要介绍逻辑电路分析设计和数字集成电路应用。“电路与电子技术”课程在电类专业人才培养中具有极其重要的地位和作用，使学生具备电路与电子技术等工程基础知识，能够识别、分析和解决工程实践中的电类相关问题。

随着电子技术的快速发展，尤其是数字电子技术的发展速度几乎呈现指数规律，电子技术在现代科学技术领域中越发占有极为重要的地位。伴随着半导体集成电路技术不断向高密度、高速度和低功耗的方向取得突破，微处理器技术和大规模可编程逻辑器件得到越来越广泛的应用，人工智能、机器人等新的产业形态不断涌现。高校电气和电子信息类专业跟踪新技术发展，除了原有的单片机和微机等课程之外，相应推出了 DSP 技术、EDA 技术、嵌入式系统等以数字电子技术为基础的专业技术课程。为了适应新形势下对创新型人才的需求，很多高校将数字电子技术的课程教学前移，使之成为开启学生学习电路与电子技术的第一门专业基础课程。实践证明，只要对电路与电子技术三门基础课程的内容进行有机整合，那么，“数字电子技术”课程前移不但具有可行性，而且对培养学生创新实践能力具有显著优势。

本套书针对电路与电子技术课程改革而编写，按照“数字电子技术”“电路分析基础”和“模拟电子技术”的教学顺序对课程内容进行调整，同时，根据教育部对高校课程建设提出的“两性一度”要求，结合电路与电子技术领域的最新发展成果，在保证基础的同时，强调应用性，特别是数字电子技术部分，注意引入现代数字系统设计的新理念和新方法，以适应新工科背景下的人才培养需求。本套书以学业产出导向的 OBE 理念为特色，以培养应用型人才为目标，学习借鉴了电路与电子技术众多相关优秀教材，为顺利开展教学配套了丰富的教学资源。本书在每一章前面都提出本章课程目标，并配套在线测试题库，便于读者自测学习效果；本书为每一章提供课后习题和参考答案；为培养学生综合学习能力和开展课程思政，书中提供多个探究研讨案例，要求学生课外通过小组合作学习，理论联系实践，并思考工程师职责和伦理。读者在使用本书时不需将精力大量地放在元器件的内部结构和物理原理上，而应更多地注意学习和掌握其外部特性、分析方法和实际应用。

本套书的数字电子技术部分由浙江科技学院的郑玉珍、王淑琴、孙月兰、朱广信、张志飞和浙江机电职业技术学院的代红艳等共同完成，郑玉珍定稿，刘思远、戴实通等协助完成部分绘图工作。全书共十二章，分别是：电路基本概念和基本定律、电路分析基本方法、数制与编码、逻辑代数基础、基本逻辑门电路、组合逻辑电路的分析与设计、触发器、时序逻辑电路的分析与设计、半导体存储器及其应用、脉冲发生与整形电路、数模转换器与模数转换器、现代数字电路设计概述。

电路分析基础部分由浙江科技学院的陈晓、金哲、夏红、孙月兰、王淑琴等共同完成，陈晓定稿。全书共十章，内容主要包括电路定理、含有运算放大器的电阻电路、电容元件和电感元件、正弦稳态电路的分析、含有耦合电感的正弦稳态电路、三相电路、非正弦周期电流电路的分析、一阶线性动态电路的时域分析、线性动态电路的复频域分析、二端口网络，以及基于 Multisim 的电路仿真（附录）。

模拟电子技术部分由浙江科技学院的刘峰、孙勇智、郑玉珍、于爱华、徐宏飞等共同完成，刘峰定稿。全书内容共十章，分别是：绪论、半导体二极管及其基本电路、三极管及其放大电路、场效应管及其放大电路、模拟集成电路、功率放大电路、集成运算放大器及其应用、放大电路中的负反馈、信号发生与有源滤波电路、直流稳压电路。

本书在编写过程中，参考了大量国内外相关教材和技术资料，以及相关网站的公开资料，在此对这些资料的作者表示衷心的感谢！由于编者水平有限，书中难免存在错误或不当之处，恳请读者批评指正！

编 者

2021 年 4 月

目　　录

前言
第1章　电路基本概念和基本定律……1
1.1　电路组成和电路模型……1
1.1.1　电路组成……1
1.1.2　电路模型……2
1.2　基本电量和电流、电压的参考方向……3
1.2.1　基本电量……3
1.2.2　电流和电压的参考方向……6
1.3　电路基本元件……8
1.3.1　电阻元件……9
1.3.2　独立电源……11
1.3.3　受控电源……13
1.4　基尔霍夫定律……15
1.4.1　常用电路术语……15
1.4.2　基尔霍夫电流定律……16
1.4.3　基尔霍夫电压定律……17
本章重点小结……20
习题……20
第2章　电路分析基本方法……25
2.1　等效变换的概念……25
2.2　电阻电路的等效变换……26
2.2.1　电阻串联的等效变换……26
2.2.2　电阻并联的等效变换……28
2.2.3　电阻混联的等效变换……29
2.2.4　电阻Y形联结和△形联结的等效变换……31
2.3　电源电路的等效变换……36
2.3.1　理想电源的串联和并联……36
2.3.2　实际电源模型及其等效变换……37

2.4 无源一端口网络的输入电阻 …… 41
2.5 支路电流法 …… 44
2.5.1 独立的支路电流方程数 …… 44
2.5.2 支路电流法基本步骤 …… 46
2.5.3 特殊形态电路的处理方法 …… 47
2.6 网孔电流法和回路电流法 …… 49
2.6.1 网孔电流法 …… 49
2.6.2 网孔电流方程 …… 50
2.6.3 回路电流法 …… 53
2.6.4 含电流源电路的回路电流方程 …… 54
2.6.5 含受控源电路的回路电流方程 …… 55
2.7 结点电压法 …… 56
2.7.1 结点电压方程一般式 …… 57
2.7.2 含独立电压源的结点电压方程 …… 58
2.7.3 含受控源电路的结点电压方程 …… 62
2.7.4 含电流源与某元件串联支路的结点电压方程 …… 62
本章重点小结 …… 63
探究研讨：特高压直流输电技术 …… 64
习题 …… 65
第 3 章 数制与编码 …… 75
3.1 数字电路概述 …… 75
3.1.1 模拟信号和数字信号 …… 75
3.1.2 数字电路的特点 …… 76
3.2 数字电路中的数制 …… 77
3.2.1 二进制（Binary） …… 78
3.2.2 十六进制（Hexadecimal）与八进制（Octal） …… 80
3.2.3 数制间的转换 …… 81
3.3 数字电路中的编码 …… 83
3.3.1 二-十进制码（BCD 码） …… 83
3.3.2 带符号位的二进制码 …… 85
3.3.3 其他编码 …… 89
本章重点小结 …… 92
习题 …… 93

第 4 章　逻辑代数基础 …… 94
4.1　逻辑代数的基本运算 …… 94
4.1.1　三种基本逻辑运算 …… 95
4.1.2　复合逻辑运算 …… 99
4.2　逻辑代数运算的基本规则 …… 103
4.2.1　逻辑代数的基本公式 …… 103
4.2.2　逻辑代数的基本定律 …… 103
4.2.3　逻辑代数的三个重要规则 …… 105
4.3　逻辑函数的表达方法 …… 106
4.3.1　逻辑函数的建立 …… 106
4.3.2　逻辑函数的描述方法 …… 107
4.3.3　逻辑函数描述方法的相互转换 …… 110
4.3.4　逻辑函数的两种标准形式 …… 112
4.4　逻辑函数的化简方法 …… 117
4.4.1　逻辑函数的卡诺图表示法 …… 118
4.4.2　卡诺图化简逻辑函数 …… 121
本章重点小结 …… 129
习题 …… 129
第 5 章　基本逻辑门电路 …… 134
5.1　半导体器件的开关特性 …… 135
5.1.1　半导体导电原理 …… 136
5.1.2　半导体二极管的开关特性 …… 139
5.1.3　半导体三极管的开关特性 …… 141
5.1.4　MOS 管的结构与工作原理 …… 143
5.2　分立元件逻辑门电路 …… 146
5.2.1　二极管与门电路 …… 146
5.2.2　二极管或门电路 …… 147
5.2.3　三极管非门电路 …… 148
5.3　集成逻辑门电路 …… 149
5.3.1　TTL 集成逻辑门电路 …… 149
5.3.2　CMOS 集成逻辑门电路 …… 158
5.4　集成逻辑门电路的特性与使用 …… 165
5.4.1　集成逻辑门电路的特性 …… 165

5.4.2 集成逻辑门的使用 …… 172
本章重点小结 …… 174
习题 …… 175
第 6 章 组合逻辑电路的分析与设计 …… 179
6.1 概述 …… 179
6.2 组合逻辑电路的分析 …… 180
6.3 组合逻辑电路的设计 …… 182
6.4 编码器 …… 186
6.4.1 二进制编码器 …… 188
6.4.2 二进制优先编码器 …… 189
6.4.3 BCD 码优先编码器 …… 193
6.5 译码器 …… 194
6.5.1 二进制译码器的结构与原理 …… 194
6.5.2 二进制译码器的应用 …… 196
6.5.3 二-十进制译码器 …… 198
6.5.4 显示译码器 …… 200
6.6 数据选择器 …… 203
6.6.1 集成数据选择器 …… 204
6.6.2 用数据选择器实现组合逻辑函数 …… 206
6.7 数据分配器 …… 210
6.8 加法器 …… 212
6.8.1 半加器 …… 212
6.8.2 全加器 …… 213
6.8.3 多位加法器 …… 214
6.9 数值比较器 …… 217
6.9.1 1 位数值比较器 …… 217
6.9.2 多位数值比较器 …… 218
6.10 广义译码器 …… 219
6.11 组合逻辑电路中的竞争与冒险 …… 222
6.11.1 基本概念 …… 222
6.11.2 冒险现象的判别 …… 224
6.11.3 冒险现象的解决 …… 225
本章重点小结 …… 226

习题 …… 227
第 7 章 触发器 …… 233
7.1 概述 …… 233
7.2 基本 RS 触发器 …… 234
7.2.1 基本 RS 触发器的电路结构和工作原理 …… 234
7.2.2 基本 RS 触发器的功能描述 …… 235
7.3 钟控触发器 …… 239
7.3.1 钟控 RS 触发器 …… 239
7.3.2 钟控 D 触发器 …… 241
7.4 主从触发器 …… 244
7.4.1 主从 RS 触发器 …… 245
7.4.2 主从 JK 触发器 …… 247
7.5 边沿触发器 …… 251
7.5.1 边沿 D 触发器 …… 251
7.5.2 边沿 JK 触发器 …… 256
7.6 触发器的逻辑功能及相互转换 …… 257
7.6.1 触发器的逻辑功能 …… 258
7.6.2 JK 触发器转换为其他类型触发器 …… 261
7.6.3 D 触发器转换为其他类型触发器 …… 262
7.7 触发器的动态特性 …… 263
本章重点小结 …… 264
习题 …… 265
第 8 章 时序逻辑电路的分析与设计 …… 269
8.1 时序逻辑电路概述 …… 269
8.2 时序逻辑电路分析方法 …… 271
8.2.1 同步时序电路分析举例 …… 272
8.2.2 异步时序分析举例 …… 277
8.3 基于触发器的时序电路设计方法 …… 280
8.3.1 时序逻辑电路设计方法 …… 280
8.3.2 同步时序电路设计举例 …… 282
8.4 集成电路寄存器及其应用 …… 287
8.4.1 基本寄存器 …… 288

8.4.2　移位寄存器 ········· 289
8.4.3　寄存器扩展电路 ········· 290
8.4.4　环形计数器和扭环形计数器 ········· 291
8.5　集成电路计数器及其应用 ········· 293
8.5.1　二进制计数器 ········· 294
8.5.2　集成电路计数器 ········· 296
8.5.3　任意进制计数器设计 ········· 297
8.5.4　顺序脉冲发生器 ········· 301
8.5.5　序列信号发生器 ········· 303
8.6　有限状态机的概念和设计 ········· 305
8.6.1　有限状态机概念 ········· 305
8.6.2　有限状态机的设计 ········· 306
8.6.3　Quatus II 中有限状态机仿真分析 ········· 308
本章重点小结 ········· 308
习题 ········· 310
第 9 章　半导体存储器及其应用 ········· 316
9.1　存储器分类与性能指标 ········· 316
9.2　只读存储器（ROM） ········· 318
9.2.1　ROM 结构和原理 ········· 318
9.2.2　ROM 的编程与分类 ········· 320
9.2.3　用 ROM 实现组合逻辑函数 ········· 322
9.3　随机存取存储器（RAM） ········· 323
9.3.1　静态存储器（SRAM） ········· 324
9.3.2　动态存储器（DRAM） ········· 325
9.4　存储器的读写操作 ········· 326
9.4.1　存储器的读操作 ········· 326
9.4.2　存储器的写操作 ········· 327
9.5　存储器的扩展方法 ········· 328
9.5.1　位扩展方式 ········· 328
9.5.2　字扩展方式 ········· 329
本章重点小结 ········· 330
习题 ········· 331

第 10 章　脉冲发生与整形电路……333
10.1　多谐振荡器……333
10.1.1　环形多谐振荡器……334
10.1.2　门电路构成多谐振荡器……335
10.1.3　石英晶体振荡电路……336
10.2　单稳态触发器……337
10.2.1　门电路组成单稳态电路……337
10.2.2　集成电路单稳态触发器……340
10.3　施密特触发电路……343
10.3.1　施密特触发电路的特性……343
10.3.2　施密特触发电路的应用……344
10.4　555 定时器……346
10.4.1　555 定时器电路结构与功能……346
10.4.2　555 定时器应用……348
本章重点小结……352
习题……352
第 11 章　数模转换器与模数转换器……354
11.1　数模转换器（DAC）……355
11.1.1　DAC 的原理与结构……355
11.1.2　权电阻网络 DAC……356
11.1.3　倒 T 型电阻网络 DAC……358
11.1.4　主要技术指标……360
11.1.5　集成电路 DAC 及其应用电路……361
11.2　模数转换器（ADC）……364
11.2.1　A/D 转换工作原理……364
11.2.2　并行比较型 ADC……367
11.2.3　双积分型 ADC……370
11.2.4　逐次逼近型 ADC……372
11.2.5　主要技术指标……373
11.2.6　集成电路 ADC 及其应用电路……374
本章重点小结……379
习题……380

第 12 章　现代数字电路设计概述 …… 382
12.1　EDA 技术概述 …… 382
12.1.1　EDA 技术发展历程 …… 383
12.1.2　EDA 技术特点 …… 385
12.1.3　EDA 技术发展趋势 …… 385
12.2　可编程逻辑器件 …… 386
12.2.1　可编程逻辑器件分类 …… 387
12.2.2　PLD 电路符号表示方法 …… 388
12.2.3　PLD 器件的基本结构 …… 389
12.3　硬件描述语言 HDL …… 401
12.3.1　HDL 概述 …… 401
12.3.2　Verilog HDL 基本结构 …… 402
12.3.3　Verilog HDL 的描述方式 …… 407
12.3.4　Verilog HDL 的基本语法 …… 409
12.4　EDA 集成开发工具 …… 411
12.4.1　EDA 开发工具概述 …… 411
12.4.2　QuartusII 集成开发工具 …… 412
本章重点小结 …… 418
习题 …… 418
习题参考答案 …… 419
参考文献 …… 428

第 1 章　电路基本概念和基本定律

本章课程目标

1. 理解实际电路与电路模型的区别，能够求解电路模型中的电流、电压、功率等基本电量。

2. 理解线性电阻、理想电压源和理想电流源、线性受控源的伏安特性，能够识别上述元件并列写伏安特性方程。

3. 掌握基尔霍夫定律，能针对电路列写 KCL 方程和 KVL 方程。

随着科学技术的飞速发展，现代电气与电子系统规模和结构日新月异，但究其实质，依然是由各种基本电路组合而成的。本章介绍电路的基本概念、基本元件和基本定律，主要内容包括电路组成和电路模型、电路中的基本物理量，以及电压、电流的参考方向，电阻、独立电源和受控源等基本元件，基尔霍夫电压定律和电流定律等电路基本定律。电路基本定律和电路基本元件的伏安特性是分析和求解电路的基本依据。

1.1　电路组成和电路模型

1.1.1　电路组成

在现代的生产、生活和科学研究等各个领域中，广泛而大量地使用着各种各样的电气和电子设备，这些设备实际上是由各种各样的电路元件或部件组成的，它们按一定的方式连接起来并按照某种要求或规律进行工作。各种电路元件按照一定的方式连接起来就构成了实际电路，电路又称为网络。电路原理的研究对象是由实际电路抽象而成的理想化电路模型。实际电路种类繁多，但不管简单还是复杂，从组成上讲，任何实际电路都由三部分组成。

（1）电源或信号源：为电路提供电能或电信号，将其他形式的能量转化为电能，或产生信号向负载输出。

（2）用电设备或负载：将电源提供的电能转换成其他形式的能量或信号。

（3）中间环节：将电路的各部分连接起来并对电路进行控制。

从功能上讲，实际电路的功能主要体现在以下两个方面：

（1）实现能量的产生、传输与转换。以电力的产生、传输和分配为例。发电厂（水电、火电、核电等多种形式的发电方式）首先利用各种电气装置将不同形式的能量转换成电能，然后利用输电线路将发电厂发出的电能传输到城市、乡村及所有需要用到电能的地方，再利用配电装置将电能分配到各个厂矿企业和千家万户，最终各个用户根据自己的需要将电能转换成机械能、光能、热能等其他形式的能量。实现这种功能的电路通常具有大功率、大电流的特点。

（2）实现信号的传递、变换与处理。以无线电通信为例。我们利用各种电子装置将声音、图像等转换成无线电信号，无线电信号在大气层中传播，用户再利用电子装置将接收到的无线电信号重新还原成声音、图像，在这个过程中我们还可以对还原的信号进行适当的处理。实现这种功能的电路通常以小功率、小电流为特点。

无论是哪种电路，都遵循相同的电路定律，可以按照共同的理论加以研究和分析。

1.1.2　电路模型

实际电路的电磁过程是相当复杂的，难以进行有效的分析和计算。在电路理论中，为了便于分析实际电路的主要特性和功能，须对实际电气电子装置或元件进行科学抽象，找出其主要的电磁特性，忽略其次要的电磁特性。经过这种抽象后的物理模型就称为理想电路元件。在一定的条件下，对由这些理想元件组成的电路模型进行分析计算得到的结果与实际电路工作时的状况相同或非常接近，可以对实际电路的工作状态进行理论上的预测。常用的理想电路元件主要有以下几种：

（1）电阻元件：表征在实际电路中消耗电能的性质，用 R 表示。

（2）电容元件：表征在实际电路中产生电场、储存电场能量的性质，用 C 表示。

（3）电感元件：表征在实际电路中产生磁场、储存磁场能量的性质，用 L 表示。

（4）电源元件：反映实际电路中能够将其他形式的能量转化为电能的性质，电源元件又分为电压源和电流源，分别用 u_s 和 i_s 表示。

各种理想电路元件的电气符号如图 1.1 所示。

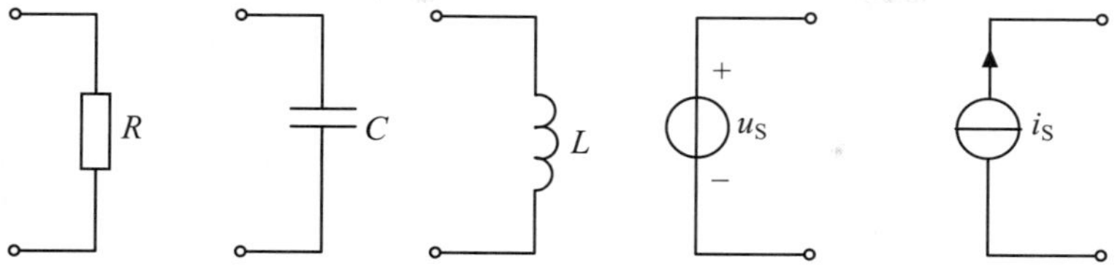

电阻　　电容　　电感　　电压源　　电流源

图 1.1　各种理想电路元件的电气符号

由理想电路元件按照一定的方式连接组成的电路称为电路模型。例如，图 1.2（a）所示是由干电池所组成的实际电路，考虑干电池的内电阻时，干电池的电路模型用理想电压源 U_S 和内电阻 R_0 的串联来表示。灯泡在工作时除了具有消耗电能的主要性质（电阻性）之外，通电时还会产生磁场，具有电感性，由于其微弱的电感性可以忽略不计，所以灯泡的电路模型可以用理想电阻元件 R 表示。因此，干电池所组成的实际电路的电路模型如图 1.2（b）所示。

（a）实际电路　　（b）电路模型

图 1.2　干电池组成的实际电路及其电路模型

将千差万别、种类繁多的实际电气装置或电路元件抽象成理想元件或理想元件的组合是电路理论中的建模问题，建模时必须考虑工作条件，同一电气装置或电路元件在不同的条件下，它的理想模型可以有不同的形式。模型构建得复杂会造成分析计算的困难，模型构建得简单会使分析计算的结果与实际情况不符。因此，电路理论的建模问题是比较复杂的问题，需要进行专门的研究，本书不作探讨。

1.2　基本电量和电流、电压的参考方向

【微课视频】

电路基本电量和电流电压参考方向

1.2.1　基本电量

在电路理论中涉及的基本电量主要有电流、电压、电位、电荷、磁通、功率和

能量等。其中电流、电压、电位、功率和能量最为常用。

1. 电流

电流是电荷有规则的定向运动所形成的。规定正电荷流动的方向为电流的方向。电流的大小用电流强度表示。定义电流强度为单位时间内通过导体横截面的电荷量，即

$$i(t)=\frac{\mathrm{d}q(t)}{\mathrm{d}t} \tag{1.1}$$

式（1.1）中 $i(t)$ 表示电流是时间的函数，以小写字母表示，称为瞬时电流。当电流强度大小和方向与时间无关时，称为直流电流，可以用大写字母 I 表示。电流强度通常简称为电流，单位是安培（A）。电流的常用表示单位还有千安（kA）、毫安（mA）和微安（μA），它们之间的换算关系为

$$1\text{kA}=10^3\text{A}=10^6\text{mA}=10^9\mu\text{A}$$

2. 电压

电压是将单位正电荷从电路中一点移动到另一点时电场力所做的功，或表示为电路中任意两点之间的电位之差，即

$$u(t)=\frac{\mathrm{d}w(t)}{\mathrm{d}q(t)} \tag{1.2}$$

式（1.2）中 $u(t)$ 表示电压是时间的函数。当电压与时间无关时，即为直流电压，可以用大写字母 U 表示。电压的方向规定为从高电位指向低电位。电压的单位是伏特（V），电压的常用表示单位还有千伏（kV）、毫伏（mV）和微伏（μV），它们之间的换算关系为

$$1\text{kV}=10^3\text{V}=10^6\text{mV}=10^9\mu\text{V}$$

3. 电位

为分析问题方便，常在电路中指定一点作为参考点，假定该点的电位为零，用符号“⊥”表示。在生产实践中，常把大地作为零电位点，凡是机壳接地的设备，机壳电位即为零电位。

电路中其他各点相对于参考点的电压即各点的电位，因此，任意两点间的电压等于这两点间的电位之差。电路中各点电位的高低是相对的，参考点不同，各点电位的高低也不同，但是电路中任意两点之间的电压与参考点的选择无关。电路中凡是比参考点电位高的点是正电位，比参考点电位低的点是负电位。下面以图 1.3 为例进行说明。

如果将图 1.3（a）中的 b 点“接地”，即 b 点作为零电位点，则有

$V_\mathrm{b}=0$，$V_\mathrm{a}=6\times10=60\text{V}$，$V_\mathrm{c}=140\text{V}$，$V_\mathrm{d}=90\text{V}$，

$U_\mathrm{ab}=V_\mathrm{a}-V_\mathrm{b}=60-0=60\text{V}$，$U_\mathrm{cd}=V_\mathrm{c}-V_\mathrm{d}=140-90=50\text{V}$

而如果将 a 点作为零电位点，如图 1.3（b）所示，则有

$V_a = 0$，$V_b = -60V$，$V_c = 20 \times 4 = 80V$，$V_d = 5 \times 6 = 30V$，

$U_{ab} = V_a - V_b = 0 - (-60) = 60V$，$U_{cd} = V_c - V_d = 80 - 30 = 50V$

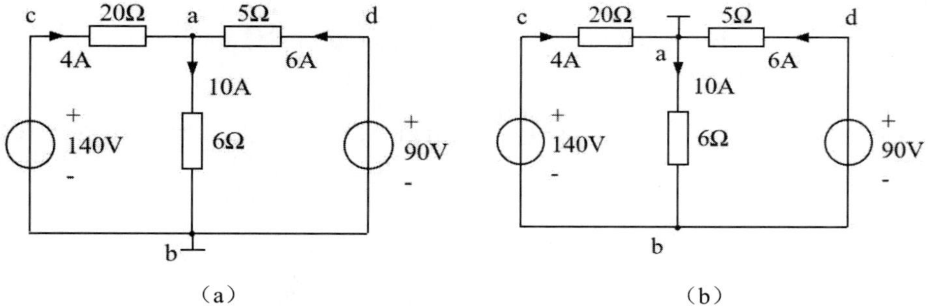

图 1.3　电位举例

从上面的结果可以看出，电路中参考电位点的选取不同，电路中各点的电位值也会随着改变，但电路中任意两点之间的电压是不会改变的。

有了电位的概念以后，图 1.3（a）所示电路可以简化成图 1.4 所示电路。

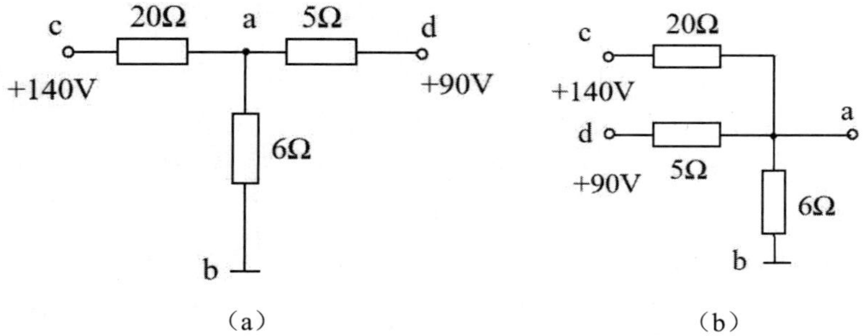

图 1.4　图 1.3（a）的简化图

4. 能量和功率

能量定义为在 t_0 到 t 的时间内，电场力将单位正电荷由 A 点移动到 B 点时所做的功，用 W 表示，有

$$W = \int_{q(t_0)}^{q(t)} u(t)\mathrm{d}q \tag{1.3}$$

将 $i(t) = \dfrac{\mathrm{d}q}{\mathrm{d}t}$ 代入上式，得

$$W=\int_{t_0}^{t}u(t)i(t)\mathrm{d}t \tag{1.4}$$

能量的单位是焦耳（J），能量的常用单位还有“度（kW·h）”，电力部门常用“度”作为测量用户消耗电能的计量单位，1 度电是功率为 1 千瓦的用电器在 1 小时内消耗的电能，即

$$1度=1\mathrm{kW}\cdot\mathrm{h}=10^3\,\mathrm{W}\times3600\mathrm{s}=3.6\times10^6\,\mathrm{J}$$

功率是能量的导数，即

$$P(t)=\frac{\mathrm{d}W}{\mathrm{d}t}=u(t)i(t) \tag{1.5}$$

功率的单位为瓦特（W），常用的功率单位还有千瓦（kW）。

1.2.2 电流和电压的参考方向

电流有流向，电压有极性，在结构简单的电路中可以容易地判断电流和电压的实际方向，但对于结构复杂的电路，不通过分析很难判断每个元件中的电流和元件两端电压的实际方向。此外，在交流电路中，电流和电压的方向随时间不断变化。

为了分析计算电路，需要先假设电流和电压的方向，称为参考方向，并根据参考方向列写电路方程，通过计算结果确定电流和电压的实际大小和方向。

电流和电压的参考方向在分析电路时是非常重要的概念，学习时必须予以充分重视。

1. 电流参考方向（流向）

在电路分析计算中，对于简单电路，我们很容易判定电流的实际流动方向，但对复杂电路，我们很难直接判断电流的实际流向。为列电路方程，必须事先人为地假定电流的流向，该流向称为电流参考方向。

电流参考方向的表示方法有两种：第一种方法是用箭头表示，如图 1.5（a）所示，分析电路时经常采用这种表示方法。第二种方法是用双下标法表示，如图 1.5（b）所示，图中 i_{ab} 表示电流从 a 流向 b。若电流是 i_{ba}，则表示电流从 b 流向 a，$i_{ab}=-i_{ba}$。

在分析电路时，电流参考方向可以随意规定，但一旦设定，就不能更改。

在假设的参考方向下，我们对电路分析计算后得到的电流值如果为正值，说明电流的参考方向和实际流向一致；如果得到的电流值为负值，说明电流的实际流向与参考方向相反。这样，在假定的电流参考方向下，通过计算结果的正或负就可以判断电流的实际流向。

2. 电压参考方向（极性）

和电流类似，在对复杂电路分析计算之前，我们也可以对电路中任意两点之间

的电压事先假定一个参考方向。

图 1.5 电流的参考方向

电压参考方向的表示方法有三种：第一种方法是用参考极性，高电位为正极，用“+”表示，低电位为负极，用“-”表示，直接标注在电路中，如图 1.6（a）所示。第二种方法是用箭头表示，如图 1.6（b）所示，其中箭头从高电位指向低电位，即表示 a 为“+”，b 为“-”。第三种方法是用双下标法表示，如图 1.6（c）所示，其中 u_{ab} 表示电压的方向从 a 指向 b，即假设 a 为“+”，b 为“-”。

当分析计算后得到的电压值为正值时，说明电压的参考方向就是电压的实际方向；当计算得到的电压值为负值时，说明电压的实际方向与参考方向相反。这样，在假定的电压参考方向（极性）下，通过计算结果的正或负就可以判断电压的实际方向（极性）。

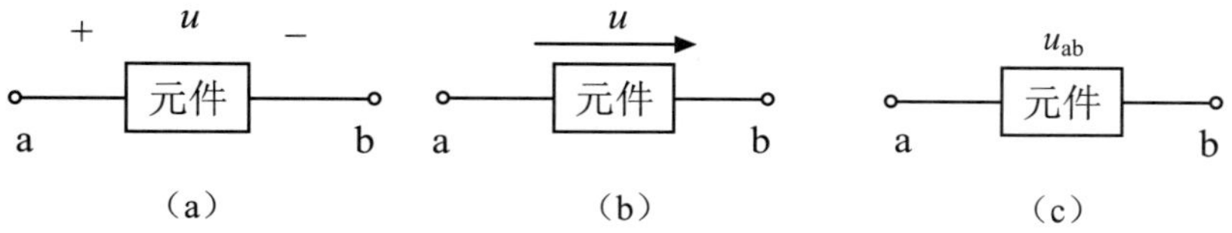

图 1.6 电压的参考方向

3. *关联参考方向*

电路中每个元件的电流或电压参考方向是相互独立的，在对电路分析计算前可以任意假定。为了便于电路的分析和计算，我们一般将电流参考方向和电压参考方向设为一致，即电流从电压的“+”极流入，“-”极流出，称为关联参考方向；如果电压和电流的参考方向不一致，则称为非关联参考方向。

当指定电压和电流的参考方向后，应用公式 $P=UI$ 求取元件上的功率时，我们可以根据计算得到的实际结果很容易判定该元件是吸收还是发出功率。

（1）当电压和电流为关联参考方向时，$P=UI$ 表示元件吸收功率，则：

1）若 $P_{吸收}=UI>0$，表示元件吸收正功率，元件实际是吸收功率。

2）若 $P_{吸收}=UI<0$，表示元件吸收负功率，元件实际是发出功率。

（2）当电压和电流为非关联参考方向时，$P=UI$ 表示元件发出功率，则：

1）若 $P_{发出}=UI>0$，表示元件发出正功率，元件实际是发出功率。

2）若 $P_{发出}=UI<0$，表示元件发出负功率，元件实际是吸收功率。

【例 1.1】判断图 1.7 中元件和网络 N 两端电压和电流的参考方向是否关联？

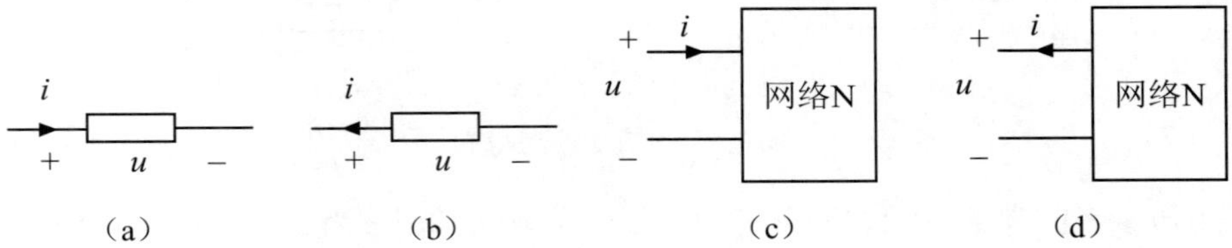

图 1.7　例 1.1 的图

解：图（a）中电流从电压的“+”极流入元件，从“-”极流出，电流和电压的参考方向一致，是关联参考方向。不难判断图（b）是非关联参考方向。

图（c）中电流从电压的“+”极流入网络，从“-”极流出，电流和电压的参考方向一致，是关联参考方向。不难判断图（d）图是非关联参考方向。

【例 1.2】电路如图 1.8 所示，已知某元件两端的电压和电流的参考方向为非关联参考方向，求下面两种情况下元件上的功率，并判断两种情况下此元件实际是吸收功率还是发出功率。（1）$U=2\,\text{V}$，$I=5\,\text{A}$；（2）$U=-2\,\text{V}$，$I=5\,\text{A}$。

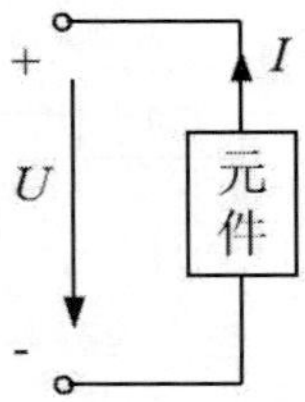

图 1.8　例 1.2 的图

解：由于图 1.8 中电压、电流是非关联参考方向，因此计算元件发出的功率。

（1）当 $U=2\,\text{V}$，$I=5\,\text{A}$ 时，

$$P_{发出}=UI=10\text{W}$$

说明元件实际发出 10 W 功率。

（2）当 $U=-2\,\text{V}$，$I=5\,\text{A}$ 时，

$$P_{发出}=UI=-10\text{W}$$

元件发出负功率，说明元件实际吸收 10W 功率。

1.3　电路基本元件

电路元件是电路中最基本的组成单元。电路元件通过其端子与外部电路相连，

元件端子的电路物理量之间的代数函数关系称为元件特性。本书主要研究集总参数元件和集总参数电路。集总参数元件是指在任何时刻，对于二端元件，流入一个端子的电流一定等于从另一个端子流出的电流，且两个端子之间的电压为单值量。由集总参数元件组成的电路称为集总参数电路。用集总参数电路模型来描述实际电路应当满足的条件是：实际电路的尺寸l远小于电路工作时的电磁波波长λ。不满足此条件的实际电路只能用分布参数电路模型描述。

【微课视频】

电路基本元件

下面介绍电路中常用的几种电路元件。

1.3.1　电阻元件

凡是以消耗电能为主要电磁特性的实际电器装置或元件，从理论上都可以抽象成理想电阻元件，简称电阻。电阻有线性电阻和非线性电阻之分。电阻的元件特性是指电阻两端的电压与流过电阻的电流之间的关系特性，若电阻两端的电压与流过电阻的电流之间是线性关系，则此电阻称为线性电阻，否则称为非线性电阻。下面讨论线性电阻。

图 1.9（a）中，当线性电阻两端的电压和电流采用关联参考方向时，其电压和电流之间的关系服从欧姆定律，即

$$u=Ri \tag{1.6}$$

式中，R 称为电阻，电阻的单位为欧姆（Ω）。

由于电压的单位是伏特，电流的单位是安培，所以电阻元件的这一关系特性又称为伏安特性。由于欧姆定律是线性方程，故电阻元件的伏安特性是一条过原点的直线，直线的斜率与元件的电阻 R 成正比，如图 1.9（b）所示。

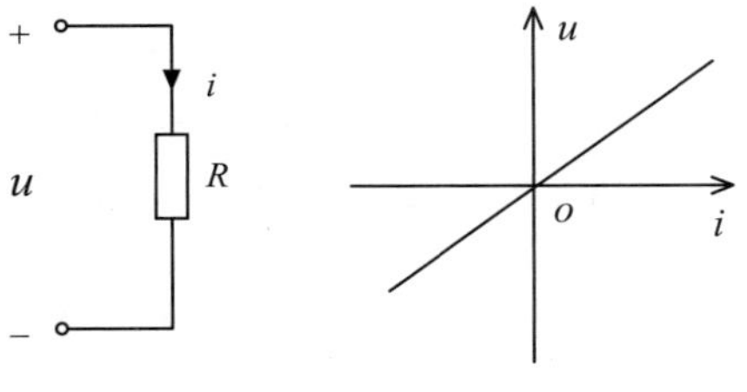

（a）　（b）

图 1.9　关联参考方向下电阻电路和伏安特性关系

令 $G=\dfrac{1}{R}$，式（1.6）变成

$$i=Gu \tag{1.7}$$

式中，G 称为电阻元件的电导，电导的单位为西门子，简称西（S）。R 和 G 都是电

阻元件的参数。

当电压和电流采用非关联参考方向时，如图 1.10 所示，式（1.6）和式（1.7）中都需加一负号，即

$$u=-Ri \text{ 或 } i=-Gu \tag{1.8}$$

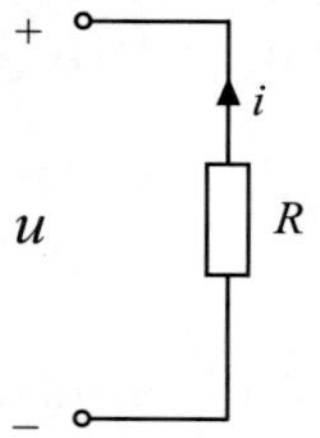

图 1.10 非关联参考方向的电阻电路

当一个线性电阻元件的端电压不论为何值时，流过它的电流恒为零值，称为“开路”。开路时，相当于 $R=\infty$或 $G=0$，开路时的伏安特性曲线如图 1.11（a）所示，可以看出在 u-i 平面上特性曲线与电压轴重合。

当流过一个线性电阻元件的电流不论为何值时，它的端电压恒为零值，就称为“短路”。短路时，相当于 $R=0$ 或 $G=\infty$，短路时的伏安特性曲线如图 1.11（b）所示，可以看出在 u-i 平面上特性曲线与电流轴重合。

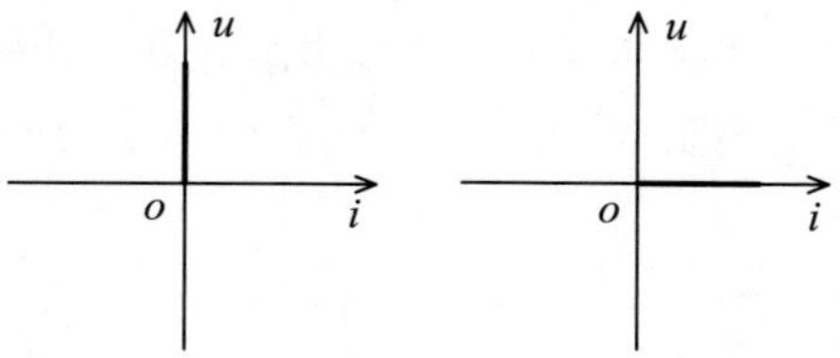

（a）开路 （b）短路

图 1.11 电阻开路和短路时的伏安特性曲线

当电阻元件的电压和电流采用关联参考方向时，电阻元件消耗的功率为

$$P=ui=Ri^2=\frac{u^2}{R}=Gu^2=\frac{i^2}{G} \tag{1.9}$$

式中，R 是正实常数，功率 $P\geqslant 0$，所以线性电阻始终消耗功率，是一种无源元件。

电阻在实际使用中按制作材料分为碳膜电阻、金属膜电阻、线绕电阻，按用途分为通用电阻、精密电阻、高压电阻、高阻电阻，按形状分圆柱形电阻、片状电阻、排状电阻等。

电阻的主要技术参数如下：

（1）标称电阻值：为了便于工业化大量生产和使用者在一定范围内选用，国家规定了一系列的按一定规律分布的各种标称阻值，使用者可根据需要进行选择和搭配，以得到自己所需的电阻值。标称电阻值的单位为Ω（欧）、kΩ（千欧）、MΩ（兆欧）。

（2）阻值误差：电阻允许误差有±10%、±5%等。

（3）额定功率：标准有 1/8 W、1/4 W、1/2 W、1 W、2W、5W、10W 等。

目前电阻值在电阻上的标注方法主要采用色环标注法，颜色与数值的对应见表 1.1。标注方法有 4 环标注法和 5 环标注法，如图 1.12 所示。

表 1.1　通用电阻色环颜色与所对应的数字列表

色环颜色	棕	红	橙	黄	绿	兰	紫	灰	白	黑	金	银
代表数值	1	2	3	4	5	6	7	8	9	0	±5%	±10%

（a）4 环标注法　　（b）5 环标注法

图 1.12　通用电阻色环颜色标注法及示例

【例 1.3】若有一个 4 环标注的电阻，色环标志为“红白橙金”，另一个 5 环标注的电阻色环标志为“棕黄灰橙银”，试判断这两个电阻的阻值和误差。

解：根据色环颜色对应的数字和含义，4 环电阻的阻值为 29×10^3=29kΩ，误差为±5%；5 环电阻的阻值为 148×10^3=148kΩ，误差为±10%。

1.3.2　独立电源

实际电源有各种形式的电池、发电机、信号发生器等，根据使用中呈现的主要电磁特性，可抽象成电压源和电流源两种电源。实际的电压源和电流源的电路模型及特性将在下一章介绍，这里先为大家介绍理想电压源和理想电流源。与“非独立电源”相对应，电压源和电流源又称为独立电源，“独立”的含义是不需要其他条件，电源本身能够独立地向外提供电压或电流。

由于电路中电压、电流都是在独立电源的作用下产生的，所以独立电源也称为激励，由激励而在电路中产生的电压、电流称为响应。

1. 理想电压源

理想电压源是从实际电压源抽象得到的一种电路模型，是内阻为零的电压源，其图形符号如图 1.13（a）所示。理想电压源具有以下性质：

（1）输出电压不随外电路参数的变化而变化。理想电压源的端电压输出可表示为

$$u(t) = u_S(t) \tag{1.10}$$

式中，$u_S(t)$为给定的时间函数，$u_S(t)$仅随时间t按照给定的函数关系变化，与外电路参数无关。当$u_S(t)$为恒定值时，此理想电压源又称为直流电压源，用大写的U_S或U表示，其图形符号如图 1.13（b）所示。直流电压源的伏安特性曲线为一条平行于电流轴的直线，如图 1.13（c）所示。

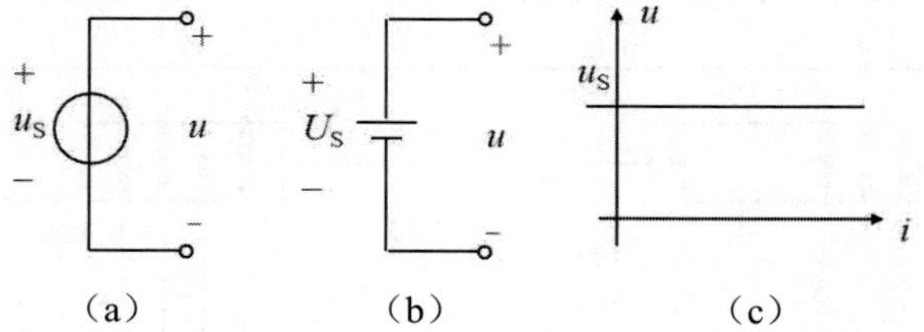

图 1.13 理想电压源电气符号及伏安特性曲线

（2）输出电流随外电路参数的变化而变化，理想电压源的输出电流与外接负载的大小有关。当理想电压源不接负载时，其输出的电流为 0，电源处于“开路”状态。如果一个理想电压源两端的电压为 0，则此理想电压源的伏安特性曲线和电流轴重合，它相当于短路，由于短路时理想电压源的端电压$u_S(t) = 0$，这与电压源的特性相矛盾，所以理想电压源不允许短路。

实际电压源在使用中不允许短路，因为实际电压源的内电阻较小，短路时电流过大会损坏电源。

2. 理想电流源

理想电流源是从实际电流源抽象得到的一种电路模型，是内阻为无穷大的电流源，其图形符号如图 1.14（a）所示。理想电流源具有以下性质：

（1）输出电流不随外电路参数的变化而变化。理想电流源的端电流输出可表示为

$$i(t) = i_S(t) \tag{1.11}$$

式中，$i_S(t)$为给定的时间函数，$i_S(t)$仅随时间t按照给定的函数关系变化，与外电路参数无关。当不随时间变化时，电流源又称为直流电流源，用大写I_S或I表示，其图形符号如图 1.14（b）所示。它的伏安特性曲线为一条平行于电压轴的直线。

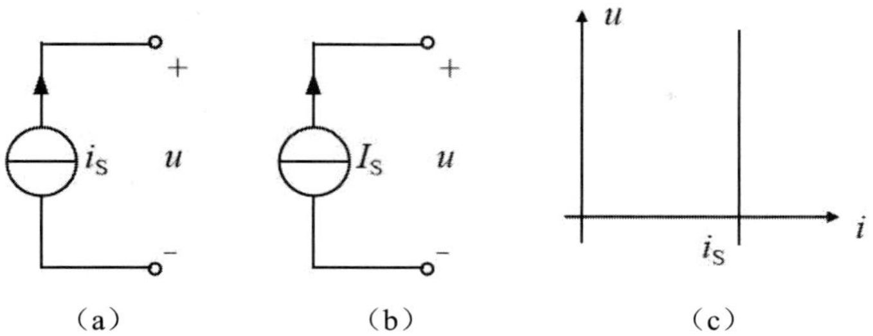

图 1.14　理想电流源及伏安特性曲线

（2）输出电压随外电路参数的变化而变化，理想电流源的端电压与外接负载的大小有关。

当理想电流源短路时，其输出的电压为 0，电源处于“短路”状态。如果一个理想电流源电流为 0，则此理想电流源的伏安特性曲线和电压轴重合，它相当于开路，由于开路时理想电流源的电流 $i_S(t)=0$，这与电流源的特性相矛盾，所以理想电流源不允许开路。

理想电压源的功率计算公式为

$$p(t)=u_s(t)i(t) \tag{1.12}$$

理想电流源的功率计算公式为

$$p(t)=u(t)i_s(t) \tag{1.13}$$

根据 1.2 节中介绍的对关联参考方向和非关联参考方向下元件功率的判断方法，可以判断出电源实际是发出功率还是吸收功率。一般情况下电源都是向电路提供功率的，但是如果计算结果是电压源或电流源在电路中吸收功率，说明电源处于被充电的状态。

理想的电压源和电流源在实际中是不存在的。

1.3.3　受控电源

受控电源又称为“非独立电源”，受控电源与独立电源不同，它的输出电压或电流受电路中某部分电压或电流的控制。

受控电源分受控电压源和受控电流源，它们的控制量可能是电压也可能是电流，所以受控电源有四种类型：

（1）电压控制电压源（Voltage Controlled Voltage Source，VCVS）。

（2）电压控制电流源（Voltage Controlled Current Source，VCCS）。

（3）电流控制电压源（Current Controlled Voltage Source，CCVS）。

（4）电流控制电流源（Current Controlled Current Source，CCCS）。

它们的电路图形符号如图 1.15 所示，μ、r、g、β 分别表示相应的控制系数。

当各控制系数为常数时，受控源的输出电压或电流与控制量成线性关系，则相应的受控源称为线性受控源。本章只讨论线性受控源。

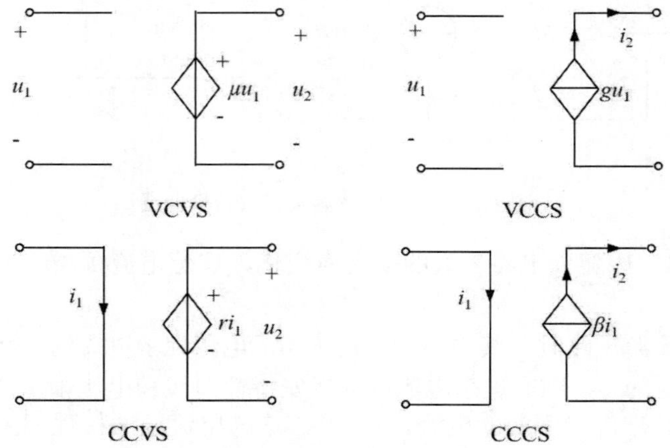

图 1.15 各种受控源的电气符号

从图 1.15 中我们可知各受控源的输出电压或电流分别是：

$$u_2 = \mu u_1 \text{（VCVS）} \tag{1.14}$$

$$i_2 = g u_1 \text{（VCCS）} \tag{1.15}$$

$$u_2 = r i_1 \text{（CCVS）} \tag{1.16}$$

$$i_2 = \beta i_1 \text{（CCCS）} \tag{1.17}$$

式中，控制系数 μ 和 β 为无量纲的常数；r 是具有电阻量纲（欧姆）的常数；g 是具有电导量纲（西门子）的常数。

这些常数在电路计算中一般都是给出的。

受控电源与独立电源不同，独立电源在电路中起到“激励”的作用，电路中各元件和各支路的电压、电流（响应）的产生是由于独立电源（激励）的存在，而受控电源不是“激励”，只有在独立源的作用下产生了控制量，受控电源才会在电路中发挥作用。

在分析含有受控源的电路时，需要注意：

（1）注意区分独立源和受控源，独立源的符号是圆形，受控源的符号是菱形。

（2）注意区分受控源的类型（从电路符号和控制量两个方面区分）以及受控源的大小和单位，例如图 1.16 中受控源的类型是电压控制电流源，5U 表示电流，而不是电压，所以 5U 的标准单位是安培，而不是伏特。

（3）在分析电路时，受控源一般当作独立源来处理，但是要增加控制量方程（详见第 2 章）；在电路等效变换的时候，要注意保留控制量所在的支路，如果没有了控制量所在的支路，受控源的计算也就没有了依据。

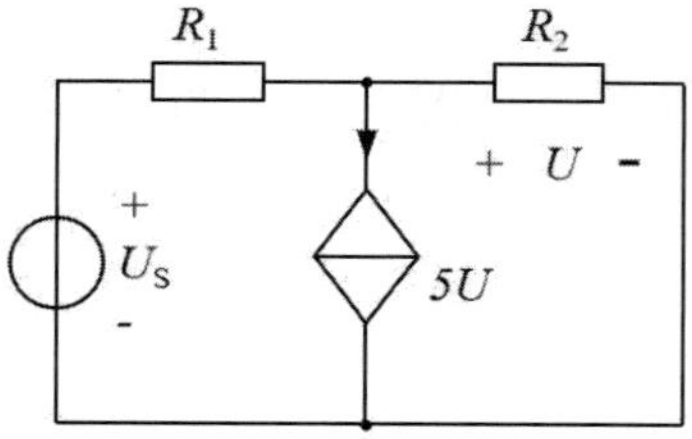

图 1.16　含受控源的电路

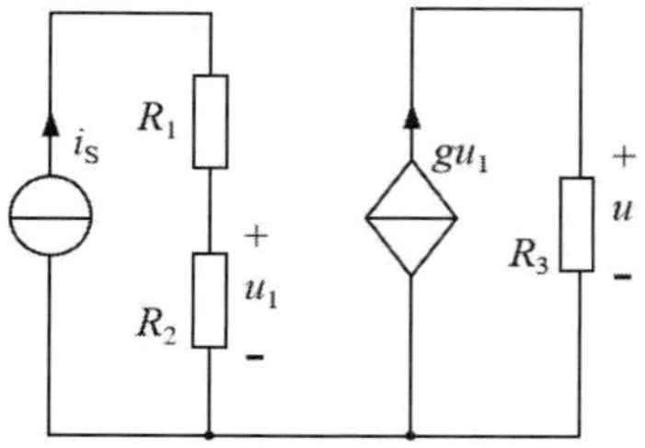

图 1.17　例 1.4 的图

在电子电路中，双极型晶体管的集电极电流受基极电流控制，运算放大器的输出电压受输入电压控制，所以这类器件可用受控源作为其电路模型。

【例 1.4】电路如图 1.17 所示，已知 $i_s = 5\text{A}$，$R_1 = 2\Omega$，$R_2 = 1\Omega$，$R_3 = 3\Omega$，VCCS 的控制系数 $g = 2\text{S}$，试求电压 u。

解： 根据欧姆定律　　$u_1 = 5\times1 = 5\text{V}$

受控源电流　　$gu_1 = 2\times5 = 10\text{A}$

所以　　$u = 10\times3 = 30\text{V}$

1.4　基尔霍夫定律

基尔霍夫定律（Kirchhoff's Law）的内容包含两个定律，即电流定律和电压定律，基尔霍夫定律是研究和分析集总参数电路的基本定律。

【微课视频】

基尔霍夫定律

当电路元件相互连接组成网络以后，电路中每条支路的电压和电流都会受到两类约束，分别是元件约束和结构约束。元件约束是每个元件的电压和电流应遵循的伏安特性关系（又称 VCR），如线性电阻元件两端的电压和电流之间必须满足 $u=Ri$，这类约束取决于元件本身的电磁性质，与电路的结构无关。结构约束是指电路的结构和连接状况给支路电压或支路电流带来的约束关系，基尔霍夫定律揭示了电路结构的约束关系。

1.4.1　常用电路术语

分析电路时常常用到支路、结点和回路等概念，在讲述基尔霍夫定律之前，首先介绍几个描述电路结构的常用术语。

支路： 若干元件无分叉地首尾相连就构成一条支路，如图 1.18 中元件 1 和元件 2 组成的路径为一条支路，元件 4 和元件 5 组成的路径也是一条支路，元件 3、6、

7、8 各自为一条支路，所以图 1.18 中共有 6 条支路。

结点：三条或三条以上支路的连接点称为结点，图 1.18 中有 a、b、c、d 四个结点。

回路：由若干支路组成的任一闭合路径称为回路，如图 1.18 中的 aca 和 abdca 等回路，图 1.18 中共有 6 个回路。

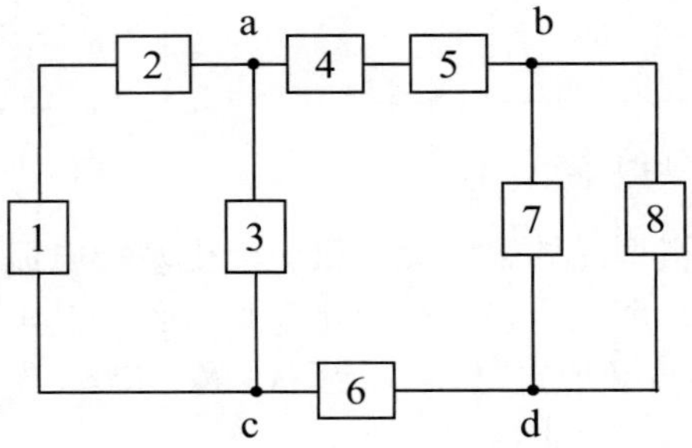

图 1.18　支路、结点和回路

网孔：中间不包含任何支路的回路称为网孔，如图 1.18 中的 aca 和 abdca 和 bdb 组成的 3 个网孔。对平面电路而言，网孔就是电路中的一个自然孔。网孔是回路，但回路不一定是网孔。可经任意扭动变形画在一个平面上而不使任何两条支路交叉的电路，称平面电路。不满足此条件的电路称非平面电路。

1.4.2　基尔霍夫电流定律

基尔霍夫电流定律（Kirchhoff's Current Law）简称 KCL，是反映电路中任意结点上各支路电流之间关系的定律。其内容是：在集总参数电路中，任何时刻，对任何一个结点，连接该结点的所有支路电流的代数和恒等于零。用数学表达式表示为

$$\sum i = 0 \tag{1.18}$$

流过每条支路的电流称为支路电流，如图 1.19 中的 i_1、i_2和i_3，支路电流取正还是取负是由人们事先规定好的流入还是流出结点的电流方向决定的。例如，若流入结点的电流前面取“＋”号，则流出结点的电流前面取“－”号。在图 1.19 中，对结点 a 应用基尔霍夫电流定律，有

$$i_6 - i_1 - i_4 = 0$$

基尔霍夫电流定律还可以用另外一种表达形式：在集总参数电路中的任何时刻，对任何一个结点，流入该结点的电流之和恒等于流出该结点的电流之和。用数学表达式表示为

$$\sum i \text{（流入）} = \sum i \text{（流出）} \tag{1.19}$$

这种特性体现了电流流动的连续性，电荷在电路中运动，不会消失也不会堆积。

基尔霍夫电流定律不仅适用于电路中的任一结点，还适用于电路中任何一个包含几个结点的闭合曲面，我们把这种闭合曲面称为广义结点。可以证明流入或流出任意闭合曲面电流的代数和等于 0。在图 1.19 中，对于虚线框组成的闭合曲面，列写 KCL 方程，有

$$i_1 = i_2 + i_3$$

此结果很容易证明，只要对图中三个结点 a、b、c 分别列写基尔霍夫电流方程，然后三式相加便可得上述结果。

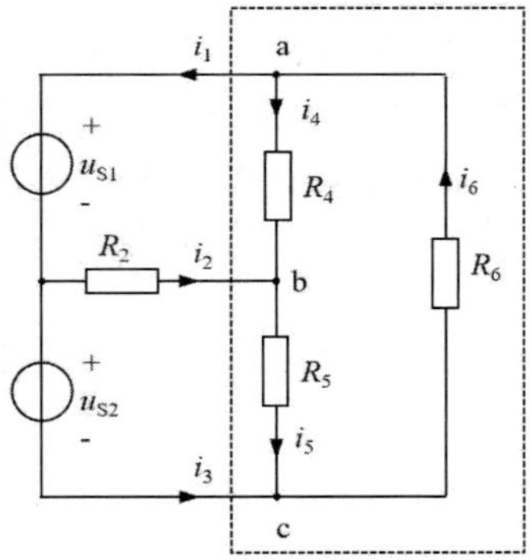

图 1.19　基尔霍夫电流定律

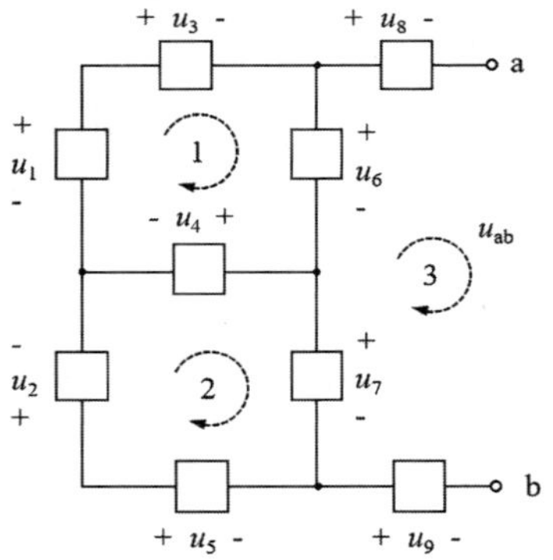

图 1.20　基尔霍夫电压定律

1.4.3　基尔霍夫电压定律

基尔霍夫电压定律（Kirchhoff's Voltage Law）简称 KVL，又称基尔霍夫第二定律，说明电路中任一回路的各支路电压间约束关系，具体内容为：在集总参数电路中，任何时刻，沿任何一回路，组成该回路的所有支路电压的代数和恒等于零。用数学表达式表示为

$$\sum u = 0 \tag{1.20}$$

在写上式之前，应首先指定回路的绕行方向（顺时针或逆时针），当支路电压或元件电压的参考方向与回路的绕行方向一致时，该电压前面取“+”号；当支路电压的参考方向与回路的绕行方向相反时，该电压前面取“−”号。

如图 1.20 所示，在对指定的回路 1 应用基尔霍夫电压定律之前，首先指定各支路电压的参考方向和回路的绕行方向，则根据 KVL 有

$$-u_1 + u_3 + u_6 + u_4 = 0$$

基尔霍夫电压定律不仅适用于闭合回路，也适合于不闭合的路径。如图 1.20 中回路 3，若求u_{ab}， 可对回路 3 列写 KVL，有

$$u_8 + u_{ab} - u_9 - u_7 - u_6 = 0$$

则

$$u_{ab} = u_6 + u_7 - u_8 + u_9$$

KCL 和 KVL 分别对支路电流和支路电压进行线性结构约束。由于这两个定律仅与元件的相互连接方式有关，而与元件本身的性质无关，即与元件约束无关，因此，无论元件是线性还是非线性，时变还是时不变，这两个定律始终成立。所以 KCL 和 KVL 是分析和求解电路的基本工具，对于简单电路可直接利用 KCL 和 KVL 进行求解，但对于较复杂的电路，则需要应用在 KCL 和 KVL 基础上演化出来的高级算法（方程分析法，即网孔电流法、结点电压法等），以提高计算效率。

应当注意的是，在对电路同时写 KCL 和 KVL 时，从理论上讲，这两个定律是相互独立的，因而电路中每个元件或每条支路的电压和电流的参考方向可任意设定，但在实际应用这两个定律时，电压和电流的参考方向一般取关联参考方向，因为这样可以减少方程中的“–”号。

【例 1.5】电路如图 1.21 所示，试求每个元件的功率，并验证是否满足功率平衡。

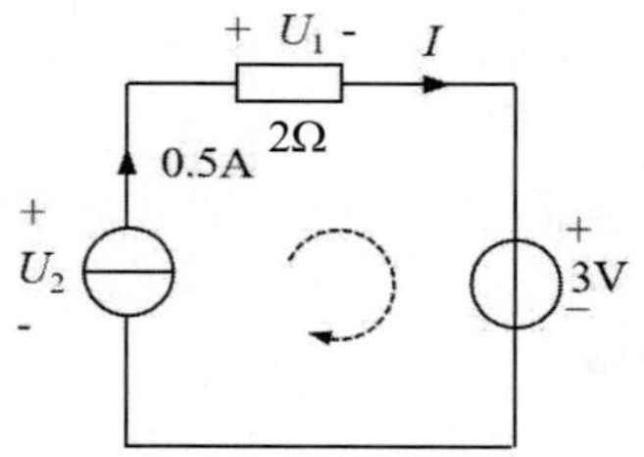

图 1.21 例 1.5 的图

解：假设回路的绕行方向如图 1.21 所示，电流 $I = 0.5\text{A}$

2Ω电阻吸收的功率 $P_1 = I^2 R = 0.5^2 \times 2 = 0.5\text{W}$

电压源两端的电压和流过电压源的电流 I 是关联参考方向，所以电压源吸收的功率为

$$P_2 = I \times 3 = 1.5\text{W}$$

电流源两端的电压 U_2 由回路的 KVL 方程得

$$U_2 = U_1 + 3 = 0.5 \times 2 + 3 = 4\text{V}$$

电流源两端的电压和流过的电流是非关联参考方向，所以电流源发出的功率为

$$P_3 = 0.5 \times U_2 = 2\text{W}$$

2Ω电阻吸收0.5 W的功率，电压源吸收1.5 W的功率，电流源发出2 W的功率，电路吸收的功率与电路发出的功率相等，所以整个电路功率守恒。

【例1.6】电路如图1.22所示，已知$R_1=3\Omega$，$R_2=2\Omega$，$R_3=1\Omega$，$U_{S1}=3$ V，$U_{S2}=1$ V，试求电阻R_2二端的电压U_2。

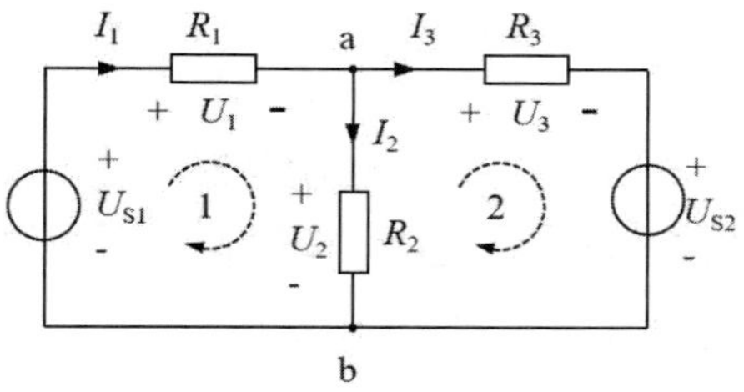

图1.22　例1.6的图

解：设各支路电流I_1、I_2和I_3的参考方向如图1.22中所示，电压U_1、U_3的参考方向和电流是关联参考方向。根据欧姆定律，各电阻元件的约束关系方程为

$$U_1=R_1I_1，U_2=R_2I_2，U_3=R_3I_3$$

选择两个回路的绕行方向为顺时针绕行，根据KCL、KVL有

结点a　　$I_1-I_2-I_3=0$

回路1　　$-U_{S1}+U_1+U_2=0$

回路2　　$-U_2+U_3+U_{S2}=0$

将各元件的约束关系方程代入上面的方程后可得

$$I_1-I_2-I_3=0$$
$$-U_{S1}+R_1I_1+R_2I_2=0$$
$$-R_2I_2+R_3I_3+U_{S2}=0$$

将各元件参数代入上面的方程组，解得

$$U_2=R_2I_2=1.09\text{V}$$

【例1.7】电路如图1.23所示，求电路中的电流i_1和电压u_{ab}。

解：先求电流i，根据欧姆定律得

$$i=\frac{10}{5}=2\text{A}$$

受控源类型是电流控制电流源（CCCS），所以

$$0.9i_1=i=2\text{A}$$

可得

$$i_1=\frac{2}{0.9}=2.22\text{A}$$

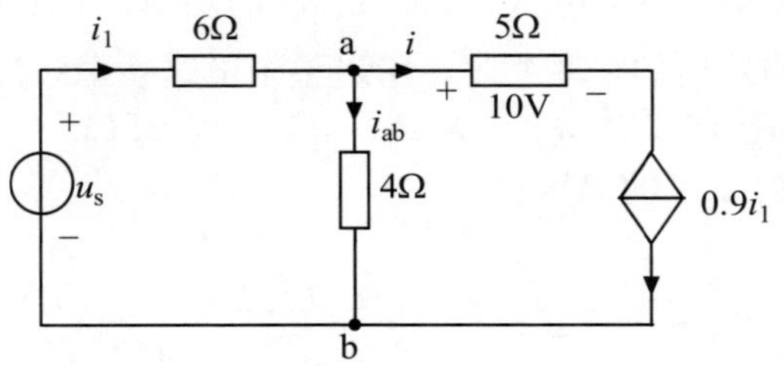

图 1.23 例 1.7 的图

对结点 a 列 KCL 方程，得 $i_{ab}=i_1-0.9i_1=0.1i_1$

根据欧姆定律可得 $u_{ab}=4\times i_{ab}=4\times 0.1i_1\approx 0.88\text{V}$

本章重点小结

1. 电路分析的对象是由实际电路抽象而成的电路模型，几种理想的电路元件用规定的图形符号表示，也表现出不同的伏安特性。在分析复杂的电路时，应遵循“先标注、后计算”的原则，首先假设各支路电流、电压的参考方向，为了分析方便，通常将电压和电流取关联参考方向。

2. 元件的功率可以用公式 $P=UI$ 求得，首先根据 U 、I 是关联或非关联参考方向，判定计算的是发出功率还是吸收功率，再根据计算结果的正负，判断元件实际是发出功率还是吸收功率。电阻元件始终吸收（或消耗）功率，一个电路的功率是守恒的，即元件发出的功率总和与元件吸收的功率总和相等。

3. 电路的基本元件包括电阻、独立电源和受控源等，每种元件具有独特的伏安特性（VCR），是影响电路工作特性的重要约束条件之一。独立电源有独立电压源和独立电流源两种类型。与独立电源相对应的是“受控电源”，根据控制量和输出特性的不同，分为 VCCS、VCVS、CCVS 和 CCCS 四种类型，在分析电路时，一般先将受控源视为独立电源，然后增加控制量方程。

4. 基尔霍夫定律分为基尔霍夫电流定律（KCL）和基尔霍夫电压定律（KVL），是分析任何集总参数电路的两个基本定律，揭示了电路结构对电路工作特性的约束关系。KCL 反映了电路中连接于结点上的所有支路电流的约束关系，KVL 反映了电路任一回路中所有电压的约束关系。

习题

在线测试

1.1 在图 1.24 中，五个元件代表电源或负载。电压和电流的参考方向如图所标，现通过实验测得 $I_1=4A$，$I_2=6A$，$I_3=10A$，$U_1=140V$，$U_2=-90V$，$U_3=60V$，$U_4=-80V$，$U_5=30V$。

（1）说明各元件上电压和电流的参考方向是关联参考方向还是非关联参考方向？

（2）计算各元件的功率，说明各个元件实际是吸收功率还是发出功率？

（3）哪些元件是电源？哪些元件是负载？电源发出的功率和负载消耗的功率是否平衡？

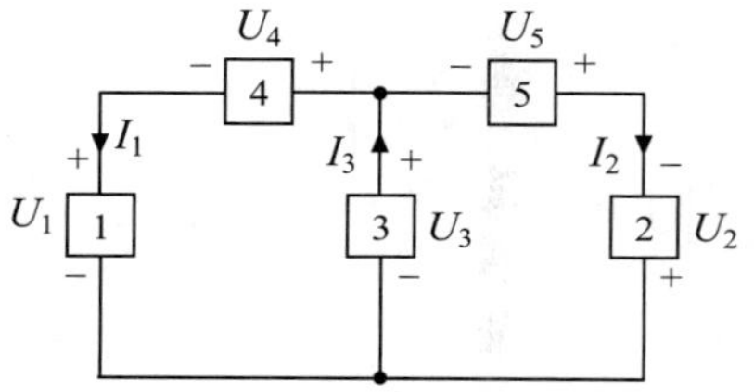

图 1.24 习题 1.1 的图

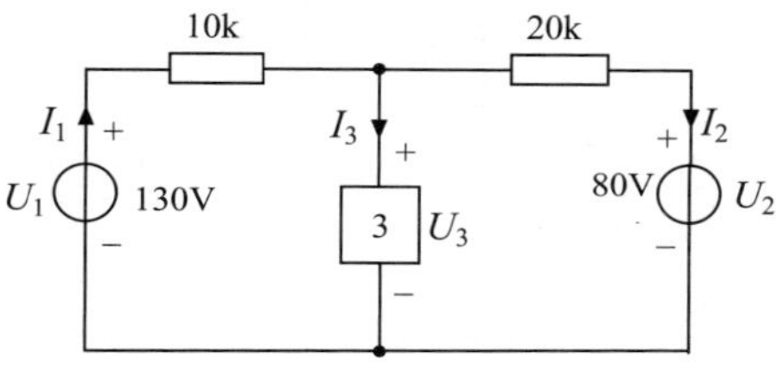

图 1.25 习题 1.2 的图

1.2 在图 1.25 中，已知 $I_1=3mA$，$I_2=1mA$。试确定电路元件 3 中的电流 I_3 和其两端电压 U_3，并判断元件 3 是电源还是负载。

1.3 现有 1 个额定电压为 110V、额定功率为 8W 的指示灯，要接在 380V 电源上，试求串联电阻的阻值和功率。

1.4 在图 1.26 所示电压和电流的参考方向下，写出各图中两端电压 u 和电流 i 的关系方程。

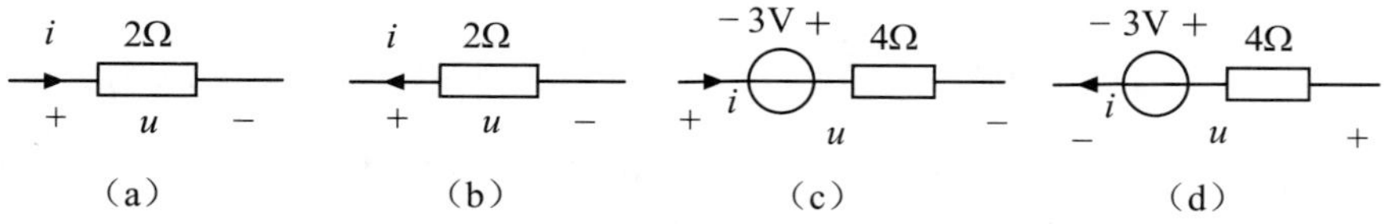

图 1.26 习题 1.4 的图

1.5 求图 1.27 网络 N 端口的电压 U 及网络 N 的功率，网络 N 是吸收功率还是发出功率？

1.6 试求图 1.28 中每个元件的功率，分析电路的功率是否守衡，并说明哪个电源发出功率，哪个电源吸收功率。

1.7 求图 1.29 所示电路中的电流 i_1 和 i_2。

1.8 在图 1.30 所示电路中，已知 $U_1=10V$，$U_2=4V$，$U_3=2V$，$R_1=4\Omega$，$R_2=2\Omega$，$R_3=5\Omega$，1、2 两点处于开路状态，试计算开路电压 U_4。

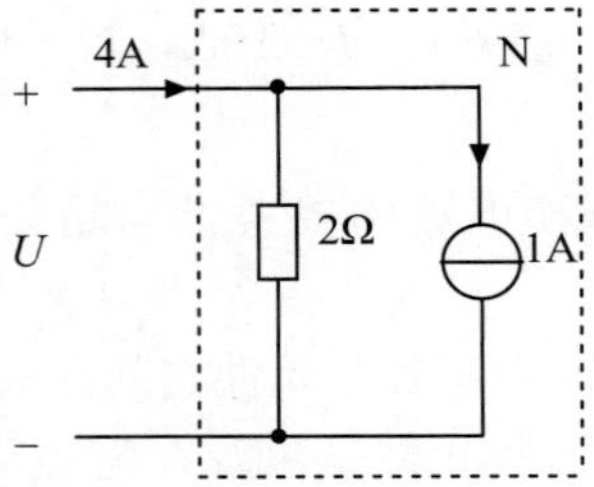

图 1.27 习题 1.5 的图

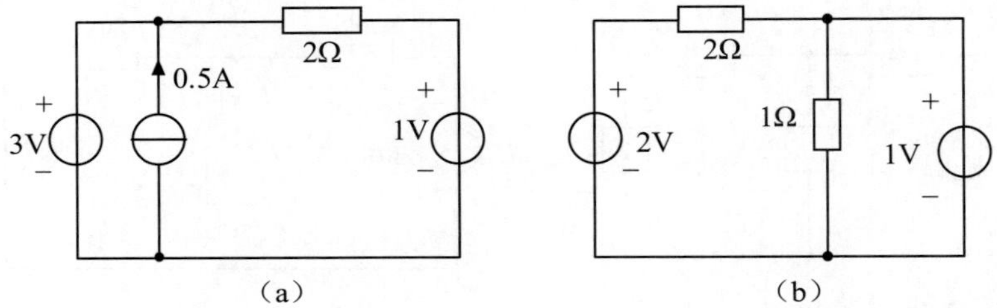

图 1.28 习题 1.6 的图

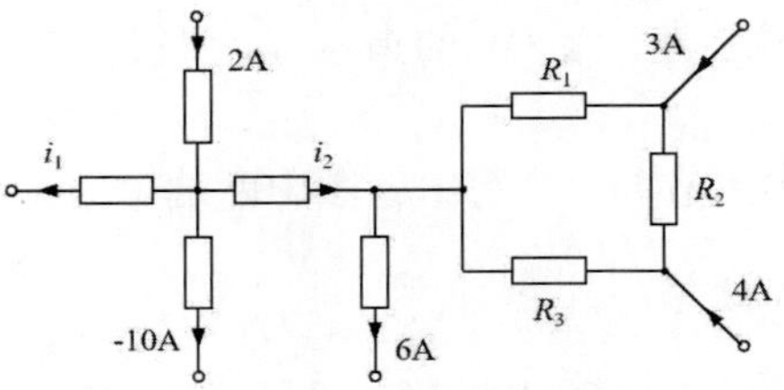

图 1.29 习题 1.7 的图

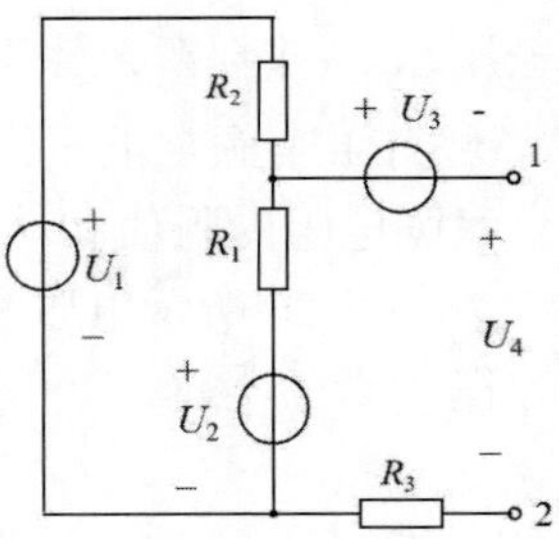

图 1.30 习题 1.8 的图

1.9 电路如图 1.31 所示，请列出所有回路的 KVL 方程，它们是一组独立的 KVL 方程吗？这一组方程中独立的 KVL 方程有几个？

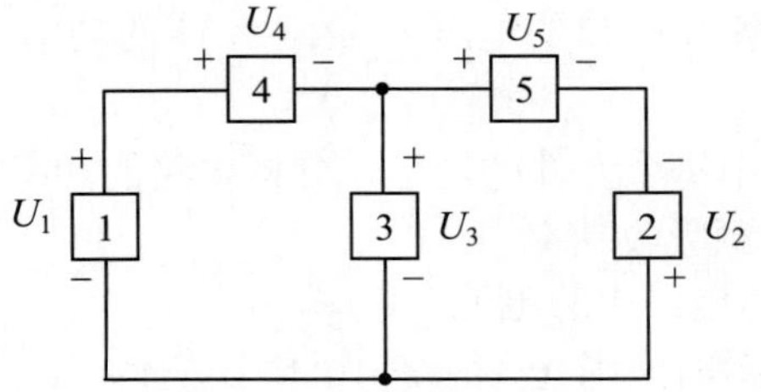

图 1.31 习题 1.9 的图

1.10　试用 KCL 和 KVL 求图 1.32 电路中的电压 u。

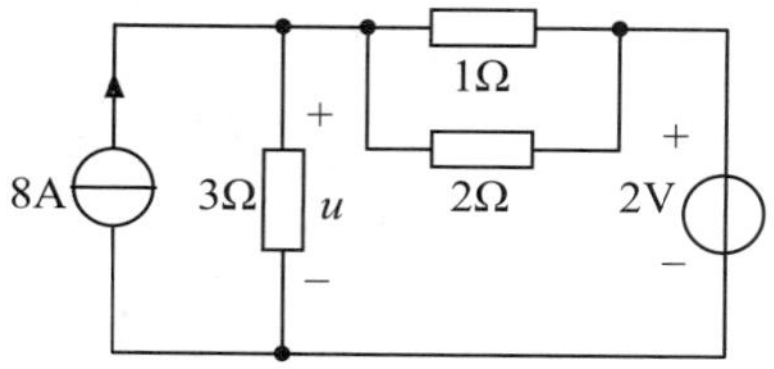

图 1.32　习题 1.10 的图

1.11　在图 1.33 所示的电路中，已知 $U=3\text{V}$，试求电阻 R。

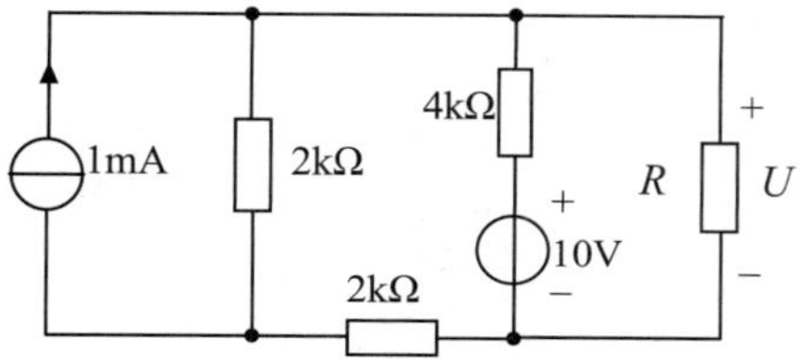

图 1.33　习题 1.11 的图

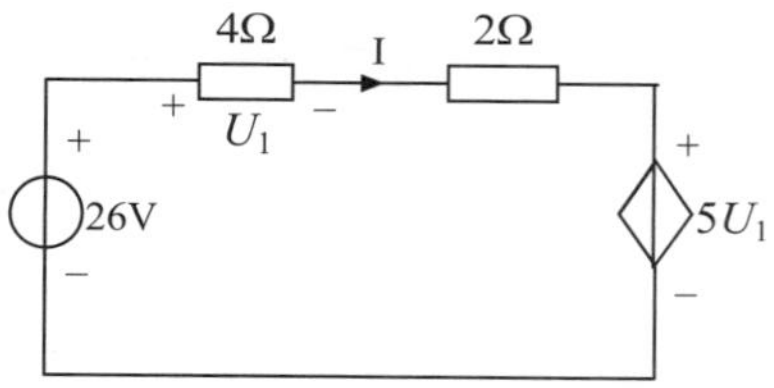

图 1.34　习题 1.12 的图

1.12　求图 1.34 所示电路中的电流 I 和受控源发出的功率。

1.13　求图 1.35 所示电路中电压源和受控电流源发出的功率。

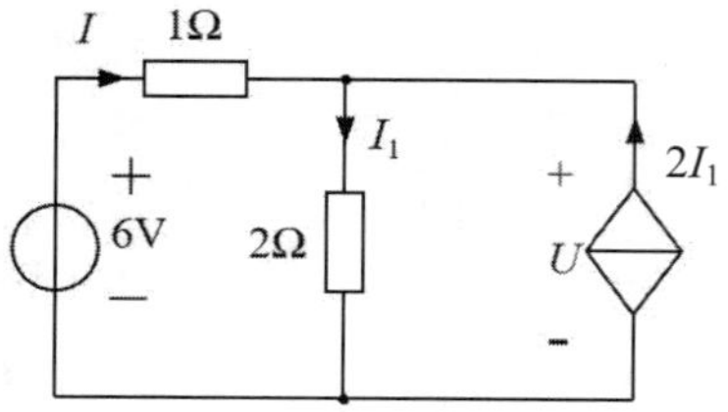

图 1.35　习题 1.13 的图

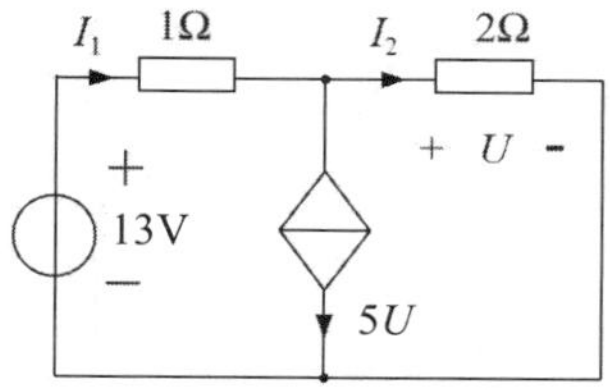

图 1.36　习题 1.14 的图

1.14　求图 1.36 所示电路中电流 I_1 和电压 U。

1.15　试求图 1.37 所示电路中的电流 i。

1.16　试求图 1.38 所示电路中的电压 U_0。

1.17　求图 1.39 所示电路中 A 点的电位 V_A。

1.18　求图 1.40 所示电路中，开关 S 断开和闭合时 A 点的电位 V_A。

1.19　试求图 1.41 所示电路中受控源吸收的功率 P。

1.20　在图 1.42 所示电路中，已知电阻 R 消耗功率 $P=50\text{W}$，试求电阻 R 的阻值。

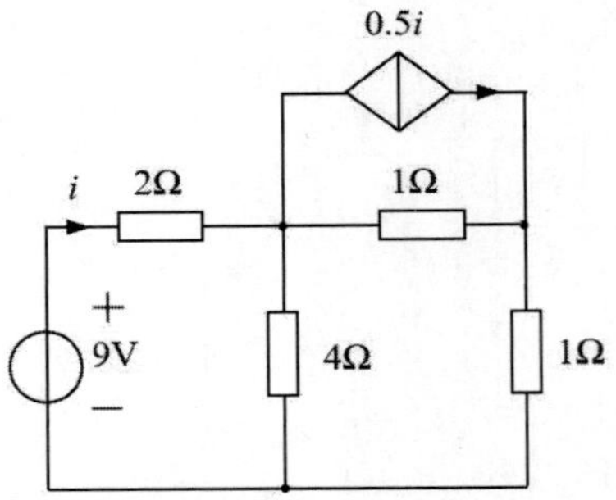

图 1.37 习题 1.15 的图

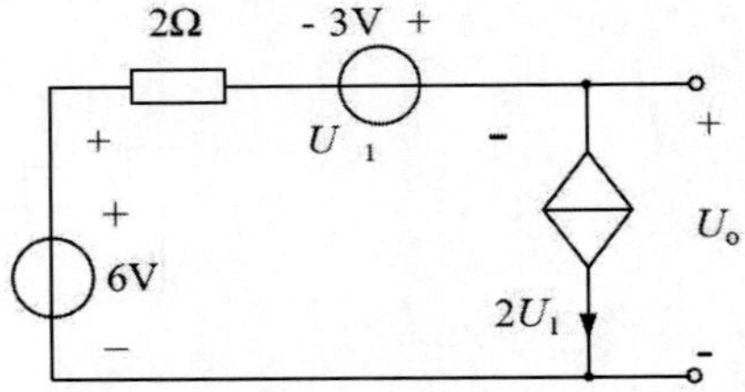

图 1.38 习题 1.16 的图

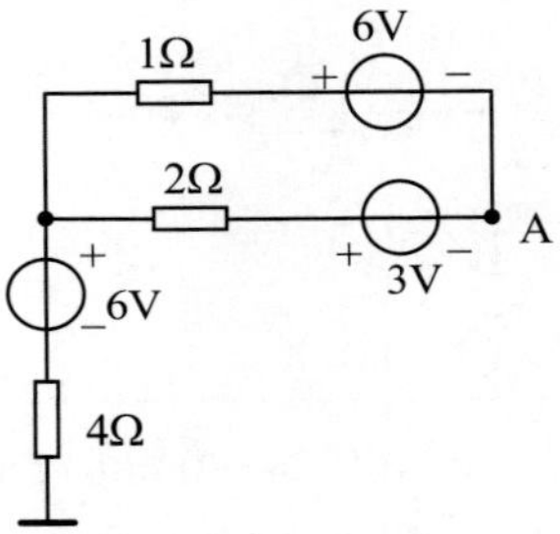

图 1.39 习题 1.17 的图

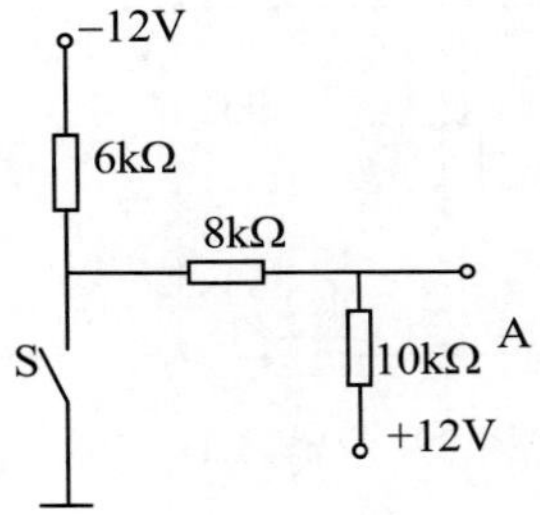

图 1.40 习题 1.18

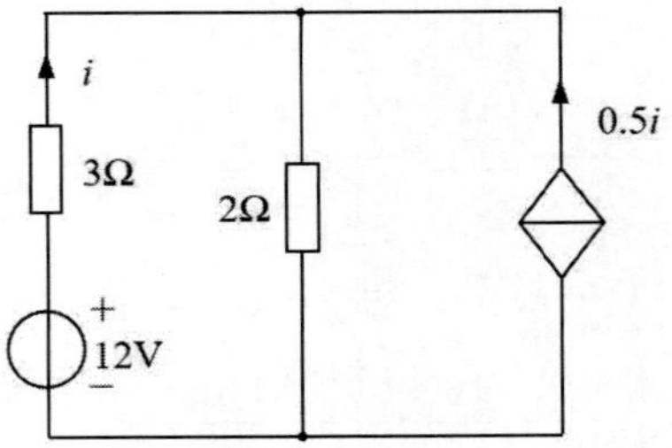

图 1.41 习题 1.19 的图

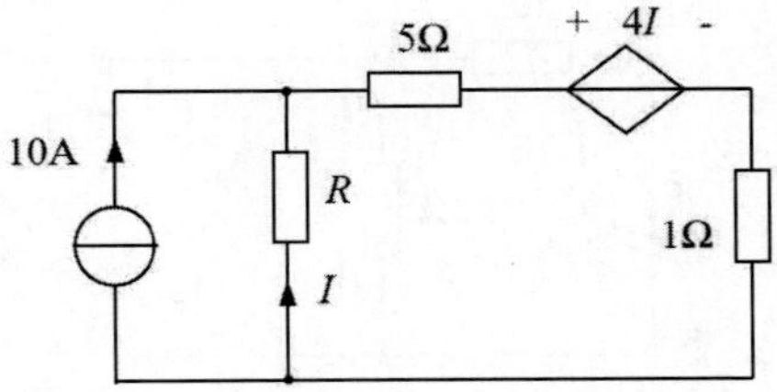

图 1.42 习题 1.20 的图

第 2 章　电路分析基本方法

本章课程目标

1. 掌握电路等效变换概念，能够运用等效变换方法化简电阻电路并求解。
2. 掌握实际电源模型，能够运用电源的等效变换求解电路。
3. 理解输入电阻，能够计算无源一端口网络的输入电阻。
4. 掌握支路电流法、回路电流法和结点电压法，能够针对电路列写一般方程，分析并求解电路。

由线性电阻、独立电源和线性受控源组成的电路称为线性电阻性电路，简称电阻电路。等效变换是分析电路的一种有效手段，尤其适合分析结构比较简单的电路。支路电流法、网孔电流法和结点电压法统称为方程分析法，具有普遍适用性，方程分析法不改变电路结构，通过选择一组合适的电路变量（电压或电流），依据基尔霍夫定律和元件特性 VCR 建立独立方程组来求解电路。本章介绍电路分析的等效变换法和方程分析法，主要内容包括电阻电路、电源电路的等效变换及无源一端口网络输入电阻的求解，支路电流法、网孔电流法、回路电流法、结点电压法的标准方程，以及特殊形态电路的处理方法。

2.1　等效变换的概念

对电路进行分析和计算时，有时可以用一个较为简单的等效电路替代原电路，从而将电路中某一部分简化。例如在图 2.1（a）中，*B* 部分电路是由几个电阻构成的，可以用一个电阻 R_{eq} 替代，如图 2.1（b）所示，使整个电路得以简化。

进行等效替代的条件是使图 2.1（a）中 B 部分电路和（b）中 C 部分电路有相同的伏安特性。电阻 R_{eq} 称为等效电阻，其值取决于被替代的原电路中各电阻的值以及它们的连接方式。

另一方面，当图 2.1（a）中 B 部分电路被 R_{eq} 替代后，A 部分电路的任何电压、电流和功率都与原电路相同，这就是电路的“等效概念”。更一般地说，当电路中某一部分用其等效电路替代后，未被替代部分的电压、电流和功率均应保持不变。

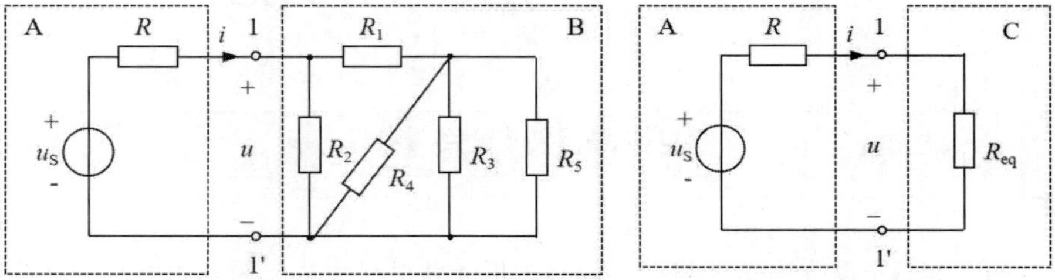

（a）　　　　（b）

图 2.1　电路的等效变换

用等效电路的方法求解电路时，电压、电流和功率保持不变的部分仅限于等效电路以外，这就是“对外等效”。等效电路与被它代替的那部分电路相比较，其内部结构已经发生了变化，因此，内部并不等效。例如，把图 2.1（a）中 B 部分电路简化后，不难按图 2.1（b）求得端子 1-1’左部分的电流 i 和端子 1-1’的电压 u，它们分别等于原电路中的电流 i 和电压 u。如果需要求解图 2.1（a）中 B 部分电路的各支路电流，就必须回到原电路，根据已求得的电流 i 和电压 u 求解。所以，“对外等效”也就是其外部特性等效。

通过以上分析，可以得出下面的结论：

（1）电路等效变换的条件是相互替换的两部分电路端口处具有相同的伏安特性。

（2）等效变换是对外部电路等效，内部电路并不等效，即电路未变化的部分，其电流、电压、功率在变换前和变换后是相等的，如图 2.1（a）和图 2.1（b）中的 A 部分；但是等效电路如图 2.1（b）中 C 部分，与被它代替的那部分电路如图 2.1（a）中 B 部分，两者的内部结构已经发生了变化。

（3）电路等效变换的目的是简化电路，方便电路的分析和计算。

2.2　电阻电路的等效变换

【微课视频】

电阻电路的等效变换

2.2.1　电阻串联的等效变换

将若干个电阻元件首尾相连，按顺序依次连接在一起形成无分支的二端电路，这种连接方式称为电阻的串联，如图 2.2（a）所示，串联的电阻中流过同一个电流。

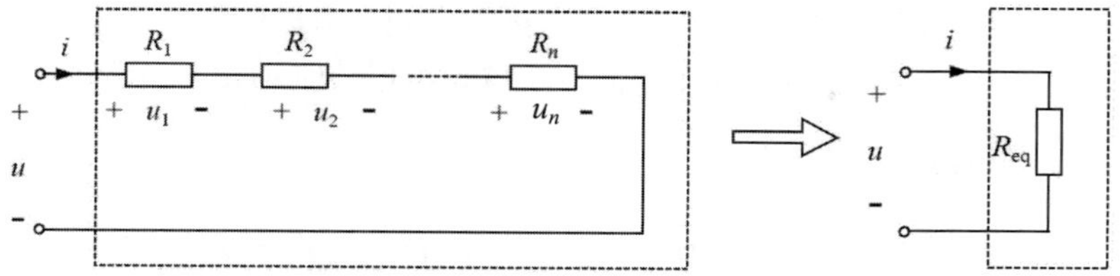

图 2.2　电阻串联的等效变换

由 KVL 及欧姆定律可得出图 2.2（a）所示 n 个电阻串联电路端口的伏安关系

$$\begin{aligned} u &= R_1 i + R_2 i + \cdots + R_n i \\ &= (R_1 + R_2 + \cdots + R_n)\, i \\ &= R_{\text{eq}}\, i \end{aligned}$$

其中

$$R_{\text{eq}} = R_1 + R_2 + \cdots + R_n = \sum_{k=1}^{n} R_k \tag{2.1}$$

n 个电阻串联可以用一个等效电阻 R_{eq} 来代替，如图 2.2（b）所示，R_{eq} 又称为串联电路的总电阻，其大小等于各串联电阻之和。

串联电阻具有分压作用，图 2.2（a）所示电路中，第 k 个电阻两端的电压为

$$u_k = R_k i = \frac{R_k}{R_{\text{eq}}} u \qquad k = 1, 2, \cdots, n \tag{2.2}$$

可见，电阻串联时每个电阻两端的电压与其电阻值成正比，式（2.2）称为电阻串联电路的分压公式。

在图 2.3 中只有两个电阻串联，则 R_1、R_2 上分得的电压 u_1、u_2 分别为

$$\begin{cases} u_1 = \dfrac{R_1}{R_1 + R_2} u \\ u_2 = \dfrac{R_2}{R_1 + R_2} u \end{cases} \tag{2.3}$$

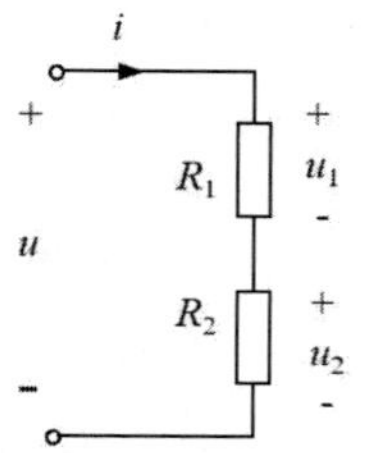

图 2.3　两个电阻的串联

电阻串联在实际中的应用很多，例如当负载的额定电压低于电源电压时，可用串联电阻的方法进行分压。另外，通过电阻的串联，可以限制和调节电路中电流的大小。

2.2.2 电阻并联的等效变换

将若干个电阻元件连接于两个公共点之间，首端连在一起，尾端也连在一起，形成一个二端电路，这种连接方式称为电阻的并联，如图 2.4（a）所示，并联电阻两端的电压相同。

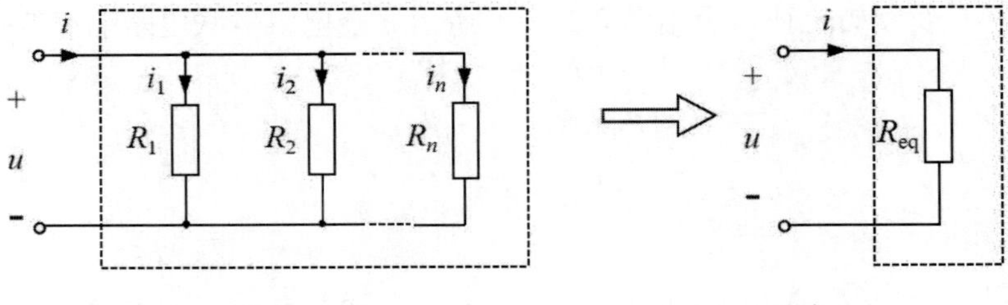

图 2.4 电阻的并联

由 KCL 及欧姆定律可得出图 2.4（a）所示 n 个电阻并联的端口伏安关系

$$\begin{aligned} i &= i_1 + i_2 + \cdots + i_n \\ &= \left(\frac{1}{R_1} + \frac{1}{R_2} + \cdots + \frac{1}{R_n}\right) u \\ &= \frac{1}{R_{eq}} u \end{aligned}$$

其中

$$\frac{1}{R_{eq}} = \frac{1}{R_1} + \frac{1}{R_2} + \cdots + \frac{1}{R_n} = \sum_{k=1}^{n} \frac{1}{R_k} \tag{2.4}$$

n 个电阻并联可以用一个等效电阻 R_{eq} 来代替，如图 2.4（b）所示，R_{eq} 又称为并联电路的总电阻。可以看出，并联电路的等效电阻小于任意一个并联的电阻。

由于电阻的倒数为电导，所以式（2.4）也可以写成

$$G_{eq} = G_1 + G_2 + \cdots + G_n = \sum_{k=1}^{n} G_k \tag{2.5}$$

即 n 个电导并联，其等效电导 G_{eq} 等于各个并联电导之和。

图 2.4（a）所示电路中，流过第 k 个电阻的电流为

$$i_k = \frac{u}{R_k} = G_k u = \frac{G_k}{G_{eq}} i \quad k = 1, 2, \cdots, n \tag{2.6}$$

可见，每个并联电阻中的电流与其电导值成正比，式（2.6）称为电阻并联电路的分流公式。

在并联电路的计算中，最常遇到的是两个电阻并联的电路，如图 2.5（a）所示，其等效电阻如图 2.5（b）所示。

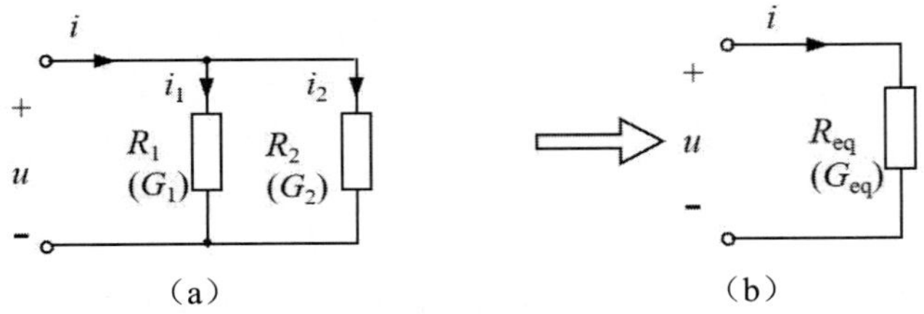

图 2.5　两个电阻的并联

两个电阻并联电路中，等效电阻与每个并联电阻的关系为

$$\frac{1}{R_{eq}}=\frac{1}{R_1}+\frac{1}{R_2}$$

可得

$$R_{eq}=\frac{R_1R_2}{R_1+R_2} \tag{2.7}$$

可将上式记作

$$R_{eq}=R_1 // R_2=\frac{R_1R_2}{R_1+R_2}$$

式中，符号“//”说明 R_1、R_2 为并联关系。

图 2.5（a）中两个电阻并联后的等效电导为

$$G_{eq}=G_1+G_2$$

图 2.5（a）所示电路中，各支路电流为

$$\begin{cases} i_1=\dfrac{u}{R_1}=\dfrac{R_2}{R_1+R_2}i=\dfrac{G_1}{G_{eq}}i \\ i_2=\dfrac{u}{R_2}=\dfrac{R_1}{R_1+R_2}i=\dfrac{G_2}{G_{eq}}i \end{cases} \tag{2.8}$$

2.2.3　电阻混联的等效变换

实际电路中往往既有电阻的串联又有电阻的并联，电路中电阻的串联和并联相结合的连接方式称为电阻的混联。混联电路求等效电阻时，首先要搞清楚各电阻之间的串并联关系，然后再利用电阻串联和并联的特点进行计算。

【例 2.1】求图 2.6（a）中 ab 两端点间的等效电阻 R_{ab}。

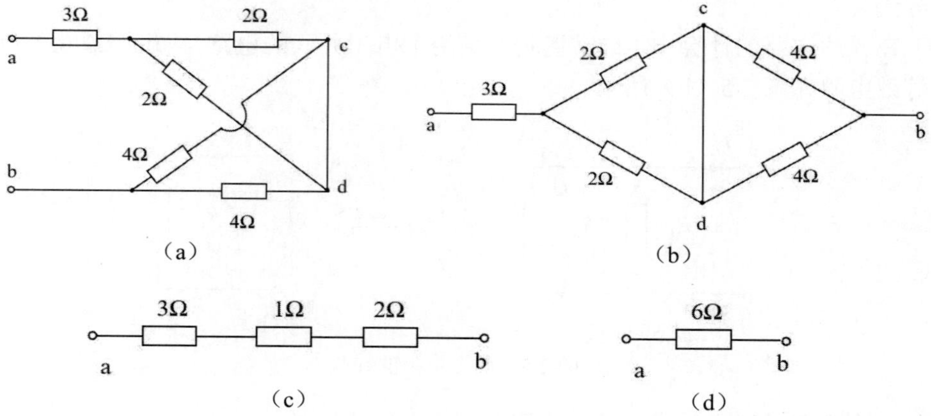

图 2.6　例 2.1 的图

解：由图 2.6（a）可以看出 cd 是条短路线，所以两个 2Ω 的电阻并联，两个 4Ω 的电阻也并联，如图 2.6（b）所示，两个 2Ω 的电阻并联后的等效电阻为 $\frac{2\times2}{2+2}=1\Omega$，两个 4Ω 的电阻并联后的等效电阻为 $\frac{4\times4}{4+4}=2\Omega$，如图 2.6（c），所以 ab 两端点间的等效电阻如图 2.6（d）所示，得

$$R_{ab}=3+1+2=6\Omega$$

【**例 2.2**】电路如图 2.7 所示。

（1）求图（a）所示电路中的电流 i。（2）求图（b）所示电路中电压 u 和电压源发出的功率 P。

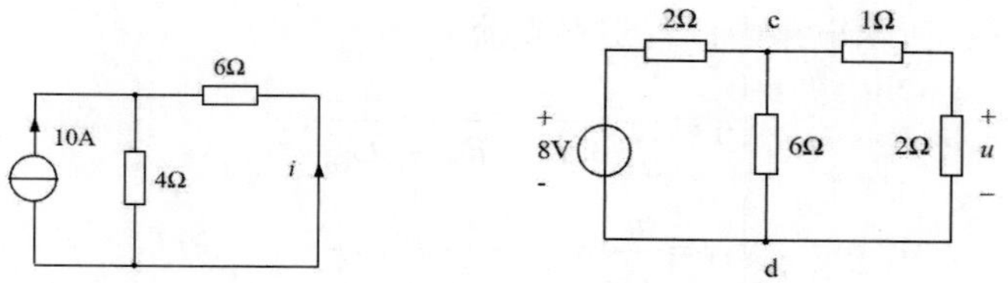

图 2.7　例 2.2 的图

解：（1）利用分流公式可得

$$i=-\frac{4}{4+6}\times10=-4\text{A}$$

（2）先求电路 c、d 之间等效电阻

$$R_{cd}=\frac{(1+2)\times 6}{(1+2)+6}=2\Omega$$

再求电路总的等效电阻

$$R_{eq}=R_{cd}+2=4\Omega$$

利用分压公式可得

$$u_{cd}=\frac{2}{2+2}\times 8=4\text{V}$$

1Ω 和 2Ω 电阻串联，对 u_{cd} 进行分压，得

$$u=\frac{2}{2+1}\times 4=\frac{8}{3}\text{V}$$

电压源发出的功率

$$P=\frac{u^2}{R_{eq}}=\frac{8^2}{4}=16\text{W}$$

2.2.4　电阻 Y 形联结和△形联结的等效变换

电阻除了串联和并联以外，还有一种特殊的连接形式——桥形连接。惠斯通电桥电路如图 2.8 所示，它是测量中常用的一种电桥电路，R_1、R_2、R_3 和 R_4 所在的支路称为桥臂，R_5 支路称为对角线支路，当满足条件 $R_1R_4=R_2R_3$ 时，电桥处于平衡状态，此时 R_5 既可以看作开路也可以看作短路，电路就可以按照串、并联的特点进行分析和计算。但是如果电桥电路不满足上述的平衡条件，电路中电阻 R_1、R_2、R_3、R_4 和 R_5 既非串联又非并联，电路就不能按照串、并联的特点进行分析和计算，这就用到电阻 Y 形联结和△形联结等效变换的方法。

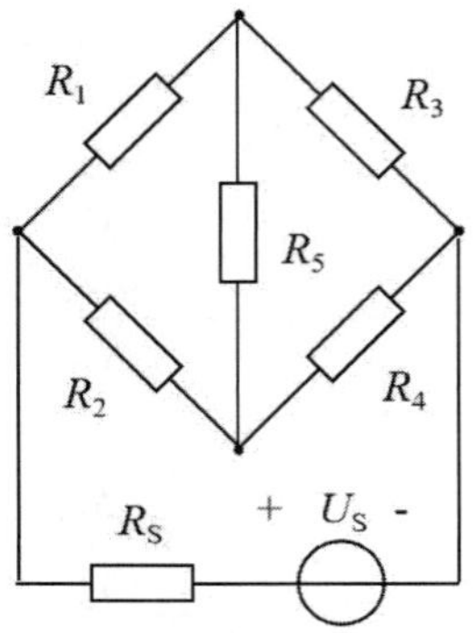

图 2.8　惠斯通电桥电路

图 2.8 中，R_1、R_3 和 R_5 构成一个 Y 形联结，又称星形联结；电阻 R_1、R_2 和 R_5 构成一个△ 形联结，又称三角形联结。

在 Y 形联结中，每个电阻都有一端接在一个公共结点上，另一端则分别接到 3 个端子上，如图 2.9（a）所示。在△形联结中，三个电阻首尾相接，分别接出 3 个端子，如图 2.9（b）所示。

（a）　　　　（b）

图 2.9　Y 形联结和△形联结的等效变换

图 2.9 中，Y 形联结和△形联结都是通过 3 个端子 1、2、3 与外部电路相连，外部电路并未画出。根据等效变换的概念，当两种联结的电阻之间满足一定的关系时，它们在端子 1、2、3 以外的特性可以相同，就是说这两种接法之间可以等效变换。

设 Y 形联结中各端子之间的电压分别是 u_{12}、u_{23}、u_{31}，△形联结中对应端子之间的电压分别是 u'_{12}、u'_{23}、u'_{31}，如果它们对应端子之间具有相同的电压，即 $u_{12}=u'_{12}$，$u_{23}=u'_{23}$，$u_{31}=u'_{31}$，而流入对应端子的电流分别相等，即 $i_1=i'_1$，$i_2=i'_2$，$i_3=i'_3$，在这种条件下，对外电路而言，它们彼此等效。这就是电阻 Y-△等效变换的条件。

对于△形联结电路，各电阻中电流为

$$i_{12}=\frac{u'_{12}}{R_{12}},\quad i_{23}=\frac{u'_{23}}{R_{23}},\quad i_{31}=\frac{u'_{31}}{R_{31}}$$

根据 KCL，图 2.9（b）中的△形联结电路各端子电流分别为

$$\begin{cases} i'_1=i_{12}-i_{31}=\dfrac{u_{12}}{R_{12}}-\dfrac{u_{31}}{R_{31}} \\ i'_2=i_{23}-i_{12}=\dfrac{u_{23}}{R_{23}}-\dfrac{u_{12}}{R_{12}} \\ i'_3=i_{31}-i_{23}=\dfrac{u_{31}}{R_{31}}-\dfrac{u_{23}}{R_{23}} \end{cases} \tag{2.9}$$

对于图 2.9（a）中的 Y 形联结电路，根据 KCL 和 KVL 求出端子电压与端子电流之间的关系方程为

$$\left.\begin{aligned} & i_1+i_2+i_3=0 \\ & R_1 i_1-R_2 i_2=u_{12} \\ & R_2 i_2-R_3 i_3=u_{23} \\ & R_3 i_3-R_1 i_1=u_{31} \end{aligned}\right\} \tag{2.10}$$

由式（2.10）可以得出

$$\begin{cases} i_1=\dfrac{R_3 u_{12}}{R_1 R_2+R_2 R_3+R_3 R_1}-\dfrac{R_2 u_{31}}{R_1 R_2+R_2 R_3+R_3 R_1} \\ i_2=\dfrac{R_1 u_{23}}{R_1 R_2+R_2 R_3+R_3 R_1}-\dfrac{R_3 u_{12}}{R_1 R_2+R_2 R_3+R_3 R_1} \\ i_3=\dfrac{R_2 u_{31}}{R_1 R_2+R_2 R_3+R_3 R_1}-\dfrac{R_1 u_{23}}{R_1 R_2+R_2 R_3+R_3 R_1} \end{cases} \tag{2.11}$$

由于不论 u_{12}、u_{23}、u_{31} 为何值，两个等效电路的对应端子电流均相等，故式（2.9）与式（2.11）中电压 u_{12}、u_{23}、u_{31} 前面的系数应该对应地相等。于是得到

$$\begin{cases} R_{12}=\dfrac{R_1 R_2+R_2 R_3+R_3 R_1}{R_3} \\ R_{23}=\dfrac{R_1 R_2+R_2 R_3+R_3 R_1}{R_1} \\ R_{31}=\dfrac{R_1 R_2+R_2 R_3+R_3 R_1}{R_2} \end{cases} \tag{2.12}$$

式（2.12）就是根据 Y 联结的电阻确定△联结电阻的公式。

由式（2.12）可求出

$$\begin{cases} R_1=\dfrac{R_{12} R_{31}}{R_{12}+R_{23}+R_{31}} \\ R_2=\dfrac{R_{12} R_{23}}{R_{12}+R_{23}+R_{31}} \\ R_3=\dfrac{R_{23} R_{31}}{R_{12}+R_{23}+R_{31}} \end{cases} \tag{2.13}$$

式（2.13）就是根据△联结的电阻确定 Y 联结电阻的公式。

为了便于记忆，式（2.12）和式（2.13）可归纳为

$$\triangle\text{形电阻}=\frac{\text{Y形电阻两两乘积之和}}{\text{Y形不相邻电阻}}$$

$$Y形电阻=\frac{\triangle形相邻电阻的乘积}{\triangle形电阻之和}$$

若 Y 联结中 3 个电阻相等，即 $R_1=R_2=R_3=R_Y$，则等效△联结中 3 个电阻也相等，由式（2.12）可以求出

$$R_\Delta = R_{12} = R_{23} = R_{31} = 3R_Y$$

或

$$R_Y = \frac{1}{3}R_\Delta \tag{2.14}$$

式（2.12）和式（2.13）也可以用电导表示，例如式（2.12）可写成

$$\begin{cases} G_{12} = \dfrac{G_1G_2}{G_1+G_2+G_3} \\ G_{23} = \dfrac{G_2G_3}{G_1+G_2+G_3} \\ G_{31} = \dfrac{G_3G_1}{G_1+G_2+G_3} \end{cases} \tag{2.15}$$

通过以上分析，电阻 Y-△等效变换后的三个电阻值可以由式（2.12）或式（2.13）计算得出，电阻的计算比较容易，但是要特别注意变换后的三个电阻要和电路中未变换的那部分电路正确连接。

【例 2.3】 求图 2.10（a）所示桥形电路的总电阻 R_{12}。

解：第一种解法：将结点①③④内的△形电路用等效 Y 形电路替代，得到图 2.10（b）所示电路，利用式（2.13）得

$$R_2 = \frac{2\times2}{2+2+1} = 0.8\Omega$$

$$R_3 = \frac{2\times1}{2+2+1} = 0.4\Omega$$

$$R_4 = \frac{2\times1}{2+2+1} = 0.4\Omega$$

然后用串、并联的方法，得到图 2.10（c）、图 2.10（d）、图 2.10（e）所示电路，从而得到

$$\begin{aligned} R_{12} &= 0.8 + \frac{(0.4+2)(0.4+1)}{(0.4+2)+(0.4+1)} + 1 \\ &= 0.8 + 0.884 + 1 \\ &= 2.684\Omega \end{aligned}$$

第二种解法：将结点①④⑤内的 Y 形电路用等效△形电路替代，结点③是 Y 形电路内部公共结点。求解过程如图 2.11（a）、图 2.11（b）、图 2.11（c）所示。

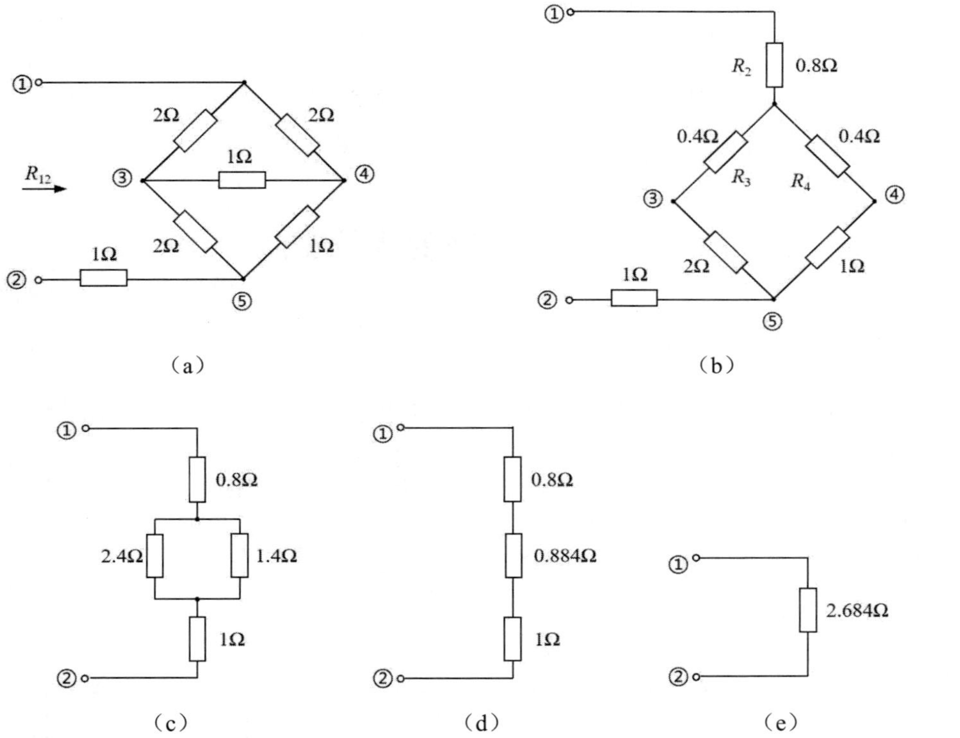

图 2.10　例 2.3 的图

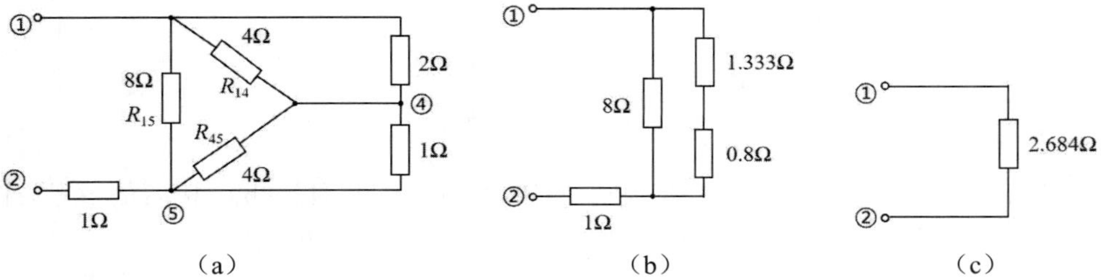

图 2.11　例 2.3 的另一种求解方法

依次可以解得

$$R_{15}=\frac{2\times1+2\times1+2\times2}{1}=8\Omega$$

$$R_{14}=\frac{2\times1+2\times1+2\times2}{2}=4\Omega$$

$$R_{45}=\frac{2\times1+2\times1+2\times2}{2}=4\Omega$$

所以

$$R_{12}=\frac{8\times(0.8+1.333)}{8+(0.8+1.333)}+1=2.684\Omega$$

2.3 电源电路的等效变换

【微课视频】

电源电路的等效变换

2.3.1 理想电源的串联和并联

在电路分析时，常会遇到理想电压源和理想电流源的串联与并联的情况。

1. 理想电压源的串联和并联

n 个理想电压源串联可用一个电压源等效代替，如图 2.12 所示，这个等效电压源电压 u_S 为

$$u_S=u_{S1}+u_{S2}+\cdots+u_{Sn}=\sum_{k=1}^{n}u_{Sk} \tag{2.16}$$

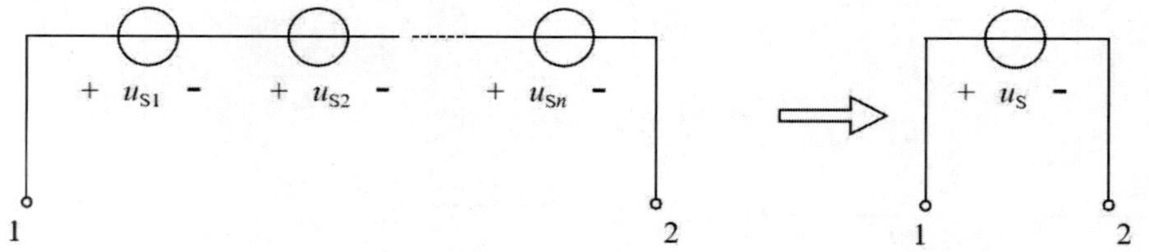

（a） （b）

图 2.12 电压源串联

当图 2.12（a）中 u_{Sk}（k=1,2,…,n）的参考方向与图 2.12（b）中 u_S 的参考方向一致时，式（2.16）中 u_{Sk} 的前面取正号，不一致时 u_{Sk} 前面取负号。

只允许大小、极性完全相同的电压源并联，如图 2.13 所示，此时可用其中一个电压源来等效代替，即 $u_S=u_{S1}=u_{S2}=\cdots=u_{Sn}$。

2. 理想电流源的串联和并联

n 个理想电流源并联可用一个电流源等效代替，如图 2.14 所示，这个电流源电流 i_S 为

$$i_S=i_{S1}+i_{S2}+\cdots+i_{Sn}=\sum_{k=1}^{n}i_{Sk} \tag{2.17}$$

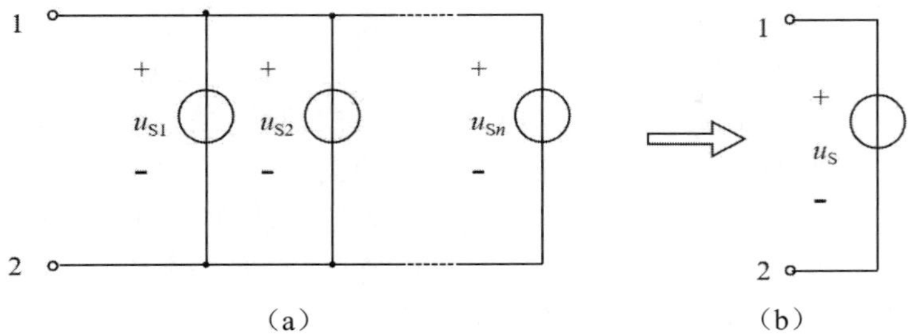

图 2.13　电压源并联

当图 2.14（a）中 i_{Sk} 的参考方向与图 2.14（b）中 i_S 的参考方向一致时，式（2.17）中 i_{Sk} 的前面取正号，不一致时 i_{Sk} 前面取负号。

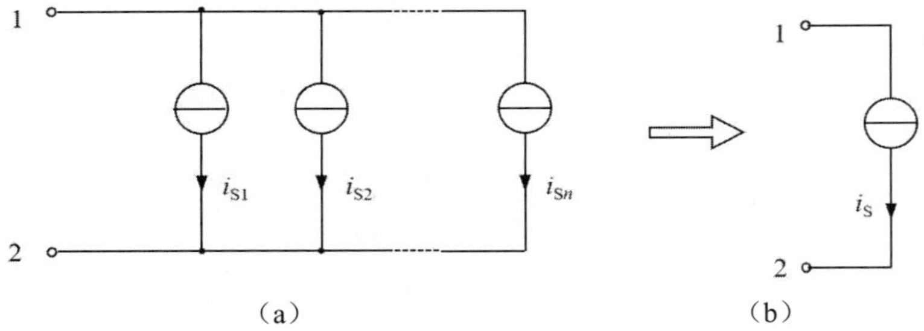

图 2.14　电流源并联

只允许大小、方向完全相同的电流源串联，如图 2.15 所示，此时可用其中一个电流源来等效代替，即 $i_S=i_{S1}=i_{S2}=\cdots=i_{Sn}$。

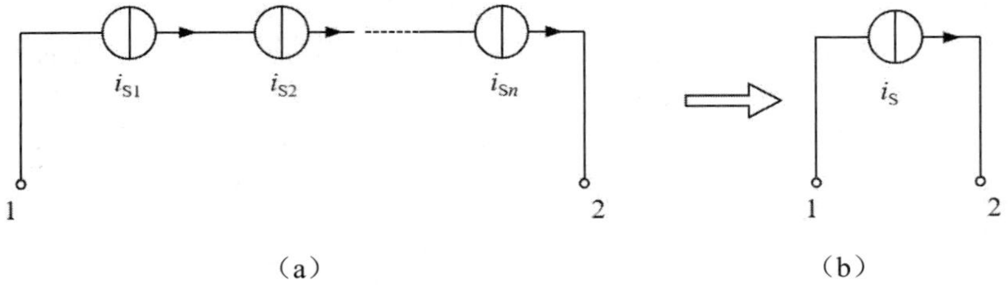

图 2.15　电流源串联

2.3.2　实际电源模型及其等效变换

前面所讨论的理想电压源和理想电流源在实际中是不存在的。实际电源既做不到电压源端电压不变，也做不到电流源的输出电流不变。

1. 实际电源的两种电路模型

图 2.16（a）所示为一个实际直流电源，例如一个干电池或蓄电池。图 2.16（b）是通过实验得到的输出电压 u 与输出电流 i 的伏安特性曲线。可见电压 u 随电流 i 增大而减小，而且只在一定范围内电压和电流的关系近似为直线。实际工作中，电流 i 不可超过一定的限值，否则会导致电源损坏。如果把特性曲线的直线部分加以延长，如图 2.16（c）所示，在 u 轴上的交点相当于 i=0 时的电压，即开路电压 U_{OC}；在 i 轴上的交点相当于 u=0 时的电流，即短路电流 I_{SC}。根据此伏安特性，可以用一个理想电压源和电阻串联的组合或一个理想电流源和电阻并联的组合作为实际电源的电路模型。

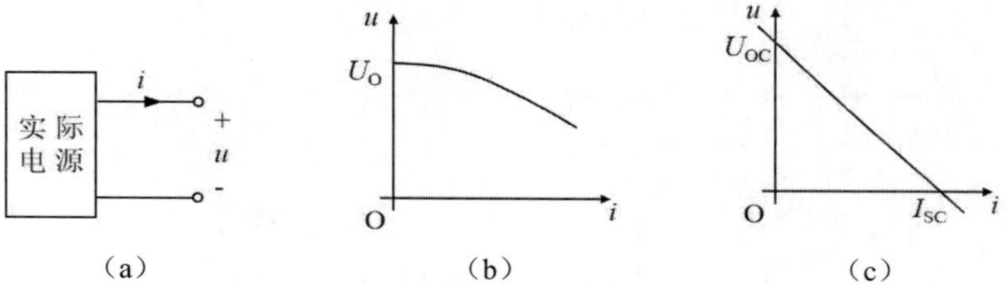

图 2.16 实际电源及其伏安特性

一个理想电压源和电阻的串联组合模型如图 2.17（a）所示，称为实际电压源模型；一个理想电流源和电阻的并联组合模型如图 2.17（c）所示，称为实际电流源模型。

图 2.17（a）所示的电压源模型中，端子 1-1′处的电压 u 与输出电流 i 的关系为

$$u = u_S - Ri \tag{2.18}$$

式（2.18）中电压 u 与电流 i 的特性曲线如图 2.17（b）所示。

图 2.17（c）所示的电流源模型中，端子 1-1′处的电压 u 与输出电流的关系为

$$i = i_S - \frac{u}{R'} \tag{2.19}$$

式（2.19）中电压 u 与电流 i 的特性曲线如图 2.17（d）所示。

2. 电压源模型和电流源模型的等效变换

在式（2.18）和式（2.19）中，如果令

$$\begin{cases} R = R' \\ u_S = i_S R' \end{cases} \tag{2.20}$$

则式（2.18）和式（2.19）所示的两个方程完全相同，也就是两种电源模型在端子 1-1′处 u 和 i 的关系完全相同。式（2.20）就是这两种电源模型之间等效变换的条件。变换时要注意 u_S 和 i_S 的参考方向，i_S 的参考方向由 u_S 的负极指向正极。

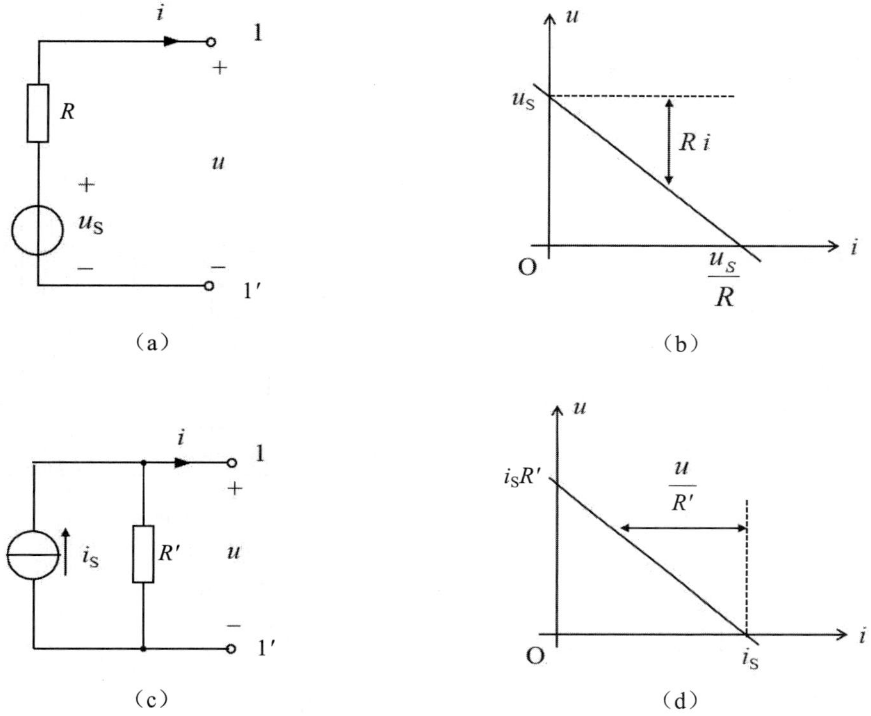

图 2.17　电源的两种电路模型

两种电源模型之间的这种等效变换仅保证端子 1-1′外部电路的电压、电流相同，即只是对外部等效，对内部并无等效可言。例如，端子 1-1′开路时，两电路对外均不发出功率，但此时电压源发出的功率为零，电流源发出的功率为 i_S^2R'，全部消耗在 R' 上。反之，短路时，电压源发出的功率为 $\frac{u_S^2}{R}$，全部消耗在 R 上，而电流源发出的功率为零。另外，理想电压源和理想电流源之间没有等效的关系。

利用两种电源模型之间的等效互换，可以把一个复杂电路经过逐步等效变换得以简化，从而有利于求解电路。

【例 2.4】电路如图 2.18（a）所示，试用电压源、电流源等效变换的方法求图中的电流 i。

解：根据电源串联和并联的等效变换，应设法将电路中并联的电源等效变换为电流源，将电路中串联的电源等效变换为电压源。观察图 2.18（a）电路，6V 的电压源与 6A 的电流源并联，因此，先将 6V 的电压源等效变换为电流源，如图 2.18（b），将两个并联的电流源合并成一个电流源，如图 2.18（c），使电路得以简化。

类似地，将 9A 和 2A 这两个串联的电流源分别等效变换为电压源，如图 2.18（d），此时形成了单回路电路，可求得电流 i 为

$$i=\frac{9-4}{1+2+7}=0.5\text{A}$$

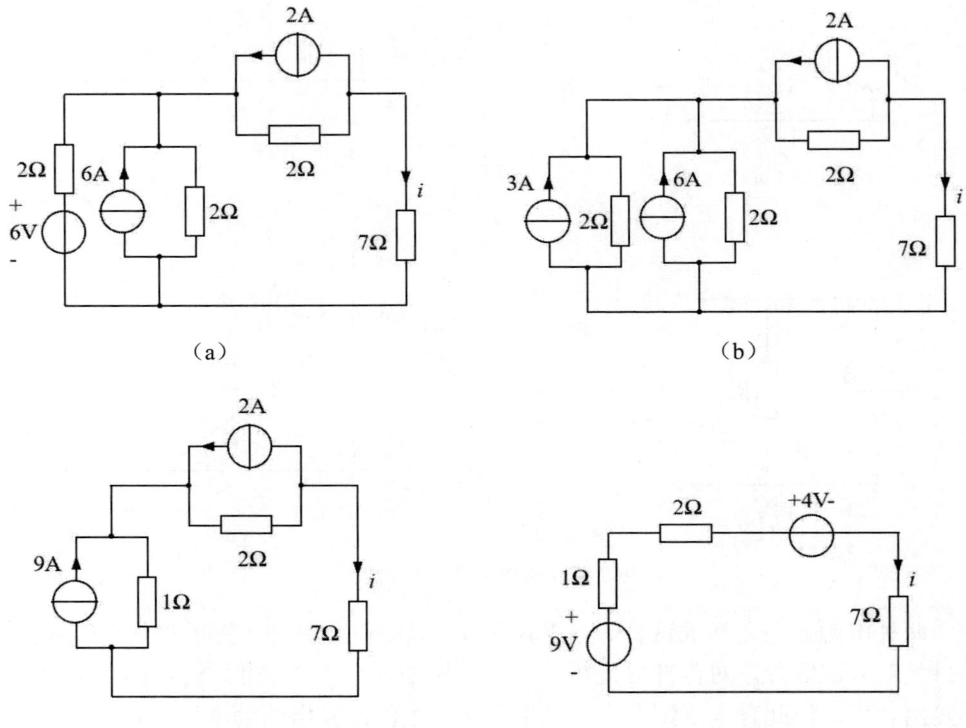

（c）（d）

图 2.18　例 2.4 的图

如果电路中含有受控电压源和电阻的串联组合或受控电流源和电阻的并联组合，可以视为独立电源进行等效变换，但是在等效变换过程中应当注意保持控制量所在支路不变，否则会找不到控制量。

【例 2.5】电路如图 2.19（a）所示，已知 R=2Ω，u_S=12V，受控电流源 VCCS 的电流 $i_c=2u_R$，求控制量 u_R。

解：将受控源 i_c 视为独立电源，保持控制量 u_R 支路不变，利用电源的等效变换，把受控电流源与电阻的并联组合等效变换为受控电压源与电阻的串联组合，如图 2.19（b）所示。

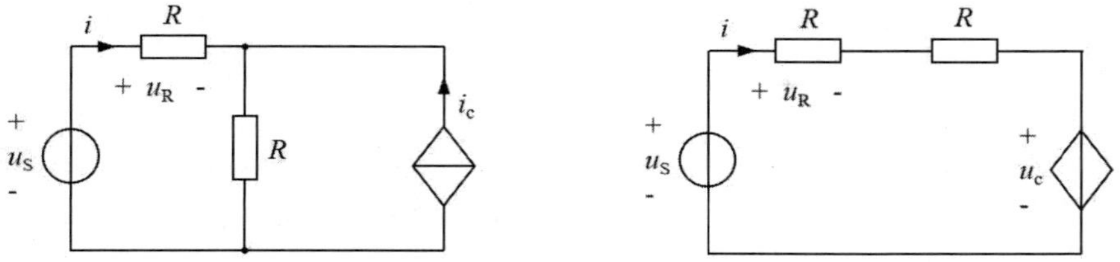

（a）　　　　　　　　（b）

图 2.19　例 2.5 的图

根据等效变换的条件，有　$u_c = Ri_c = 2\times 2\times u_R = 4u_R$

根据欧姆定律，有　$u_R = Ri = 2i$

对图 2.19（b）列 KVL，有　$u_S = Ri + Ri + u_C$

$$u_S = 2u_R + 4u_R$$

$$u_R = \frac{u_S}{6} = 2\text{V}$$

2.4　无源一端口网络的输入电阻

如果一个电路或网络只有两个引出端子与外部电路连接，则称为二端电路或二端网络，也称为一端口电路或一端口网络。根据 KCL 可知，流入一端口电路的电流一定等于流出的电流。如果一端口网络中不含独立源，则称为无源一端口；如果一端口网络中含有独立源，则称为有源一端口。对有源一端口网络的讨论详见戴维宁定理，这里主要讨论无源一端口网络。

【微课视频】

无源一端口网络的输入电阻

从输入端口看进去的等效电阻称为输入电阻，如果无源一端口网络内部仅含电阻，则可以应用电阻的串、并联和 Y-△变换等方法，以求得它的等效电阻。如果无源一端口网络内部除电阻以外还含有受控源，如图 2.20 所示，可以证明，不论内部电路如何复杂，端口电压与端口电流成正比。

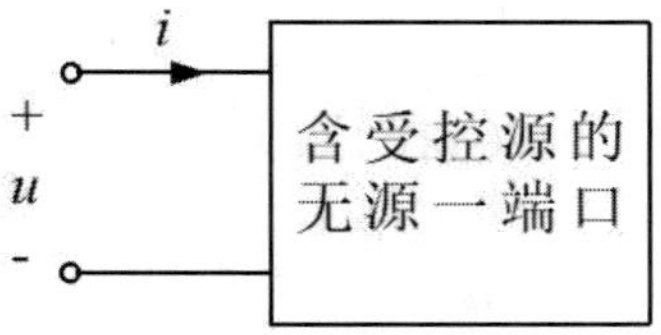

图 2.20　含受控源的无源一端口网络

无源一端口网络的输入电阻定义为

$$R_{\mathrm{in}}=\frac{u}{i} \tag{2.21}$$

求无源一端口的输入电阻一般采用电压、电流法，即在端口加电压源 u_S，然后求出端口电流 i，称为加压求流法，如图 2.21 所示；或在端口加电流源 i_S，然后求出端口电压 u，称为加流求压法，如图 2.22 所示。

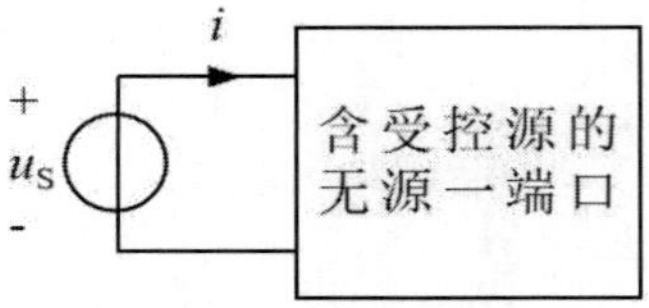

图 2.21　加压求流法

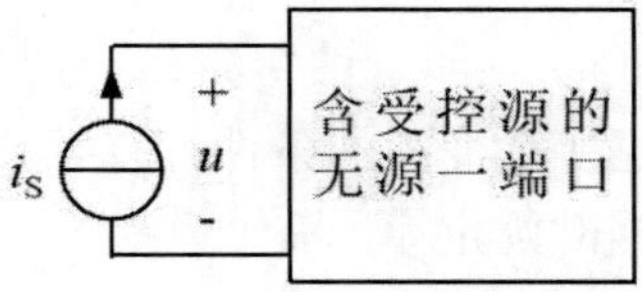

图 2.22　加流求压法

根据式（2.21），无源一端口网络的输入电阻为

$$R_{\mathrm{in}}=\frac{u_S}{i}=\frac{u}{i_S}$$

R_{in} 的计算结果只与一端口网络中的电阻值以及受控源的控制系数等参数有关，而与端口电压或端口电流无关。

【例 2.6】电路如图 2.23 所示，求一端口网络的输入电阻 R_{in}。

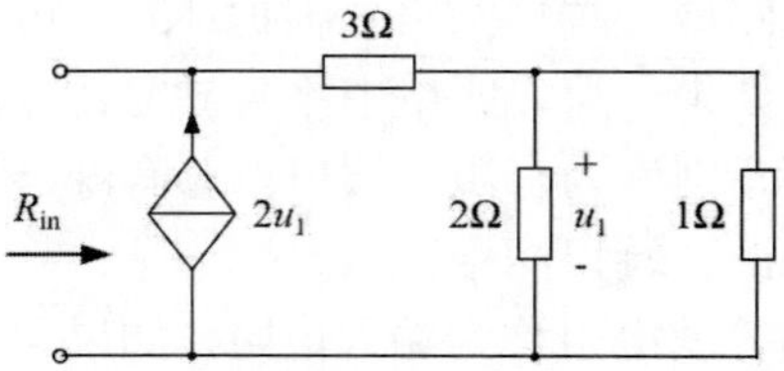

图 2.23　例 2.6 的图

解：观察电路可知，电路中没有独立电源，是一个含受控源的无源一端口网络。

第一种求解方法：加压求流法。在一端口处加电压源 u_S，设端口电流为 i，如图 2.24 所示。由 KCL 及欧姆定律得

$$u_1=\frac{1\times 2}{1+2}\times(i+2u_1)$$

求出

$$u_1=-2i$$

对虚线所示的回路列 KVL 方程，回路绕行方向如图 2.24 所示。

$$u_S=3i_1+u_1=3(i+2u_1)+u_1=3i+7u_1$$

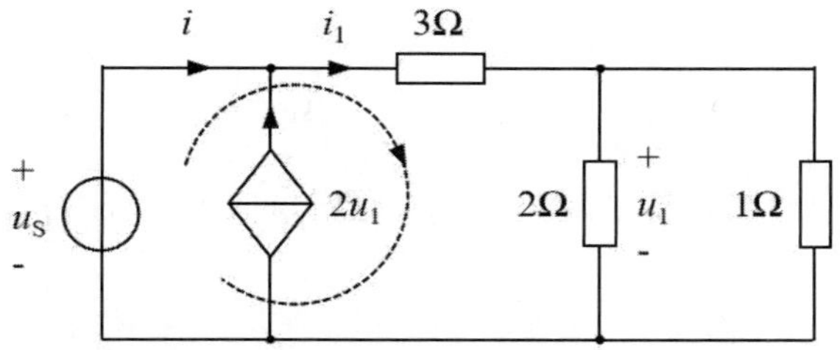

图 2.24　端口加电压源 u_S 后的电路

将 $u_1=-2i$ 代入上式，得

$$u_S=3i-14i$$

所以

$$R_{in}=\frac{u_S}{i}=-11\Omega$$

第二种求解方法：加流求压法。在一端口加电流源 i_S，设端口电压为 u，如图 2.25 所示。

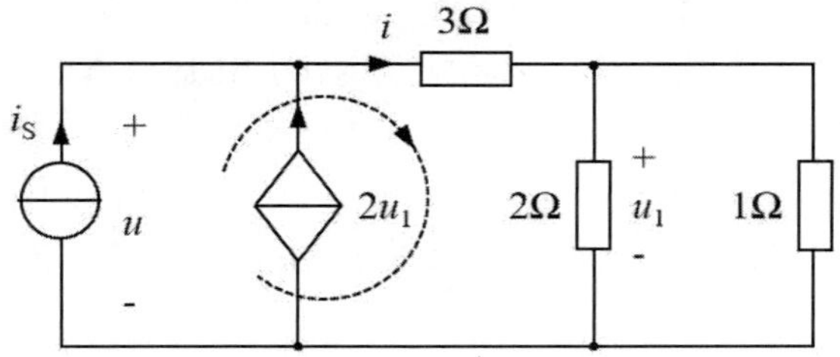

图 2.25　端口加电流源 i_S 后的电路

根据 KCL 和欧姆定律得

$$i=i_S+2u_1$$

$$u_1=\frac{1\times 2}{1+2}\times i=\frac{2}{3}(i_S+2u_1)$$

所以

$$u_1=-2i_S$$

对虚线所示的回路列 KVL 方程，回路绕行方向如图 2.25 所示。

$$u=3i+u_1=3(i_S+2u_1)+u_1=3i_S+7u_1$$

将 $u_1=-2i_S$ 代入上式，得

$$u=3i_S-14i_S$$

所以

$$R_{\text{in}}=\frac{u}{i_{\text{S}}}=3-14=-11\Omega$$

由此可见，含受控源电路的输入电阻可以是负值。负电阻元件实际是一个发出功率的元件。

以上内容介绍了电路的等效变换分析方法，通过对电路逐步化简，最后求出待求的电压或电流。等效变换法的特点是在等效变换的过程中改变了电路的结构，这种方法具有一定的局限性。

以下仍以线性电阻性电路为研究对象，介绍电路的方程分析法。方程分析法选择一组合适的电路变量，即电压或电流，依据元件的 VCR 关系及基尔霍夫定律，建立独立方程组来求解电路的响应。方程分析法主要包括：支路电流法、网孔电流法、回路电流法和节点电压法。方程分析法的特点是：无需改变电路的结构，能用于具有任意结构形式的复杂电路求解，是一类普遍适用的方法。

在方程分析方法中，支路电流法是最基本的分析方法，网孔电流法、回路电流法和结点电压法都是由支路电流法推导出来的。因回路电流法和结点电压法的方程数都比支路电流法的方程数少，而且其规律明显、易于掌握，其方程可通过标准方程的形式直接列出，故在电路分析中经常应用，尤其是结点电压法，它便于编程计算，是分析大规模集成电路的首选方法，应用十分广泛。

2.5 支路电流法

【微课视频】

支路电流法

电路中每条支路的电压和电流都受到两类约束，即元件约束和结构约束。元件约束只与元件的伏安特性有关，与元件的连接方式无关。结构约束由基尔霍夫定律表达，是指电路中各支路电流受到 KCL 约束，各支路电压受到 KVL 约束，结构约束只与电路元件的连接方式有关，与元件本身特性无关，任何集总参数电路的电压和电流都必须同时满足这两类约束关系。

2.5.1 独立的支路电流方程数

支路电流法就是以支路电流为未知量，根据以上两类约束关系建立电路方程组，从而求解出支路电流的方法。以图 2.26 所示电路为例，介绍支路电流法。

图 2.26 所示电路有 3 条支路、2 个结点、3 个回路。设各支路电流分别为 i_1、i_2、i_3，其参考方向标示在图上。根据 KCL，对结点 a 和结点 b 分别建立 KCL 方程。设流出结点电流取正号，则有

结点 a $$-i_1+i_2+i_3=0 \tag{2.22}$$

结点 b　　$i_1 - i_2 - i_3 = 0$　　（2.23）

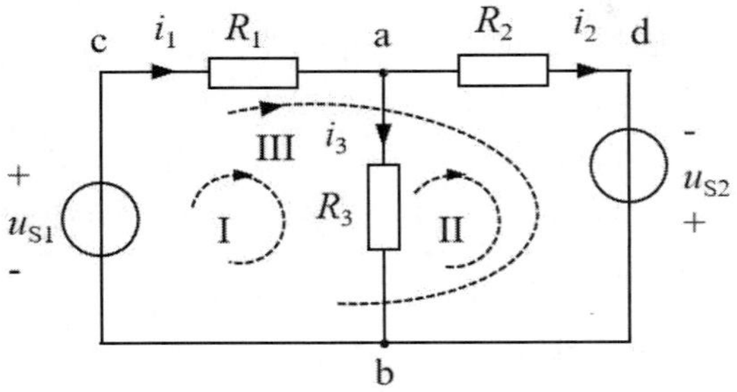

图 2.26　支路电流法

可以看出，式（2.22）和式（2.23）相加得 0=0，这说明两个方程是重复的，要得到独立方程只能取其中之一，所以独立的 KCL 方程只有一个。

根据 KVL，按图 2.26 中所标绕行方向对回路Ⅰ、Ⅱ、Ⅲ分别建立电压方程，得

回路Ⅰ　　$R_1 i_1 + R_3 i_3 = u_{S1}$　　（2.24）

回路Ⅱ　　$R_2 i_2 - R_3 i_3 = u_{S2}$　　（2.25）

回路Ⅲ　　$R_1 i_1 + R_2 i_2 = u_{S1} + u_{S2}$　　（2.26）

同样可以看出式（2.24）、式（2.25）和式（2.26）也是互相不独立的，任何一式可由其他两式相加或者相减得到。例如，式（2.24）加式（2.25）即得式（2.26），只能取其中任意两个方程作为独立方程，所以独立的 KVL 方程只有两个。我们从上面的五个方程中选取出三个互相独立的方程，则

$$\begin{cases} -i_1 + i_2 + i_3 = 0 \\ R_1 i_1 + R_3 i_3 = u_{S1} \\ R_2 i_2 - R_3 i_3 = u_{S2} \end{cases} \tag{2.27}$$

方程（2.27）是图 2.26 所示电路以支路电流为未知量的相互独立的方程组之一，独立方程的数目恰好等于方程中未知量的数目，从而可以求出支路电流 i_1、i_2、i_3 的唯一解。

从上面的分析可以看出，支路电流法的关键在于列出与支路电流数目相等的独立支路电流方程。那么对于一个具有 n 个结点、b 条支路的电路，独立的 KCL 方程和独立的 KVL 方程各有多少个？如何来确定这些独立方程呢？

可以证明，一个有 n 个结点、b 条支路的电路，独立的 KCL 方程数目是 $n-1$ 个，也就是说只要对电路中任意 $n-1$ 个结点列出 KCL 方程，则这些方程都是独立的，与这些独立方程对应的结点叫作独立结点。

还可以证明，对于一个有 n 个结点、b 条支路的电路，独立的 KVL 方程数目是 $l=b-(n-1)$个，与这些独立 KVL 方程对应的回路叫作独立回路。

独立回路的选取原则是：我们每选一个回路，使这个回路至少包含一条新支路，选足 l 个回路为止。通常情况下，对于平面电路，如果有 n 个结点、b 条支路，可以证明它的网孔数恰为 $l=b-(n-1)$个，按网孔数目列出的 KVL 方程是一组独立方程。

独立的 KCL 方程数目和独立 KVL 方程数目之和为$(n-1)+[b-(n-1)]=b$ 个，正好是支路电流的数目，从而可以解得 b 个支路电流。

2.5.2 支路电流法基本步骤

通过以上分析可知，对于有 n 个结点、b 条支路的电路，支路电流法的求解步骤如下：

（1）指定并标出各支路电流的参考方向。

（2）从 n 个结点中任意选择 $n-1$ 个独立结点，列写 KCL 方程。

（3）选取 $l=b-(n-1)$个独立回路，列写 KVL 方程。对于平面电路，一般选择一组网孔作为独立回路。

（4）联立求解上述的 b 个独立方程，得出待求的 b 个支路电流。

不难理解，求出各支路电流后，利用元件两端的伏安特性关系可求出任何元件两端的电压，进而求出元件吸收或发出的功率。

【例 2.7】电路如图 2.27 所示，$R_1=R_2=10\Omega$，$R_3=4\Omega$，$R_4=R_5=8\Omega$，$R_6=2\Omega$，$u_{S3}=20V$，$u_{S6}=40V$，试用支路电流法求解电流 i_5。

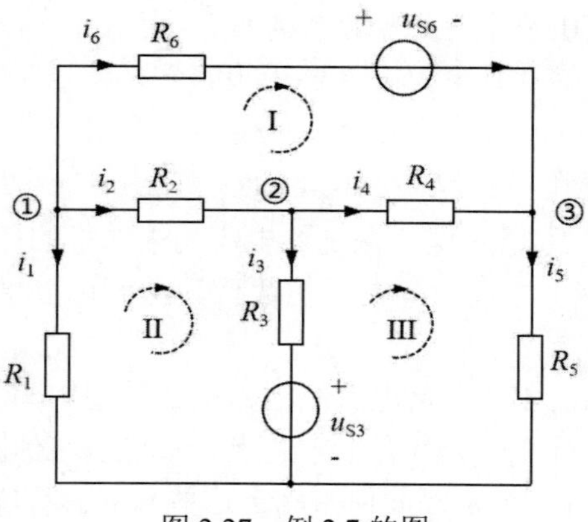

图 2.27 例 2.7 的图

解：本题电路有 $n=4$ 个结点、$b=6$ 条支路。设各支路电流的参考方向如图 2.27 所示，可以列 $n-1=3$ 个 KCL 方程，设流出结点的电流为“+”。

结点①　　$i_1 + i_2 + i_6 = 0$

结点②　　$-i_2 + i_3 + i_4 = 0$

结点③　　$-i_4 + i_5 - i_6 = 0$

本题独立回路数为 $b-n+1=b-4+1=3$个，选择 3 个网孔如图 2.27 所示，指定回路的绕行方向都是顺时针，列写 KVL 方程，有

回路Ⅰ　　$-R_2 i_2 - R_4 i_4 + R_6 i_6 = -u_{S6}$

回路Ⅱ　　$-R_1 i_1 + R_2 i_2 + R_3 i_3 = -u_{S3}$

回路Ⅲ　　$-R_3 i_3 + R_4 i_4 + R_5 i_5 = u_{S3}$

代入数据得：

回路Ⅰ　　$2i_6 - 8i_4 - 10i_2 = -40$

回路Ⅱ　　$-10i_1 + 10i_2 + 4i_3 = -20$

回路Ⅲ　　$-4i_3 + 8i_4 + 8i_5 = 20$

联立上述 6 个方程求解，得　$i_5 \approx -0.956\text{A}$

2.5.3　特殊形态电路的处理方法

当电路中含有电流源支路或受控电源时，列写支路电流方程会遇到困难，需要加以具体分析。

1．含有电流源支路

由于电流源两端的电压为未知量，且无法用支路电流表示，在列写支路电流方程时，可以采用两种方法解决。一种方法是将电流源两端电压设为待求的未知量，列写 KVL 方程。由于电流源支路电流为已知，因此，虽然增加了新的电压未知量，但待求的未知量总数不变，方程数量也不变。另一种方法是，巧妙地选择回路，使回路不包含电流源支路，这样就不需要增加新的未知量，因此这种方法可以减少方程数量。

【例 2.8】电路如图 2.28 所示，已知 U_{S1}=140V，R_1=20Ω，R_2=5Ω，R_3=6Ω，I_{S2}=6A，求各支路电流。

解法一：设各支路电流参考方向如图 2.28 所示。选结点 a 为独立结点，选两个网孔作为独立回路，以顺时针方向作为绕行方向，列写 KCL 和 KVL 方程，有

$$\begin{cases} -I_1 + I_3 - I_{S2} = 0 \\ R_1 I_1 + R_3 I_3 = U_{S1} \\ -R_2 I_{S2} - R_3 I_3 = -U \end{cases}$$

代入已知条件，得

$$\begin{cases} -I_1 + I_3 = 6 \\ 20I_1 + 6I_3 = 140 \\ -6I_3 + U = 30 \end{cases}$$

解上述方程，得 $I_1 = 4\text{A}$，$I_3 = 10\text{A}$，$U = 90\text{V}$

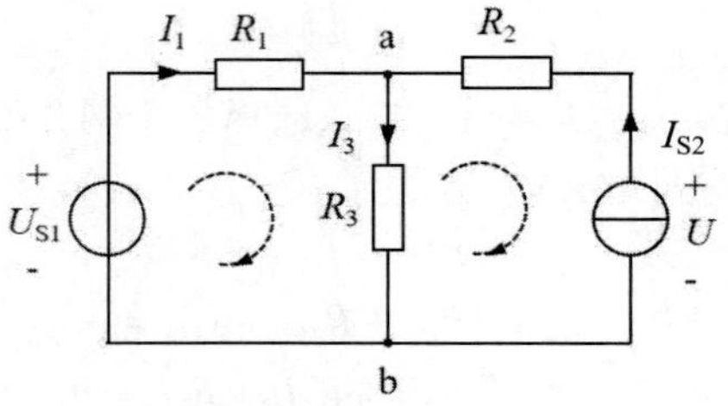

图 2.28 例 2.8 的图

解法二：由于电流源支路的电流已知，因此只有两个支路电流为未知量，只需要列两个独立方程，选取不包含电流源的回路列写 KVL 方程，得

$$\begin{cases} -I_1 + I_3 - I_{s2} = 0 \\ R_1 I_1 + R_3 I_3 = U_{S1} \end{cases}$$

代入已知条件，得

$$\begin{cases} -I_1 + I_3 = 6 \\ 20I_1 + 6I_3 = 140 \end{cases}$$

解得

$$I_1 = 4\text{A}，\ I_3 = 10\text{A}$$

2. 含受控电源电路

当电路中含有受控电源时，先将受控电源视为独立电源，列写支路电流方程，再补充受控源的控制量方程，将控制量用支路电流来表示。

【例 2.9】电路如图 2.29 所示，已知 U_{S1}=140V，U_{S2}=90V，R_1=20Ω，R_2=5Ω，求各支路电流。

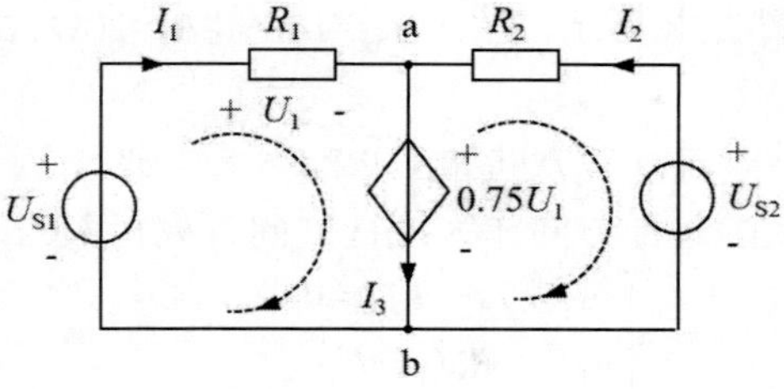

图 2.29 例 2.9 的图

解：设各支路电流参考方向如图 2.29 所示。选结点 a 为独立结点，选两个网孔作为独立回路，以顺时针方向作为绕行方向。列方程时先把受控源看作独立源，支路电流方程为

$$\begin{cases}-I_1-I_2+I_3=0\\R_1I_1=U_{S1}-0.75U_1\\-R_2I_2=-U_{S2}+0.75U_1\end{cases}$$

用支路电流表示控制量，有

$$U_1=R_1I_1$$

代入上述方程组，整理得

$$\begin{cases}-I_1-I_2+I_3=0\\1.75R_1I_1=U_{S1}\\-0.75R_1I_1-R_2I_2=-U_{S2}\end{cases}$$

代入已知条件，得

$$\begin{cases}-I_1-I_2+I_3=0\\35I_1=140\\15I_1+5I_2=90\end{cases}$$

解得

$$I_1=4\text{A}，\quad I_2=6\text{A}\quad，\quad I_3=10\text{A}$$

应用支路电流法时，电路中有多少个未知的支路电流，就需要列写多少个方程。当支路数比较多时，求解方程组的工作量会很大，因此，支路电流法不适合支路数多的电路。

2.6　网孔电流法和回路电流法

回路电流法是以一组独立回路电流作为未知量列写方程求解电路变量的方法。当选择网孔作为一组独立回路时，回路电流法又称为网孔电流法。和支路电流法相比，网孔电流法或回路电流法的方程个数较少，求解比较简单。

【微课视频】

网孔电流法和回路电流法

2.6.1　网孔电流法

网孔电流法的求解对象是网孔电流，对应的是电路中各网孔的 KVL 方程。网孔电流是一种假想的电量，假设在网孔中沿着某个方向流动的电流。下面以图 2.30 所示电路为例来说明网孔电流。

图 2.30 中电路共有三条支路，设支路电流为 i_1、i_2 和 i_3，在结点 a 应用 KCL，则有

$$i_1=i_2+i_3 \tag{2.28}$$

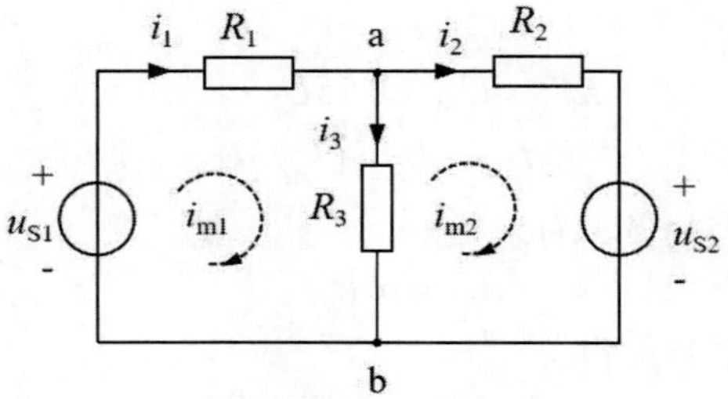

图 2.30　网孔电流法

即

$$i_3=i_1-i_2 \tag{2.29}$$

可见 i_3 不是独立的，它由独立电流 i_1、i_2 的线性组合确定。这种线性组合关系可以设想为有两个电流 i_{m1} 和 i_{m2} 分别沿电路的两个网孔按照顺时针方向连续流动而形成。由图 2.30 可以看出支路电流和网孔电流的关系是

$$\begin{cases} i_1 = i_{m1} \\ i_2 = i_{m2} \\ i_3 = i_{m1} - i_{m2} \end{cases} \tag{2.30}$$

对于具有 b 条支路和 n 个结点的平面连通电路来说，共有 $b-n+1$ 个网孔电流。由于把各支路电流当作网孔电流的代数和，必然自动满足 KCL。所以用网孔电流作为电路变量时，只需根据 KVL 对全部网孔列出方程。

由于全部网孔是一组独立回路，这组方程将是独立的，这种方法称为网孔电流法。显然，网孔电流法由于只列写电路的 KVL 方程，和支路电流法相比，方程的个数减少了 $n-1$ 个，从而简化了电路计算。

根据支路电流和网孔电流的关系可以进一步求取支路电流以及支路电压。

2.6.2　网孔电流方程

图 2.30 中，以网孔电流方向为绕行方向，写出两个网孔的 KVL 方程，有

$$\begin{cases} R_1 i_1 + R_3 i_3 = u_{S1} \\ R_2 i_2 - R_3 i_3 = -u_{S2} \end{cases} \tag{2.31}$$

将式（2.30）代入上式，整理后得到

$$\begin{cases} (R_1 + R_3) i_{m1} - R_3 i_{m2} = u_{S1} \\ -R_3 i_{m1} + (R_2 + R_3) i_{m2} = -u_{S2} \end{cases} \tag{2.32}$$

这就是以网孔电流为变量的网孔电流方程。写成一般形式

$$\begin{cases}R_{11}i_{m1}+R_{12}i_{m2}=u_{S11}\\R_{21}i_{m1}+R_{22}i_{m2}=u_{S22}\end{cases}\tag{2.33}$$

式（2.33）是具有两个网孔的电路方程一般形式，其中 R_{11}、R_{22} 称为网孔的自电阻，是网孔中所有电阻之和，即 $R_{11}=R_1+R_3$，$R_{22}=R_2+R_3$，由于网孔绕行方向和网孔电流的方向取为一致，所以自电阻始终取正值。

R_{12}、R_{21} 称为网孔 2 和网孔 1 的互电阻，其值等于这两个网孔公共支路的电阻，其值可能为正值，也可能为负值。当两网孔电流以相同方向流过公共电阻时，互电阻取正值；当两网孔电流以相反方向流过公共电阻时，互电阻取负值。图 2.30 中，网孔电流 i_{m1} 和 i_{m2} 流过 R_3 时方向相反，因此 $R_{12}=R_{21}=-R_3$。

u_{S11}、u_{S22} 分别为网孔中所有电压源代数和，在绕行方向由“－”极到“＋”极的电压源取正号，反之则取负号，即 $u_{S11}=u_{S1}$，$u_{S22}=-u_{S2}$。

以上结论可以推广到具有 m 个网孔的平面电路，网孔电流方程的一般形式为

$$\begin{cases}R_{11}i_{m1}+R_{12}i_{m2}+\cdots+R_{1m}i_{mm}=u_{S11}\\R_{21}i_{m1}+R_{22}i_{m2}+\cdots+R_{2m}i_{mm}=u_{S22}\\\qquad\cdots\cdots\\R_{m1}i_{m1}+R_{m2}i_{m2}+\cdots+R_{mm}i_{mm}=u_{Smm}\end{cases}\tag{2.34}$$

式中，$R_{kk}(k=1,2,\cdots,m)$称为第 k 个网孔的自电阻，其值等于该网孔中所有电阻之和，恒为正值。$R_{kj}(k\neq j)$称为网孔 k 和网孔 j 的互电阻，等于网孔 k 和 j 公共支路上的电阻之和，当网孔 k、j 的网孔电流以相同方向流过公共电阻时，互电阻取正值，反之，互电阻取负值。如果两个网孔之间没有公共支路，或者有公共支路但是其电阻为零，则互电阻为零。$u_{Skk}(k=1,2,\cdots,m)$表示第 k 个网孔中所有电压源电压的代数和。绕行方向上由“－”极到“＋”极的电压源取正号，反之则取负号。

综上所述，网孔电流法的分析步骤如下：

（1）在电路图上标明网孔电流及其绕行方向。一般网孔电流均设为顺时针（或逆时针）方向，这样网孔电流方程中的互电阻项均取负号。

（2）根据网孔电流方程的一般形式列出电路的网孔电流方程。

（3）求解网孔方程，得到各网孔电流。

（4）假设支路电流的参考方向，根据支路电流与网孔电流的线性组合关系，求取各支路电流，进一步求取电路其他电量。

对于由独立电压源和线性电阻构成的电路，网孔电流方程很有规律，可理解为各网孔电流在某网孔所有电阻上产生电压降的代数和，等于该网孔全部电压源电压升的代数和。根据以上总结的规律和对电路图的观察，就能直接列出网孔方程。

【例 2.10】用网孔电流法求图 2.31 中各支路电流。已知 $R_1=R_2=10\Omega$，$R_3=4\Omega$，$R_4=R_5=8\Omega$，$R_6=2\Omega$，$u_{S3}=20V$，$u_{S6}=40V$。

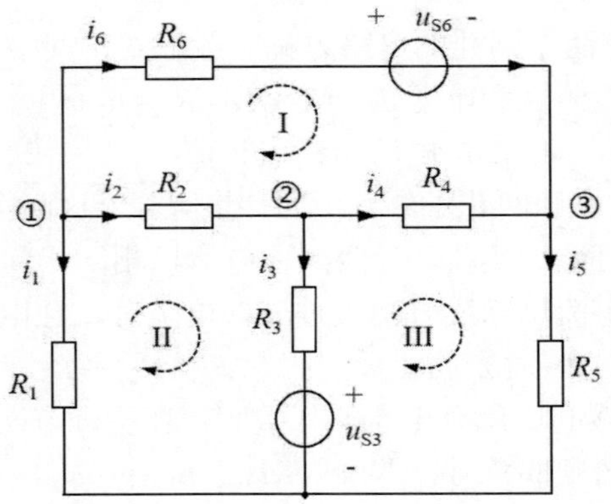

图 2.31　例 2.10 的图

解：设网孔 I、II、III的网孔电流分别为 i_{m1}、i_{m2}、i_{m3}，其绕行方向如图 2.31 所示。列写网孔电流方程

$$\begin{cases}(R_2+R_4+R_6)i_{m1}-R_2i_{m2}-R_4i_{m3}=-u_{S6}\\-R_2i_{m1}+(R_1+R_2+R_3)i_{m2}-R_3i_{m3}=-u_{S3}\\-R_4i_{m1}-R_3i_{m2}+(R_3+R_4+R_5)i_{m3}=u_{S3}\end{cases}$$

代入数据得
$$\begin{cases}20i_{m1}-10i_{m2}-8i_{m3}=-40\\-10i_{m1}+24i_{m2}-4i_{m3}=-20\\-8i_{m1}-4i_{m2}+20i_{m3}=20\end{cases}$$

应用行列式法解上面方程组，有

$$\Delta=\begin{vmatrix}20&-10&-8\\-10&24&-4\\-8&-4&20\end{vmatrix}=5104\text{，}\quad\Delta_1=\begin{vmatrix}-40&-10&-8\\-20&24&-4\\20&-4&20\end{vmatrix}=12160\text{，}$$

$$\Delta_2=\begin{vmatrix}20&-40&-8\\-10&-20&-4\\-8&20&20\end{vmatrix}=-12800\text{，}\quad\Delta_3=\begin{vmatrix}20&-10&-40\\-10&24&-20\\-8&-4&20\end{vmatrix}=-4880$$

$$i_{m1}=\frac{\Delta_1}{\Delta}=\frac{12160}{5104}=2.382\text{A}\text{，}\quad i_{m2}=\frac{\Delta_2}{\Delta}=\frac{-12800}{5104}=-2.508\text{A}\text{，}$$

$$i_{m3}=\frac{\Delta_3}{\Delta}=\frac{-4880}{5104}=-0.956\text{A}$$

各支路电流的参考方向如图 2.31 所示，根据支路电流和网孔电流的关系，得各支路电流：

$$\begin{aligned}
i_1&=-i_{m2}=2.508\text{A}\\
i_2&=i_{m2}-i_{m1}=-2.508-2.382=-4.890\text{A}\\
i_3&=i_{m2}-i_{m3}=-2.508+0.956=-1.552\text{A}\\
i_4&=i_{m3}-i_{m1}=-0.956-2.382=-3.338\text{A}\\
i_5&=i_{m3}=-0.956\text{A}\\
i_6&=i_{m1}=2.382\text{A}
\end{aligned}$$

比较例 2.7 与例 2.10 可以发现，例 2.7 用支路电流法列出 6 个方程，例 2.10 用网孔电流法列出 3 个方程，显然，网孔电流法的方程数量比支路电流法减少了。

2.6.3　回路电流法

与网孔分析法相似，对于有 n 个结点、b 条支路的电路，也可用 $b-n+1$ 个独立回路电流作变量，来建立回路方程。在选择独立回路时要注意，每一个新的回路，都必须包含至少一条新的支路，这样的回路才是独立回路。这种以回路电流为待求变量，对 $b-n+1$ 个独立回路列写方程，分析电路的方法，称为回路电流法。回路电流法是网孔电流法的扩展，网孔电流法是回路电流法的特例。网孔分析法只适用平面电路，而回路分析法却是普遍适用的方法。

回路电流方程的一般形式与网孔电流方程相似，即

$$\begin{cases}
R_{11}i_{l1}+R_{12}i_{l2}+\cdots+R_{1l}i_{ll}=u_{S11}\\
R_{21}i_{l1}+R_{22}i_{l2}+\cdots+R_{2l}i_{ll}=u_{S22}\\
\qquad\cdots\cdots\\
R_{l1}i_{l1}+R_{l2}i_{l2}+\cdots+R_{ll}i_{ll}=u_{Sll}
\end{cases}\tag{2.35}$$

式（2.35），$R_{kk}(k=1,2,\cdots,l)$称为第 k 个回路的自电阻，其值等于该回路中全部电阻之和。由于回路绕行方向和回路电流的方向取为一致，所以自电阻始终取正值。

$R_{kj}(k\neq j)$称为回路 k 和回路 j 的互电阻，其值等于两回路的公共电阻。当两回路电流以相同方向流过公共电阻时互电阻取正值，反之则互电阻取负值。如果两个回路之间没有公共支路，或者有公共支路但是其电阻为零，则互电阻为零。

$u_{Skk}(k=1,2,\cdots,l)$表示第 k 个回路中全部电压源电压升的代数和。绕行方向由“－”极到“＋”极的电压源取正号；反之则取负号。

2.6.4 含电流源电路的回路电流方程

当电路中存在电流源时，主要存在两种情况。第一种是含有电流源与电阻并联的部分电路，此时可以利用等效变换的方法将其变换为电压源与电阻的串联支路，再利用回路电流方程的一般形式列写方程。第二种是电路中仅存在独立电流源，没有电阻与此电流源并联，即无伴电流源，由于无伴电流源两端的电压为未知量，列写方程时会遇到困难，对此有两种解决方法：

（1）虚设电压变量。增设无伴电流源两端电压为未知量，写入回路电流方程，并增加一个方程，用回路电流来表示无伴电流源的电流。

（2）选取合适回路。选择回路时，使每一个无伴电流源只与一个回路关联，不让其成为两个及以上回路的公共支路，这样无伴电流源所在回路的电流就是此电流源的电流，因此可以减少方程数量，使计算简化。

【例 2.11】电路如图 2.32 所示，求各支路电流。

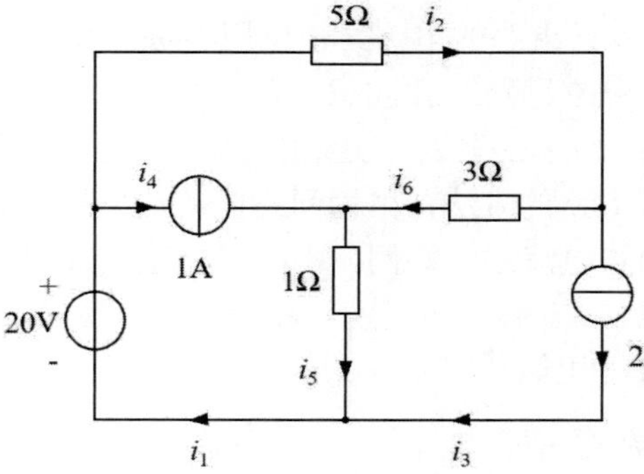

图 2.32　例 2.11 的图

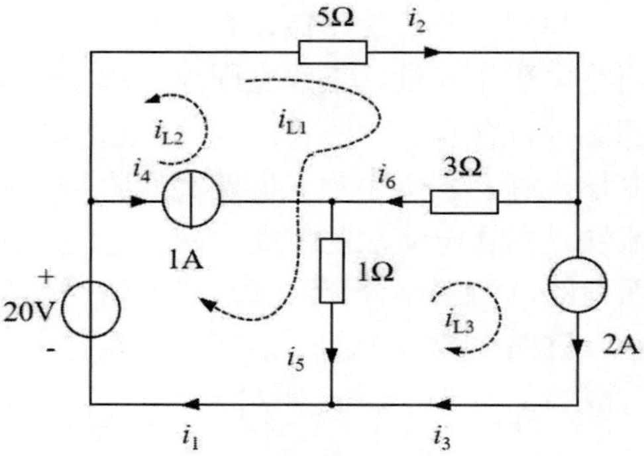

图 2.33　选择独立回路

解：观察电路可知，电路中存在两个无伴电流源，为了减少回路电流方程数目，选择独立回路时，使每个电流源支路只与一个回路关联。回路选择如图 2.33 所示，则可知 i_{L2}=1A，i_{L3}=2A，因此只需列出 i_{L1} 回路的方程

$$(5+3+1)i_{L1}-(5+3)i_{L2}-(1+3)i_{L3}=20$$

代入 i_{L2} 和 i_{L3} 的值，解得

$$i_{L1}=\frac{20+8+8}{5+3+1}=4A$$

各支路电流分别为　$i_1=i_{L1}=4A$，$i_2=i_{L1}-i_{L2}=3A$，$i_3=i_{L3}=2A$

$i_4=1A$，$i_5=i_{L1}-i_{L3}=2A$，$i_6=i_{L1}-i_{L2}-i_{L3}=1A$

2.6.5　含受控源电路的回路电流方程

在列写含受控源电路的回路电流方程时，可先将受控源作为独立电源处理，然后增加受控源的控制量方程，用回路电流来表示控制量。

【例 2.12】图 2.34 电路中，已知 R_1=2Ω，R_2=6Ω，R_3=3Ω，u_s=32V，控制系数 r=2，求电流 i_3。

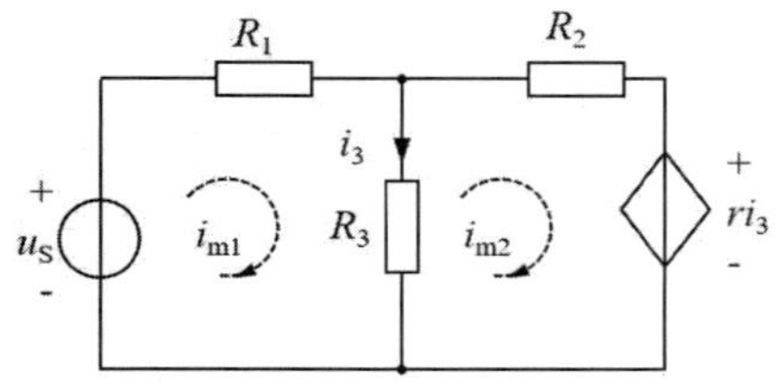

图 2.34　例 2.12 的图

解：选取两个网孔作为回路，电流分别是 i_{m1}、i_{m2}，受控源是电流控制电压源，因此 ri_3 表示电压大小，在列写方程时，先将受控电压源作为独立源处理，其电压 ri_3 可以写在方程右边：

$$\begin{cases}(R_1+R_3)i_{m1}-R_3i_{m2}=u_S\\ -R_3i_{m1}+(R_2+R_3)i_{m2}=-ri_3\end{cases}$$

将控制量 i_3 用网孔电流表示，得

$$i_3=i_{m1}-i_{m2}$$

联立以上方程，解得

$$i_{m1}=7\text{A}\ ,\quad i_{m2}=1\text{A}$$

所以

$$i_3=i_{m1}-i_{m2}=6\text{A}$$

【例 2.13】电路如图 2.35 所示，求各网孔电流以及电压 U_φ。

解：设网孔电流 i_{m1}、i_{m2}、i_{m3} 如图 2.35 所示，可知网孔电流 i_{m3}=15A，先将受控源视为独立电源，则网孔电流 $i_{m2}=-\dfrac{U_\varphi}{4}$，列写网孔电流方程如下：

$$\begin{cases}(1+2)i_{m1}-2i_{m2}-1i_{m3}=10\\ i_{m2}=-\dfrac{U_\varphi}{4}\\ i_{m3}=15\end{cases}$$

补充控制量方程：

$$U_{\varphi} = 2(i_{m1} - i_{m2})$$

联立以上方程，解得

$$i_{m1} = 5A，\quad i_{m2} = -5A$$
$$i_{m3} = 15A，\quad U_{\varphi} = 20V$$

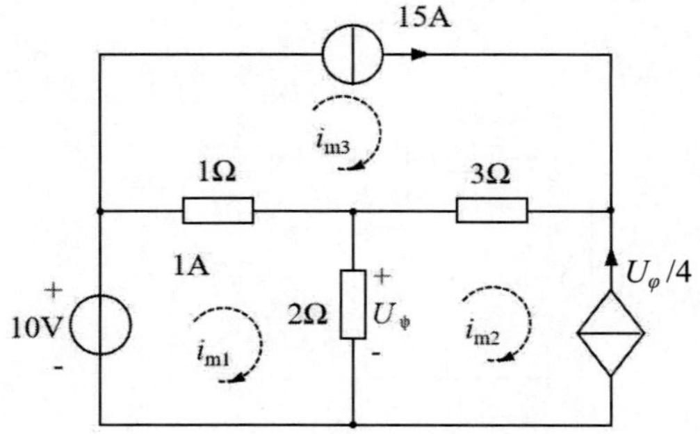

图 2.35　例 2.13 的图

2.7　结点电压法

【微课视频】

结点电压法

在一个具有 n 个结点的电路中，可以任意选择其中一个结点为参考结点，则其余（n–1）个结点称为独立结点。独立结点与参考结点之间的电压称为结点电压。

如图 2.36 所示电路中，当选择结点④为参考结点时，结点①与结点④之间的电压 u_{n1} 称为结点①的结点电压，类似地，u_{n2} 和 u_{n3} 分别是结点②和③的结点电压。

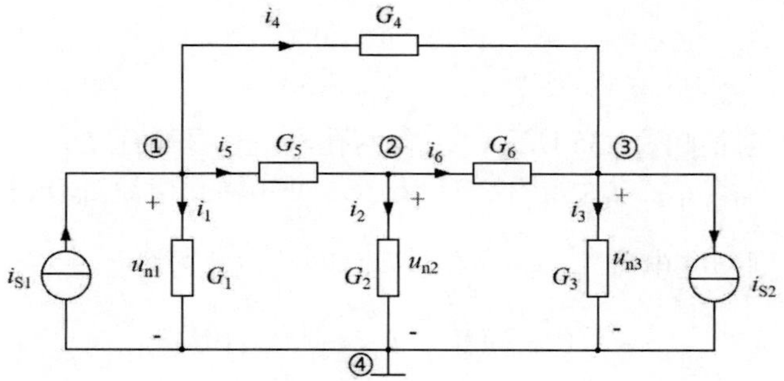

图 2.36　结点电压

以结点电压作为未知量，对（n–1）个独立结点列写 KCL 方程，从而求出各结点电压，然后进一步求解其他电路变量的电路分析方法，称为结点电压法。

2.7.1　结点电压方程一般式

下面以图 2.36 电路为例，说明如何建立以结点电压为未知量的电路方程。对电路的三个独立结点①、②、③分别列出 KCL 方程

$$\begin{cases} i_1 + i_4 + i_5 = i_{S1} \\ i_2 - i_5 + i_6 = 0 \\ i_3 - i_4 - i_6 = -i_{S2} \end{cases} \quad (2.36)$$

这是一组独立方程。根据元件的伏安特性，将各支路电流用结点电压表示：

$$\begin{aligned} i_1 &= G_1 u_{n1} \\ i_2 &= G_2 u_{n2} \\ i_3 &= G_3 u_{n3} \\ i_4 &= G_4 (u_{n1} - u_{n3}) \\ i_5 &= G_5 (u_{n1} - u_{n2}) \\ i_6 &= G_6 (u_{n2} - u_{n3}) \end{aligned} \quad (2.37)$$

将电流表达式代入式（2.36），经过整理后得到

$$\begin{cases} (G_1+G_4+G_5)u_{n1} - G_5 u_{n2} - G_4 u_{n3} = i_{S1} \\ -G_5 u_{n1} + (G_2+G_5+G_6)u_{n2} - G_6 u_{n3} = 0 \\ -G_4 u_{n1} - G_6 u_{n2} + (G_3+G_4+G_6)u_{n3} = -i_{S2} \end{cases} \quad (2.38)$$

这就是图 2.36 所示电路的结点电压方程，可以看出结点电压方程实际是以结点电压为未知量的 KCL 方程，写成一般形式为

$$\begin{cases} G_{11}u_{n1} + G_{12}u_{n2} + G_{13}u_{n3} = i_{S11} \\ G_{21}u_{n1} + G_{22}u_{n2} + G_{23}u_{n3} = i_{S22} \\ G_{31}u_{n1} + G_{32}u_{n2} + G_{33}u_{n3} = i_{S33} \end{cases} \quad (2.39)$$

式（2.39）中，G_{11}、G_{22}、G_{33} 称为结点的自电导，它们分别是各结点上全部支路电导的总和，自电导恒为正值，此例中 $G_{11}=G_1+G_4+G_5$，$G_{22}=G_2+G_5+G_6$，$G_{33}=G_3+G_4+G_6$。

式中，$G_{ij}(i \neq j)$称为结点 i 和 j 的互电导，是结点 i 和 j 之间支路电导总和，恒为负值，此例中 $G_{12}=G_{21}=-G_5$，$G_{13}=G_{31}=-G_4$，$G_{23}=G_{32}=-G_6$。

等式右边 i_{S11}、i_{S22}、i_{S33} 是流入各结点全部电流源的代数和，流入结点的电流源为正，反之为负，此例中 $i_{S11}=i_{S1}$，$i_{S22}=0$，$i_{S33}=-i_{S2}$。若电路中包含电压源与电阻串联的支路，则可以先等效变换成电流源与电阻并联的结构，再列写方程。

以上分析可以推广到含有 n 个结点、b 条支路的一般电路，结点电压方程的一般形式为

$$\begin{cases} G_{11}u_{n1}+G_{12}u_{n2}+\cdots+G_{1(n-1)}u_{n(n-1)}=i_{S11} \\ G_{21}u_{n1}+G_{22}u_{n2}+\cdots+G_{2(n-1)}u_{n(n-1)}=i_{S22} \\ \cdots\cdots \\ G_{(n-1)1}u_{n1}+G_{(n-1)2}u_{n2}+\cdots G_{(n-1)(n-1)}u_{n(n-1)}=i_{S(n-1)(n-1)} \end{cases} \tag{2.40}$$

利用结点电压法求解电路，只要选定一个参考结点，就可以列出上述方程进行求解。当一个电路的独立结点比较少时，用结点电压法比较方便。特别是当电路只有两个结点时，只需要写一个结点电压方程。

【例 2.14】电路如图 2.37 所示，试列出结点电压方程。

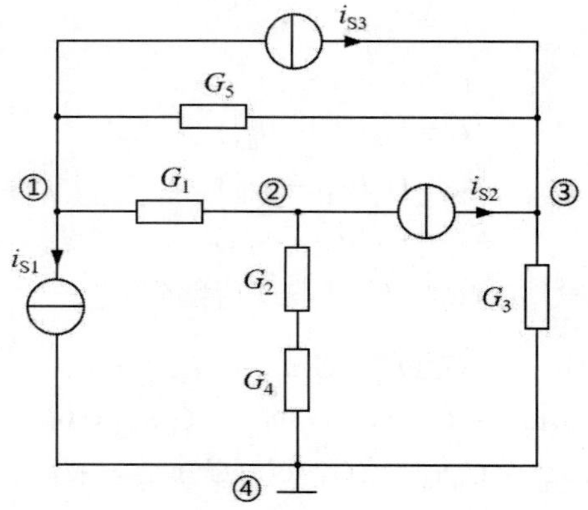

图 2.37　例 2.14 的图

解：选择参考结点如图 2.37 所示，其余独立结点①、②和③的结点电压分别表示为 u_{n1}、u_{n2} 和 u_{n3}，则各结点的结点电压方程分别为

结点①：$(G_1+G_5)u_{n1}-G_1u_{n2}-G_5u_{n3}=-i_{S1}-i_{S3}$

结点②：$-G_1u_{n1}+\left(G_1+\dfrac{G_2G_4}{G_2+G_4}\right)u_{n2}=-i_{S2}$

结点③：$-G_5u_{n1}+(G_3+G_5)u_{n3}=i_{S2}+i_{S3}$

2.7.2　含独立电压源的结点电压方程

当电路中存在独立电压源时，主要存在以下两种情况。

1. 电路含有电压源与电阻串联的支路

此时可以利用等效变换的方法将其变换为电流源与电阻的并联，再利用式（2.40）建立结点电压方程。

【例 2.15】用结点电压法求图 2.38（a）所示电路的电压 u 和支路电流 i_1、i_2。

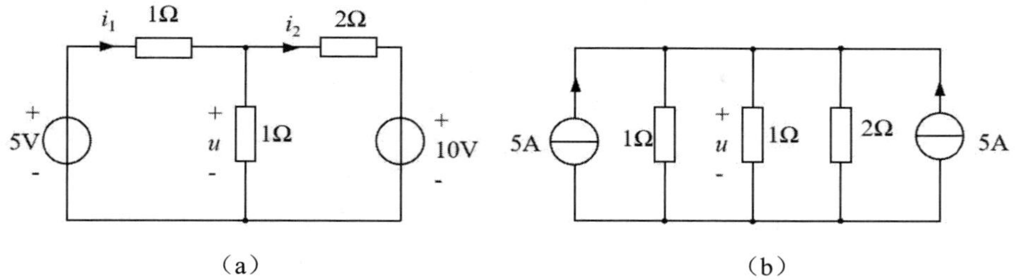

图 2.38　例 2.15 图

解：图 2.38（a）电路中，u 就是结点电压。将电压源与电阻串联支路等效变换为电流源与电阻并联，如图 2.38（b）所示，只需要列出一个结点方程

$$(1+1+0.5)u = 5+5$$

解得

$$u = \frac{10}{2.5} = 4\,\text{V}$$

要求电流 i_1 和 i_2，需回到原电路图 2.38（a），对两个网孔列 KVL 方程

$$\begin{cases} 5 = i_1 \times 1 + u \\ u = i_2 \times 2 + 10 \end{cases}$$

可得

$$i_1 = \frac{5-4}{1} = 1\,\text{A}, \quad i_2 = \frac{4-10}{2} = -3\,\text{A}$$

【例 2.16】用结点电压法求图 2.39 所示电路的各结点电压。

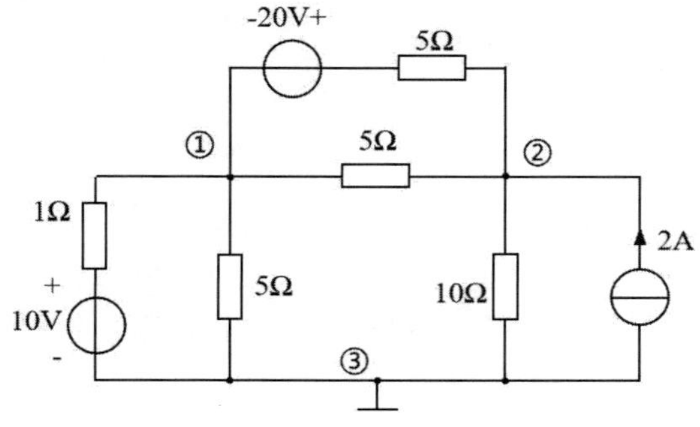

图 2.39　例 2.16 的图

解：选择参考结点如图 2.39 所示，其余结点①、②的结点电压分别表示为 u_{n1}、u_{n2}，将电压源与电阻串联的支路等效变换为电流源与电阻的并联，如图 2.40 所示。

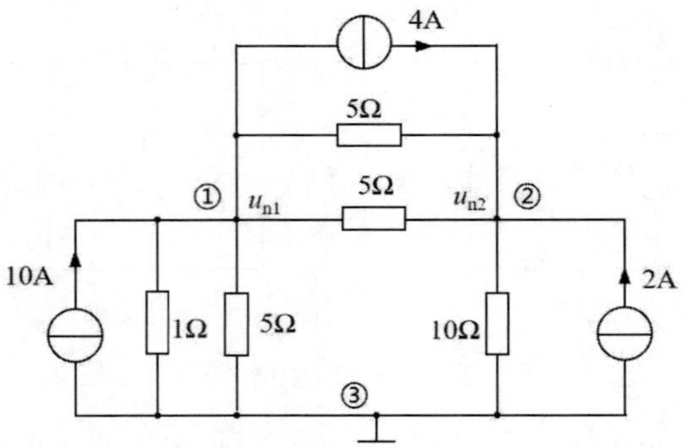

图 2.40　例 2.16 电路变换后的图

结点电压方程分别为

结点①：$\left(\dfrac{1}{1}+\dfrac{1}{5}+\dfrac{1}{5}+\dfrac{1}{5}\right)u_{n1}-\left(\dfrac{1}{5}+\dfrac{1}{5}\right)u_{n2}=\dfrac{10}{1}-\dfrac{20}{5}=10-4$

结点②：$-\left(\dfrac{1}{5}+\dfrac{1}{5}\right)u_{n1}+\left(\dfrac{1}{10}+\dfrac{1}{5}+\dfrac{1}{5}\right)u_{n2}=\dfrac{20}{5}+2=4+2$

联立两个方程，解得

$$u_{n1}=8.44\text{ V}，\quad u_{n2}=33.75\text{ V}$$

2. 电路含有无伴独立电压源

当电路中含有无伴电压源支路，即没有电阻与此电压源串联时，由于该支路的电流未知，列写结点电压方程时会有困难，可以增设无伴电压源支路的电流变量来列方程。由于增加了电流变量，需补充无伴电压源电压与结点电压的关系方程。也可以选择无伴电压源支路的一端为参考结点，则另一端所接结点的电位就是已知的，即无伴电压源的电压值，这样可以少列一个方程。现举例说明。

【例 2.17】电路如图 2.41（a）所示，用结点电压法求各结点电压以及电流 i。

解：电路中 14V 电压源和 8V 电压源都是无伴电压源，不妨选择 14V 电压源的负极所连结点 d 作为参考结点，其余各结点的结点电压分别为 u_a、u_b 和 u_c，则 a 结点的结点电压 u_a=14V 成为已知量，可以不用根据标准式列结点 a 的方程。8V 电压源支路需要增加电流变量，设 8V 电压源支路电流是 i_1，方向如图 2.41（a）所示，则结点电压方程如下：

结点 a　　$u_a=14$

结点 b　　$-u_a+\left(1+\dfrac{1}{2}\right)u_b=3-i_1$

结点 c　　$-\dfrac{1}{2}u_a+\left(1+\dfrac{1}{2}\right)u_c=i_1$

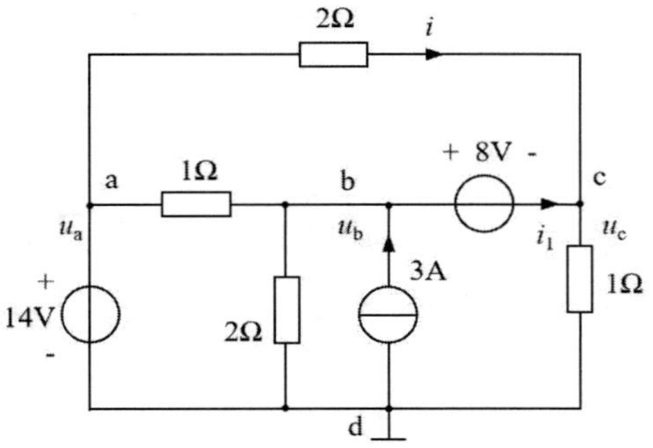

（a）

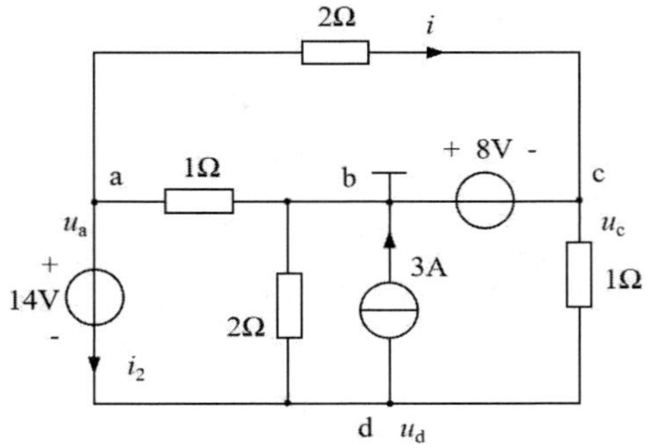

（b）

图 2.41　例 2.17 的图

补充 8V 的无伴电压源和结点电压关系方程

$$u_b - u_c = 8$$

联立以上方程，解得

$$u_a = 14\text{ V}，\ u_b = 12\text{ V}，\ u_c = 4\text{ V}，\ i = \frac{u_a - u_c}{2} = 5\text{A}$$

此例中，也可以选择 b 结点作为参考结点，如图 2.41（b）所示，其余各结点的结点电压分别为 u_a、u_c 和 u_d，可以看出 u_c=–8V，设 14V 电压源支路电流是 i_2，则各结点的结点电压方程如下：

结点 a　$$\left(1+\frac{1}{2}\right)u_a - \frac{1}{2}u_c = -i_2$$

结点 c　$$u_c = -8$$

结点 d　$$-u_c + \left(1+\frac{1}{2}\right)u_d = i_2 - 3$$

补充无伴电压源和结点电压关系方程：

$$u_a - u_d = 14$$

联立以上方程，解得

$$u_a = 2\text{V}，\ u_c = -8\text{V}，\ u_d = -12\text{V}$$

$$i = \frac{u_a - u_c}{2} = 5\text{A}$$

由此例可见，当电路中存在无伴电压源的时候，要注意参考结点的选择，一般选择无伴电压源的负极为参考结点。如果参考结点选择恰当，可以不用增加电流变量，也就不用列写补充方程，以减少方程个数。如果增设无伴电压源支路的电流变量，需列写补充方程才能够求解电路。

需要指出，虽然各结点电压与参考点的选择有关，但是支路电压和支路电流与参考点的选择无关。

2.7.3 含受控源电路的结点电压方程

当电路中含受控源时，可先将受控源作为独立电源处理，列写节点电压方程，然后将控制变量用结点电压表示，增加约束方程。现举例说明。

【例 2.18】电路如图 2.42 所示，列出结点电压方程。

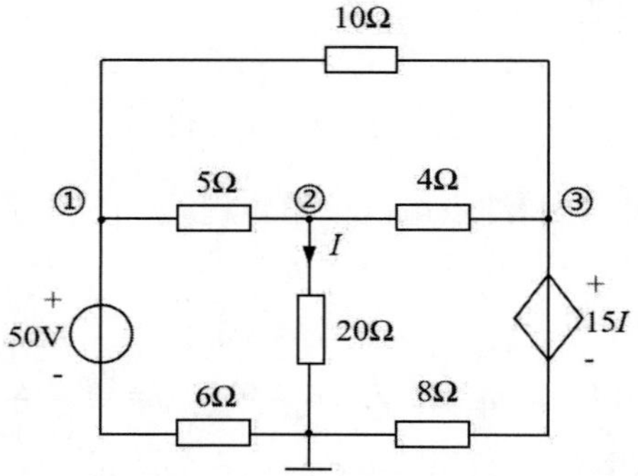

图 2.42 例 2.18 的图

解：选择参考结点如图 2.42 所示，各结点电压分别表示为 u_{n1}、u_{n2}、u_{n3}，受控源类型是电流控制电压源，其电压是 $15I$，将此受控电压源作为独立电压源处理，列出结点电压方程：

结点①：$\left(\frac{1}{5}+\frac{1}{10}+\frac{1}{6}\right)u_{n1}-\frac{1}{5}u_{n2}-\frac{1}{10}u_{n3}=\frac{50}{6}$

结点②：$-\frac{1}{5}u_{n1}+\left(\frac{1}{5}+\frac{1}{20}+\frac{1}{4}\right)u_{n2}-\frac{1}{4}u_{n3}=0$

结点③：$-\frac{1}{10}u_{n1}-\frac{1}{4}u_{n2}+\left(\frac{1}{10}+\frac{1}{4}+\frac{1}{8}\right)u_{n3}=\frac{15I}{8}$

增补受控源约束方程：

$$I=\frac{u_{n2}}{20}$$

联立以上方程，即可求得各结点电压。

2.7.4 含电流源与某元件串联支路的结点电压方程

若电路中含有电流源与某元件串联的支路，由于该支路的电流由电流源决定，结点电压方程的实质是结点的 KCL 方程，因此这个串联的元件将不会出现在结点电压方程中。现举例加以说明。

【例 2.19】列出图 2.43 所示电路的结点电压方程。

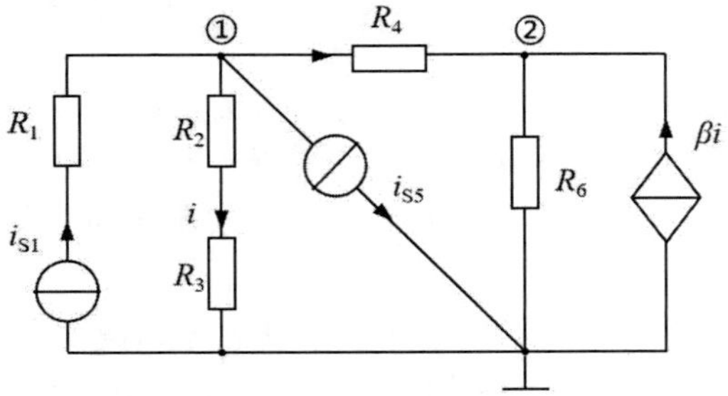

图 2.43　例 2.20 的图

解：结点①的 KCL 方程

$$i_{S1}=\frac{u_{n1}}{R_2+R_3}+\frac{u_{n1}-u_{n2}}{R_4}+i_{S5}$$

将上式整理后可得

$$\left(\frac{1}{R_2+R_3}+\frac{1}{R_4}\right)u_{n1}-\frac{1}{R_4}u_{n2}=i_{S1}-i_{S5}$$

通过观察，整理后的方程即是结点①的结点电压方程标准形式，和电流源 i_{S1} 串联的 R_1 电阻没有出现在方程中，是“虚元件”。

结点②的结点电压方程　$-\frac{1}{R_4}u_{n1}+\left(\frac{1}{R_4}+\frac{1}{R_6}\right)u_{n2}=\beta i$

补充受控源约束方程　$i=\frac{u_{n1}}{R_2+R_3}$

以上三个方程联立即可求解各结点电压。

本章重点小结

1. 电路的等效变换是指“对外等效”，也就是外部特性等效，利用等效变换的方法可以将电路简化，从而分析求解电路。

2. 电阻的串、并联是电阻最基本的两种连接方式，电阻串联具有分压作用，电阻并联具有分流作用。运用等效变换概念可以对电阻 Y 形连接和 △ 形连接进行等效变换，要注意变换后的电路与未变换电路的正确连接。

3. 理想电压源串联可以等效为一个电压源，理想电流源并联可以等效为一个电流源。实际电源模型由理想电源和电阻组成，可以根据电路结构对电源的两种模型进行等效变换，化简电路。电源的等效变换包括理想电源与电阻的连接方式、电压源与电流源的方向、电源和电阻的数值等方面，在进行电源等效变换时，要注意待求支路始终保留在电路中，不能参与变换。

4. 输入电阻是无源一端口网络对外表现的主要参数，若无源一端口网络仅含有电阻，则可以用电阻的串、并联以及 Y-△ 等效变换的方法求解；若无源一端口网络除了电阻之外还含受控源，可以利用加压求流法或者加流求压法，求解无源一端口网络的输入电阻。

5. 方程分析法是分析电路的重要方法，特点是不改变电路结构，通过选择一组电压或电流变量，建立独立方程组来求解电路。方程分析法主要包括支路电流法、网孔电流法、回路电流法和结点电压法。

6. 对于一个具有 n 个结点、b 条支路的电路，支路电流法以支路电流为变量，对 $(n-1)$ 个独立结点列 KCL 方程，对 $(b-n+1)$ 个独立回路列 KVL 方程，适用于支路数比较少的电路；网孔电流法是回路电流法的特殊形式，回路电流法以假想的回路电流为变量，对独立回路列 KVL 方程，推导出回路电流方程的一般式，求解出回路电流后，根据支路电流与回路电流的关系，进而求出支路电流，适用于分析回路较少的电路。结点电压法首先选择参考结点，以结点电压为变量对独立结点列 KCL 方程，推导出节点电压方程的一般式，求出结点电压后进一步求解支路电流和其他电量，适用于结点数较少的电路分析。

7. 对于特殊形态的电路，例如电路中含有无伴电压源或无伴电流源支路时，可以增设无伴电压源的电流变量或无伴电流源的电压变量，并相应增加方程来分析电路，或通过巧妙地选择独立回路、选择无伴电压源负极为参考结点等方法，充分利用无伴电源的特性，减少方程个数。对于电路中的受控源，可以先将其视为独立源列写方程的一般式，再增补控制量的约束方程，从而求解电路。

探究研讨：特高压直流输电技术

2017 年度国家科学技术进步奖特等奖授予"特高压 ± 800kV 直流输电工程"，以表彰这项工程技术对国家重大战略需求所做出的贡献。

当今世界，经济社会发展对能源的依赖程度不断增加，生态环境对能源发展的约束也越来越强。随着西部大开发战略的"西电东送"工程的启动，如何将千里之外的清洁能源安全高效低成本地输送到东部发达地区，成为摆在科学家面前的一道难题。

特高压 ± 800kV 直流输电技术是目前世界上电压等级最高、输送容量最大、送电距离最远、技术水平最先进的输电技术，是解决我国能源与电力负荷逆向分布问题、实施国家"西电东送"工程的核心技术。国内外均无可借鉴经验，创新性极强、难度极大。

试通过课外探究，以小组合作形式对以下内容进行研讨：

（1）直流输电与交流输电的比较。

（2）特高压直流输电系统结构。

（3）运用所学的电路基本知识，分析特高压直流输电系统中各环节的电压、电流关系和能量分配关系。

（4）从社会、经济、安全、法律、健康、环境等角度分析特高压直流输电工程的意义。

（5）谈谈特高压直流输电工程带给你的收获和感悟。

习题

在线测试

2.1　电路如图 2.44 所示。试求等效电阻 R_{ab}。

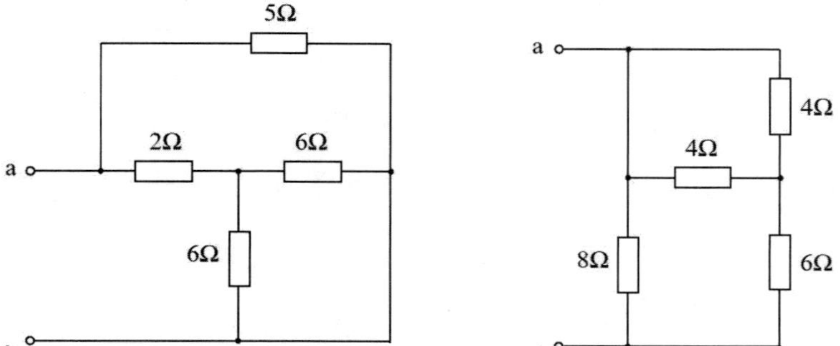

（a）　　　　（b）

图 2.44　题 2.1 的图

2.2　电路如图 2.45 所示。试求电流源电流 i_S。

2.3 电路如图 2.46 所示。试求电路中的电流 i。

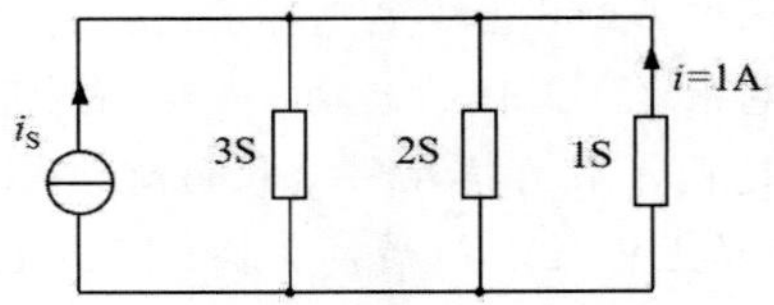

图 2.45 题 2.2 的图

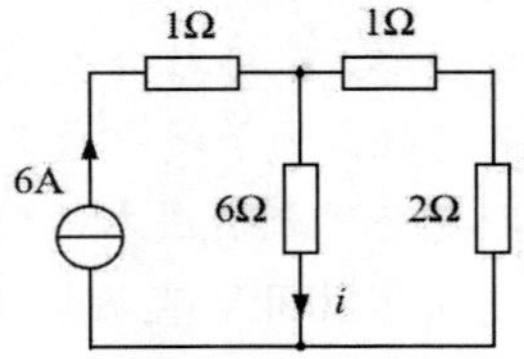

图 2.46 题 2.3 的图

2.4 求图 2.47 所示电路的 i、u 及电流源发出的功率。

2.5 求图 2.48 所示电路的 i、u 及电压源发出的功率。

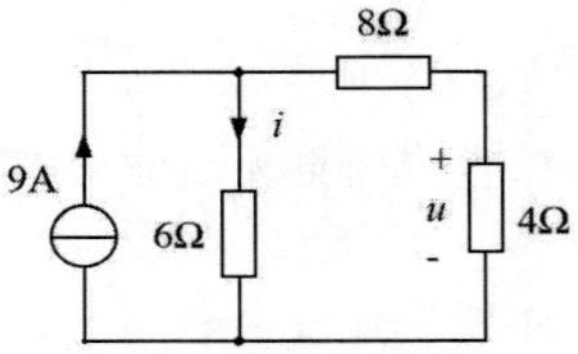

图 2.47 题 2.4 的图

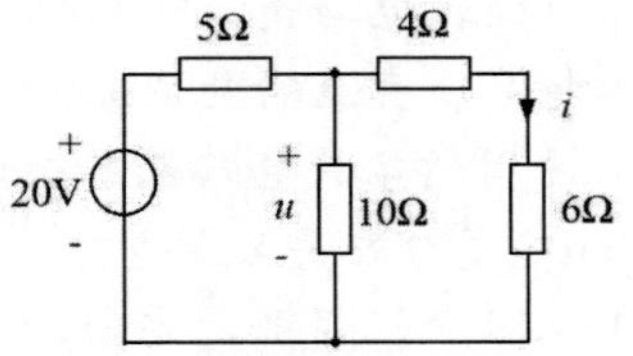

图 2.48 题 2.5 的图

2.6 已知图 2.49 所示各三角形联结网络，求等效星形联结网络。

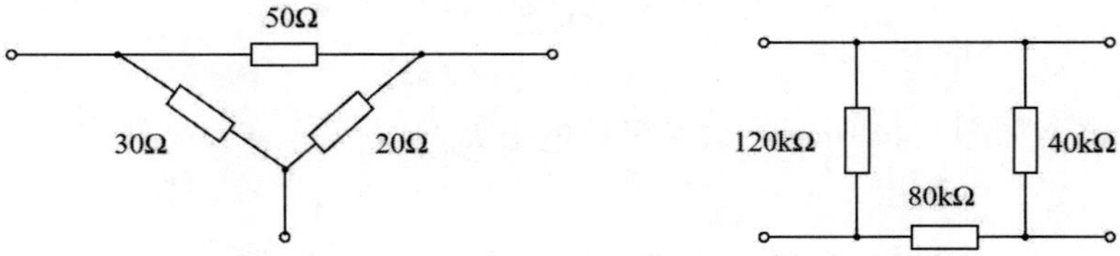

（a） （b）

图 2.49 题 2.6 的图

2.7 已知图 2.50 所示各星形联结网络，求等效三角形联结网络。

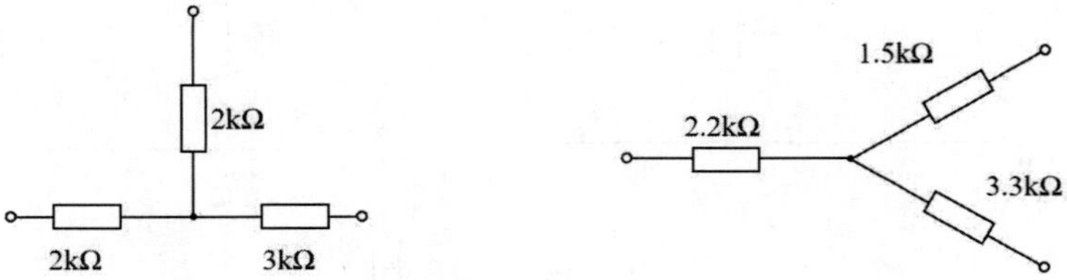

（a） （b）

图 2.50 习题 2.7 的图

2.8　求图 2.51 所示各一端口网络的等效电阻。

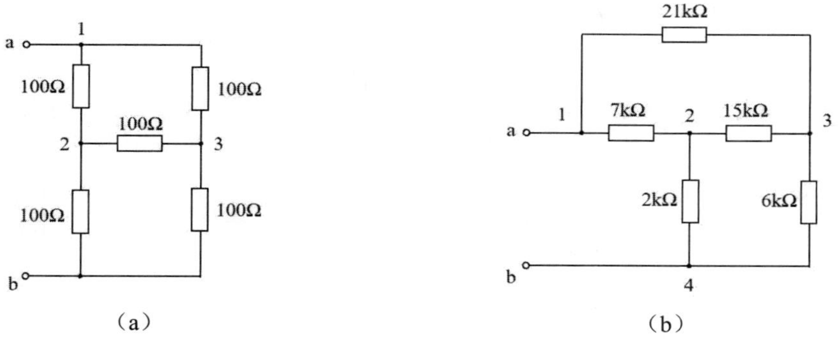

图 2.51　题 2.8 的图

2.9　求图 2.52 所示各一端口网络的等效电阻。

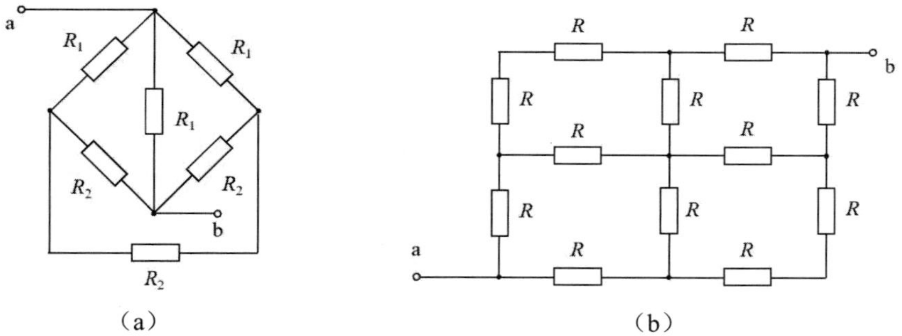

图 2.52　习题 2.9 的图

2.10　求图 2.53 所示各电路的等效电路模型。

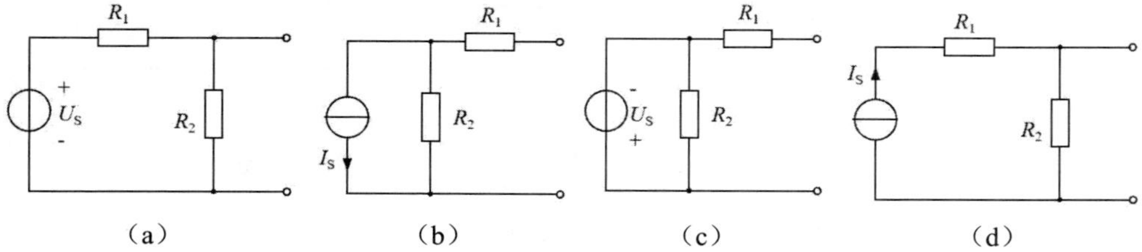

图 2.53　习题 2.10 的图

2.11　利用电源等效变换求图 2.54 所示电路中的电流 i。

2.12　图 2.55 所示电路中，$R_2= R_3= R_4=2R_1$，CCVS 的电压 $u_c=4R_1i_1$，利用电源等效变换求电压 u_{10}。

2.13 试求图 2.56 电路的输入电阻 R_{ab}。

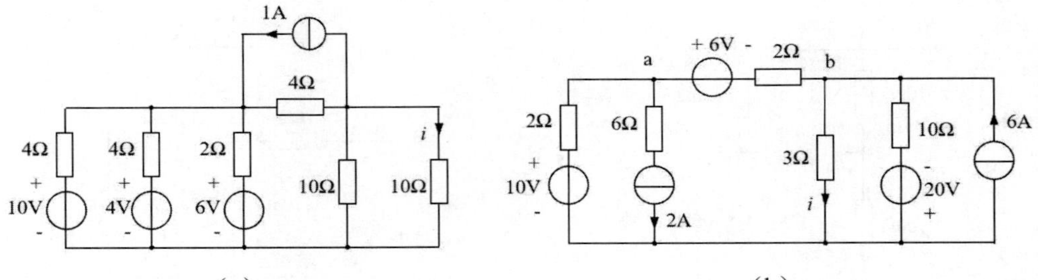

（a） （b）

图 2.54 习题 2.11 的图

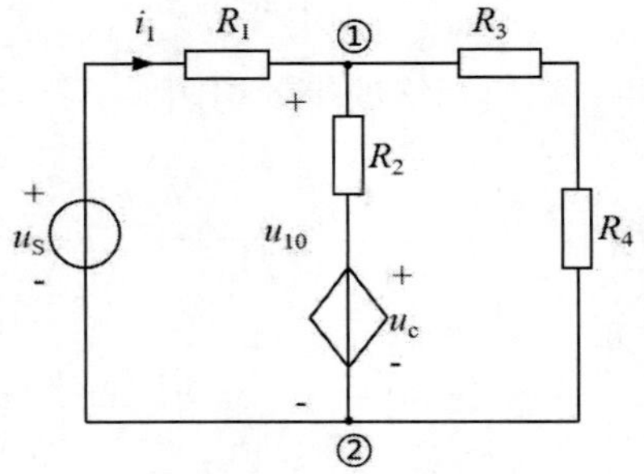

图 2.55 习题 2.12 的图

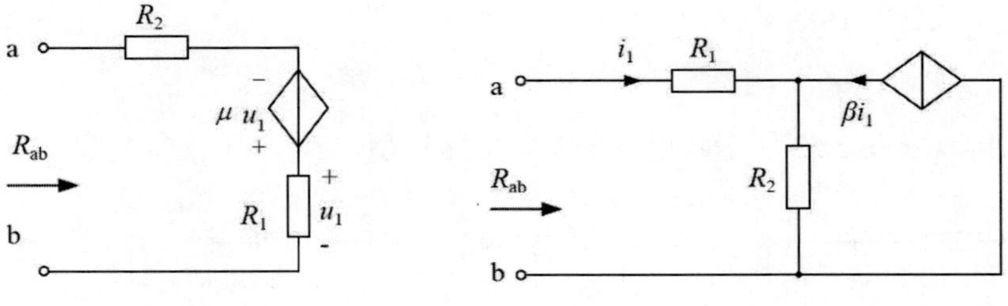

（a） （b）

图 2.56 题 2.13 的图

2.14 图 2.57 所示电路中，全部电阻均为 1Ω，求输入电阻 R_i。

2.15 电路如图 2.58 所示，图中电压源（包括独立源和受控源）和电阻的串联组合、电流源和电阻的并联组合看作一条支路，说明其结点数和支路数，并确定独立的 KCL 方程数量和独立的 KVL 方程数量。

2.16 电路如图 2.59 所示，用支路电流法求各支路电流。

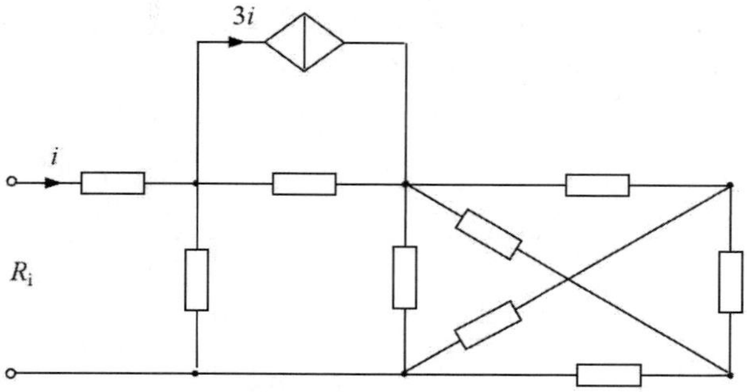

图 2.57　题 2.14 的图

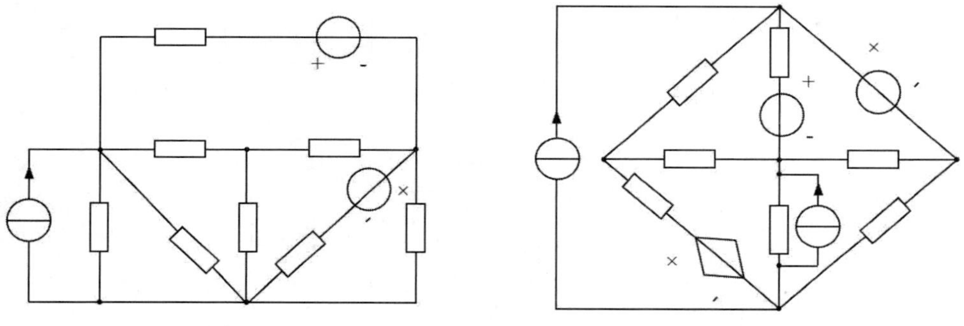

（a）　　　　　　（b）

图 2.58　题 2.15 的图

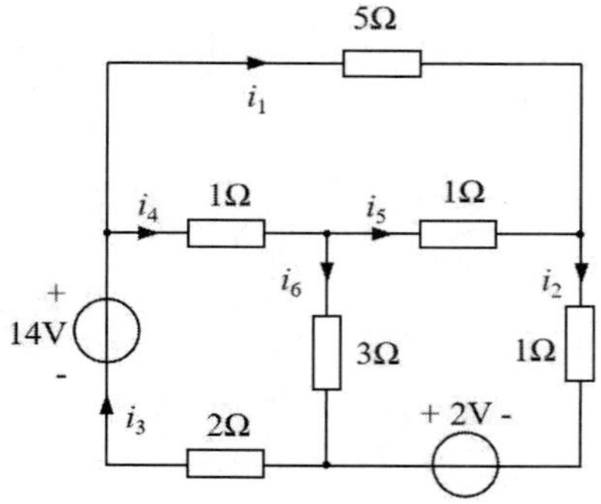

图 2.59　题 2.16 的图

2.17　电路如图 2.60 所示，已知 $R_1=R_2=10\Omega$，$R_3=4\Omega$，$R_4=R_5=8\Omega$，$R_6=2\Omega$，$i_{S1}=1A$，$u_{S3}=20V$，$u_{S6}=40V$。试用支路电流法求各支路电流。

2.18　电路如图 2.61 所示，已知 $R_1=10\Omega$，$R_2=15\Omega$，$R_3=20\Omega$，$R_4=4\Omega$，$R_5=6\Omega$，

R_6=8Ω，u_{S2}=10V，u_{S3}=20V。试用支路电流法求各支路电流。

2.19 试用网孔电流法求图 2.59 中各支路电流。

2.20 使用网孔电流法求图 2.62 中电流 i 以及 16V 电压源发出的功率。

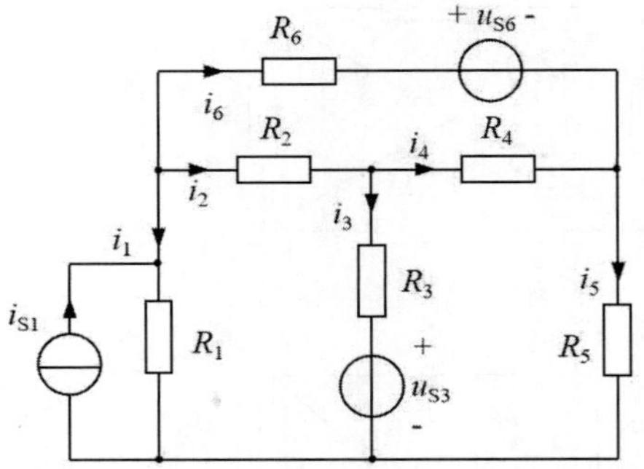

图 2.60 题 2.17 的图

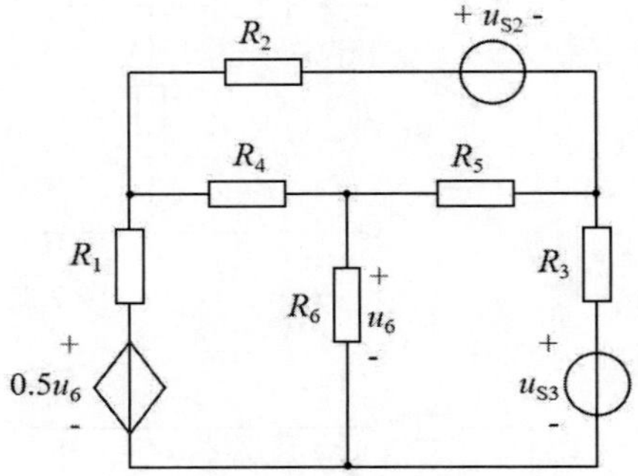

图 2.61 题 2.18 的图

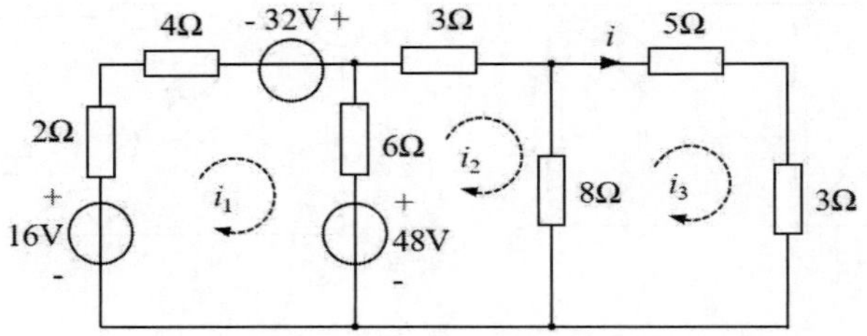

图 2.62 题 2.20 图

2.21 用网孔电流法求图 2.63 中的各网孔电流和电压 U。

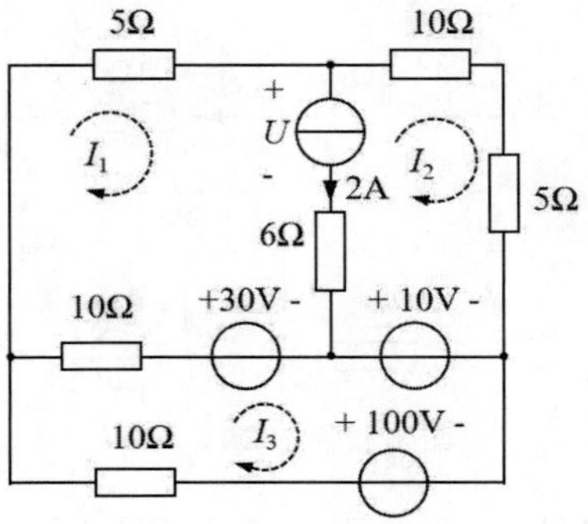

图 2.63 题 2.21 的图

2.22 用网孔电流法求图 2.64 所示电路中的电流 i 以及各元件上的功率，并验证功率是否平衡。

2.23　用网孔分析法求图 2.65 所示电路中的各网孔电流以及电压 u_1。

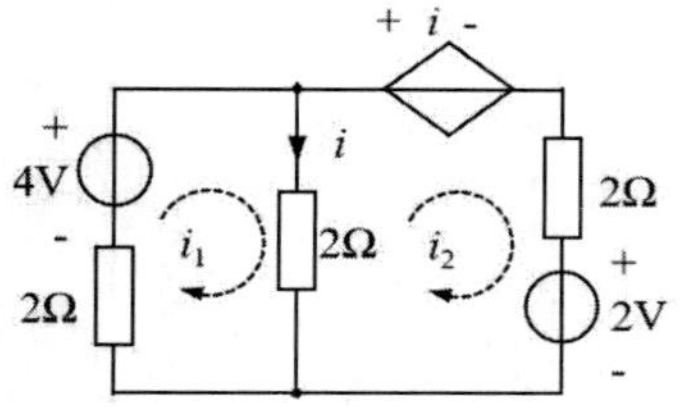

图 2.64　题 2.22 的图

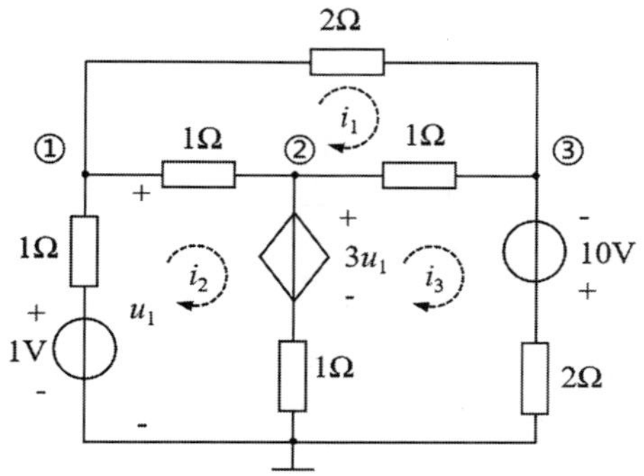

图 2.65　题 2.23 的图

2.24　电路如图 2.66 所示，已知 R_1=3Ω，R_3=13Ω，R_4=R_5=6Ω，u_{S1}=10V，u_{S2}=u_{S3}=50V，i_{S6}=2A，试用回路电流法求 i_3、i_4。

2.25　电路如图 2.67 所示，已知 R_1=10Ω，R_2=5Ω，R_3=1Ω，R_5=1Ω，R_6=5Ω，u_{S2}=20V，u_{S3}=4V，u_{S5}=1V，i_{S4}=5A，试用回路电流法求 i_3 以及受控源的功率。

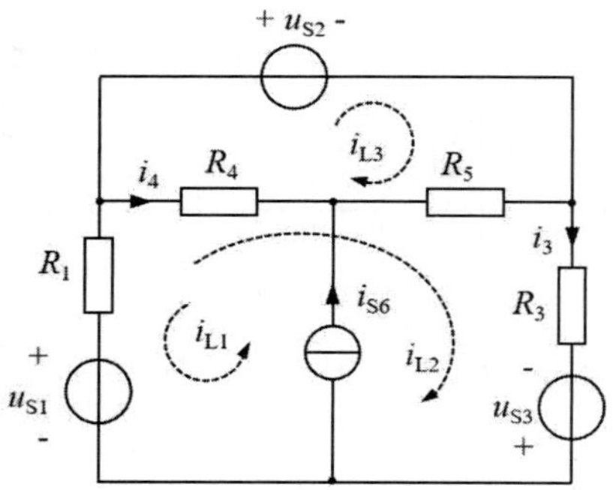

图 2.66　题 2.24 的图

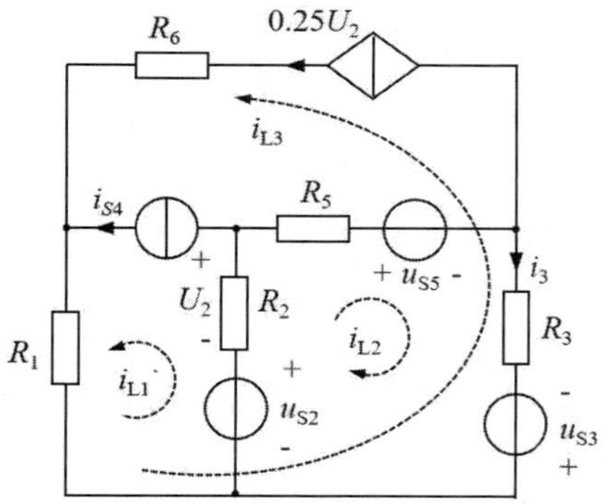

图 2.67　题 2.25 的图

2.26　用回路电流法求图 2.68 所示电路中 I_x、受控源 CCVS 以及 5A 电流源上的功率。

2.27　用结点电压法求图 2.69 所示电路中的各结点电压。

2.28　列出图 2.70 所示电路的结点电压方程。

2.29　电路如图 2.71 所示，已知$R_1=\frac{1}{2}\Omega$，$R_2=\frac{1}{3}\Omega$，$R_3=\frac{1}{4}\Omega$，$R_4=\frac{1}{5}\Omega$，$R_5=\frac{1}{6}\Omega$，u_{S1}=1V，u_{S2}=2V，u_{S3}=3V，u_{S5}=5V，i_{S3}=3A，试用结点电压法求各支路电流。

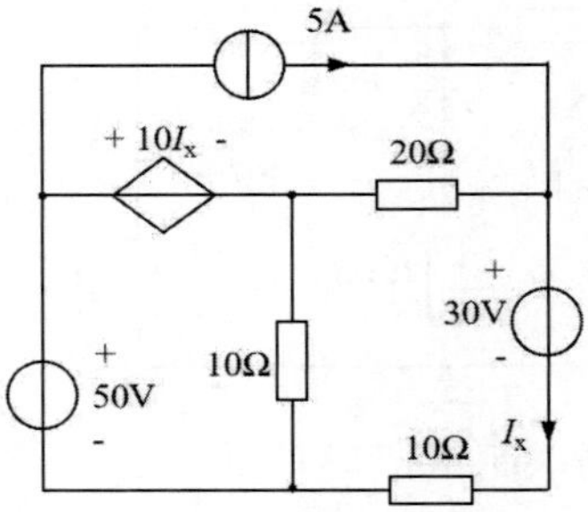

图 2.68　题 2.26 的图

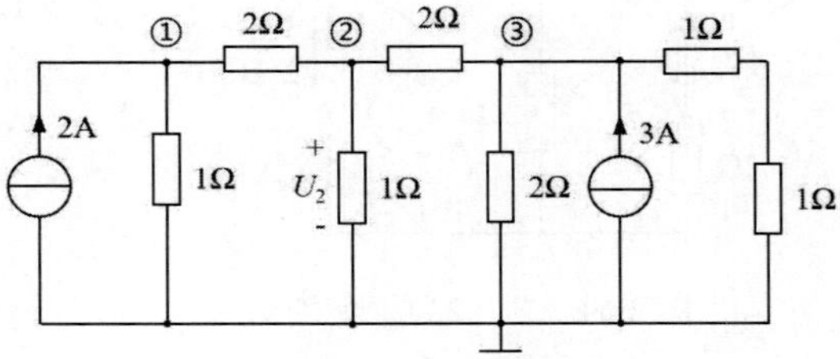

图 2.69　题 2.27 的图

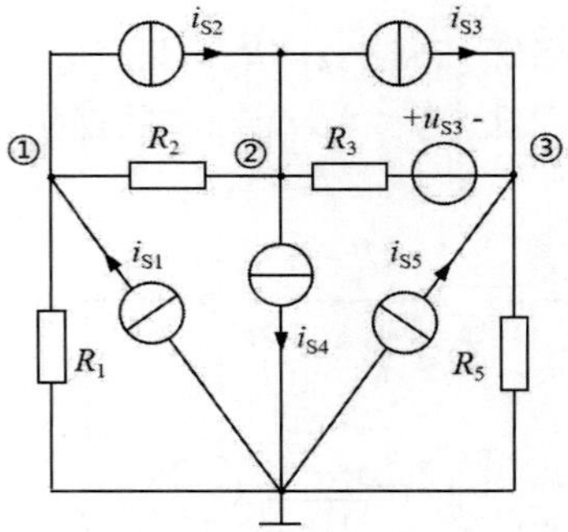

图 2.70　题 2.28 的图

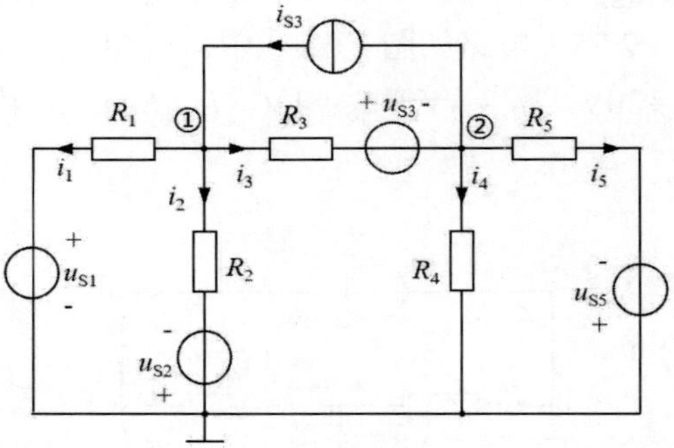

图 2.71　题 2.29 的图

2.30　用结点电压法求图 2.72 所示电路的电压 U。

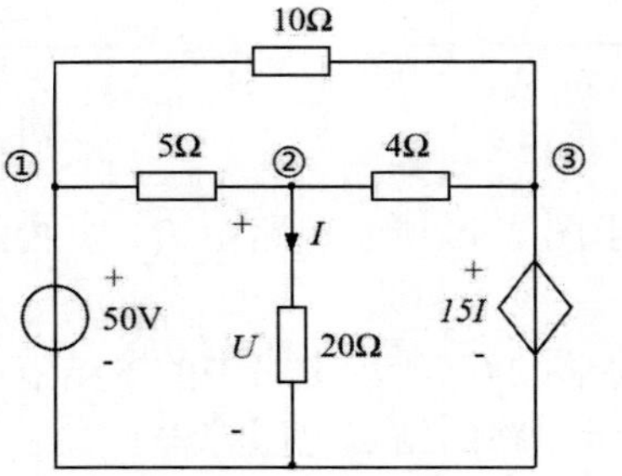

图 2.72　题 2.30 的图

2.31　用结点电压法求图 2.73 所示电路的各结点电压。

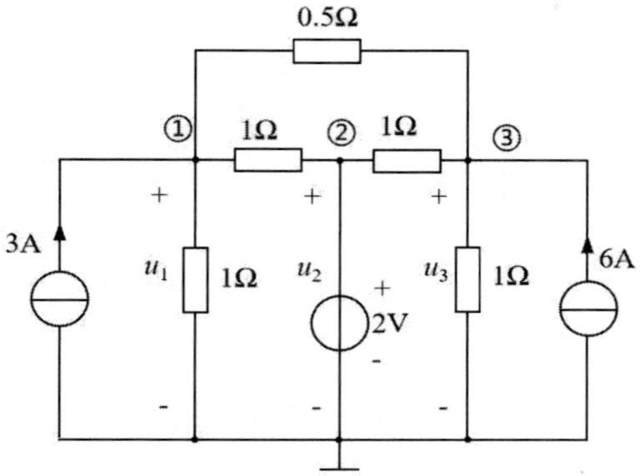

图 2.73　题 2.31 的图

2.32　电路如图 2.74 所示，已知 r=3Ω，用结点电压法求各结点电压以及电流 I。

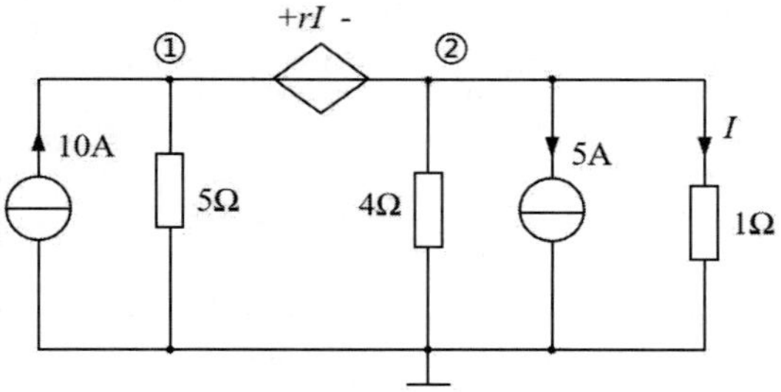

图 2.74　题 2.32 的图

2.33　电路如图 2.75 所示，用结点电压法求各结点电压。

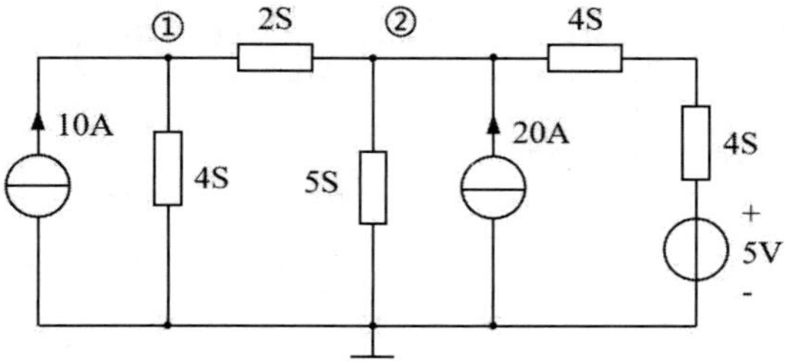

图 2.75　题 2.33 的图

2.34　图 2.76 所示电路中，已知结点①电压 U_{n1}=6V，求结点②电压 U_{n2} 和电流源电流 I_S。

2.35 用结点电压法求图 2.77 中的各结点电压。

2.36 用结点电压法求图 2.78 中的电流 i 以及受控源的功率。

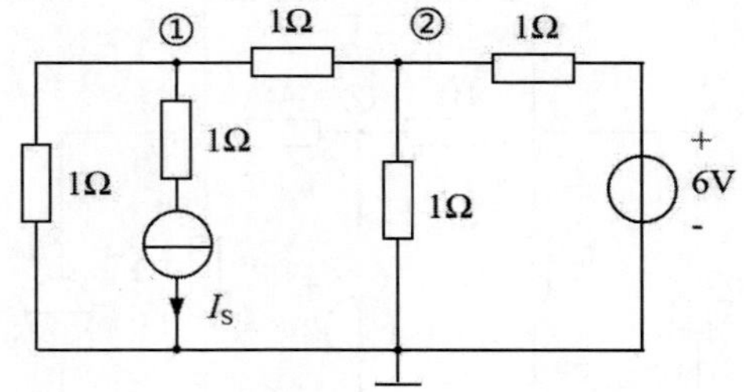

图 2.76 题 2.34 的图

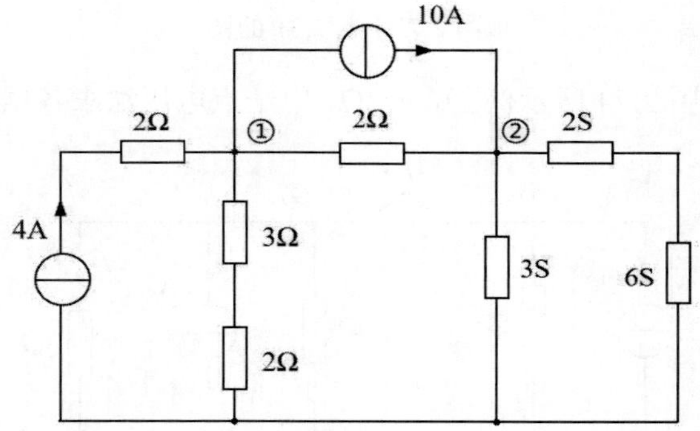

图 2.77 题 2.35 的图

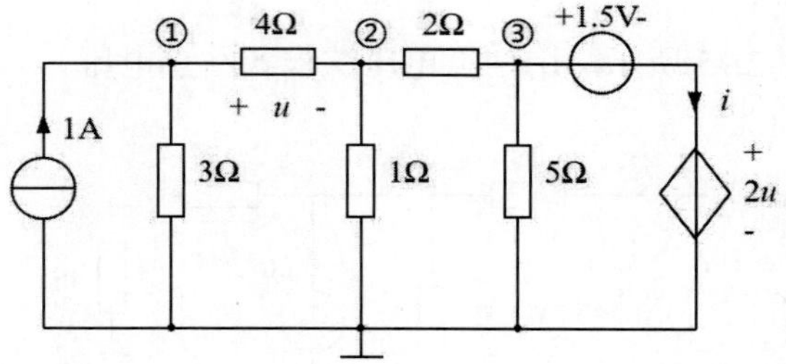

图 2.78 题 2.36 的图

第 3 章　数制与编码

本章课程目标

1. 了解数字电路和数字信号的特点，能够识别数字信号。

2. 掌握数字电路中常用的二进制、八进制和十六进制，能够进行不同数制之间的相互转换。

3. 了解数字系统中的编码，能够运用补码形式进行二进制数的加减运算。

现代科学技术飞速发展将我们带入一个数字化的时代，几乎所有的信息都以数字形式进行存储、加工和传输等，对数字信号进行各种处理的电路就是数字电路。本章介绍数字电路的特点、数字电路中常用的各种数制和编码、带符号位二进制数的表示方法和算术运算。

3.1　数字电路概述

3.1.1　模拟信号和数字信号

人们在自然界感知到的许多物理量都具有在数值和时间上连续的特性，如温度、压力、流量等，通过传感器将物理信号转换成电信号。数值上连续的电信号通常称为模拟信号，也称为连续信号。模拟信号具有无穷多的数值，数学表达式比较复杂，例如图 3.1（a）中的波形，处理模拟信号的电路称为模拟电路。

模拟信号不易存储和处理，在电子技术领域，通常将模拟信号转换为数字信号，利用数字逻辑来分析和处理数字信号。数字信号是指时间上和数值上均是离散的信号，如电子表的秒信号、生产流水线上记录零件个数的计数信号等。这些信号的变化发生在一系列离散的瞬间，其值也是离散的。数字信号只有两个离散值，常用数字 0 和 1 来表示。注意，这里的 0 和 1 没有大小之分，只代表两种对立的状态，称为逻辑 0 和逻辑 1，也称为二值数字逻辑。数字信号如图 3.1（b）所示。

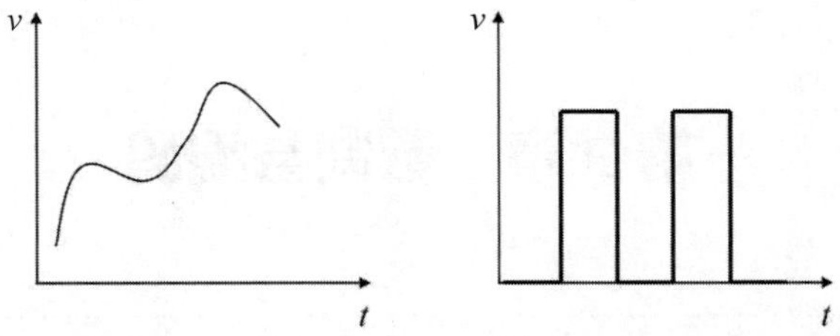

（a）模拟信号　　（b）数字信号

图 3.1　模拟信号和数字信号

数字信号是在模拟信号的基础上经过采样、量化和编码而形成的。具体地说，采样就是把输入的模拟信号按适当的时间间隔得到各个时刻的样本值，量化是把经采样测得的各个时刻的值用二进制数来表示，编码则是把量化生成的二进制数排列在一起形成顺序脉冲序列。数字信号用一组特殊的状态来描述信号，最为常见的是采用二进制数字来表示信号。

处理数字信号的电路称为数字电路，数字电路中通常用两个电平（高电平和低电平）分别来表示两个逻辑值（逻辑 1 和逻辑 0）。根据不同电平对应不同逻辑值，存在以下两种逻辑体制：

（1）正逻辑体制规定：高电平表示逻辑 1，低电平表示逻辑 0。

（2）负逻辑体制规定：低电平表示逻辑 1，高电平表示逻辑 0。

本书采用正逻辑，规定大于 2.4V 的电压为高电平，表示逻辑 1 或数值 1，小于 0.8V 的电压为低电平，表示逻辑 0 或数值 0。

3.1.2　数字电路的特点

数字电路以逻辑代数为理论基础和数学工具，采用二值逻辑，利用半导体器件的开关特性，用导通和截止两种状态来表示 1 和 0，因此对电路中电压和电流的精度要求不高，只要能可靠地区分高电平和低电平就能正确地实现功能。

电路中的高电平和低电平并不是精确的电压值，而是对应一个电压范围，例如在 TTL 电平中，2.4～5V 范围内的电压都表示高电平，0～0.8V 范围内的电压都表示低电平，因此数字电路的信号相比模拟电路，更加稳定，更加不易受到干扰的影响。

数字电路与模拟电路相比，主要有下列优点：

（1）易于实现，稳定性好。数字电路以二值数字逻辑为基础，只有 0 和 1 两个状态，易于用电路来实现，比如可用二极管、三极管的导通与截止这两个对立的状态来表示数字信号的逻辑 0 和逻辑 1，只要噪声不超过信号阈值，就不会影响电路的逻辑状态。

（2）抗干扰能力强。数字电路通过整形电路能很方便地去除叠加于传输信号上的噪声与干扰，还可利用差错控制技术对传输信号进行查错和纠错。

（3）信息处理能力强。数字电路不仅能完成数值运算，而且能进行逻辑判断和运算，具有强大的数据处理能力，是人工智能和大数据技术的硬件基础。

（4）便于长期存储。可将数字信息存入磁盘、光盘、优盘等各类存储介质长期保存，并能够完全还原信号，不存在信号损耗问题。随着存储器技术发展，存储容量不断增长。

（5）易于集成化。数字集成电路产品系列多、通用性强、成本低，随着半导体技术的高速发展，促进数字电路不断地向高密度、高速度和高精度的方向发展，数字电路的功能越来越强大，应用领域越来越广泛。

（6）保密性好。数字信号容易通过各种算法进行加密处理，并能完美再现。

此外，高度发展的计算机技术不断提高数字系统设计的自动化水平，利用计算机完成数字系统设计仿真和测试，极大提高数字电路的设计效率。随着集成电路技术的高速发展，数字电路向着低功耗、低电压、高速度和高集成度迅猛发展，大规模数字集成电路在电子设备或电子系统中得到了越来越广泛的应用，在人工智能、机器人、物联网等新兴科技领域发挥着无可替代的重要作用。

3.2　数字电路中的数制

【微课视频】

数字电路中的数制

数字电路中各种数字信号以数码形式存在，不同的数码既可以表示不同大小的数值，也可以表示不同的事物或状态。

数制也称计数制，是指用一组固定的符号和统一的规则来表示数值的方法。在表示数量时，仅用一位数码往往不够，因此需要用多位数码以进位计数的方法组成一个数。多位数码中每一位的构成以及从低位到高位的进位规则称为进位计数制，简称进位制。

在日常生活中，人们最常用的是十进位计数制，即按照“逢十进一”的原则进行计数，数字电路中广泛采用是二进制，并由此引申出八进制和十六进制等计数方法。

在进位计数制中包含以下几个要素：

（1）数码：一组用来表示某种数制的符号。例如，十进制的数码包括 0、1、2、3、4、5、6、7、8、9；二进制的数码是 0、1；八进制的数码包括 0、1、2、3、4、5、6、7；十六进制的数码包括 0、1、2、3、4、5、6、7、8、9、A、B、C、D、E、F 。

（2）基数：某数制可以使用的数码个数。例如，十进制的基数是 10，二进制的基数是 2，八进制的基数是 8，十六进制的基数是 16。

（3）数位：是指数码在一个数中所处的位置，不同数位上的相同数码，具有不同的大小，对于任意的 M 进制，通常是逢 M 向高位进一。例如对于十进制，是逢十进一，对于二进制，是逢二进一。

（4）位权：权是基数的幂，表示数码在不同数位上的数值。在数码序列中，每位上基数的幂有所不同。例如十进制数，各数位的位权由右至左分别为 10^0、10^1、10^2……

对于任意一个 r 进制数 N，均可用位置计数法的形式或按权展开式的形式来表示。位置计数法的表示形式为

$$(N)_r=(a_{n-1}a_{n-2}\cdots a_1a_0\cdot a_{-1}a_{-2}\cdots a_{-m})_r \tag{3.1}$$

按权展开式的形式为

$$\begin{aligned}(N)_r&=a_{n-1}\times r^{n-1}+\cdots+a_1\times r^1+a_0\times r^0+a_{-1}\times r^{-1}+\cdots+a_{-m}\times r^{-m}\\&=\sum\nolimits_{i=-m}^{n-1}a_i\times r^i\end{aligned} \tag{3.2}$$

式中，a_i 为第 i 位的数码，r 为基数，r^i 为第 i 位的权。

例如对于十进制数 356.3，按权展开为

$$(356.3)_{10}=3\times10^2+5\times10^1+6\times10^0+3\times10^{-1}$$

为区别不同数制表示的数，通常用括号外的下标字母表示括号内的数制，以作强调说明。十进制数一般用 D（Decimal）或 10 表示，二进制数用 B（Binary）或 2 表示，十六进制数用 H（Hexadecimal）或 16 表示，八进制用 O（Octal）或 8 表示，例如$(638)_{10}$、$(11011.10)_2$。在具体应用中，有时也可以根据实际情况简化表述，例如十进制数可以省略下标。

3.2.1 二进制（Binary）

虽然在生活和工作中，人们最常用和最熟悉的是十进制数，但在数字电路中，由于十进制数的数码较多而不便于表述和处理，因此最常用的是二进制数。二进制基数为 2，只有 0 和 1 两个数码，在电路中可以很方便地对应两种状态。

二进制采用逢二进一的计数规则，即 1+1=10，读作“壹零”，而不能读作“拾”。对于任意二进制数 N，可以表示为

$$\begin{aligned}(N)_{\mathrm{B}}&=a_{n-1}\times 2^{n-1}+\cdots+a_1\times 2^1+a_0\times 2^0+a_{-1}\times 2^{-1}+\cdots+a_{-m}\times r^{-m}\\&=\sum\nolimits_{i=-m}^{n-1}a_i\times r^i\end{aligned} \tag{3.3}$$

式中，a_i 为 2^i 的系数，可以是 0 或 1。例如：

$$(11011.011)_{\mathrm{B}}=1\times2^4+1\times2^3+0\times2^2+1\times2^1+1\times2^0+0\times2^{-1}+1\times2^{-2}+1\times2^{-3}$$

【例 3.1】试用十进制数表示二进制数$(1011.11)_{\mathrm{B}}$的大小。

解：$(1011.11)_{\mathrm{B}}=1\times2^3+0\times2^2+1\times2^1+1\times2^0+1\times2^{-1}+1\times2^{-2}$

$=8+2+1+0.5+0.25$

$=(11.75)_{\mathrm{D}}$

与十进制相比，二进制具有以下优点：

（1）二进制数码少，对应数字电路简单。二进制数的每一位只有 0 和 1 两种状态，可以通过任意具有两个不同稳定状态的元件来对应，例如开关的闭合和打开、灯的亮和灭等。假设其中一种状态对应数字 0，那么另一种状态就对应数字 1，从而很方便地用电路表示二进制数，节省设备资源，同时由于二进制状态简单，抗干扰能力强，可靠性高。

（2）二进制的运算规则简单，易于实现。二进制只有两个数码，基本运算规则非常简单，容易在电路中实现。二进制运算规则如下：

二进制加法规则：

0+0=0　　0+1=1　　1+0=1　　1+1=0（有进位）

二进制减法规则：

0-0=0　　0-1=1（有借位）　　1-0=1　　1-1=0

二进制乘法规则：

$0\times0=0$　　$0\times1=0$　　$1\times0=0$　　$1\times1=1$

【例 3.2】试计算$(101)_B+(11)_B$的结果。

解：二进制运算方法与十进制的相同，加法运算将两个加数按位相加，进位时逢二进一，减法计算借位时借一当二。

$$\begin{array}{r} 101 \\ +\ \ 011 \\ \hline 1000 \end{array}$$

计算结果为$(1000)_B$。

二进制数的乘法和除法运算方法也和十进制数一样。

【例 3.3】试计算二进制数的除法$(1111110)_B\div(110)_B$。

解：除法运算过程如下：

```
       10101
110 )111 1 1 1 0
     110
     ---
       11 1
       11 0
      ----
          1 1 0
          1 1 0
         ------
              0
```

计算结果为$(10101)_B$。

二进制的缺点是位数太长，例如十进制数 56 用二进制表示为 111000，阅读和书写都不方便，因此在数字系统和计算机中，常采用十六进制或八进制。由于 $2^4=16$，一位十六进制数相当于四位二进制数，因此可以有效地缩短字长。人们也常常将十进制数转换成二进制数输入计算机等数字系统，运算结束后再将二进制数转换成十进制数输出，以便于阅读和书写。

3.2.2 十六进制（Hexadecimal）与八进制（Octal）

十六进制的基数为 16，可表示数码为 0～9、A～F，对应的十进制数为 0～15。十六进制低位和相邻高位之间的进位关系是逢十六进一，任意十六进制数 N 可以表示为

$$\begin{aligned}(N)_{\mathrm{H}} &= a_{n-1}\times 16^{n-1}+\cdots+a_1\times 16^1+a_0\times 16^0+a_{-1}\times 16^{-1}+\cdots+a_{-m}\times 16^{-m}\\ &=\sum_{i=-m}^{n-1}a_i\times 16^i\end{aligned} \tag{3.4}$$

【例 3.4】试将十六进制数$(3F)_H$表示成十进制。

解： $(3F)_H=3\times16^1+15\times16^0=(63)_D$

十六进制是多位二进制数的一种简明表示形式，每四位二进制数可以用一位十六进制数来表示。二进制整数部分从最低位起，小数从最高位起，每四位用一位十六进制数表示，如：

$(1011\ 0011)_B=(B3)_H$

$(3FB.02)_H=(0011\quad 1111\quad 1011.\ 0000\quad 0010)_B$

$(F1AD)_H=(1111\quad 0001\quad 1010\quad 1101)_B$

在某些小型机中使用八进制来表示数码，八进制的基数 $r=8=2^3$，低位和相邻高位之间的进位关系是逢八进一，有 0、1、2、3、4、5、6、7 共八个数码，八进制的每个数码正好对应三位二进制数，所以八进制能很好地反映二进制。任意八进制数 N 可以表示为

$$\begin{aligned}(N)_{\mathrm{O}} &= a_{n-1}\times 8^{n-1}+\cdots+a_1\times 8^1+a_0\times 8^0+a_{-1}\times 8^{-1}+\cdots+a_{-m}\times 8^{-m}\\ &=\sum_{i=-m}^{n-1}a_i\times 8^i\end{aligned} \tag{3.5}$$

【例 3.5】试将八进制数$(45)_O$表示成十进制。

解： $(45)_O=4\times8^1+5\times8^0=(37)_D$

常用数制的对照见表 3.1。

表 3.1 常用数制的对照

十进制数	二进制数	八进制数	十六进制数
0	0	0	0
1	1	1	1
2	10	2	2

续表

十进制数	二进制数	八进制数	十六进制数
3	11	3	3
4	100	4	4
5	101	5	5
6	110	6	6
7	111	7	7
8	1000	10	8
9	1001	11	9
10	1010	12	A
11	1011	13	B
12	1100	14	C
13	1101	15	D
14	1110	16	E
15	1111	17	F

3.2.3　数制间的转换

1. 其他进制数转换成十进制数

二进制数、八进制数和十六进制数转换为十进制数时，只需按权展开，然后计算各项的和，就可得到相应的十进制数。

【例 3.6】将二进制数 10011.101 转换成十进制数。

解： $(10011.101)_B=1\times2^4+0\times2^3+0\times2^2+1\times2^1+1\times2^0+1\times2^{-1}+0\times2^{-2}+1\times2^{-3}$

$=(19.625)_D$

2. 十进制数转换为其他进制数

把十进制数转换成等值的其他进制数时，整数部分和小数部分应分别进行。整数部分采用基数除法，即除以基数，取余数；纯小数部分采用基数乘法，即乘以基数，取整数。下面通过例子加以说明。

【例 3.7】将十进制数 23 转换成二进制数。

解： 二进制数的基数为 2，十进制整数转换为二进制数采用“除 2 取余”法，具体步骤为：先将十进制整数除以 2，得到的余数作为二进制数的最低位，即写在最右边的数码。对商继续除以 2，重复前述步骤，直到商为 0。将每一步计算得到的余数按照从右向左的顺序排列，即可得到二进制数。

2 | 23	………余 1	b_0	↑
2 | 11	………余 1	b_1	读
2 | 5	………余 1	b_2	取
2 | 2	………余 0	b_3	次
2 | 1	………余 1	b_4	序
0			

所以得到$(23)_D=(10111)_B$。

【例 3.8】将十进制数$(0.562)_D$转换成误差 ε 不大于 2^{-6} 的二进制数。

解：用“乘 2 取整”法将十进制纯小数转换为二进制数，首先将十进制数乘以 2，得到的整数部分作为二进制数的最高位，即写在小数点右边的第一位。对乘积的小数部分继续乘以 2，重复前述步骤，将每次相乘得到的整数按照从左向右的顺序写下来，即可得到二进制小数。小数部分的转换需要结合计算的精度要求，当小数位数达到预定的要求时，就可以结束转换。

取整

0.562×2=1.124 …… 1 ……b_{-1}

0.124×2=0.248 …… 0 ……b_{-2}

0.248×2=0.496 …… 0 ……b_{-3}

0.496×2=0.992 …… 0 ……b_{-4}

0.992×2=1.984 …… 1 ……b_{-5}

由于最后的小数 0.984＞0.5，根据“四舍五入”的原则，b_{-6} 应为 1。因此$(0.562)_D=(0.100011)_B$，其误差 $\varepsilon<2^{-6}$。

如果一个十进制数既有整数，又有小数，那么对整数部分和小数部分分别进行转换，然后将转换后的结果组合在一起，就是完整的二进制数。

转换完成的二进制数可以直接表达为八进制数或十六进制数，也可以将十进制数按照上述方法，采用不同的基数，分别转换成八进制数或十六进制数。

3. 二进制与十六进制、八进制的相互转换

由于十六进制基数为 16，$16=2^4$，因此，4 位二进制数就相当于 1 位十六进制数，可用“4 位分组”法将二进制数化为十六进制数。

将二进制数的整数部分由低位向高位每四位划分为一组，若最高位的组不足四位，则在最高位左边加 0，补足四位，然后将每组二进制数转换为相应的十六进制整数。

对于二进制小数部分，从小数点开始向右每四位划分一组，若最右边的组不足四位，则在最右边加 0 补足四位，同样按每组进行转换，获得小数部分的十六进制数。

类似地，二进制数转换为八进制数时，按照每三位一组进行划分和转换。

【例 3.9】将二进制数 1001101.100111 转换成十六进制数。

解： $(1001101.100111)_B=(0100\ 1101.1001\ 1100)_B=(4D.9C)_H$

【例 3.10】将二进制数 1001101.100111 转换成八进制数。

解： $(1001101.100111)_B=(001\ 001\ 101.100\ 111)_B=(115.47)_O$

十六进制数转换成二进制数时，只要将每一位十六进制数转换成相应的 4 位二进制数，按位的高低依次排列即可。

【例 3.11】将十六进制数 6E.3A5 转换成二进制数。

解： $(6E.3A5)_H=(110\ 1110.0011\ 1010\ 0101)_B$

同理，若将八进制数转换为二进制数，只需要将每一位八进制数转换成相应的 3 位二进制数，按位的高低依次排列即可。

3.3　数字电路中的编码

在数字系统中，无论是数据还是信息，都采用二进制表示。例如文字、图像等信息都是用 0 和 1 按一定规律组合来表示的，这就需要进行编码。由于数字系统是以二值数字逻辑为基础的，因此数字系统中的信息，包括数值、文字、控制命令等，都是用一定位数的二进制码表示的。将若干个二进制数码 0 和 1 按一定规则排列起来表示某种特定含义的代码称为二进制代码，简称二进制码。

【微课视频】

数字电路中的编码

二进制编码方式有多种，以下介绍几种常用的编码。

3.3.1　二-十进制码（BCD 码）

二—十进制码，又称 BCD（Binary Coded Decimal）码，是一种常用的二进制编码，BCD 码具有二进制数的形式，又具有十进制数的特点，可以作为人与数字系统联系的一种中间表示。

十进制数具有 0～9 十个数码，至少要用 4 位二进制数来表示，4 位二进制数有 16 种组合，可从这 16 种组合中选择 10 种组合分别来表示十进制的 0～9 十个数。选哪 10 种组合，有多种方案，这就形成了不同的 BCD 码。

BCD 码可以分为有权码和无权码，有权码是指每一位二进制码都有固定的权值，如 8421 码、5421 码等，无权码是指二进制码中的每一位并没有固定的权值，如余 3 码和格雷码等。常用的 BCD 码见表 3.2。

表 3.2 常用 BCD 码

十进制数	8421 码	2421 码	5421 码	余 3 码
0	0000	0000	0000	0011
1	0001	0001	0001	0100
2	0010	0010	0010	0101
3	0011	0011	0011	0110
4	0100	0100	0100	0111
5	0101	1011	1000	1000
6	0110	1100	1001	1001
7	0111	1101	1010	1010
8	1000	1110	1011	1011
9	1001	1111	1100	1100
位权	8421 $b_3b_2b_1b_0$	2421 $b_3b_2b_1b_0$	5421 $b_3b_2b_1b_0$	无权

由表 3.2 可知，8421 码的四位数码从左至右权值分别为 8、4、2、1。2421 码的四位数码权值依次是 2、4、2、1，编码方案不唯一，例如对十进制数 5 的 2421 码，可以是 0101 或 1011 等。余 3 码表示的二进制数比对应的十进制数多 3，是由 8421 码加 3 得到的。需要特别注意的是，BCD 码用 4 位二进制码表示的只是十进制数的一位，如果是多位十进制数，应先将每一位数都用 BCD 码表示，然后组合起来。

【例 3.12】将十进制数 83 分别用 8421 码、2421 码和余 3 码表示。

解：83 是两位十进制数，每一位数分别用 4 位 BCD 码表示，因此 83 的 BCD 码应该由 8 位二进制数码组成。由表 3.2 可得

$(83)_D=(1000\ 0011)_{8421}$

$(83)_D=(1110\ 0011)_{2421}$

$(83)_D=(1011\ 0110)_{余3}$

如果将 BCD 码转换为十进制数，可以从低位开始，将 BCD 码按 4 位一组划分，然后写出每组对应的十进制数。

【例 3.13】写出$(1001\ 0111)_{8421}$和$(1001\ 1000)_{5421}$表示的十进制数。

解：由表 3.2 可得$(1001\ 0111)_{8421}=(97)_D$，$(1001\ 1000)_{5421}=(65)_D$。

格雷码也是一种常用的四位无权码，其编码见表 3.3。这种码看似无规律，其实是按照“相邻性”原则编码的，即相邻两个码之间只有一位数字不同，包括首、尾两个码也算是相邻的，因此格雷码也是一种循环码。

格雷码常用于模拟量的转换中。当模拟量发生微小变化而可能引起数字量发生变化时，格雷码仅改变 1 位，这样可减少出错的可能，提高代码在产生和传输过程中的可靠性，因此格雷码又属于一种可靠性代码。格雷码的编码方式可用如图 3.2 所示的四变量卡诺图帮助记忆，关于卡诺图将在后续章节详细介绍。

表 3.3 格雷码

十进制数	$G_3\,G_2\,G_1\,G_0$
0	0 0 0 0
1	0 0 0 1
2	0 0 1 1
3	0 0 1 0
4	0 1 1 0
5	0 1 1 1
6	0 1 0 1
7	0 1 0 0
8	1 1 0 0
9	1 1 0 1
10	1 1 1 1
11	1 1 1 0
12	1 0 1 0
13	1 0 1 1
14	1 0 0 1
15	1 0 0 0

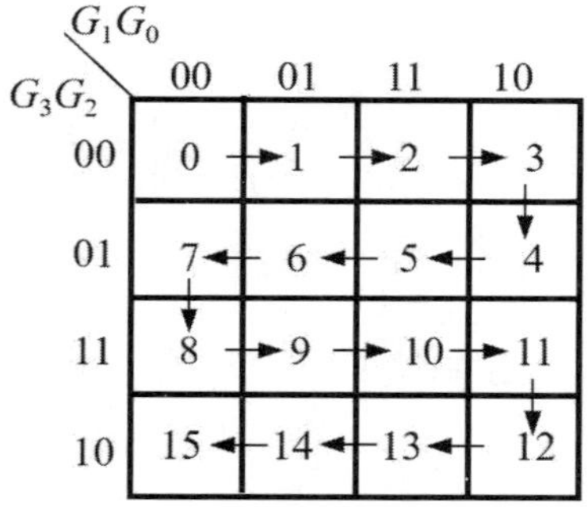

图 3.2 格雷码卡诺图

3.3.2 带符号位的二进制码

【微课视频】

带符号位的二进制码

由前述可知，二进制数进行加减乘除的算术运算时，方法与十进制数的运算相同，不同的是"逢二进一"和"借一当二"，但是二进制数只有 0 和 1 两个数码的特殊性，使得二进制数的乘法可以分解为"左移"和"加法"两种操作，除法可以通过若干次的"右移"和"减法"操作完成。如果能设法将减法操作转化为某种形式的加法操作，那么加、减、乘、除运算都可以通过"移位"和"加法"两种操作来实现，这样就能使运算电路极大简化，这也是数字电路中普遍采用二进制算术运算的重要原因之一。

在算术运算中，除了正数之外，还有负数，通常用"+"号表示正数，用"-"号表示负数。在采用二进制的数字电路中，如何表示带符号的数呢？在数字电路中，通常把一个数的最高位作为符号位，用“0”表示正，用“1”表示负，其余位是其“绝对值”，这样表示的数称为带符号数。例如带符号数 01010011，最高位的 0 代表这个数据为正数，其后的 1010011 则代表这个数据的绝对值，为$(+83)_D$，带符号数 11010011 则代表$(-83)_D$。

带符号的二进制数，通常有原码、反码和补码等表示方法，在数字电路中通常采用补码进行二进制数的运算。

1. *原码*

原码就是在二进制数的最高位之前，用附加的符号位表示数的正负。正数的符号位为 0，负数的符号位为 1，其他各位称为数据位，为数据的绝对值。

【例 3.14】写出十进制数+64.25 和-64.25 的原码。

解： 十进制数	+64.25	-64.25
二进制原码	01000000.01	11000000.01
	↑ 符号位	↑ 符号位

带符号二进制数的原码与数字系统的字长有关，例如对于机器字长为 8 位的二进制数，它的最高位为符号位，其余 7 位为数据的绝对值，而对于机器字长为 16 位的二进制数，最高位为符号位，其余 15 位表示数据的绝对值，因此原码所能表示的数据范围是

$$-(2^{n-1}-1)\sim+(2^{n-1}-1)$$

其中，n 表示二进制数的长度，当 n=8 时，原码能表示的范围就是-127～+127，例如 83 的原码为 01010011，-83 的原码为 11010011。当 n=16 时，原码能表示的范围就是-32767～+32767，此时 83 的原码为 0000 0000 0101 0011，-83 的原码为 1000 0000 0101 0011。

2. *反码*

对于一个带有符号位的二进制数来说，正数的反码与其原码相同，负数的反码保持符号位不变，数据位为其原码各位按位取反。一般情况下，反码主要作为求二进制数补码的中间形式。反码所表示的数据范围与原码相同。

【例 3.15】用 8 位二进制数表示+9 和-9 的反码。

解： 十进制数	+9	-9
二进制原码	0000 1001	1000 1001
二进制反码	0000 1001	1111 0110
	↑ 符号位	↑ 符号位

因此，$[+9]_{反码}$=0000 1001，$[-9]_{反码}$=1111 0110。

【例 3.16】用 16 位二进制数表示+83 和-83 的反码。

解： 十进制数　　+83　　　　　　　　-83

二进制原码　　0000 0000 0101 0011　　　　1000 0000 0101 0011

二进制反码　　0000 0000 0101 0011　　　　1111 1111 1010 1100

↑　　　　　　　　↑

符号位　　　　　　符号位

因此，$[+83]_{反码}$= 0000 0000 0101 0011，$[-83]_{反码}$= 1111 1111 1010 1100。

3. 补码

正数的补码与其原码相同，负数的补码保持符号位不变，数据位为其反码加 1。

【例 3.17】写出+13 和-13 的原码、反码和补码。

解： 十进制数　　+13　　　　　　-13

二进制原码　　0 1101　　　　　1 1101

二进制反码　　0 1101　　　　　1 0010

二进制补码　　0 1101　　　　　1 0011

↑　　　　　　　↑

符号位　　　　　符号位

因此，$[+13]_{原码}$=$[+13]_{反码}$=$[+13]_{补码}$=0 1101，$[-13]_{原码}$= 1 1101，$[-13]_{反码}$= 1 0010，$[-13]_{补码}$=1 0011。

【例 3.18】写出带符号二进制数 0001 1010 和 1001 1010 的反码和补码。

解： 带符号数的最高位表示符号，可知 0001 1010 为正数，1001 1010 为负数，因此 0001 1010 的反码和补码都与原码相同，1001 1010 的反码为 1110 0101，补码为 1110 0110。

4 位带符号二进制数的原码、反码和补码表示法见表 3.4。

表 3.4　4 位带符号数的表示

十进制数	带符号的二进制数		
	原码	反码	补码
+0	0000	0000	0000
+1	0001	0001	0001
+2	0010	0010	0010
+3	0011	0011	0011
+4	0100	0100	0100
+5	0101	0101	0101

续表

十进制数	带符号的二进制数		
	原码	反码	补码
+6	0110	0110	0110
+7	0111	0111	0111
-0	1000	1111	1000
-1	1001	1110	1111
-2	1010	1101	1110
-3	1011	1100	1101
-4	1100	1011	1100
-5	1101	1010	1011
-6	1110	1001	1010
-7	1111	1000	1001

若已知补码，可以通过以下方法求原码：对于正数，原码与补码相同；对于负数，它的原码就是将补码除符号位以外按位取反之后，末位加 1。例如已知$[X]_{补}$=0101 1001，由于最高位是 0，因此是正数，原码与补码相同，也就是 0101 1001，转换成十进制数就是$(+89)_D$。已知$[X]_{补}$=1101 1010，由于最高位是 1，因此是负数，符号位不变，其余各位按位取反为 1010 0101，在末位加 1 可得到原码 1010 0110，就是$(-38)_D$。

4. 利用补码进行加减运算

运用补码进行二进制数的运算时，可以带符号位与数据位一起参加运算，得到的结果也是补码的形式，只要变换成原码就能得到计算结果，相比于原码和反码的运算，具有非常便捷的优势，在计算机等数字电路中被广泛采用。

（1）加法运算。对于加法运算，有$[X+Y]_{补}=[X]_{补}+[Y]_{补}$，将加数 X 和 Y 的补码相加，得到和的补码，然后再经过补码转换为原码，获得计算结果。

【例 3.19】用二进制补码运算求 13+10 和-13+10。

解：因为 13+10=23，需要 5 位二进制数才能表示，再附加 1 位符号位，因此用 6 位二进制数来表示。$[13]_{补}$=0 01101，$[10]_{补}$=001010，$[-13]_{补}$=110011，计算过程如下：

$$\begin{array}{r} 13 \\ +\ 10 \\ \hline 23 \end{array} \quad \begin{array}{r} 0\ 01101 \\ 0\ 01010 \\ \hline 0\ 10111 \end{array} \qquad\qquad \begin{array}{r} -\ 13 \\ +\ 10 \\ \hline -\ 3 \end{array} \quad \begin{array}{r} 1\ 10011 \\ 0\ 01010 \\ \hline 1\ 11101 \end{array}$$

可知，两个二进制数的补码相加，得到的结果也是补码的形式。

【例 3.20】已知二进制数 X=+011 0011，Y=-010 1001，求 $X+Y$。

解：$[X]_{原}$=0011 0011，$[X]_{补}$=0011 0011，$[Y]_{原}$=1010 1001，$[Y]_{补}$=1101 0111

$[X+Y]_{补}=[X]_{补}+[Y]_{补}$=0011 0011+1101 0111=0000 1010，可得计算结果为+1010。

（2）减法运算。减去一个数，可以转换成加上此数的相反数，即$[X-Y]_{补}=[X]_{补}+[-Y]_{补}$，计算结果以补码表示，只要将得到的结果转换成原码即可。

【例 3.21】已知 X=+011_1001，Y=+100_1101，求 $X-Y$。

解：可知 $X=(+57)_D$，$Y=(+77)_D$

$[X]_{原}$=0011 1001　　$[X]_{反}$=0011 1001　　$[X]_{补}$=0011 1001

$[-Y]_{原}$=1100 1101　　$[-Y]_{反}$=1011 0010　　$[-Y]_{补}$=1011 0011

$[X-Y]_{补}=[X]_{补}+[-Y]_{补}$=0011 1001+1011 0011=1110 1100，保留最高位即符号位，将$[X-Y]_{补}$低 7 位进行取反加 1，就可得到原码，即$[X-Y]_{原}$=1001 0100，转换成十进制数即-20。

可见，补码的意义就是可以把所有的加法与减法都转换成加法进行计算，符号位与数据位一起参加运算，运算结果仍为补码，运算过程简单，非常适用于计算机进行处理。

3.3.3　其他编码

1. 美国信息交换标准代码（ASCII 码）

在计算机和通信领域广泛采用美国信息交换标准代码（American Standard Code for Information Interchange，简称 ASCII 码）来表示数字、字母和各种专用符号。ASCII 码是美国国家标准化协会制定的一种信息代码，由国际标准化组织 ISO 认定为国际通用的标准代码。

ASCII 码采用 7 位二进制编码，共 128 个，其中十个代码表示数字 0～9，52 个代码表示大写和小写的英文字母，32 个代码表示各种符号，34 个代码表示控制码，编码见表 3.5。

表 3.5　美国信息交换标准代码表

$D_3D_2D_1D_0$	$D_6D_5D_4$							
	000	001	010	011	100	101	110	111
0000	NUL	DLE	SP	0	@	P	、	p
0001	SOH	DC1	!	1	A	Q	a	q
0010	STX	DC2	”	2	B	R	b	r
0011	ETX	DC3	#	3	C	S	c	s
0100	EOT	DC4	$	4	D	T	d	t
0101	ENQ	NAK	%	5	E	U	e	i

续表

$D_3D_2D_1D_0$	$D_6D_5D_4$							
	000	001	010	011	100	101	110	111
0110	ACK	SYN	&	6	F	V	f	v
0111	BEL	ETB	'	7	G	W	g	w
1000	BS	CAN	(	8	H	X	h	x
1001	HT	EM	)	9	I	Y	i	y
1010	LF	SUB	*	:	J	Z	j	z
1011	VT	ESC	+	;	K	[	k	{
1100	FF	FS	,	<	L	\	l	|
1101	CR	GS	-	=	M	]	m	}
1110	SO	RS	.	>	N	^	n	~
1111	SI	US	/	?	O	_	o	DEL

由表 3.4 可知，数字 0 的 ASCII 码为二进制 0011 0000B，转换为十六进制为 30H，字母 A 的编码为二进制 0100 0001B，表示为十六进制为 41H，回车键 CR 的编码为二进制 0000 1101B，表示为十六进制为 0DH。

【例 3.22】设收到一组 ASCII 码信息如下：48H，45H，4CH，4CH，4FH。试解析之。

解：将收到的十六进制表示成二进制，并查表可得：

十六进制	二进制	字符
48	0100 1000	H
45	0100 0101	E
4C	0100 1100	L
4C	0100 1100	L
4F	0100 1111	O

因此，收到的信息为 HELLO。

2. 条形码

条形码技术（Bar Code Technology，BCT）是在计算机的应用实践中产生和发展起来的一种自动识别技术。条形码将宽度不等的多个黑条和空白，按照一定的编码规则排列，以表达一组信息，如图 3.3 所示。条形码由静区、起始符、数据符和终止符组成，利用光电扫描设备识读条形码符号，通过对信息的自动扫描，能够快速、准确而可靠地采集数据，把数据录入计算机进行数据处理。

条形码可以表达物品的生产国、制造厂家、商品名称、生产日期、图书分类号、邮件起止地点、类别、日期等许多信息，因而在商品流通、图书管理、邮政管理、银行系统等许多领域都得到广泛的应用。常用的码制有 EAN 条形码、UPC 条形码、25 条形码、交叉 25 条形码、库德巴条形码、Code 39 条形码和 Code 128 条形码等。以 EAN 条形码为例，这是国际通用的符号体系，是一种长度固定、无含意的条形码，所表达的信息全部为数字，主要应用于商品标识。

图 3.3　条形码图例

图 3.4　二维码图例

3. *二维码*

二维码又称二维条码（2-Dimensional Bar Code），是一种比传统一维条形码更高级的条码格式。一维条形码只能在一个方向上表达信息，由数字和字母组成；二维码在水平和垂直两个方向都能存储信息，能存储数字、汉字、图片等更多格式的信息，多行组成的条形码本身可以存储大量数据，因此应用领域更加广泛。常见的二维码为 QR Code，即 Quick Response Code，是一个近几年来移动设备上非常流行的编码方式。

二维码用某种特定的几何图形，按一定规律在平面二维方向上分布，黑白相间，表达数据符号信息，如图 3.4 所示；在代码编制上巧妙地利用“0”和“1”比特流的概念，使用若干个与二进制相对应的几何形体来表示文字数值等信息，通过图像输入设备或光电扫描设备自动识读以实现信息自动处理。二维码常用的码制有 Data Matrix、MaxiCode、Aztec、QR Code、Vericode、PDF417、Ultracode、Code 49、Code 16K 等。

二维码有定位标记和容错机制，通过定位标记使设备正确辨识进行解读，可以保证从不同方向都能正确读取；容错机制能够在条形码受到一定破坏或污损时，即使没有辨识到全部的条码，也能正确地还原条码上的信息。

每个二维码包含 3～90 行，每一行包含一个起始部分、数据部分和终止部分。它的字符集包括所有 128 个字符，最大数据含量是 1850 个字符。它具有条码技术的一些共性，例如每种码制有其特定的字符集，每个字符占有一定的宽度，具有一定的校验功能等，此外二维码还具有对不同行的信息自动识别功能、处理图形旋转变化点等功能。

4. 奇偶校验码

奇偶校验码是在计算机和通信领域广泛采用的可靠性代码，由若干个信息位加一个校验位构成。奇偶校验码通过增加冗余位，使得码字中“1”的个数恒为奇数或偶数。

奇偶校验码是奇校验码和偶校验码的统称，是一种最基本的检错码。奇校验是指信息码和校验位中“1”的个数为奇数；偶校验是指信息码和校验位中“1”的个数为偶数。带奇偶校验的 8421BCD 码见表 3.6。

表 3.6 带奇偶校验的 8421BCD 码

十进制数	8421BCD 奇校验码		8421BCD 偶校验码	
	信息位	校验位	信息位	校验位
0	0000	1	0000	0
1	0001	0	0001	1
2	0010	0	0010	1
3	0011	1	0011	0
4	0100	0	0100	1
5	0101	1	0101	0
6	0110	1	0110	0
7	0111	0	0111	1
8	1000	0	1000	1
9	1001	1	1001	0

接收方根据约定的校验方式检测信息，若码组中“1”的个数与约定相符，则表示信息正确，否则为错码。奇偶校验码只能检测一位错码，但不能确定是哪一位数据出错，也不能自动纠错，若出现多位同时出错，则无法检测。

本章重点小结

1. 模拟电路处理模拟信号，数字电路处理数字信号，模拟信号是连续的，数字信号只能取特定的数值，在时间上离散，具有易于实现、抗干扰能力强、便于存储、集成度高等特点。

2. 数字电路中常用的计数进制有二进制、八进制和十六进制。二进制数中只有 0 和 1 两个数码，可方便地用电路中具有两个状态的元件来对应，二进制的运算规则简单，易于实现，缺点是位数较长，因此常转换为十六进制表示。

3. 编码是用数码的特定组合表示特定信息的过程。BCD 码是用二进制代码表示十进制数；ASCII 码可表示数字、字母和符号；格雷码和奇偶校验码属于可靠性代码，能有效地提高设备的抗扰能力；数字电路中一般采用补码进行带符号数的二进制运算；条形码和二维码是近些年在物流管理和移动设备等领域得到广泛应用的二进制编码。

习题

在线测试

3.1　将下列二进制数转换成十进制数。

1011，11010，110101，10100011，0.011，11.001

3.2　将下列二进制数转换成十六进制数。

1010 1111，10 1010 0101，1001 0111，110 1101，0.0101 1111，11.001

3.3　将下列十六进制数转换成二进制数。

5E，2D4，E0，8F.FF，10.5，3D.BE

3.4　将下列十进制数转换成十六进制数。

37，312，125，9.1875

3.5　将下列十六进制数转换成十进制数。

A0，F4，6A.2，8C

3.6　将下列十进制数表示成 8421BCD 码。

74，136.45，53.5

3.7　将下列 8421BCD 或 5421BCD 码转换为十进制。

$(01101000)_{8421BCD}$，$(0111\ 0100)_{8421BCD}$，$(10011100)_{5421BCD}$，$(1010\ 0100.0111\ 0101)_{5421BCD}$

3.8　写出下列带符号十进制数的原码、反码和补码。

+35，-26

3.9　写出下列带符号二进制数的原码与补码。

$(+1011)_2$，$(-00101)_2$

3.10　用二进制补码进行下列二进制数的计算。

1010+0011，1101-1011

3.11　某通信系统采用奇校验，规定每个数据由 7 位信息码和 1 位校验码组成，判断以下接收到的数据是否正确。

10010001，01110111，01100111

第4章　逻辑代数基础

本章课程目标

1. 掌握与、或、非等基本逻辑运算和逻辑代数的基本公式、定律和规则，能够进行逻辑运算。

2. 掌握逻辑函数的不同表达方式，能够用表达式、逻辑图、真值表、卡诺图和波形图表达逻辑函数。

3. 了解逻辑函数的两种标准形式，能够将逻辑函数表达成最小项之和的标准形式。

4. 掌握逻辑函数化简方法，能够运用卡诺图对逻辑函数进行化简。

在生活中人们常常根据某些前提条件来对事件的发生进行逻辑推理，例如根据气温的变化来决定衣物的增减，这里的前提条件就是“因”，事件发生就是“果”，因和果的关系就是逻辑函数。在数字电路中，因是输入的逻辑变量，果是输出的逻辑变量，都用 0 或 1 来表示逻辑取值。逻辑代数是数字电路的理论基础和分析工具，二值逻辑中的 0 和 1 不仅表示二进制数，也可以表示两种对立的状态。逻辑代数有三种基本运算类型，分别是“与”“或”和“非”运算。逻辑运算是一种函数关系，可以用语句表示，也可以用表达式、表格或图形来表示。逻辑代数有一系列公式和定律，可以对数学表达式进行处理，从而实现对电路的分析和设计。本章介绍三种基本逻辑运算、逻辑代数运算的基本规则、逻辑函数的描述方法、不同表达方式之间的相互转换，以及逻辑函数的化简方法。

4.1　逻辑代数的基本运算

【微课视频】

逻辑代数基本运算

逻辑代数又称为布尔代数或开关代数，是由英国人乔治·布尔首先建立的，后来香农将逻辑代数用于开关电路设计，到 20 世纪 60 年代，数字技术的发展使逻辑代数成为逻辑设计的基础。逻辑代数用 0 和 1 来表示事物互相矛盾的两种状态，例如真和假、有和无、对和错、是和非等，从而将逻辑问题数字化。由于数字电路采用的二进制也是由 0 和 1 两个数字表示电路的通和断、灯的亮和灭、门的开和关等对立的状态，因此，逻辑代数成为分析和设计逻辑电路不可缺少的数学工具。

逻辑代数在形式上与普通代数一样，都是由字母 A、B、C、D、…、X、Y、Z 来表示变量，但与普通代数不同的是，这些变量的取值范围只能是 0 或 1，这些变量被称为逻辑变量，0 和 1 被称为逻辑常量。因为逻辑变量用 0 或 1 表示，所以逻辑代数又被称为二值代数。所谓“逻辑”，在这里是指事物间的因果关系，两个二进制数码表示不同的逻辑状态，它们之间可以按照某种特定的因果关系进行推理运算，这种运算就是逻辑运算。

逻辑运算是对逻辑状态的推理，而不是数量的运算。逻辑代数有三种基本运算类型，分别是“与”“或”和“非”运算。虽然逻辑变量只有 0 和 1 两种取值，只能表示两种不同的逻辑状态，但是利用多个变量的不同状态组合可以表示事物的多种逻辑状态，处理复杂的逻辑问题。

4.1.1　三种基本逻辑运算

1. “与”运算

逻辑代数的与运算又称为与逻辑或逻辑乘，是指所有前提条件必须同时具备时，结论方能成立的逻辑关系。逻辑与运算可以形象地用串联开关与电灯之间的关系来描述，电路如图 4.1 所示，逻辑关系见表 4.1。

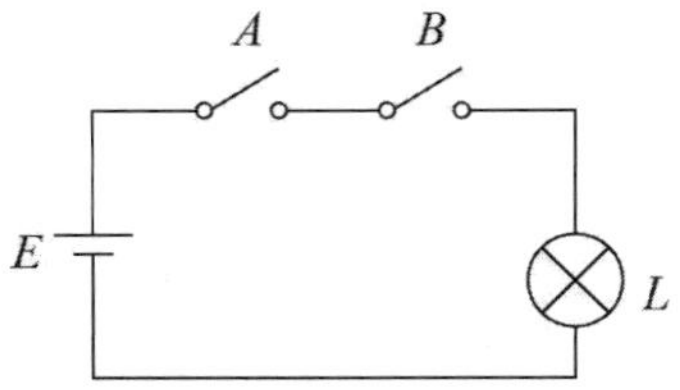

图 4.1　与逻辑电路

表 4.1　与运算的逻辑关系

A	B	L
断开	断开	灭
断开	闭合	灭
闭合	断开	灭
闭合	闭合	亮

串联的开关 A 和 B 控制灯 L 的亮灭，当 A 和 B 同时闭合时灯才会亮，否则灯就灭，也就是说，灯亮的所有前提条件同时具备时，灯亮的结果才会发生。描述上

述控制过程时，不妨规定：开关断开对应逻辑“0”，开关闭合对应逻辑“1”，灯亮的状态对应逻辑“1”，灯灭的状态对应逻辑“0”，则可得到表示输入变量与输出变量逻辑关系的真值表，见表 4.2。

表 4.2 与运算的真值表

A	*B*	*L*
0	0	0
0	1	0
1	0	0
1	1	1

在逻辑代数中，把逻辑与看作逻辑变量 A 和 B 之间的一种基本逻辑运算，可以用运算符“·”来表示，也可以用文字“AND”、符号“&”等表示。因此，上述电路的逻辑关系可以表示为

$$L = A \cdot B \tag{4.1}$$

与运算可以推广到多变量，如：

$$L = A \cdot B \cdot C \cdot D \tag{4.2}$$

为简化书写，可以省略与运算的符号，写成

$$L = ABCD \tag{4.3}$$

由真值表可知，与运算可以用“输入有 0，输出为 0，输入全 1，输出为 1”来形象地理解和记忆。

在数字电路中，用来实现逻辑与的器件叫作与门，美国国家标准学会（ANSI）和电气与电子工程师协会（IEEE）分别于 1984 年和 1991 年推出了关于二进制逻辑图形符号的标准，即 ANSI/IEEE 1984 标准和 ANSI/IEEE 1991 标准，其中 ANSI/IEEE 1984 标准采用矩形轮廓图形符号，如图 4.2（a）所示，ANSI/IEEE 1991 标准采用具有特定外形的图形符号，如图 4.2（b）所示，同时允许使用原有的矩形轮廓图形符号。

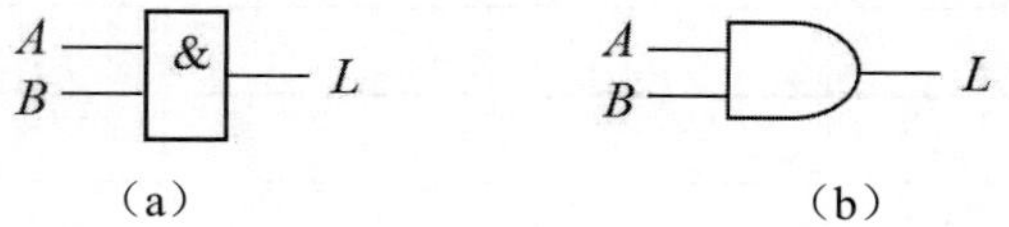

图 4.2 与门逻辑符号

用高电平表示逻辑 1，低电平表示逻辑 0，若已知输入变量的波形，根据与运算可以画出输出变量的波形，如图 4.3 所示，即表示输入与输出变量之间逻辑关系的波形图。

2. “或”运算

逻辑代数的或运算又称为或逻辑、逻辑加，是指只要具备一个前提条件，事件就能发生的逻辑关系。仍以开关控制灯的电路为例，或逻辑可以用两个并联的开关控制灯来说明，电路如图 4.4 所示。

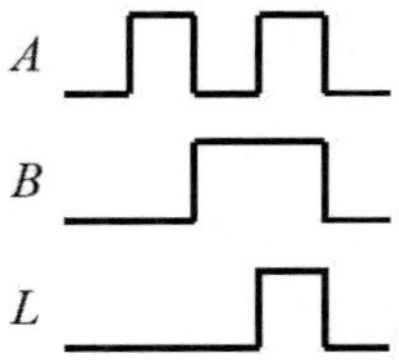

图 4.3　与运算的波形图

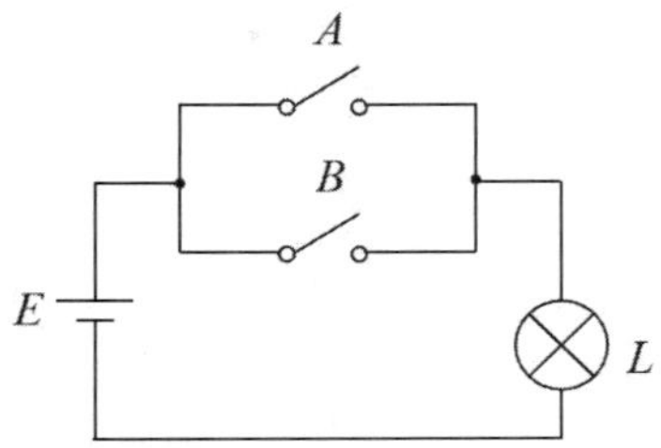

图 4.4　或逻辑电路

并联的开关 A 和 B 控制灯 L 的亮灭，只要 A 或 B 中的一个开关闭合，灯就会亮，当然，A 和 B 同时闭合灯也会亮，只有当 A 和 B 同时断开时灯才灭，也就是说，灯亮的前提条件中，至少具备一个时，灯亮的结果就会发生。开关 A、B 与灯 Y 的逻辑关系见表 4.3。仍令开关断开对应逻辑“0”，开关闭合对应逻辑“1”，灯亮的状态对应逻辑“1”，灯灭的状态对应逻辑“0”，则可得到表 4.4 所示的真值表。

表 4.3　或运算的逻辑关系

A	B	L
断开	断开	灭
断开	闭合	亮
闭合	断开	亮
闭合	闭合	亮

表 4.4　或运算的真值表

A	B	L
0	0	0
0	1	1
1	0	1
1	1	1

逻辑变量 A 和 B 之间或运算，可以用运算符“+”来表示，也可以用文字“OR”、符号“|”等表示。因此，上述电路的逻辑关系可以表示为

$$L = A + B \tag{4.4}$$

或运算可以推广到多变量，如：

$$L = A + B + C + D \tag{4.5}$$

类似地，或运算可以用“输入有 1，输出为 1，输入全 0，输出为 0”来帮助理解和记忆。

在数字电路中，用来实现逻辑或的器件叫作或门，ANSI/IEEE 1984 标准规定的或门逻辑符号如图 4.5（a）所示，ANSI/IEEE 1991 标准规定的或门逻辑符号如图 4.5（b）所示。

（a）　（b）

图 4.5　或门逻辑符号

或门的输入与输出变量之间逻辑关系的波形图如图 4.6 所示。

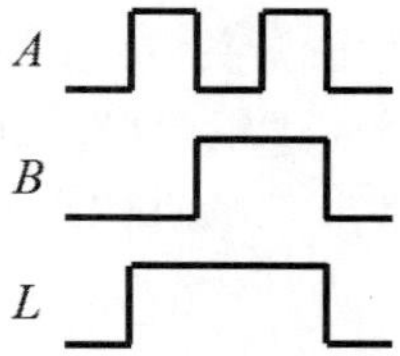

图 4.6　或运算的波形图

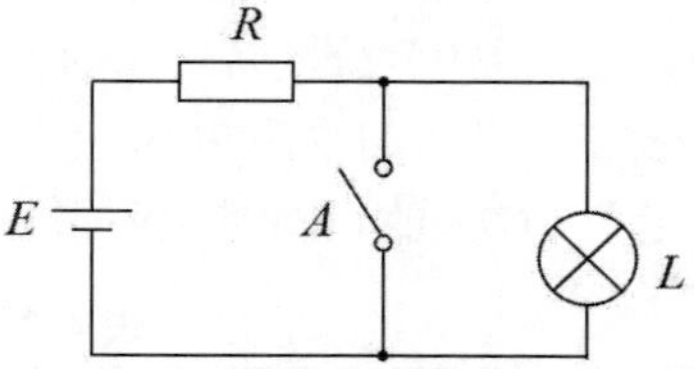

图 4.7　非逻辑电路

3. “非”运算

逻辑代数的非运算表示逻辑否定，是指当某个条件具备时，结果就不会发生，而当某条件不具备时，结果就会发生的逻辑关系。用开关控制灯的电路为例时，电路如图 4.7 所示。电路中开关 A 断开时，灯会亮，A 闭合时，灯就灭。开关和灯的逻辑关系见表 4.5，真值表见表 4.6。

表 4.5　非运算的逻辑关系

A	L
断开	亮
闭合	灭

表 4.6　非运算真值表

A	L
0	1
1	0

逻辑非的运算符用变量上端的短横“¯”表示，也可以用文字“NOT”、符号“!”等表示。因此，上述电路的逻辑关系可以表示为

$$L = \overline{A} \tag{4.6}$$

若把 A 叫做原变量，则 $\overline{A}$ 称为反变量。在数字电路中，用来实现逻辑非运算的

器件叫作非门或反相器，ANSI/IEEE 1984 标准规定的非门逻辑符号如图 4.8（a）所示，ANSI/IEEE 1991 标准规定的非门逻辑符号如图 4.8（b）所示。

图 4.8　非门逻辑符号

非门的输入与输出变量之间逻辑关系的波形图如图 4.9 所示。

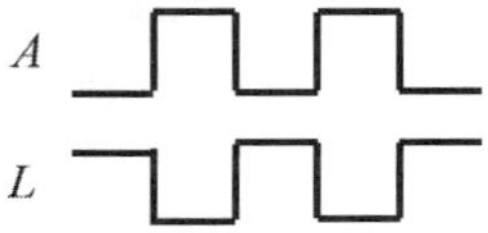

图 4.9　非运算的波形图

4.1.2　复合逻辑运算

“与”“或”“非”是逻辑代数中最基本的三种运算，任何复杂的逻辑运算都可以由这三种基本逻辑运算组合而成。在实际应用中为了减少逻辑门的数目，使数字电路的设计更方便，还常常使用其他几种常见的复合逻辑运算，如“与非”“或非”“与或非”“异或”和“同或”等，用一个复合的逻辑门可以实现多种逻辑运算。

1. “与非”逻辑

与非逻辑是由与运算和非运算组合而成的，先“与”后“非”，表达式如下：

$$L = \overline{A \cdot B} \tag{4.7}$$

可推广至多变量运算，如：

$$L = \overline{A \cdot B \cdot C} \tag{4.8}$$

两输入变量的与非逻辑真值表见表 4.7，逻辑门的符号如图 4.10 所示，波形图如图 4.11 所示。与非逻辑的关系可以总结为：输入有 0，输出为 1，输入全 1，输出为 0。

表 4.7　与非运算的真值表

A	*B*	*L*
0	0	1
0	1	1
1	0	1
1	1	0

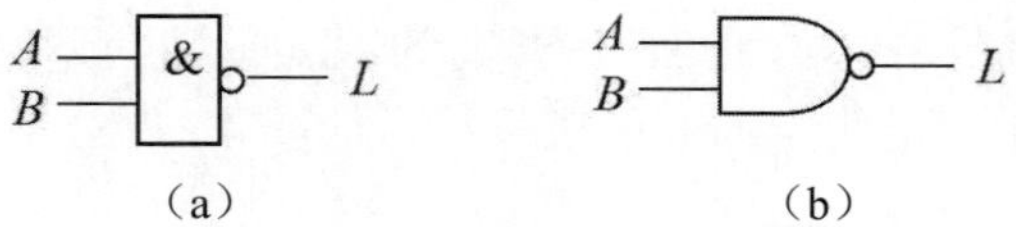

图 4.10 与非门逻辑符号

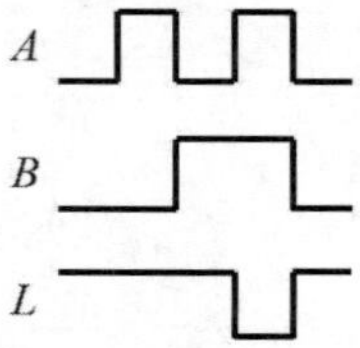

图 4.11 与非门波形图

2. “或非”逻辑

或非是由或运算和非运算组合而成的，先“或”后“非”，表达式如下：

$$L = \overline{A + B} \tag{4.9}$$

可推广至多变量运算，如：

$$L = \overline{A + B + C} \tag{4.10}$$

两输入变量或非逻辑的真值表见表 4.8，逻辑门的符号如图 4.12 所示，波形图如图 4.13 所示。或非逻辑的关系可以总结为：输入有 1，输出为 0，输入全 0，输出为 1。

表 4.8 或非运算的真值表

A	*B*	*L*
0	0	1
0	1	0
1	0	0
1	1	0

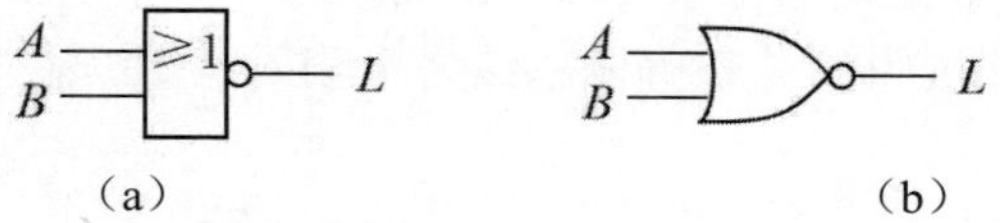

图 4.12 或非门逻辑符号

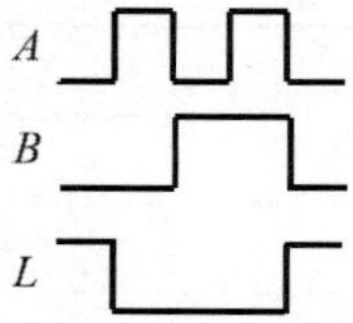

图 4.13 或非门波形图

3. "与或非"逻辑

与或非逻辑是与、或、非三种基本逻辑运算的组合，先"与"再"或"最后"非"，逻辑表达式为

$$L = \overline{AB + CD} \tag{4.11}$$

实现与或非逻辑运算的电路叫作与或非门，常用的逻辑符号如图 4.14 所示。

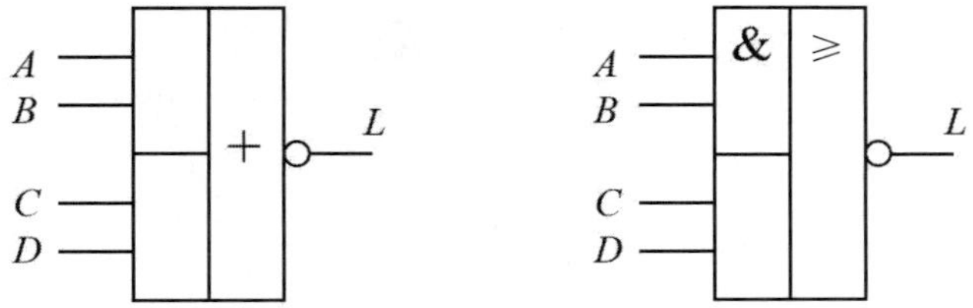

（a）　（b）

图 4.14　与或非门逻辑符号

4. "异或"逻辑

"异或"和"同或"是两种非常有用的复合逻辑，都是二变量逻辑运算。异或逻辑是当两个输入变量取值相同时，输出逻辑函数值为 0；当两个输入变量取值不同时，输出为 1。异或逻辑表达式为

$$L = A \oplus B = A\overline{B} + \overline{A}B \tag{4.12}$$

可推广至多变量运算，如

$$L = A \oplus B \oplus C \tag{4.13}$$

两变量的异或逻辑真值表见表 4.9，逻辑门的符号如图 4.15 所示，波形如图 4.16 所示。

表 4.9　异或运算的真值表

A	B	L
0	0	0
0	1	1
1	0	1
1	1	0

（a）　（b）

图 4.15　异或门逻辑符号

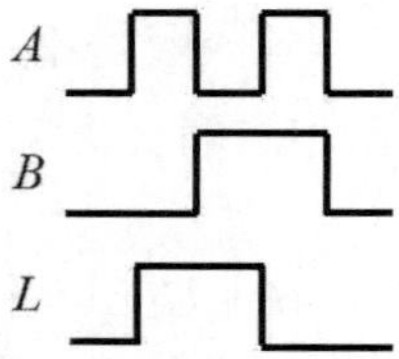

图 4.16 异或门波形图

任何逻辑变量 A 与 0 进行异或运算时，保持原变量 A 不变；与 1 异或时，输出其反变量；与自身异或时，输出为 0；与反变量异或时，输出为 1，即

$$A \oplus 0 = A, \quad A \oplus 1 = \overline{A}, \quad A \oplus A = 0, \quad A \oplus \overline{A} = 1$$

奇数个 1 相异或，结果为 1；偶数个 1 相异或，结果为 0。利用这个特性可以产生奇偶校验中的校验位，也可以作为奇校验码接收端的检测电路，当输出为 0 时，表示输入代码有错误，当输出为 1 时，表示输入代码无错码。

5. “同或”逻辑

同或逻辑的含义是当两个输入变量取值相同时，输出逻辑函数值为 1，当输入变量取值不同时，输出为 0。逻辑表达式为

$$L = A \odot B = AB + \overline{A}\overline{B} \tag{4.14}$$

可推广至多变量运算，如

$$L = A \odot B \odot C \tag{4.15}$$

两变量同或逻辑的真值表见表 4.10，逻辑门的符号如图 4.17 所示，波形如图 4.18 所示。

表 4.10 同或运算的真值表

A	B	L
0	0	1
0	1	0
1	0	0
1	1	1

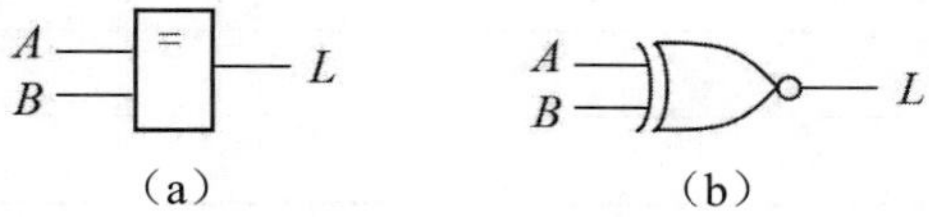

图 4.17 同或门逻辑符号

任何逻辑变量 A 与 0 进行同或运算时，输出其反变量 $\overline{A}$；与 1 同或时，保持原变量 A 不变；与自身同或时，输出为 1；与反变量同或时，输出为 0，即

$$A \odot 0 = \overline{A}, \quad A \odot 1 = A, \quad A \odot A = 1, \quad A \odot \overline{A} = 0$$

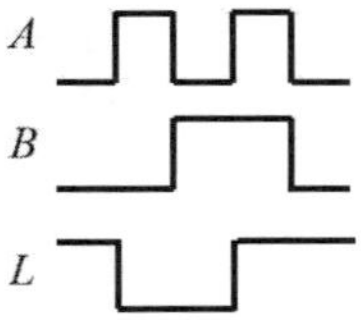

图 4.18　同或门波形图

异或逻辑和同或逻辑在实际中常用于对逻辑数据的加密，对逻辑信号取反实现奇偶校验等，在进行逻辑函数化简时，也可以用这两种运算将逻辑函数表达得较为简洁。

4.2　逻辑代数运算的基本规则

4.2.1　逻辑代数的基本公式

逻辑代数的基本公式包括逻辑常量的运算公式和逻辑变量的运算公式。逻辑常量的运算公式主要有：

（1）与运算：$0\cdot 0=0 \quad 0\cdot 1=0 \quad 1\cdot 0=0 \quad 1\cdot 1=1$

（2）或运算：$0+0=0 \quad 0+1=1 \quad 1+0=1 \quad 1+1=1$

（3）非运算：$\overline{1}=0 \quad \overline{0}=1$

逻辑变量的运算公式主要有：

（1）0-1 律：$\begin{cases}A+0=A\\A\cdot 1=A\end{cases} \quad \begin{cases}A+1=1\\A\cdot 0=0\end{cases}$

（2）互补律：$A+\overline{A}=1 \quad A\cdot\overline{A}=0$

（3）等幂律：$A+A=A \quad A\cdot A=A$

（4）双重否定律：$\overline{\overline{A}}=A$

4.2.2　逻辑代数的基本定律

逻辑代数与普通代数一样，具有以下基本定律：

（1）交换律：$\begin{cases}A\cdot B=B\cdot A\\A+B=B+A\end{cases}$

（2）结合律：$\begin{cases}(A\cdot B)\cdot C=A\cdot(B\cdot C)\\(A+B)+C=A+(B+C)\end{cases}$

（3）分配律：$\begin{cases}A\cdot(B+C)=A\cdot B+A\cdot C\\A+B\cdot C=(A+B)\cdot(A+C)\end{cases}$

以上定律都成对出现，互为对偶。将逻辑变量以“0”和“1”的取值代入，就可以得到证明，也可以利用真值表加以证明，例如表 4.11 所示为证明交换律 $A\cdot B=B\cdot A$ 的真值表。

表 4.11 交换律 $A\cdot B=B\cdot A$ 的证明

A B	$A\cdot B$	$B\cdot A$
0 0	0	0
0 1	0	0
1 0	0	0
1 1	1	1

此外，逻辑代数还具有一些特殊的定律：

（1）还原律：$\overline{\overline{A}}=A$

（2）吸收律：$\begin{cases}A\cdot B+A\cdot\overline{B}=A\\(A+B)\cdot(A+\overline{B})=A\end{cases}$ $\begin{cases}A+A\cdot B=A\\A\cdot(A+B)=A\end{cases}$

$\begin{cases}A\cdot(\overline{A}+B)=A\cdot B\\A+\overline{A}\cdot B=A+B\end{cases}$

（3）冗余律：$AB+\overline{A}C+BC=AB+\overline{A}C$

（4）反演律（摩根定律）：$\begin{cases}\overline{A\cdot B}=\overline{A}+\overline{B}\\\overline{A+B}=\overline{A}\cdot\overline{B}\end{cases}$

以上定律也可以通过代入“0”和“1”，或者列写等式两边的真值表得到证明。吸收律在逻辑函数的化简中十分有用，可以将两项合并为一项，或消去一个变量，或消去一个逻辑项等。反演律又称摩根定律，在逻辑代数中十分重要，经常用于对逻辑函数进行变换，或求反函数，如表 4.12 所示的真值表证明了反演律的正确性。

表 4.12 反演律的证明

A B	$\overline{A}$ $\overline{B}$	$\overline{A\cdot B}$	$\overline{A}+\overline{B}$	$\overline{A+B}$	$\overline{A}\cdot\overline{B}$
0 0	1 1	1	1	1	1
0 1	1 0	1	1	0	0
1 0	0 1	1	1	0	0
1 1	0 0	0	0	0	0

【例 4.1】试化简逻辑函数 $L=(A+B)\cdot(\overline{A}+B)$。

解：首先将函数式根据分配律展开，然后运用上述公式和定律进行化简，即

$$
\begin{aligned}
L &= A\cdot\overline{A} + A\cdot B + B\cdot\overline{A} + B\cdot B \\
&= 0 + A\cdot B + B\cdot\overline{A} + B \\
&= B\cdot(A+\overline{A}+1) \\
&= B\cdot 1 \\
&= B
\end{aligned}
$$

逻辑代数的运算不能简单套用初等代数的运算规则，上述基本公式和定律反映的是逻辑关系，而不是数量关系，逻辑代数中也没有减法和除法，在使用中需要特别注意。

4.2.3 逻辑代数的三个重要规则

逻辑代数中还有三个重要规则，分别为代入规则、反演规则和对偶规则，掌握这些规则可以将原有的公式和定律加以扩展。

1. 代入规则

任何一个含有变量 A 的逻辑等式，如果将等式两边所有出现 A 的位置都用同一个逻辑函数代替，则等式仍然成立，这个规则称为代入规则。

例如将等式 $A+\overline{A}B=A+B$ 中的所有出现 A 的地方都用函数 $C+D$ 替代，等式仍然成立，即 $C+D+\overline{C+D}\cdot B=C+D+B$

【例 4.2】试证明等式 $\overline{A+(B+C)}=\overline{A}\cdot\overline{B}\cdot\overline{C}$ 。

证明：首先根据反演定律有

$$\overline{A+B}=\overline{A}+\overline{B}\ ,$$

将等式两边所有出现 B 的地方都用函数 $(B+C)$ 替代，则有

$$\overline{A+(B+C)}=\overline{A}\cdot\overline{B+C}$$

对 $\overline{B+C}$ 进一步运用反演定律，有

$$\overline{A+(B+C)}=\overline{A}\cdot\overline{B+C}=\overline{A}\cdot\overline{B}\cdot\overline{C}$$

因此，等式成立。

利用代入规则很容易将基本公式和定律推广为多变量的形式。

2. 反演规则

对于任何一个逻辑表达式 Y，如果将表达式中的所有“ • ”换成“+”，“+”换成“ • ”，“0”换成“1”，“1”换成“0”，原变量换成反变量，反变量换成原变量，那么所得到的表达式就是函数 Y 的反函数 $\overline{Y}$，或称补函数，这个规则称为反演规则。

运用反演规则必须注意保持原来的运算优先级，即先进行与运算，后进行或运算，括号内的运算优先。此外要注意，运用反演规则时不能改变除反变量之外的非运算符，也就是不属于单个变量上的非号应保留不变。

【例 4.3】求 $Y=A\overline{B}+C\overline{D}E$ 的反函数。

解：根据反演规则可得

$$\overline{Y}=(\overline{A}+B)(\overline{C}+D+\overline{E})$$

由上例可知，可通过添加括号来保持原式的运算顺序。此外要注意运用反演规则时，不能改变除反变量之外的非运算符，也就是非号下有两个或以上变量时，这个非号不能改变。

【例 4.4】试求 $Y=A+\overline{B+\overline{C}+\overline{D+\overline{E}}}$ 的反函数。

解：根据反演规则，并保留函数式中的长非号，有

$$\overline{Y}=\overline{A}\cdot\overline{\overline{B}\cdot C\cdot\overline{\overline{D}\cdot E}}$$

3. 对偶规则

对于任何一个逻辑表达式 Y，如果将表达式中的所有“·”换成“+”，“+”换成“·”，“0”换成“1”，“1”换成“0”，而变量保持不变，则可得到一个新的函数表达式 Y'，Y' 称为函数 Y 的对偶函数，这个规则称为对偶规则。

运用对偶规则时，同样要保持原有的逻辑运算优先关系，因此需要正确使用括号，例如求函数 $AB+\overline{A}C$ 的对偶函数时，原函数中是先进行变量 A、B 的与运算和 $\overline{A}$、C 的与运算，后进行或运算，变换后也要保持原来的优先关系，因此，需要加括号来保证原来的运算顺序，即 $(A+B)\cdot(\overline{A}+C)$，如果不加括号，就会发生错误。

【例 4.5】求函数 $Y=A+\overline{B+\overline{C}+\overline{D+\overline{E}}}$ 的对偶函数。

解：根据对偶规则，有

$$Y'=A\cdot\overline{B\cdot\overline{C}\cdot\overline{D\cdot\overline{E}}}$$

若两个逻辑表达式相等，则它们的对偶式也相等，因此逻辑代数中的所有公式和定律都可以表示为它们的对偶式，同样是成立的。

4.3　逻辑函数的表达方法

【微课视频】

逻辑函数的表达方法

以逻辑变量作为输入，以运算结果作为输出，则当输入变量的取值确定以后，输出的取值也随之确定，因此，输出和输入之间存在一种函数关系。描述输入变量和输出变量之间逻辑关系的函数称为逻辑函数，前面讨论的与、或、非、与非、或非、异或等都是逻辑函数。不论是输入变量还是输出变量，所有逻辑变量的取值都只能是 0 或 1 这两种状态，所以逻辑函数讨论的都是二值逻辑。

4.3.1　逻辑函数的建立

逻辑函数是从生活和生产实践中抽象出来的，任何具体的因果关系都可以用一

个逻辑函数来描述，下面介绍如何建立具体的逻辑函数。

【例 4.6】三个人表决一件事情，结果按“少数服从多数”的原则决定，每个人都不允许弃权。试建立表决结果与三人意见之间的逻辑函数。

解：由题意可知，三个人的意见是输入变量，表决的结果为输出变量，三个人的意见决定了表决的结果。每个人的意见只可能是同意或不同意两种，表决的结果也只可能是通过或不通过，符合二值逻辑的特点。

不妨设三个人的意见分别为输入变量 A、B、C，规定同意为逻辑“1”，不同意为逻辑“0”；将表决结果设置为输出变量 L，规定通过为逻辑“1”，没通过为逻辑“0”。

根据题义及上述规定列出输入和输出变量的真值表，见表 4.13。

表 4.13　例 4.6 真值表

A	B	C	L
0	0	0	0
0	0	1	0
0	1	0	0
0	1	1	1
1	0	0	0
1	0	1	1
1	1	0	1
1	1	1	1

由真值表可以看出，当输入变量 A、B、C 取确定值后，输出变量 L 的值就完全确定了，所以，L 就是 A、B、C 的函数，A、B、C 称为输入逻辑变量，L 称为输出逻辑变量。

一般地说，若输入逻辑变量 A、B、C、…的取值确定以后，输出逻辑变量 L 的值也唯一地确定了，就称 L 是 A、B、C、…的逻辑函数，表达式为

$$L = F(A,B,C,...)$$

逻辑函数有两个突出的特点：

（1）逻辑变量和逻辑函数都只能取 0 或 1 两个值。

（2）函数和变量之间的关系是由“与”“或”“非”三种基本运算及其复合运算决定的。

4.3.2　逻辑函数的描述方法

逻辑函数的描述方法常用的有逻辑真值表、逻辑函数表达式、逻辑图、波形图、

卡诺图和硬件描述语言等。

1. 逻辑真值表

逻辑真值表简称为真值表，是一种用表格来表示逻辑函数的方法，将输入逻辑变量的所有可能取值组合及其对应的逻辑函数输出值排列在一起组成表格，能够直观地表达输入和输出之间的逻辑关系。前面已经介绍了与、或、非等逻辑函数的真值表。

【例 4.7】列出函数 $L = A\cdot B + \overline{A}\cdot\overline{B}$ 的真值表。

解：由题意，该函数有两个变量 A 和 B，共有 4 种取值组合，将它们按二进制数从小到大的顺序排列起来，并求出相应的逻辑函数值，即得到真值表，见表 4.14。

表 4.14　例 4.7 的真值表

A	B	L
0	0	1
0	1	0
1	0	0
1	1	1

把一个实际的逻辑问题抽象成一个逻辑函数时，使用真值表是最方便的，所以在设计逻辑电路时，总是先根据设计要求列出真值表。真值表的缺点是，当变量比较多时，表比较大，显得过于繁琐。

真值表可以从逻辑函数直接获得，也可以从逻辑电路、逻辑描述、逻辑波形等途径获得，真值表在现代数字系统设计自动化技术中具有十分重要的作用。

2. 逻辑函数表达式

将输出和输入之间的逻辑关系写成与、或、非等逻辑运算的组合式，就得到了逻辑函数表达式，因此逻辑函数表达式就是逻辑代数式，例如：

$$L = \overline{A}BC + A\overline{B}$$

式中，逻辑变量 L 是输入变量 A、B、C 的逻辑函数，逻辑关系由等式右边的代数运算式给出。式中没有括号，纯粹以与、或运算描述的方法，称为“与-或”式，或称为“乘积项之和”，即 SoP（Sum of Products），适合数字系统的自动化设计。

一个逻辑函数可以表达为不同形式的逻辑运算，例如：

$$L = (A + C)(B + \overline{C})$$

式中，等式右边的代数运算是将两个或式相与构成的表达式，这种表达式称为“或-与”式，或称为“和之积”，即 PoS（Products of Sum）。

逻辑函数表达式还可以是与非-与非式、或非-或非式、与或非式等多种形式，例如：

$$
\begin{aligned}
L &= AB + \bar{A}C && \text{与-或式} \\
&= \overline{\overline{AB}\cdot\overline{\bar{A}C}} && \text{与非-与非式} \\
&= \overline{A\bar{B} + \bar{A}\bar{C}} && \text{与或非式} \\
&= (\bar{A} + B)(A + C) && \text{或-与式} \\
&= \overline{\overline{\bar{A} + B} + \overline{A + C}} && \text{或非-或非式}
\end{aligned}
$$

不同的逻辑函数表达形式可以运用逻辑运算规则进行相互转换，由于与或式的物理意义明确，与真值表对应，一般情况下，函数均以与或式表达。

3. 逻辑图

逻辑图就是用逻辑门的图形符号及它们之间的连线来表达逻辑关系。由逻辑函数表达式可以画出其相应的逻辑图，由逻辑图也可以写出其相应的函数表达式。

【例 4.8】画出逻辑函数 $L = A \cdot B + \bar{A} \cdot \bar{B}$ 的逻辑图。

解：逻辑图如图 4.19 所示。

【例 4.9】写出如图 4.20 所示逻辑图的函数表达式。

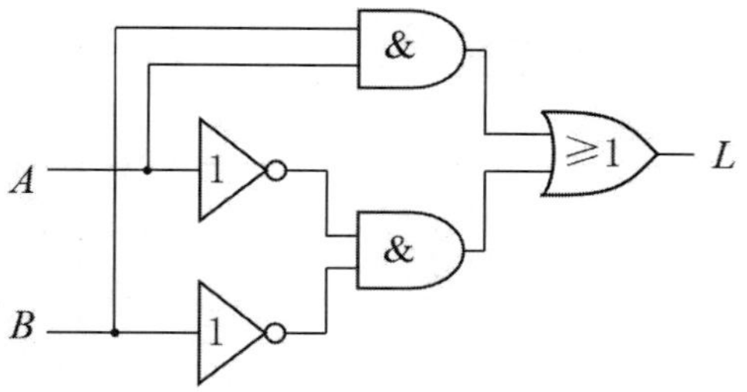

图 4.19　例 4.8 的逻辑图

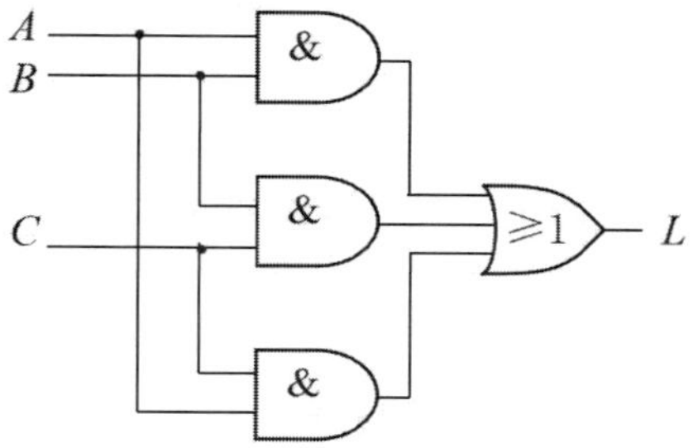

图 4.20　例 4.9 的逻辑图

解：由图 4.20 可知，逻辑图是由基本的“与”“或”逻辑符号组成的，可由输入端至输出端逐步写出逻辑表达式：

$$L = AB + BC + AC$$

4. 波形图

将逻辑函数输入变量每一种可能出现的取值与其对应的输出值按时间顺序依次排列起来，用高、低电平分别对应逻辑 1 和 0，得到的图形叫作波形图，如图 4.21 所示。波形图能反映输入、输出变量相对时间的对应关系，又叫作时序图。通过示波器或逻辑分析仪可以观察波形图，检验实际逻辑电路的功能是否正确。在现代数字系统设计中，可以通过计算机仿真得到波形图，帮助设计者判断设计的逻辑电路是否正确。

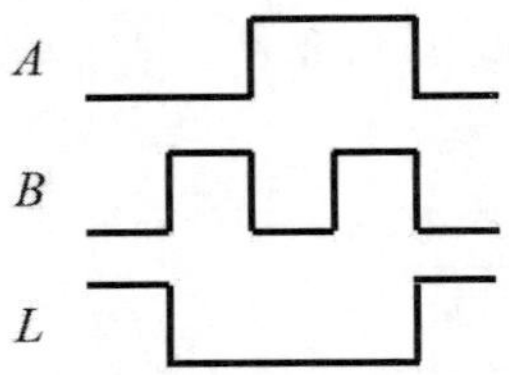

图 4.21　波形图

4.3.3　逻辑函数描述方法的相互转换

不同的逻辑函数描述方法可以相互转换，在实际应用中需要选择一种最合适的方法来描述逻辑函数。

1. 真值表与逻辑函数表达式的相互转换

由真值表可以得到逻辑函数表达式，具体方法和步骤为：

（1）在真值表中依次找出函数值等于 1 的输入变量组合，取值为 1 的变量写成原变量，取值为 0 的变量写成反变量。

（2）把上述组合中的各个变量相乘，即把对应于函数值为 1 的每一个输入变量组合写成一个乘积项。

（3）把这些乘积项相加，就得到相应的函数表达式。

【例 4.10】已知三变量的逻辑函数真值表见表 4.15，试写出其逻辑函数表达式。

表 4.15　例 4.10 真值表

A	B	C	Y
0	0	0	0
0	0	1	0
0	1	0	0
0	1	1	1
1	0	0	0
1	0	1	1
1	1	0	1
1	1	1	1

解：首先将真值表中函数值为 1 的输入变量组合找出来，并表达成相应的乘积项，然后将这些乘积项相加，就得到逻辑函数表达式：

$$Y = \overline{A}BC + A\overline{B}C + AB\overline{C} + ABC$$

若已知逻辑函数表达式，则很容易获得真值表，具体方法为

（1）画出真值表的表格，将输入变量列在表格的左侧，输出函数值列在表格右侧。

（2）将输入变量的所有取值组合按照二进制数递增的次序列入表格，然后按照表达式依次计算相应的函数值，填入表格右边对应的位置，即得真值表。

2. 逻辑函数表达式与逻辑图的相互转换

给定逻辑函数表达式，将表达式中的逻辑运算符号用相应的逻辑门图形符号代替，并按照运算的先后顺序将这些逻辑门连接起来，就可以将函数式转换为逻辑图。

【例 4.11】已知逻辑函数表达式 $Y=\overline{A}B\overline{C}+\overline{A+\overline{B}C}+C$，试画出逻辑图。

解： 用非门实现反变量 $\overline{A}$、$\overline{B}$、$\overline{C}$，用与门实现与运算 $\overline{A}B\overline{C}$、$\overline{B}C$，两输入或非门实现 $A+\overline{B}C$，三输入或门实现 $\overline{A}B\overline{C}+\overline{A+\overline{B}C}+C$，根据运算顺序画出逻辑图，如图 4.22 所示。

将给定的逻辑图转换为对应的逻辑函数表达式时，只要从逻辑图的输入端到输出端逐级写出每个逻辑符号的输出，经过整理就可以得到逻辑函数表达式。

【例 4.12】已知逻辑图如图 4.23 所示，写出逻辑函数表达式。

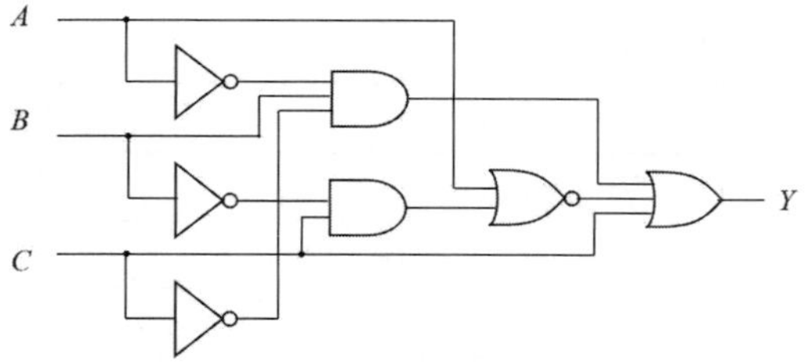

图 4.22　例 4.11 图

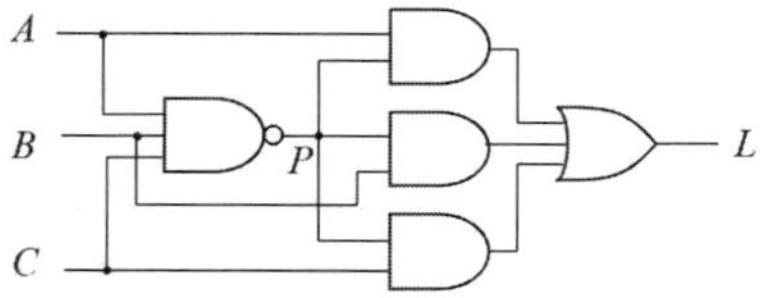

图 4.23　例 4.12 图

解： 由图可知

$$
\begin{aligned}
P &= \overline{ABC} \\
L &= AP+BP+CP \\
&= A\overline{ABC}+B\overline{ABC}+C\overline{ABC} \\
&= \overline{ABC}(A+B+C) \\
&= (\overline{A}+\overline{B}+\overline{C})(A+B+C) \\
&= \overline{A}B+\overline{A}C+A\overline{B}+\overline{B}C+A\overline{C}+B\overline{C}
\end{aligned}
$$

3. 波形图与真值表的相互转换

对于给定的波形图列写真值表，需要针对每个时刻确定对应的输入变量和函数输出值，将这些输入输出值填入真值表中相应的格子，就可以完成从波形图到真值表的转换。

若需要将真值表转换为波形图，可根据 0 对应低电平，1 对应高电平，将真值表中输入变量的取值组合按时间轴依次画出，然后画出对应的输出值。真值表中的一行对应波形图中纵向的一个时间片段。

【例 4.13】已知波形图如图 4.24 所示，试转换为真值表。

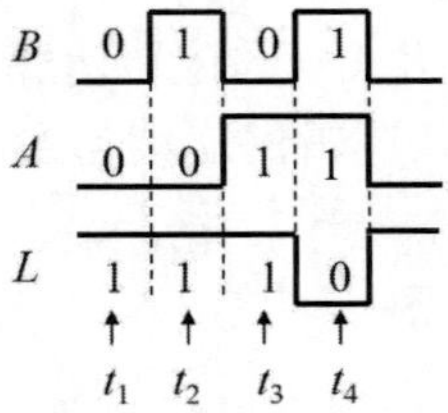

图 4.24　例 4.13 图

解：从波形图上分别确定每个时间片段中输入变量 A 和 B 的取值，以及对应的输出变量 L 的取值，例如第一个时间片段 t_1 中，$A=0$，$B=0$，$L=1$，将这个输出值填入真值表对应的行，即第一行，以此类推，完成整个真值表，见表 4.16。

表 4.16　例 4.13 真值表

A	B	L	t
0	0	1	t_1
0	1	1	t_2
1	0	1	t_3
1	1	0	t_4

由真值表可以直接写出表达式或画出波形图，由表达式可以画出逻辑图。也可根据逻辑函数的逻辑图和波形图求出真值表和表达式，逻辑函数各种表示方法之间可以根据需要相互转换。

4.3.4　逻辑函数的两种标准形式

由前述可知，同一个逻辑函数可以有很多不同的表达方式，如果表达成标准形式，就能便于比较不同的逻辑函数。逻辑函数的标准形式有两种，分别是“标准与或式”和“标准或与式”，标准与或式也称为“最小项之和”，标准或与式也称为“最大项之积”。两种标准形式都具有唯一性，与真值表之间具有严格的对应关系。

1. 标准与或式（最小项之和）

若一个逻辑函数有 n 个输入变量，最小项的定义就是包含这 n 个变量的乘积项，每个变量以原变量或反变量的形式在乘积项中出现一次。这里注意两点：每个乘积项都包括所有变量，乘积项中每个变量出现且仅出现 1 次。n 变量的最小项共有 2^n 个。

例如逻辑函数 $Y=F(A,B)$，有 2 个输入变量，共有 4 个最小项，分别是 $\overline{A}\overline{B}$、$\overline{A}B$、$A\overline{B}$ 和 AB。3 个变量的逻辑函数 $Y=F(A,B,C)$ 共有 8 个最小项，分别是 $\overline{A}\overline{B}\overline{C}$、$\overline{A}\overline{B}C$、$\overline{A}B\overline{C}$、$\overline{A}BC$、$A\overline{B}\overline{C}$、$A\overline{B}C$、$AB\overline{C}$ 和 ABC。

输入变量的每一组取值都能使一个对应的最小项等于 1，例如当 $A=0$，$B=0$ 时，对应最小项 $\overline{A}\overline{B}=1$，当 $A=0$，$B=1$ 时，对应最小项 $\overline{A}B=1$。表 4.17 所示为三变量的最小项真值表。

表 4.17　三变量最小项真值表

A	B	C	$\overline{A}\overline{B}\overline{C}$	$\overline{A}\overline{B}C$	$\overline{A}B\overline{C}$	$\overline{A}BC$	$A\overline{B}\overline{C}$	$A\overline{B}C$	$AB\overline{C}$	ABC
0	0	0	1	0	0	0	0	0	0	0
0	0	1	0	1	0	0	0	0	0	0
0	1	0	0	0	1	0	0	0	0	0
0	1	1	0	0	0	1	0	0	0	0
1	0	0	0	0	0	0	1	0	0	0
1	0	1	0	0	0	0	0	1	0	0
1	1	0	0	0	0	0	0	0	1	0
1	1	1	0	0	0	0	0	0	0	1

对最小项进行编号可以方便地表示最小项，把与最小项对应的变量取值当成二进制数，例如 $\overline{A}B$ 对应的 A、B 取值为 01，与之相应的十进制数就是该最小项的编号，用 m_i 表示。因此将最小项 $\overline{A}B$ 记作 m_1，用同样的方法将 $\overline{A}\overline{B}$ 记作 m_0、$A\overline{B}$ 记作 m_2、AB 记作 m_3。

最小项具有以下重要性质：

（1）任一最小项，只有一组对应变量取值使其值为 1。

（2）任意两个最小项的乘积为 0。

（3）全体最小项之和为 1。

（4）n 变量的每个最小项有 n 个逻辑相邻项。逻辑相邻是指两个最小项只有一个变量取值不同，其余变量取值都相同。例如 $AB\overline{C}$ 和 $A\overline{B}\overline{C}$，只有变量 B 的取值不同，因此是逻辑相邻的最小项。

如果一个逻辑函数的与或表达式中，每一个与项都是最小项，则称这个表达式为标准与或式，也称为最小项表达式或最小项之和。例如：

$$F(A,B,C)=\overline{A}BC+A\overline{B}\overline{C}+AB\overline{C}$$
$$=m_3+m_4+m_6$$
$$=\sum m(3,4,6)$$

若要将任意形式的逻辑函数表达式转换成最小项表达式，可以先将函数转换成与或式，然后利用基本公式 $A+\overline{A}=1$ 将每个乘积项中缺少的变量补齐，展开后就可以得到最小项表达式。

【例 4.14】试将逻辑函数 $Y=AB+\overline{A}C$ 表示成标准与或式。

解：表达式的两个与项中分别缺少了变量 C 和 B，因此对这两个与项分别乘以 $(C+\overline{C})$ 和 $(B+\overline{B})$。

$$Y=AB+\overline{A}C$$
$$=AB(C+\overline{C})+\overline{A}(B+\overline{B})C$$
$$=ABC+AB\overline{C}+\overline{A}BC+\overline{A}\overline{B}C$$

逻辑函数的最小项表达式可以从真值表中直接得出，只要把真值表中函数值为 1 的每个最小项相加，就得到最小项表达式。

【例 4.15】写出表 4.18 所示真值表的最小项表达式。

表 4.18　例 4.15 真值表

A	B	C	Y
0	0	0	0
0	0	1	0
0	1	0	1
0	1	1	1
1	0	0	0
1	0	1	1
1	1	0	0
1	1	1	1

解：由真值表可知，当输入变量 ABC 的取值分别为 010、011、101 和 111 时，输出 $Y=1$，因此将这四个取值对应的最小项相加，得到

$$Y=\overline{A}B\overline{C}+\overline{A}BC+A\overline{B}C+ABC$$
$$=m_2+m_3+m_5+m_7$$
$$=\sum m(2,3,5,7)$$

2. 标准或与式（最大项之积）

一个 n 变量逻辑函数的最大项定义为这 n 个变量的或项，每个变量以原变量或反变量的形式在或项中出现一次，且仅出现 1 次。n 变量的最大项共有 2^n 个。例如 2 变量 A、B 的最大项包括 $\overline{A}+\overline{B}$、$\overline{A}+B$、$A+\overline{B}$ 和 $A+B$。

与最小项类似，输入变量的每一组取值都能使一个对应的最大项等于 0，例如当 $A=1$，$B=1$ 时，对应最大项 $\overline{A}+\overline{B}=0$，当 $A=0$，$B=1$ 时，对应最大项 $A+\overline{B}=0$。

最大项用大写字母 M_i 表示，下标 i 是最大项的编号，对应于最大项为 0 的变量取值组合，例如 $\overline{A}+\overline{B}=0$ 的变量取值为 11，因此 $\overline{A}+\overline{B}$ 记为 M_3。不难发现，最大项的编号方法与最小项刚好相反。表 4.19 所示为三变量的最小项和最大项。

表 4.19　三变量的最小项和最大项

十进制数	A	B	C	最小项	m_i	最大项	M_i
0	0	0	0	$\overline{A}\,\overline{B}\,\overline{C}$	m_0	$A+B+C$	M_0
1	0	0	1	$\overline{A}\,\overline{B}C$	m_1	$A+B+\overline{C}$	M_1
2	0	1	0	$\overline{A}B\overline{C}$	m_2	$A+\overline{B}+C$	M_2
3	0	1	1	$\overline{A}BC$	m_3	$A+\overline{B}+\overline{C}$	M_3
4	1	0	0	$A\overline{B}\,\overline{C}$	m_4	$\overline{A}+B+C$	M_4
5	1	0	1	$A\overline{B}C$	m_5	$\overline{A}+B+\overline{C}$	M_5
6	1	1	0	$AB\overline{C}$	m_6	$\overline{A}+\overline{B}+C$	M_6
7	1	1	1	ABC	m_7	$\overline{A}+\overline{B}+\overline{C}$	M_7

最大项具有以下重要性质：

（1）n 个变量的全部最大项相乘，积为 0。

（2）任意两个最大项相加，和为 1。

（3）n 变量的每个最大项都有 n 个逻辑相邻项。

如果一个逻辑函数的或与表达式中，每一个或项都是最大项，则称这个表达式为标准或与式，也称为最大项表达式或最大项之积。例如：

$$\begin{aligned}F(A,B,C)&=(\overline{A}+B+C)(A+B+\overline{C})\\&=M_4M_1\\&=\prod M(1,4)\end{aligned}$$

若要将任意形式的逻辑函数表达式转换成最大项表达式，可以先将函数转换成或与式，利用基本公式 $A\cdot\overline{A}=0$ 将每个或项中缺少的变量补齐，根据 $A+BC=(A+B)(A+C)$ 展开，就可以得到最小项表达式。

【例 4.16】试将逻辑函数 $Y=AB+\overline{A}C$ 表示成最大项表达式。

解：利用基本公式 $A+BC=(A+B)(A+C)$，将逻辑函数式转换成或与式，则

$$
\begin{aligned}
Y &= AB+\overline{A}C \\
&= (AB+\overline{A})(AB+C) \\
&= (\overline{A}+B)(A+C)(B+C)
\end{aligned}
$$

将每个或式中的变量补齐，第一个括号中加入 $C\cdot\overline{C}$，第二个括号中加入 $B\cdot\overline{B}$，第三个括号中加入 $A\cdot\overline{A}$，则

$$Y=(\overline{A}+B+C\cdot\overline{C})(A+B\cdot\overline{B}+C)(A\cdot\overline{A}+B+C)$$

继续利用 $A+BC=(A+B)(A+C)$，将表达式展开：

$$
\begin{aligned}
Y &= (\overline{A}+B+C)(\overline{A}+B+\overline{C})(A+B+C)(A+\overline{B}+C)(A+B+C)(\overline{A}+B+C) \\
&= (\overline{A}+B+C)(\overline{A}+B+\overline{C})(A+B+C)(A+\overline{B}+C) \\
&= M_4M_5M_0M_2 \\
&= \prod M(4,5,0,2)
\end{aligned}
$$

逻辑函数的最大项表达式也可以从真值表得到，只要把真值表中所有输出值为 0 对应的最大项相乘，就可得到最大项表达式。

【例 4.17】写出表 4.20 所示真值表的最大项表达式。

表 4.20　例 4.17 真值表

A	B	C	Y
0	0	0	0
0	0	1	0
0	1	0	1
0	1	1	1
1	0	0	0
1	0	1	1
1	1	0	0
1	1	1	1

解：$Y=0$ 对应的输入变量取值分别是 000、001、100、110，最大项分别是 $(A+B+C)$、$(A+B+\overline{C})$、$(\overline{A}+B+C)$、$(\overline{A}+\overline{B}+C)$，即 M_0、M_1、M_4、M_6，因此，最大项表达式为

$$
\begin{aligned}
Y &= (A+B+C)(A+B+\overline{C})(\overline{A}+B+C)(\overline{A}+\overline{B}+C) \\
&= M_0M_1M_4M_6 \\
&= \prod M(0,1,4,6)
\end{aligned}
$$

4.4　逻辑函数的化简方法

【微课视频】

逻辑函数的化简方法

首先来比较两个逻辑函数：

$$Y_1 = ABC + \overline{B}C + AC$$

$$Y_2 = AC + \overline{B}C$$

通过真值表对比容易发现，Y_1 和 Y_2 的逻辑功能相同，是同一个逻辑函数，显然，Y_2 的表达式比 Y_1 简单得多。

在逻辑设计中，逻辑函数最终都要用逻辑电路来实现。若逻辑表达式越简单，则所表达的逻辑关系越明晰，用到的逻辑器件越少，实现的电路越简单，工作越稳定可靠。因此一般来说，逻辑函数式需要经过化简得到逻辑函数的最简形式。

由于逻辑函数以与或式表达较为广泛，易于从真值表直接写出，并且通过运用一次摩根定律就能变换为与非-与非式，从而用最普遍的与非门实现逻辑功能，因此以下讨论逻辑函数的最简与或式。

最简与或表达式具有以下特点：

（1）逻辑函数式中的乘积项个数最少。

（2）每个乘积项中变量的个数最少。

因此，逻辑函数化简的目的就是要消去多余的乘积项和乘积项中多余的因子，以达到逻辑函数的最简形式。常用的化简方法有公式化简法和卡诺图化简法。公式化简法就是通过反复运用逻辑代数的基本公式、定理和规则来消除函数式中多余的乘积项和多余的因子。公式化简法没有固定的步骤，常用的有并项法、吸收法、配项法等，需要熟悉逻辑代数各项基本运算规则，具备一定的技巧和经验，此外很难判断化简后的结果是否已经达到最简形式。下面通过几个例子介绍公式化简法。

【例 4.18】试用并项法化简逻辑函数 $Y = ABC + A\overline{B}\overline{C} + AB\overline{C} + A\overline{B}C$ 。

解：并项法是利用 $A + \overline{A} = 1$ 将两项并为一项，消去多余的乘积项和多余的因子，根据代入规则，A 可以是任意复杂的逻辑式。

$$\begin{aligned} Y &= ABC + A\overline{B}\overline{C} + AB\overline{C} + A\overline{B}C \\ &= AB(C + \overline{C}) + A\overline{B}(C + \overline{C}) \\ &= AB + A\overline{B} \\ &= A \end{aligned}$$

【例 4.19】试用吸收法化简逻辑函数 $Y = AB + AB\overline{C} + ABD + AB(\overline{C} + \overline{D})$ 。

解：吸收法是利用公式 $A + AB = A$ 将 AB 项消去，根据代入规则，A 和 B 都可以是任意复杂的逻辑式。

$$
\begin{aligned}
Y &= AB + AB\overline{C} + ABD + AB(\overline{C} + \overline{D}) \\
&= AB + AB(\overline{C} + D + (\overline{C} + \overline{D})) \\
&= AB
\end{aligned}
$$

【例 4.20】试用消项法化简逻辑函数 $Y = A\overline{C} + \overline{A}\overline{D} + \overline{B}\overline{D} + BC$ 。

解：消项法是利用公式 $AB + \overline{A}C + BC = AB + \overline{A}C$ 消去冗余项 BC 。

$$
\begin{aligned}
Y &= A\overline{C} + \overline{A}\overline{D} + \overline{B}\overline{D} + BC \\
&= A\overline{C} + BC + (\overline{A} + \overline{B})\overline{D} \\
&= A\overline{C} + BC + AB + \overline{AB}\overline{D} \quad (A\overline{C} + BC = A\overline{C} + BC + AB) \\
&= A\overline{C} + BC + AB + \overline{D} \quad (A + \overline{A}B = A + B) \\
&= A\overline{C} + BC + \overline{D}
\end{aligned}
$$

由上述例子可见，公式化简法常常需要综合运用逻辑运算的各种公式、定律和规则，存在很大的灵活性，且不容易判断化简结果是否最简，给实际应用增加了困难。

由于任何逻辑函数都可以表达为标准与或式，即最小项之和，因此可以利用合并最小项的办法来化简逻辑函数，从而得到一种适用于任何逻辑函数的通用化简方法。下面介绍的卡诺图化简法就是基于合并最小项的化简方法，既简便又直观，在逻辑设计中十分有用。

4.4.1 逻辑函数的卡诺图表示法

1953 年美国贝尔实验室的工程师卡诺在前人研究基础上，提出卡诺图法化简逻辑函数，在数字电路和故障诊断等领域得到广泛应用。图形化简法比公式化简法形象直观，易于掌握。

卡诺图将逻辑函数用方格图的形式表示，与逻辑函数的真值表具有一一对应的关系。对于 n 个变量，卡诺图有 2^n 个方格，分别对应每个最小项的输出，逻辑相邻的最小项在卡诺图中的空间也相邻，即相邻的两个最小项只有一个变量的取值不同，这是卡诺图化简逻辑函数的主要依据。图 4.25 所示为二变量、三变量和四变量的卡诺图。

如图 4.25（a）所示，二变量的卡诺图有 4 个方格，变量 A 位于列方向上，外标的 0 表示 A 的反变量，1 表示原变量。变量 B 位于行的方向上，外标的 0 和 1 同样对应于反变量和原变量。第一行第一列的方格 AB=00，对应于最小项 $\overline{A}\overline{B}$ ，即 m_0，以此类推，四个方格分别对应四个最小项。

卡诺图中，所有的输入变量按照行和列分别排列在卡诺图两个方向上，当一个方向上排列的变量多于 1 个时，取值不能按自然二进制数从小到大排列，而是按照格雷码的顺序排列，如图 4.25（b）和图 4.25（c）中变量取值的次序是 00、01、11、10，而不是二进制递增的次序 00、01、10、11。这样排列是为了使任意两个相邻最小项之间只有一个变量改变，满足逻辑相邻性。小方格内的最小项可以用二进制数对应的十进制数编号，如图中的 m_0，m_1，m_2，…。卡诺图中变量的坐标可以是任意的，例如变量 A 可以排列在行方向，也可以排列在列方向。

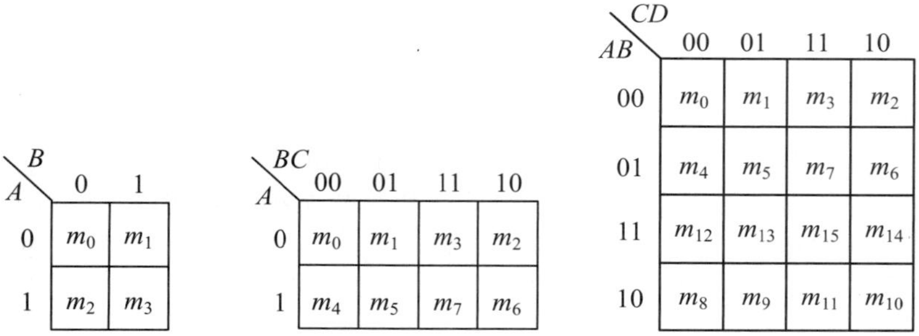

（a）　（b）　（c）

图 4.25　二变量、三变量和四变量卡诺图

由于卡诺图中的方格数量是 2^n 个，不难理解，当变量数增加 1 个时，卡诺图中的方格数就会增加一倍，当变量数比较多时，卡诺图的规模就会达到相当大的程度，图形会变得非常复杂，相邻关系难以寻找，因此，卡诺图不适合表达变量数太多的逻辑函数，一般用于六变量以内。

卡诺图中变量取值按格雷码顺序排列，可以确保相邻格子里的最小项只有一个变量的取值不同，进而保证卡诺图中空间相邻的两个最小项具有逻辑相邻性。

由于卡诺图是平面结构，因此在反映逻辑相邻项时，除了空间相邻外，还要考虑对折原理。例如图 4.25（b）中三变量的卡诺图，处于边沿的最小项 m_0 和 m_2 也只有一个变量 B 的取值不同，是逻辑相邻的，在空间上，如果将卡诺图沿纵向的中线对折，可以发现 m_0 和 m_2 重合，因此沿中线对折后能重合的最小项也是逻辑相邻的，如图 4.25（c）中，沿水平中线对折后，最上面一行与最下面一行重合，是逻辑相邻的。事实上，m_0 和 m_8 也只有 A 这一个变量取值不同。

由于所有的逻辑函数都可以表达为最小项之和，那么就可以用卡诺图来表示逻辑函数，只要在卡诺图上与最小项对应的方格里填入 1，其余方格里填入 0，就得到了表示逻辑函数的卡诺图，也就是说，任何一个逻辑函数都等于卡诺图中填入 1 的那些最小项之和。

【例 4.21】试将函数 $F=\overline{A}BC+\overline{A}B\overline{C}+ABC+A\overline{B}C$ 用卡诺图表示。

解：函数 $F=\overline{A}BC+\overline{A}B\overline{C}+ABC+A\overline{B}C=m_3+m_2+m_7+m_5$，在卡诺图中对应的格子里填 1，其余格子填 0，就得到了函数 F 的卡诺图，如图 4.26 所示。

C \ AB	00	01	11	10
0	0	1	0	0
1	0	1	1	1

图 4.26　例 4.21 卡诺图

【例 4.22】试将函数 $F=\bar{A}BD+\bar{A}B\bar{C}+AB$ 用卡诺图表示。

解：如果函数表达式不是标准的与或式，首先需要转换为标准的与或式，再画卡诺图。在熟练掌握卡诺图的规律后，也可以直接根据一般与或式画卡诺图。有时为了简便，格子中的 0 可以不填。

$$
\begin{aligned}
F&=\bar{A}BD+\bar{A}B\bar{C}+AB\\
&=\bar{A}BCD+\bar{A}B\bar{C}D+\bar{A}B\bar{C}D+\bar{A}B\bar{C}\bar{D}+ABCD+AB\bar{C}D+ABC\bar{D}+AB\bar{C}\bar{D}\\
&=\bar{A}BCD+\bar{A}B\bar{C}D+\bar{A}B\bar{C}\bar{D}+ABCD+AB\bar{C}D+ABC\bar{D}+AB\bar{C}\bar{D}
\end{aligned}
$$

将最小项对应格子填 1，得到卡诺图如图 4.27 所示。

CD \ AB	00	01	11	10
00		1	1	
01		1	1	
11		1	1	
10			1	

图 4.27　例 4.22 卡诺图

【例 4.23】已知逻辑函数 Y 的卡诺图如图 4.28 所示，试写出逻辑函数表达式。

CD \ AB	00	01	11	10
00			1	1
01		1	1	
11		1	1	
10				

图 4.28　例 4.23 卡诺图

解：由卡诺图可直接写出逻辑函数表达式，将卡诺图中有 1 的格子对应的最小项相加即可得到逻辑函数式：

$$Y = \bar{A}B\bar{C}D + \bar{A}BCD + AB\bar{C}\bar{D} + AB\bar{C}D + ABCD + A\bar{B}\bar{C}\bar{D}$$

4.4.2　卡诺图化简逻辑函数

利用卡诺图具有相邻性，可以化简逻辑函数。若相邻的两个格子均为 1，则这两个最小项之和就有一对互补的变量可以被消去，如图 4.28 中第一行的两个最小项，$AB\bar{C}\bar{D}$ 和 $A\bar{B}\bar{C}\bar{D}$，只有变量 B 不同，根据 $B+\bar{B}=1$ 的性质，这两项相加可以消去变量 B。利用卡诺图化简逻辑函数，就是找出卡诺图中相邻的最小项，合并卡诺图中的相邻最小项，同时消去不同的变量因子。

1. 最小项合并规律

在卡诺图中最小项合并的规律为：

（1）若两个最小项相邻，则可合并为一项并消去一对互补变量，合并后的结果中只剩下公共因子。

如图 4.29 所示为两个相邻最小项的几种情形：图（a）中，合并后消去 B，化简逻辑式为 ACD；图（b）中，合并后消去变量 D，化简逻辑式为 ABC；图（c）中消去 A，化简后的逻辑式为 $\bar{B}\bar{C}\bar{D}$；图（d）中消去 C，化简后的逻辑式为 $\bar{A}B\bar{D}$。

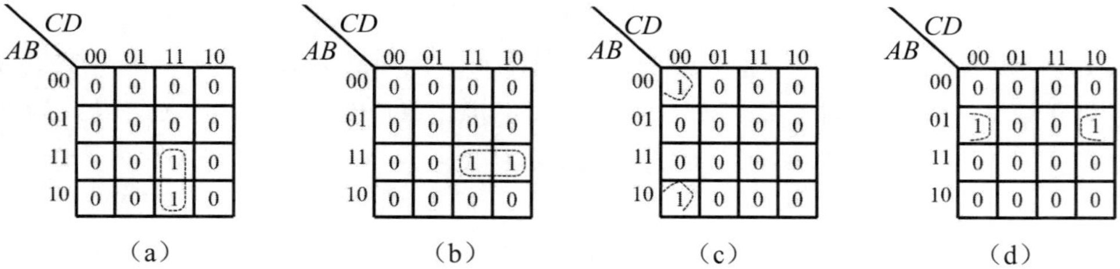

图 4.29　两个相邻最小项合并示例

（2）若四个最小项相邻并排列成一个矩形组，则可合并为一个与项并消去两个互补变量，合并后的结果中只包含四个最小项的公共因子。

如图 4.30 所示为四个相邻最小项的几种情形：图（a）中，相邻的最小项中变量 B 和 C 的取值不同，消去合并后得到化简的逻辑式为 AD；图（b）中，变量 C 和 D 被合并，化简后逻辑式为 $\bar{A}B$；图（c）中消去 A 和 B，化简后逻辑式为 $C\bar{D}$；图（d）中消去 A 和 C，化简后逻辑式为 $\bar{B}\bar{D}$；图（e）中消去 A 和 C，化简后逻辑式为 $B\bar{D}$；图（f）中消去 A 和 C，化简后的逻辑式为 $\bar{B}D$。需要注意的是，若四个相邻的最小项没有按矩形排列，则不能合并为一项。

（3）若八个最小项相邻并排成一个矩形组，则可消去三个变量，合并为一项，合并后的结果中只包含公共因子；若是相邻的最小项没有排列成矩形，则不能合并。

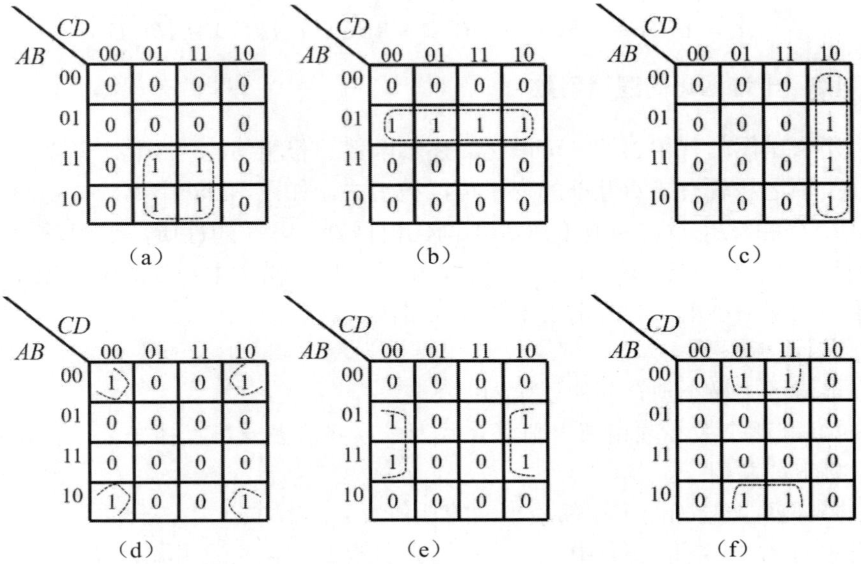

图 4.30　四个相邻最小项合并示例

如图 4.31 所示为八个相邻最小项的几种情形：图（a）中，相邻的最小项中变量 A、C 和 D 的取值不同，消去合并后得到化简的逻辑式为 B；图（b）中，变量 A、C 和 D 被合并，化简后逻辑式为 $\overline{B}$；图（c）中消去 A、B 和 C，化简后逻辑式为 D；图（d）中消去 A、B 和 C，化简后逻辑式为 $\overline{D}$。

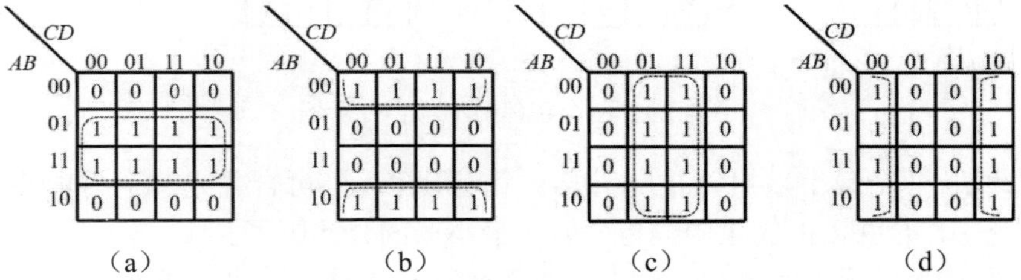

图 4.31　八个相邻最小项合并示例

因此，卡诺图中若有 2^n 个最小项相邻，并排列成一个矩形组，则可以消去 n 个变量，合并成一个与项，合并后的结果中只包含这些最小项的公共因子。可知 n 越大，合并的圈越大，消去的变量就越多，化简就越彻底。

2. 卡诺图化简步骤

卡诺图化简逻辑函数的步骤如下：

（1）将逻辑函数转换为最小项表达式。

（2）画出逻辑函数的卡诺图。

（3）观察并找出可以合并的相邻最小项，画卡诺圈标记。

（4）消去相邻最小项中取值不同的变量，合并成只包含公共因子的与项。

（5）每一个卡诺圈对应一个最简的与式，将这些与项相加，就得到化简后的逻辑函数。

画卡诺圈时应遵循以下原则：

（1）卡诺圈中 1 的个数必须为 2^n 个，n 为整数，相邻的最小项包括最上和最下，最左和最右，以及上下左右四个角。

（2）卡诺图中所有的 1 都要被圈过，不能遗漏。

（3）卡诺图中同一个 1 可以被不同的卡诺圈包含，但新增的卡诺圈必须至少包含一个新的 1，若没有新的 1 加入，该卡诺圈对应的与项为多余。

（4）卡诺圈要尽可能大，即圈内的 1 要尽可能多，圈的个数尽可能少。

【例 4.24】已知 $F(A,B,C,D)=\sum m(1,3,5,7,8,9,10,11,14,15)$，试用卡诺图求逻辑函数的最简与或式。

解：由题意知逻辑函数的最小项表达式，画出该逻辑函数的卡诺图，如图 4.32 所示。

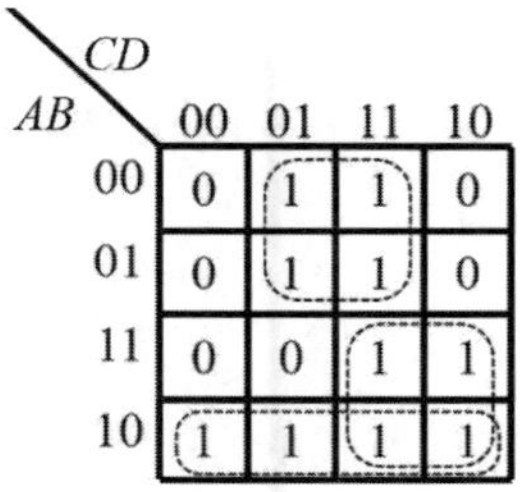

图 4.32　例 4.24 图

找出相邻的最小项，画卡诺圈，如图 4.32 中虚线所示，第一个圈中出现互补变量 B 和 $\overline{B}$，C 和 $\overline{C}$，消去后得到合并的与项 $\overline{A}D$，第二个圈中出现互补变量 B 和 $\overline{B}$，D 和 $\overline{D}$，消去后得到合并的与项 AC，最下一行四个最小项形成的卡诺圈中，C 和 D 都有互补变量，合并时被消去，得到最简的与项 $A\overline{B}$。

将三个卡诺圈对应的最简与项相加，得到

$$F=\overline{A}D+AC+A\overline{B}$$

在卡诺图中画相邻最小项的卡诺圈时，可以有不同的圈法，要注意比较如何使卡诺圈的数量最少，而圈内 1 的个数最多，只有这样才能得到最简与或式。初学者容易忽视卡诺图边沿最小项的相邻关系，或者四角的相邻关系，造成卡诺圈不够大，化简效果不彻底。

【例 4.25】用卡诺图法化简 $F=\overline{A}\overline{B}\overline{C}+A\overline{B}\overline{C}+AB+\overline{A}\overline{B}C+\overline{A}BC$ 为最简与或式。

解：1）画出该逻辑函数的卡诺图。在掌握了最小项合并的规律后，填写逻辑函数的卡诺图时，不一定要将函数转换成最小项表达式，例如表达式中的 AB 项，包含了所有含有 AB 因子的最小项，因此不需要关心另一个因子 C 是原变量还是反变量，或者可以理解为 AB 包含了最小项 ABC 和 $AB\overline{C}$，因此画卡诺图时，直接在所有对应 $A=1$，$B=1$ 的方格里填入 1，如图 4.33（a）所示。

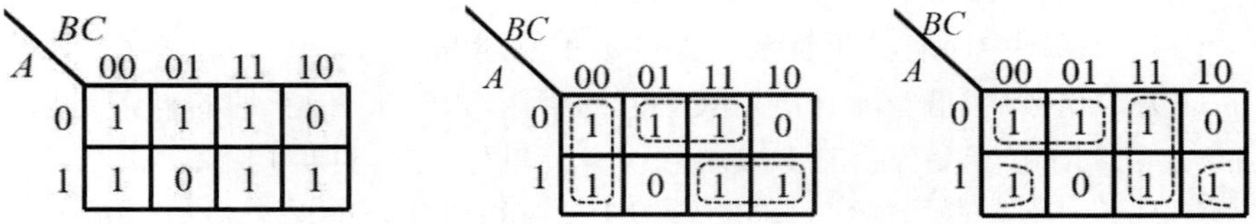

（a） （b） （c）

图 4.33 例 4.25 图

2）画卡诺圈。卡诺圈可以有不同的画法，如图 4.33（b）和图 4.33（c）所示。

3）写出最简式。

图 4.33（b）对应的最简式为

$$F=\overline{B}\overline{C}+\overline{A}C+AB$$

图 4.33（c）对应的最简式为

$$F=\overline{A}\overline{B}+BC+A\overline{C}$$

这两个化简结果都符合最简与或式的标准，说明一个逻辑函数的最简式有时不是唯一的。

【例 4.26】用卡诺图化简 $F=ABC+ABD+A\overline{C}D+\overline{C}\overline{D}+A\overline{B}C+\overline{A}C\overline{D}$。

解：首先画出函数的卡诺图，如图 4.34（a）所示。然后将相邻的最小项圈出来，卡诺圈要尽可能大，例如最左列和最右列的八个最小项是相邻的，画在一个圈中，可以消去 3 个互补变量。比较图 4.34（b）和图 4.34（c），显然图 4.34（b）中下面两行的卡诺圈没有图 4.34（c）中圈得大，卡诺图中的最小项是可以重复使用的，利用这一性质可以使卡诺圈尽可能大，消去的变量尽可能多，得到的与式最简。

将卡诺圈中的最小项合并化简得到最简与或式，图 4.34（b）中两个卡诺圈合并后分别得到与项 $\overline{D}$ 和 AD。图 4.34（c）中的两个卡诺圈合并后得到 $\overline{D}$ 和 A。将每个卡诺圈合并得到的与式相加，就得到化简结果。

图 4.34（b）化简得到 $F=\overline{D}+AD$

图 4.34（c）化简得到 $F=\overline{D}+A$

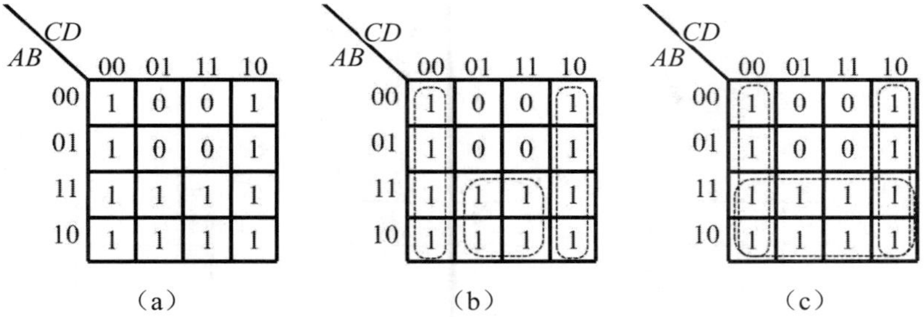

图 4.34　例 4.26 图

显然，图 4.34（c）化简而得到的结果与图 4.34（b）得到的结果相比，与式都是 2 个，但图 4.34（b）得到的与式中变量比图 4.34（c）多了 1 个。因此，图 4.34（c）得到的结果更简。

在运用卡诺图化简时，以上的例子都是通过合并卡诺图中的 1 来化简的，有时候也可以通过合并 0 来得到反函数的最简形式，然后求反就得到了逻辑函数的最简与或表达。例 4.26 中，卡诺图里 1 的个数很多，圈 1 需要重复使用最小项，卡诺圈显得凌乱、易出错，相反卡诺图中 0 的方格比较少，这时圈 0 就比圈 1 更简单省力，如图 4.35 所示。将四个相邻的 0 圈起来，消去互补的变量 B 和 C，合并得到反函数的最简式

$$\overline{F}=\overline{A}D$$

然后对此求反，运用摩根定律，可得

$$F=\overline{\overline{A}D}=A+\overline{D}$$

可见，两种方法得到的结果是一样的。

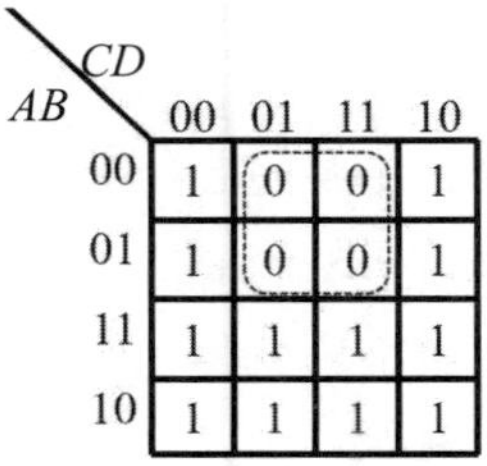

图 4.35　圈 0 法

【例 4.27】用卡诺图化简 $F=\sum m(3,4,5,7,9,13,14,15)$。

解：首先画出函数的卡诺图，如图 4.36（a）所示。在卡诺图中将相邻的最小项圈出来，画卡诺圈时要注意必须包含新的最小项，即圈中至少有一个 1 是没有被其他圈包围过的，如图 4.36（b）所示，可以得到 4 个与项相加。而图 4.36（c）中，中间的卡诺圈虽然包含了四个最小项，但是可以看出，这四个 1 都已经被其他卡诺

圈包围过了，因此这个圈是多余的。根据图 4.36（b）化简得到

$$F=\overline{A}B\overline{C}+A\overline{C}D+\overline{A}CD+ABC$$

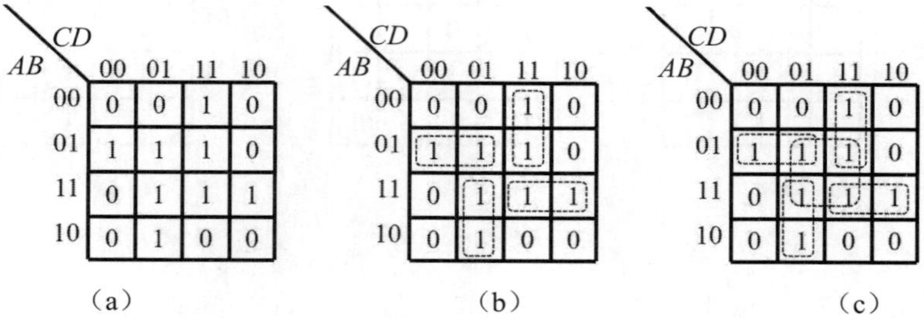

图 4.36 例 4.27 图

3. 具有无关项的化简

逻辑问题的描述分为完全描述和非完全描述两种，如果对于变量的每一种取值组合，函数都有确定的对应输出值，也就是说，逻辑函数的值与每一个最小项都有关，这样的逻辑问题称为完全描述问题，其真值表见表 4.21。

表 4.21 完全描述真值表

A	*B*	*Y*
0	0	0
0	1	1
1	0	1
1	1	1

在实际应用中常常遇到这样的情况，真值表中对应变量的某些取值组合，函数值可以是任意的，或者变量的某些取值组合根本就不会出现。例如表示电梯上行和下行的状态变量分别是 U 和 D，电梯上行时，U=1，D=0，电梯下行时 U=0，D=1，电梯静止时，U=0，D=0，而 U=1，D=1 的情况是不可能出现的，因为电梯不可能同时上行和下行，其取值对应的最小项就称为无关项。含有无关项的逻辑函数称为非完全描述问题，其真值表见表 4.22。

表 4.22 非完全描述真值表

A	*B*	*Y*
0	0	0
0	1	1
1	0	1
1	1	×

逻辑函数中的无关项也叫作约束项、随意项，定义为逻辑函数中那些与所讨论的逻辑问题没有关系的变量取值组合所对应的最小项。无关项主要有两种情况：

（1）某些变量取值组合不允许出现。例如 8421BCD 编码中，1010～1111 这六种代码是不允许出现的。

（2）某些变量取值组合在客观上不会出现。例如在连动互锁开关系统中，几个开关的状态是互相排斥的，即不能同时有效，如电机不可能同时正转和反转。

既然无关项与讨论的逻辑问题没有关系，那么函数表达式中包含或者不包含无关项都不影响逻辑函数的取值，因此在卡诺图中对应无关项的方格内，既可以填入 1，也可以填入 0。在卡诺图中，无关项用“×”或“d”表示，化简时既可以当作 1，也可以当作 0。

化简含有无关项的逻辑函数时，应充分利用无关项使得到的逻辑函数最为简化。卡诺图化简时无关项到底是当 1 还是当 0，要以得到的相邻最小项矩形组合即卡诺圈最大，并且卡诺圈的数量最少为原则。注意，并不是所有无关项都必须被利用，加入卡诺圈的无关项应与圈中尽可能多的最小项相邻。

逻辑函数中的无关项可以用增加约束条件来表示，如：

$$\begin{cases} F = \overline{A}\,\overline{B}\,\overline{C} + \overline{A}\,\overline{B}C + ABC \\ \overline{A}B\overline{C} + A\overline{B} = 0 \end{cases}$$

式中 $\overline{A}B\overline{C} + A\overline{B} = 0$ 说明 $\overline{A}B\overline{C}$ 和 $A\overline{B}$ 这两项取值组合是不可能出现的，是无关项。上式中函数 F 由于包含无关项，对于某些输入取值存在不确定输出，因此是不完全定义的逻辑函数。逻辑函数中的无关项也可以表达为如下形式：

$$F = \sum m(0,1,7) + \sum d(2,4,5)$$

【例 4.28】用卡诺图求 $F = \sum m(3,4,15) + \sum d(0,7,8,11,12,13,14)$ 的最简与或式。

解：1）画出该逻辑函数的卡诺图，最小项对应的方格填 1，无关项对应的方格填×，其余方格填 0，如图 4.37（a）所示。

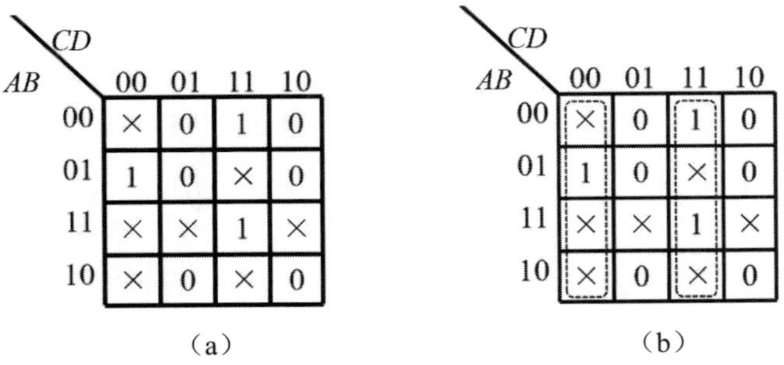

图 4.37　例 4.28 图

2）画卡诺圈。从图 4.37 中可以看到，如果不利用无关项的话，则三个最小项没有相邻性，已经无法化简。但考虑适当地把无关项加入，与最小项组成相邻的矩形排列，可以画出卡诺圈如图 4.37（b）所示。注意加入无关项是为了与卡诺图中值为 1 的方格组成相邻项，并不需要考虑与卡诺图中其他无关项的相邻性。因此将最左边一列的无关项与 m_4 组成一个卡诺圈，第三列的两个无关项与 m_3 和 m_{15} 组成一个卡诺圈，得到两个最简与式为 $\overline{C}\,\overline{D}$ 和 CD，对于无关项 d_{13} 和 d_{14}，在这里无需利用。

3）写出最简式。将两个卡诺圈对应的最简与式相加，得到最简与或式：

$$F=\overline{C}\,\overline{D}+CD$$

4. 多输出函数的化简

实际电子系统中往往不只有一个输出变量，而是有多个输出，例如控制三相步进电机时，同时输出三相控制信号。在多输出变量的逻辑系统中，不能孤立地分别对每一个输出函数进行化简，而要从整体上综合考虑，使整个系统达到最简，即整体需要的逻辑门数量、种类和输入端数量都要最少。因此化简时要注意尽可能圈出公共项，即各个输出函数都包含的公共项，以便在逻辑电路实现中共享逻辑部件，使电路整体最简，以下举例说明。

【例 4.29】试用卡诺图化简多输出函数 $\begin{cases}F_1=\sum m(1,3,4,5,7)\\F_2=\sum m(3,4,7)\end{cases}$

解：画出两个函数的卡诺图，相互独立地化简，如图 4.38（a）和图 4.38（b）所示，对应的逻辑图如图 4.38（c）所示。

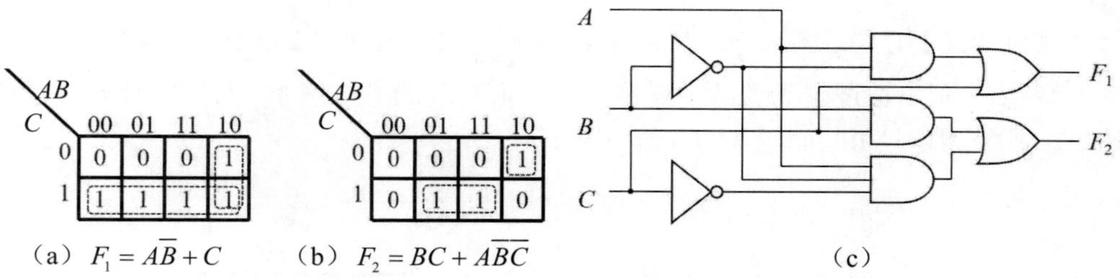

图 4.38　例 4.29 独立化简函数图

考虑整体效果，找出可以共享的公共项，如图 4.39（a）和图 4.39（b）所示，对应的逻辑图如图 4.39（c）所示。

比较上述两种化简方法，不难看出，通过共享公共项，使系统所用的逻辑门总数量减少了。

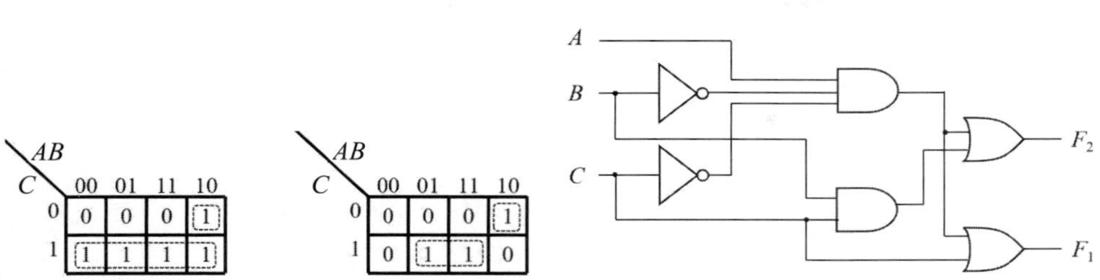

（a）$F_1 = C + A\overline{B}\overline{C}$　　（b）$F_2 = BC + A\overline{B}\overline{C}$　　（c）

图 4.39　例 4.29 整体考虑多输出函数的化简图

本章重点小结

1. 逻辑代数是数字电路的理论基础和数学工具。逻辑函数描述客观事物间的逻辑关系，采用二值逻辑，逻辑变量的取值只有 0 和 1 两个值，这两个值不具有数量大小的意义，而表示事物的两种相反状态。

2. 逻辑代数的三种基本运算是与、或、非，在此基础上组合形成与非、或非等复合逻辑运算。逻辑代数具有一系列的基本公式、基本定律和基本规则，运用这些基本运算规则可以对逻辑函数进行变换和化简。

3. 逻辑函数是从实际问题中抽象出来的，可以表达成真值表、函数表达式、逻辑图和波形图的形式，其中真值表具有唯一性，函数表达式与逻辑图之间具有对应关系。函数表达式的标准形式包括标准与或式和标准或与式。

4. 相同的逻辑功能可以有不同的逻辑函数表达式，对应不同的逻辑图实现，通过化简逻辑函数可以使逻辑电路所用的器件较少、性能可靠。逻辑函数的化简有公式法和卡诺图法，卡诺图与真值表具有一一对应关系，是用方格图表示逻辑函数的一种方法。卡诺图化简通过合并相邻最小项的方法来化简逻辑函数，直观、简单，易于掌握，便于判断化简结果，得到了广泛应用。灵活运用无关项和公共项，能够有效提高逻辑系统设计性能。但随着变量数增加，卡诺图规模增长很快，不适合六个以上变量的逻辑函数。

习题

在线测试

4.1　试用真值表的方法证明以下公式。

（1）$A \oplus 0 = A$　　　（2）$A \oplus 1 = \overline{A}$

4.2　试证明以下逻辑等式。

（1） $A+\overline{A}B=A+B$

（2） $(A+B)(A+C)=A+BC$

4.3 试化简下列各式。

（1） $AB(BC+A)$

（2） $(A+B)(A\overline{B})$

（3） $\overline{A}\,\overline{B}C+A\overline{B}C+ABC+A+BC$

4.4 试求下列逻辑函数的反函数。

（1） $L=AB+BC$

（2） $L=(A+B)\cdot\overline{\overline{D}(A+C)}$

（3） $L=\overline{\overline{D+A}+C}$

4.5 试列出下列逻辑函数的真值表。

（1） $F=\overline{B}\,\overline{C}+\overline{A}C+AB$

（2） $L=(A+B)\cdot\overline{\overline{D}(A+C)}$

4.6 试将下列各式转换为与非-与非式。

（1） $F=\overline{B}\,\overline{C}+\overline{A}BC+ABC$

（2） $F=A\overline{B}\,\overline{C}D+\overline{A}BCD+A\overline{B}C$

（3） $F=A\overline{B}C+\overline{A}\,\overline{B}C+ABC$

4.7 试写出表 4.23 所列真值表对应的逻辑函数并化简。

表 4.23 题 4.7 表

A *B* *C*	*L*
0 0 0	0
0 0 1	0
0 1 0	1
0 1 1	1
1 0 0	0
1 0 1	0
1 1 0	1
1 1 1	1

4.8 试写出表 4.24 所列真值表对应的逻辑函数，并化简。

表 4.24　题 4.8 表

A	B	C	D	Y	A	B	C	D	Y
0	0	0	0	1	1	0	0	0	1
0	0	0	1	0	1	0	0	1	0
0	0	1	0	0	1	0	1	0	0
0	0	1	1	0	1	0	1	1	0
0	1	0	0	1	1	1	0	0	1
0	1	0	1	0	1	1	0	1	0
0	1	1	0	0	1	1	1	0	0
0	1	1	1	0	1	1	1	1	0

4.9　试写出图 4.40 所示逻辑图的函数表达式。

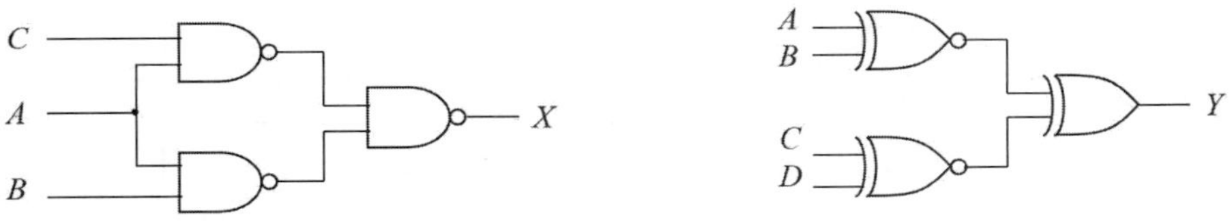

（a）　　　　（b）

图 4.40　题 4.9 图

4.10　根据图 4.41 写出逻辑函数表达式，列出真值表。

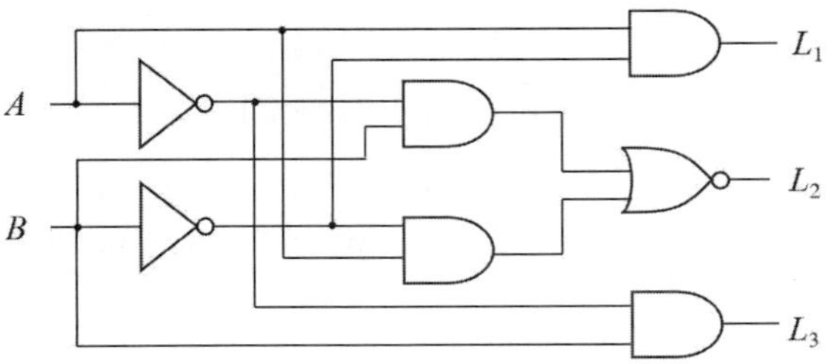

图 4.41　题 4.10 图

4.11　根据图 4.42 所示波形图列写真值表。

4.12　根据图 4.43 所示波形图列写真值表。

4.13　将以下逻辑函数转换为最小项表达式。

（1）$F(A,B,C)=\overline{B}\,\overline{C}+\overline{A}C+AB$

（2） $F(A,B,C,D)=A\overline{B}\overline{C}D+\overline{A}CD+A\overline{B}C$

（3） $F(A,B,C)=A\overline{B}+\overline{B}C+AB$

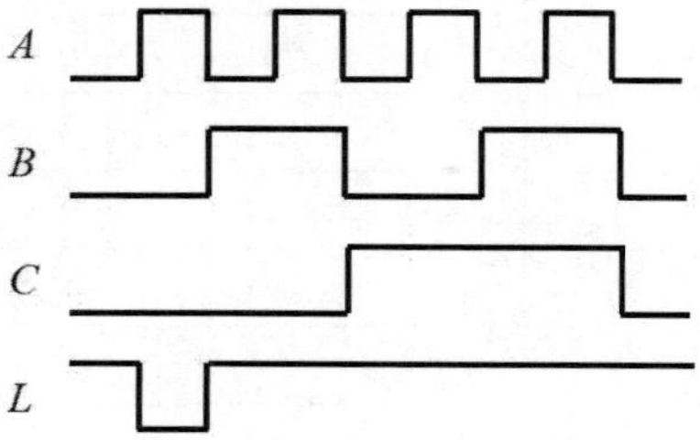

图 4.42　题 4.11 图

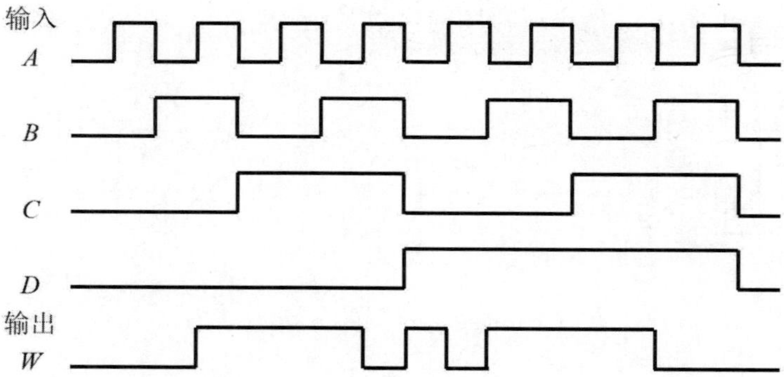

图 4.43　题 4.12 图

4.14　将以下函数表达为最大项表达式。

（1） $F(A,B,C)=(A+\overline{B}+\overline{C})(\overline{A}+C)(A+B+C)$

（2） $F(A,B,C)=(\overline{B}+\overline{C})(\overline{A}+B+C)(A+B)$

4.15　写出图 4.44 所示卡诺图对应逻辑函数 F(A,B,C)的最小项表达式。

C \ AB	00	01	11	10
0	0	0	0	1
1	0	1	1	0

图 4.44　题 4.15 图

4.16　写出图 4.45 所示卡诺图对应的逻辑函数 $F(A,B,C,D)$ 。

AB \ CD	00	01	11	10
00	0	0	1	1
01	0	0	1	1
11	0	1	0	0
10	1	1	0	1

图 4.45　题 4.16 图

4.17　画出以下逻辑函数的卡诺图。

（1）$F(A,B,C) = A\overline{B}C + \overline{A}B\overline{C} + A\overline{C}$

（2）$F(A,B,C,D) = \sum m(0,1,3,5,6,8,10,15)$

（3）$F(A,B,C,D) = \sum m(4,5,6,13,14,15)$

（4）$F(A,B,C,D) = \sum m(4,5,6,8,9,10,13,14,15)$

4.18　用卡诺图化简以下逻辑函数。

（1）$F(A,B,C,D) = \sum m(4,5,6,13,14,15)$

（2）$F(A,B,C,D) = \sum m(0,1,2,4,5,6,13,15)$

（3）$F(A,B,C,D) = \sum m(0,1,2,5,8,9,10,12,13)$

（4）$F(A,B,C,D) = \sum m(0,1,4,7,9,10,15) + \sum d(2,5,8,12,13)$

（5）$F(A,B,C,D) = \sum m(1,4,6,12,14) + \sum d(8,10,11)$

（6）$F(A,B,C,D) = \sum m(0,2,4,5,7,13) + \sum d(8,9,10,11,14,15)$

第 5 章　基本逻辑门电路

本章课程目标

1. 了解半导体器件的导电原理和开关特性，能够分析半导体二极管、三极管、MOS 管在电路中的开关状态。

2. 掌握半导体分立元件组成的门电路结构，能够分析分立元件逻辑门电路的工作原理和逻辑功能。

3. 了解 TTL 和 CMOS 集成逻辑门电路的结构和功能，理解集成逻辑门电路的传输特性，理解 OC/OD 门、三态门的功能，能够选择集成逻辑门电路实现基本逻辑运算。

4. 理解集成逻辑门电路的参数特性，能够根据器件特性正确使用集成逻辑门电路。

通过上一章的学习我们知道基本的逻辑运算包括与、或、非等，用来实现逻辑运算的电路称为逻辑门电路，门电路是数字电路中最基本的逻辑单元。本章介绍组成逻辑门电路的半导体器件开关特性、二极管等分立元件组成的基本逻辑门电路、TTL 和 CMOS 集成电路门电路及其主要特性。

逻辑门电路根据输入逻辑变量的取值，输出相应的高、低电平信号，表示二值逻辑中的 1 和 0 两种逻辑状态。数字电路中一般采用半导体二极管、半导体三极管或金属氧化物半导体场效应晶体管（Metal-Oxide-Semiconductor Field-Effect Transistor，MOSFET，简称 MOS 管）作为开关器件来获得高、低电平信号，三极管和互补 MOS 管即 COMS 的开关电路原理如图 5.1 所示。

图 5.1（a）表示三极管开关电路，是一个单开关电路，当输入信号控制开关断开时，电路中没有电流，电阻 R 上没有电压降，输出信号 v_o 与电源正极 V_{CC} 电位相同，为高电平；当输入信号控制开关闭合时，电路中有电流从电源正极 V_{CC} 出发，流经电阻 R，流入电源负极即接地端，输出信号 v_o 与地电位相同，为低电平。单开关电路简单，但是当开关闭合时，电流流经电阻消耗的功率为 V_{CC}^2/R，功耗比较大。

图 5.1（b）表示 CMOS 开关电路，两个开关 S_1 和 S_2 同时受输入信号 v_i 控制，

但两个开关的状态总是相反的，称为互补开关。当 S_1 闭合，S_2 断开时，输出信号 v_o 与电源正极 V_{CC} 同电位，输出高电平；当 S_1 断开，S_2 闭合时，输出信号 v_o 与接地端同电位，输出低电平。在互补开关电路中，无论输出高电平还是低电平，电路中电流均为零，电路的功耗很小。互补开关电路在数字集成电路中有广泛的应用。

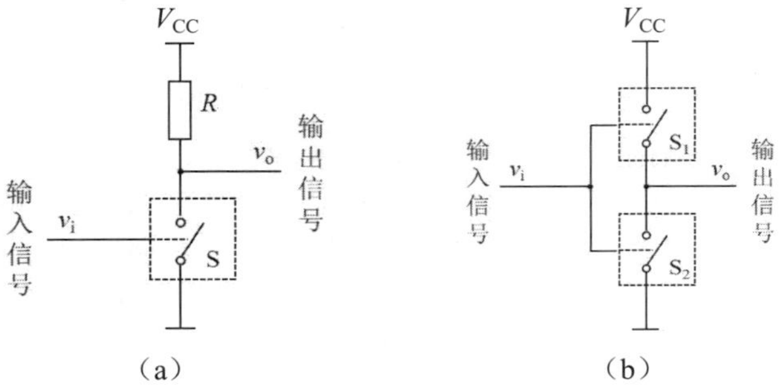

图 5.1　半导体开关原理

在早期的数字电路中，逻辑门电路由若干分立的二极管或三极管等半导体器件和电阻元件连接而成，这种由分立元件组成的门电路很难组成大规模的数字集成电路。随着集成电路技术的发展，从早期小规模集成电路能够将几个逻辑门制作在一块半导体芯片上，经历了中规模集成电路、大规模集成电路，超大规模集成电路，发展到如今的特大规模集成电路，门电路的尺度可以达到几个纳米的工艺水平。

集成逻辑门电路按照半导体器件的不同，可以分为双极型晶体管逻辑门和单极型绝缘栅场效应管逻辑门。双极型晶体管逻辑门的 TTL 电路较早得到广泛应用，但是 TTL 电路功耗比较大，不适合大规模集成。目前最流行的单极型数字集成电路主要是 CMOS 电路，CMOS 电路出现于 20 世纪 60 年代后期，最突出的优点是功耗极低，非常适合制作大规模集成电路，尤其适应便携式、低功耗的应用需求，因此 CMOS 电路逐步取代 TTL 电路成为数字集成电路的主流产品。

数字集成电路根据逻辑功能特点分为通用逻辑器件、专用集成电路和可编程逻辑器件等类型。通用逻辑器件和专用逻辑器件内部电路连接固定不变，因此具有固定的逻辑功能；可编程逻辑器件内部电路结构可以通过编程改变，因此其功能可以根据写入的程序不同而改变，是组成现代数字系统的重要器件。

5.1　半导体器件的开关特性

在数字电路中发挥开关作用的半导体器件主要有二极管、三极管和场效应管，这

【微课视频】
半导体器件的开关特性

些器件具有开关的特性。本节从半导体导电原理入手，介绍半导体器件的开关特性。

5.1.1　半导体导电原理

物体根据导电能力，可以划分为导体、半导体和绝缘体。典型的半导体有硅（Si）和锗（Ge），以及砷化镓（GaAs）等。硅和锗在元素周期表上是四价元素，砷化镓则属于半导体化合物。

1. 本征半导体

完全纯净的、具有晶体结构的锗、硅、硒，称为本征半导体。晶体中原子以共价键结合，共价键中的两个电子，称为价电子。价电子在获得一定能量，例如温度升高或受到光照后，即可挣脱原子核的束缚，成为自由电子，自由电子带负电，同时共价键中留下一个空位，称为空穴，如图 5.2 所示，通常用实心圆点表示电子，空心圆圈表示空穴。在一般情况下，原子是中性的，当价电子成为自由电子脱离原子核后，原子核显示带正电。在外电场的作用下，有空穴的原子吸引相邻原子的价电子来填补，就会在相邻原子中出现一个新的空穴，其结果相当于空穴在运动。显然空穴的运动方向与价电子的运动方向相反，因此空穴运动相当于正电荷的移动，通常将空穴看作带正电，空穴的出现是半导体区别于导体的一个重要特点。

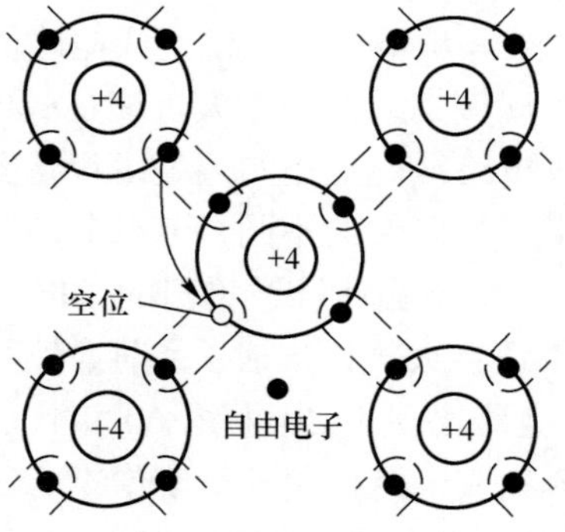

图 5.2　本征半导体中的自由电子和空穴

可见半导体有两种导电粒子，即自由电子和空穴，都称为载流子。当半导体两端加上外电场时，内部的载流子就会发生定向运动，这种运动称为漂移运动，这时在半导体中将出现两部分电流，一部分是自由电子定向运动形成的电子电流，另一部分是仍被原子核束缚的价电子替补空穴运动形成的电流，这部分电流可以用空穴电流来表示。

本征半导体中的自由电子和空穴总是成对出现，同时又不断复合。在一定的温度下，载流子的产生和复合达到动态平衡，载流子数量维持在一定水平。温度愈高，晶体中产生的自由电子便愈多，载流子的数目愈多，半导体的导电性能也就愈好，所以温度对半导体器件性能影响很大。

本征半导体在常温下的导电能力很弱，可以忽略不计，在本征半导体中掺入某些微量杂质元素，可使半导体的导电性发生显著变化。掺入的杂质主要是三价或五价元素。本征半导体掺入杂质后成为杂质半导体。根据掺入的杂质不同，杂质半导体可以分为空穴型半导体（P 型）和电子型半导体（N 型）。

2. P 型半导体和 N 型半导体

在硅或锗的晶体内掺入少量三价元素杂质，如硼，由于硼原子外围只有 3 个价电子，在与周围硅原子组成共价键时，因缺少一个电子，在晶体中便产生一个空位，当相邻共价键上的价电子获得足够能量时，就有可能过来填补这个空位，硼原子便成为不能移动的负离子，而原来的共价键则因为少了一个电子，形成了空穴，半导体对外仍然呈现电中性。P 型半导体共价键结构如图 5.3 所示。

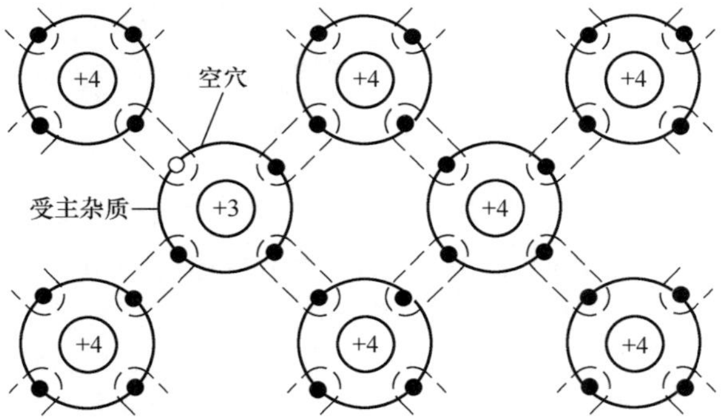

图 5.3　P 型半导体共价键结构

由于硼原子在硅晶体中接受电子，因此称为受主杂质或 P 型杂质。掺入硼原子后，半导体中空穴成为多数载流子，称为 P 型半导体。控制掺入杂质的多少，便可控制空穴的数量。在 P 型半导体中，空穴数量远远大于自由电子数量，以空穴导电为主，自由电子称为少数载流子。

类似地，在本征半导体中掺入磷等五价元素杂质，可以产生多余的电子，可形成 N 型半导体，也称电子型半导体。五价杂质原子外围有五个价电子，其中只有四个价电子能与周围半导体原子中的价电子形成共价键，多余的一个价电子因无共价键束缚而很容易成为自由电子。在 N 型半导体中自由电子是多数载流子，它主要由杂质原子提供；空穴是少数载流子，由热激发形成。提供自由电子的五价杂质原子因失去了这个价电子而带正电荷，成为正离子，五价杂质原子因为提供电子被称为施主杂质。N 型半导体共价键结构如图 5.4 所示。

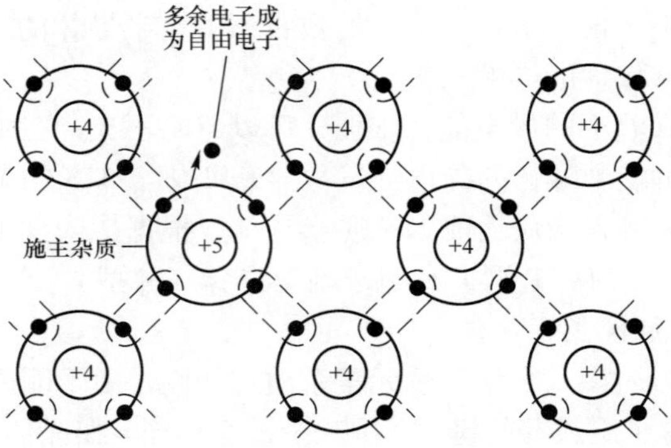

图 5.4 N 型半导体共价键结构

掺入杂质对本征半导体的导电性有很大的影响，因为多数载流子数量是由掺入杂质的浓度决定的。常温下本征半导体硅原子中电子和空穴浓度为 $n=p=1.4\times10^{10}\text{cm}^{-3}$，掺杂后，N 型半导体中的自由电子浓度为 $n=5\times10^{16}\text{cm}^{-3}$，载流子浓度相差六个数量级，可达到一百万倍，可以看出掺杂对半导体的导电性影响非常大，对半导体掺杂是提高半导体导电能力的最有效方法。

3. PN 结的形成

将 P 型半导体和 N 型半导体结合后，在 P 型半导体和 N 型半导体的交界面会形成一个特殊薄层，称作 PN 结。由于在两种半导体材料的交界处，电子和空穴的浓度有很大差别，N 型半导体中多数载流子电子的浓度远大于 P 型半导体中少数载流子电子的浓度，P 型半导体中多数载流子空穴的浓度远大于 N 型半导体中少数载流子空穴的浓度，于是在两种半导体的界面上会因浓度差发生载流子的扩散运动。

随着扩散运动的进行，在 N 型区的一侧由于失去电子，只留下不能移动的原子核，原子核带正电，因此形成正离子薄层，在 P 型区一侧由于失去空穴会形成负离子薄层，这个区域称为空间电荷区，空间电荷区形成了一个电场，方向从 N 区指向 P 区，称为内电场，如图 5.5 所示。

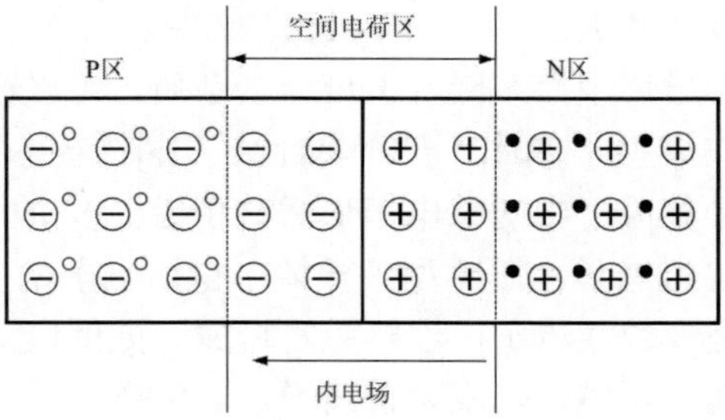

图 5.5 PN 结的形成过程

内电场是由扩散运动形成的，但由于内电场的方向与载流子的扩散运动方向相反，因此内电场阻止扩散运动。另一方面，随着内电场的形成，N 区中的少数载流子空穴在内电场作用下向 P 区漂移，P 区的少数载流子电子向 N 区漂移，少数载流子在电场作用下的漂移运动与多数载流子的扩散运动方向相反，当这两种运动达到动态平衡时，内电场的强度就达到稳定，PN 结的宽度随之确定。

4. PN 结的单向导电性

PN 结具有单向导电性。当 PN 结加正向电压，即正向偏置时，电源正极接 P 区，负极接 N 区，如图 5.6（a）所示。外加的电场方向与 PN 结内电场方向相反，削弱了内电场，PN 结原有的平衡状态被破坏。P 区的多数载流子空穴和 N 区的多数载流子自由电子在电场的作用下都向 PN 结移动，形成较大的正向电流。此时 PN 结表现为一个很小的电阻，处于导通状态，这种状态下少数载流子运动形成的电流很小，可以忽略不计。

当 PN 结加反向电压，即反向偏置时，电源负极接 P 区，正极接 N 区，如图 5.6（b）所示。外加的反向电压方向与 PN 结内电场方向相同，加强了内电场，P 区的多数载流子空穴和 N 区的多数载流子自由电子的扩散运动被进一步阻止。此时 P 区的少数载流子自由电子和 N 区的少数载流子空穴在电场作用下向 PN 结运动，形成反向电流。但由于少数载流子数量很少，因此形成的反向电流极小。此时 PN 结表现为一个很大的电阻，处于截止状态。

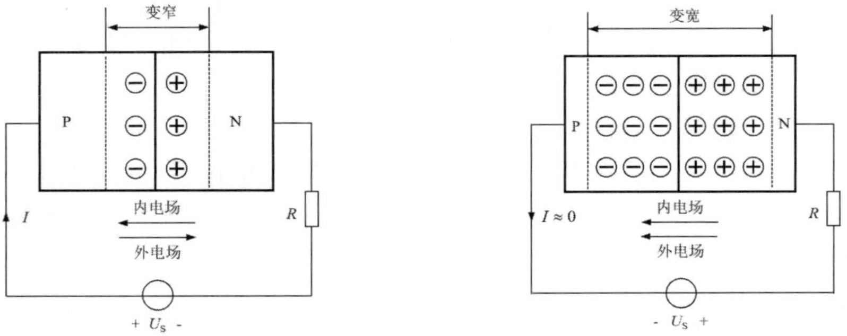

（a）PN 结加正向电压　　（b）PN 结加反向电压

图 5.6　PN 结的单向导电性

通过以上分析可知，PN 结的正向电阻很小，反向电阻很大，这就是 PN 结的单向导电性。

5.1.2　半导体二极管的开关特性

将 PN 结加上相应的电极引线和管壳，就成为一个半导体二极管。因此，二极管与 PN 结一样具有单向导电性，当外加正向电压时导通，电阻很小，相当于短路；外加反向电压时截止，电阻很大，相当于开路。二极管相当于一个受外加电压极性控制的开关。

二极管的符号和伏安特性如图 5.7 所示。

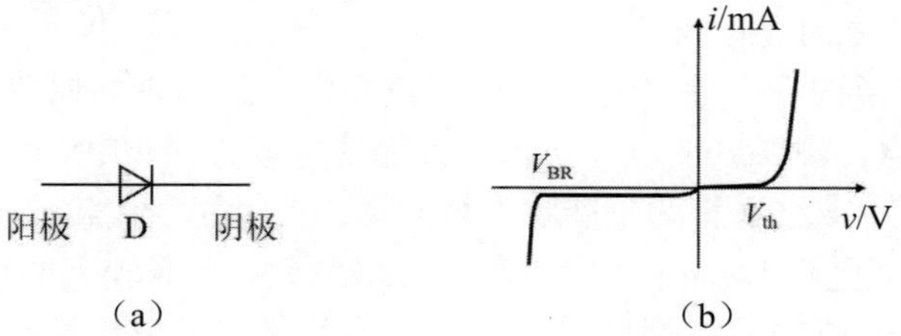

图 5.7 二极管符号和伏安特性

二极管的伏安特性可以分为正向特性、反向特性和击穿特性。

1. 正向特性

当在二极管上施加的正向电压小于某个值时，二极管的正向电流为零，这是由于外加的电场尚不足以克服 PN 结的内电场，因此二极管表现为一个大电阻，这个电压称为死区电压或门坎电压 V_{th}，硅管的门坎电压约为 0.5V，锗管的门坎电压约为 0.1V。

当正向电压大于门坎电压后，内电场大为削弱，正向电流增长很快，二极管表现为很小的电阻，可以近似地看成短路。二极管正向导通后的电压降，硅管大约为 0.7V，锗管大约为 0.2V。

2. 反向特性

当在二极管上施加反向电压时，产生的反向电流很小，这是由于反向电流是半导体中少数载流子运动形成的，少数载流子数量很少，因此反向电流很小，可以忽略，二极管表现为一个很大的电阻，可以近似地看成开路。

值得注意的是，随着温度升高，少数载流子数量增加，反向电流会随之增加。

3. 反向击穿特性

在一定范围内增大反向电压，反向电流几乎保持为零，这是因为半导体内少数载流子数量有限，因此电流不会随着电压变化。但是当反向电压增大到某个值时，反向电流急剧增大，这个现象叫作二极管的反向击穿。普通二极管反向击穿后就会损坏，因此对普通二极管要避免反向击穿。

二极管是一种非线性器件，在电子技术中具有广泛的应用，为了简化分析，可以采用理想二极管模型，理想二极管的伏安特性曲线如图 5.8 所示。

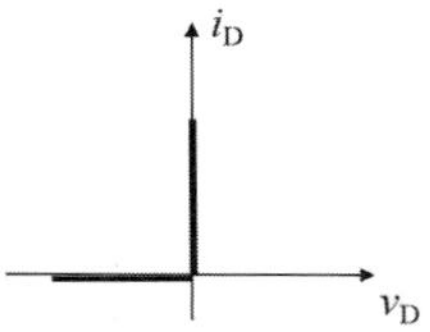

图 5.8　理想二极管的伏安特性

理想二极管在正向偏置时，两端电压为零，反向偏置时可以认为二极管电阻为无穷大，电流为零。由于实际电路中，电源电压远大于二极管的导通电压，因此利用二极管的理想模型分析电路是可行的。

数字电路中，二极管工作在开关状态，在脉冲信号作用下导通或截止，当脉冲信号的频率很高时，开关状态的变化速度也要求非常快。二极管的开关速度包括从正向导通到反向截止的转换速度，和从反向截止到正向导通的转换速度。

二极管从正向导通转为反向截止所经过的转换过程称为反向恢复过程，需要的时间称为反向恢复时间。产生上述现象的原因是二极管外加正向电压时，载流子不断扩散而存储。二极管的反向恢复过程，实质上是电荷存储效应引起的，反向恢复时间就是存储电荷消失所需要的时间。由于反向恢复时间的存在，二极管的开关速度受到限制。

二极管从反向截止转换为正向导通所需的时间称为开通时间。这个时间同反向恢复时间相比是很短的，它对开关速度的影响很小，可以忽略不计。

5.1.3　半导体三极管的开关特性

半导体三极管是指双极结型晶体管，简称晶体管，具有电流放大和开关作用。

1. 三极管的结构和符号

通过一定的工艺把两个 PN 结背靠背地连接起来就构成了三极管，三极管分为 NPN 和 PNP 两种，三极管的结构示意图和符号如图 5.9 所示。

从结构看，三极管包含三个区——发射区、基区和集电区，分别引出三个电极——发射极、基极和集电极，在两两交界处形成两个 PN 结，分别是发射结和集电结。虽然集电区和发射区是同样类型的半导体，但是发射区比集电区掺杂浓度高，集电区的面积比发射区大，它们并不是对称的。基区几何厚度被做得很薄而掺杂浓度很低，使得多数载流子的绝对数值较少。NPN 三极管和 PNP 型三极管的工作特性相同，但各电极的电压极性和电流流向不同。

2. 三极管的开关电路和输出特性曲线

三极管的开关电路如图 5.10 所示。

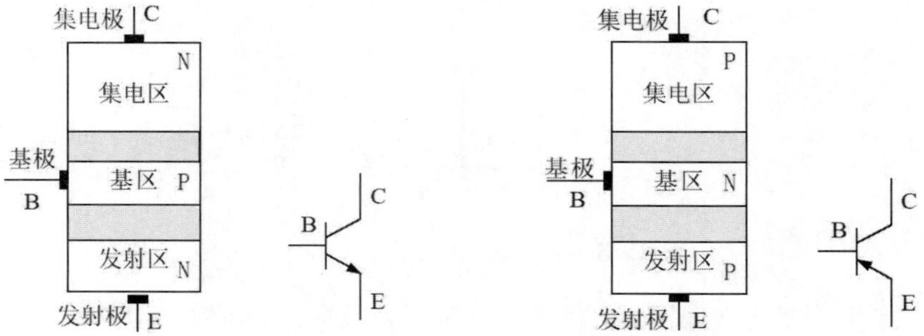

（a）NPN 三极管　　（b）PNP 三极管

图 5.9　三极管的结构示意图和符号

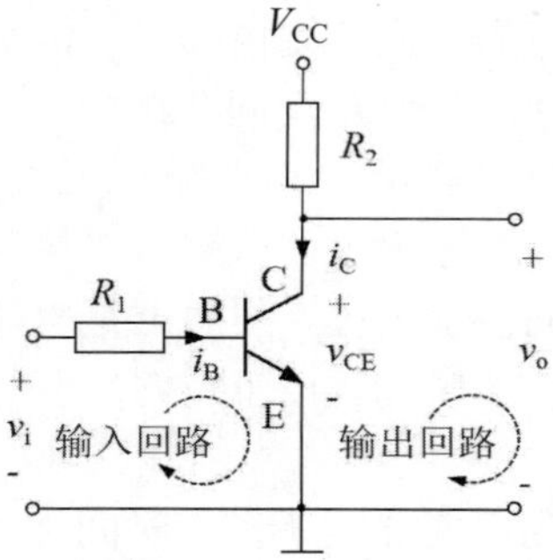

图 5.10　三极管开关电路

图中，三极管开关电路分为输入回路和输出回路。图中左侧由基极和发射极构成输入回路，输入信号通过电阻加在发射结上，产生基极电流。不难看出，输入回路的伏安特性实际上就是发射结的伏安特性，与二极管的特性相同。集电极和发射极组成输出回路，输出电压信号就是集电极 C 和发射极 E 之间的电压 v_{CE}，输出回路的伏安特性是指在基极电流一定的情况下，集电极电流 i_C 和电压 v_{CE} 之间的关系特性，对应不同的基极电流可以得到一簇输出特性曲线。三极管有三种工作状态，分别对应输出特性曲线的三个区，如图 5.11 所示。

根据输入信号电压的不同，三极管的工作状态可能是截止、放大或是饱和导通。

当加在三极管发射结上的输入信号电压小于 PN 结的导通电压时，基极电流为零，集电极电流和发射极电流都为零，集电极和发射极之间相当于开关的断开状态，此时三极管处于截止状态。

当加在三极管发射结上的输入信号电压大于 PN 结的导通电压，并处于某一恰当的值时，三极管的发射结正向偏置，集电结反向偏置，这时基极电流对集电极电流起着控制作用，使三极管处于放大状态。

当加在三极管发射结上的输入信号电压大于 PN 结的导通电压，并当基极电流增大到一定程度时，集电极电流不再随着基极电流的增大而增大，而是处于某一定值附近基本不变，这时集电极与发射极之间的电压很小，集电极和发射极之间相当于开关的导通状态。三极管的这种状态为饱和导通状态。

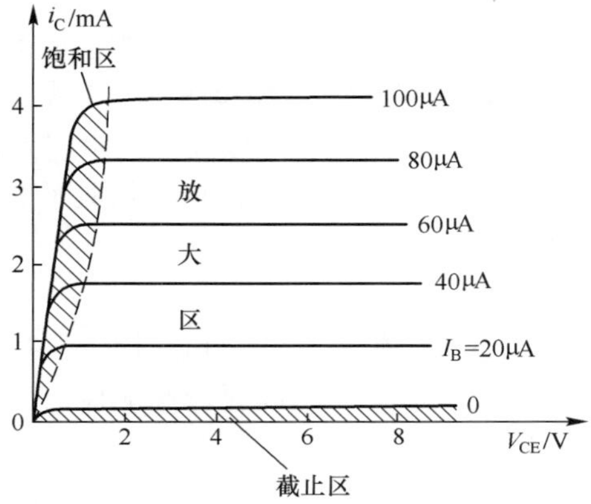

图 5.11　三极管输出特性曲线

三极管的开关等效电路如图 5.12 所示。

（a）导通状态　　（b）截止状态

图 5.12　三极管的开关等效电路

由此可见，三极管相当于一个由基极电流控制的无触点开关，截止状态相当于开关“断开”，而饱和状态相当于开关“闭合”。

三极管的开关过程和二极管一样，也是内部电荷“建立”和“消散”的过程，因此三极管饱和与截止两种状态的相互转换也需要一定的时间才能完成。三极管的开关时间越短，开关速度越快。

5.1.4　MOS 管的结构与工作原理

MOS 管又称场效应晶体管，简称场效应管，是 CMOS 集成电路中的开关器件。前面介绍的三极管是由两种极性的载流子，即多数载流子和少数载流子共同参与导电，因此称为双极型晶体管，而 MOS 管中参与导电的只有多数载流子，因此称为单极型晶体管。它属于电压控制型半导体器件，具有输入电阻高（10^8～$10^9\Omega$）、噪声小、功耗低、动态范围大、易于集成、没有二次击穿现象、安全工作区域宽等优点。

1. MOS 管的结构

MOS 管有四种类型，分别为 N 沟道增强型、P 沟道增强型、N 沟道耗尽型和 P 沟道耗尽型。本文以 N 沟道增强型 MOS 管为例介绍 MOS 管的结构和工作原理。

N 沟道增强型 MOS 管的结构如图 5.13 所示。N 沟道增强型 MOS 管是在一块掺杂浓度较低的 P 型硅衬底上，用光刻、扩散工艺制作两个高掺杂浓度的 N^+区，并用金属铝引出两个电极，分别称作漏极 D 和源极 S。然后在半导体表面覆盖一层很薄的二氧化硅（SiO_2）绝缘层，在漏极和源极间的绝缘层上再装上一个铝电极，作为栅极 G。另外在衬底上也引出一个电极 B，这就构成了一个 N 沟道增强型 MOS 管，显然它的栅极与其他电极间是绝缘的。

2. MOS 管工作原理

从 MOS 管的结构可以看出，由于在源极和漏极之间存在两个背靠背的 PN 结串联，因此当 $V_{GS}=0$ 时，在源极和漏极之间无论施加什么方向的电压，都不会产生电流，此时 MOS 管处于截止状态。

当在栅极和源极之间加上一个足够大的正电压 V_{GS} 时，如图 5.14 所示，由于电场的吸引力作用，P 型衬底中的少数载流子电子聚集到栅极下方，形成电子沟道，即 N 型沟道，称为反型层，这个反型层就构成了源极和漏极之间的导电沟道，此时在源极和漏极之间加上电压，就会产生电流，使 MOS 管处于导通状态。

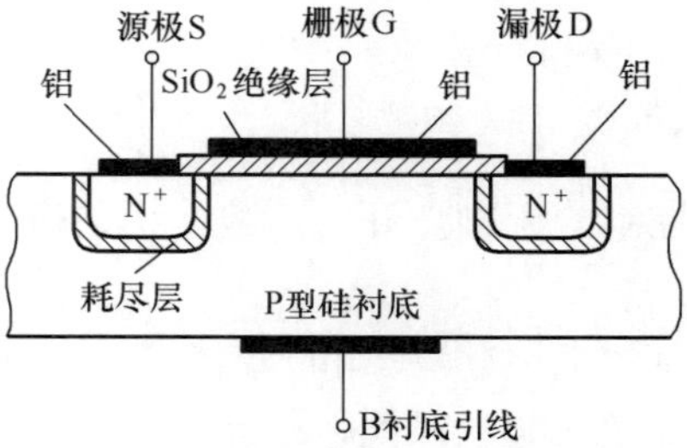

图 5.13 N 沟道增强型 MOS 管结构示意图

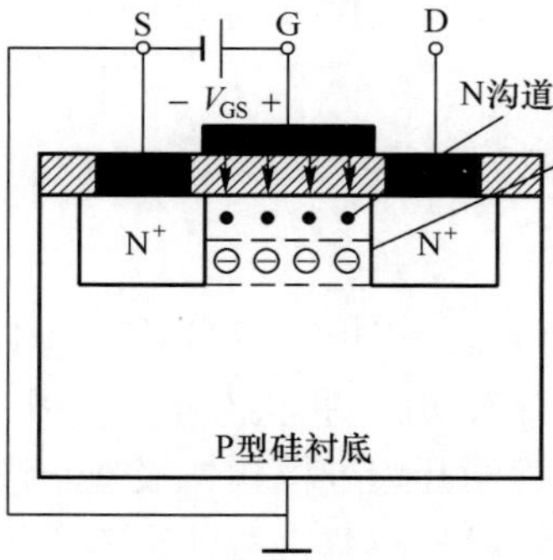

图 5.14 N 沟道增强型 MOS 管工作原理图

3. MOS 管的开关电路

MOS 管的衬底通常与源极相连，或接到系统最低电位，以防止电流从衬底流向源极或导电沟道。N 沟道的 MOS 管简称为 NMOS 管，NMOS 管的开关电路及其等效电路如图 5.15 所示。

图 5.15（a）中，栅极和源极构成输入回路，漏极和源极构成输出回路，源极

为公共端。MOS 管由栅源电压 V_{GS} 决定其工作状态，所以是电压控制元件。

当 V_{GS} 小于开启电压时，MOS 管工作在截止区，漏源电流 i_{DS} 近似为 0，输出电压 $V_{DS}\approx V_{DD}$，MOS 管处于断开状态，其等效电路如图 5.15（b）所示。

当 V_{GS} 大于开启电压时，MOS 管工作在导通区，漏源电流 $i_{DS}=V_{DD}/(R_D+r_{DS})$。其中，$r_{DS}$ 为 MOS 管导通时的漏源电阻。输出电压 $V_{DS}=V_{DD}\cdot r_{DS}/(R_D+r_{DS})$，如果 $r_{DS}\ll R_D$，则 $u_{DS}\approx 0V$，MOS 管处于导通状态，其等效电路如图 5.15（c）所示。

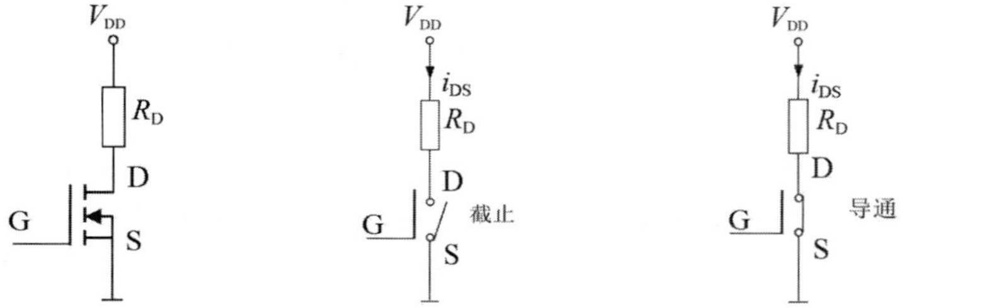

（a）NMOS 开关电路　（b）截止状态等效电路　（c）导通状态等效电路

图 5.15　NMOS 管构成的开关电路及其等效电路

4. MOS 管的符号

不同种类的 MOS 管有不同的符号，如图 5.16 所示。符号中箭头在衬底和沟道之间，箭头的方向由 P 指向 N，因此从箭头的指向比较容易判断 MOS 管的沟道类型。根据表示沟道的线型可以判断增强型或耗尽型，虚线沟道对应增强型，表示需要施加一定的栅源电压才能形成导电沟道，实线沟道对应耗尽型。

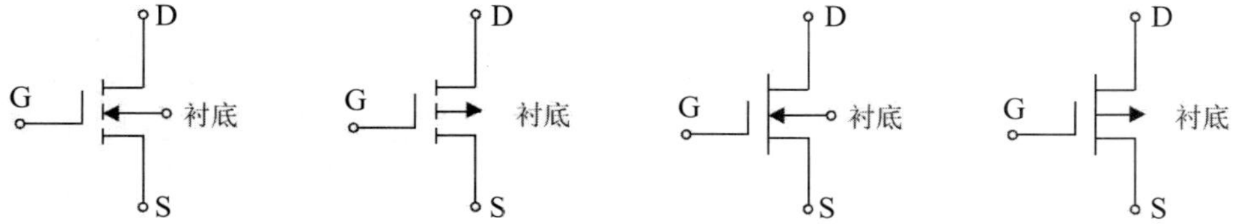

（a）N 沟道增强型　（b）P 沟道增强型　（c）N 沟道耗尽型　（d）P 沟道耗尽型

图 5.16　MOS 管电路符号

简化的电路符号如图 5.17 所示。在数字电路中，MOS 管作为开关器件，需要理解输入信号对开关状态的控制作用，简化的符号比较有助于判断 MOS 管导通和截止所需要的输入信号有效电平。栅极 G 不带小圈的符号表示输入高电平时 MOS 管导通，结合 MOS 管结构和原理，不难理解这是 NMOS 管的特征。同理，栅极 G 带小圈的符号表示输入低电平时 MOS 管导通，代表的是 PMOS 管。

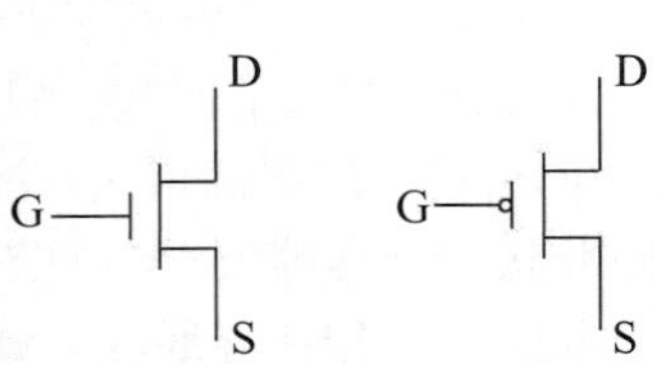

（a）NMOS （b）PMOS

图 5.17 简化的 MOS 管符号

5.2 分立元件逻辑门电路

【微课视频】
分立元件逻辑门电路

逻辑门电路是构成数字系统的最基本单元电路。按照电路结构不同，逻辑门电路分为分立元件门电路和集成门电路。分立元件门电路是由半导体二极管、三极管、MOS 管和电阻、电容等组成的门电路，如由半导体二极管、三极管组成的与门、或门和非门等。集成门电路是将全部元器件制作在同一块硅片上的门电路，具有体积小、功耗低、工作速度高、使用方便的优点，在数字系统中的使用非常广泛。

5.2.1 二极管与门电路

由二极管和电阻可以构成最简单的与门电路，如图 5.18 所示。图中 A 和 B 是与门的两个输入变量，F 是与门的输出变量。

设电源电压 V_{CC} 为+5V，A、B 输入端的高电平和低电平分别为 5V 和 0V，考虑二极管正向导通压降为 0.7V，可以得到如表 5.1 所示的逻辑电平。

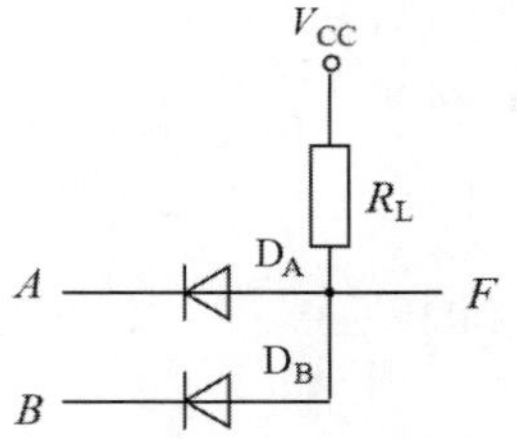

图 5.18 二极管与门电路

表 5.1 二极管与门的逻辑电平

A/V	B/V	F/V
0	0	0.7
0	5	0.7
5	0	0.7
5	5	5

分析可知，当 A 和 B 输入端均为低电平时，两个二极管 D_A、D_B 都导通，输出端 F 的电位与输入端之间相差二极管正向导通压降，所以 F 端的电位为 0.7V，属于低电平。当输入端 A 或 B 中一个为高电平、一个为低电平时，低电平输入端连接的二极管总是导通的，输出端就保持为 0.7V 低电平。只有当两个输入端均为高电平时，两个二极管都不能导通，电路中没有电流，电阻 R_L 上没有电压降，输出端 F

与电源同为 5V 高电平。

在正逻辑的数字电路中，高电平对应逻辑 1，低电平对应逻辑 0，可知上述电路的逻辑电平正好反映了与逻辑关系。

由二极管和电阻构成的与逻辑门电路虽然非常简单，但是存在严重的缺点。首先，输出的高低电平数值与输入的高低电平数值不相等，相差一个二极管的导通压降，如果需要驱动下一级门电路，就会发生高低电平信号的偏移。例如当三级逻辑门串联时，第一级逻辑门输出低电平为 0.7V，第二级逻辑门的输出低电平就变为 1.4V，到第三级逻辑门时，输出低电平变为 2.1V，就不能算作逻辑 0 了，因此会产生逻辑错误。此外，当输出端对地接负载电阻时，负载电阻的改变会影响输出高电平。因此，二极管构成的与门电路不能实行多级逻辑运算，驱动能力弱，并没有广泛应用。

数字电路中逻辑门的输入信号和输出信号的高、低电平都允许有一定的变化范围，如图 5.19 所示，对于不同类型的器件有不同的电平定义，例如三极管构成的 TTL 逻辑电路中，高电平对应的电压范围是 2～5V，低电平对应的电压范围是 0～0.8V，MOS 管构成的 CMOS 逻辑电路中，高电平对应的电压范围是 3.5～5V，低电平对应的电压范围是 0～1.5V。

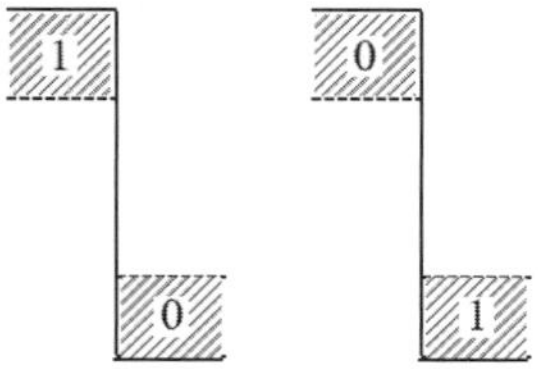

（a）正逻辑　（b）负逻辑

图 5.19　逻辑高电平和低电平的电压范围示意图

5.2.2　二极管或门电路

二极管构成的或门电路如图 5.20 所示，A、B 为输入端，F 为输出端。

同样令输入信号的高电平为电源电压+5V，低电平为 0V，二极管的导通压降为 0.7V，则或门电路的逻辑电平见表 5.2。

当输入信号 A 和 B 均为高电平时，两个二极管 D_A、D_B 都导通，输出端 F 的电位与输入端之间相差二极管正向导通压降，所以 F 端的电位为 4.3V，为高电平。当输入端 A 或 B 中一个为高电平、一个为低电平时，高电平输入端连接的二极管导通，输出端就保持为 4.3V 高电平。只有当两个输入端均为低电平时，两个二极管都不能导通，电路中没有电流，电阻 R_L 上没有电压降，输出端 F 与地同电位，为 0V 低电平。可知电路的逻辑电平正好反映了或逻辑关系。

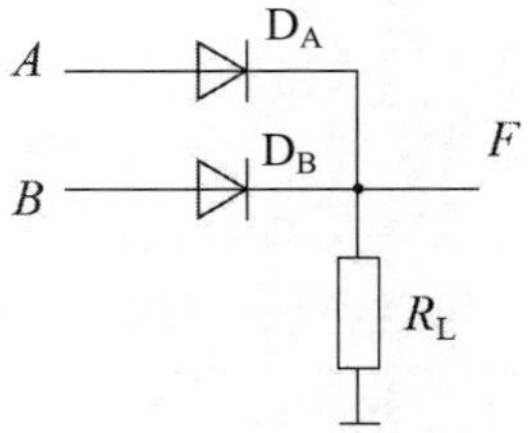

图 5.20 二极管或门电路

表 5.2 二极管或门逻辑电平

A/V	B/V	F/V
0	0	0
0	5	4.3
5	0	4.3
5	5	4.3

二极管构成的或门电路同样存在电平偏移和驱动能力弱的问题，一般只用于集成电路内部的逻辑单元，而不是直接驱动负载电路。

5.2.3 三极管非门电路

三极管和电阻构成的非门电路如图 5.21 所示。图中 A 为输入信号，F 为输出信号，电源电压为 5V，三极管集电极与发射极之间的饱和导通压降为 0.3V，则输入和输出信号的逻辑电平如表 5.3 所示。

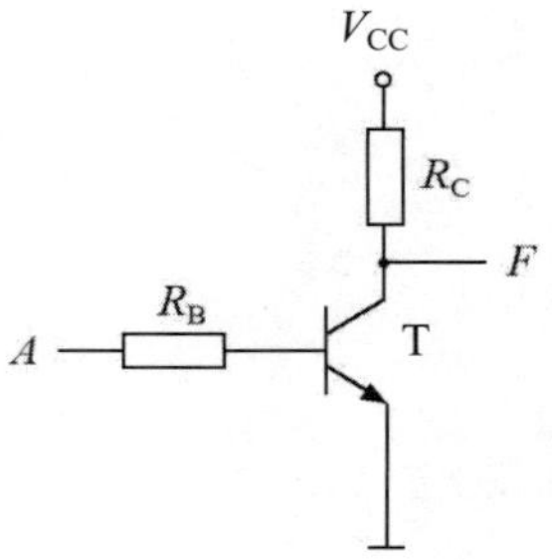

图 5.21 三极管非门电路

表 5.3 三极管非门逻辑电平

A/V	F/V
0	5
5	0.3

电路中三极管用作开关，当输入信号 A 为低电平时，三极管的发射结反向偏置，基极电流为零，集电极和发射极的电流都为零，三极管处于截止状态，输出端 F 的电位与电源正极相同，为+5V 高电平。当输入信号 A 为高电平时，由于输入电压远大于发射结的导通压降，使得三极管工作于饱和导通状态，输出端电位比地电位高出 0.3V，即三极管集电极与发射极之间的饱和导通压降，因此输出为低电平。可见电路中输出端的电平与输入端总是相反的，实现非门的逻辑功能。

三极管构成的非门电路结构简单，而且具有电流放大作用，带负载能力强，在电子电路中有广泛的应用。

5.3　集成逻辑门电路

【微课视频】
集成逻辑门电路

把多个半导体器件及其连线，按照一定的功能要求，制作在一块半导体基片上，就是集成电路。把构成逻辑门电路的所有器件制作在一块芯片上，就是集成逻辑门电路。集成逻辑门电路按照内部器件的不同可分为两大类：一类是双极型晶体管集成电路，主要有三极管－三极管逻辑门（简称 TTL 门电路）、射极耦合逻辑门（简称 ECL 门电路）和集成注入逻辑门（简称 I^2L 门电路）等类型；另一类是单极型 MOS 集成电路，主要有 NMOS 门电路、PMOS 门电路和 CMOS 门电路等类型。

5.3.1　TTL 集成逻辑门电路

TTL 集成逻辑门电路由若干三极管和电阻组成，出现于 20 世纪 60 年代，是应用最早的集成电路，其技术成熟，在整个数字集成电路设计领域中具有重要的历史地位和重要影响。但是由于结构和功耗不适应大规模集成电路的要求，在很多场合被 CMOS 集成电路所取代。TTL 集成逻辑电路在中小规模的数字系统中仍有广泛应用，并且 TTL 技术也不断改进工艺和技术，推出新型的低功耗高速度器件，采用肖特基势垒二极管，避免三极管工作于过饱和的状态，大幅度提高开关速度，在对速度具有较高要求的场合仍有优势。

最早的 TTL 门电路有 74 系列通用器件，此外有 74H 系列、74L 系列、74S 系列、74A 系列等，H 表示高速，因此 74H 系列的逻辑电路工作速度比 74 系列提高了，但是速度与功耗相矛盾，速度提高的同时功耗却增加了。L 表示低功耗，74L 系列在降低功耗的同时，速度也降低了。为了解决速度和功耗之间的矛盾，推出了 74S 系列，S 表示采用肖特基三极管工艺，使电路的工作速度和功耗都得到了改善。74LS 系列兼具 L 系列和 S 系列的特点，速度与 74 系列相当，功耗只有 74 系列的 1/5，广泛地应用于中、小规模集成电路。随着集成电路工艺技术的发展，推出了改进型的 A 系列产品，74AS 系列与 74S 系列相比功耗相当，速度提高了两倍，74ALS 相比于 74LS 系列，速度和功耗进一步改善。74F 系列的产品速度和功耗介于 74AS 和 74ALS 之间，广泛应用于对速度要求较高的场合。

74 系列和 54 系列产品中具有相同数字的器件有基本相同的引脚编号和逻辑功能，区别是 54 系列为军用产品，适用的温度范围更宽，测试和筛选的标准更为严格。

1. TTL 集成反相器

TTL 集成反相器的基本电路如图 5.22 所示，由输入级、中间级和输出级三部分构成，能够改善三极管分立元件非门的动态特性和驱动能力。

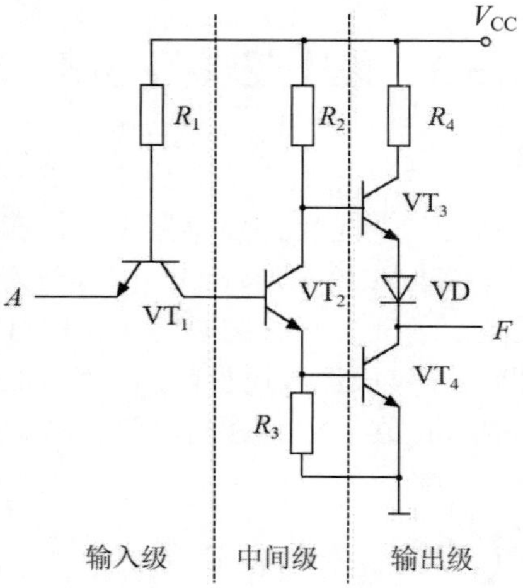

图 5.22　TTL 集成反相器基本电路

输入级由三极管 VT_1 组成，中间级由三极管 VT_2 组成，输出级由三极管 VT_3、VT_4 和二极管 VD 组成，将 VT_2 的单端输入信号转换为互补的双端输出信号，既能提高电路的开关速度，又能提高带负载能力。

下面从逻辑关系角度分析 TTL 集成反相器的工作原理：

当输入信号为高电平时，三极管 VT_1 不能导通，电源 V_{CC} 通过 R_1 和 VT_1 的集电结向 VT_2 和 VT_4 提供基极电流，使 VT_2 和 VT_4 饱和导通，输出端为低电平，与输入端反相。

当输入信号为低电平时，三极管 VT_1 导通，其集电极为低电平，使 VT_2 和 VT_4 不能导通，此时 VT_3 由于基极高电位，饱和导通，因此输出端为高电平，与输入端反相。

电路中的输出级由 VT_3 和 VT_4 组成推拉式输出电路，这种电路又被称为带有源上拉（active pull-up）电路或图腾柱（totem pole）电路，能提高开关速度和驱动能力。

TTL 集成反相器输出信号随输入信号变化的关系可以用传输特性来描述，如图 5.23 所示为折线化的传输特性曲线，能够近似简明地说明 TTL 集成反相器的工作特点。

图中将传输特性曲线分为 AB、BC、CD 和 DE 四段折线。

AB 段：输入电压很低，VT_1 的发射结正向偏置，饱和导通，使 VT_2 和 VT_4 截止，同时 VT_3 导通，输出高电平。

BC 段：随着输入电压增高，VT_1 仍然饱和导通，VT_2 的基极电位随着输入电压增高，使 VT_2 导通进入放大区，通过 VT_3 的发射结传递到输出端，输出端电位随之下降。此时 VT_4 仍为截止。

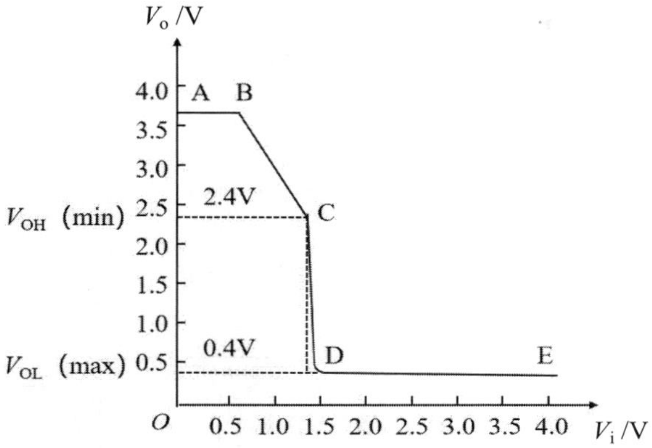

图 5.23　TTL 反相器的传输特性

CD 段：输入电压继续增高，R_3 上的电压增大，使 VT_4 饱和导通，输出电压迅速下降。

DE 段：输入电压继续增高，VT_4 保持导通，输出信号保持低电平。

TTL 集成逻辑门除了反相器以外，还有与门、或门、与非门、或非门、与或非门和异或门等常见逻辑门电路，这些逻辑门电路的输入端和输出端电路结构与反相器基本相同，因此具有相似的传输特性。

2. TTL 集成与非门电路

将 TTL 反相器的输入端改成多发射极的三极管，就可以得到多输入端的与非门。多发射极的三极管结构、符号和等效电路如图 5.24 所示，多发射极三极管具有共同的基区和集电区，在 P 型的基区内制作了多个高掺杂的 N 区，形成独立的发射极。每个发射极可以独立形成正向偏置的发射结，能使三极管进入放大区或饱和区；两个或多个发射极可以并联构成一个大面积的组合发射极。

两输入端的 TTL 集成与非门电路如图 5.25 所示，除了输入端采用多发射极三极管，其余电路结构与 TTL 集成反相器相同。

在输入端 A、B 中只要有一个接低电平，则三极管 T_1 必有一个发射结导通，将 T_1 的基极电位钳制在低电平，若令输入低电平为 V_{IL}=0.2V，发射结导通压降为 V_{BE}=0.7V，则 T_1 的基极电位为 0.9V，T_2 和 T_5 都截止，输出为高电平。只有当 A 和 B 两个输入端同时为高电平时，T_2 和 T_5 才同时导通，使输出为低电平，因此，输出信号 F 与输入信号 A、B 之间为与非的逻辑关系。逻辑关系与真值表分别如图 5.26 和表 5.4 所示。

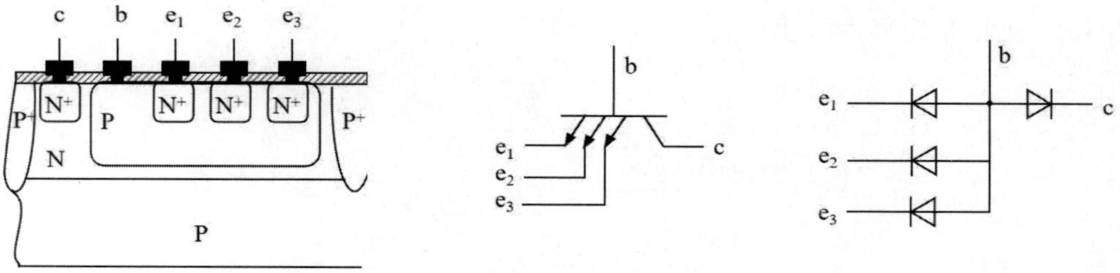

（a）结构　　（b）符号　　（c）等效电路

图 5.24　多发射极三极管

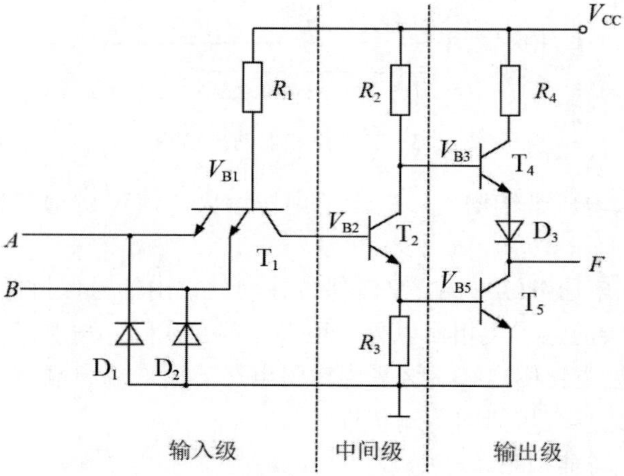

图 5.25　TTL 集成与非门电路

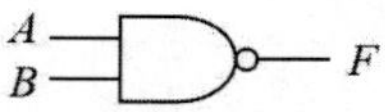

图 5.26　TTL 集成与非门符号

表 5.4　TTL 集成与非门真值表

A	*B*	*F*
0	0	1
0	1	1
1	0	1
1	1	0

TTL 集成与非门电路芯片有 74LS00、74LS20 等，芯片的内部结构和引脚如图 5.27 所示。

由图可知，74LS00 内部集成了 4 个两输入与非门，74LS20 内部集成了 2 个四输入与非门。

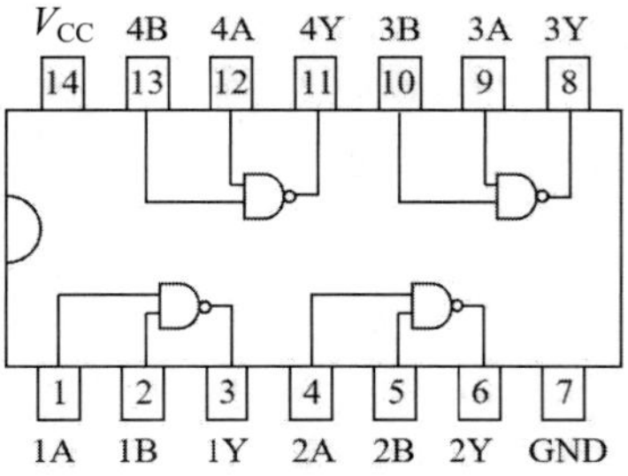

（a）74LS00

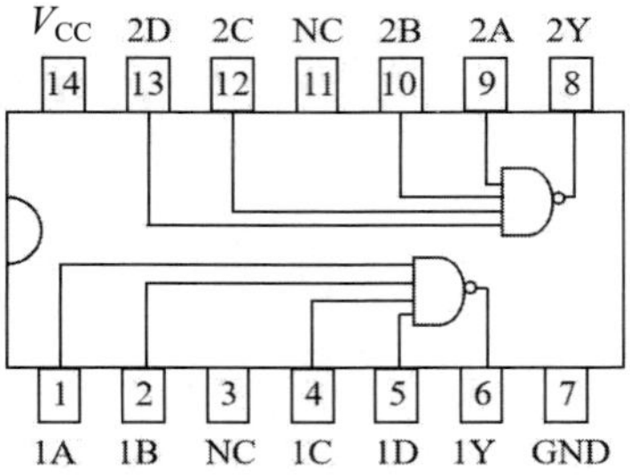

（b）74LS20

图 5.27　TTL 集成与非门芯片结构和引脚

3. 集电极开路门（OC 门）

TTL 集成反相器和与非门电路中的推拉式输出结构在使用时存在一定的局限性。工程上有时需要将两个逻辑门的输出端并联来实现线与的功能，推拉式的输出端不能并联成线与结构，因为并联的两个逻辑门中，若有一个输出高电平，一个输出低电平时，则高电平输出端和低电平输出端之间存在一个低阻通道，会产生一个很大的电流，可能导致门电路损毁。此外，推拉式输出的门电路中，电源一经确定，输出的高电平就固定了，例如规定 V_{CC} 为+5V，则输出高电平就是接近 5V 的电压，不能满足对不同输出高电平的需要，如某些继电器的工作电压是+12V，这时就不能用推拉式结构的逻辑门去驱动需要较高电压和较大电流的负载。

集电极开路（Open Collector）门简称 OC 门，可以解决推拉式输出结构逻辑门的上述局限性。OC 门的特点是 TTL 集成门电路内部输出级三极管的集电极开路，就是 TTL 集成与非门电路中去掉 D_3、T_4 和 R_4，三极管 T_5 的集电极开路。为了表示 OC 门，在逻辑符号中增加"◇"标记，OC 与非门电路和符号如图 5.28 所示。OC 门在使用时必须外接上拉电阻，即通过电阻与电源相接。当 A、B 均为高电平时，输出 F 为 0；当 A、B 至少有一个为低电平时，三极管 T_5 截止，输出端 F 通过外部的上拉电阻接至电源，为高电平，若没有上拉电阻，则输出端为高阻态。上拉电阻的阻值一般在 1kΩ 至 10kΩ 之间。

多个 OC 门的输出端相连时可以共用一个上拉电阻。图 5.29 所示为两个 OC 与非门并联，输出信号 F 与两个 OC 门输出之间的关系见表 5.5，分析可知，F 与 F_1 和 F_2 之间存在着与逻辑，即 $F=F_1 \cdot F_2$，OC 门并联电路的这种逻辑关系称为"线与"。

集成电路 OC 门的应用主要有三个方面，分别是实现线与逻辑、电平转换和直接驱动负载。在计算机系统的总线传输等实际应用中常需要将多个逻辑门的输出并联。普通 TTL 集成电路逻辑门的输出端不能直接连接，因为会产生大电流损毁器件，OC 门的集成电路逻辑门输出端可以直接并联连接，实现与逻辑关系，用 OC 门实现线与时，在输出端要加上拉电阻。

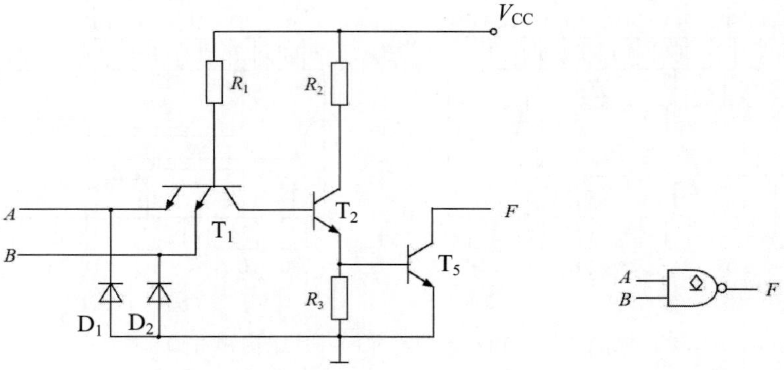

（a）OC 与非门电路　　　　（b）OC 与非门符号

图 5.28　OC 门电路结构和符号

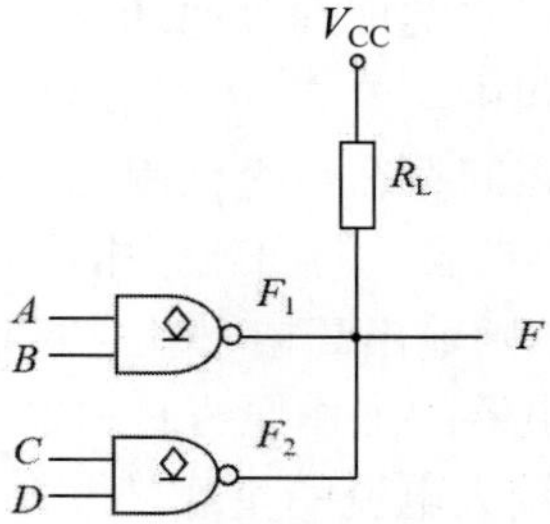

图 5.29　两个 OC 门相连

表 5.5　OC 门并联真值表

F_1	F_2	F
0	0	0
0	1	0
1	0	0
1	1	1

【例 5.1】逻辑电路如图 5.30 所示，试写出逻辑函数表达式。

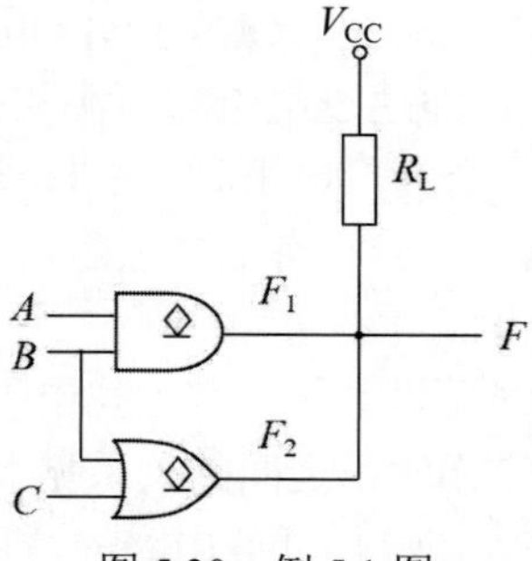

图 5.30　例 5.1 图

解：由图 5.30 可知，两个 OC 逻辑门并联，实现线与功能。其中第一个逻辑门为与门，第二个逻辑门为或门，即

$$F_1=A\cdot B$$
$$F_2=B+C$$

$$F=F_1 \cdot F_2=AB(B+C)=AB+ABC=AB$$

OC 门由于集电极开路，能够进行不同电源电压的电平转换，如图 5.31 所示的电路中，OC 门的输入端是 TTL 电平，电源电压一般为+5V，高电平一般在 3～5V 之间；OC 门的输出端通过上拉电阻连接到+12V 的电源电压上，输出的高电平为 12V 的逻辑电平。

通过 OC 门可以实现从 TTL 电平到其他不同电平的转换。在数字系统与外部设备连接的接口部分，常常需要进行电平转换，例如用逻辑电路控制某些继电器、数码管、步进电机等设备时，由于这些负载的电源电压一般都高于+5V，因此需要采用 OC 门逻辑器件来完成电平转换，逻辑电路部分采用 TTL 电平的电源电压，输出端则根据不同的负载，通过上拉电阻接到不同的电源电压上。

OC 门输出电流较大，可以用于直接驱动较大电流的负载。如图 5.32 所示，OC 门的输出直接驱动发光二极管 LED 指示灯，上拉电阻根据 LED 的特性计算，获得所需的驱动电流。图 5.32 中，当 OC 门输出为低电平时，电流通过电阻流经 LED，流入 OC 门的地，LED 导通发光；当 OC 门输出高电平时，LED 截止，不能发光。

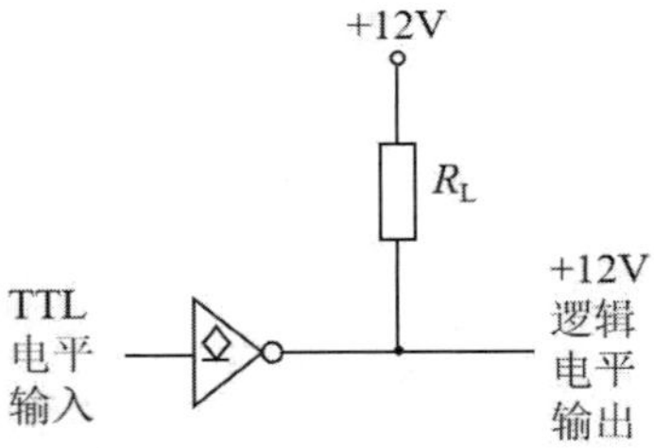

图 5.31　OC 门实现电平转换

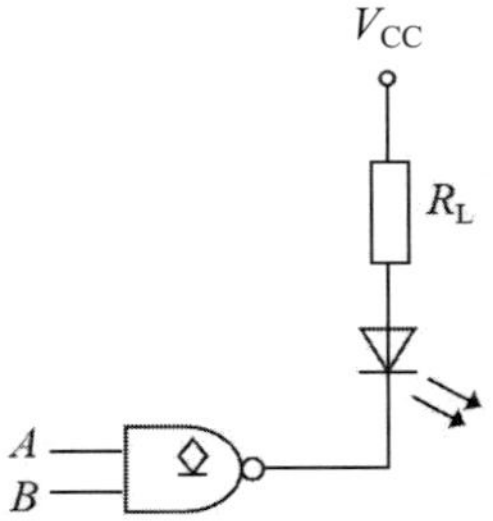

图 5.32　OC 门驱动 LED 电路

OC 门由于集电极开路，通过上拉电阻可以实现线与、电平转换、直接驱动大电流负载等功能，但是外接上拉电阻会限制门电路的开关速度，电阻越大，开关响应速度越慢，因此 OC 门在高速的现代数字系统中已经很少使用，在低速接口电路中仍有广泛使用。

4. 三态输出门电路（TSL 门）

在数字系统中，常常需要把多个门电路的输出端连接在一起，比如在计算机系统的数据总线上同时连接着许多设备（和总线之间进行数据交换）。但一般的门电路都只有两个输出状态：输出高电平状态与输出低电平状态。若这些门电路的输出端连接在一起，在某一个时刻，可能会出现一个以上的门电路同时输出为高电平状态或者低电平状态，这样就会引起数据冲突，造成逻辑电平的不确定。

使用三态门可以很好地解决这个问题。三态门电路有三个输出状态：输出高电平状态、输出低电平状态和输出高阻状态。当三态门电路输出为高阻状态时，三态门的输出端相当于开路，对总线上连接的其他器件没有影响。利用三态门可以对需要通过总线的数据进行分时传送，避免数据传送出现混乱。

三态（Tristate Logic）门简称 TSL 门，是一种传输门，主要用于对信号传输的控制。三态门的输出除了具有一般与非门的两种状态，即输出电阻较小的高、低电平外，还具有高输出电阻的第三种状态，称为高阻态，也称禁止态。在高阻态下，三态门的输出端相当于悬空，或电路断开，电压值可浮动在高低电平之间的任意值。为了体现三态门特征，在逻辑符号中加入“▽”。三态与非门电路和逻辑符号如图 5.33 所示。

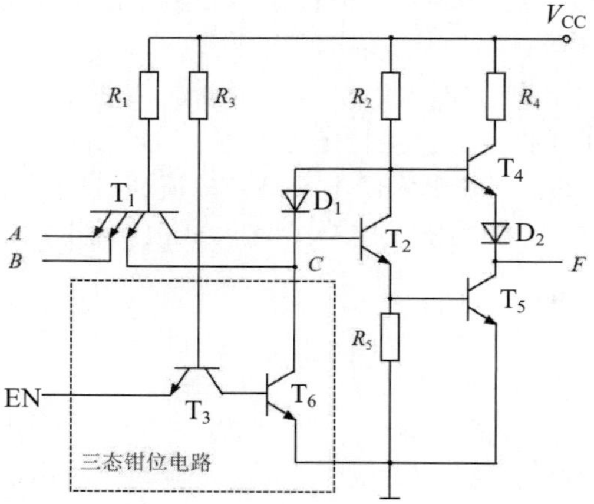

（a）三态与非门电路

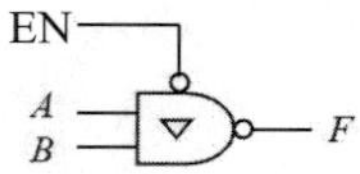

（b）三态与非门符号

图 5.33 三态与非门电路

当 EN=0 时，三极管 T_3 饱和导通，T_6 基极为低电位，截止，此时电路的输出状态完全取决于数据输入端 A 和 B 的状态，电路的输出与输入之间的逻辑关系与一般与非门相同，这种状态称为三态门的工作状态。

当 EN＝1 时，三极管 T_6 饱和导通，使 T_4 的基极钳制于低电位，不能导通；同时 T_6 的集电极 C 点低电平信号作为 T_1 的输入端，使 T_2 和 T_5 截止，这样 T_4 和 T_5 同时截止，电路的输出端 F 出现开路，既不是低电平，又不是高电平，这就是第三工作状态。

结论：当 EN 为低电平时，TSL 门处于工作状态，输出信号可以送到总线；当 EN 为高电平时，TSL 门处于高阻态，输出信号与总线断开，此时数据总线的状态由其他门电路的输出决定。EN 称为使能端，图 5.33（b）中三态门当 EN 为低电平时正常工作，称为低电平使能，逻辑符号图中使能端带个小圆圈，真值表见表 5.6。

表 5.6 三态与非门的真值表

使能端	数据输入端		输出端
EN	A	B	F
0	0	0	1
	0	1	1
	1	0	1
	1	1	0
1	×	×	高阻态

若是使能端高电平有效，即使能端高电平时电路正常工作，低电平时电路呈现高阻态，则逻辑符号如图 5.34 所示。

三态门在总线接口电路中应用广泛，多路数据在总线上的分时传送电路如图 5.35 所示。不同设备的数据通过三态门连接到总线上，控制每个三态门的使能端，使不同三态门轮流定时导通，在任意时刻只能有一个三态门的使能端有效，这样可以轮流将各个设备的数据传送到总线上，不会发生数据混乱。

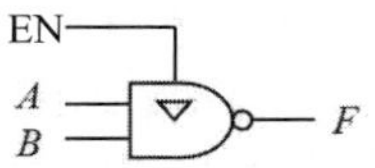

图 5.34 高电平使能的三态门

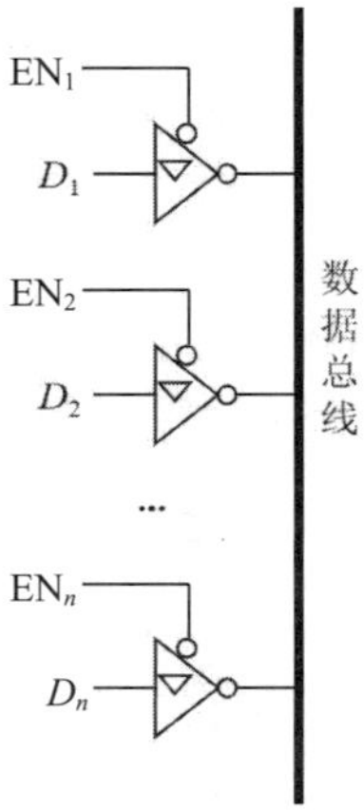

图 5.35 三态门与总线连接

传送到数据总线上的数据可以同时被多个负载门接收，也可以由控制信号指定某个负载门接收。

利用三态门可以实现数据的双向传输，如对存储器的读写操作。利用三态门构建的双向传输门如图 5.36 所示。

图中 G_1 和 G_2 为三态反相器，G_1 为低电平使能，G_2 为高电平使能。当控制端 EN 为低电平时，G_1 被选通，G_2 被禁止，数据从 A 传到 B；当控制端 EN 为高电平时，G_2 被选通，G_1 被禁止，数据从 B 传到 A。

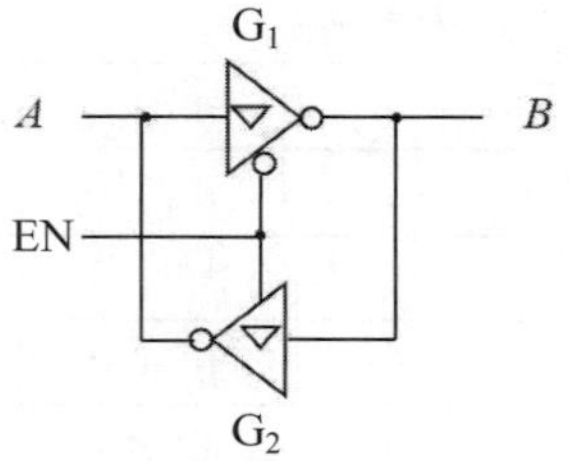

图 5.36 双向传输门

集电极开路门和三态门都可以允许输出端直接连接在一起，三态门不需要上拉电阻，使用更方便、经济、高速。在现代数字系统中，三态门已经取代了集电极开路门。

5.3.2 CMOS 集成逻辑门电路

CMOS 电路就是互补 MOS 电路，由 NMOS 管和 PMOS 管用互补的方式联合使用，NMOS 管和 PMOS 管总是成对出现、状态互补。常用的 CMOS 集成逻辑门电路有反相器、与非门、或非门、与或非门等。

CMOS 集成逻辑电路是在 TTL 电路之后出现的数字集成电路，随着工艺水平的不断提高，CMOS 集成电路的工作速度已经赶上甚至超过 TTL 电路，功耗、抗干扰能力和成本则大大优于 TTL 器件，成为超大规模存储器和可编程逻辑器件内部的主流制造工艺，在半导体逻辑器件中占据主导地位。

最早投放市场的 CMOS 数字集成电路是 RCA 公司生产的 4000 系列和 Motorola 公司生产的 14000 系列，工作速度较慢，与 TTL 电平不兼容，但是具有功耗低、工作电压范围宽、抗干扰能力强的特点。为了能在同一个系统中与 TTL 电路兼容，后来发展出 74HC 和 74HCT 系列 CMOS 器件，采用与 TTL 电路相同的电源电压，器件外形尺寸和引脚排列都和 TTL 兼容，例如 CMOS 的 74HC04 和 TTL 的 74LS04 都包含 6 个反相器，不仅输入/输出信号电平可以兼容，每个反相器的输入/输出引脚排列顺序也完全相同，具有工作速度快，带负载能力强的特点。74VHC 和 74VHCT 系列是超高速 CMOS 器件，工作速度达到 74HC 和 74HCT 系列的两倍。74LVC 和 74AVC 系列 CMOS 器件具有低电压和超低电压的特点，成本更低，速度更快，输入/输出电平可以与 5V 电源的 CMOS 或 TTL 电平兼容，非常适用于便携式设备，如平板电脑、手机等。

CMOS 集成电路已经成为数字逻辑电路的主流器件，但是 CMOS 技术不适合射频和模拟电路，因此发展出结合了两者优点的 BiMOS 器件。BiMOS 集成电路将双极型晶体管的高速性能和高驱动能力与 CMOS 的高密度、低功耗和低成本等优点相结合，既能用于数字电路，又能用于模拟电路，成为高性能的集成电路。

1. CMOS 反相器

CMOS 反相器也就是 CMOS 非门，电路结构和等效开关电路如图 5.37 所示。

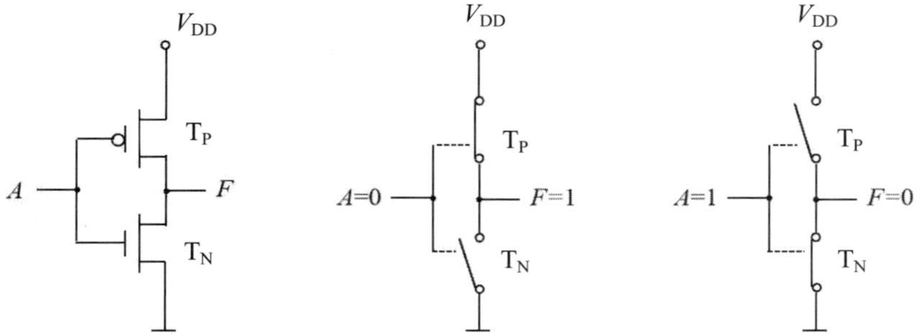

（a）CMOS 反相器电路　（b）输入低电平　（c）输入高电平

图 5.37　CMOS 反相器

CMOS 反相器由一个 NMOS 管和一个 PMOS 管串联组成，栅极接在一起，与输入信号相连。PMOS 管源极接电源正极，漏极与 NMOS 管源极相连，NMOS 管漏极接地，输出信号从 PMOS 管的漏极也就是 NMOS 管的源极接出。

当输入端为低电平时，即 A=0，T_N 截止，T_P 导通，输出端电压接近电源电压，为高电平，即 F=1。

当输入端为高电平时，即 A=1，T_N 导通，T_P 截止，输出端电压为 0V，即 F=0。

分析可知，输出端逻辑电平与输入信号相反，具有反相器的逻辑功能。

无论输入信号是高电平还是低电平，T_N 和 T_P 总是一个导通，另一个截止，就是所谓的互补状态。由于两个 MOS 管总是有一个处于截止状态，因此电路中几乎没有电流，CMOS 反相器的静态功耗极小，这是 CMOS 电路最突出的优点之一。

CMOS 反相器典型的传输特性如图 5.38 所示，可以看到器件的输出电压近似等于零或电源电压，在输出高电平和低电平的过渡区域，传输特性曲线急剧变化，几乎接近于理想的逻辑器件，NMOS 和 PMOS 管在输入信号电压约等于 $V_{DD}/2$ 处转换状态。

CMOS 反相器在电容负载情况下，由于电路具有互补对称特性，开通时间与关断时间相等。MOS 管导通电阻较小，充电时间常数也较小，CMOS 反相器的平均传输延迟时间大约为 10ns。

2. CMOS 与非门

CMOS 与非门电路如图 5.39 所示，电路由两对 PMOS 管和 NMOS 管采用互补对称方式组成。T_{P1} 和 T_{N1} 组成一对互补结构，T_{P2} 和 T_{N2} 组成一对互补结构，其中两个 PMOS 管并联，与电源相连，两个 NMOS 管串联接于地。

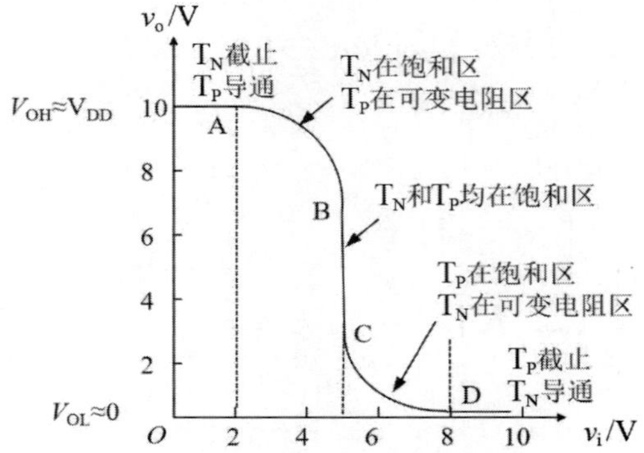

图 5.38　CMOS 反相器传输特性

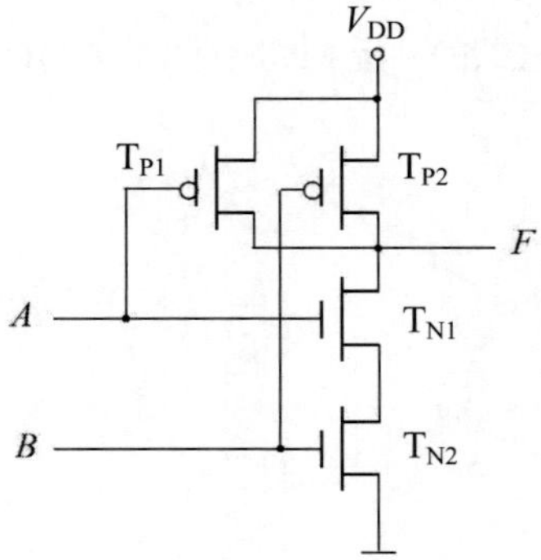

图 5.39　CMOS 与非门

图 5.39 中输入端 A、B 连接到 PMOS 管和 NMOS 管的栅极，电路工作原理如下：

（1）当输入信号均为低电平，即 A=0，B=0 时，两个 PMOS 管均导通，两个 NMOS 管均截止，输出端 F 接通电源，为高电平，F=1。

（2）当输入信号中有一个为低电平，即 A=0 或 B=0，则对应的一个 PMOS 管导通，F 仍与电源接通，而两个串联的 NMOS 管总有一个是截止的，因此输出端仍为高电平，F=1。

（3）当输入端信号均为高电平，即 A=1，B=1 时，两个 PMOS 管均截止，F 与电源断开，两个串联的 NMOS 管均导通，使输出端接地，F 为低电平，F=0。

可知，输出信号与输入信号之间的关系满足与非逻辑，电路各部分关系见表 5.7。

表 5.7　CMOS 与非门电路各部分关系

A	B	T_{P1}	T_{P2}	T_{N1}	T_{N2}	F
0	0	导通	导通	截止	截止	1
0	1	导通	截止	截止	导通	1
1	0	截止	导通	导通	截止	1
1	1	截止	截止	导通	导通	0

CMOS 与非门电路结构简单，但存在一个缺点，其输出电阻受到输入端个数的影响。例如两变量与非门有两个 NMOS 管串联接地，当输出低电平时，输出电压等于两个 NMOS 管的导通压降。输入变量个数越多，串联接地的 NMOS 管个数越多，输出低电平的电压就会越高。CMOS 或非门有类似的缺点。为了克服这个缺点，实际生产的 CMOS 电路一般采用带缓冲级的结构，使输出的高电平、低电平不受输入

端影响，而且使传输特性曲线的转折区变得更陡。

【例 5.2】CMOS 或非门电路如图 5.40 所示，试分析电路工作原理，并列表说明各信号端与 MOS 管的开关情况。

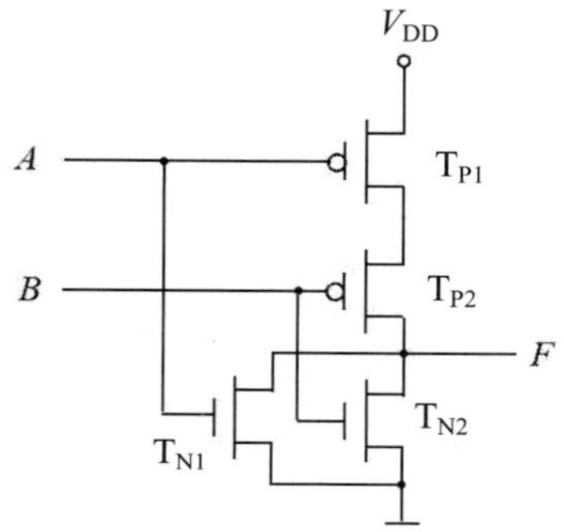

图 5.40　CMOS 或非门电路

解：由图 5.40 可知，当输入端 A、B 中有一个或全部为高电平时，T_{P1}、T_{P2} 中有一个截止或全部截止，T_{N1}、T_{N2} 中有一个或全部导通，输出 F 为低电平。

只有当 A、B 全为低电平时，T_{P1} 和 T_{P2} 才会都导通，F 与电源接通，T_{N1} 和 T_{N2} 同时截止，输出 F 为高电平。

因此，输出信号与输入信号之间的关系满足或非逻辑。

电路中信号与各管子的通断情况见表 5.8。

表 5.8　CMOS 或非门电路各部分关系

A	B	T_{P1}	T_{P2}	T_{N1}	T_{N2}	F
0	0	导通	导通	截止	截止	1
0	1	导通	截止	截止	导通	0
1	0	截止	导通	导通	截止	0
1	1	截止	截止	导通	导通	0

利用与非门、或非门和反相器又可以组成与门、或门、与或非门、异或门等，例如在与非门输出端接入反相器就得到了与门。

3．CMOS 漏极开路门（OD 门）

和 TTL 电路中的 OC 门类似，CMOS 电路中，为了满足输出电平变换、吸收大负载电流以及实现线与连接等应用要求，CMOS 电路中也有漏极开路的门电路，即 OD 门，将输出级电路结构改为漏极开路输出的逻辑门，逻辑符号与 OC 门相同。两输入漏极开路的与非门输出结构如图 5.41 所示。OD 门工作时必须外接上拉电阻。

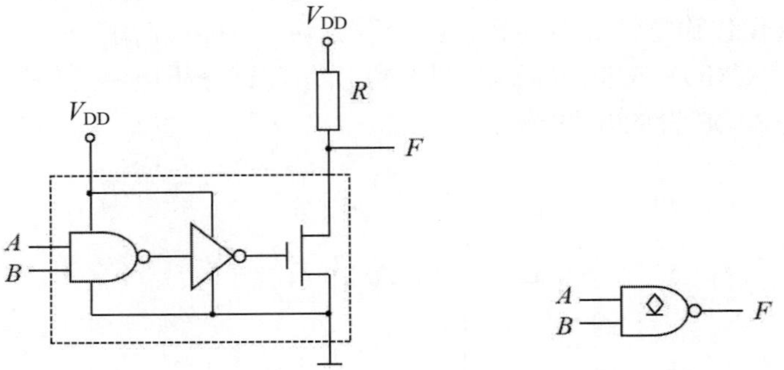

（a）OD 门电路　　（b）OD 与非门符号

图 5.41　CMOS OD 门电路图

4. CMOS 传输门

利用 PMOS 管和 NMOS 管的互补性可以构成 CMOS 传输门（Transmission Gate，TG）。CMOS 传输门是一种理想的电子开关电路，和反相器一样，是 CMOS 集成电路中的基本电路元件之一，有十分广泛的应用。

CMOS 传输门的电路和逻辑符号如图 5.42 所示。

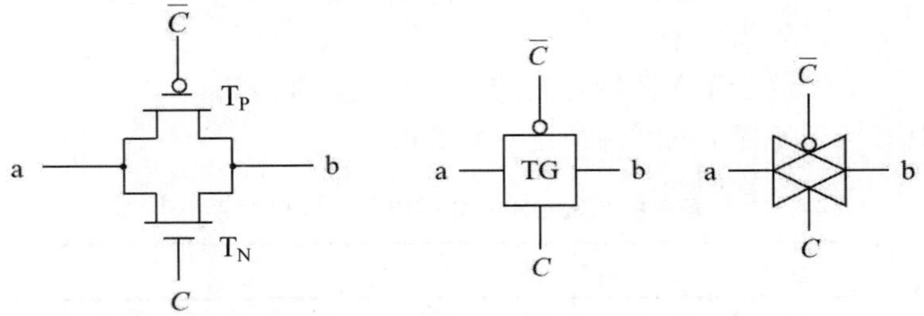

（a）CMOS 传输门电路　　（b）CMOS 传输门符号

图 5.42　CMOS 传输门

CMOS 传输门由一个 PMOS 管 T_P 和一个 NMOS 管 T_N 组成，两个管子的源极和漏极直接相连，作为传输门的输入端和输出端，两个管子的栅极分别引出，连接一对互补的控制信号 C 和 $\overline{C}$。这里 PMOS 管和 NMOS 管都作为开关器件。

当控制信号 C=1 时，$\overline{C}$=0，PMOS 管和 NMOS 管同时导通，输入端和输出端直接连接在一起，数据既可以从 a 端传输到 b 端，也可以从 b 端传输到 a 端，构成一个双向传输的数据通道。

当控制信号 C=0 时，$\overline{C}$=1，PMOS 管和 NMOS 管同时截止，输入端和输出端之间的数据传输通道被关闭，无法进行数据传输。

由于 T_P 和 T_N 管的结构形式对称，源极和漏极可以互易使用，因而 CMOS 传输门属于双向器件，输入端和输出端也可以互易使用。PMOS 管和 NMOS 管在传输高电平和低电平信号时特性不同，且正好相反，CMOS 传输门用 PMOS 和 NMOS 的互补结构可以很好地解决这个问题，使 CMOS 传输门传输高电平和低电平的性能基本相同。

当 CMOS 传输门导通时，不仅可以传输数字信号，也可以传输模拟电压信号，因此传输门的另一个用途是作为模拟开关，用来传输电压值在电源范围内连续变化的模拟信号，这是其他逻辑门无法实现的。

用 CMOS 传输门和 CMOS 反相器可以组合成各种复杂的逻辑电路，如异或门、数据选择器等。

【例 5.3】如图 5.43 所示是一个选择器电路，由两个传输门和一个反相器组成，试分析电路的工作原理和逻辑功能。

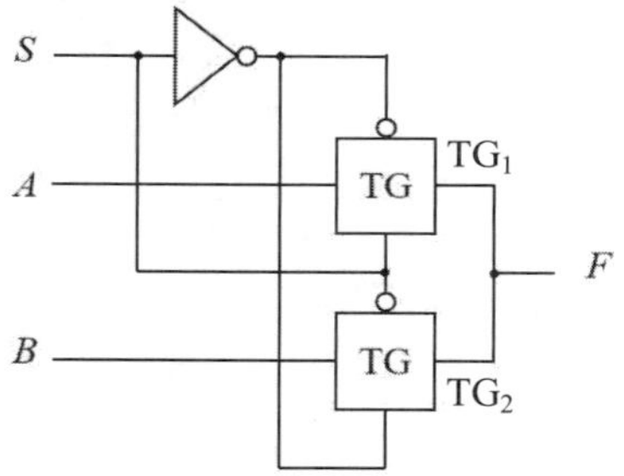

图 5.43　传输门构成的选择器

解： S 为选择控制端，通过反相器产生两个互补的控制信号，分别接至两个传输门的控制端。数据输入端为 A 和 B，数据输出端为 F。

当 S=0 时，TG_1 截止，TG_2 导通，输入端 B 的数据能够被传输到输出端，F=B。

当 S=1 时，TG_1 导通，TG_2 截止，输入端 A 的数据能够被传输到输出端，F=A。

可见，电路具有实现二选一的功能。

电路的逻辑真值表见表 5.9。

表 5.9　图 5.43 电路真值表

S	A	B	F
0	×	×	B
1	×	×	A

电路的逻辑关系可以表示为

$$F=\overline{S}B+SA$$

5. 三态输出的 CMOS 门电路

带三态输出的 CMOS 反相器电路如图 5.44 所示，三态门的符号与 TTL 电路中的三态门相同。因为三态门总是接在集成电路的输出端，所以也被称为输出缓冲器。

【例 5.4】试分析图 5.44 电路的工作原理。

解：图中电路 $\overline{\mathrm{EN}}$ 为三态门控制端，A 为输入信号，F 为输出信号。

当 $\overline{\mathrm{EN}}=0$ 时，G_1 输出 1。若 $A=1$，G_2 输出为 0，则 G_4、G_5 均输出高电平 1，T_P 截止，T_N 导通，输出 $F=0$；若 $A=0$，G_2 输出为 1，则 G_4、G_5 均输出低电平 0，T_P 导通，T_N 截止，输出 $F=1$，可见 $F=\overline{A}$，反相器正常工作。

当 $\overline{\mathrm{EN}}=1$ 时，G_1 输出 0，G_4 输出 1，TP 截止；G_3 输出 1，G_5 输出 0，TN 截止。可见，不论 A 取值如何，输出端 F 呈现高阻态。

三态门除了在总线中实现数据的分时传送功能外，还能实现数据的双向传输。

【例 5.5】电路如图 5.45 所示，试分析电路的工作原理。

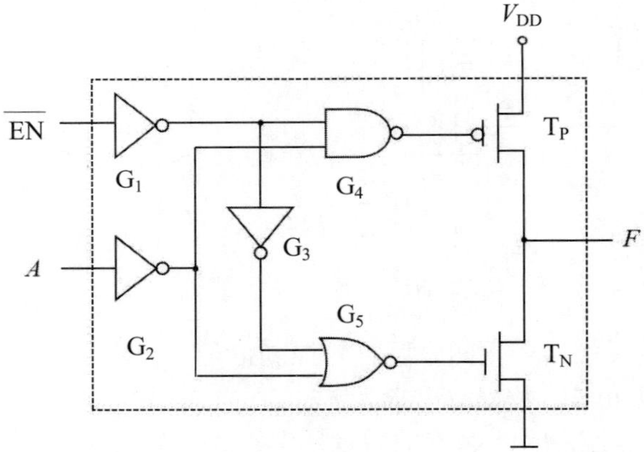

图 5.44　三态输出的 CMOS 反相器

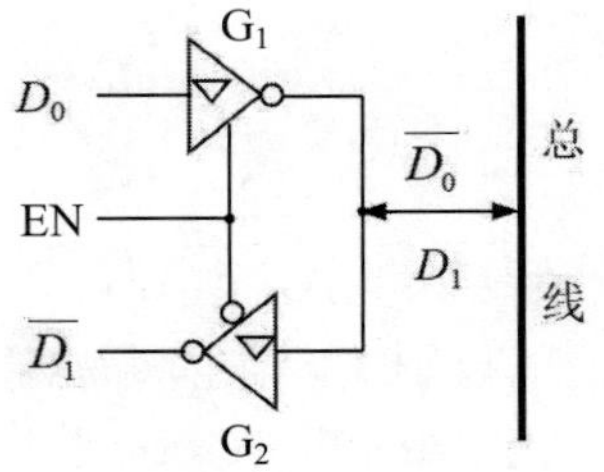

图 5.45　例 5.5 图

解：图中有两个三态输出的反相器 G_1、G_2，三态门的控制端为 EN。

当 EN=1 时，反相器 G_1 被选通，数据 D_0 从 G_1 输入，送到总线上，反相器 G_2 为高阻态，与总线脱离。

当 EN=0 时，反相器 G_1 高阻态，与总线脱离，反相器 G_2 被选通，总线上数据 D_1 从 G_2 输入，反相后进入电路。

6. CMOS 集成电路使用注意事项

CMOS 集成电路具有功耗低、抗干扰能力强、单电源驱动、输入阻抗高、易于大规模集成等优点，但是在使用时要注意不用的输入端应接确定的电平，不应悬空。此外要特别注意输入端的静电防护，具体如下：

（1）运输和保存时要用铝箔和导电性容器密封，不能使用塑料等易产生静电的容器。

（2）工作时，人体要通过高阻接地，工作服、手套等应采用无静电材料。

（3）电路测试时要保证各类仪器设备良好接地。

（4）焊接时要注意电烙铁外壳良好接地，或烙铁断电后焊接。

（5）CMOS 电路应在最后安装，装好 CMOS 器件的电路注意防静电。

（6）调试时 CMOS 电路应先上电，关机时应后断电。

（7）注意使用环境避免高温、高湿、粉尘。

5.4　集成逻辑门电路的特性与使用

实际应用中，集成电路器件生产商会提供芯片的数据手册，手册中会有关于器件功能、性能和技术参数等说明。TTL 集成电路和 CMOS 集成电路具有不同的参数和特性，若一个系统中同时使用这两种器件，需要采用接口电路。

5.4.1　集成逻辑门电路的特性

集成逻辑门电路的特性和参数主要包括直流电源电压、输入/输出逻辑电平、扇入/扇出系数、传输延时、功耗等。了解这些内容对顺利完成数字电路实验和设计十分重要，具体使用时应查阅有关的产品手册和说明，或者通过实验测试获得。

1. 电源电压

TTL 集成电路的电源电压为 5V，允许的工作电源电压范围很窄，74S、74LS、74F 等系列器件的电源电压为 5V±5%；74AS、74ALS 系列器件的电源电压为 5V±10%。

CMOS 集成电路的电源电压范围比 TTL 集成电路宽得多，4000 系列的器件电源电压通常为 3～18V，74HC 系列器件的电源电压范围为 2～6V。CMOS 集成电路的电源电压允许变化的范围比较大，如电源电压为 5V 的 CMOS 集成电路，当其电源电压在 2～6V 范围内时都能正常工作；电源电压为 3.3V 的 CMOS 器件，当其电源电压在 2～3.6V 范围内时仍能正常工作。

随着集成电路技术的发展，现代集成电路的集成度越来越高，为了满足不断提高的低功耗和高速度需求，很多逻辑器件或专用集成电路将电源进行细分，一块芯片通常包括多个工作电源电压，例如内核工作电源电压 V_{CCINT}、输入输出端口驱动电源电压 V_{CCIO}、特定核心模块工作电压（如嵌入式锁相环工作电压）等。内核工作电源电压 V_{CCINT} 用于驱动器件的内部逻辑电路，而输入输出端口驱动电源电压 V_{CCIO} 则用于驱动对外输入输出端口的电平控制电路。一般来说芯片的 V_{CCINT} 小于等于 V_{CCIO}，同

一器件的 V_{CCIO} 也可以不同。对芯片工作电源进行细分有利于降低功耗、提高速度和兼容更多不同工作电压的接口器件。当前常用逻辑器件的 V_{CCIO} 一般小于等于 3.3V；不同器件的 V_{CCINT} 不同，一般来说，器件的集成度越高，内核电压 V_{CCINT} 越低，常见的有 3.3V、2.5V、1.5V、1.2V 或更低。

2. 输入/输出逻辑电平

对于 TTL 或 CMOS 集成门电路来说，输出“高电平”并不是理想的工作电源电压 5V 或 3.3V 电压，输出“低电平”也并不是理想的 0V 电压。这主要是由于制造工艺上的离散性，使得即使是同一型号的器件，输出电平也不可能完全一样。另外，由于所带负载及环境温度等外部条件的不同，输出电平也会有较大的差异。但是，这种差异应该在一定的允许范围之内，否则就会无法正确标识出逻辑值 1 和逻辑值 0，从而造成错误的逻辑操作或逻辑判断。

数字集成电路有 4 种不同的输入/输出逻辑电平，分别是定义为逻辑 0 的输入低电平 V_{IL}、定义为逻辑 1 的输入高电平 V_{IH}、定义为逻辑 0 的输出低电平 V_{OL}、定义为逻辑 1 的输出高电平 V_{OH}。门电路输出高、低电平的具体电压值与所接的负载有关系。

对于标准 TTL 电路，不同电平的电压范围如下：

输入低电平电压 V_{IL}：0～0.8V。

输入高电平电压 V_{IH}：2～5V。

输出低电平电压 V_{OL}：不大于 0.3V。

输出高电平电压 V_{OH}：不小于 2.4V。

表 5.10 所列为 TTL 集成逻辑门电路 74LS00 的逻辑电平电压值。

表 5.10 74LS00 逻辑电平电压值

电压	参数说明	测试条件	最小值/V	典型值/V	最大值/V
V_{CC}	电源电压		4.75	5	5.25
V_{IL}	输入低电平电压		-	-	0.8
V_{IH}	输入高电平电压		2	-	-
V_{OL}	输出低电平电压	V_{CC}=最小 I_{OL}=最大 V_{IH}=最小	-	0.35	0.5
		I_{OL}=4mA V_{CC}=最小	-	0.25	0.4
V_{OH}	输出高电平电压	V_{CC}=最小 I_{OH}=最大 V_{IL}=最大	2.7	3.4	-

对于电源电压为 5V 的 CMOS 电路，不同电平的电压范围如下：

- 低电平输入电压 V_{IL}：0～0.5V。
- 高电平输入电压 V_{IH}：2.5～5V。
- 低电平输出电压 V_{OL}：不大于 0.1V。
- 高电平输出电压 V_{OH}：不小于 4.4V。

74HC00 是引脚与 TTL 集成电路兼容的高速 CMOS 集成逻辑门电路，电源电压典型值为 5V，逻辑电平电压值见表 5.11。

表 5.11　74HC00 逻辑电平电压值

电压	参数说明	测试条件	最小值/V	典型值/V	最大值/V
V_{CC}	电源电压		2	5	6
V_{IL}	输入低电平电压	V_{CC}=2V	-	0.8	-
		V_{CC}=4.5V	-	2.1	-
		V_{CC}=6V	-	2.8	-
V_{IH}	输入高电平电压	V_{CC}=2V	-	1.5	-
		V_{CC}=4.5V	-	3.15	-
		V_{CC}=6V	-	4.2	-
V_{OL}	输出低电平电压	I_O=20μA V_{CC}=2V	--	0.1	-
		I_O=20μA V_{CC}=4.5V	-	0.1	-
		I_O=20μA V_{CC}=6V	-	0.1	-
V_{OH}	输出高电平电压	I_O=-20μA V_{CC}=2V	-	2.0	-
		I_O=-20μA V_{CC}=4.5V	-	4.5	-
		I_O=-20μA V_{CC}=6V	-	6.0	-

3. 噪声容限

噪声容限表示门电路的抗干扰能力，噪声容限越大，抗干扰能力越强。二值数字逻辑电路的优点在于：无论高电平还是低电平，都允许输入信号在一定范围内变化，而输出电平保持不变。逻辑电路中，前一级门电路的输出是后级门电路的输入，前一级门输出的逻辑 0 或者逻辑 1 到达后级门的输入端时，必须同样被识别为 0 或 1，才能保证逻辑正确。由于电路工作时可能受到不同的噪声干扰，为了保证电路正常工作，允许输入的高、低电平信号各有一个波动范围，称为噪声容限。

将 TTL 集成电路反相器传输特性中输入和输出的高电平、低电平对应电压绘制成图，如图 5.46 所示。

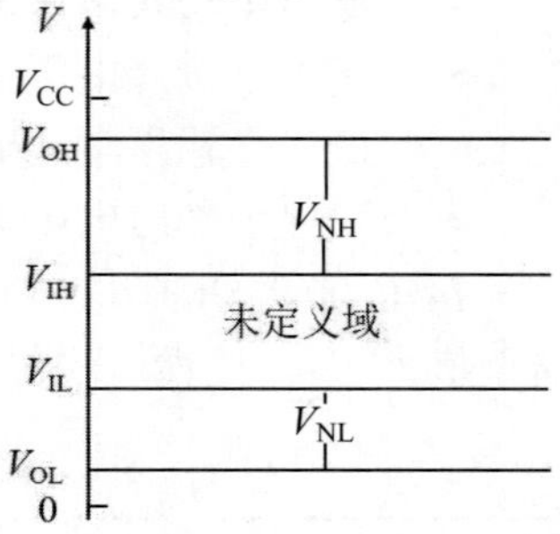

图 5.46 集成逻辑电路噪声容限

图 5.46 中，高电平，即逻辑 1，所对应的电压范围为 $V_{IH} \sim V_{OH}$；低电平，即逻辑 0 所对应的电压范围为 $V_{OL} \sim V_{IL}$。允许叠加在输入高电平上的最大噪声电压称为高电平噪声容限，如图中 V_{NH}；允许叠加在输入低电平上的最大噪声电压称为低电平噪声容限，如图中 V_{NL}，可得

$$V_{NH}=V_{OH(min)}-V_{IH(min)} \tag{5.1}$$

$$V_{NL}=V_{IL(max)}-V_{OL(max)} \tag{5.2}$$

【例 5.6】对于某一 TTL 集成电路，高、低电平对应的电压范围分别为：输入低电平电压 V_{IL} 为 0～0.8V；输入高电平电压 V_{IH} 为 2～5V；输出低电平电压 V_{OL} 不大于 0.3V；输出高电平电压 V_{OH} 不小于 2.4V。试求此集成电路的高、低电平噪声容限。

解：根据噪声容限的定义，高电平噪声容限为

$$V_{NH}=V_{OH(min)}-V_{IH(min)}=2.4-2=0.4\text{V}$$

低电平噪声容限为

$$V_{NL}=V_{IL(max)}-V_{OL(max)}=0.8-0.3=0.5\text{V}$$

4. 平均传输延迟时间 t_{pd}

传输延迟时间是表示门电路开关速度的参数，它表示门电路在输入脉冲波形的作用下，其输出波形相对于输入波形延迟了多长的时间。在反相器的输入端加上一个脉冲电压，则输出电压存在延迟，如图 5.47 所示。从输入脉冲上升沿的 50%处起到输出脉冲下降沿的 50%处的时间称为下降延迟时间 t_{pHL}；从输入脉冲下降沿的 50%处起到输出脉冲上升沿的 50%处的时间称为上升延迟时间 t_{pLH}。t_{pLH} 和 t_{pHL} 的平均值称为平均传输延迟时间 t_{pd}，此值越小，表示门电路开关速度越快。

5. 扇入与扇出系数

门电路的扇入、扇出系数反映了门电路的驱动能力。门电路的扇入系数取决于输入端的个数，例如一个 3 输入端的与非门，其扇入系数 N_i=3，一般门电路的扇入系数小于 5。

门电路的扇出系数指在正常工作的情况下，所能驱动同类门的最大数目，扇出系数越大，驱动能力越强。需要分别考虑输出高电平和输出低电平两种情况。当一

个集成门电路输出高电平驱动后级的负载门时，负载电流从驱动门电路流向负载门，称为拉电流负载；当一个集成门电路输出低电平驱动后级负载门时，负载电流从负载门流向驱动门，称为灌电流负载。

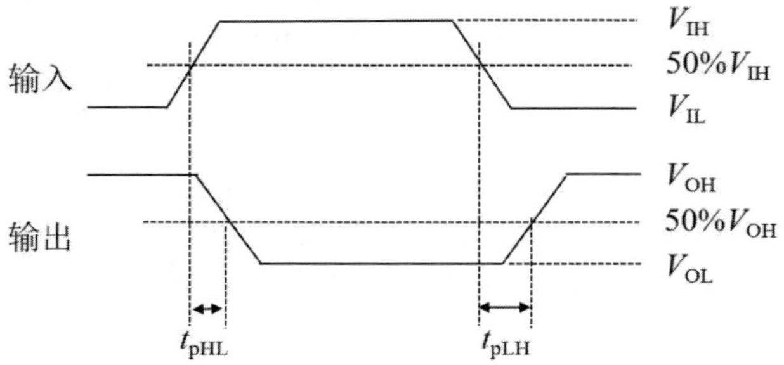

图 5.47 反相器电路的传输延迟曲线

当门电路输出高电平时，驱动负载门的电路如图 5.48（a）所示。

电流从驱动门流向后级的负载门，处于拉电流工作情况，驱动门的输出电流为 I_{OH}，每个负载门的输入电流为 I_{IH}，当负载门个数增加时，总的拉电流会增加，由于门电路存在内阻，因此会引起输出高电平电压的下降，但是不能低于高电平电压的下限值，这就限制了负载门的个数。输出为高电平时的扇出系数为

$$N_{OH}=\frac{I_{OH（驱动门）}}{I_{IH（负载门）}} \tag{5.3}$$

当门电路输出低电平时，驱动负载门的电路如图 5.48（b）所示。

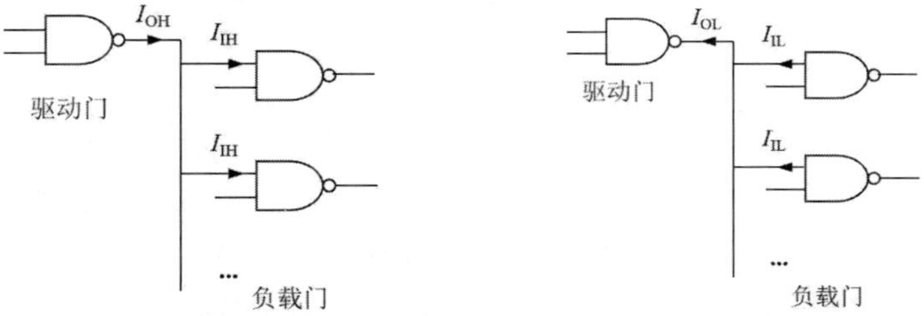

（a）拉电流负载　　（b）灌电流负载

图 5.48 驱动负载门的电路

电流从负载门流向驱动门，为灌电流工作情况。负载电流 I_{OL} 是每个负载门的输出电流 I_{IL} 之和，当负载门个数增加时，总的灌电流也会增加，从而引起输出低电平电压值的升高。为了保证输出低电平的电压值不超过允许的上限值，驱动门的扇出系数为

$$N_{OL}=\frac{I_{OL（驱动门）}}{I_{IL（负载门）}} \tag{5.4}$$

一般 TTL 门电路的扇出系数约为 10，而性能更好的门电路扇出系数可达 30～50。CMOS 电路的扇出系数比 TTL 电路高。通常输出高电平和低电平时的扇出系数 N_{OH} 和 N_{OL} 是不同的，不同器件的 N_{OH} 和 N_{OL} 差异也不同，一般取逻辑门 N_{OH} 和 N_{OL} 的最小值作为扇出系数。

逻辑器件的数据手册中一般不直接给出扇出系数，需要通过计算或实验方法求得，在设计时要留有裕量，以保证系统正常运行。

【例 5.7】已知 CMOS 集成电路芯片 74HC00 的输出电流 I_{OH}=-20μA，I_{OL}=20μA，输入电流 I_{IH}=1μA，I_{IL}=-1μA，试求该器件的扇出系数。

解：扇出系数是指驱动同类逻辑门的个数，可根据公式计算。电流值中的负号表示电流流出器件，正号表示电流流入器件，计算时只需要采用电流的绝对值。将电流值代入公式，求得输出高电平时的扇出系数

$$N_{OH}=\frac{20\mu A}{1\mu A}=20$$

输出低电平时的扇出系数

$$N_{OL}=\frac{20\mu A}{1\mu A}=20$$

因此，74HC00 的扇出系数为 20。

需要注意的是，扇入、扇出系数在传统小规模数字电路设计时是必须加以考虑的，而在现代大规模数字电路中，由于采用自动化设计技术，在一块芯片上集成整个系统，设计软件能自动处理扇入、扇出问题。

6. 功耗

功耗是门电路的重要参数之一，包括静态功耗和动态功耗。静态功耗指的是当电路没有状态转换时的功耗，例如 TTL 门电路的静态功耗是空载时电源总电流 I_{CC} 与电源电压 V_{CC} 的乘积。输出为低电平时的功耗称为空载导通功耗 P_{ON}，输出为高电平时的功耗称为截止功耗 P_{OFF}，P_{ON} 总比 P_{OFF} 大。CMOS 门电路静态时电流非常小，因此静态功耗很小，这是 CMOS 器件广泛应用于低功耗设备或电池供电设备的原因之一，例如便携式电脑和手机等在没有输入信号时，功耗非常低。

动态功耗只发生在状态转换的瞬间。由于电路中存在电容性负载，在高、低电平转换时会进行充电和放电，这个过程会增加电路的损耗。TTL 门电路的电容很小，约为 5pF，因此动态功耗很小；CMOS 门电路的电容约为 15pF，动态功耗较大。由于动态功耗正比于转换频率和电源电压的平方，因此，当工作频率比较高时，CMOS

门电路的功耗可能会超过 TTL。设计 CMOS 电路时，选用低电源电压的器件可以降低功耗。

7. 延时-功耗积

理想的数字电路或系统，要求既具有高速度，同时功耗又低。在工程实践中，要实现这种理想情况是较难的。高速数字电路往往需要以较大的功耗为代价。延时-功耗积是一种综合性的指标，用符号 DP 表示，单位为焦耳，即

$$DP=t_{pd}P_D \tag{5.5}$$

式中，$t_{pd}=(t_{pLH}+t_{pHL})/2$，$P_D$ 为门电路的功耗，一个逻辑门器件的 DP 值愈小，表明它的特性愈接近于理想情况。

8. 封装

元件的封装是指元件实物的外形和尺寸。相同品种类型编号的标准逻辑集成电路，具有相同的逻辑功能、引脚排列和封装，只是工作速度、功耗、工作电源电压范围等参数有所不同。例如 7406、74LS06、74ALS06、74HC06、74AHC06 都是有六路反相器、14 个引脚的封装。74LS06 芯片的内部电路结构和外部引脚排列如图 5.49 所示。

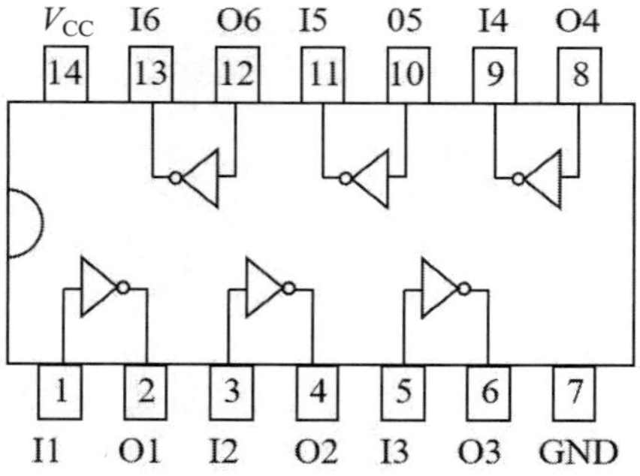

图 5.49　74LS06 芯片的内部电路和外部引脚图

图中器件内部含有 6 个反相器，器件第 14 脚接电源正极；第 7 脚 GND 接电源负极，也就是接地。

74LS06 的双列直插式封装如图 5.50 所示。

双列直插式封装（Dual In-line Package）简称 DIP 封装。绝大多数中小规模集成电路的传统封装为 DIP 形式，其引脚数一般不超过 100 个。这种封装形式的引脚从封装两侧引出，封装材料有塑料和陶瓷两种，强度和耐高温性能比较好，适合在印刷电路板 PCB 上穿孔焊接，操作方便，但是体积比较大，引脚数太少，不适合现代大规模数字系统小型化的需求，已经很少在现代电子系统设计中应用了。其他型号芯片的封装和引脚图可参考相关数据手册。

图 5.50　双列直插式封装

74LS06 的另一种常见封装形式是较小外形的 SOP14，属于 SMT（Surface Mount Technology）封装，简称表面贴装。SMT 封装的芯片直接焊接在电路板的表面，而无需在印刷电路上穿孔，具有集成度高、面积小、引脚密度高的优点，在相同大小的面积内可以放置更多的集成电路芯片，是现代集成电路常用的封装形式。SMT 的封装形式较多，常见的有 SOP、SOJ、QFP、LCC 和 BGA 等，部分 SMT 封装形式如图 5.51 所示。

（a）SOP　　（b）QFP　　（c）LCC　　（d）BGA

图 5.51　部分 SMT 封装形式

使用集成电路芯片时，须仔细阅读芯片的数据手册，了解其引脚定义和功能、性能参数以及正常工作所需的各种条件。芯片的封装信息也可以从数据手册上获得。

5.4.2　集成逻辑门的使用

1. TTL 与 CMOS 的接口电路

TTL 和 CMOS 集成逻辑门电路的特性和参数不同，在同一个系统中使用时需要用接口电路进行逻辑电平转换，把 TTL 和 CMOS 门电路连接起来。接口电路还能用来驱动大功率负载，或切断干扰源等。

当 TTL 门电路作为驱动门，CMOS 作为负载门时，与 TTL 兼容的 CMOS 门电路如 74HCT 系列、74ACT 系列等可以和 TTL 的输出端直接连接，不必外加元器件；

当 CMOS 门的逻辑电平与 TTL 不同，但两者电源电压相近时，可以在 TTL 门电路的输出端和 CMOS 电源 V_{DD} 之间接上拉电阻，提高 TTL 门的输出高电平，如图 5.52（a）所示；当 CMOS 电源电压 V_{DD} 远大于 TTL 的电源电压 V_{CC} 时，可以在 TTL 和 CMOS 门电路之间插入一级 OC 门，如图 5.52（b）所示。

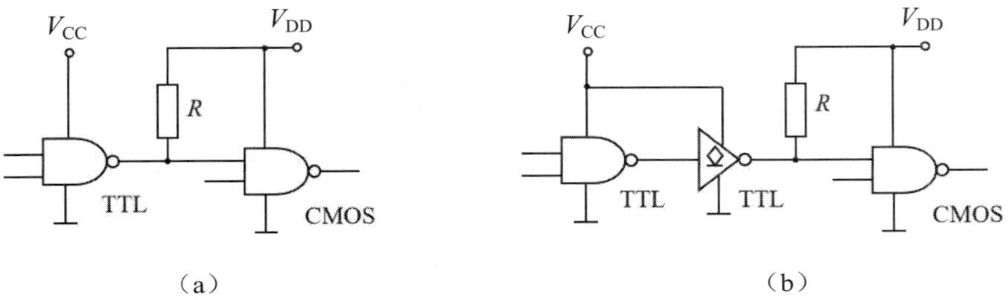

图 5.52　TTL 门电路驱动 CMOS 门电路

当 CMOS 门电路驱动 TTL 门电路时，可以采用专门的 CMOS→TTL 电平转换器，如 74HC4050，器件内部具有特殊的输入保护电路；也可以采用漏极开路门，即 OD 门，如 CC40107；此外也可以采用分立的三极管开关作为接口电路，或者将门电路并联使用，以提高驱动能力。

TTL 与 CMOS 逻辑门的混合使用容易导致系统性能下降，如速度和可靠性会受到影响。现代数字系统主要采用大规模可编程逻辑器件 PLD，因此很少再有 TTL 与 CMOS 混合使用的问题了。

2. 抗干扰措施

在使用集成逻辑门电路时，要注意多余输入端的处理、电源和接地的处理。

集成逻辑门电路使用时，一般不让多余的输入端悬空，以防引入干扰信号。在不改变电路工作状态的前提下，可以将多余的输入端与其他输入端并联，如图 5.53（a）所示；TTL 与门、与非门的多余输入端可以通过 1～3kΩ 的电阻接电源正极，如图 5.53（b）所示；CMOS 与门、与非门的多余输入端可以直接接电源；CMOS 或门、或非门的多余输入端可以接地，如图 5.53（c）所示。对于 CMOS 电路，由于输入电阻很大，容易受到静电影响，尤其要注意不能让多余的输入端悬空。

数字系统中多片集成逻辑电路由同一电源供电，电路在高、低电平之间频繁切换会产生较大的脉冲电流或尖峰电流，若不进行电源滤波，容易引起逻辑功能混乱。工程实践中常采用值为 10～100μF 的大电容作为去耦滤波电容接在系统的电源与地之间，以滤除干扰信号，并且在每一块集成电路的电源和地之间接入 0.1μF 的小电容以滤除开关噪声。

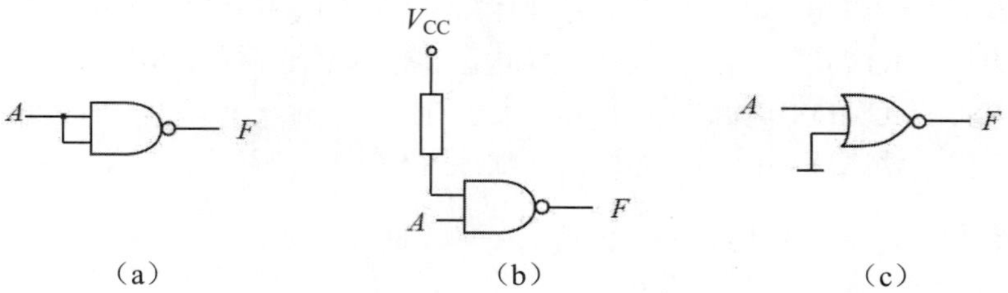

图 5.53 多余输入端的接法

正确的接地技术对于降低电路噪声很重要。将电源地和信号地分开，先将信号地汇集在一点，然后将两者用最短的导线连在一起，避免含有多种脉冲波形的大电流引入到数字集成电路的输入端而破坏正常的逻辑功能。

本章重点小结

1. 门电路是数字电路的基本逻辑单元，主要由半导体器件构成。半导体二极管、三极管和 MOS 管在满足一定工作条件下具有开关特性，可以看作电子开关，工作状态能够与二值逻辑中的 0 和 1 对应。

2. 利用二极管、三极管和 MOS 管的开关特性，可以构成分立元件逻辑门电路，是集成逻辑门电路的基础。二极管构成的与门、或门结构简单，但存在电平偏移和驱动能力弱的问题；三极管常用来构成单管的反相器。

3. 集成逻辑门电路目前应用最广泛的有 TTL 和 CMOS 两类。TTL 逻辑门电路由三极管组成，集成电路有 74 系列、74LS 系列、74AS 系列、74F 系列等。CMOS 逻辑门电路由 MOS 管组成，通常是 PMOS 和 NMOS 成对出现、互补工作，集成电路有 4000 系列、74HC 系列、74HCT 系列、74AHC 系列、74AHCT 系列、74LVC 系列和 74LVCT 系列等。学习时从应用的角度要多关注电路输出与输入之间的逻辑关系、电压传输特性等。

4. OC/OD 门、三态门和传输门也是常用的逻辑门电路，OC/OD 门可以实现线与的功能，能进行不同电源电压的转换，提高驱动能力；三态门在总线结构中具有广泛应用；传输门可以实现数字信号或模拟信号的双向传输，以及设计实现不同的逻辑功能。

5. 集成逻辑门电路的性能参数可以从器件的数据手册上获得，使用时要注意器件的电源电压、输入/输出的逻辑电平和噪声容限、扇入和扇出系数等，不同种类的逻辑器件混合使用时要正确设计接口电路，数字电路或系统设计时要做好抗干扰措施，避免系统产生错误逻辑。

探究研讨：计算机中的数与码

计算机自问世以来，极大地促进了科学技术和经济社会等各领域的发展，改变了人们的生活和工作方式。超级计算机是计算机中功能最强、运算速度最快、存储容量最大的一类计算机，多用于国家高科技领域和尖端技术研究，是国家科技发展水平和综合国力的重要标志，对国家安全、经济和社会发展具有举足轻重的意义。

通过课外学习，探究计算机的发展历史和技术特点，并对以下内容进行小组研讨：

（1）讲述一个关于计算机发展史的小故事。

（2）比较各代计算机的技术特点和应用领域。

（3）计算机中信息的表达、处理和存储形式。

（4）结合课程内容，举例说明计算机中的数据格式及基本运算操作。

习题

在线测试

5.1　已知电路如图 5.54 所示，试写出 F_1、F_2、F_3 和 F 与输入信号 A、B、C、D 之间的逻辑表达式。

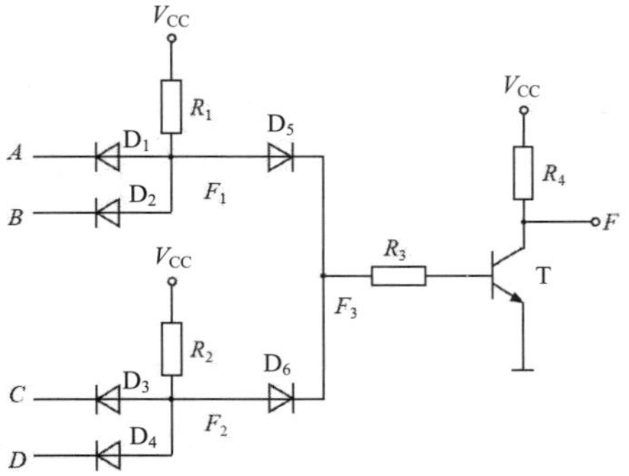

图 5.54　习题 5.1 的图

5.2　如图 5.55 所示，G_1、G_2、G_3 为 LSTTL 门电路，G_4、G_5 为 CMOS 门电路。试指出各门的输出状态（高电平、低电平、高阻态）。

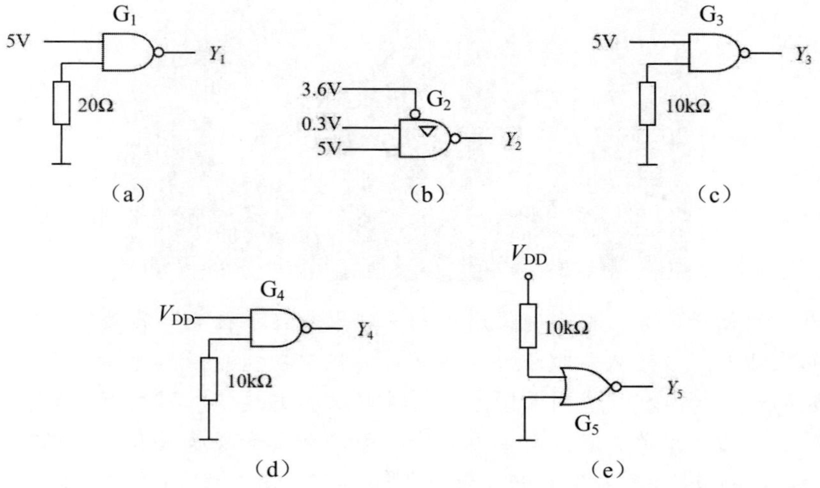

图 5.55　习题 5.2 的图

5.3　TTL 逻辑门电路如图 5.56 所示，试写出 F_1 的逻辑功能表达式。

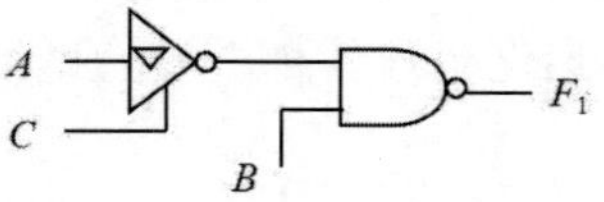

图 5.56　习题 5.3 的图

5.4　电路如图 5.57 所示，试写出电路的逻辑功能表达式。

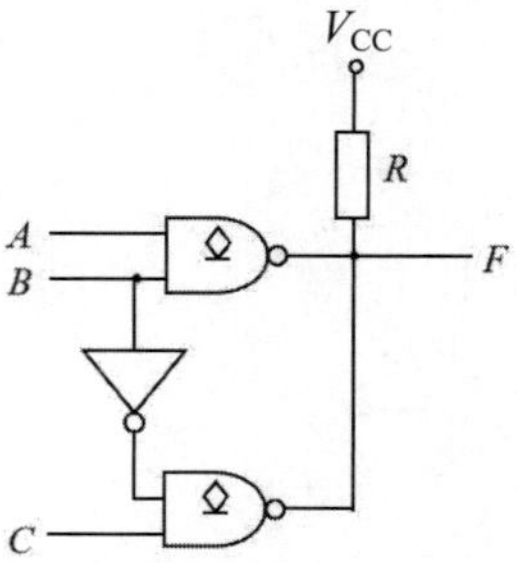

图 5.57　习题 5.4 的图

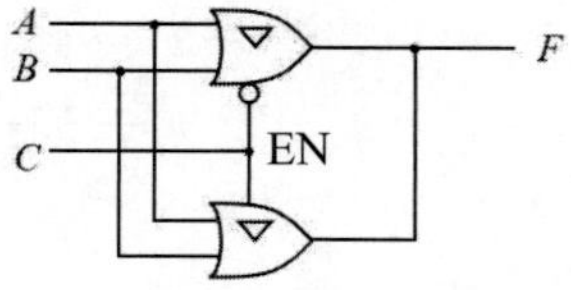

图 5.58 习题 5.5 的图

5.5　电路如图 5.58 所示，试写出电路的逻辑功能表达式。

5.6　图 5.59 所示电路中，判断哪些电路是正确的并写出其表达式。

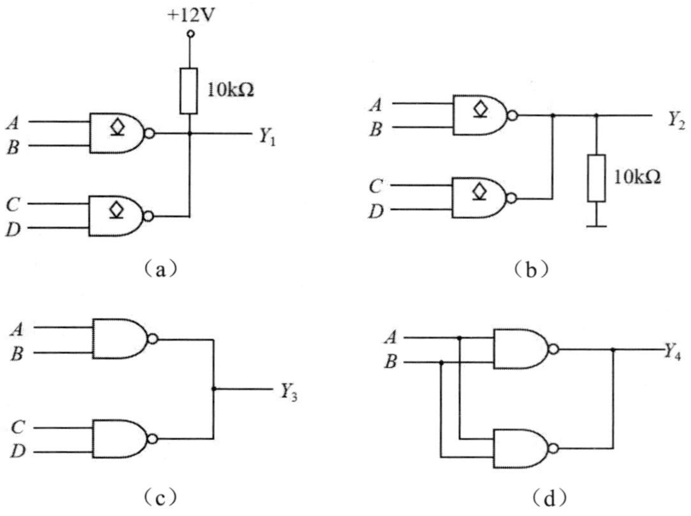

图 5.59　习题 5.6 的图

5.7　由三态门构成的总线传输电路如图 5.60 所示，图中 n 个三态门的输出接到数据传输总线，D_0、D_1、…、D_{n-1} 为数据输入端，CS_0、CS_1、…、CS_{n-1} 为片选信号输入端。试问：

（1）片选信号应满足怎样的时序关系，以便数据 D_0、D_1、…、D_{n-1} 通过总线进行正常传输？

（2）如果片选信号出现两个或两个以上有效，可能发生什么情况？

（3）如果所有的信号均无效，总线处在什么状态？

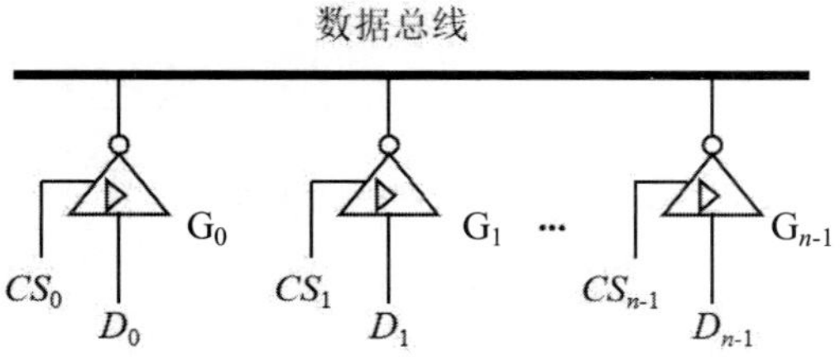

图 5.60　习题 5.7 的图

5.8　试分析如图 5.61 所示电路的逻辑功能，写出逻辑表达式。

5.9　试分析如图 5.62 所示电路的逻辑功能，写出电路输出函数 S 的逻辑表达式。

5.10　用 74 系列门电路驱动发光二极管的电路，设发光二极管的导通电流为 10mA，要求输入高电平时，发光二极管 D 导通并发光，试问图 5.63 中的两个电路哪一个合理？

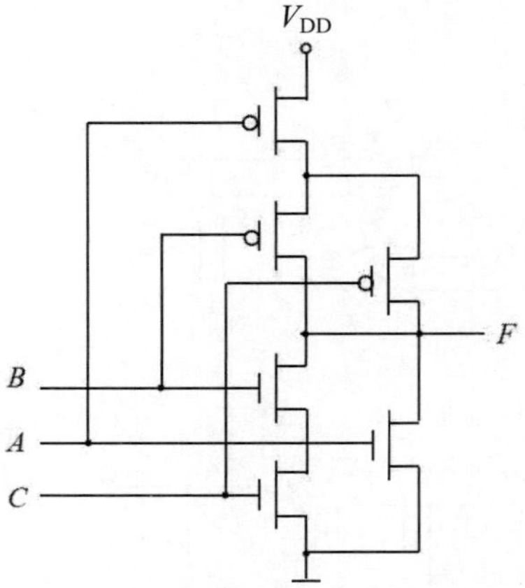

图 5.61　习题 5.8 的图

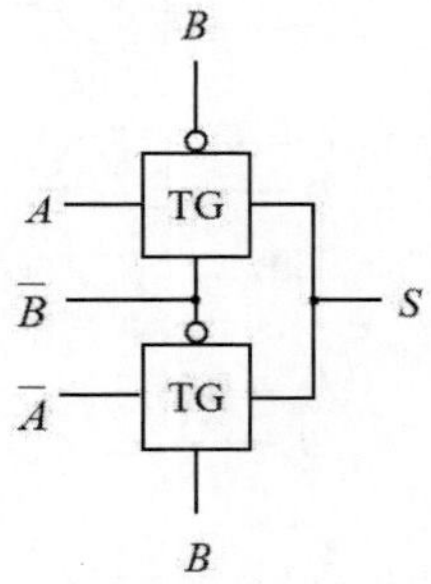

图 5.62　习题 5.9 的图

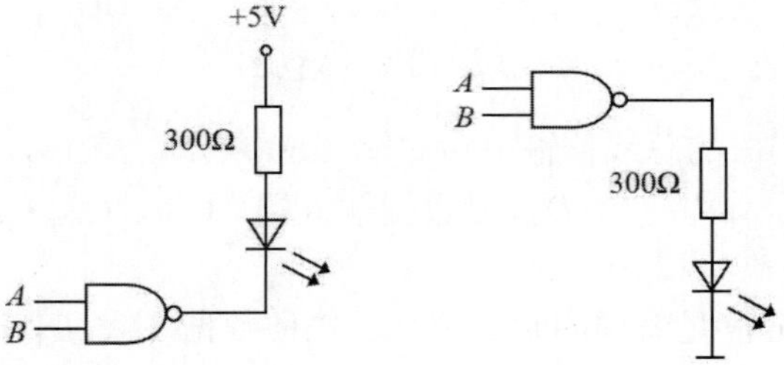

（a）　（b）

图 5.63　习题 5.10 的图

5.11　如图 5.64 所示为 CMOS 门电路，试设计电路，实现 $F_1 = \overline{AB}$， $F_2 = \overline{A}$。

图 5.64　习题 5.11 的图

5.12　试比较 TTL 电路和 CMOS 电路的优、缺点。

第 6 章 组合逻辑电路的分析与设计

本章课程目标

1. 了解组合逻辑电路的结构特点和功能描述方法，能够用于描述和分析组合逻辑电路。

2. 掌握组合逻辑电路的设计方法，能够根据要求进行组合逻辑电路设计。

3. 了解典型组合逻辑电路模块的逻辑功能和使用方法，能够选用适当的组合逻辑集成电路进行设计，实现特定的组合逻辑功能。

4. 理解广义译码器概念，能够将广义译码器概念运用于现代数字系统设计。

5. 了解数字系统中的竞争与冒险，能够采取措施消除由此带来的干扰。

简单而言，逻辑运算描述的是“因果”关系，“因”是输入变量，“果”是输出变量，而逻辑电路就是实现这种“因果”关系，与逻辑运算相对应的电子电路。数字系统是由逻辑电路构成的，根据电路结构和工作原理不同，逻辑电路可以分成组合逻辑电路和时序逻辑电路两大类，组合逻辑电路是逻辑电路的基础。

本章首先介绍组合逻辑电路的基本概念、分析和设计方法，然后介绍一些典型的组合逻辑电路模块，包括编码器、译码器、数据选择器、数据分配器、加法器、数据比较器等。这些电路模块在传统的数字系统设计中经常被使用，因而被大量制作成中、小规模的集成电路产品，本章也将学习如何应用这些通用的集成电路产品来实现指定的组合逻辑功能。本章在总结组合逻辑电路特点的基础上，凝练出适用于所有组合逻辑电路的广义译码器概念，并介绍了其在现代数字系统设计中的实现方法，最后对数字系统中存在的竞争冒险现象进行了介绍。

6.1 概述

组合逻辑电路是由逻辑门按一定的方式组合在一起，可以实现更复杂逻辑功能的电路。这种逻辑电路结构简单，内部既不存在记忆（存储）单元，也没有输出到输入的反馈回路。基于这样的电路结构，组合逻辑电路在逻辑功能上具有共同的特点，即在任意时刻的输出仅仅取决于该时刻的输入信号，而与该时刻之前的电路状态无关。

组合逻辑电路的框图如图 6.1 所示，$x_1,x_2,\ldots,x_n$ 表示输入信号，$y_1,y_2,\ldots,y_m$ 表示输出信号。

图 6.1　组合逻辑电路框图

组合逻辑电路的输出与输入之间的逻辑关系可以用逻辑函数表示

$$y_i = f_i(x_1, x_2, ..., x_n)\ (i = 1, 2, ..., m)$$

除了逻辑函数表达式，组合逻辑电路还可以通过真值表、卡诺图、逻辑电路图及波形图来描述和分析。

6.2　组合逻辑电路的分析

【微课视频】

组合逻辑电路概述及分析

组合逻辑电路的分析是根据给定的逻辑电路图，找出输出与输入的逻辑关系，从而确定电路的逻辑功能。组合逻辑电路的分析具体包括如下 4 个步骤：

（1）根据给定的逻辑电路图，从输入到输出逐级写出逻辑表达式，并最终得到输出信号与输入信号之间的逻辑表达式。

（2）必要时可用卡诺图或公式法对逻辑表达式进行变换或化简，以使逻辑关系变得清晰。

（3）根据逻辑表达式列出输入和输出的逻辑关系真值表。

（4）通过分析真值表的特点，归纳出电路所实现的逻辑功能。

下面通过具体的例子来说明组合逻辑电路的分析过程。

【例 6.1】试分析图 6.2 所示电路的逻辑功能。

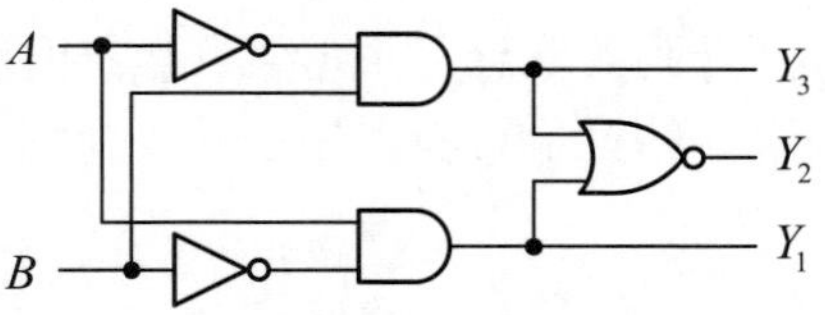

图 6.2　例 6.1 的逻辑电路

解：（1）根据给定的逻辑电路，写出所有输出的逻辑表达式，并进行化简：

$$Y_1 = A\overline{B}$$

$$Y_2 = \overline{\overline{A}B + A\overline{B}} = \overline{\overline{A}B} \cdot \overline{A\overline{B}} = (A+\overline{B})(\overline{A}+B) = AB + \overline{A}\,\overline{B}$$

$$Y_3 = \overline{A}B$$

（2）根据化简后的逻辑表达式列出真值表，见表 6.1。

表 6.1　例 6.1 真值表

A	B	Y_1	Y_2	Y_3
0	0	0	1	0
0	1	0	0	1
1	0	1	0	0
1	1	0	1	0

（3）分析真值表可知，该电路实现 1 位二进制数的比较。当 $A>B$ 时，输出 $Y_1=1$，其余为 0；当 $A=B$ 时，输出 $Y_2=1$，其余为 0；当 $A<B$ 时，输出 $Y_3=1$，其余为 0。

【例 6.2】试分析图 6.3 所示电路的逻辑功能。

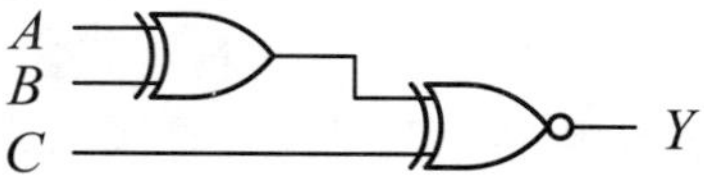

图 6.3　例 6.2 的逻辑电路

解：（1）根据给定的逻辑电路，可知输出的逻辑表达式为

$$Y = (A \oplus B) \odot C = A \oplus B \odot C$$

（2）列出真值表，见表 6.2。

表 6.2　例 6.2 真值表

A	B	C	Y
0	0	0	1
0	0	1	0
0	1	0	0
0	1	1	1
1	0	0	0
1	0	1	1
1	1	0	1
1	1	1	0

（3）分析真值表可知，这是一个偶检验电路，即当 A、B、C 三个输入信号中有偶数（包括 0）个 1 时，输出 Y 为 1，否则 Y 为 0。

6.3　组合逻辑电路的设计

【微课视频】

组合逻辑电路的设计

组合逻辑电路的设计也称为组合逻辑电路的综合，与分析过程相反，是根据已知的逻辑功能要求设计出逻辑电路。逻辑功能要求通常用文字说明，有时也会以真值表或波形图形式直接描述输入与输出之间的逻辑关系。

工程实践中涉及的逻辑问题千差万别，不同的设计对象和要求往往可采用不同的设计方法，即使是同一设计对象也可能存在不同的设计思路和方法。此处仅给出组合逻辑电路手工设计的一般原则，具体如下：

（1）逻辑抽象。根据实际问题的功能要求进行逻辑抽象，确定输入、输出变量，并进行逻辑赋值，进而根据输入与输出之间的逻辑关系列出真值表。逻辑赋值通常采用二值逻辑，即用逻辑值 1 和 0 对应“是”和“非”、“真”和“假”等。

（2）逻辑化简。根据真值表写出相应的逻辑表达式，并根据设计要求进行逻辑化简。通过真值表可以得到逻辑函数的标准与或表达式，为简化电路结构，通常会采用卡诺图或公式法进行逻辑化简，得到最简与或表达式。

（3）逻辑变换。由于传统数字电路设计往往采用小规模集成电路（SSI）来实现，在选用逻辑器件时通常会遵循器件种类和数量尽量少的原则，因此，还需要通过逻辑变换将最简与或表达式转换成所需形式。

（4）画逻辑图。根据变换后的逻辑表达式画出逻辑电路图。

下面举例说明组合逻辑电路的设计方法和步骤。

【例 6.3】设计一个 3 人表决电路。当表决某个提案时，若多数人同意，则提案通过。此外，要求其中一人具有否决权。

解：（1）逻辑抽象。不妨设 3 个表决输入变量为 A、B 和 C，表决输出变量为 Y，其中输入 A 具有否决权。

规定输入为 1 时表示赞成，输入为 0 时表示反对；输出为 1 时表示提案通过，输出为 0 时表示提案无效。

根据上述假设列出真值表，见表 6.3。

（2）逻辑化简。根据真值表可列出逻辑函数的标准与或表达式，即最小项表达式

$$Y = A\overline{B}C + AB\overline{C} + ABC$$

表 6.3　例 6.3 真值表

A	*B*	*C*	*Y*
0	0	0	0
0	0	1	0
0	1	0	0
0	1	1	0
1	0	0	0
1	0	1	1
1	1	0	1
1	1	1	1

画出卡诺图，如图 6.4 所示，化简后得到最简与或表达式

$$Y = AB + AC$$

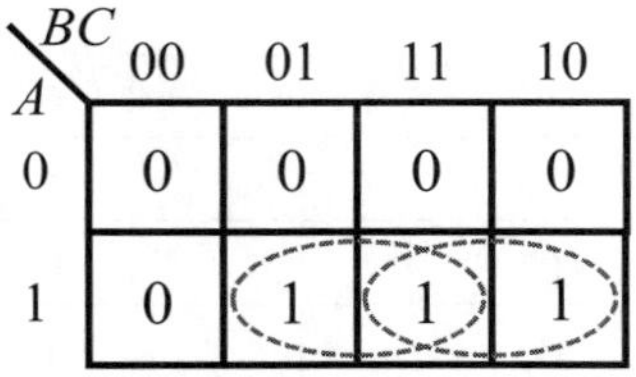

图 6.4　例 6.3 输出 *Y* 的卡诺图

根据最简与或表达式，已经能画出逻辑电路图，如图 6.5（a）所示。可以看出，实现电路需要与门和或门两种不同的逻辑器件，可选用四 2 输入与门 74LS08 和四 2 输入或门 74LS32 各 1 片。能否在不增加或者合理增加逻辑门的前提下，通过逻辑变换来减少器件的类型及数量呢？

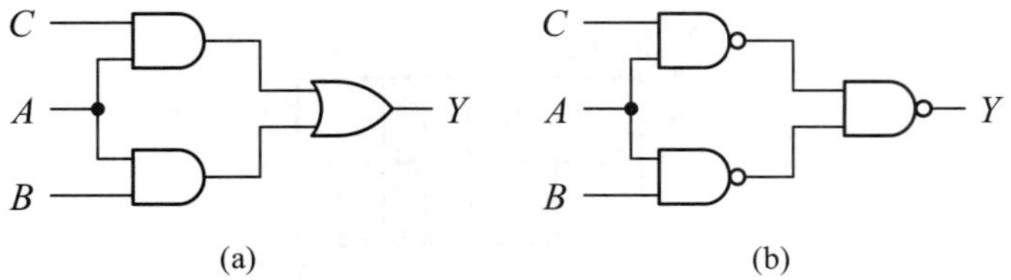

图 6.5　例 6.3 的逻辑电路图

（3）逻辑变换。为了简化逻辑实现，使电路中的器件数量或种类最少，可以将得到的逻辑表达式变换为“与非-与非”表达式，从而仅用 1 片四 2 输入与非门

74LS00 实现相同的逻辑功能，具体如下：

$$Y = AB + AC = \overline{\overline{AB + AC}} = \overline{\overline{AB} \cdot \overline{AC}}$$

式中采用了摩根定律对逻辑表达式进行变换，将与或式变换为与非-与非式。

（4）画逻辑图。用与非门实现的逻辑电路如图 6.5（b）所示。

【例 6.4】设某数字系统有三路输入控制信号 A、B 和 C，每路信号均只有 0 和 1 两种状态，0 表示无效，1 表示有效。系统要求任一时刻有且仅有一路控制信号为有效。试设计一个信号故障检测电路，当输入控制信号的状态不正常时，检测电路输出 Y 为 1，否则 Y 为 0。

解：（1）逻辑抽象。本题中已经直接给出了输入和输出逻辑变量，以及逻辑变量取值的含义，根据输入和输出变量之间的逻辑关系要求可列出真值表，见表 6.4。

表 6.4　例 6.4 真值表

A	*B*	*C*	*Y*
0	0	0	1
0	0	1	0
0	1	0	0
0	1	1	1
1	0	0	0
1	0	1	1
1	1	0	1
1	1	1	1

（2）逻辑化简。根据真值表可列出逻辑表达式，用最小项表达式表达为

$$Y = \sum m(0,3,5,6,7)$$

画出卡诺图，如图 6.6 所示。

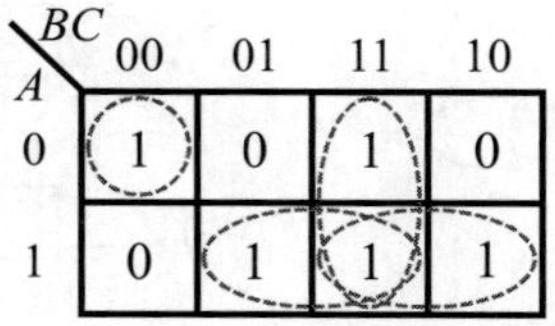

图 6.6　例 6.4 输出 Y 的卡诺图

根据卡诺图可得最简与或表达式

$$Y = \overline{A}\,\overline{B}\,\overline{C} + AB + AC + BC$$

由上式可以画出逻辑电路图，如图 6.7（a）所示。

（3）逻辑变换。相同输入端的与非门相对于与门或者或门而言，所用的晶体管少、速度快，因而实际中更多选择使用与非门。可以将前述逻辑表达式变换为“与非-与非”表达式：

$$Y=\overline{\overline{\bar{A}\bar{B}\bar{C}}\cdot\overline{AB}\cdot\overline{AC}\cdot\overline{BC}}$$

（4）画逻辑图。最终用与非门实现的逻辑电路图如图 6.7（b）所示。3 输入与非门和 4 输入与非门实际可以用同一块芯片（如二 4 输入与非门 74LS20），因此相较于图 6.7（a）的方案，芯片使用数量也减少了。

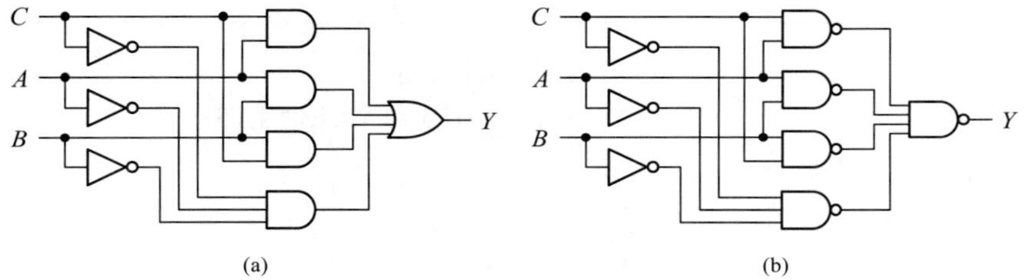

图 6.7　例 6.4 的逻辑电路图

【例 6.5】试用门电路设计一个组合逻辑电路，该电路用于判断输入的 8421 BCD 码，当输入值大于或等于 5 时输出为 1，反之输出为 0。

解：（1）逻辑抽象。设 8421 BCD 码的 4 位输入从高到低为 *D*、*C*、*B*、*A*，电路输出为 *Y*，根据题目要求可列出真值表，见表 6.5。8421 BCD 码对应十进制数的范围是 0～9，故 *DCBA* 为 1010～1111 时的输出可视为无关项，用“×”表示。

表 6.5　例 6.5 真值表

D	*C*	*B*	*A*	*Y*
0	0	0	0	0
0	0	0	1	0
0	0	1	0	0
0	0	1	1	0
0	1	0	0	0
0	1	0	1	1
0	1	1	0	1
0	1	1	1	1
1	0	0	0	1
1	0	0	1	1

续表

D	*C*	*B*	*A*	*Y*
1	0	1	0	×
1	0	1	1	×
1	1	0	0	×
1	1	0	1	×
1	1	1	0	×
1	1	1	1	×

（2）逻辑化简。根据真值表可列出逻辑表达式

$$Y=\sum m(5,6,7,8,9)+\sum d(10,11,12,13,14,15)$$

画出卡诺图，如图 6.8（a）所示。

根据卡诺图可得最简与或表达式

$$Y=D+CB+CA$$

由上式可以画出逻辑电路图，如图 6.8（b）所示。

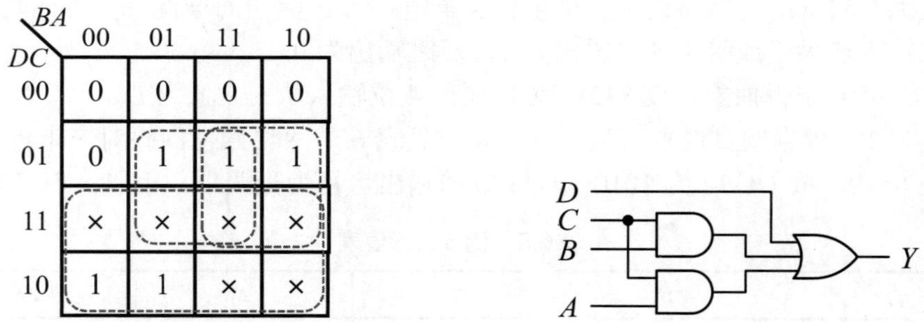

（a）输出 *Y* 的卡诺图　　（b）逻辑电路图

图 6.8　例 6.5 的图

在现代数字系统中，通常借助于 EDA（Electronic Design Automation，电子设计自动化）软件进行设计，在确定输入和输出的逻辑关系后，就可以由计算机来自动完成其余的设计工作。

6.4 编码器

数字系统中通常采用二进制数码来处理信息，而人们在日常生活中习惯用十进制数、文字及符号来表示或描述各种信息。因此，在这些十进制数、文字符号表示

【微课视频】

编码器

的信息与二进制代码之间需要加入特定的逻辑转换电路，以实现两种信息之间的相互转换，根据转换方式的不同，可分为编码器（Encoder）和译码器（Decoder）。

下面以一个简易 8 路报警系统为例说明编码器和译码器的作用。8 路报警系统的结构如图 6.9 所示，假设任意时刻只允许有一路开关按下，当按钮开关 S_0～S_7 中的某一路按下时，L_0～L_7 中相应路数的指示灯会点亮报警；$\overline{GS}$ 为编码器的状态输出信号，低电平有效，0 表示有开关按下；G 为译码器的控制输入信号，高电平有效，1 表示有数据等待译码。系统会按时间顺序存储报警信息，假设系统存储容量足够，可满足 24 小时报警信息的存储，并且可通过相应开关回调显示，在数据存储及控制电路中实现。数据存储及控制电路涉及本书后续的时序逻辑电路及存储器等章节知识，此处着重介绍输入/输出接口中的编码器和译码器电路。

通过编码器可以将 8 个开关报警通道信息用一个 3 位二进制代码来表示，通过译码器再将 3 位二进制代码还原为 8 路报警信息输出，即当 S_0 按下时，存储 000，L_0 点亮；S_1 按下时，存储 001，L_1 点亮；……；S_7 按下时，存储 111，L_7 点亮。显然，这样的处理有助于缩减系统的存储容量。

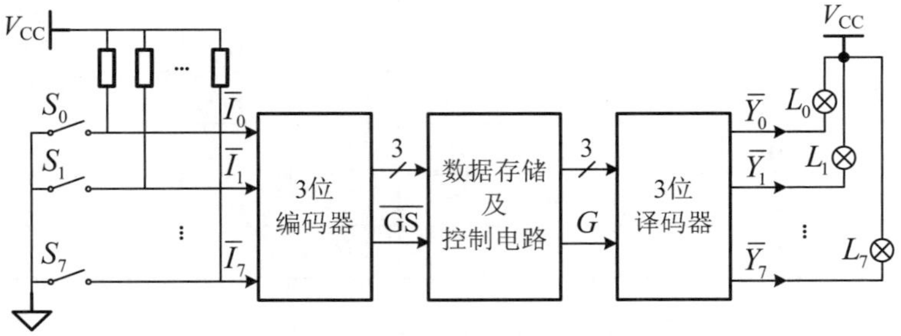

图 6.9　简易 8 路报警系统框图

在数字系统中，用二进制代码表示文字、符号或者数码等特定对象的过程称为编码，实现编码的逻辑电路称为编码器。编码器的功能框图如图 6.10 所示。n 位二进制码最多可以表示 2^n 个事件，当有 m 位输入信号，编码输出为 n 位二进制码时，两者的关系显然应满足 $m \leqslant 2^n$。常用的编码器有二进制（普通）编码器、二进制优先编码器、BCD 码优先编码器等。

图 6.10　编码器的功能框图

6.4.1 二进制编码器

当图 6.10 中 $m=2^n$ 时，编码器称为 n 位二进制编码器，或称为 2^n 线-n 线编码器，例如当 $n=2$ 时，为 4 线-2 线编码器。为了不引起输出混乱，要求任意时刻只允许输入一个有效信号，不允许同时输入多个有效信号，这样的编码器称为二进制普通编码器，简称二进制编码器。

3 位二进制普通编码器，即 8 线-3 线普通编码器的真值表见表 6.6。I_0～I_7 为 8 个输入信号，Y_2、Y_1、Y_0 为编码器的三位输出信号，其中 Y_2 为最高位，Y_0 为最低位。

表 6.6 3 位二进制普通编码器的真值表

I_0	I_1	I_2	I_3	I_4	I_5	I_6	I_7	Y_2	Y_1	Y_0
1	0	0	0	0	0	0	0	0	0	0
0	1	0	0	0	0	0	0	0	0	1
0	0	1	0	0	0	0	0	0	1	0
0	0	0	1	0	0	0	0	0	1	1
0	0	0	0	1	0	0	0	1	0	0
0	0	0	0	0	1	0	0	1	0	1
0	0	0	0	0	0	1	0	1	1	0
0	0	0	0	0	0	0	1	1	1	1

由表 6.6 可知，输入高电平有效，即当 I_0～I_7 中有且仅有一个输入为高电平时，输出端组成的二进制码 $Y_2Y_1Y_0$ 对应于相应输入信号，与输入端的十进制下标相同。例如，当 I_3 为 1 而其余输入为 0 时，输出 $Y_2Y_1Y_0$ 为 011。表 6.6 中 8 个输入变量原本有 256 种输入组合情况，为避免输出混乱，规定任一时刻有且只能有一个输入有效，因此，256 种输入组合中只有列出的 8 种互斥组合为合法状态，其余未列出状态可视为无关项。

由真值表可以得到输出逻辑表达式为

$$Y_2=\overline{I}_0\overline{I}_1\overline{I}_2\overline{I}_3I_4\overline{I}_5\overline{I}_6\overline{I}_7+\overline{I}_0\overline{I}_1\overline{I}_2\overline{I}_3\overline{I}_4I_5\overline{I}_6\overline{I}_7+\overline{I}_0\overline{I}_1\overline{I}_2\overline{I}_3\overline{I}_4\overline{I}_5I_6\overline{I}_7+\overline{I}_0\overline{I}_1\overline{I}_2\overline{I}_3\overline{I}_4\overline{I}_5\overline{I}_6I_7$$

$$Y_1=\overline{I}_0\overline{I}_1I_2\overline{I}_3\overline{I}_4\overline{I}_5\overline{I}_6\overline{I}_7+\overline{I}_0\overline{I}_1\overline{I}_2I_3\overline{I}_4\overline{I}_5\overline{I}_6\overline{I}_7+\overline{I}_0\overline{I}_1\overline{I}_2\overline{I}_3\overline{I}_4\overline{I}_5I_6\overline{I}_7+\overline{I}_0\overline{I}_1\overline{I}_2\overline{I}_3\overline{I}_4\overline{I}_5\overline{I}_6I_7$$

$$Y_0=\overline{I}_0I_1\overline{I}_2\overline{I}_3\overline{I}_4\overline{I}_5\overline{I}_6\overline{I}_7+\overline{I}_0\overline{I}_1\overline{I}_2I_3\overline{I}_4\overline{I}_5\overline{I}_6\overline{I}_7+\overline{I}_0\overline{I}_1\overline{I}_2\overline{I}_3\overline{I}_4I_5\overline{I}_6\overline{I}_7+\overline{I}_0\overline{I}_1\overline{I}_2\overline{I}_3\overline{I}_4\overline{I}_5\overline{I}_6I_7$$

利用无关项可将上述表达式化简为

$$Y_2 = I_4 + I_5 + I_6 + I_7 = \overline{\overline{I_4}\,\overline{I_5}\,\overline{I_6}\,\overline{I_7}}$$

$$Y_1 = I_2 + I_3 + I_6 + I_7 = \overline{\overline{I_2}\,\overline{I_3}\,\overline{I_6}\,\overline{I_7}}$$

$$Y_0 = I_1 + I_3 + I_5 + I_7 = \overline{\overline{I_1}\,\overline{I_3}\,\overline{I_5}\,\overline{I_7}}$$

根据化简后的逻辑表达式可以画出 3 位二进制普通编码器的逻辑电路图，如图 6.11 所示。

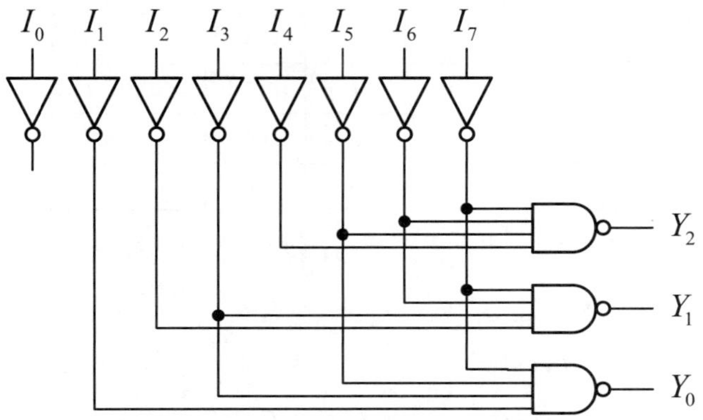

图 6.11　3 位二进制普通编码器逻辑电路

6.4.2　二进制优先编码器

在实际应用中经常会遇到多个输入信号同时请求的情况，需要根据轻重缓急，按照优先级先后响应。普通二进制编码器虽然结构比较简单，但有一个重要的缺陷，即当不满足有且仅有一个输入信号有效的条件时，输出会产生混乱。考察图 6.11 所示电路，当所有输入都为 0，即无任何有效输入时，输出 $Y_2Y_1Y_0$ 为 000，这与只有 I_0 为 1 时的输出结果是一样的；当所有输入都为 1，即所有输入信号同时有效时，输出 $Y_2Y_1Y_0$ 为 111，这与只有 I_7 为 1 时的输出结果是一样的。

这一问题可以通过设计所谓的优先编码器来解决，优先编码器在设计时先确定所有输入信号的优先级排序，当有多个输入信号同时有效时，只对优先级最高的输入信号进行编码。

1. 优先编码器原理

3 位二进制优先编码器的真值表见表 6.7，与表 6.6 所列的普通编码器的真值表相比，此处 8 个输入信号具有优先级关系，且优先级顺序从 I_7 到 I_0 依次降低，即 I_7 优先级最高，I_0 优先级最低。

表 6.7 3 位二进制优先编码器的真值表

I_7	I_6	I_5	I_4	I_3	I_2	I_1	I_0	Y_2	Y_1	Y_0
1	×	×	×	×	×	×	×	1	1	1
0	1	×	×	×	×	×	×	1	1	0
0	0	1	×	×	×	×	×	1	0	1
0	0	0	1	×	×	×	×	1	0	0
0	0	0	0	1	×	×	×	0	1	1
0	0	0	0	0	1	×	×	0	1	0
0	0	0	0	0	0	1	×	0	0	1
0	0	0	0	0	0	0	1	0	0	0

根据表 6.7 可以得到 3 位二进制优先编码器的输出逻辑表达式：

$$Y_2 = I_4\overline{I}_5\overline{I}_6\overline{I}_7 + I_5\overline{I}_6\overline{I}_7 + I_6\overline{I}_7 + I_7 = I_4 + I_5 + I_6 + I_7$$

$$Y_1 = I_2\overline{I}_3\overline{I}_4\overline{I}_5\overline{I}_6\overline{I}_7 + I_3\overline{I}_4\overline{I}_5\overline{I}_6\overline{I}_7 + I_6\overline{I}_7 + I_7 = I_2\overline{I}_4\overline{I}_5 + I_3\overline{I}_4\overline{I}_5 + I_6 + I_7$$

$$Y_0 = I_1\overline{I}_2\overline{I}_3\overline{I}_4\overline{I}_5\overline{I}_6\overline{I}_7 + I_3\overline{I}_4\overline{I}_5\overline{I}_6\overline{I}_7 + I_5\overline{I}_6\overline{I}_7 + I_7 = I_1\overline{I}_2\overline{I}_4\overline{I}_6 + I_3\overline{I}_4\overline{I}_6 + I_5\overline{I}_6 + I_7$$

上述优先编码器还存在一个有效扩展问题，即如何通过简单方法将多个这样的编码器扩展组合成具有更多输入、输出端的编码器。实用的优先编码器集成电路往往会增加一些辅助输入/输出信号，如输入使能信号、输出有效指示信号等，以便于进行级联扩展。

2. 典型优先编码器电路及应用

常用中规模优先编码器有 8 线-3 线优先编码器 74LS148、BCD 码优先编码器 74LS147 等。

8 线-3 线优先编码器 74LS148 的逻辑符号图如图 6.12（a）所示。与前面介绍的编码器电路不同，74LS148 的 8 个输入信号采用低电平有效方式，其中 $\overline{I}_7$ 优先级最高，$\overline{I}_0$ 优先级最低。3 个输出信号 $\overline{Y}_2$、$\overline{Y}_1$、$\overline{Y}_0$ 也是低电平有效，即编码输出为反码。$\overline{\mathrm{EI}}$ 为输入使能端，$\overline{\mathrm{GS}}$ 为输出标志端，$\overline{\mathrm{EO}}$ 为输出使能端，三者均为低电平有效。

此处注意，逻辑符号框内部一般只标注输入/输出原变量的名称，如果以低电平作为有效的输入/输出信号，则习惯上在符号框外部相应的输入/输出端处加画小圆圈，并在外部标注的输入/输出端信号上加非号“¯”。为简洁起见，逻辑符号图中有时也不再特别标注外部输入/输出端信号，如图 6.12（b）所示。一些文献或软件中还会采用 6.12（c）所示的逻辑符号，无论采用何种符号，其表示的器件逻辑功能都是相同的，对符号标识的理解应该注意通过上下文甄别，并最终以器件手册及相关真值表为准。

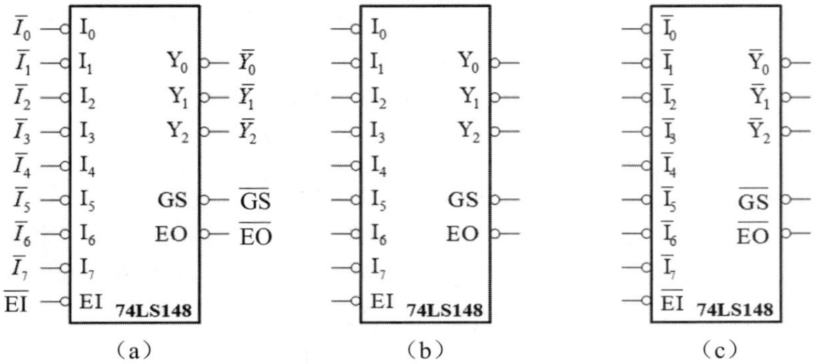

图 6.12　74LS148 的逻辑符号

74LS148 的引脚功能及相互之间的逻辑关系可以通过功能表来描述，见表 6.8。

表 6.8　8 线-3 线优先编码器 74LS148 的功能表

输入									输出				
$\overline{EI}$	$\overline{I_7}$	$\overline{I_6}$	$\overline{I_5}$	$\overline{I_4}$	$\overline{I_3}$	$\overline{I_2}$	$\overline{I_1}$	$\overline{I_0}$	$\overline{GS}$	$\overline{EO}$	$\overline{Y_2}$	$\overline{Y_1}$	$\overline{Y_0}$
1	×	×	×	×	×	×	×	×	1	1	1	1	1
0	1	1	1	1	1	1	1	1	1	0	1	1	1
0	0	×	×	×	×	×	×	×	0	1	0	0	0
0	1	0	×	×	×	×	×	×	0	1	0	0	1
0	1	1	0	×	×	×	×	×	0	1	0	1	0
0	1	1	1	0	×	×	×	×	0	1	0	1	1
0	1	1	1	1	0	×	×	×	0	1	1	0	0
0	1	1	1	1	1	0	×	×	0	1	1	0	1
0	1	1	1	1	1	1	0	×	0	1	1	1	0
0	1	1	1	1	1	1	1	0	0	1	1	1	1

由表 6.8 可以看出 74LS148 具有如下工作特性：

（1）输入低电平有效，输出以反码形式表示，输入信号中 $\overline{I_7}$ 优先级最高，$\overline{I_0}$ 优先级最低。

（2）当$\overline{EI}=1$时，编码器处于禁止工作状态。无论 8 个输入$\overline{I}_7 \sim \overline{I}_0$是否存在有效信号，编码器都禁止工作，$\overline{Y}_2\overline{Y}_1\overline{Y}_0$输出为 111。此时，$\overline{GS}=1$，表示输出无效，$\overline{EO}=1$，表示输出使能无效，即处于“电路禁止工作”状态。

（3）当$\overline{EI}=0$时，编码器处于允许工作状态。当$\overline{I}_7 \sim \overline{I}_0$均为 1，即无有效信号输入时，$\overline{Y}_2\overline{Y}_1\overline{Y}_0$输出为 111。此时，$\overline{GS}=1$，表示输出无效，$\overline{EO}=0$，表示输出使能有效，即处于“电路工作，但无有效编码输入”状态。扩展时可将$\overline{EO}$与低位芯片的输入使能端$\overline{EI}$相连，若$\overline{EO}$为 0 则允许低位芯片工作。

（4）当$\overline{EI}=0$时，编码器处于允许工作状态。当$\overline{I}_7 \sim \overline{I}_0$中至少有一个为 0，即存在有效信号输入时，$\overline{Y}_2\overline{Y}_1\overline{Y}_0$对优先级最高的有效输入信号进行编码输出。此时，$\overline{GS}=0$，表示输出有效，$\overline{EO}=1$，表示输出使能无效，即处于“电路工作，且有编码输入”状态。扩展时$\overline{EO}$若为 1 则禁止低位芯片工作。

【例 6.6】将两片 74LS148 扩展级联成 16 线-4 线优先编码器，电路连接如图 6.13 所示。试根据芯片功能表，分析输入信号的优先级以及电路的工作原理。

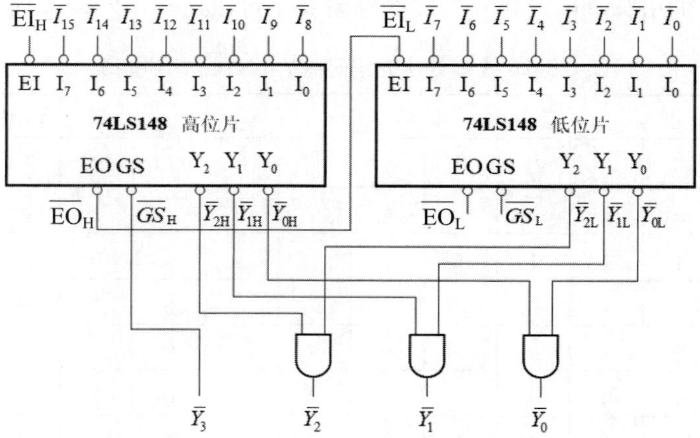

图 6.13　两片 74LS148 扩展为 16 线-4 线优先编码器

解：由图 6.13 可知，低位片$\overline{EI}_L$接高位片$\overline{EO}_H$，高位片的优先级高于低位片，$\overline{I}_{15}$具有最高优先级，$\overline{I}_0$优先级最低。

工作时，先将高位片$\overline{EI}_H$置 0。编码输出的最高位$\overline{Y}_3=\overline{GS}_H$，编码输出的低 3 位分别由高、低两片输出相与得到，即$\overline{Y}_2=\overline{Y}_{2H}\cdot\overline{Y}_{2L}$、$\overline{Y}_1=\overline{Y}_{1H}\cdot\overline{Y}_{1L}$、$\overline{Y}_0=\overline{Y}_{0H}\cdot\overline{Y}_{0L}$。

当高位片无有效输入，$\overline{I}_{15} \sim \overline{I}_8$均为 1，即高位片处于“电路工作，但无有效编码输入”状态，$\overline{EI}_L=\overline{EO}_H=0$，低位片使能输入有效。此时，$\overline{GS}_H=1$，$\overline{Y}_{2H}$、$\overline{Y}_{1H}$、$\overline{Y}_{0H}$均为 1，故编码输出的最高位$\overline{Y}_{3H}=\overline{GS}_H=1$，且编码输出低 3 位由低位片的 3

位输出决定，$\overline{Y}_2=\overline{Y}_{2L}$、$\overline{Y}_1=\overline{Y}_{1L}$、$\overline{Y}_0=\overline{Y}_{0L}$。如低位片存在有效输入，$\overline{I}_7\sim\overline{I}_0$至少有一个为 0，即低位片处于"电路工作，且有编码输入"状态，则输出低 3 位$\overline{Y}_2\overline{Y}_1\overline{Y}_0$根据低位片 8 个输入$\overline{I_7}\sim\overline{I}_0$中优先级最高的有效信号进行编码输出。因此，总的编码输出范围为 1000～1111，且有$\overline{\mathrm{GS}}_\mathrm{L}=0$、$\overline{\mathrm{EO}}_\mathrm{L}=1$；如低位片无有效输入，即低位片处于"电路工作，但无有效编码输入"状态，则总的编码输出为 1111，且有$\overline{\mathrm{GS}}_\mathrm{L}=1$、$\overline{\mathrm{EO}}_\mathrm{L}=0$。

当高位片存在有效输入，$\overline{I}_{15}\sim\overline{I}_8$至少有一个为 0，即高位片处于"电路工作，且有编码输入"状态，则$\overline{\mathrm{GS}}_\mathrm{H}=0$，$\overline{\mathrm{EI}}_\mathrm{L}=\overline{\mathrm{EO}}_\mathrm{H}=1$，故低位片进入"禁止工作"状态，此时，$\overline{\mathrm{GS}}_\mathrm{L}=1$，$\overline{\mathrm{EO}}_\mathrm{L}=1$，$\overline{Y}_{2L}$、$\overline{Y}_{1L}$、$\overline{Y}_{0L}$均为 1。因此，编码输出的最高位$\overline{Y}_3=\overline{\mathrm{GS}}_\mathrm{H}=0$，且编码输出低 3 位由高位片的 3 位输出决定，$\overline{Y}_2=\overline{Y}_{2H}$、$\overline{Y}_1=\overline{Y}_{1H}$、$\overline{Y}_0=\overline{Y}_{0H}$，且$\overline{Y}_2\overline{Y}_1\overline{Y}_0$根据高位片 8 个输入$\overline{I}_{15}\sim\overline{I}_8$中优先级最高的有效信号进行编码输出，总的编码输出范围为 0000～0111。

图中，16 线-4 线优先编码器的输出使能端$\overline{\mathrm{EO}}$可由$\overline{\mathrm{EO}}_\mathrm{L}$确定，即$\overline{\mathrm{EO}}=\overline{\mathrm{EO}}_\mathrm{L}$，而输出标志端$\overline{\mathrm{GS}}$可由$\overline{\mathrm{GS}}_\mathrm{H}$和$\overline{\mathrm{GS}}_\mathrm{L}$相与得到，即$\overline{\mathrm{GS}}=\overline{\mathrm{GS}}_\mathrm{H}\cdot\overline{\mathrm{GS}}_\mathrm{L}$。

6.4.3　BCD 码优先编码器

BCD 码优先编码器也称二-十进制优先编码器、10 线-4 线优先编码器。BCD 码优先编码器 74LS147 的逻辑符号如图 6.14 所示。它有 9 个输入端$\overline{I}_9\sim\overline{I}_1$，4 个输出端$\overline{D}\sim\overline{A}$，均为低电平有效。其中，输入端$\overline{I}_9$具有最高优先级，$\overline{I}_1$优先级最低，$\overline{D}$、$\overline{C}$、$\overline{B}$、$\overline{A}$由高到低构成 8421 BCD 码，对输入信号进行编码且以反码形式输出。

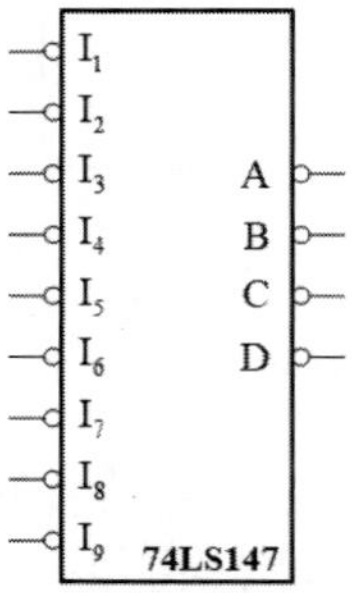

图 6.14　74LS147 的逻辑符号

74LS147 的功能表见表 6.9。可以看出，输入实际只有 9 线，并没有$\overline{I}_0$输入，这是因为$\overline{I}_0$被省略了。不妨假设存在输入$\overline{I}_0$，只有当其余 9 个输入$\overline{I}_9\sim\overline{I}_1$均无效时$\overline{I}_0$的有效输入才能被编码，编码输出为 0000 的反码 1111，这就是功能表中第一行所列情形。

表 6.9　BCD 码优先编码器 74LS147 的功能表

输入									输出			
$\overline{I_9}$	$\overline{I_8}$	$\overline{I_7}$	$\overline{I_6}$	$\overline{I_5}$	$\overline{I_4}$	$\overline{I_3}$	$\overline{I_2}$	$\overline{I_1}$	$\overline{D}$	$\overline{C}$	$\overline{B}$	$\overline{A}$
1	1	1	1	1	1	1	1	1	1	1	1	1
0	×	×	×	×	×	×	×	×	0	1	1	0
1	0	×	×	×	×	×	×	×	0	1	1	1
1	1	0	×	×	×	×	×	×	1	0	0	0
1	1	1	0	×	×	×	×	×	1	0	0	1
1	1	1	1	0	×	×	×	×	1	0	1	0
1	1	1	1	1	0	×	×	×	1	0	1	1
1	1	1	1	1	1	0	×	×	1	1	0	0
1	1	1	1	1	1	1	0	×	1	1	0	1
1	1	1	1	1	1	1	1	0	1	1	1	0

6.5 译码器

【微课视频】

译码器

从逻辑关系上看，译码是编码的逆过程，译码器的功能是将输入的二进制代码转换成相应的输出信号。常用的译码器有二进制译码器、二-十进制译码器和显示译码器等。译码器的功能框图如图 6.15 所示。

图 6.15　译码器的功能框图

6.5.1 二进制译码器的结构与原理

图 6.15 中，当译码器的输入位数为 n，输出位数为 $m=2^n$ 时，称为二进制译码器，也可称为最小项译码器、n 线-2^n 线译码器。译码器工作时，对于 n 变量的每一组输入代码，2^n 个输出中仅有一个输出为有效电平，其余输出均为无效电平。常见的二进制译码器集成电路有 2 线-4 线译码器 74LS139、3 线-8 线译码器 74LS138 和 4 线-16 线译码器 74LS154 等。

74LS138 是由 TTL 门电路构成的 3 线-8 线译码器，内部逻辑电路如图 6.16 所示。其中 C、B、A 为 3 个数据输入端，高电平有效，C 为最高位。$\overline{Y_0} \sim \overline{Y_7}$ 为 8 个

译码数据输出端，低电平有效。G_1、$\overline{G}_{2A}$、$\overline{G}_{2B}$为使能输入端，可实现片选以便于译码器的灵活扩展。

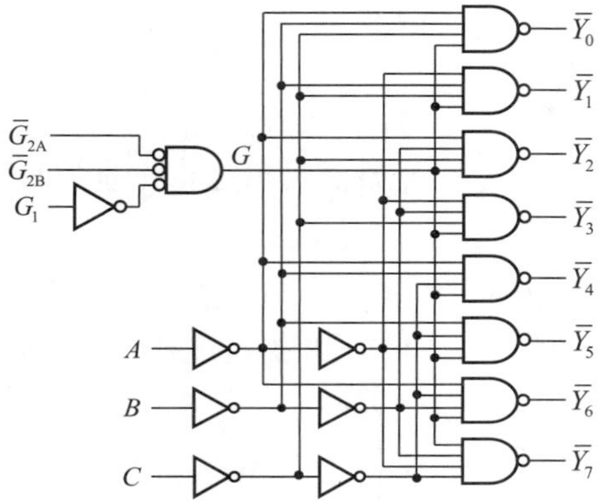

图 6.16　74LS138 的内部逻辑电路图

74LS138 的功能表见表 6.10。可以看出，当$G_1=1$且$\overline{G}_{2A}=\overline{G}_{2B}=0$时，译码器才能工作，否则译码器禁止工作，输出全为高电平。正常工作时，3 个输入构成的二进制原码CBA共有 8 种输入组合，对应于每一种输入组合，8 个输出$\overline{Y}_0\sim\overline{Y}_7$中有且仅有一个输出为 0，其余均为 1。

表 6.10　3 线-8 线译码器 74LS138 的功能表

输入						输出							
G_1	$\overline{G}_{2A}$	$\overline{G}_{2B}$	C	B	A	$\overline{Y}_0$	$\overline{Y}_1$	$\overline{Y}_2$	$\overline{Y}_3$	$\overline{Y}_4$	$\overline{Y}_5$	$\overline{Y}_6$	$\overline{Y}_7$
0	×	×	×	×	×	1	1	1	1	1	1	1	1
×	×	1	×	×	×	1	1	1	1	1	1	1	1
×	1	×	×	×	×	1	1	1	1	1	1	1	1
1	0	0	0	0	0	0	1	1	1	1	1	1	1
1	0	0	0	0	1	1	0	1	1	1	1	1	1
1	0	0	0	1	0	1	1	0	1	1	1	1	1
1	0	0	0	1	1	1	1	1	0	1	1	1	1
1	0	0	1	0	0	1	1	1	1	0	1	1	1
1	0	0	1	0	1	1	1	1	1	1	0	1	1
1	0	0	1	1	0	1	1	1	1	1	1	0	1
1	0	0	1	1	1	1	1	1	1	1	1	1	0

由功能表可以看出，当 $G_1 = 1$ 且 $\overline{G}_{2A} = \overline{G}_{2B} = 0$ 时，各个输出的逻辑表达式为

$$\overline{Y}_0 = \overline{\overline{C}\,\overline{B}\,\overline{A}} = \overline{m}_0，\quad \overline{Y}_1 = \overline{\overline{C}\,\overline{B}A} = \overline{m}_1，\quad \overline{Y}_2 = \overline{\overline{C}B\overline{A}} = \overline{m}_2，\quad \overline{Y}_3 = \overline{\overline{C}BA} = \overline{m}_3$$

$$\overline{Y}_4 = \overline{C\overline{B}\,\overline{A}} = \overline{m}_4，\quad \overline{Y}_5 = \overline{C\overline{B}A} = \overline{m}_5，\quad \overline{Y}_6 = \overline{CB\overline{A}} = \overline{m}_6，\quad \overline{Y}_7 = \overline{CBA} = \overline{m}_7$$

输出逻辑表达式可统一为

$$\overline{Y}_i = \overline{m}_i \quad（i = 0,1,\ldots,7）$$

即译码器的输出 $\overline{Y}_i$ 是输入变量 CAB 对应最小项 m_i 的非，这里需要注意变量组合的高低位排列顺序。

74LS138 的逻辑符号如图 6.17 所示。利用使能输入端，可以对译码器进行级联扩展。例如，可以方便地将两片 74LS138 扩展成 4 线-16 线译码器。

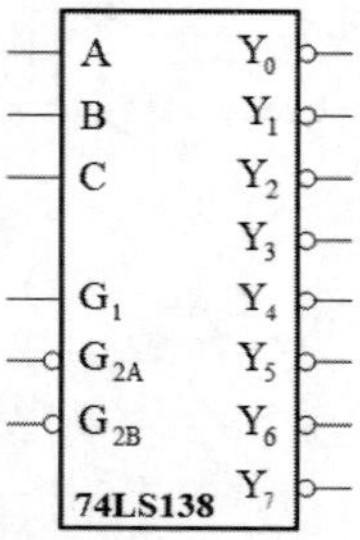

图 6.17　74LS138 的逻辑符号

6.5.2　二进制译码器的应用

译码器在数字系统有广泛的应用，例如在微处理器与外围设备接口总线中，可以用译码器进行地址译码。利用译码器包含地址变量全部最小项的特性可以将其用于实现任意的组合逻辑函数。此外，还可以根据输出端的互斥特性将译码器作为数据分配器使用。

1. 实现地址译码

在微处理器与外围设备接口总线中，可以用译码器进行地址译码，如图 6.18 所示。图中，微处理器输出高 3 位地址信号至 74LS138 的输入端，通过译码后在输出端产生一个低电平有效信号，对应连接到一个外设作为有效片选信号，片选有效的外设可以和微处理器进行数据交换，而其他片选信号无效的外设不能进行数据交换。例如，当微处理器的 $A_{15}A_{14}A_{13} = 001$ 时，74LS138 输出 $\overline{Y}_1 = 0$，使外设 2 的片选信号 $\overline{CS}_1 = 0$，此时只有外设 2 可以和微处理器进行数据交换。

2. 实现组合逻辑函数

对于 n 位二进制译码器，其 2^n 个输出恰好对应输入信号的 2^n 个最小项。通过

前面的学习我们已经知道，任何一个逻辑函数都可以写成最小项表达式的形式，因此，可以利用译码器及相关逻辑门来实现组合逻辑函数，具体方法如下：

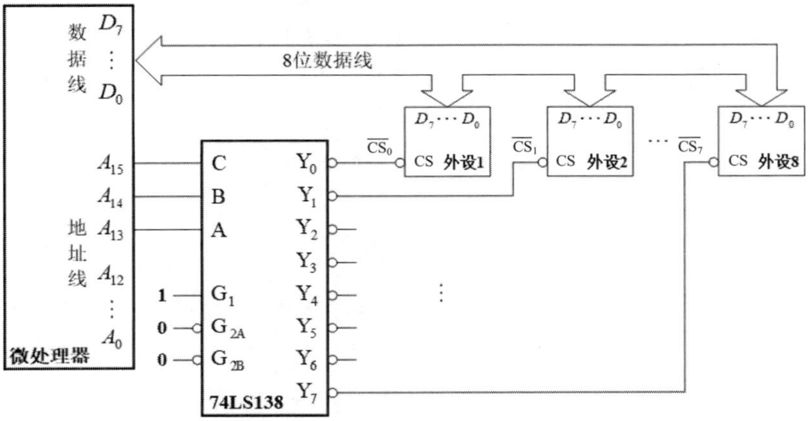

图 6.18　74LS138 用于微处理器总线地址译码

（1）根据待实现逻辑函数 $F(X_{n-1},\ldots,X_1,X_0)$ 的自变量个数 n，确定二进制译码器的输入线数为 n。

（2）将逻辑函数 $F(X_{n-1},\ldots,X_1,X_0)$ 转换成最小项表达式形式。

（3）将逻辑函数最小项表达式与译码器进行输入、输出对比，并进行必要的逻辑变换。

根据逻辑函数最小项表达式中出现的最小项 m_i，确定译码器的相应输出端 $\overline{Y_i}=\overline{m_i}$（$i=0,1,\ldots,2^{n-1}$），并将逻辑函数 $F(X_{n-1},\ldots,X_1,X_0)$ 用译码器的输出 $\overline{Y_i}$ 来表示。这里的逻辑变换通常是运用摩根定律将最小项表达式变换为与非式。此外，应特别注意逻辑函数自变量与译码器的输入变量必须按高低位顺序一一对应。

（4）将译码器相应的输出端和门电路连接实现逻辑函数。

【例 6.7】试用二进制译码器实现逻辑函数 $F(A,B,C)=AB+\overline{B}C$。

解：

（1）逻辑函数输入变量数为 3，故选用 3 线-8 线译码器 74LS138。

（2）将逻辑函数转换为最小项表达式

$$
\begin{aligned}
F(A,B,C)&=AB+\overline{B}C\\
&=AB(C+\overline{C})+(A+\overline{A})\overline{B}C\\
&=ABC+AB\overline{C}+A\overline{B}C+\overline{A}\overline{B}C\\
&=m_7+m_6+m_5+m_1
\end{aligned}
$$

特别注意，$F(A,B,C)$ 中自变量左右的排列顺序通常代表了高低位顺序关系，最左边的 A 为最高位，最右边的 C 为最低位，最小项 m_i 的下标序号与之相关。因此，在书写过程中，每一项中的变量顺序应按照统一顺序来写，以防出错。

（3）对比 74LS138 的输入端，端口 C 为最高位，因此，可将输入变量 A 接至端口 C、输入变量 B 接至端口 B、输入变量 C 接至端口 A，这样 74LS138 的输出 $\overline{Y_i}=\overline{m_i}$（$i=0,1,\ldots,7$），于是有

$$
\begin{aligned}
F(A,B,C) &= m_7+m_6+m_5+m_1 \\
&= \overline{\overline{m_7}\cdot\overline{m_6}\cdot\overline{m_5}\cdot\overline{m_1}} \\
&= \overline{\overline{Y_7}\cdot\overline{Y_6}\cdot\overline{Y_5}\cdot\overline{Y_1}}
\end{aligned}
$$

（4）可用 74LS138 和 1 个 4 输入与非门实现逻辑函数，如图 6.19（a）所示。

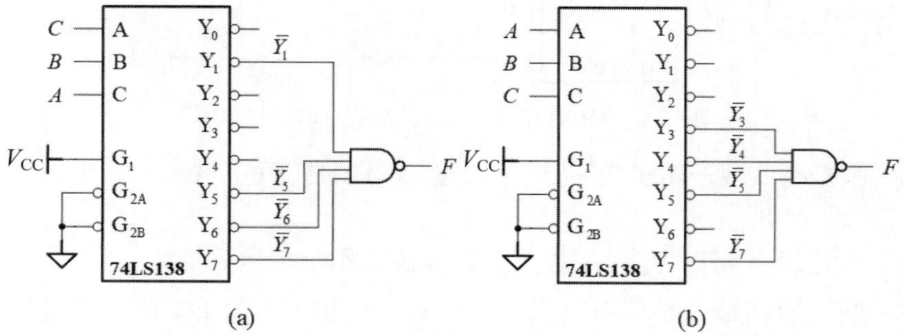

图 6.19 例 6.7 的两种等效逻辑电路实现

如果将输入变量 A 接至端口 A、输入变量 B 接至端口 B、输入变量 C 接至端口 C，则输入变量 C 为最高位，则有

$$
\begin{aligned}
F(C,B,A) &= AB+\overline{B}C \\
&= CBA+\overline{C}BA+C\overline{B}A+C\overline{B}\,\overline{A} \\
&= m_7+m_3+m_5+m_4 \\
&= \overline{\overline{Y_7}\cdot\overline{Y_5}\cdot\overline{Y_4}\cdot\overline{Y_3}}
\end{aligned}
$$

相应的逻辑实现如图 6.19（b）所示，两种方法均能实现相同的逻辑函数。

6.5.3 二-十进制译码器

二-十进制译码器的功能是将输入的 4 位 8421BCD 码转换成 10 个对应的输出，又称 4 线-10 线译码器或 BCD 码译码器。常用的二-十进制译码器集成电路有 74LS42，功能表见表 6.11。

表 6.11　4 线-10 线译码器 74LS42 的功能表

十进制数	输入				输出									
	D	C	B	A	$\overline{Y}_0$	$\overline{Y}_1$	$\overline{Y}_2$	$\overline{Y}_3$	$\overline{Y}_4$	$\overline{Y}_5$	$\overline{Y}_6$	$\overline{Y}_7$	$\overline{Y}_8$	$\overline{Y}_9$
0	0	0	0	0	0	1	1	1	1	1	1	1	1	1
1	0	0	0	1	1	0	1	1	1	1	1	1	1	1
2	0	0	1	0	1	1	0	1	1	1	1	1	1	1
3	0	0	1	1	1	1	1	0	1	1	1	1	1	1
4	0	1	0	0	1	1	1	1	0	1	1	1	1	1
5	0	1	0	1	1	1	1	1	1	0	1	1	1	1
6	0	1	1	0	1	1	1	1	1	1	0	1	1	1
7	0	1	1	1	1	1	1	1	1	1	1	0	1	1
8	1	0	0	0	1	1	1	1	1	1	1	1	0	1
9	1	0	0	1	1	1	1	1	1	1	1	1	1	0
无效码	1	0	1	0	1	1	1	1	1	1	1	1	1	1
	1	0	1	1	1	1	1	1	1	1	1	1	1	1
	1	1	0	0	1	1	1	1	1	1	1	1	1	1
	1	1	0	1	1	1	1	1	1	1	1	1	1	1
	1	1	1	0	1	1	1	1	1	1	1	1	1	1
	1	1	1	1	1	1	1	1	1	1	1	1	1	1

当 $DCBA$ 为 1010～1111 时，输入不在 8421BCD 码范围内，称为无效码或伪码，此时译码器输出为全 1，表示拒绝译码。74LS42 逻辑符号如图 6.20 所示。

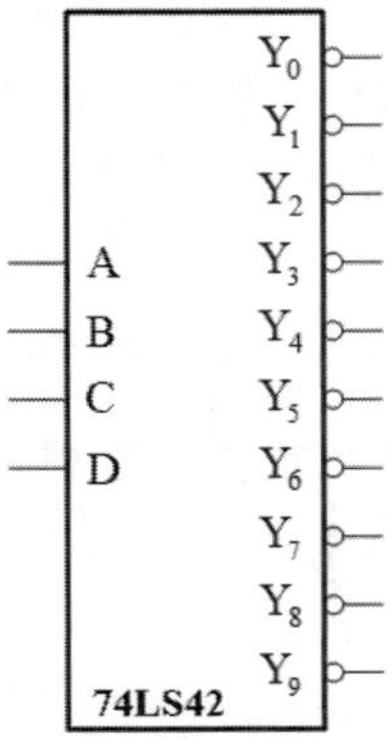

图 6.20　74LS42 的逻辑符号

6.5.4 显示译码器

在数字系统中，常常需要将二进制码表示的数字、字符和符号等信息直观地显示出来，因此，需要显示译码器和数码显示器等来实现显示功能。在实际应用中，广泛采用七段数码管来做数码显示器，而显示译码器则用于驱动七段数码管。例如，图 6.9 所示的 8 路报警系统中，在 3 位译码器后面改用 1 个显示译码器和 1 个七段数码管取代原先的 8 个指示灯，这样数码管可以根据开关 $S_0 \sim S_7$ 的状态分别显示 0～7 八个数字，这种方式比指示灯显示的方式更直观。

根据发光材料的不同，常见的显示器件有发光二极管（Light Emitting Diode，LED）和液晶显示器（Liquid Crystal Display，LCD），这两种显示器件具体又都可分为笔画段型和点阵型两大类。笔画段型显示器件由一些特定笔画的发光段组成，利用不同的发光段组合来显示特定的字形和字符。点阵型显示器件由许多行列规则排列的发光点阵组成，可通过驱动不同行和列上的发光点来组合显示字符和图形。显示器件一般需要专门的显示译码器及驱动器与之配合来实现数码的转换和显示控制。

1. 七段 LED 数码显示器

七段 LED 数码显示器也称为七段数码管。LED 是一种由特殊半导体材料制成的 PN 结，在外加一定的正向电压时，具有将电能转换成光能的特性，光的颜色与半导体材料有关。一个七段数码管内部通常由 8 段 LED 组成，其中，7 段 LED 构成字形“8”的各个笔画（a～g），1 段 LED 作为小数点（dp），七段数码管的外部结构和等效电路如图 6.21 所示，图中 COM 为公共端。

根据公共端的连接方式，LED 数码管可以分为共阳极数码管和共阴极数码管。对于共阳极数码管，公共端 COM 管脚接电源正极，a～g 及 dp 笔画段在对应管脚输入低电平时有效，点亮相应的笔画段。对于共阴极数码管，公共端 COM 管脚接电源负极，a～g 及 dp 笔画段在对应管脚输入高电平时有效。此外，为了各段 LED 不至于因电流过大而损坏，一般需要外加电阻进行限流保护。

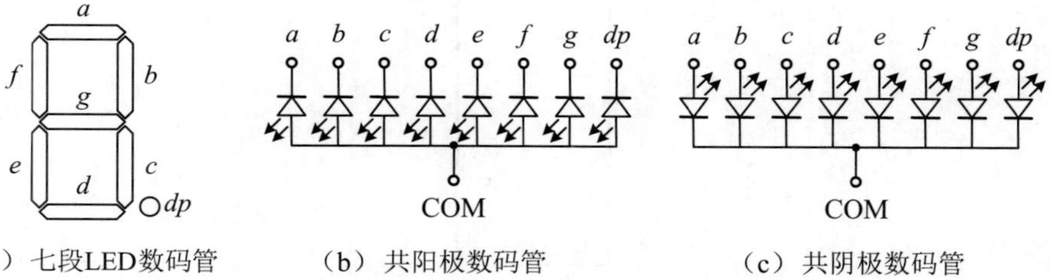

（a）七段LED数码管　（b）共阳极数码管　（c）共阴极数码管

图 6.21　七段 LED 数码显示器

2. 七段 LED 显示译码器

常用的七段 LED 显示译码器可以将输入的 4 位 8421BCD 码转换为 7 位输出，驱动数码管 7 个独立的笔画段排列构成十进制数字 0～9。对应于不同极性的数码管，显示译码器可分为两种：第一种用于驱动共阳极数码管，输出低电平有效，如 74LS247、74LS47 等；第二种用于驱动共阴极数码管，输出高电平有效，如 74LS248、74LS48 等。

74LS248 的功能表如表 6.12 所示。74LS247 与 74LS248 逻辑功能类似，区别在于输出的有效电平相反，此外，74LS247 为集电极开路输出，可以直接驱动数码管发光，无需额外接电流驱动芯片。74LS47 和 74LS48 也具有相似的逻辑特性，只是在显示数字 6 和 9 时比 74LS247 和 74LS248 要少一段，即显示为“b”和“9”。

表 6.12 显示译码器 74LS248 的功能表

功能	输入						输入/输出	输出							显示字形
	$\overline{LT}$	$\overline{RBI}$	D	C	B	A	$\overline{BI}/\overline{RBO}$	a	b	c	d	e	f	g	
0	1	1	0	0	0	0	1	1	1	1	1	1	1	0	0
1	1	×	0	0	0	1	1	0	1	1	0	0	0	0	1
2	1	×	0	0	1	0	1	1	1	0	1	1	0	1	2
3	1	×	0	0	1	1	1	1	1	1	1	0	0	1	3
4	1	×	0	1	0	0	1	0	1	1	0	0	1	1	4
5	1	×	0	1	0	1	1	1	0	1	1	0	1	1	5
6	1	×	0	1	1	0	1	1	0	1	1	1	1	1	6
7	1	×	0	1	1	1	1	1	1	1	0	0	0	0	7
8	1	×	1	0	0	0	1	1	1	1	1	1	1	1	8
9	1	×	1	0	0	1	1	1	1	1	1	0	1	1	9
10	1	×	1	0	1	0	1	0	0	0	1	1	0	1	c
11	1	×	1	0	1	1	1	0	0	1	1	0	0	1	ɔ
12	1	×	1	1	0	0	1	0	1	0	0	0	1	1	⊔
13	1	×	1	1	0	1	1	1	0	0	1	0	1	0	⊆
14	1	×	1	1	1	0	1	1	0	0	1	0	1	1	t
15	1	×	1	1	1	1	1	0	0	0	0	0	0	0	
灭灯输入	×	×	×	×	×	×	0	0	0	0	0	0	0	0	
动态灭零	1	0	0	0	0	0	0	0	0	0	0	0	0	0	
试灯输入	0	×	×	×	×	×	1	1	1	1	1	1	1	1	8

当4位输入 $DCBA$ 为0000～1001时，7段译码输出使数码管分别对应显示0～9十个数字。当 $DCBA$ 为1010～1110时，数码管对应显示并非为 $A \sim F$，而是一些特殊符号。当 $DCBA$ 为1111时，数码管熄灭不显示。

74LS248的逻辑符号如图6.22所示，其中 D、C、B、A 为8421BCD码输入，$a \sim g$ 为7段译码输出。

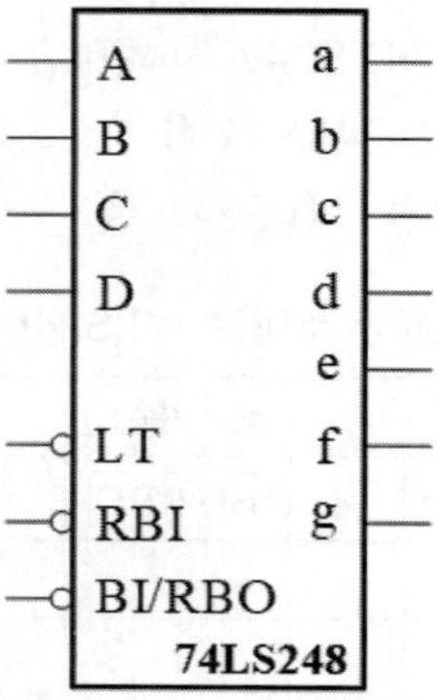

图6.22　74LS248的逻辑符号

为了便于扩展电路及测试，74LS248还有一系列附加输入/输出控制端口，具体如下：

（1）试灯 $\overline{\text{LT}}$。$\overline{\text{LT}}$（Lamp Test）为灯测试输入，低电平有效。当 $\overline{\text{LT}}=0$、$\overline{\text{BI}}=1$ 或悬空时，译码器所有输出均为高电平，数码管的7个笔画段都被点亮，即显示数字“8”。$\overline{\text{LT}}$ 用于检查数码管各笔画段是否正常，其控制优先级仅次于灭灯输入 $\overline{\text{BI}}$。

（2）动态灭零输入 $\overline{\text{RBI}}$。$\overline{\text{RBI}}$（Ripple Blanking Input）为动态灭零输入，也称纹波消隐输入，低电平有效。当 $\overline{\text{LT}}=1$、$\overline{\text{RBI}}=0$ 时，如果数据输入 $DCBA=0000$，则显示译码器7段输出均为高阻态，整个数码管熄灭，即“灭零”，灭零是指数码管本来应该显示数字“0”却没有显示。如数据输入 $DCBA \neq 0000$，则数码管根据输入显示相应字形，即非“0”数字数码管正常显示。$\overline{\text{RBI}}$ 可以消隐无用的零，如整数部分的前零和小数部分的后零。

（3）灭灯输入/动态灭零输出 $\overline{\text{BI}}/\overline{\text{RBO}}$。$\overline{\text{BI}}/\overline{\text{RBO}}$（Blanking Input / Ripple Blanking Output）为灭灯输入/动态灭零输出，也称消隐输入/纹波消隐输出，是一个输入/输出双向复用引脚。当作为灭灯输入 $\overline{\text{BI}}$ 时，低电平有效，且其控制优先级最高。若 $\overline{\text{BI}}=0$，无论 $DCBA$ 输入什么数据，显示译码器7段输出均为高阻态，整个

数码管熄灭，此时显示译码器的其他控制功能也都无法执行。当作为动态灭灯输出 $\overline{\mathrm{RBO}}$ 时，低电平有效。$\overline{\mathrm{RBO}}$ 输出状态受控于 $\overline{\mathrm{RBI}}$ 输入和数据输入 $DCBA$ 的状态，当 $\overline{\mathrm{RBI}}=0$、$\overline{\mathrm{LT}}=1$ 且 $DCBA=0000$ 时，显示译码器实现“灭零”，同时 $\overline{\mathrm{RBO}}$ 输出低电平，表示本显示译码器处于“灭零”状态。$\overline{\mathrm{RBO}}$ 在多个显示译码器级联时使用。

通过动态灭零输入 $\overline{\mathrm{RBI}}$ 和动态灭零输出 $\overline{\mathrm{RBO}}$ 的配合，可以实现多位十进制数码显示系统整数前和小数后的灭零控制。

【例 6.8】一个具有灭零功能的多级数码显示系统电路如图 6.23 所示，试分析电路工作原理。

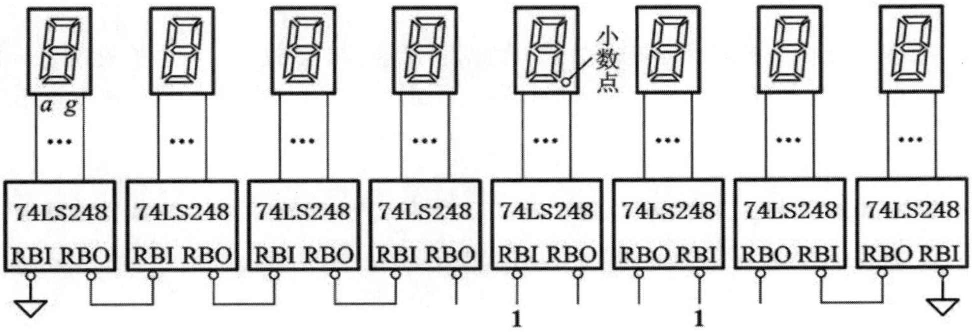

图 6.23　具有灭零功能的多级数码显示系统

解： 由电路可知，系统最多可以显示 5 位整数和 3 位小数。

整数部分最高位显示译码器的 $\overline{\mathrm{RBI}}$ 始终为 0，当整数最高位数据输入为“0”时，最高位数码管将不显示，即实现灭零，并且 $\overline{\mathrm{RBO}}$ 把灭零输出低电平向后一位传递，下一级显示译码器也将根据输入数据来决定是否进行灭零，依次类推。

与整数部分类似，小数部分最低位显示译码器的 $\overline{\mathrm{RBI}}$ 始终为 0，根据输入数据来决定是否进行灭零，通过 $\overline{\mathrm{RBO}}$ 进一步将灭零控制向前一位传递。整数部分的最低位和小数部分的最高位即使是“0”也要显示，因此无需灭零。

6.6　数据选择器

【微课视频】
数据选择器

数据选择器又称多路开关或多路选择器（Multiplexer），其基本功能是在地址信号控制下，从多路输入数据中选择一路输出到公共数据线上。以 4 通道为例，数据选择器的功能示意图如图 6.24 所示。

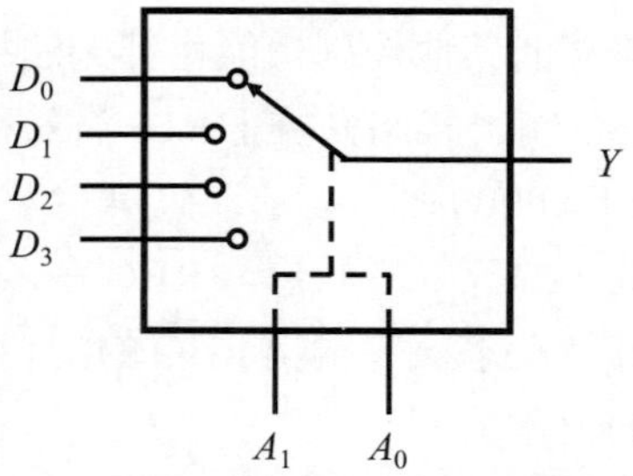

图 6.24　数据选择器功能示意图

6.6.1　集成数据选择器

常见的集成数据选择器有四 2 选 1 数据选择器 74LS157、双 4 选 1 数据选择器 74LS153、8 选 1 数据选择器 74LS151 等。下面以 4 选 1 数据选择器为例来说明内部结构和工作原理。

1．4 选 1 数据选择器

4 选 1 数据选择器的逻辑电路如图 6.25 所示，其中，$D_0 \sim D_3$ 为数据输入端；B、A 为地址输入端；$\overline{G}$ 为使能输入端，低电平有效；Y 为数据输出端。当 $\overline{G}=0$ 时，根据地址变量 BA 的值来选择 $D_0 \sim D_3$ 中的一路数据输出到 Y。当 $\overline{G}=1$ 时，所有 4 输入与门被封锁，Y 与输入数据无关，始终为 0，输出无效。

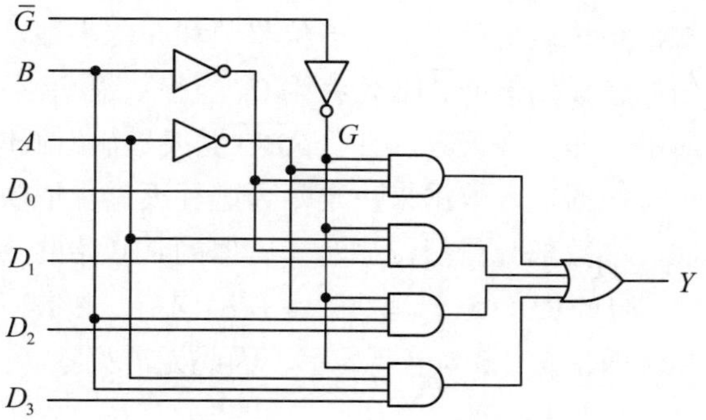

图 6.25　4 选 1 数据选择器的逻辑电路图

根据图 6.25 可以写出 4 选 1 数据选择器的逻辑表达式为

$$Y = \overline{\overline{G}}(\overline{B}\,\overline{A}D_0 + \overline{B}AD_1 + B\overline{A}D_2 + BAD_3) = G \cdot \sum_{i=0}^{3} m_i D_i$$

式中，m_i 是地址变量 B（高位）、A 对应的最小项。根据上式可以得到如表 6.13 所示的 4 选 1 数据选择器功能表。在 $\overline{G}=0$ 时，上式可写为

$$Y=\overline{B}\,\overline{A}D_0+\overline{B}AD_1+B\overline{A}D_2+BAD_3=\sum_{i=0}^{3}m_iD_i$$

表 6.13　4 选 1 数据选择器的功能表

输入							输出
$\overline{G}$	B	A	D_0	D_1	D_2	D_3	Y
1	×	×	×	×	×	×	0
0	0	0	D_0	×	×	×	D_0
0	0	1	×	D_1	×	×	D_1
0	1	0	×	×	D_2	×	D_2
0	1	1	×	×	×	D_3	D_3

集成双 4 选 1 数据选择器 74LS153 的逻辑符号如图 6.26 所示，芯片内部具有两个功能完全相同的 4 选 1 数据选择器。由逻辑符号图可知，两个 4 选 1 数据选择器共用一组地址输入端 B、A，数据输入端、使能输入端和数据输出端则各自独立分开，并在端口名的首位用数字 1 和 2 加以区分。

2. 8 选 1 数据选择器

集成 8 选 1 数据选择器 74LS151 的逻辑符号如图 6.27 所示，其中，$D_0 \sim D_7$ 为数据输入端；C、B、A 为地址输入端；$\overline{G}$ 为使能输入端，低电平有效；Y 和 $\overline{Y}$ 为互补数据输出端。

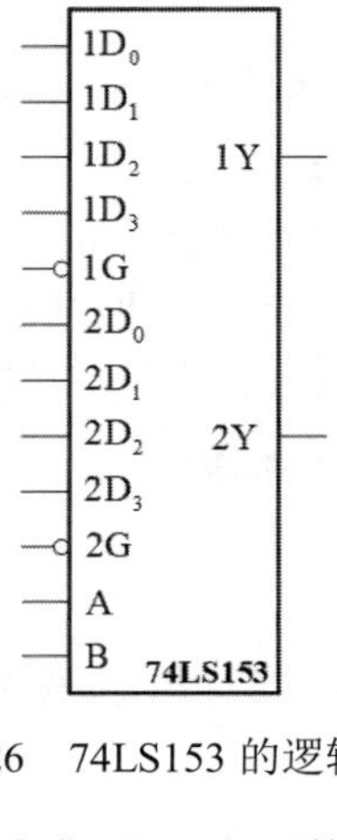

图 6.26　74LS153 的逻辑符号

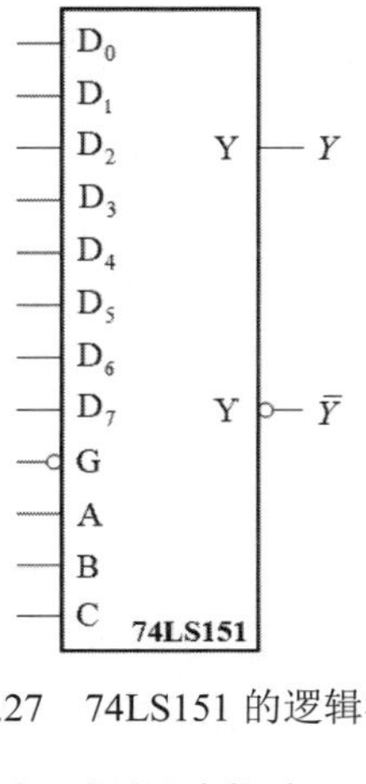

图 6.27　74LS151 的逻辑符号

表 6.14 为集成 8 选 1 数据选择器 74LS151 的功能表。根据功能表，可以写出 Y 的逻辑表达式为

$$Y=\overline{\overline{G}}(\overline{C}\,\overline{B}\,\overline{A}\cdot D_0+\overline{C}\,\overline{B}A\cdot D_1+\ldots+CBA\cdot D_7)=G\cdot\sum_{i=0}^{7}m_iD_i$$

式中，m_i是地址变量C（最高位）、B、A对应的最小项。在$\overline{G}=0$时，上式可写为

$$Y=\overline{C}\,\overline{B}\,\overline{A}\cdot D_0+\overline{C}\,\overline{B}A\cdot D_1+\ldots+CBA\cdot D_7=\sum_{i=0}^{7}m_iD_i$$

表 6.14　集成 8 选 1 数据选择器 74LS151 的功能表

输入												输出	
$\overline{G}$	C	B	A	D_0	D_1	D_2	D_3	D_4	D_5	D_6	D_7	Y	$\overline{Y}$
1	×	×	×	×	×	×	×	×	×	×	×	0	1
0	0	0	0	D_0	×	×	×	×	×	×	×	D_0	$\overline{D_0}$
0	0	0	1	×	D_1	×	×	×	×	×	×	D_1	$\overline{D_1}$
0	0	1	0	×	×	D_2	×	×	×	×	×	D_2	$\overline{D_2}$
0	0	1	1	×	×	×	D_3	×	×	×	×	D_3	$\overline{D_3}$
0	1	0	0	×	×	×	×	D_4	×	×	×	D_4	$\overline{D_4}$
0	1	0	1	×	×	×	×	×	D_5	×	×	D_5	$\overline{D_5}$
0	1	1	0	×	×	×	×	×	×	D_6	×	D_6	$\overline{D_6}$
0	1	1	1	×	×	×	×	×	×	×	D_7	D_7	$\overline{D_7}$

3. 数据选择器的扩展

当数据选择器的数据输入端数目不够时，可以通过使能端进行扩展。如图 6.28 所示，可将两片 74LS151 扩展为 16 选 1 数据选择器，D、C、B、A为地址输入，当$D=0$时，低位片工作，高位片不工作，根据CBA的取值从低 8 位输入数据D_0～D_7中选择一路输出；当$D=1$时，低位片不工作，高位片工作，根据CBA的取值从高 8 位数据D_8～D_{15}中选择一路输出。如需进一步扩展，可将扩展的多个高位地址通过二进制译码器输出后再控制各数据选择器的使能端来实现。

6.6.2　用数据选择器实现组合逻辑函数

任意一个组合逻辑函数均可表示为最小项之和的形式，对于2^n选 1 的数据选择器而言，当使能端有效时，其输出逻辑表达式为

$$Y=\sum_{i=0}^{2^n-1}m_iD_i$$

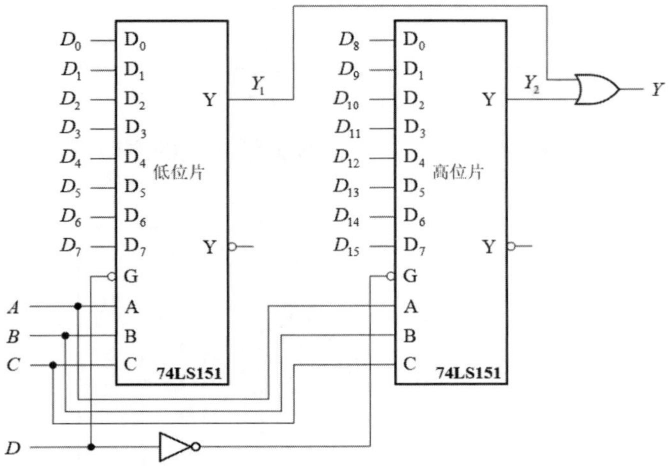

图 6.28　两片 74LS151 扩展为 16 选 1 数据选择器

其中，m_i 是地址变量对应的最小项，D_i 是数据选择器的数据输入。可以通过设置 D_i 的高低电平来控制相应的 m_i 是否在表达式中出现。当 $D_i=1$ 时，对应的 m_i 出现；当 $D_i=0$ 时，对应的 m_i 不出现。

【例 6.9】试用 8 选 1 数据选择器 74LS151 实现逻辑函数 $F=AB+\overline{B}C$ 。

解：先将逻辑函数转换成最小项之和的形式：

$$
\begin{aligned}
F(A,B,C) &= AB+\overline{B}C \\
&= AB(C+\overline{C})+(A+\overline{A})\overline{B}C \\
&= ABC+AB\overline{C}+A\overline{B}C+\overline{A}\overline{B}C \\
&= m_7+m_6+m_5+m_1
\end{aligned}
$$

此处输入变量 A 为最高位，对比 74LS151 使能端有效时的输出表达式，可将输入变量 A、B、C 分别与 74LS151 的地址输入端 C、B、A 对应相连，并将各数据输入端设置如下：

$$D_0=D_2=D_3=D_4=0$$

$$D_1=D_5=D_6=D_7=1$$

逻辑实现如图 6.29（a）所示。注意，74LS151 的地址输入端 C 为最高位，如将输入变量 A、B、C 与 74LS151 的地址输入端 A、B、C 对应相连，则应改写逻辑函数如下：

$$
\begin{aligned}
F(C,B,A) &= AB+\overline{B}C \\
&= CBA+\overline{C}BA+C\overline{B}A+C\overline{A}\overline{B} \\
&= m_7+m_3+m_5+m_4
\end{aligned}
$$

各数据输入端设置应改为

$$D_0 = D_1 = D_2 = D_6 = 0$$
$$D_3 = D_4 = D_5 = D_7 = 1$$

相应逻辑实现如图 6.29（b）所示，两种方法实现的逻辑函数完全相同。

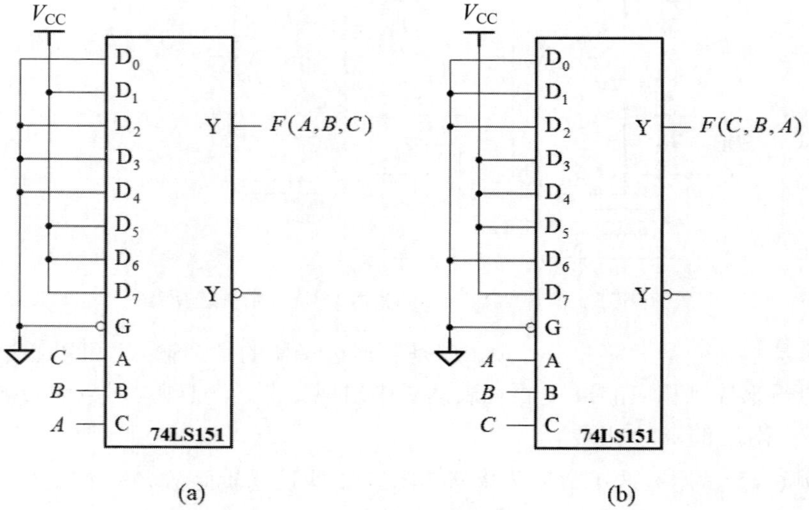

图 6.29　例 6.9 的两种等效逻辑电路实现

如果逻辑函数输入变量个数大于数据选择器地址端个数，那么输入变量的最小项个数多于数据选择器输入端个数。此时，需要从逻辑函数中分离出多余的输入变量，再将这些变量通过门电路构成的译码电路加到数据选择器的输入端。

【例 6.10】用 8 选 1 数据选择器 74LS151 实现逻辑函数 $F = AB + B\overline{C}D + A\overline{D} + C\overline{D}$。

解： 先将逻辑函数转换成最小项之和的形式：

$$\begin{aligned}F(A,B,C,D) &= AB + B\overline{C}D + A\overline{D} + C\overline{D}\\ &= AB(C+\overline{C})(D+\overline{D}) + (A+\overline{A})B\overline{C}D + A(B+\overline{B})(C+\overline{C})\overline{D}\\ &\quad + (A+\overline{A})(B+\overline{B})C\overline{D}\\ &= ABCD + AB\overline{C}D + ABC\overline{D} + AB\overline{C}\,\overline{D} + \overline{A}B\overline{C}D + A\overline{B}C\overline{D}\\ &\quad + A\overline{B}\,\overline{C}\,\overline{D} + \overline{A}BC\overline{D} + \overline{A}\,\overline{B}C\overline{D}\end{aligned}$$

显然，逻辑函数有 4 个输入变量，可任意选定 3 个变量作为 74LS151 的地址变量。不妨选择输入变量 A、B、C 作为地址变量，设 A 为高位，分别与 74LS151 的地址输入端 C、B、A 对应相连，则上式可重新整理为

$$
\begin{aligned}
F(A,B,C,D) &= ABCD + AB\overline{C}D + ABC\overline{D} + AB\overline{C}\,\overline{D} + \overline{A}B\overline{C}D + A\overline{B}C\overline{D} \\
&\quad + A\overline{B}\,\overline{C}\,\overline{D} + \overline{A}BC\overline{D} + \overline{A}\,\overline{B}C\overline{D} \\
&= ABC\cdot(D+\overline{D}) + AB\overline{C}\cdot(D+\overline{D}) + \overline{A}B\overline{C}\cdot D + A\overline{B}C\cdot\overline{D} \\
&\quad + A\overline{B}\,\overline{C}\cdot\overline{D} + \overline{A}BC\cdot\overline{D} + \overline{A}\,\overline{B}C\cdot\overline{D} \\
&= \overline{A}\,\overline{B}\,\overline{C}\cdot 0 + \overline{A}\,\overline{B}C\cdot\overline{D} + \overline{A}B\overline{C}\cdot D + \overline{A}BC\cdot\overline{D} + A\overline{B}\,\overline{C}\cdot\overline{D} \\
&\quad + A\overline{B}C\cdot D + AB\overline{C}\cdot 1 + ABC\cdot 1
\end{aligned}
$$

对比 74LS151 的输出逻辑表达式可得

$$D_0 = 0\text{，}\quad D_1 = D_3 = D_4 = D_5 = \overline{D}\text{，}\quad D_2 = D\text{，}\quad D_6 = D_7 = 1$$

逻辑实现如图 6.30 所示。

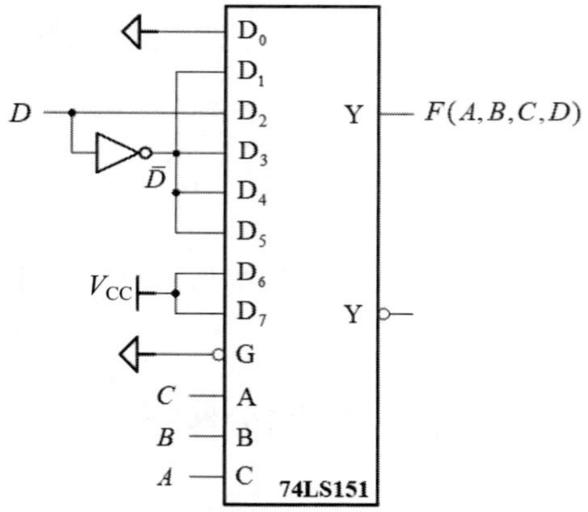

图 6.30　例 6.10 的逻辑电路实现

可见，对于逻辑函数输入变量个数大于数据选择器地址端个数的情况，可以先选定输入变量作为数据选择器的地址变量，再将输入变量按地址变量对应的最小项规律列写，若未出现相应项则乘 0 补齐，继而确定数据选择器各数据输入端的值就能够实现逻辑函数。

上述逻辑函数比较法书写起来比较繁杂，也可以利用降维卡诺图进行设计。所谓的降维卡诺图是将传统卡诺图中特殊位置的小方格进行合并，这样小方格中除了 0 或 1，还需引入所谓的记图变量，即分离出的变量来表示，未被分离的变量则称为标注变量，这样就可以降低卡诺图的维数。

【例 6.11】试利用降维卡诺图法实现例 6.10。

解：由例 6.10 得到的逻辑函数最小项表达式，可画出 $F(A,B,C,D)$ 的卡诺图如图 6.31（a）所示。不妨选择输入变量 D 为记图变量，则降一维后的卡诺图如图 6.31（b）所示。选择输入变量 A（最高位）、B、C 作为地址变量，分别与 74LS151 的

地址输入端 C、B、A 对应相连，而 74LS151 的输出 Y 与输入变量 A、B、C 及各数据输入端 D_i（$i=0,1,...,7$）的关系可用图 6.31（c）表示。

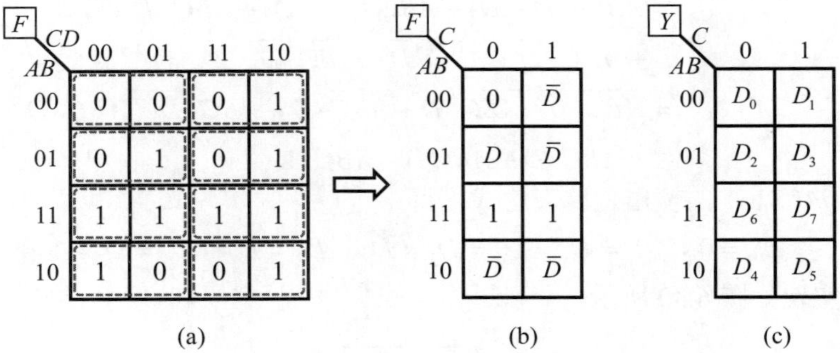

图 6.31　例 6.10 的降维卡诺图法求解过程

对比图 6.31（b）和图 6.31（c），可以得到

$$D_0=0\text{，}\quad D_1=D_3=D_4=D_5=\overline{D}\text{，}\quad D_2=D\text{，}\quad D_6=D_7=1$$

显然，降维卡诺图法与逻辑函数比较法的结果相同。需要注意，逻辑函数比较法中地址变量的选择不同会影响最终的逻辑实现，同样，降维卡诺图法中记图变量的选择也是如此。

6.7　数据分配器

数据分配器又称多路分配器（Demultiplexer），功能与数据选择器恰好相反，它是将单路输入数据按地址分配到多路数据输出端的某一路上。以 4 通道为例，数据分配器的功能示意图如图 6.32 所示。

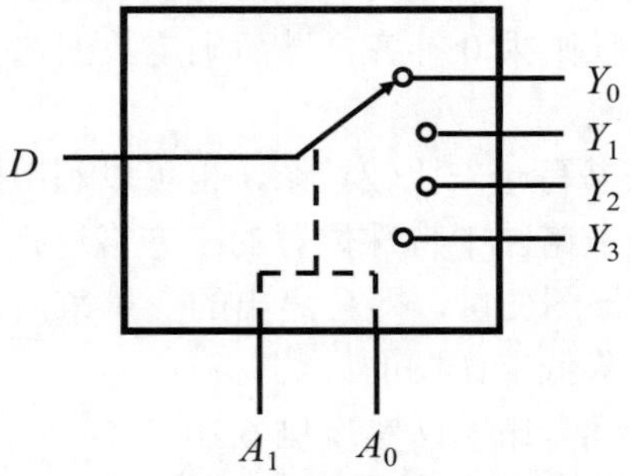

图 6.32　数据分配器功能示意图

根据数据分配器的定义，可以列出 1 路-4 路数据分配器的功能表，见表 6.15。

其中，D 为数据输入端，A_1、A_0 为地址输入端，$Y_0 \sim Y_3$ 为数据输出端。

表 6.15　1 路-4 路数据分配器的功能表

输入			输出			
	A_1	A_0	Y_0	Y_1	Y_2	Y_3
D	0	0	D	0	0	0
	0	1	0	D	0	0
	1	0	0	0	D	0
	1	1	0	0	0	D

根据表 6.15，可以得出各数据输出端的逻辑表达式

$$Y_0 = D \cdot \overline{A}_1\overline{A}_0 ,\quad Y_1 = D \cdot \overline{A}_1 A_0 ,\quad Y_2 = D \cdot A_1\overline{A}_0 ,\quad Y_3 = D \cdot A_1 A_0$$

即 $Y_i = D \cdot m_i$（$i = 0,1,2,3$），m_i 为地址变量 A_1（高位）、A_0 对应的最小项。

数据分配器可以用带使能端的二进制译码器实现。例如集成电路 74LS139 是一个双 2 线-4 线译码器，内部包含两个功能相同的 2 线-4 线译码器，译码器的功能见表 6.16，$\overline{G}$ 为使能输入端，低电平有效，B 和 A 为数据输入端，$\overline{Y}_0 \sim \overline{Y}_3$ 为译码输出端。

表 6.16　2 线-4 线译码器的功能表

输入			输出			
$\overline{G}$	B	A	$\overline{Y}_0$	$\overline{Y}_1$	$\overline{Y}_2$	$\overline{Y}_3$
1	×	×	1	1	1	1
0	0	0	0	1	1	1
0	0	1	1	0	1	1
0	1	0	1	1	0	1
0	1	1	1	1	1	0

由表 6.16 可知，译码输出的逻辑表达式为 $\overline{Y}_i = \overline{G \cdot m_i}$（$i = 0,1,2,3$）。此处，$m_i$ 为数据输入 B（高位）、A 对应的最小项。对比二进制译码器和数据分配器的输出逻辑表达式，可以看出两者在一定条件下具有等效的逻辑功能。

【例 6.12】试用 74LS139 实现 1 路-4 路数据分配器。

解：对比两者的输出逻辑表达式，可将数据 D 接至 74LS139 的使能输入端 $\overline{G}$，地址变量 A_1 和 A_0 分别对应接至译码器的数据输入端 B 和 A，译码器的输出即为 4

路分配数据输出，如图 6.33 所示。

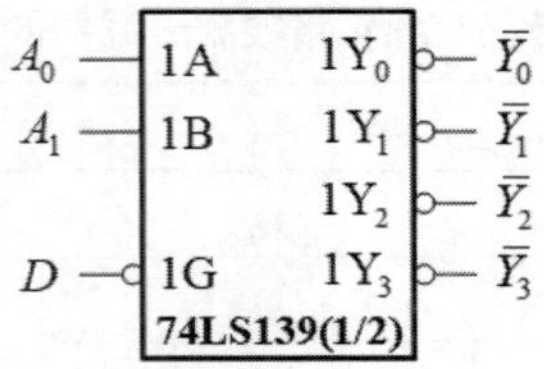

图 6.33　2 线-4 线译码器作为 1 路-4 路数据分配器使用

译码器的输出为

$$\overline{Y_i} = \overline{\overline{D} \cdot m_i} \quad（i = 0,1,2,3）$$

随着地址 A_1A_0 从$(00)_B$ 到$(11)_B$ 变化，相应的最小项 m_i 为 1，进而对应输出 $\overline{Y} = \overline{\overline{D}} = D$，即数据 D 被分配到与地址 A_1A_0 对应的输出端 $\overline{Y_i}$ 上。

6.8　加法器

【微课视频】

加法器

在数字系统中，两个二进制数之间的加、减、乘、除等算术运算可转换为若干加法运算来实现，加法器是构成运算器的基本单元电路。本节将介绍 1 位二进制数的半加器和全加器，然后讨论多位二进制数加法器。

6.8.1　半加器

将两个 1 位二进制数相加而不考虑来自低位进位的逻辑电路称为半加器。1 位二进制数的半加运算可由半加器真值表来表示，见表 6.17。其中，A 和 B 为被加数和加数输入，S 为和输出，CO 为进位输出。

表 6.17　半加器的真值表

输入		输出	
A	B	S	CO
0	0	0	0
0	1	1	0
1	0	1	0
1	1	0	1

由真值表可得到输出逻辑表达式

$$S = \overline{A}B + A\overline{B} = A \oplus B$$

$$CO = AB$$

可以用异或门和与门来实现半加器，如图 6.34（a）所示，图 6.34（b）为半加器的逻辑符号。

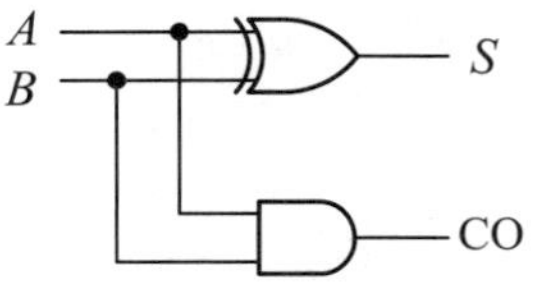

（a）逻辑电路

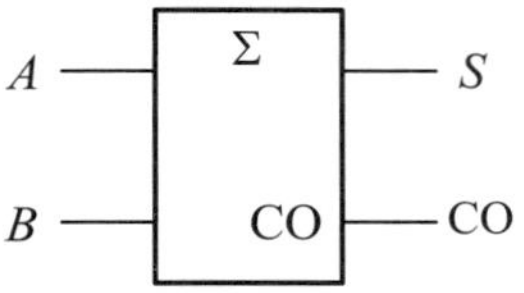

（b）逻辑符号

图 6.34　半加器的逻辑电路和逻辑符号

6.8.2　全加器

在做多位二进制数加法运算时，除最低位外，其他各位不仅需要考虑两个 1 位二进制加数，还应考虑来自低位的进位，这样的逻辑电路称为全加器。全加器的功能见表 6.18，其中 A_i 和 B_i 为被加数和加数输入，C_{i-1} 为来自相邻低位的进位输入，S_i 为和输出，C_i 为向相邻高位的进位输出。

表 6.18　全加器的真值表

输入			输出	
A_i	B_i	C_{i-1}	S_i	C_i
0	0	0	0	0
0	0	1	1	0
0	1	0	1	0
0	1	1	0	1
1	0	0	1	0
1	0	1	0	1
1	1	0	0	1
1	1	1	1	1

由真值表可得到输出逻辑表达式

$$\begin{aligned} S_i &= \overline{A}_i\overline{B}_iC_{i-1} + \overline{A}_iB_i\overline{C}_{i-1} + A_i\overline{B}_i\overline{C}_{i-1} + A_iB_iC_{i-1} \\ &= \overline{A}_i(\overline{B}_iC_{i-1} + B_i\overline{C}_{i-1}) + A_i(\overline{B}_i\overline{C}_{i-1} + B_iC_{i-1}) \\ &= \overline{A}_i(B_i \oplus C_{i-1}) + A_i(\overline{B_i \oplus C_{i-1}}) \\ &= A_i \oplus B_i \oplus C_{i-1} \end{aligned}$$

$$\begin{aligned}C_i &= \overline{A}_i B_i C_{i-1} + A_i \overline{B}_i C_{i-1} + A_i B_i \overline{C}_{i-1} + A_i B_i C_{i-1} \\ &= (\overline{A}_i B_i + A_i \overline{B})C_{i-1} + A_i B_i \\ &= (A_i \oplus B_i)C_{i-1} + A_i B_i\end{aligned}$$

全加器可以用两个半加器和一个或门来实现，如图 6.35（a）所示。图 6.32（b）为全加器逻辑符号。

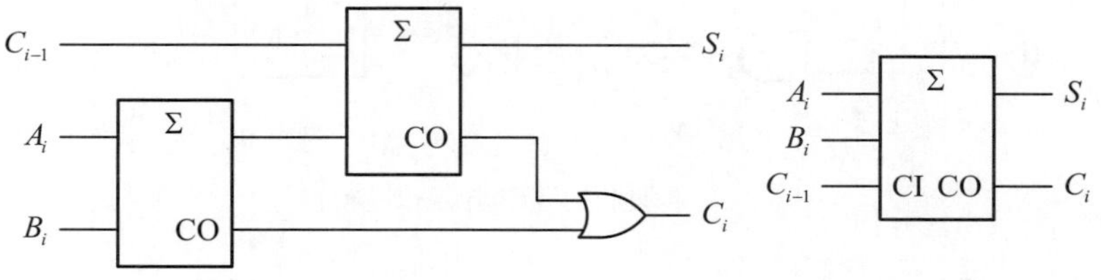

(a) 逻辑电路　　(b) 逻辑符号

图 6.35　全加器的逻辑电路和逻辑符号

6.8.3　多位加法器

多位数加法器用于实现两个多位二进制数的加法运算，根据结构不同可分为串行进位加法器和超前进位加法器。

1．串行进位加法器

要实现多位数相加，最简单的方法是将多个 1 位全加器进行级联，称为串行进位加法器。4 位串行进位加法器的电路如图 6.36 所示，可实现两个 4 位二进制数 $A_3A_2A_1A_0$ 和 $B_3B_2B_1B_0$ 的加法运算，C_{-1} 是最低位进位输入信号。由于运算过程中进位信号由低位向高位逐级串行传递，必须等到低位的进位信号产生后才能进行相邻高位的计算，因此这种结构的电路运算速度不高。

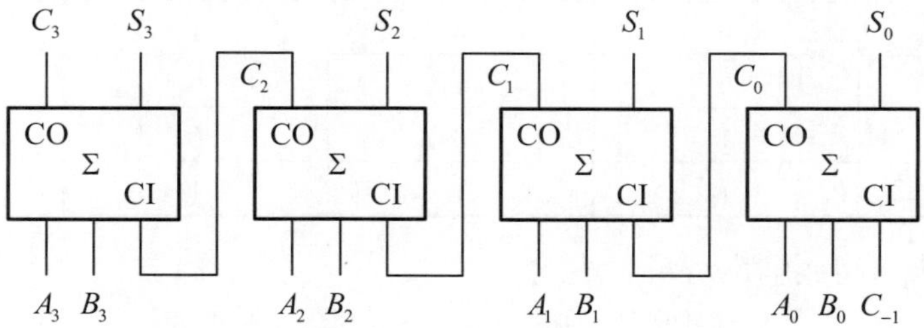

图 6.36　4 位串行进位加法器

2．超前进位加法器

为了提高运算速度，可以使用超前进位加法器。超前进位加法器内部的进位信号不再逐级传递，而是采用了并行计算的超前进位，即各级进位信号由被加数、加数及最低位进位输入信号直接计算产生，从而提高了整体加法运算速度，超前进位加法器也称为并行进位加法器或快速进位加法器。下面介绍超前进位的实现原理。

全加器的输出逻辑表达式为

$$S_i = A_i \oplus B_i \oplus C_{i-1}$$
$$C_i = (A_i \oplus B_i)C_{i-1} + A_iB_i$$

定义中间变量 $G_i = A_iB_i$ 和 $P_i = A_i \oplus B_i$，则有

$$S_i = P_i \oplus C_{i-1}$$
$$C_i = G_i + P_iC_{i-1}$$

通过迭代运算可以得到各级进位信号的逻辑表达式：

$$C_0 = G_0 + P_0C_{0-1}$$
$$C_1 = G_1 + P_1C_0 = G_1 + P_1G_0 + P_1P_0C_{-1}$$
$$C_2 = G_2 + P_2C_1 = G_2 + P_2G_1 + P_2P_1G_0 + P_2P_1P_0C_{-1}$$
$$C_3 = G_3 + P_3C_2 = G_3 + P_3G_2 + P_3P_2G_1 + P_3P_2P_1G_0 + P_3P_2P_1P_0C_{-1}$$

由此，各级进位信号都可以并行地由加数、被加数和最低位进位输入信号通过相应的组合逻辑直接确定，从而实现快速进位，加法运算速度得以提高。根据这个思路，人们设计了 4 位二进制超前进位加法器 74LS283，逻辑符号如图 6.37 所示。

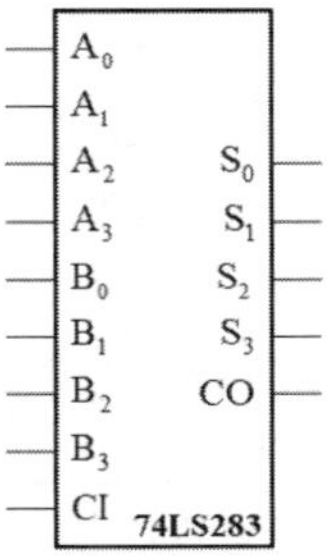

图 6.37　74LS283 的逻辑符号

74LS283 的内部逻辑电路如图 6.38 所示。

加法器能实现两个二进制数的相加运算，利用二进制补码，还可以通过补码的加法运算实现减法运算。此外还可以用加法器实现组合逻辑电路。

【例 6.13】试用二进制超前进位加法器 74LS283 实现一个代码转换电路，要求将 8421BCD 码转换为余 3 码。

解：将 8421BCD 码加 3（0011_B）即可得到余 3 码，故利用加法器可以实现该转换电路，如图 6.39 所示。将 4 位 BCD 码 D（最高位）～ A 分别与输入端 A_3 ～ A_0 相接，B_3 ～ B_0 输入为 0011，Y_3 ～ Y_0 输出即为余 3 码。

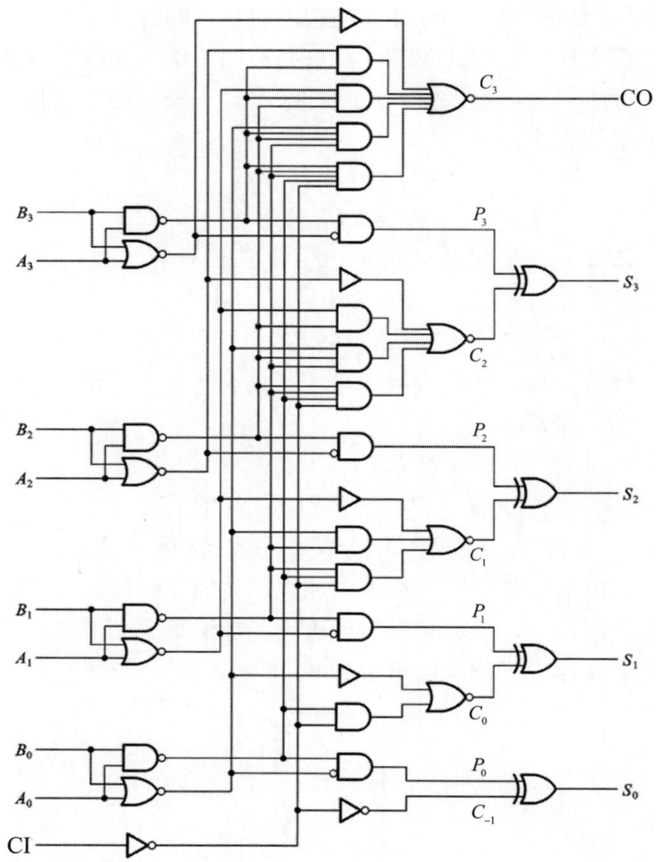

图 6.38 74LS283 的内部逻辑电路

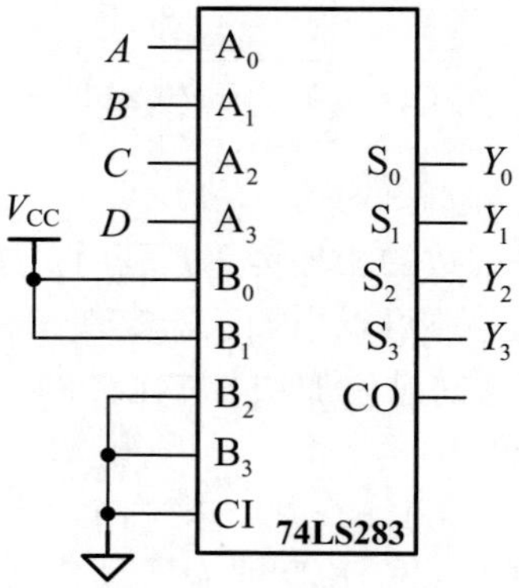

图 6.39 例 6.13 的逻辑电路实现

6.9　数值比较器

在数字电路中，用于比较两个二进制数大小的逻辑电路称为数值比较器。下面先讨论 1 位数值比较器，然后再讨论多位数值比较器集成电路。

6.9.1　1 位数值比较器

1 位数值比较器用于比较两个 1 位二进制数的大小。假设输入为 A 和 B，比较结果有 3 种情况，即 $A<B$、$A=B$ 和 $A>B$，真值表见表 6.19。

表 6.19　1 位数值比较器的真值表

输入		输出		
A	B	$Y_{A<B}$	$Y_{A=B}$	$Y_{A>B}$
0	0	0	1	0
0	1	1	0	0
1	0	0	0	1
1	1	0	1	0

根据真值表，可以得到输出逻辑表达式

$$Y_{A<B} = \overline{A}B$$

$$Y_{A=B} = \overline{A}\,\overline{B} + AB = \overline{\overline{A}B + A\overline{B}}$$

$$Y_{A>B} = A\overline{B}$$

1 位数值比较器的逻辑电路如图 6.40（a）所示。多位数值比较器可由多个 1 位数值比较构成。集成电路中多位数值比较器内部通常采用图 6.40（b）所示结构，目的是尽量多地共享复用逻辑项（$\overline{AB}$ 项），以实现整体电路最优。读者可自行分析图 6.40（a）与图 6.40（b）所示电路逻辑功能的一致性。

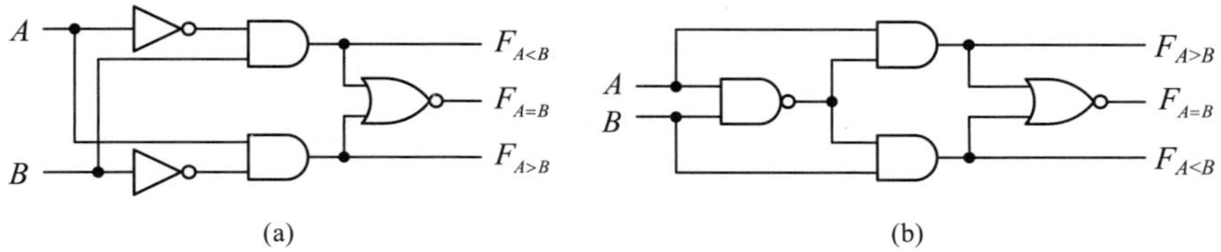

图 6.40　1 位数值比较器的逻辑电路

6.9.2 多位数值比较器

当进行两个多位数比较时，原则上必须自高向低逐位比较，而且只有在高位相等时，才需要比较低位。

例如，比较两个 4 位二进制数 A（$A_3A_2A_1A_0$）和 B（$B_3B_2B_1B_0$），应先比较 A_3 和 B_3。若 $A_3 > B_3$，则不管其余位如何，必然是 $A > B$。反之，若 $A_3 < B_3$，则不管其余位如何，必然是 $A < B$。如果 $A_3 = B_3$，则必须通过比较次高位 A_2 和 B_2 来判断大小，依此类推。

为了便于多片级联扩展使用，除了本级的两个比较数外，通常还会增加低位数比较结果 $I_{A>B}$、$I_{A<B}$ 和 $I_{A=B}$ 作为级联输入端，分别表示低位 A 和 B 的比较情况。当本级输入数 A 和 B 相等时，就需要根据级联输入端进一步比较。按照上述比较原则，我们可以得到 $A > B$、$A < B$ 和 $A = B$ 时的输出逻辑表达式

$$
\begin{aligned}
Y_{A>B} = {} & A_3\overline{B_3} + \overline{A_3 \oplus B_3} \cdot A_2\overline{B_2} + \overline{A_3 \oplus B_3} \cdot \overline{A_2 \oplus B_2} \cdot A_1\overline{B_1} \\
& + \overline{A_3 \oplus B_3} \cdot \overline{A_2 \oplus B_2} \cdot \overline{A_1 \oplus B_1} \cdot A_0\overline{B_0} \\
& + \overline{A_3 \oplus B_3} \cdot \overline{A_2 \oplus B_2} \cdot \overline{A_1 \oplus B_1} \cdot \overline{A_0 \oplus B_0} \cdot I_{A>B} \\
Y_{A<B} = {} & \overline{A_3}B_3 + \overline{A_3 \oplus B_3} \cdot \overline{A_2}B_2 + \overline{A_3 \oplus B_3} \cdot \overline{A_2 \oplus B_2} \cdot \overline{A_1}B_1 \\
& + \overline{A_3 \oplus B_3} \cdot \overline{A_2 \oplus B_2} \cdot \overline{A_1 \oplus B_1} \cdot \overline{A_0}B_0 \\
& + \overline{A_3 \oplus B_3} \cdot \overline{A_2 \oplus B_2} \cdot \overline{A_1 \oplus B_1} \cdot \overline{A_0 \oplus B_0} \cdot I_{A<B} \\
Y_{A=B} = {} & \overline{A_3 \oplus B_3} \cdot \overline{A_2 \oplus B_2} \cdot \overline{A_1 \oplus B_1} \cdot \overline{A_0 \oplus B_0} \cdot I_{A=B}
\end{aligned}
$$

74LS85 是常用的 4 位二进制数值比较器集成电路，逻辑符号如图 6.41 所示。两个比较数输入端为 $A_3 \sim A_0$ 和 $B_3 \sim B_0$，3 个级联输入端为 $I_{A>B}$、$I_{A<B}$ 和 $I_{A=B}$，比较结果输出端为 $Y_{A>B}$、$Y_{A<B}$ 和 $Y_{A=B}$。

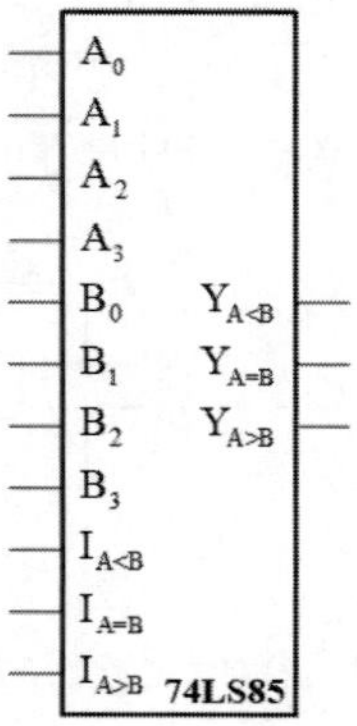

图 6.41 74LS85 的逻辑符号图

表 6.20 是 74LS85 的功能表，遵循多位数自高向低的比较原则。通常两个数比较输出为相等（$Y_{A=B}=1$）的条件是：$A_i=B_i$（$i=0\sim3$），且 $I_{A>B}=0$、$I_{A<B}=0$、$I_{A=B}=1$。如果只需要比较 4 位二进制数，即单片使用时，应对级联输入端进行适当处理，一般接为 $I_{A>B}=0$、$I_{A<B}=0$、$I_{A=B}=1$。

表 6.20　74LS85 的功能表

比较输入				级联输入			输出		
A_3B_3	A_2B_2	A_1B_1	A_0B_0	$I_{A>B}$	$I_{A<B}$	$I_{A=B}$	$Y_{A>B}$	$Y_{A<B}$	$Y_{A=B}$
$A_3>B_3$	×	×	×	×	×	×	1	0	0
$A_3<B_3$	×	×	×	×	×	×	0	1	0
$A_3=B_3$	$A_2>B_2$	×	×	×	×	×	1	0	0
$A_3=B_3$	$A_2<B_2$	×	×	×	×	×	0	1	0
$A_3=B_3$	$A_2=B_2$	$A_1>B_1$	×	×	×	×	1	0	0
$A_3=B_3$	$A_2=B_2$	$A_1<B_1$	×	×	×	×	0	1	0
$A_3=B_3$	$A_2=B_2$	$A_1=B_1$	$A_0>B_0$	×	×	×	1	0	0
$A_3=B_3$	$A_2=B_2$	$A_1=B_1$	$A_0<B_0$	×	×	×	0	1	0
$A_3=B_3$	$A_2=B_2$	$A_1=B_1$	$A_0=B_0$	1	0	0	1	0	0
$A_3=B_3$	$A_2=B_2$	$A_1=B_1$	$A_0=B_0$	0	1	0	0	1	0
$A_3=B_3$	$A_2=B_2$	$A_1=B_1$	$A_0=B_0$	0	0	1	0	0	1

6.10　广义译码器

纵观结构、功能相异的各类组合逻辑电路，可以发现一个共同的特性，即组合逻辑电路的输出只与输入变量的取值有关，而与电路的状态无关。组合逻辑电路的输出与输入之间的对应逻辑关系比较简单，能够通过真值表直观、简洁地展现这种输入变量到输出变量之间的函数映射关系，即逻辑关系。通过前面对组合逻辑电路设计的介绍不难发现，对于一个任意给定的组合逻辑设计要求，在确定输入变量、输出变量及逻辑赋值含义之后，关键一步就是根据设计要求的具体含义列出真值表，此后的工作基本就是按部就班，也就是说，有了真值表，组合逻辑电路也就基本确定了。

对于真值表，将所有输入变量的组合看成是一种编码，具体的一组输入数据就是一个二进制代码，输出变量也类似，每一组具体输出数据也可视为一个二进制代码，并且，输入代码与输出代码之间存在一定的对应关系。我们可以将这种对应关系看成是输出代码对输入代码的一种“翻译”过程，从这个意义上讲，组合逻辑电路就是一种译码器。当然，这里的输入代码和输出代码不一定是我们熟知的自然二进制码、8421BCD 码等，因此，不妨将组合逻辑电路称为广义译码器。

例如前面介绍的 1 位二进制全加器，根据全加器的定义及二进制加法的特点不难得到表 6.21 所示的真值表。如果将被加数 A_i、加数 B_i 和相邻低位的进位 C_{i-1} 三者组合作为输入代码 $A_iB_iC_{i-1}$，将和 S_i 及进位输出 C_i 组合作为输出代码 S_iC_i，我们也可以把加法器视为一种将代码 $A_iB_iC_{i-1}$ 转换为代码 S_iC_i 的译码器，译码规则即为真值表所列。

表 6.21 全加器的真值表

输入			输出	
A_i	B_i	C_{i-1}	S_i	C_i
0	0	0	0	0
0	0	1	1	0
0	1	0	1	0
0	1	1	0	1
1	0	0	1	0
1	0	1	0	1
1	1	0	0	1
1	1	1	1	1

通过引入广义译码器的概念，可以将任何结构的组合逻辑电路统一归纳为一个指定功能的广义译码器模型，而设计的关键就是确定广义译码器的真值表。对于采用可编程逻辑器件如 CPLD（Complex Programmable Logic Device，复杂可编程逻辑器件）、FPGA（Field Programmable Gate Array，现场可编程门阵列）的现代数字系统，设计时必然借助于 EDA 软件，有了真值表就能非常方便地通过 HDL（Hardware Description Language，硬件描述语言）来对应描述。例如，采用 Verilog HDL 语言对 1 位二进制全加器设计如下：

```
module FullAdder(A, B, CI, S, CO);
        input A, B, CI;
        output      reg    S, CO;
        always @ (A, B, CI)
            case({A, B, CI })
                3'b000: {S, CO} = 2'b00;
                3'b001: {S, CO} = 2'b10;
                3'b010: {S, CO} = 2'b10;
                3'b011: {S, CO} = 2'b01;
```

```
            3'b100: {S, CO} = 2'b10;
            3'b101: {S, CO} = 2'b01;
            3'b110: {S, CO} = 2'b01;
            3'b111: {S, CO} = 2'b11;
        endcase
endmodule
```

上述代码中，关键词 module 与 endmodule 之间描述了一个名字为 FullAdder 模块，该模块包含有输入端口 A、B、CI 和输出端口 S、CO。always 语句指出了触发模块工作的敏感信号，即当所有输入端口信号发生变化时都将触发下面的 case 语句。case 语句根据真值表列写，根据不同的输入取值对输出进行赋值。第 6 行中，3'b000 表示 3 位二进制数值 000，其中 b 表示二进制，3 表示位数，该行对应 A、B、CI 输入值分别为 0、0、0 时的情况。{S, CO}=2'b00 表示对输出 S、CO 分别赋值为二进制数 0、0。对比表 6.21 容易发现，case 语句中所描述的每一行与真值表的每一行内容上是完全对应的，即使读者没有系统地学过 Verilog HDL，也不难理解上述程序描述的逻辑功能。通过 HDL 的设计，只需以文本形式输入，后续对所描述内容的分析、综合等过程全都由 EDA 软件自动去完成。因此，采用 HDL 和 EDA 软件后，只要得出真值表，组合逻辑电路的人工设计工作就基本完成了。

当然，HDL 的描述方式不仅仅只有这一种，还可以通过结构描述方式来描述逻辑门或逻辑模块的连接，或采用更抽象的行为描述来实现，例如采用加法运算符来实现，可描述为 assign {CO, S} = A+B+Ci。但引入广义译码器概念，将组合逻辑电路表达为真值表，无疑提供了一种简便且有效的描述方式，有利于读者更好地理解，并顺利地实现从传统的手工设计模式向现代自动设计模式的转变。

【例 6.14】试用 Verilog HDL 实现表 6.22 所示真值表的逻辑电路设计。

表 6.22　例 6.14 的真值表

输入			输出
A	*B*	*C*	*Y*
0	0	0	0
0	0	1	1
0	1	0	0
0	1	1	0
1	0	0	1
1	0	1	1
1	1	0	0
1	1	1	1

解：根据真值表可知，电路有 3 个输入（A、B、C）、1 个输出（Y）。若为此逻辑电路取名为 comb_logic，则 Verilog HDL 程序设计如下：

```
module comb_logic (A, B, C, Y);
        input A, B, C;
        output      reg   Y;
        always @ (A, B, C)
            case({A, B, C })
                3'b000: Y = 0;
                3'b001: Y = 1;
                3'b010: Y = 0;
                3'b011: Y = 0;
                3'b100: Y = 1;
                3'b101: Y = 1;
                3'b110: Y = 0;
                3'b111: Y = 1;
            endcase
endmodule
```

6.11　组合逻辑电路中的竞争与冒险

在前面组合逻辑电路的分析和设计过程中，都是假定电路的输入和输出处于稳定状态。实际电路运行中，由于门电路传输延迟时间以及信号高低电平转换过渡过程的差异，当输入信号逻辑电平发生变化的瞬间，电路的输出端可能会产生非预期的尖峰脉冲，也称“毛刺”。因此，为了保证数字系统的工作可靠性，有必要对这种瞬时状态进行分析。

6.11.1　基本概念

在如图 6.42（a）所示的两个组合逻辑电路中，若输入信号 A 的逻辑电平处于稳定状态，则无论 $A=0$ 还是 $A=1$，都有 $Y_1 = A\cdot\overline{A}=0$ 和 $Y_2 = A+\overline{A}=1$。考虑非门存在传输延迟时间 t_{pd}，当输入 A 从 0 跳变为 1 时，$\overline{A}$ 与 A 之间存在的时间差 t_{pd}，如图 6.42（b）所示。在 t_{pd} 这段时间内，与门的两个输入都为高电平，输出端 Y_1 处会因此产生一个正向尖峰脉冲。此处，因为与门也存在传输延迟时间，尖峰脉冲位置有所偏移。类似地，当输入 A 从 1 跳变为 0 时，或门输出端 Y_2 处会产生一个负向尖峰脉冲。

为了便于分析，图 6.42（a）中与门、或门的两个输入端信号都只考虑了一个非门的传输延迟时间差别，而在实际电路中情况会更复杂，同一个信号在不同路径上所经历的逻辑门类型、数量以及导线长度等往往不同，这些因素都会造成各条路径上总的传输延迟时间存在差异。

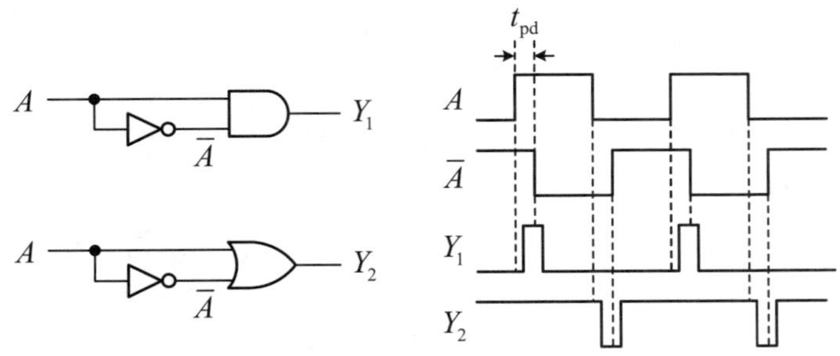

(a)　　(b)

图 6.42　逻辑门传输延迟时间产生的尖峰脉冲

此外，上述分析并未考虑信号高低电平转换过渡过程的差异。考察图 6.43（a）中的与门，设两个输入端上的信号 A 和 B 互为反相，即使信号同时到达，由于信号的上升速度和下降速度可能存在差异，以及与门低电平判决位置的不同（输入电压低于 $V_{IL(max)}$ 判为低电平），输出端信号 Y 上也会产生极窄的正向尖峰脉冲，这是因为在极短的时间 Δt 内 A、B 上会出现同时高于 $V_{IL(max)}$ 的状态，如图 6.43（b）所示。

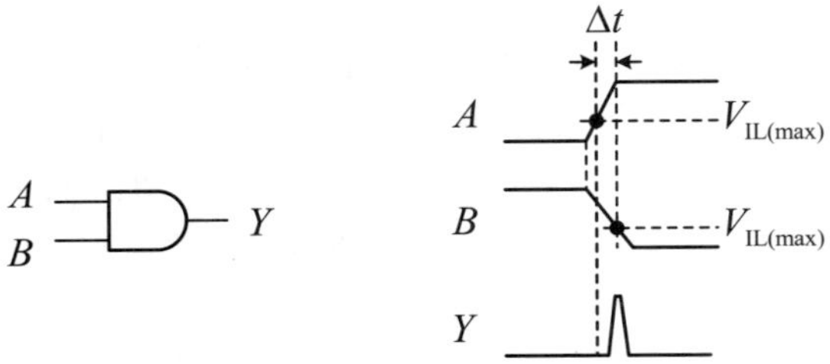

(a)　　(b)

图 6.43　过渡过程差异产生的尖峰脉冲

综上所述，将一个门电路多个输入端信号同时跳变，或者信号经由不同路径传到同一个逻辑门的输入端致使信号到达时间不同的现象称为竞争。逻辑门因输入端的竞争而导致输出产生尖峰脉冲的现象称为冒险。

应当指出，电路有竞争现象存在不一定都会导致尖峰脉冲的产生。例如，在图 6.42（b）中存在 4 处竞争现象，但在输出 Y_1 和 Y_2 上都只产生了两个尖峰脉冲，尖峰脉冲出现的位置与电路结构有关。

6.11.2 冒险现象的判别

在电路多个输入信号中，每次只有一个信号改变状态的简单情况下，可以采用代数法或卡诺图法判断组合逻辑电路是否存在冒险现象。

1. 代数法

代数法是根据组合逻辑电路的结构来判断是否具有产生冒险现象的条件。根据电路写出逻辑表达式，当某些逻辑变量取特定值（0 或 1）时，若表达式能转换为 $Y=A\cdot\overline{A}$ 或者 $Y=A+\overline{A}$ 的形式，则输出可能会产生冒险。因为 A 和 $\overline{A}$ 是由输入 A 通过不同路径传输而来的，当 A 发生跳变时，就可能在电路的输出端产生尖峰脉冲。

【例 6.15】组合逻辑电路如图 6.44 所示，试判断该电路是否存在冒险。

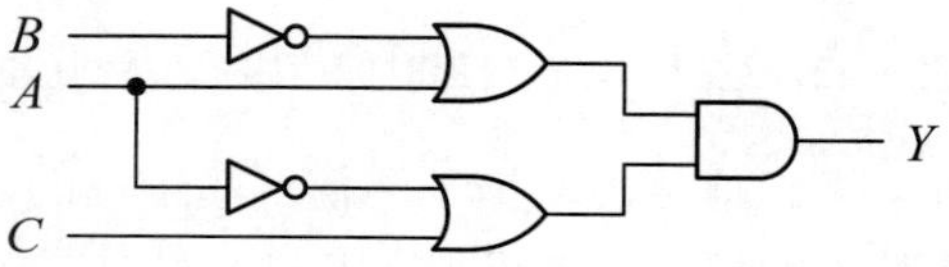

图 6.44 例 6.15 的电路

解：根据电路图写出逻辑表达式为 $Y=(A+\overline{B})(\overline{A}+C)$。

当 $B=1$、$C=0$ 时，上式可写为 $Y=A\cdot\overline{A}$。因此，该电路存在冒险。

2. 卡诺图法

卡诺图法是根据逻辑表达式画出对应的卡诺图，观察卡诺图上是否存在两个圈相切的情况，如果存在相切的圈，且相切处又无其他圈包含，则说明存在冒险。

【例 6.16】某电路的逻辑函数为 $Y=AB+\overline{B}C$，判断该电路是否存在冒险。

解：根据逻辑函数画出卡诺图，如图 6.45 所示。

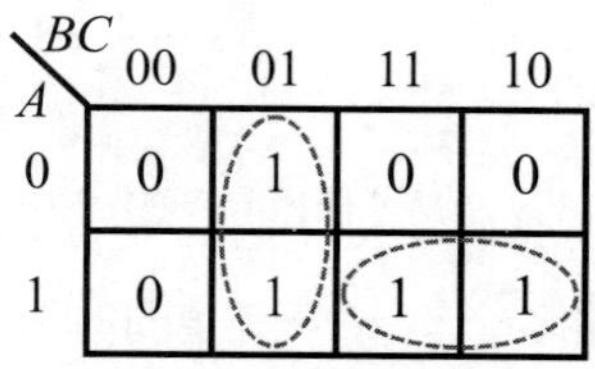

图 6.45 例 6.16 的卡诺图

由卡诺图可知存在两圈相切，故电路存在冒险。

虽然代数法和卡诺图法判断组合逻辑电路是否存在冒险非常简单，但是这两种方法都不能判断多输入变量同时变化的情况，故局限性较大。在设计电路时，通常会采用计算机电路仿真软件来分析、查找逻辑电路的竞争与冒险。此外，还可以利用示波器、逻辑分析仪等实验仪器来检测和捕捉冒险现象。

由于计算机仿真时的电路与实际电路并非完全一致，仿真分析时看到的冒险情况在现实电路中并非一定存在。而采用实验仪器检测时，由于使用方法和仪器工作带宽限制等因素也不一定能观测到所有的尖峰脉冲。因此，在实际工作中往往会把计算机仿真法和实验法相结合来进行分析与验证。

6.11.3　冒险现象的解决

倘若组合逻辑电路中存在的冒险现象对其他电路造成干扰，使电路产生误动作，那么在设计时应采取措施加以解决。一般可采用的方法包括修改逻辑设计、增加滤波电容以及引入选通脉冲等。

1. 修改逻辑设计

以例 6.16 的电路为例，在 $A=C=1$ 条件下，当 B 发生跳变时电路存在冒险。根据逻辑代数的基本定律——包含律可知

$$Y = AB + \overline{B}C = AB + \overline{B}C + AC$$

将原电路进行修改，增加乘积项 AC 而逻辑不变。此时，在 $A=C=1$ 条件下，$Y=B+\overline{B}+1=1$，即无论 B 如何跳变，输出始终为 1，这样就不存在冒险。AC 项对原有的逻辑函数来讲是多余的，所以称为冗余项，这种修改逻辑设计的方法称为增加冗余项法。修改后的电路如图 6.46 所示。

上述过程通过卡诺图来表示更为直观，如图 6.47 所示。显然，图 6.47 是在图 6.45 中的两个相切圈处增加了一个圈，从而消除了冒险。这个增加的圈对于逻辑化简来讲是多余的，但能消除冒险。

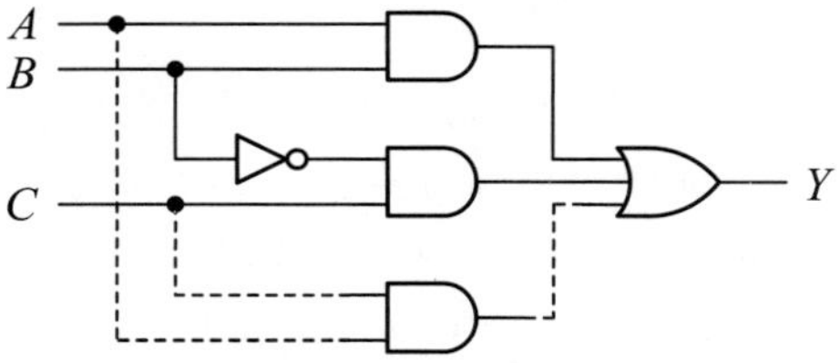

图 6.46　增加冗余项消除冒险

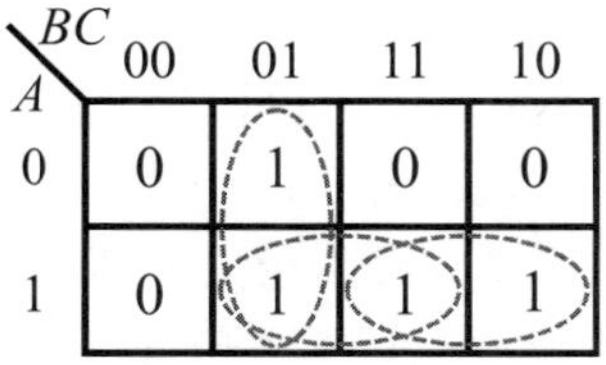

图 6.47　增加冗余项在卡诺图中表示

修改逻辑设计的方法思路较明确，可以解决单个输入信号发生变化时的电路冒险问题，但却无法解决多个输入信号一起发生变化时产生的冒险现象，局限性较大。

2. 增加滤波电容

由于竞争冒险产生的尖峰干扰脉冲一般都很窄，通常在几十纳秒以内，所以只要在相应的输出端与信号地之间接一个很小的滤波电容，就可把尖峰脉冲削弱到足够小而不至于产生干扰。对于 TTL 电路，滤波电容的取值一般为几十至几百皮法。

对于输出阻抗更高的 CMOS 电路，滤波电容的取值可以更小。

增加滤波电容的方法简单易行，但滤波电容的加入会使输出波形的上升沿和下降沿变缓，也限制了电路的最高工作频率。

3. 引入选通脉冲

在可能产生冒险的组合逻辑电路中引入一个选通脉冲，该选通信号使电路在其余输入信号变化时处于禁止状态，输入信号稳定后，令选通脉冲有效开启电路。这样，输出端的尖峰脉冲干扰就可以被屏蔽掉。针对例 6.16 电路的冒险问题，可以将原设计的 2 输入或门改为 3 输入或门，并引入低电平有效的选通脉冲 P_{sel}，电路如图 6.48（a）所示，波形如图 6.48（b）所示。原有电路由于输入 B 跳变而出现的尖峰脉冲就被 P_{sel} 屏蔽了，后续电路只要在选通脉冲 P_{sel} 有效期间读取输出 Y 即可。

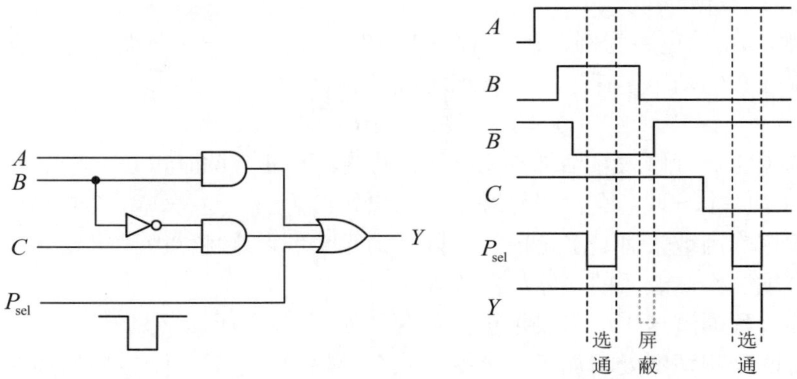

(a) (b)

图 6.48 引入选通脉冲消除冒险

引入选通脉冲的方法在设计思路上比较简单，但需要额外电路来产生选通脉冲，此外还要解决选通脉冲与其他输入信号之间的同步问题。

冒险现象在数字逻辑设计中是十分常见的，有时解决起来会非常棘手。上述解决方法一般在低速小规模逻辑电路设计中较为有效，对于高速大规模复杂数字系统，在设计时通常需要借助专门的设计和分析软件统筹考虑以解决冒险问题。

本章重点小结

1. 组合逻辑电路是由逻辑门按一定的方式组合在一起，内部不存在记忆（存储）单元，也没有反馈回路。组合逻辑电路在任何时刻的输出仅仅取决于该时刻的输入信号，而与该时刻之前的电路状态无关。

2. 分析组合逻辑电路的目的是确定电路的逻辑功能，一般步骤是根据给出的逻辑电路图得到输出逻辑表达式，必要时进行变换和化简，然后列出真值表，进而确定逻辑功能。

3. 组合逻辑电路的设计是根据给定的逻辑功能要求，设计出逻辑电路图。首先按照功能要求进行逻辑抽象、列出真值表，然后根据真值表写出逻辑表达式，并按要求进行逻辑化简及变换，最后画出逻辑电路图。

4. 典型的组合逻辑电路模块有编码器、译码器、数据选择器、加法器、数据比较器等，这些模块在传统的数字系统设计中经常被大量使用，制作成中、小规模的集成电路产品。利用这些通用的集成电路可以实现组合逻辑函数，大大简化组合逻辑电路的设计。

5. 总结组合逻辑电路的特点，可以将所有组合逻辑电路归结为广义译码器，以真值表的形式表达。设计组合逻辑电路时，只要确定了真值表，就能方便地运用自动化设计流程进行设计。

习题

在线测试

6.1 分析图 6.49 所示电路，写出输出逻辑表达式，列出真值表，并指出电路实现的逻辑功能。

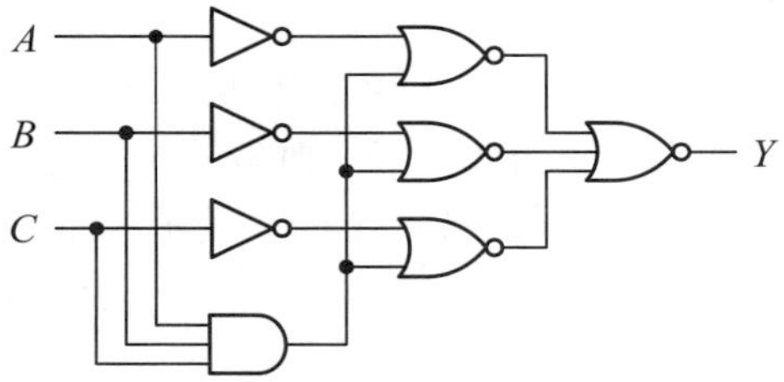

图 6.49　习题 6.1 的图

6.2 分析图 6.50 所示电路，写出输出逻辑表达式，列出真值表，并指出电路实现的逻辑功能。

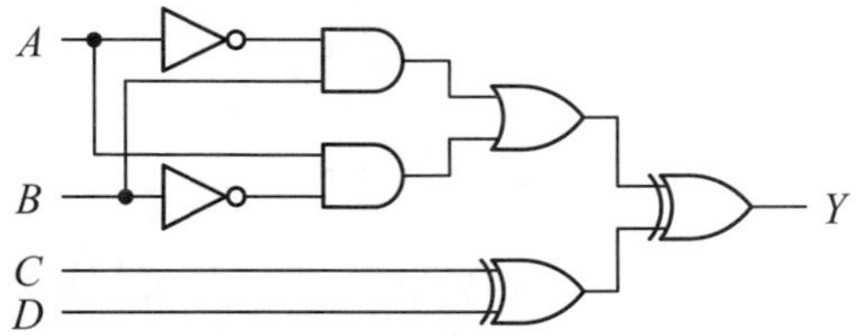

图 6.50　习题 6.2 的图

6.3 已知逻辑电路如图 6.51 所示，试分析该电路的逻辑功能。

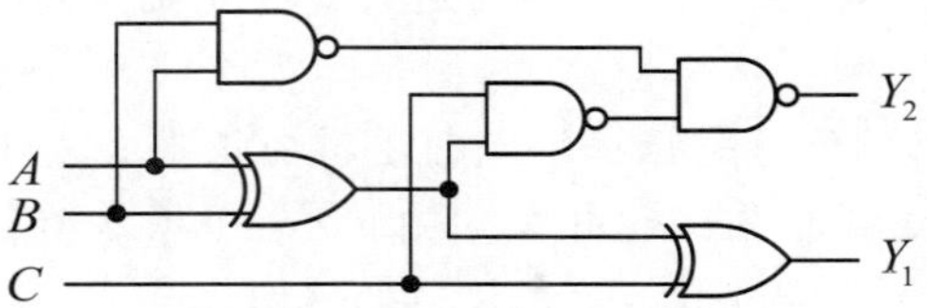

图 6.51 习题 6.3 的图

6.4 设某数字系统有三路输入控制信号，信号有 0（禁止）和 1（允许）两种状态。系统要求任一时刻状态为允许的控制信号不能超过一路，试用与非门设计一个信号故障检测电路，当输入控制信号不正常时，电路输出为 1，否则为 0。

6.5 设计一个四人多数表决器，当 4 个人中有 3 个或 3 个以上同意时表决结果为通过，要求采用与非门设计电路。

6.6 设计一个带控制信号的组合逻辑电路，当控制输入 $S=0$ 时，实现与非功能，即 $Y=\overline{AB}$；当控制输入 $S=1$ 时，实现异或功能，即 $Y=A\oplus B$。

6.7 某雷达站有 3 部雷达 A、B 和 C，其中 A 和 B 功率消耗相等，C 的功率是 A 的两倍。这些雷达由两台发电机 X 和 Y 供电，发电机 X 的最大输出功率等于雷达 A 的功率消耗，发电机 Y 的最大输出功率是雷达 A 和 C 的功率消耗总和。试用门电路设计一个组合逻辑电路，能根据各个雷达的启动和关闭信号，以最节省电能的方式启、停发电机。

6.8 人的血型有 O、A、B 和 AB 四种，输血者和受血者的血型必须符合一定的配合原则，如 O 型血的人可以输血给任意血型的人，但只能接受 O 型血，完整的血型配合关系如图 6.52 所示。试设计一个血型关系检测电路，用以判别输、受血者的血型关系是否匹配（提示：输血者和受血者的血型各用两位逻辑变量表示，两位变量可表示 4 种血型）。

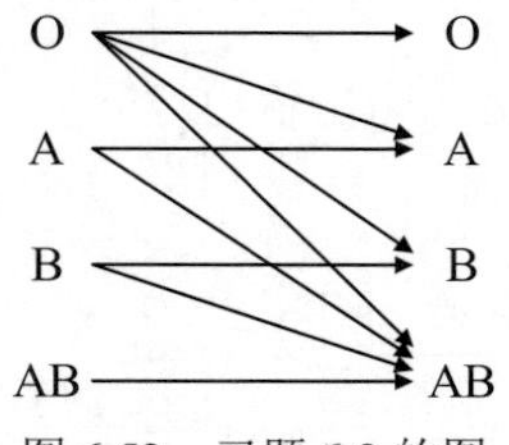

图 6.52 习题 6.8 的图

6.9 试设计一个 2 或 3 整除检测电路，当输入的 8421 BCD 码对应十进制数能被 2 或 3 整除时输出为 1，反之输出为 0（0 能被任何数整除）。

6.10　用非门、与非门设计一个 2 位二进制优先编码器，设编码输入为 $I_0 \sim I_3$，其中 I_3 优先级最高，编码输出为 Y_1（高位）和 Y_0，GS 为编码有效标志输出，要求编码输入、编码输出及有效标志均为高电平有效。

6.11　图 6.53 是由 3 线-8 线译码器 74LS138 及与非门构成的电路，试分析其逻辑功能。

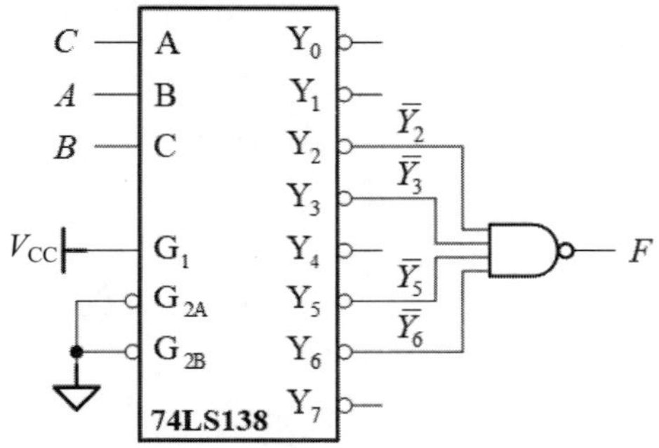

图 6.53　习题 6.11 的图

6.12　图 6.54 由 3 线-8 线译码器 74LS138 及门电路构成，试写出输出函数的逻辑表达式，列出真值表，说明其逻辑功能。

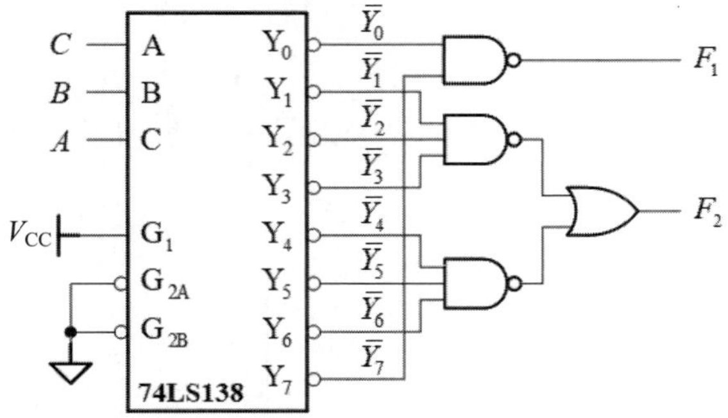

图 6.54　习题 6.12 的图

6.13　用 3 线-8 线译码器 74LS138 和适当的逻辑门实现逻辑函数：

$$F = \overline{A}\overline{B}\overline{C} + A\overline{B}\overline{C} + AB\overline{C} + ABC$$

6.14　用 3 线-8 线译码器 74LS138 及 4 输入与非门实现逻辑函数：

$$F(A,B,C,D) = B\overline{C}D + ACD$$

6.15　用 3 线-8 线译码器 74LS138 及若干与非门实现下列多输出逻辑函数：

$$F_1 = \overline{A}B + A + \overline{B}，\quad F_2 = A + B + C，\quad F_3 = AB + \overline{ABC}$$

6.16 用 3 线-8 线译码器 74LS138 及若干与非门实现下列多输出逻辑函数：

$$F_1(A,B)=\sum m(0,2)\text{，}\quad F_2(A,B)=\sum m(1,2,3)$$

6.17 用 3 线-8 线译码器 74LS138 及门电路设计一个三人表决器，要求输出遵循少数服从多数原则，并且电路能同时输出全票否决和全票通过结果。

6.18 图 6.55 是由双 4 选 1 数据选择器 74LS153 构成的逻辑电路，试写出 F_1、F_2 的逻辑表达式。

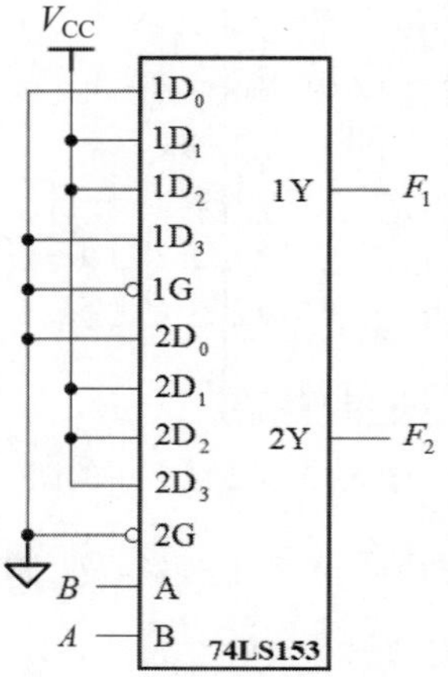

图 6.55 习题 6.18 的图

6.19 图 6.56 是由双 4 选 1 数据选择器 74LS153 及逻辑门构成的电路，试写出 $F(A,B,C,D)$ 的标准与或表达式，并通过卡诺图化简得到最简与或表达式。

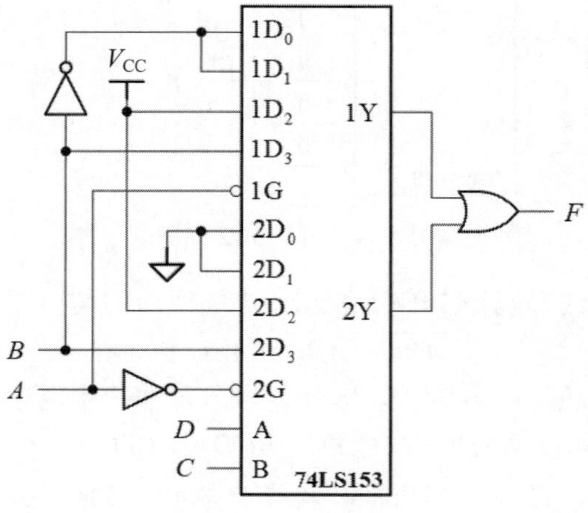

图 6.56 习题 6.19 的图

6.20　图 6.57 是由 8 选 1 数据选择器 74LS151 及非门构成的电路，试写出 $F(D,C,B,A)$ 的逻辑表达式，以最小项之和的形式表示，并进一步得出最简与或表达式。

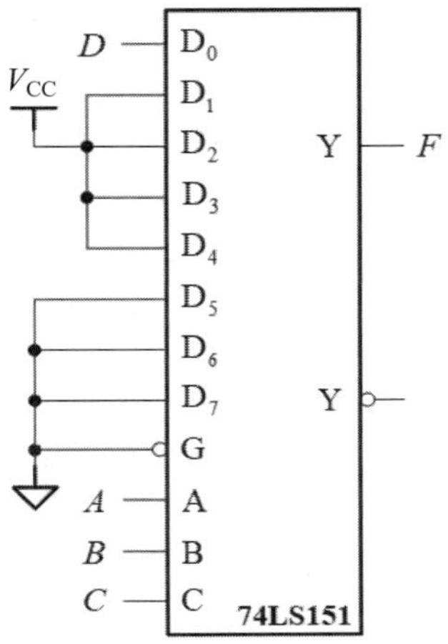

图 6.57　习题 6.20 的图

6.21　试用一片双 4 选 1 数据选择器 74LS153 实现下列逻辑函数：

$$F_1 = A \odot B\text{，}\quad F_2 = \overline{A}$$

6.22　试用 8 选 1 数据选择器 74LS151 和必要的门电路分别实现下列逻辑函数：

（1）$F = \overline{ABC} + A\overline{BC} + AB$

（2）$F = A \oplus B \oplus C$

（3）$F(A,B,C,D) = \sum m(1,3,5,7,9,11,13,15)$

（4）$F(A,B,C,D) = \sum m(0,2,4,6) + \sum d(1,9,11,13)$

6.23　试设计一个组合逻辑电路，该电路用于判断输入的 4 位自然二进制数 $ABCD$（A 为最高位），当 $ABCD$ 数值范围为 1～9 时输出 $F=1$，否则 $F=0$。

（1）列出真值表，写出 F 的逻辑表达式。

（2）若采用门电路设计，应如何实现？画出逻辑电路图。

（3）若采用 8 选 1 数据选择器 74LS151 设计，应如何实现？画出逻辑电路图。

6.24　用示波器测得门电路的输入 A、B、C 及输出 Y 的波形如图 6.58 所示，要求：

（1）试写出该电路的真值表、逻辑表达式，并画出逻辑电路图。

（2）若改用 3 线-8 线译码器 74LS138 及逻辑门设计，应如何实现？画出逻辑电路图。

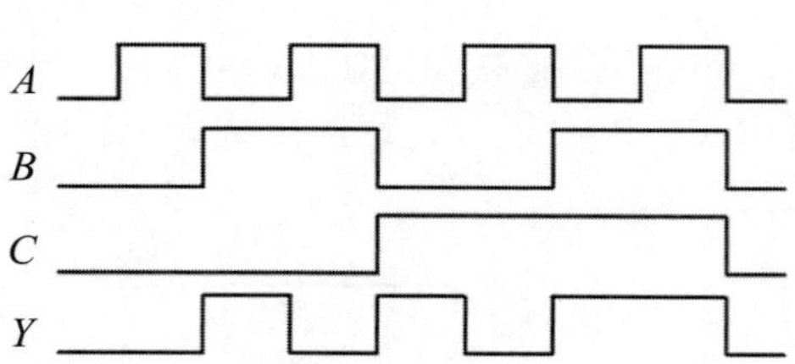

图 6.58 习题 6.24 的图

6.25 试用 3 线-8 线译码器 74LS138 及与非门实现 1 位二进制全加器。

6.26 试用双 4 选 1 数据选择器 74LS153 及非门实现 1 位二进制全加器。

6.27 由 4 位二进制加法器 74LS283 构成的逻辑电路如图 6.59 所示，试分析电路的功能。

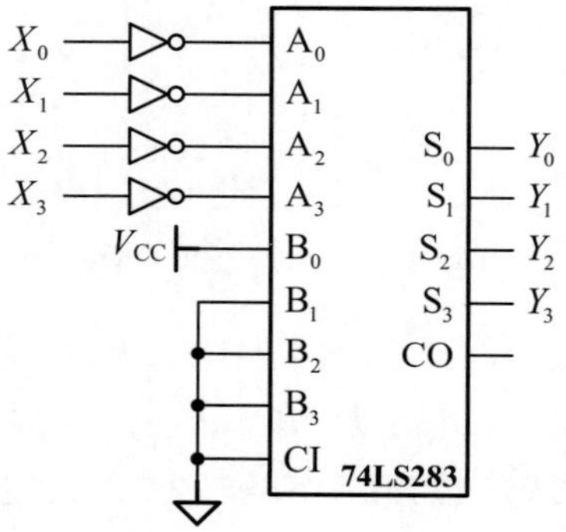

图 6.59 习题 6.27 的图

6.28 试用数值比较器 74LS85 设计一个 8421BCD 码测试电路，当 4 位输入为 8421BCD 码时，输出为 1，否则为 0。

6.29 图 6.60 所示电路中，试分析当 A、B、C、D 中有一个信号改变状态时，是否存在竞争冒险现象？若存在，试判断发生在其他变量为何种取值情况下？

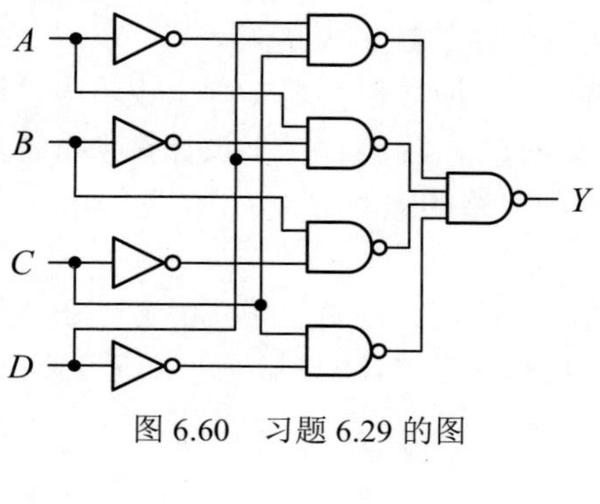

图 6.60 习题 6.29 的图

第 7 章　触发器

本章课程目标

1. 了解触发器的基本特征及不同分类方法，能够识别电路中的触发器。
2. 掌握常见触发器的电路结构、工作原理和功能特点，能够分析触发器的工作过程。
3. 掌握触发器的描述方法，能够用特性表/功能表、特性方程、状态转换图和波形图描述触发器的功能。
4. 掌握不同触发器的转换方法，能够根据需要对触发器进行转换。

数字系统中，除了算术运算、逻辑运算这样的组合逻辑电路外，还需要用于保存运算数据及结果的存储电路，触发器就是一种具有记忆功能的逻辑单元电路，同时它也是时序逻辑电路的基础。本章将介绍几种常见触发器的电路结构、工作原理、逻辑功能和描述方法，以及不同类型触发器间的相互转换，为后续时序逻辑电路的学习做必要的技术准备。

7.1　概述

触发器（Flip-Flop）是存储 1 位二值信息的基本单元电路，为了实现存储功能，触发器应具有两个基本特征：

（1）具有两个稳定状态，逻辑 0 和逻辑 1。

（2）在特定输入信号作用下，触发器可以在 0 和 1 两种状态间相互转换，并保持稳定。

我们将具有 0、1 两种逻辑状态且一旦进入其中一种状态就能长期保持不变的电路称为双稳态电路。图 7.1 所示电路由两个非门交叉连接构成，是一种最基本的双稳态电路。由于电路没有输入端，在接通电源后，Q 端的输出状态是随机的。若 $Q=0$，则 $\bar{Q}=1$；若 $Q=1$，则 $\bar{Q}=0$。虽然该电路的状态一旦确定就能长期保持不变，但状态无法控制，因而电路不具备实用性，需要做必要的改进才能成为触发器。

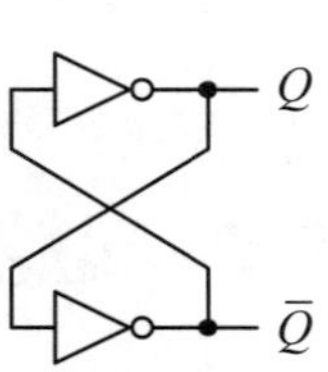

图 7.1 最基本的双稳态电路

触发器种类很多，分类角度也各有不同。按逻辑功能不同，有 RS 触发器、D 触发器、JK 触发器和 T 触发器等。按电路结构不同，有基本结构、门控结构、主从结构和维持阻塞结构等触发器。按触发方式不同，有电平触发型、脉冲触发型和边沿触发型触发器。

7.2 基本 RS 触发器

【微课视频】
基本 RS 触发器

基本 RS 触发器是结构最简单的一种触发器，虽然很少在电路中直接使用这类触发器，但它通常是构成各种功能触发器的基本单元，故被称为基本触发器。

7.2.1 基本 RS 触发器的电路结构和工作原理

基本 RS 触发器可以由与非门或者或非门交叉连接构成，如图 7.2（a）所示为与非门构成的基本 RS 触发器，图 7.2（b）为对应的逻辑符号。

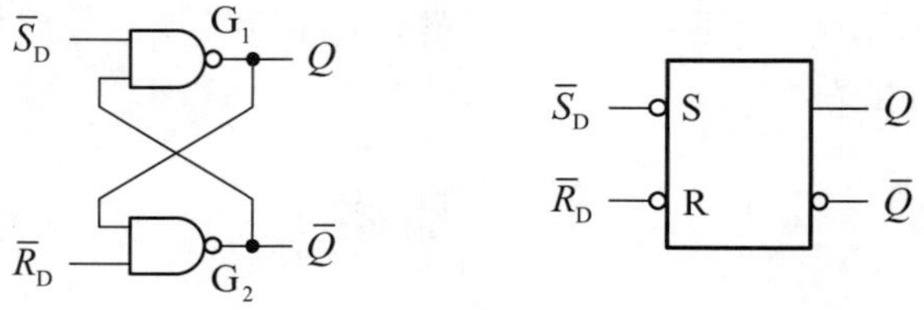

（a）电路结构　　（b）逻辑符号

图 7.2 与非门构成的基本 RS 触发器

图 7.2 中，$\overline{S}_D$ 和 $\overline{R}_D$ 是触发器的两个输入端，Q 和 $\overline{Q}$ 为触发器的两个输出端。$\overline{S}_D$ 端称为（直接）置 1 端或置位端（Set），$\overline{R}_D$ 端称为（直接）置 0 端或复位端（Reset），两者都是低电平有效，逻辑符号边框处用小圆圈表示。$\overline{S}_D$、$\overline{R}_D$ 的下标 D 表示输入端对触发器起直接（Direct）置位、复位作用。Q 端称为触发器的原端，$\overline{Q}$ 端称为触发器的非端，在正常工作情况下，Q 和 $\overline{Q}$ 端总是处于互补的状态。通常将 Q 端状态作为触发器的输出状态，若 $Q=0$、$\overline{Q}=1$，则称触发器为 0 状态；若 $Q=1$、$\overline{Q}=0$，则称触发器为 1 状态。

为了区分输入信号作用前后触发器的状态以便于分析，通常将输入信号作用前的状态称为现态或初态，用Q^n和$\bar{Q}^n$表示；将输入信号作用后新的状态称为次态，用Q^{n+1}和$\bar{Q}^{n+1}$表示。为了表示更简洁，有时也会省略现态的右上标n，即直接用Q和$\bar{Q}$表示现态。

根据与非门的逻辑功能，对图7.2（a）所示基本RS触发器的工作原理分析如下：

（1）当$\bar{S}_D=0$、$\bar{R}_D=1$时，无论触发器原来的状态如何，都有$Q=1$，进一步可得$\bar{Q}=0$，即触发器变为1状态。当$\bar{S}_D$由0转变到1时，由于$\bar{Q}=0$的反馈作用，触发器的1状态保持不变。触发器在$\bar{S}_D=0$、$\bar{R}_D=1$条件下的这一动作过程称为置1，$\bar{S}_D$称为（直接）置1端，低电平有效。

（2）当$\bar{S}_D=1$、$\bar{R}_D=0$时，无论触发器原来的状态如何，都有$\bar{Q}=1$，进一步可得$Q=0$，即触发器变为0状态。当$\bar{R}_D$由0转变到1时，由于$Q=0$的反馈作用，触发器的0状态保持不变。触发器在$\bar{S}_D=1$、$\bar{R}_D=0$条件下的这一动作过程称为置0，$\bar{R}_D$称为（直接）置0端，低电平有效。

（3）当$\bar{S}_D=1$、$\bar{R}_D=1$时，触发器保持原来的状态不变。若原来的状态为0，即$Q=0$、$\bar{Q}=1$，则由$\bar{S}_D=1$、$\bar{Q}=1$可知$Q=0$，由$\bar{R}_D=1$及$Q=0$可知$\bar{Q}=1$，触发器仍然保持0状态不变。反之，若原来的状态为1，触发器将保持1状态不变。触发器在$\bar{S}_D=1$、$\bar{R}_D=1$条件下的这一过程称为保持，相当于原来的状态被触发器存储起来了，这体现了触发器具有记忆功能。

（4）当$\bar{S}_D=0$、$\bar{R}_D=0$时，无论触发器原来的状态如何，都有$Q=\bar{Q}=1$。显然，这破坏了触发器互补输出的逻辑关系。当$\bar{S}_D$、$\bar{R}_D$同时由0变为1时，由于两个与非门的传输延迟时间不可能完全相等，将使触发器的次态不确定，不确定的状态可用符号“×”表示。因此，触发器正常工作时不允许$\bar{S}_D$和$\bar{R}_D$同时为0。

7.2.2 基本RS触发器的功能描述

触发器是最简单的时序逻辑电路，其逻辑功能可以用特性表或功能表、特性方程、状态转换图和波形图等形式来描述。

1. 特性表

根据上述分析，触发器的次态Q^{n+1}不仅与输入信号$\bar{S}_D$、$\bar{R}_D$有关，还与触发器的现态Q^n有关。将表示触发器的次态与现态、输入信号之间对应关系的表格称为特性表，与非门构成的基本RS触发器特性表见表7.1。

触发器的特性表本质上就是真值表，输入变量为外部输入信号和现态，输出变量为次态，特性表体现了触发器电路状态转换的关系，在下一章介绍的时序逻辑电路中，这种表格也被称为状态转换真值表，简称状态转换表。

表 7.1 与非门构成的基本 RS 触发器特性表

$\overline{S}_D$	$\overline{R}_D$	Q^n	Q^{n+1}
0	0	0	×
0	0	1	×
0	1	0	1
0	1	1	1
1	0	0	0
1	0	1	0
1	1	0	0
1	1	1	1

对触发器也可以采用功能表进行描述。功能表是按逻辑器件的输入/输出引脚对应的功能进行分类描述，与非门构成的基本 RS 触发器功能表见表 7.2。功能表强调的是不同输入组合下，电路的输出状态和器件所实现的功能，这种描述方法更为简洁。

表 7.2 与非门构成的基本 RS 触发器功能表

$\overline{S}_D$	$\overline{R}_D$	Q^{n+1}	$\overline{Q}^{n+1}$	功能
0	0	×	×	禁用（不定）
0	1	1	0	置 1
1	0	0	1	置 0
1	1	Q^n	$\overline{Q}^n$	保持

2. 特性方程

根据表 7.1 所示与非门构成的基本 RS 触发器特性表，可以画出次态 Q^{n+1} 的卡诺图，如图 7.3 所示。

通过卡诺图化简，可以得到用于描述触发器功能的次态输出逻辑表达式，即触发器的特性方程。在下一章介绍的时序逻辑电路中，次态输出逻辑表达式通常被称为状态方程。与非门构成的基本 RS 触发器特性方程为

$$\begin{cases} Q^{n+1} = S_D + \overline{R}_D Q^n \\ \overline{S}_D + \overline{R}_D = 1 \quad (\text{约束条件}) \end{cases} \tag{7.1}$$

式中，约束条件表示触发器的输入 $\overline{S}_D$ 和 $\overline{R}_D$ 不能同时为 0。

3. 状态转换图

状态转换图简称状态图，是触发器逻辑功能的图形化描述方法，它可以更形象、

直观地表示出触发器的状态转换关系和转换条件。与非门构成的基本 RS 触发器状态转换图如图 7.4 所示。

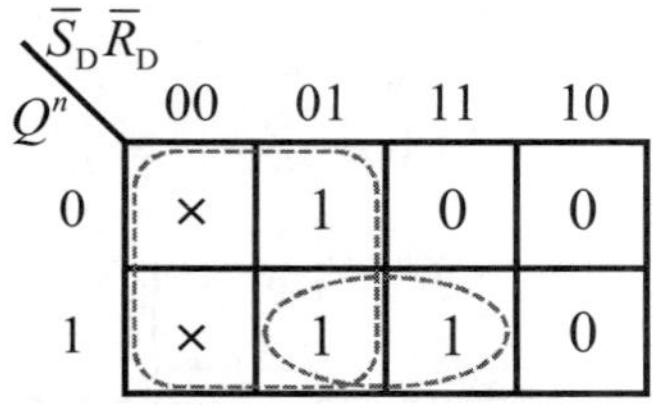

图 7.3　与非门构成的基本 RS 触发器的次态卡诺图

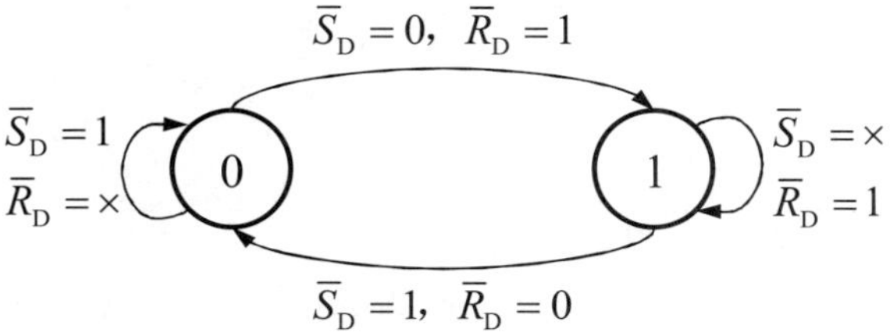

图 7.4　与非门构成的基本 RS 触发器状态转换图

图 7.4 中，中心标有 0 和 1 的两个圆圈表示触发器的两个稳定状态，即状态 0 和状态 1。带箭头的弧线表示状态转换的方向，箭头的方向从现态指向次态。弧线旁的标注是状态转换所需的条件，标注中的“×”符号表示任意信号，即取值为 0 或 1 都可以。

在后续的时序电路设计中，为了方便通过现态到次态的转换关系推导出触发器的激励条件，会以给定的状态转换为条件，列出所需的输入信号，这样的表格称为激励表，也称驱动表。与非门构成的基本 RS 触发器激励表见表 7.3。激励表可以更清晰地表明触发器各个状态转换所需的条件，例如 $Q^n=0$，要求 $Q^{n+1}=1$，根据表 7.3，激励条件为 $\overline{S}_D=0$、$\overline{R}_D=1$。

表 7.3　与非门构成的基本 RS 触发器激励表

状态转换		输入信号	
Q^n	Q^{n+1}	$\overline{S}_D$	$\overline{R}_D$
0	0	1	×
0	1	0	1
1	0	1	0
1	1	×	1

4. 波形图

波形图是触发器的输出信号随时间和输入信号规律变化的图形，也称时序图。与非门构成的基本 RS 触发器典型工作波形图如图 7.5 所示。假设与非门构成的基本 RS 触发器两个输入信号 $\overline{S}_D$ 和 $\overline{R}_D$ 按图 7.5 所示波形变化，根据触发器的功能特性，可以画出 Q 和 $\overline{Q}$ 两个输出对应的电压波形。

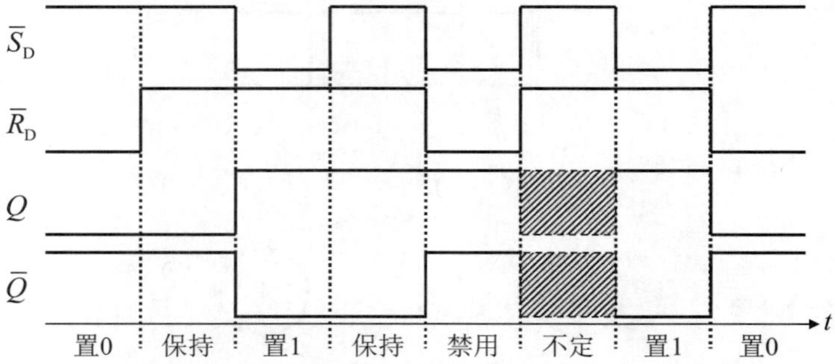

图 7.5　与非门构成的基本 RS 触发器的典型工作波形图

基本 RS 触发器还可以由或非门构成，或非门构成的基本 RS 触发器电路结构和逻辑符号如图 7.6 所示，工作原理和与非门构成的基本 RS 触发器类似。

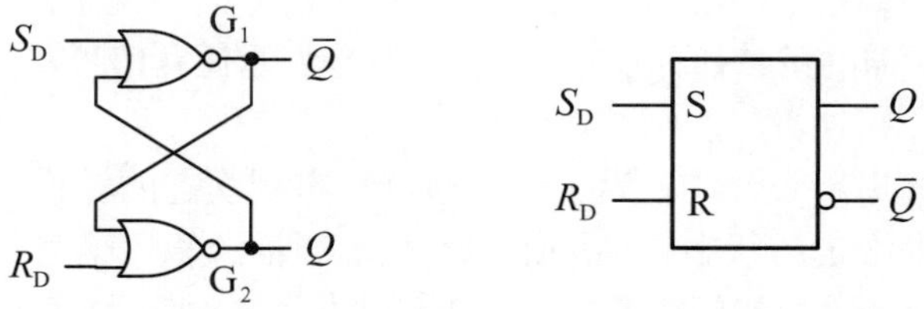

（a）电路结构　　（b）逻辑符号

图 7.6　或非门构成的基本 RS 触发器

【例 7.1】试分析图 7.6 中或非门构成的基本 RS 触发器工作原理，列写功能表和特性方程。

解：根据或非门的工作特性，可知触发器的输入信号为高电平有效。

当输入信号 S_D 和 R_D 均为低电平时，不影响或非门的输出状态，触发器保持原来状态不变。

当 $S_D=1$、$R_D=0$ 时，无论触发器原来的状态如何，都有 $\overline{Q}=0$，进一步可得 $Q=1$，即触发器置 1。

当 $S_D=0$、$R_D=1$ 时，无论触发器原来的状态如何，都有 $Q=0$，进一步可得

$\overline{Q}=1$，即触发器置 0。

当 $S_D=1$、$R_D=1$ 时，无论触发器原来的状态如何，都有 $Q=\overline{Q}=0$，破坏了触发器互补输出的逻辑关系，因此正常工作时，不允许 S_D 和 R_D 同时为 1。

或非门构成的基本 RS 触发器功能表见表 7.4。

表 7.4　或非门构成的基本 RS 触发器功能表

S_D	R_D	Q^{n+1}	$\overline{Q}^{n+1}$	功能
0	0	Q^n	$\overline{Q}^n$	保持
0	1	0	1	置 0
1	0	1	0	置 1
1	1	×	×	禁用（不定）

或非门构成的基本 RS 触发器特性方程为

$$\begin{cases} Q^{n+1}=S_D+\overline{R}_D Q^n \\ S_D R_D = 0 \quad \text{（约束条件）} \end{cases} \tag{7.2}$$

式中，约束条件表示触发器的输入 S_D 和 R_D 不能同时为 1。

7.3　钟控触发器

【微课视频】

钟控触发器

基本 RS 触发器的动作特点是置位信号和复位信号直接控制触发器的翻转，在实际应用中，有时要求触发器按照一定的节拍同步工作，因而需要在触发器中引入同步控制信号。通常会在触发器中增加一个控制输入端，并用时钟脉冲 CP（Clock Pulse）作为同步触发信号，当有效脉冲到达时，触发器才会按照直接复位、置位输入信号改变状态。这类触发器称为时钟控制触发器，简称钟控触发器，也称同步触发器。

7.3.1　钟控 RS 触发器

钟控 RS 触发器采用如图 7.7（a）所示的门控结构，即在 G_1 和 G_2 构成的基本 RS 触发器基础上，增加由与非门 G_3 和 G_4 构成的输入控制电路。时钟信号 CP 通过 G_3、G_4 来控制输入信号 S、R 进入基本 RS 触发器，进而控制触发器的翻转。

图 7.7（b）所示为钟控 RS 触发器的逻辑符号，框内的 C1 表示 CP 是编号为 1 的一个控制信号，1S 和 1R 表示受 C1 控制的两个输入信号。根据与非门的逻辑功能可知

$$\overline{S}_D=\overline{CP\cdot S}\text{，}\quad \overline{R}_D=\overline{CP\cdot R}$$

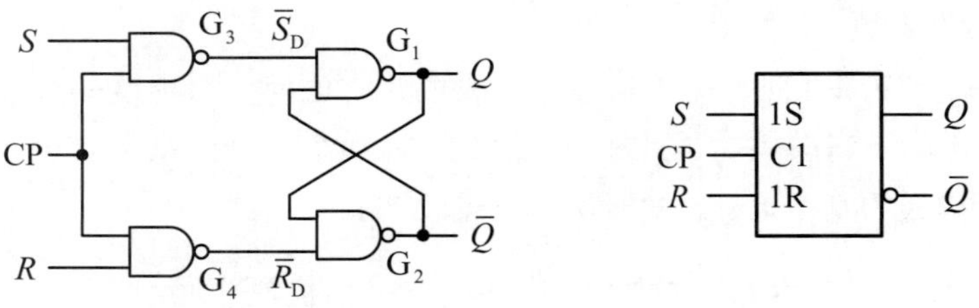

（a）电路结构　　（b）逻辑符号

图 7.7　钟控 RS 触发器

当 CP = 0 时，与非门 G_3 和 G_4 同时封锁，输入信号 S 、R 不影响触发器的输出，且根据 $\bar{S}_D = 1$ 、$\bar{R}_D = 1$，钟控 RS 触发器的状态保持不变。

当 CP = 1 时，与非门 G_3 和 G_4 同时放行，输入信号 S 、R 分别通过 G_3 、G_4 加到 G_1 和 G_2 构成的基本 RS 触发器上，且根据 $\bar{S}_D = \bar{S}$ 、$\bar{R}_D = \bar{R}$ 及与非门构成的基本 RS 触发器特性方程可得

$$\begin{cases} Q^{n+1} = S + \bar{R}Q^n \\ SR = 0 \quad \text{（约束条件）} \end{cases}$$

式中，约束条件表示触发器的输入 S 和 R 不能同时为 1。

此外，根据上述分析，将表 7.2 中的输入 $\bar{S}_D$ 、$\bar{R}_D$ 分别替换为输入 S 、R，并增加输入 CP 一列，可得表 7.5 所示的钟控 RS 触发器功能表。显然，输入 S 、R 为高电平有效。

表 7.5　钟控 RS 触发器功能表

CP	S	R	Q^{n+1}	$\bar{Q}^{n+1}$	功能
0	×	×	Q^n	$\bar{Q}^n$	保持
1	0	0	Q^n	$\bar{Q}^n$	保持
1	0	1	0	1	置 0
1	1	0	1	0	置 1
1	1	1	×	×	禁用（不定）

【例 7.2】已知钟控 RS 触发器的时钟信号 CP 和输入信号 S 、R 波形如图 7.8 所示，触发器的初始状态为 $Q = 0$，试画出触发器输出端 Q 和 $\bar{Q}$ 的波形。

解：根据钟控 RS 触发器的工作特性，画出 Q 和 $\bar{Q}$ 的波形，如图 7.8 所示。

图 7.8 中，在时钟脉冲 CP 的前 4 个节拍，根据 CP 高电平期间 S 和 R 输入电平情况，触发器的动作可依次确定为置 1、置 0、保持及置 1。

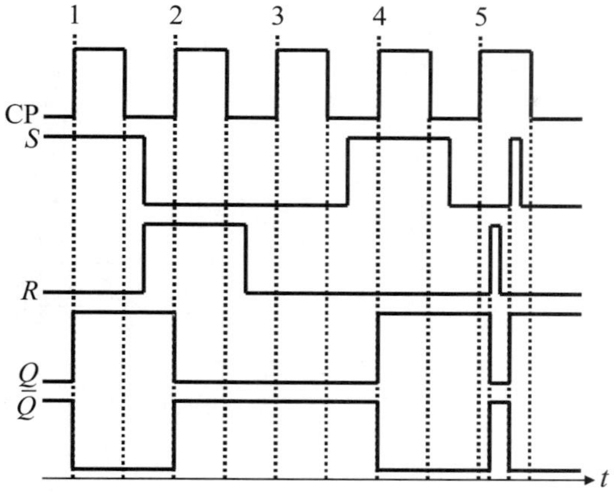

图 7.8　钟控 RS 触发器的工作波形示例

钟控触发器要求在 CP 低电平期间就确定好输入 S 和 R 的值，在 CP 高电平期间，通常要求 S 和 R 不再改变，触发器则根据相应输入值动作。在 CP 高电平期间，S 、R 实际上仍直接控制后面的基本 RS 触发器，如果此时 S 、R 发生多次变化，触发器的输出也将随之多次变化，这种现象称为"空翻"。图 7.8 中 CP 的第 5 个时钟节拍所示，高电平期间触发器依次经历保持、置 0、保持、置 1 及保持。

在实际应用中，通常要求输入端 S 和 R 在 CP 高电平期间保持不变，但如果 S 、R 受到干扰等发生变化，则触发器将产生误动作。可见，钟控 RS 触发器的抗干扰能力较差，为了克服空翻现象，需要对电路结构加以改进。

钟控 RS 触发器是在时钟信号 CP 高电平期间触发动作的，从触发方式而言属于电平触发型触发器。前一节介绍的基本 RS 触发器没有 CP 这样的同步触发输入信号，有时也称为 RS 锁存器。

需要注意的是，在一些文献和教材中，锁存器（Latch）指的是对触发信号电平敏感的双稳态电路，触发器则专指后续要介绍的对触发信号边沿（上升沿或下降沿）敏感的双稳态电路。所以，钟控 RS 触发器有时也被称为门控 RS 锁存器。在现代数字系统中，采用 VHDL、Verilog HDL 等硬件描述语言设计可编程逻辑器件如 CPLD、FPGA 或专用集成电路时，通常根据对信号电平敏感还是对信号边沿敏感来区分锁存器和触发器。

7.3.2　钟控 D 触发器

为了解决钟控 RS 触发器输入信号 S 、R 的约束问题，可在两者之间接一个非门来解决，如图 7.9（a）所示。输入端 D 即图 7.7（a）中钟控 RS 触发器的输入端 S ，而对外取消了输入端 R ，改由 D 端通过非门 G_5 得到。这样，与非门 G_3 、G_4 的输入分别为D、$\bar{D}$，后面的基本RS触发器两个输入就只有0、1或1、0两种取值组合。这种单端输入的触发器称为钟控 D 触发器，属于电平触发型触发器，也称 D 锁存器，图7.9（b）为其逻辑符号。

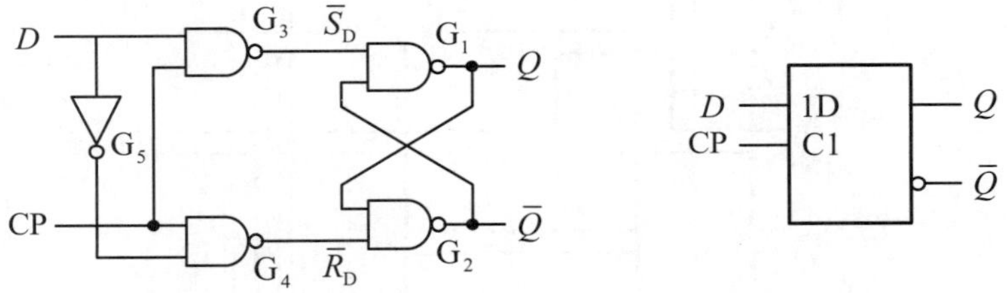

（a）电路结构　　（b）逻辑符号

图7.9　钟控D触发器

当CP = 0时，与非门G_3和G_4同时封锁，输入信号D不影响触发器的输出，且根据$\bar{S}_D = 1$、$\bar{R}_D = 1$，钟控D触发器的状态保持不变。

当CP = 1时，与非门G_3和G_4同时放行，显然有$\bar{S}_D = \bar{D}$、$\bar{R}_D = D$，代入与非门构成的基本RS触发器特性方程，可得$Q^{n+1} = D + DQ^n = D$，即CP = 1时，钟控D触发器的特性方程为

$$Q^{n+1} = D \tag{7.3}$$

由上述分析，可得表7.6所列钟控D触发器的功能表。

表7.6　钟控D触发器功能表

CP	D	Q^{n+1}	$\bar{Q}^{n+1}$	功能
0	×	Q^n	$\bar{Q}^n$	保持
1	0	0	1	置0
1	1	1	0	置1

【例7.3】已知钟控D触发器的时钟信号CP和输入信号D波形如图7.10所示，触发器的初始状态为$Q = 0$，试画出触发器输出端Q和$\bar{Q}$的波形。

解： 根据钟控D触发器工作特性，画出Q和$\bar{Q}$的波形如图7.10所示。

图7.10中，在时钟脉冲CP的前两个节拍，CP高电平期间D的输入电平分别为0和1，因此，触发器的动作依次为置0和置1。而在第3个节拍CP高电平期间，由于D的输入电平发生了多次变化，触发器的输出也随之变化，即发生了“空翻”。若将输入D视为输入数据，则在CP = 1时，触发器的输出跟随输入数据变化，输出

与输入的状态完全相同，所以此电路又被称为 D 型透明锁存器（D-Type Transparent Latch）。而在 CP = 0 时，触发器状态被锁在 CP 变为 0 之前最后一刻输入 D 的电平上，触发器处于锁存状态。显然，钟控 D 触发器仍存在空翻情况。

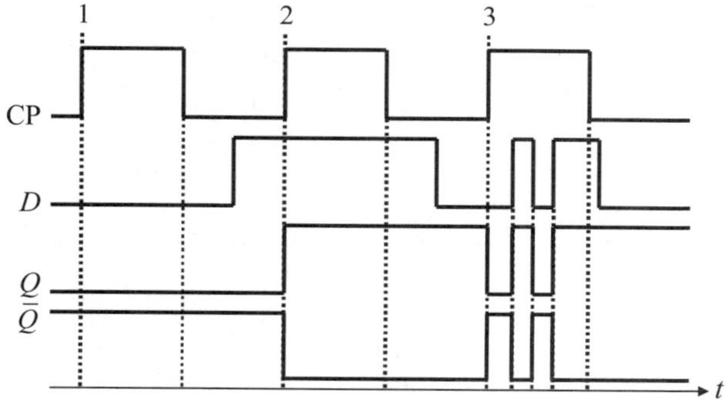

图 7.10　钟控 D 触发器的工作波形示例

在含微处理器的数字系统中，为了节省微处理器的引脚资源，往往会对同一个端口的若干引脚进行时分复用，即利用同一引脚分不同的时间间隔来传输地址和数据信息。钟控 D 触发器常用于微处理器接口电路中地址信息的锁存，习惯上称为地址锁存器。图 7.11 所示是集成 8 路 D 锁存器 74LS373 的内部逻辑示意图。

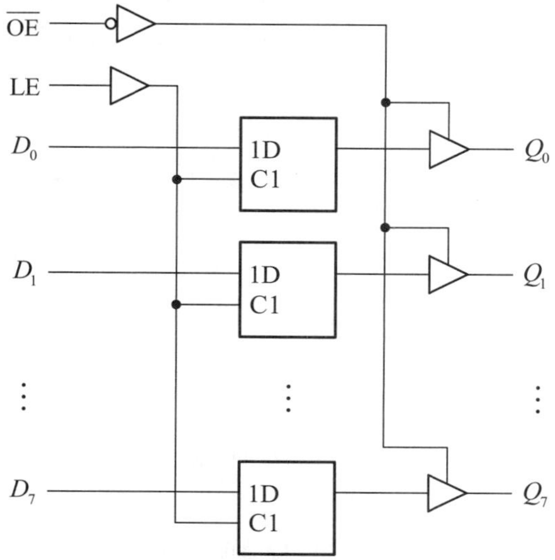

图 7.11　74LS373 内部逻辑示意图

图中，LE 为锁存使能（Latch Enable）信号，高电平有效。LE 与内部 8 个 D

锁存器的同步控制输入相连，作用与上面的 CP 相同。为了应用时更加灵活，8 个 D 锁存器的输出后面都增加了三态门，同时增设一个输出使能控制端 $\overline{\text{OE}}$（Output Enable），低电平有效。当 $\overline{\text{OE}}=0$ 时，各 D 锁存器正常输出；当 $\overline{\text{OE}}=1$ 时，芯片的各输出引脚为高阻状态。

【例 7.4】CMOS 集成电路 74HC373 内部集成了 8 路 D 锁存器，采用 CMOS 传输门实现 D 锁存器的门控结构，如图 7.12 所示，试分析电路工作原理。

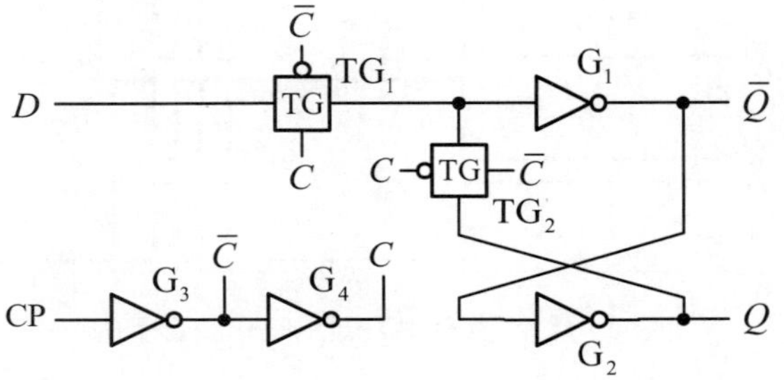

图 7.12　CMOS 传输门控 D 锁存器

解：由电路可知，当 $CP=1$ 时，显然有 $\bar{C}=0$，$C=1$，TG_1 导通，TG_2 断开，如图 7.13（a）所示。输入信号 D 经过非门 G_1、G_2 可得输出 $\bar{Q}=\bar{D}$、$Q=D$。

当 $CP=0$ 时，$\bar{C}=1$，$C=0$，TG_1 断开，TG_2 导通，如图 7.13（b）所示。非门 G_1 和 G_2 构成了最基本的双稳态电路，输入信号 D 与双稳态电路之间被 TG_1 隔离，触发器状态被锁在 CP 变为 0 之前瞬间的状态。

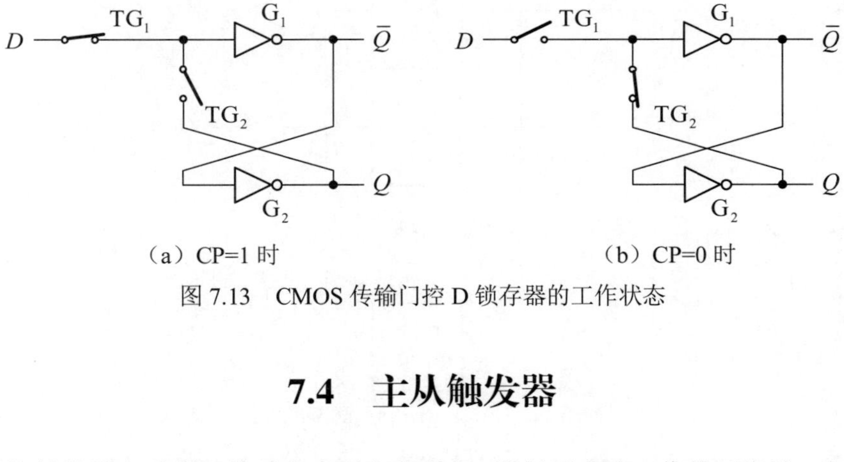

（a）CP=1 时　　（b）CP=0 时

图 7.13　CMOS 传输门控 D 锁存器的工作状态

7.4　主从触发器

钟控触发器在受到干扰时会出现空翻现象，降低了电路工作的可靠性。为了提高触发器工作的抗干扰能力，应设法使触发器状态在每个时钟脉冲周期内只改变一次。基于上述考虑，人们对钟控 RS 触发器进行结构改进，采用主从结构设计触发器。

7.4.1 主从 RS 触发器

采用两个钟控 RS 触发器按主从结构组成的 RS 触发器通常简称为主从 RS 触发器，如图 7.14（a）所示。图中，FF_1 和 FF_2 分别称为主触发器和从触发器，从触发器的时钟脉冲由主触发器的时钟脉冲 CP 经非门得到。图 7.14（b）为主从 RS 触发器的逻辑符号图。

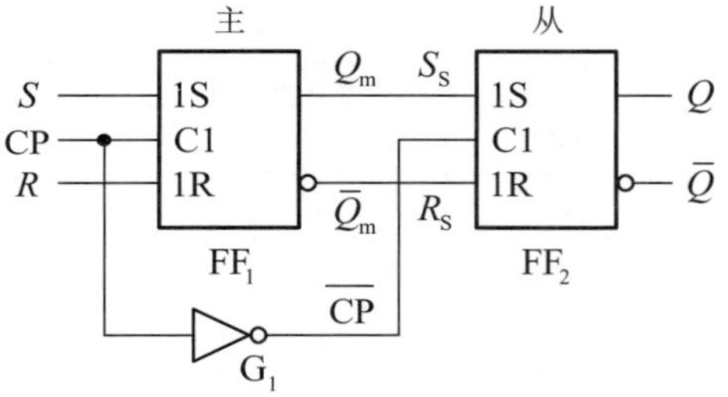

（a）结构框图

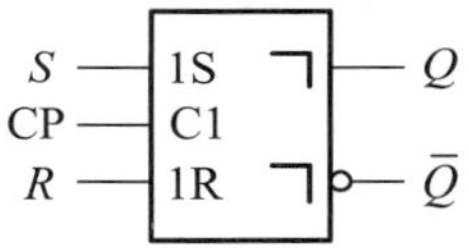

（b）逻辑符号

图 7.14 主从 RS 触发器

下面分析主从 RS 触发器的工作过程，其中主、从触发器均根据表 7.5 所列的钟控 RS 触发器工作特性动作。

当 $CP=1$ 时，主触发器工作，从触发器保持不动。主触发器根据 S、R 的输入情况进行翻转，由于在 CP 高电平期间 S、R 可能有多次变化，主触发器仍然存在空翻的可能。但是由于此时 $\overline{CP}=0$，从触发器被封锁，其输出状态保持不变。

当 CP 由 1 跳变为 0，即时钟信号的下降沿到达时，主触发器被封锁，其两个互补输出 Q_m 和 $\bar{Q}_m$ 保持在 $CP=1$ 期间最后时刻的状态。与此同时，从触发器开始工作，由于它的两个输入 S_S、R_S 恰好是主触发器的两个互补输出 Q_m、$\bar{Q}_m$，约束条件 $S_S R_S=0$ 自动满足，并且从触发器的输出状态将始终与主触发器最后的输出状态一致。例如，若 CP 下降沿的前一刻 $Q_m=1$，可知 $S_S=Q_m=1$ 及 $R_S=\bar{Q}_m=0$，当 CP 由 1 跳变为 0 时，从触发器将置 1，即 $Q=1$。反之，若 CP 下降沿的前一刻 $Q_m=0$，可知 $S_S=Q_m=0$ 及 $R_S=\bar{Q}_m=1$，当 CP 由 1 跳变为 0 时从触发器将置 0，即 $Q=0$。

在此后的 $CP=0$ 期间，即使 S 和 R 输入发生变化，由于主触发器始终被封锁，主触发器的输出状态将保持不变，而从触发器由于输入保持不变也将保持输出状态始终不变。

根据上述分析可知，在 CP 的一个完整时钟周期内，尽管主触发器可能发生多次翻转，但从触发器只可能有一次翻转，因而主从 RS 触发器的输出不会产生空翻。

在 CP＝1 期间，保持 S、R 不变的情况下，可以列出主从 RS 触发器的功能表，见表 7.7。表中的符号“⊓↓”表示高电平有效、下降沿生效的脉冲触发方式，也称正脉冲触发方式，即在时钟脉冲高电平期间接受输入信号，输出状态变化则发生在时钟脉冲的下降沿。图 7.14（b）所示逻辑符号中的“┐”符号表示正脉冲触发方式，即只有在 CP 从 1（有效电平）返回到 0 后，触发器的输出状态才可能发生改变，因而，这种触发方式也称为延迟触发。

表 7.7　主从 RS 触发器功能表

CP	S	R	Q^{n+1}	$\bar{Q}^{n+1}$	功能
⊓↓	0	0	Q^n	$\bar{Q}^n$	保持
⊓↓	0	1	0	1	置 0
⊓↓	1	0	1	0	置 1
⊓↓	1	1	×	×	禁用（不定）

对比表 7.7 和表 7.5 可知，除了触发方式从电平触发改为脉冲触发外，主从 RS 触发器和钟控 RS 触发器对于输入 S、R 的响应完全相同。因此，两者的特性方程相同，即主从 RS 触发器的特性方程为

$$\begin{cases} Q^{n+1} = S + \bar{R}Q^n \\ SR = 0 \qquad \text{（约束条件）} \end{cases}$$

需要注意的是，尽管从触发器只在 CP 的下降沿翻转一次，但在 CP＝1 期间主触发器的空翻却会影响从触发器最后的状态。因此，如果在 CP＝1 期间输入 S、R 始终不发生变化，那么可以只在 CP 下降沿到达时根据此刻 S、R 的输入值判断主从 RS 触发器的次态。否则，必须考虑 CP＝1 期间输入 S、R 的所有变化情况，才能确定 CP 下降沿到达时触发器的次态。

【例 7.5】主从 RS 触发器的时钟信号 CP 和输入信号 S、R 的波形如图 7.15 所示，设触发器初始状态为 $Q=0$，试画出触发器输出端 Q 和 $\bar{Q}$ 的波形。

解：由题意知，触发器初始状态 $Q=0$，根据主从 RS 触发器的工作特性，画出 Q 和 $\bar{Q}$ 的波形如图 7.15 所示。

图 7.15 中，在 CP 的前 4 个节拍，根据 CP 高电平期间 S、R 的输入电平，可知主触发器的动作分别是置 1、置 0、置 1 和置 0。因此，在 CP 的前 4 个下降沿，从触发器根据输入也将分别进行置 1、置 0、置 1 和置 0 操作，与主触发器相比延迟了半个时钟周期。

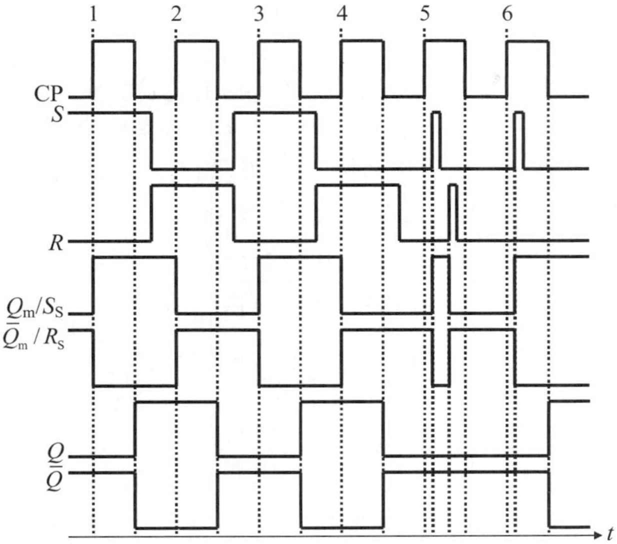

图 7.15　主从 RS 触发器的工作波形示例

在第 5 个节拍 CP 高电平期间，S 和 R 原本输入都为低电平，由于干扰先后各出现一个正脉冲，故主触发器在此期间分别经历了保持、置 1、保持、置 0 及保持 5 个过程。第 5 个节拍 CP 的下降沿到达时，根据主触发器此前最后的输出电平，可知从触发器的动作为置 0。如果此时根据表 7.7 直接由 CP 下降沿时 S、R 的输入电平判断，主从 RS 触发器动作为保持，两种判断方法的结果恰好一致（前一个时钟周期主从 RS 触发器输出为 0）。

继续观察第 6 个时钟节拍，CP 高电平期间 S 和 R 的输入仍为低电平，但这期间 S 上出现了一个正干扰脉冲，主触发器因此而置 1，所以在 CP 下降沿到达时，从触发器将置 1，而不是根据此刻 S 、R 均为 0 得出主从 RS 触发器状态保持为 0 的结论。可见，不能仅凭时钟脉冲下降沿时的 S 、R 输入来确定主从 RS 触发器的状态。

综上所述，尽管脉冲触发方式的主从 RS 触发器消除了空翻，相比于钟控 RS 触发器有了改进，但抗干扰性能仍然不够理想。此外，主从 RS 触发器仍然受到输入约束条件 $SR=0$ 的限制。

7.4.2　主从 JK 触发器

为了消除主从 RS 触发器输入约束条件的限制，可以对输入端 S 和 R 做适当改进加以解决。在正常工作情况下，主从 RS 触发器的两个输出 Q 和 $\bar{Q}$ 总是互补的，任意时刻总有一个输出为 0，可以考虑增加两条反馈线，将 $\bar{Q}$ 、Q 引回到输入端，

分别和 S 、 R 相与后再作为触发器的真正输入控制信号，这样，两个与门输出中必然有一个为 0，约束条件自动满足。

为了和主从 RS 触发器加以区别，将改进后的触发器输入端用 J 和 K 表示，分别对应主从 RS 触发器的 S 和 R，这样就构成了主从结构的 JK 触发器，简称主从 JK 触发器。主从 JK 触发器的电路结构框图和逻辑符号分别如图 7.16（a）和图 7.16（b）所示。显然，这种结构上的改进没有改变触发方式，因此仍然是正脉冲触发。

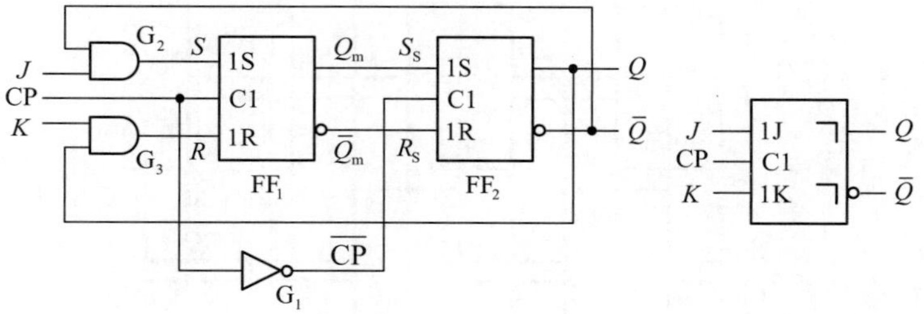

（a）结构框图　　（b）逻辑符号

图 7.16　主从 JK 触发器

由于存在反馈，分析触发器状态更新时除了要根据 J 、 K 和 CP 的输入情况分类讨论外，还需要考虑触发器的现态 Q^n 。主从 JK 触发器的工作过程分析如下：

（1）若 $J=0$ 、 $K=0$ ，与门 G_2 、 G_3 被封锁，有 $S=0$ 、 $R=0$ 。

$CP=1$ 时，主触发器保持不变。待 $CP=0$ 后，从触发器也保持不变，因此，CP 下降沿到达后，触发器输出保持原状态不变，即 $Q^{n+1}=Q^n$ 。

（2）若 $J=0$ 、 $K=1$ ， G_2 被封锁、 G_3 被放行，有 $S=0$ 、 $R=KQ^n=Q^n$ 。

若 $Q^n=0$ ，则 $CP=1$ 时，主触发器保持 0 状态不变，待 $CP=0$ 后，从触发器也保持 0 状态不变；若 $Q^n=1$ ，则 $CP=1$ 时，主触发器置 0，待 $CP=0$ 后，从触发器也将随之置 0。因此，CP 下降沿到达后，触发器输出可视为置 0，即 $Q^{n+1}=0$ 。

（3）若 $J=1$ 、 $K=0$ ， G_2 被放行、 G_3 被封锁，有 $S=J\bar{Q}^n=\bar{Q}^n$ 、 $R=0$ 。

若 $Q^n=0$ ，则 $CP=1$ 时，主触发器置 1，待 $CP=0$ 后，从触发器也将随之置 1；若 $Q^n=1$ ，则 $CP=1$ 时，主触发器保持 1 状态不变，待 $CP=0$ 后，从触发器也保持 1 状态不变。因此，CP 下降沿到达后，触发器输出可视为置 1，即 $Q^{n+1}=1$ 。

（4）若 $J=1$ 、 $K=1$ ，与门 G_2 、 G_3 被放行，有 $S=J\bar{Q}^n=\bar{Q}^n$ 、 $R=KQ^n=Q^n$ 。

若 $Q^n=0$ ，则 $CP=1$ 时，主触发器置 1，待 $CP=0$ 后，从触发器也将随之置 1；若 $Q^n=1$ ，则 $CP=1$ 时，主触发器置 0，待 $CP=0$ 后，从触发器也将随之置 0。因此，CP 下降沿到达后，触发器输出可视为翻转到与现态 Q^n 相反的状态，即 $Q^{n+1}=\bar{Q}^n$ 。

综上所述，可以列出主从 JK 触发器的功能表，见表 7.8。

表 7.8 主从 JK 触发器功能表

CP	J	K	Q^{n+1}	$\bar{Q}^{n+1}$	功能
$\sqcap\!\downarrow$	0	0	Q^n	$\bar{Q}^n$	保持
$\sqcap\!\downarrow$	0	1	0	1	置 0
$\sqcap\!\downarrow$	1	0	1	0	置 1
$\sqcap\!\downarrow$	1	1	$\bar{Q}^n$	Q^n	翻转

将 $S = J\bar{Q}^n$， $R = KQ^n$ 代入主从 RS 触发器的特性方程，可得

$$Q^{n+1} = S + \bar{R}Q^n = J\bar{Q}^n + \overline{KQ^n}Q^n$$

整理方程后，得到主从 JK 触发器的特性方程：

$$Q^{n+1} = J\bar{Q}^n + \bar{K}Q^n$$

注意，由于是正脉冲触发，上述状态转换仅在 CP 下降沿时生效，现态 Q^n 为 CP 下降沿到来之前的状态，而次态 Q^{n+1} 为 CP 下降沿到来之后的状态。

主从JK触发器和主从RS触发器在结构上非常相近，都属于脉冲触发的触发器。这类触发器的特点是动作过程分两步，以正脉冲触发为例：

第一步，在 CP = 1 期间，主触发器接收输入信号（S、R 或 J、K）并据此做相应动作，从触发器被封锁故状态保持不变（$\overline{\text{CP}} = 0$）。

第二步，在 CP 下降沿到达时，主触发器被封锁使状态保持不变，从触发器根据主触发器状态进行翻转。在此后的 CP = 0 期间，触发器状态保持不变。

此外，由于主触发器是钟控 RS 触发器，所以在 CP = 1 期间所有输入变化都有可能对主触发器产生影响。如果在 CP = 1 期间输入 J、K 发生多次变化，主从 JK 触发器的主触发器是否会像主从 RS 触发器一样发生空翻呢？

对于主从 JK 触发器，由于 Q、$\bar{Q}$ 被引回到输入端，因此在 CP = 1 期间，当现态 $Q^n = 0$ 时，有 $S = J\bar{Q}^n = J$、$R = KQ^n = 0$，即输入端 K 的置 0 信号被封锁，主触发器只能接收输入端 J 的置 1 信号。

而当现态 $Q^n = 1$ 时，有 $S = J\bar{Q}^n = 0$、$R = KQ^n = K$，即输入端 J 的置 1 信号被封锁，主触发器只能接收输入端 K 的置 0 信号。

应当注意，主触发器的置 0 或置 1 要等到 CP 下降沿到达时才能使从触发器跟随变化，也就是说，在 CP = 1 期间，主从 JK 触发器的输出（即从触发器输出）Q 和 $\bar{Q}$ 并不能立即随输入 J、K 发生变化，上述输入封锁的情况也就一直存在。因此，在 CP = 1 期间，主触发器只可能翻转一次，一旦翻转了就不会再改变，而从触发器

在随后的 CP 下降沿到达时跟随主触发器变化，这就是主从 JK 触发器所谓的“一次翻转”现象。

【例 7.6】主从 JK 触发器的时钟信号 CP 和输入信号 J、K 的波形如图 7.17 所示，设触发器初始状态为 $Q=0$，试画出触发器输出信号 Q 和 $\overline{Q}$ 的波形。

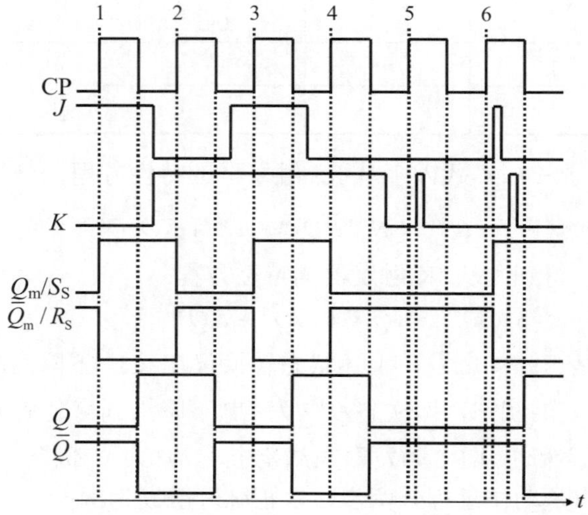

图 7.17 主从 JK 触发器的工作波形示例

解：由题意知电路的初始状态为 $Q=0$，根据主从 JK 触发器的工作特性，画出触发器的输出波形，如图 7.17 所示。

在 CP 的前 4 个节拍，根据 CP 高电平期间 J、K 的输入电平，可知主触发器的动作分别是置 1、置 0、翻转和置 0。因此，在 CP 的前 4 个下降沿，从触发器根据输入也将分别进行置 1、置 0、翻转和置 0 操作，与主触发器相比延迟了半个时钟周期。

在 CP 第 5 个节拍的高电平期间，J、K 原本输入都为低电平，但这期间 K 上出现了一个正干扰脉冲，由于此时从触发器输出 $Q=0$，K 上的干扰脉冲被封锁，因此不会对主触发器状态产生影响，所以在 CP 第 5 个节拍的下降沿到达时，从触发器将保持前一节怕的状态不变，与此刻通过 $J=K=0$ 判断主从 JK 触发器的状态保持为 0 的结论一致。

继续观察第 6 个时钟节拍，CP 高电平期间 J、K 输入仍为低电平，由于干扰，先后各出现一个正脉冲。对于输入端 J 上的干扰脉冲，由于此时从触发器输出 $\overline{Q}=1$ 而被放行，所以主触发器被置 1。而对于之后 K 上的干扰脉冲，由于 $Q=0$ 而被封锁，所以主触发器不会被置 0。待 CP 下降沿到达后，从触发器的状态才会跟随主触发器翻转至 1，与此刻通过 $J=K=0$ 判断触发器的状态保持为 0 的结论不一致。

可以看出，即使 CP 高电平期间 J、K 上出现更多的干扰脉冲，主从 JK 触发器也只能翻转一次。如果不考虑 CP 高电平期间输入 J、K 的变化情况，而仅从 CP 下降沿时的输入值来判断，主从 JK 触发器的状态可能会被误判。

尽管主从 JK 触发器消除了输入约束条件 $SR=0$ 的限制，主触发器的空翻现象也得以改善，但时钟脉冲高电平期间输入端的干扰仍有可能使触发器产生逻辑错误，因而，需要设计具有更佳抗干扰性能的触发器。

7.5 边沿触发器

前述的主从 RS 触发器和主从 JK 触发器都属于脉冲触发型触发器，在时钟脉冲高电平期间，当输入信号出现干扰时容易产生误触发。为了进一步提高触发器工作的可靠性，增强抗干扰能力，希望触发器只在时钟脉冲 CP 下降沿或上升沿到达时刻才接收输入信号并进行状态更新，而在此之前或之后输入信号的变化不影响触发器次态，边沿触发型触发器（简称边沿触发器）正是这样一类触发器。

目前常见的边沿触发器从逻辑功能上分，主要有边沿 D 触发器和边沿 JK 触发器，电路实现方式主要有三种，分别是利用 CMOS 传输门采用主从结构实现、利用维持阻塞结构实现和利用逻辑门传输延迟时间实现。

7.5.1 边沿 D 触发器

1. CMOS 主从边沿 D 触发器

利用 CMOS 传输门采用主从结构的边沿 D 触发器具有结构简单、便于大规模集成的优点，电路结构如图 7.18（a）所示。主、从两个虚线框内的电路结构完全相同，就是前述 CMOS 传输门控 D 锁存器的主体。主、从电路共用时钟脉冲，主锁存器和从锁存器的时钟脉冲信号互为反相，两个锁存器交互锁存，实现存储数据和输入信号之间的隔离。

图 7.18（a）中，$C=\mathrm{CP}$，根据各个传输门的控制引脚连接情况，TG_1 和 TG_4、TG_2 和 TG_3 具有相同的开关状态。下面分析 CMOS 主从边沿 D 触发器的工作过程，可以分两步讨论：

（1）当时钟脉冲 $\mathrm{CP}=0$ 时，有 $C=0$、$\bar{C}=1$，则 TG_1 导通，TG_2 断开，D 端的输入信号送入主锁存器，主锁存器输出 Q_m 在此期间会一直跟随 D 的输入值变化，即 $Q_m=D$。与此同时，TG_3 断开，使从锁存器与主锁存器的连接被切断。而 TG_4 导通，G_3 和 G_4 构成了双稳态电路，从锁存器保持原来的状态不变，即 CMOS 主从 D 触发器的输出状态保持不变。

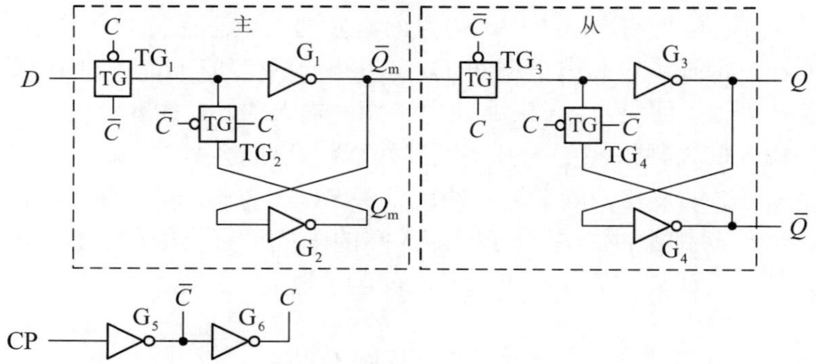

(a) 电路结构

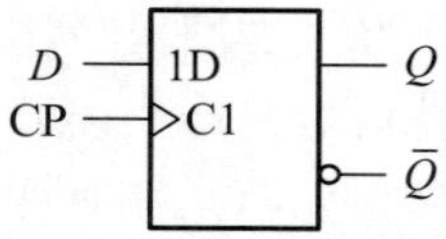

(b) 逻辑符号

图 7.18　CMOS 主从边沿 D 触发器

（2）当 CP 上升沿到达，即 CP 从 0 跳变到 1 时，有 $C=1$、$\bar{C}=0$，则 TG_1 断开，使主锁存器与输入 D 之间的连接被切断。而 TG_2 导通，G_1 和 G_2 构成的双稳态电路将锁存住 CP 上升沿到达前最后一刻的输入 D。同时，TG_3 导通，TG_4 断开，主锁存器输出 $\bar{Q}_m$ 通过非门 G_3 送到了触发器的输出 Q，即 $Q=\bar{\bar{Q}}_m=Q_m=D$。

显然，CMOS 主从边沿 D 触发器是上升沿触发的，触发器的状态更新发生在时钟脉冲 CP 的上升沿。

图 7.18（b）所示的逻辑符号中，输入时钟信号 CP 处的符号“>”表示上升沿触发。如果把图 7.18（a）中的非门 G_5 去掉，就变成下降沿触发，逻辑符号相应地在方框外的输入时钟信号 CP 引脚处加上小圆圈。

CP 上升沿到达前的瞬间，触发器的状态为现态 Q^n，CP 上升沿到达后的瞬间，触发器的状态变为次态 Q^{n+1}，有 $Q^{n+1}=Q_m^{n+1}=D$，因此边沿 D 触发器的特性方程为

$$Q^{n+1}=D$$

上式说明，上升沿触发的边沿 D 触发器（简称上升沿 D 触发器）输出状态由 CP 上升沿到达前瞬间的输入信号 D 决定，不存在输入约束条件。上升沿 D 触发器功能表见表 7.9，CP 一列中的符号“↑”表示时钟上升沿触发，若是时钟下降沿触发，则改用符号“↓”表示。

表 7.9　上升沿 D 触发器功能表

CP	D	Q^{n+1}	$\bar{Q}^{n+1}$	功能
↑	0	0	1	置 0
↑	1	1	0	置 1

【例 7.7】上升沿 D 触发器时钟信号 CP 和输入信号 D 的波形如图 7.19 所示，设触发器初始状态为 $Q=0$，试画出触发器输出信号 Q 和 $\bar{Q}$ 的波形。

解：由题意知触发器的初始状态 $Q=0$，根据上升沿 D 触发器工作特性，画出触发器输出波形如图 7.19 所示。

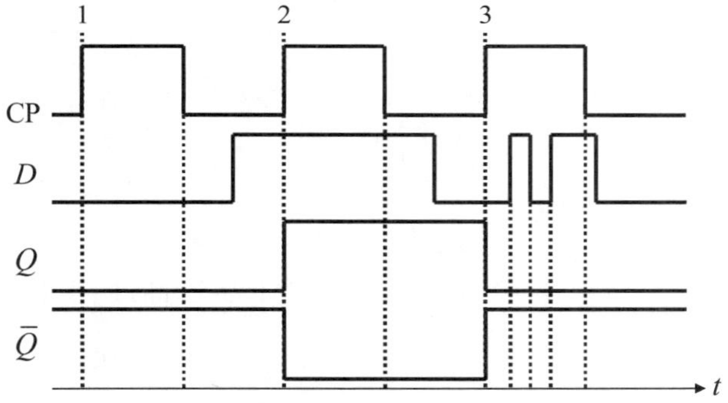

图 7.19　上升沿 D 触发器的工作波形示例

从图 7.19 可以看出，在第 3 个时钟周期上升沿之后，尽管输入 D 发生多次变化，输出没有随之改变，而只取决于时钟上升沿到达前瞬间输入 D 的值。

CMOS 集成电路 74HC374 采用了类似传输门主从结构，芯片内部包含 8 个具有公共时钟端和三态输出使能端的上升沿 D 触发器。

表 7.9 中的置 1、置 0 是触发器在时钟上升沿触发的动作，也被称为同步置 1（即置位）和同步置 0（即复位）。实际的集成电路中往往还设有直接置 1、直接置 0 的引脚，只要引脚上的电平有效就立即执行相应的置 1 或置 0 操作，无需等待时钟上升沿的到达，称为异步置 1（置位）和异步置 0（复位、清零）。

带异步置位、复位端的 CMOS 主从边沿 D 触发器电路如图 7.20（a）所示，图 7.20（b）为对应的逻辑符号。异步置 1 输入端 $\bar{S}_D$ 和异步置 0 输入端 $\bar{R}_D$ 均为低电平有效，与时钟脉冲输入 CP 无关，所以需要把图 7.18（a）中的 4 个非门 G_1～G_4 用与非门替代。CMOS 双路上升沿 D 触发器 74HC74 采用了类似结构，内部包含两个功能完全相同且引脚独立的上升沿 D 触发器。

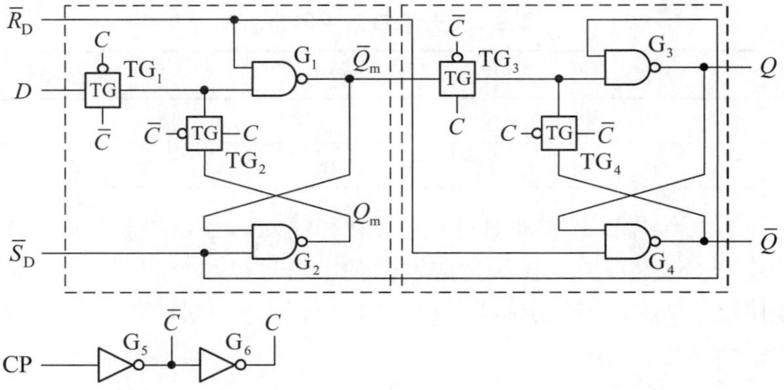

(a) 电路结构

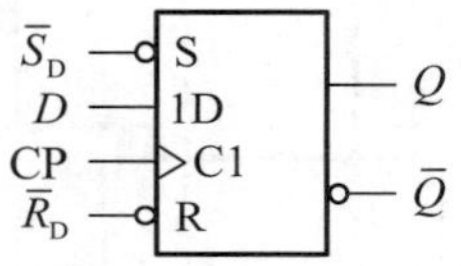

(b) 逻辑符号

图 7.20 带异步置位、复位端的 CMOS 上升沿 D 触发器

带异步置位、复位端的上升沿 D 触发器功能表见表 7.10。注意表中第 3 行，$\overline{S}_D$ 和 $\overline{R}_D$ 同时为 0 的情况下，两个输出端均为 1，即 $Q=\overline{Q}=1$，破坏了互补关系，而且当 $\overline{S}_D$ 和 $\overline{R}_D$ 同时由 0 变为 1 时，触发器的输出状态不能确定。因此，异步置位、复位不能同时有效。

表 7.10 带异步置位、复位端的上升沿 D 触发器功能表

$\overline{S}_D$	$\overline{R}_D$	CP	D	Q^{n+1}	$\overline{Q}^{n+1}$	**功能**
0	1	×	×	1	0	异步置 1
1	0	×	×	0	1	异步置 0
0	0	×	×	×	×	禁用（不定）
1	1	↑	0	0	1	同步置 0
1	1	↑	1	1	0	同步置 1

2. 维持阻塞边沿 D 触发器

采用维持阻塞结构的边沿 D 触发器电路如图 7.21 所示。可以看出，该触发器是在由 G_1、G_2、G_5、G_6 构成的钟控 RS 触发器基础上，增加了与非门 G_3、G_4 以及若干直流反馈线。

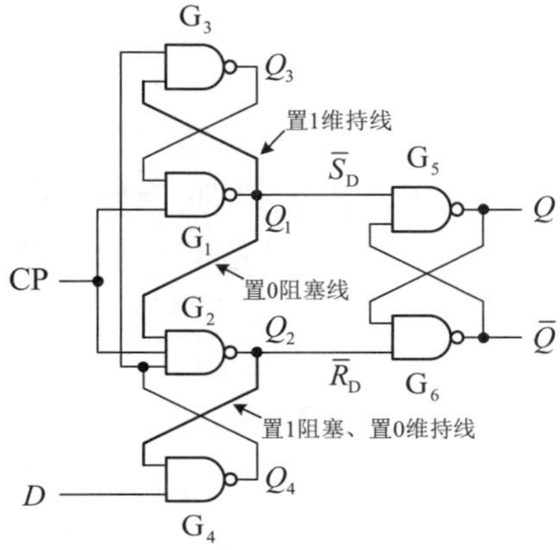

图 7.21　维持阻塞边沿 D 触发器

下面分析维持阻塞边沿 D 触发器的工作原理。

当CP = 0时，G_1、G_2 被封锁，$Q_1 = Q_2 = 1$，则 $\bar{S}_D = \bar{R}_D = 1$，$G_5$、$G_6$ 构成的基本 RS 触发器处于保持状态，边沿 D 触发器的输出 Q、$\bar{Q}$ 维持不变，即 $Q^{n+1} = Q^n$。同时，Q_1、Q_2 的高电平分别反馈到 G_3、G_4 的输入端，将这两个门打开，使 G_4 的输出 $Q_4 = \bar{D}$，G_3 的输出 $Q_3 = \bar{Q}_4 = D$，输入信号 D 进入触发器，为状态更新做好准备。

在 CP 从 0 跳变到 1 后的瞬间，G_1、G_2 被打开，$\bar{S}_D = Q_1 = \bar{Q}_3 = \bar{D}$、$\bar{R}_D = Q_2 = \overline{Q_1 Q_4} = D$，此处的 D 是 CP 上升沿到达前瞬间的输入值。显然，$\bar{S}_D$ 和 $\bar{R}_D$ 总是互为反相的，基本 RS 触发器的输入约束条件 $\bar{S}_D + \bar{R}_D = 1$ 必然满足。下面根据 CP 上升沿到达前瞬间 D 的输入值情况进行讨论：

（1）若 CP 上升沿到达前瞬间 $D = 0$，则 $\bar{S}_D = Q_1 = \bar{D} = 1$、$\bar{R}_D = Q_2 = D = 0$，基本 RS 触发器将被置 0，边沿 D 触发器的输出 $Q^{n+1} = 0$。在随后 CP = 1 期间，$Q_2 = 0$ 通过反馈线连至 G_4 的输入端，将 G_4 封锁，使 Q_4 始终为 1。这期间即使输入 D 发生变化也无法进入触发器，也就是说阻塞了 $D = 1$ 进入触发器的路径，使触发器无法置 1。同时，与非门 G_2 的 3 个输入都为 1，使 $\bar{R}_D = Q_2 = 0$，触发器维持在状态 0。因此，图 7.21 中 G_2 输出端至 G_4 输入端的这条反馈线称为置 1 阻塞、置 0 维持线。

（2）若 CP 上升沿到达前瞬间 $D = 1$，则 $\bar{S}_D = Q_1 = \bar{D} = 0$、$\bar{R}_D = Q_2 = D = 1$，基本 RS 触发器将被置 1，边沿 D 触发器的输出 $Q^{n+1} = 1$。在随后 CP = 1 期间，$Q_1 = 0$ 通过反馈线连至 G_3 的输入端，将 G_3 封锁，使 Q_3 始终为 1，这样在 CP = 1时，与非门 G_1 的两个输入都为 1，使 $\bar{S}_D = Q_1 = 0$，触发器维持在状态 1。因此，称图 7.21 中 G_1 输出端至 G_3 输入端的这条反馈线为置 1 维持线。虽然此期间 Q_4 可以跟随输入 D 变化（$Q_4 = \bar{D}$），但是 $Q_1 = 0$ 通过反馈线连至 G_2 的输入端，将 G_2 封锁，使 $\bar{R}_D = Q_2$

始终为 1，也就阻塞了触发器的置 0 信号。图 7.21 中 G_1 输出端至 G_2 输入端的这条反馈线称为置 0 阻塞线。

综上所述，在 CP 上升沿到达时，维持阻塞边沿 D 触发器将按此前瞬间的输入信号 D 刷新状态，即 $Q^{n+1}=D$，在 CP 其余时间里触发器的状态维持不变。可见，维持阻塞边沿 D 触发器与前述 CMOS 主从边沿 D 触发器在逻辑功能上完全相同，两者可以使用相同的逻辑符号、特性方程等来表述。

维持阻塞结构常见于 TTL 集成边沿 D 触发器，如带异步置位/复位的双路上升沿 D 触发器 74LS74A，芯片内部包含两个功能完全相同且引脚独立的上升沿 D 触发器。

7.5.2 边沿 JK 触发器

边沿 JK 触发器与边沿 D 触发器类似，触发器只在时钟脉冲的有效边沿（上升沿或下降沿）到达时，根据此前瞬间 J、K 两端的输入值来确定输出状态。与主从 JK 触发器相比，边沿 JK 触发器大大减少了干扰信号可能作用的时间，具有更高的工作可靠性。

在实际电路中，边沿 JK 触发器主要有两类实现方法：

（1）利用逻辑门的传输延迟时间实现，即在钟控触发器基础上利用逻辑门的传输延迟时间实现。该方法常见于 TTL 集成边沿触发器，如带异步置位/复位的双路下降沿 JK 触发器 74LS112A、带异步复位的双路下降沿 JK 触发器 74LS73A 等。本书不详细介绍这类实现的具体原理，如有需要请参阅相关资料。

（2）利用边沿 D 触发器转换得到。将 J、K 两输入信号经过简单的组合逻辑变换后，送入边沿 D 触发器的输入端，实现 JK 触发器的逻辑功能。这类方法常见于 CMOS 集成边沿触发器，如带异步置位/复位的双路上升沿 JK 触发器 CD4027、带异步置位/复位的双路下降沿 JK 触发器 74HC112 等。

下降沿 JK 触发器的逻辑符号如图 7.22 所示。对于上升沿 JK 触发器，只需将图 7.22 中时钟脉冲 CP 端的小圆圈去掉即可。

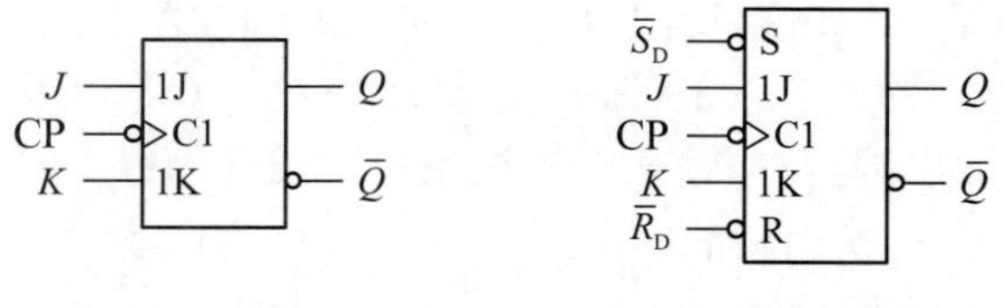

(a) 下降沿触发　(b) 下降沿触发带异步置位、复位

图 7.22 下降沿触发的 JK 触发器逻辑符号

带异步置位、复位端的下降沿 JK 触发器的功能表见表 7.11。可以看出，除了将脉冲触发改为边沿触发外，边沿 JK 触发器与主从 JK 触发器的逻辑功能完全相同，因此两者的特性方程也相同。

表 7.11　带异步置位、复位端的下降沿 JK 触发器功能表

$\overline{S}_D$	$\overline{R}_D$	CP	J	K	Q^{n+1}	$\overline{Q}^{n+1}$	功能
0	1	×	×	×	1	0	异步置 1
1	0	×	×	×	0	1	异步置 0
0	0	×	×	×	×	×	禁用（不定）
1	1	↓	0	0	Q^n	$\overline{Q}^n$	保持
1	1	↓	0	1	0	1	同步置 0
1	1	↓	1	0	1	0	同步置 1
1	1	↓	1	1	$\overline{Q}^n$	Q^n	翻转

无论是边沿 D 触发器还是边沿 JK 触发器，都将输入信号作用时间压缩到有效边沿到达前的短暂瞬间。因此，边沿触发器的抗干扰能力和工作可靠性大大提高。

7.6　触发器的逻辑功能及相互转换

沿着改进电路结构提高触发器工作可靠性的脉络，前面几节介绍了不同电路结构、不同触发方式的各类触发器。在实际电路中，往往会通过逻辑功能来区分和使用触发器。同一逻辑功能的触发器尽管在电路结构和触发方式上不尽相同，却可以用相同的特性表、特性方程及状态转换图等来描述。因此，本节将按逻辑功能来总结常用的几种触发器。同时，商用的触发器集成电路以边沿 D 触发器和边沿 JK 触发器居多，有必要介绍不同功能触发器之间的相互转换。

为了方便比较，图 7.23 列出了上升沿触发的 4 种不同功能触发器的逻辑符号。

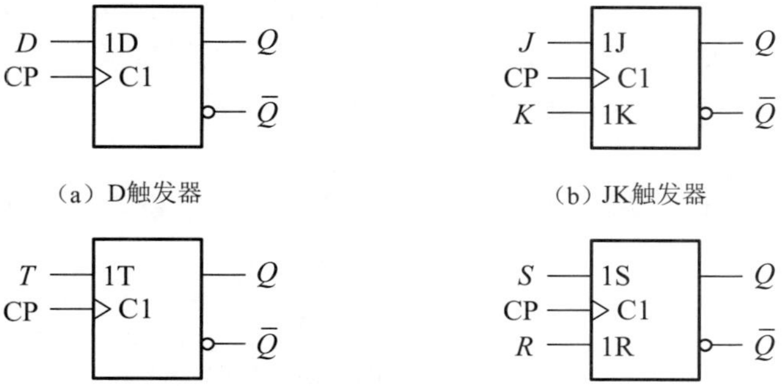

（a）D触发器　（b）JK触发器

（c）T触发器　（d）RS触发器

图 7.23　不同功能触发器的逻辑符号

7.6.1 触发器的逻辑功能

如果不考虑具体触发方式，触发器次态 Q^{n+1} 由现态 Q^n 以及除时钟脉冲 CP 外的其他输入信号决定，这种逻辑关系可以用触发器特性表来表示。触发器特性表可以根据前面介绍的功能表获得，同时，容易通过特性表得到触发器的状态转换图及特性方程等其他逻辑关系描述方法。

1. D 触发器

D 触发器的特性表可以根据其功能表（表 7.9）获得，见表 7.12。

表 7.12 D 触发器特性表

D	Q^n	Q^{n+1}
0	0	0
0	1	0
1	0	1
1	1	1

根据特性表，可以画出 D 触发器的状态转换图，如图 7.24 所示。

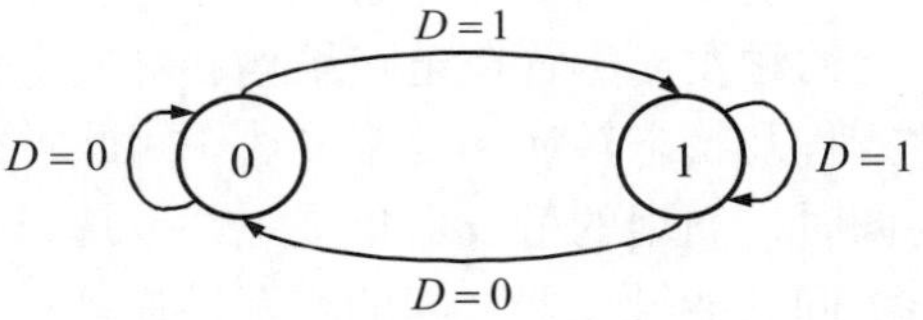

图 7.24 D 触发器的状态转换图

通过特性表和和状态转换图可以直观地了解触发器的工作状态，但无法进行逻辑运算，因此还需要知道次态与现态、输入信号之间的逻辑函数关系，即特性方程。根据表 7.12 所示特性表容易得到 D 触发器的特性方程

$$Q^{n+1} = D$$

显然，这与 D 触发器工作原理分析过程中得到的结论是一致的。

2. JK 触发器

根据 JK 触发器的功能表（表 7.8）可以得到特性表，见表 7.13。

表 7.13 JK 触发器特性表

J	K	Q^n	Q^{n+1}
0	0	0	0
0	0	1	1

续表

J	K	Q^n	Q^{n+1}
0	1	0	0
0	1	1	0
1	0	0	1
1	0	1	1
1	1	0	1
1	1	1	0

进一步可以画出 JK 触发器的状态转换图，如图 7.25 所示。

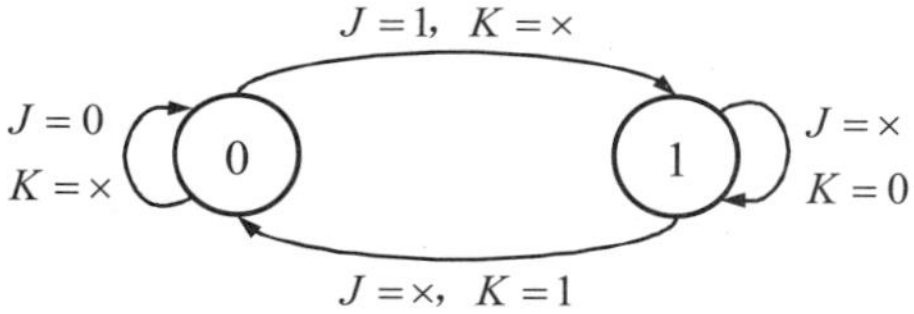

图 7.25 JK 触发器状态转换图

此外，还可以整理出 JK 触发器的激励表，见表 7.14。

表 7.14 主从 JK 触发器激励表

状态转换		输入信号	
Q^n	Q^{n+1}	J	K
0	0	0	×
0	1	1	×
1	0	×	1
1	1	×	0

根据 JK 触发器的特性表可得其特性方程

$$Q^{n+1} = J\bar{Q}^n + \bar{K}Q^n$$

3. T 触发器及 T′ 触发器

JK 触发器可以实现保持、置 1、置 0 和翻转（Toggle）功能，而在某些应用场合中，只需要触发器具有保持和翻转功能。T 触发器能够满足这样的应用需求。当控制输入 $T = 1$ 时，每来一个时钟脉冲触发器状态就翻转一次，而当 $T = 0$ 时，触发器对时钟脉冲不作响应而保持不变。T 触发器的逻辑特性相当于只取 JK 触发器特性表（表 7.13）的第 1、2、7、8 行，并将两个控制输入信号 J、K 合并为一个输入信号 T。T 触发器的特性表见表 7.15。

表 7.15 T 触发器特性表

T	Q^n	Q^{n+1}
0	0	0
0	1	1
1	0	1
1	1	0

根据 T 触发器特性表可得其特性方程

$$Q^{n+1} = T\overline{Q}^n + \overline{T}Q^n = T \oplus Q^n \tag{7.5}$$

显然，如果令 $J = K = T$，JK 触发器的特性方程与上式等效，这实际上给出了实现 T 触发器最简便的一种方法。

图 7.26 为 T 触发器的状态转换图。

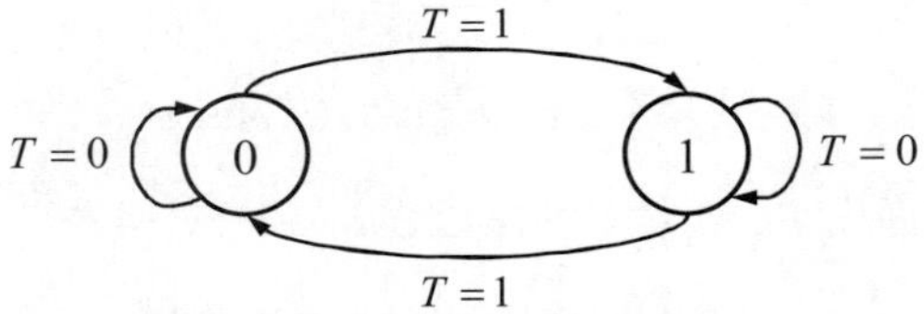

图 7.26 T 触发器状态转换图

实际使用中有时会把 T 触发器的输入信号 T 固定接高电平，对外电路只有时钟脉冲 CP 一个输入端，这样触发器始终工作于翻转状态，这种特定的 T 触发器称为 T′ 触发器，特性方程为

$$Q^{n+1} = \overline{Q}^n \tag{7.6}$$

事实上，商用的触发器集成电路产品中并没有 T 和 T′ 触发器，它们大多作为一种功能器件，以便于分析计数器这样的时序逻辑电路。

4. RS 触发器

RS 触发器的特性表可以根据主从 RS 触发器功能表（表 7.7）得到，见表 7.16。

表 7.16 RS 触发器特性表

S	R	Q^n	Q^{n+1}
0	0	0	0
0	0	1	1
0	1	0	0

续表

S	R	Q^n	Q^{n+1}
0	1	1	0
1	0	0	1
1	0	1	1
1	1	0	×
1	1	1	×

显然，除了 $S=R=1$ 外，表 7.16 中的其余特性与 JK 触发器的特性一样，因此，RS 触发器可以用 JK 触发器直接替代（$J=S$，$K=R$）。实际上，也没有专门的商用集成 RS 触发器。

RS 触发器的特性方程与主从 RS 触发器相同，即

$$\begin{cases} Q^{n+1}=S+\bar{R}Q^n \\ SR=0 \quad \text{（约束条件）} \end{cases}$$

图 7.27 为 RS 触发器的状态转换图。

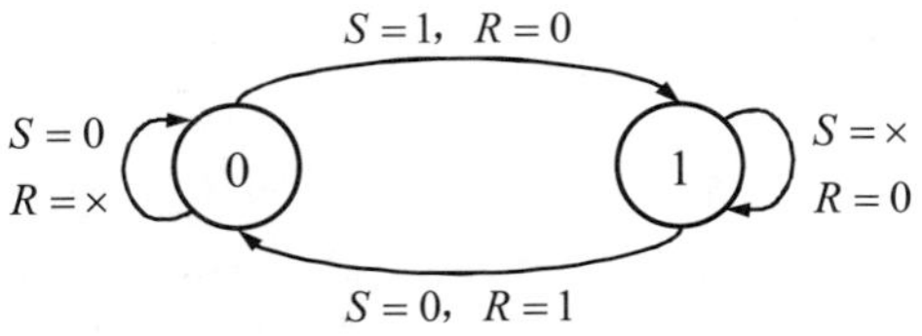

图 7.27　RS 触发器状态转换图

7.6.2　JK 触发器转换为其他类型触发器

JK 触发器的逻辑功能最为丰富和灵活，因此，早期的触发器集成电路中，JK 触发器的产品型号众多，并广泛应用于中小规模数字系统设计中。JK 触发器可以方便地转换为其他功能类型的触发器。

1. JK 触发器转换为 D 触发器

对比 JK 触发器的特性方程 $Q^{n+1}=J\bar{Q}^n+\bar{K}Q^n$ 和 D 触发器的特性方程 $Q^{n+1}=D$，可令两方程相等，即

$$Q^{n+1}=J\bar{Q}^n+\bar{K}Q^n=D=D(\bar{Q}^n+Q^n)=D\bar{Q}^n+DQ^n$$

由此可得，$J=D$，$K=\bar{D}$，进而容易得到如图 7.28 所示的转换电路。

2. JK 触发器转换为 T 及 T′ 触发器

令 JK 触发器和 T 触发器的特性方程相等，有

$$Q^{n+1} = J\bar{Q}^n + \bar{K}Q^n = T\bar{Q}^n + \bar{T}Q^n$$

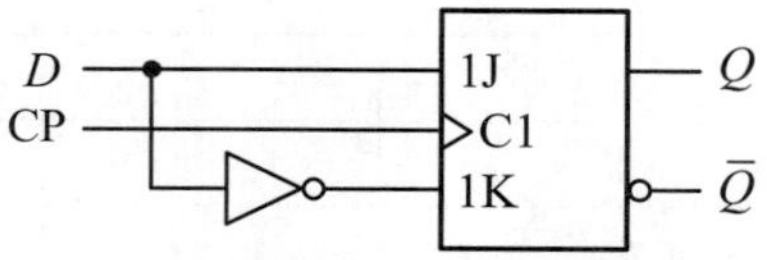

图 7.28 JK 触发器转换为 D 触发器

比较可得，$J = K = T$，转换电路如图 7.29（a）所示。

对于 T′ 触发器，只要 $J = K = 1$ 即可，如图 7.29（b）所示。

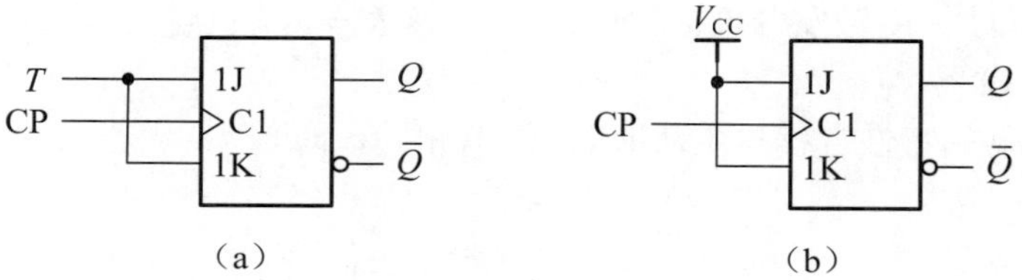

图 7.29 JK 触发器转换为 T 及 T′触发器

7.6.3 D 触发器转换为其他类型触发器

随着现代数字系统规模的扩大和电子设计自动化（EDA）水平的提升，芯片的集成度也不断提高，在采用 CPLD、FPGA 等大规模可编程逻辑器件的现代数字系统设计中更倾向采用结构相对简洁、逻辑特性更为简单的 D 触发器进行设计。下面介绍如何通过 D 触发器转换得到其他功能类型的触发器。

1. D 触发器转换为 JK 触发器

令 D 触发器和 JK 触发器的特性方程相等，可得

$$D = J\bar{Q}^n + \bar{K}Q^n$$

相应的转换电路如图 7.30 所示。

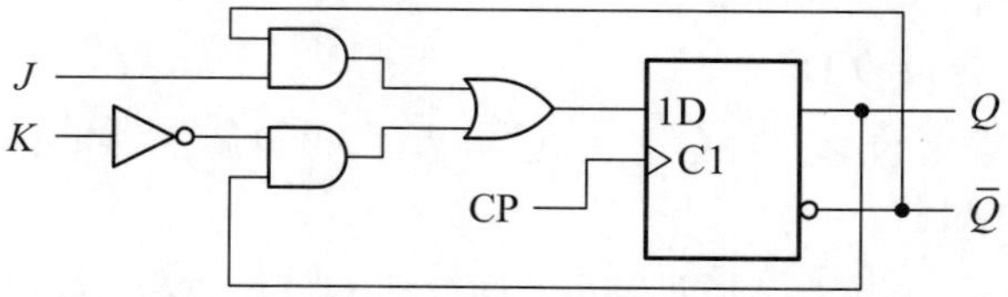

图 7.30 D 触发器转换为 JK 触发器

2. D 触发器转换为 T 及 T′ 触发器

令 D 触发器和 T 触发器的特性方程相等，可得

$$D = T\bar{Q}^n + \bar{T}Q^n = T \oplus Q^n$$

相应的转换电路如图 7.31 所示。

令 $T = 1$，有 $D = T \oplus Q^n = \bar{Q}^n$，则可得 T'触发器如图 7.32 所示。

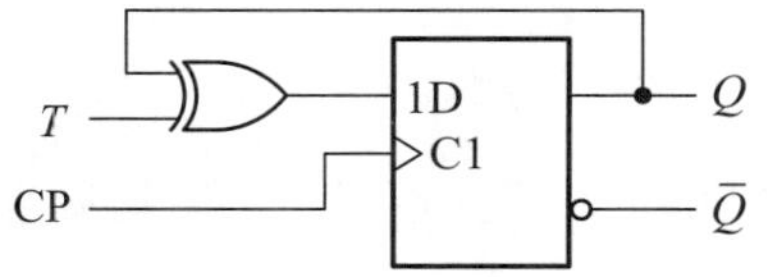

图 7.31　D 触发器转换为 T 触发器

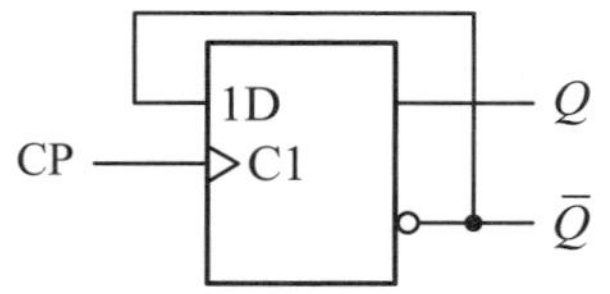

图 7.32　D 触发器转换为 T'触发器

7.7　触发器的动态特性

触发器的动态特性是指时钟信号、输入信号和输出信号的脉冲宽度和先后关系等时序要求及特性。为了保证触发器可靠地工作，除了触发器各输入/输出信号的电压幅度范围要满足相应高低电平的要求外，还需要明确触发器的动态特性。

触发器的动态特性通常用建立时间、保持时间、传输延迟时间、触发脉冲宽度以及最高时钟频率等参数具体描述。下面以上升沿 D 触发器为例进行说明，D 触发器时序图如图 7.33 所示。

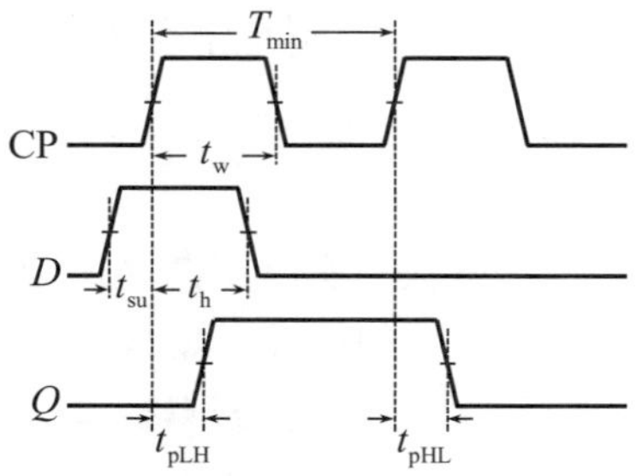

图 7.33　D 触发器时序图

1. 建立时间 t_{su}

为了保证触发器的状态能够正常转换，要求输入信号 D 必须比时钟脉冲 CP 的上升沿（有效沿）提前一定的时间到达，该提前时间的最小值就是建立时间 t_{su}。

2. 保持时间 t_h

输入信号 D 在时钟脉冲 CP 的上升沿（有效沿）到达后还应该保持足够长的时间不变，这样才能保证输入 D 的值被可靠地传送到输出端，这段时间的最小值就是

保持时间 t_h。

3. 触发脉冲宽度 t_w

为了保证触发器内部电路有足够的时间进行电平转换动作，要求时钟脉冲 CP 的宽度不能太窄，这个最窄时间即触发脉冲宽度 t_w。

注意，t_w 一般又可分为 CP 高电平宽度 t_{wH} 和低电平宽度 t_{wL}，两者不一定相同，与触发器采用的工艺及实现结构有关。

4. 最高时钟频率 f_{max}

最高时钟频率 f_{max} 是指触发器在连续、重复地正常工作情况下，时钟脉冲 CP 所能达到的最高频率。由图 7.33 可知

$$f_{max} = \frac{1}{T_{min}}$$

这里，T_{min} 即时钟脉冲 CP 的最小重复周期。显然，$T_{min} = t_{wH} + t_{wL}$，若 $t_{wH} = t_{wL} = t_w$，则有

$$f_{max} = \frac{1}{2t_w}$$

5. 传输延迟时间 t_{pd}

从时钟脉冲 CP 的上升沿（有效沿）开始计算，到建立稳定的输出状态所需要的时间称为触发器的传输延迟时间 t_{pd}。与触发脉冲宽度 t_w 类似，t_{pd} 又可以分为从低电平转为高电平的传输延迟时间 t_{pLH}，及从高电平转为低电平的传输延迟时间 t_{pHL}，两者不一定相同，若 $t_{pLH} \neq t_{pHL}$，则可定义平均传输延迟时间为

$$t_{pd} = \frac{t_{pLH} + t_{pHL}}{2}$$

严格来说，触发器动态特性参数与生产厂商、所用工艺（CMOS、TTL 等）及电路结构等因素都有关系。对于常用的触发器集成电路，如 TTL 的 74LS 系列，不同厂商的同一型号触发器一般具有接近的典型参数值（注意同产品等级，如同为商业级或工业级），通常在设计使用时符合典型参数要求即可。在接近极限工作条件的情况下，应根据厂家提供的器件手册中的具体参数进行设计或检验。

本章重点小结

1. 触发器具有两个基本特征：具有逻辑 0 和逻辑 1 两个稳定状态；在特定输入信号作用下，触发器可以从一种状态翻转到另一种状态并保持稳定，具有记忆功能。

2. 触发器按电路结构可分为基本结构、门控结构、主从结构和维持阻塞结构等；按触发方式可以分为电平触发、脉冲触发和边沿触发，边沿触发方式因输入信号作用时间最短，抗干扰能力最强；按逻辑功能来分，可分为 RS 触发器、D 触发器、JK 触发器和 T 触发器等。

3. 描述触发器的逻辑功能可通过特性表/功能表、特性方程、状态转换图和波形图等，在实际使用时不必过于关注触发器内部电路结构，而应根据触发器的功能、触发方式等进行逻辑电路的分析和设计。

4. 触发器集成电路的主要产品多为 D 触发器和 JK 触发器，通过适当的逻辑电路可以变换得到其他功能的触发器。

习题

在线测试

7.1　机械开关去抖动电路如图 7.34（a）所示，单刀双掷开关 S 的开关触点平时与 A 点连接，当按下开关时触点与 B 点连接，松开开关后触点恢复与 A 点连接。此过程由于触点在接通或断开瞬间的弹性振颤，A 和 B 处的信号并非为单一的高电平脉冲或低电平脉冲，而是会出现如图 7.34（b）所示的信号抖动情况（脉冲个数不确定）。试画出输出端 Q 和 $\overline{Q}$ 处的波形（初始状态为 Q=0），并说明电路的工作原理。

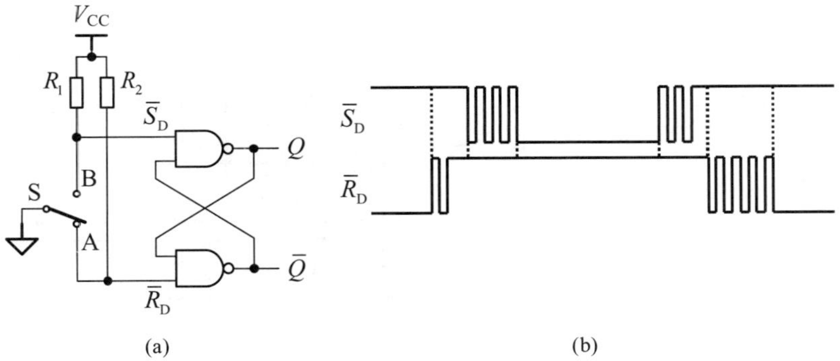

图 7.34　习题 7.1 的图

7.2　触发器的逻辑电路如图 7.35（a）所示，试分析电路工作原理、确定其为何种具体类型的触发器，并根据图 7.35（b）所示输入波形画出对应的输出波形。设电路初始状态为 0。

7.3　已知主从 RS 触发器的逻辑符号如图 7.36（a）所示，输入信号 S 、R 和时钟信号 CP 波形如图 7.36（b）所示，假定触发器的初始状态为 $Q=0$ ，试画出 Q 和 $\overline{Q}$ 端对应的输出波形。

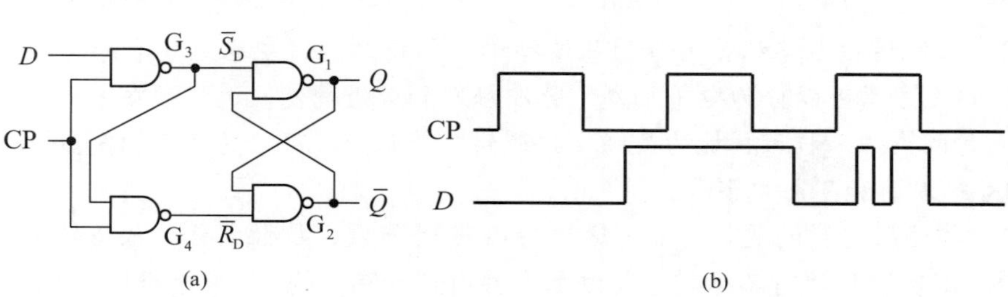

图 7.35　习题 7.2 的图

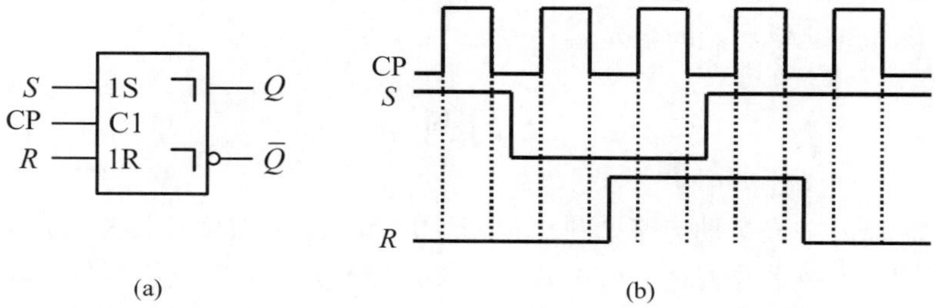

图 7.36　习题 7.3 的图

7.4　已知主从 JK 触发器的逻辑符号如图 7.37（a）所示，输入信号 J、K 和时钟信号 CP 的波形如图 7.37（b）所示，假定触发器的初始状态为 $Q=0$，试画出 Q 端对应的输出波形。

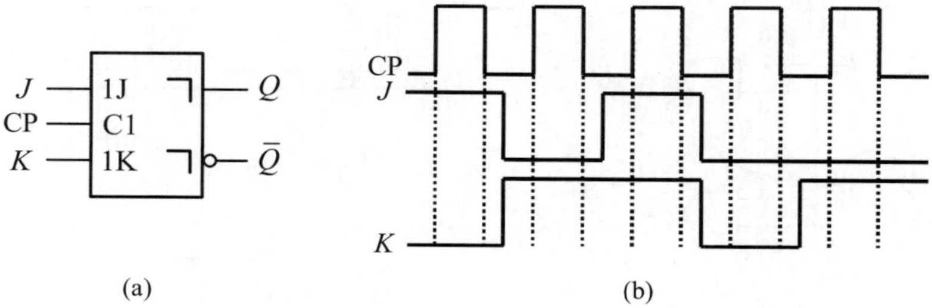

图 7.37　习题 7.4 的图

7.5　已知 D 触发器的逻辑符号如图 7.38（a）所示，输入信号 D 和时钟信号 CP 的波形如图 7.38（b）所示，假定触发器的初始状态为 $Q=0$，试画出 Q 端对应的输出波形。

7.6　已知 JK 触发器的逻辑符号如图 7.39（a）所示，输入信号 J、K 和时钟信号 CP 的波形如图 7.39（b）所示，假定触发器的初始状态为 $Q=0$，试画出 Q 端对应的输出波形。

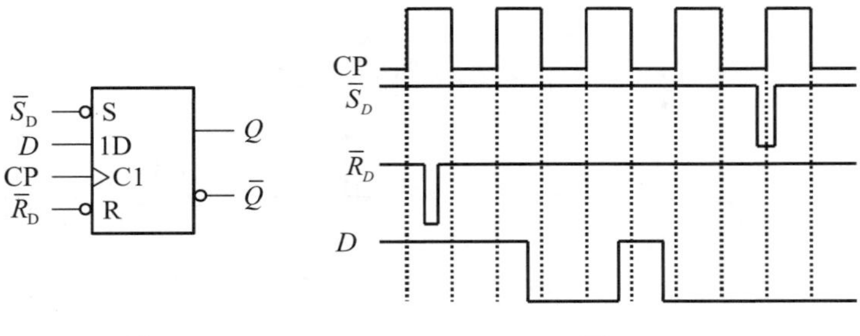

图 7.38　习题 7.5 的图

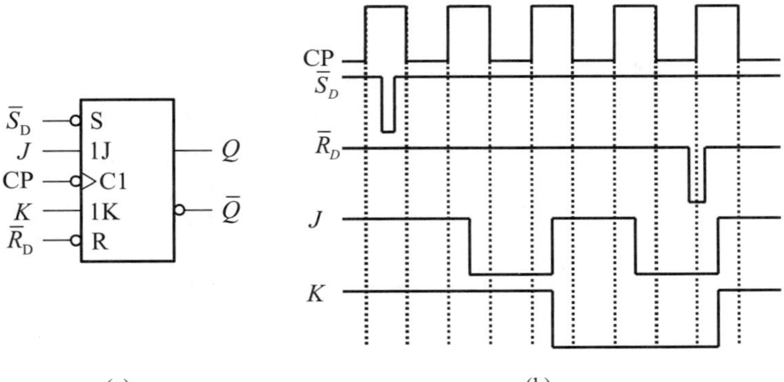

图 7.39　习题 7.6 的图

7.7　已知图 7.40 中各触发器的初始状态都为 0，试画出在时钟信号 CP 作用下各触发器输出端对应的波形。

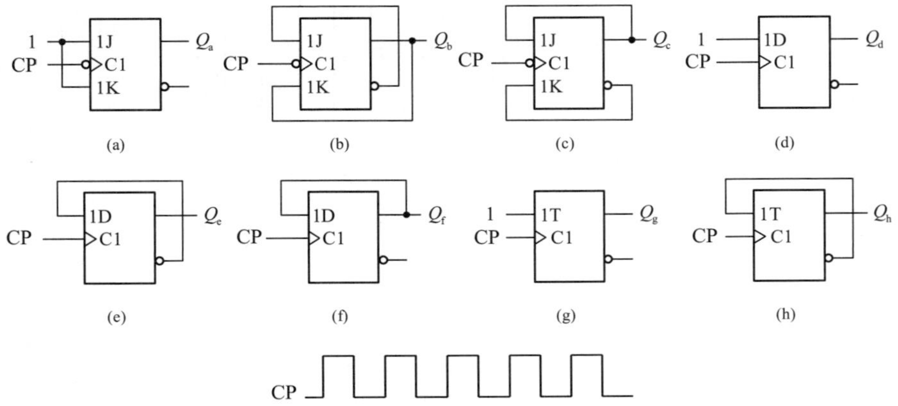

图 7.40　习题 7.7 的图

7.8 逻辑电路如图 7.41（a）所示，请根据图 7.41（b）所示输入信号波形画出 Q 端对应的输出波形，假定触发器的初始状态为 $Q=0$。

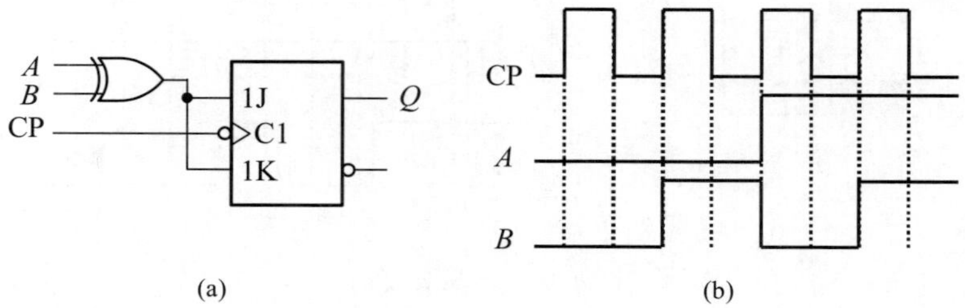

图 7.41 习题 7.8 的图

7.9 试写出图 7.42（a）中电路的次态输出方程，并根据图 7.42（b）所示输入信号波形画出 Q 端对应的输出波形，假定触发器的初始状态为 $Q=0$。

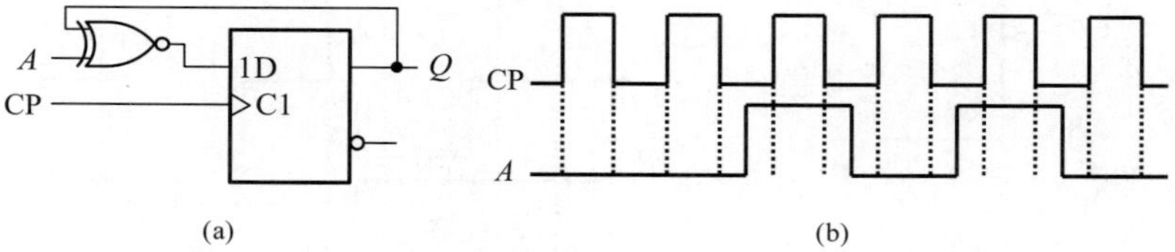

图 7.42 习题 7.9 的图

7.10 逻辑电路如图 7.43（a）所示，请根据图 7.43（b）所示输入信号波形画出 Q 及 $\overline{Q}$ 端对应的输出波形，假定触发器的初始状态为 $Q=0$。

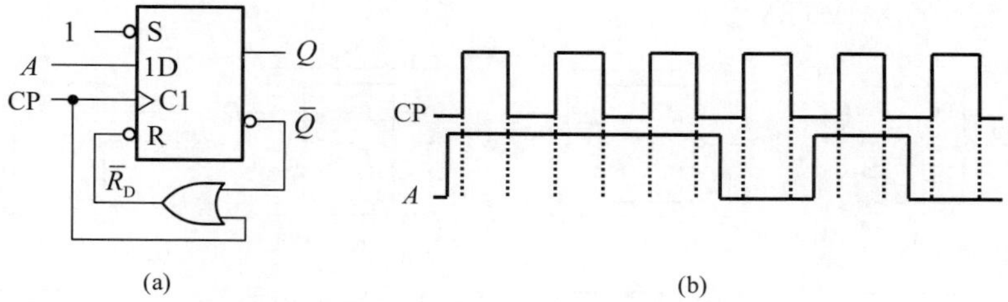

图 7.43 习题 7.10 的图

第 8 章　时序逻辑电路的分析与设计

本章课程目标

1. 掌握时序逻辑电路结构特点，能够区分同步时序和异步时序、Mealy 型和 Moore 型。

2. 掌握时序电路分析方法，能够根据电路列写驱动方程、输出方程，能够得到触发器的状态方程，并列出电路的状态转换表，画出状态转换图、时序波形图，分析得到电路的逻辑功能。

3. 掌握基于小规模集成电路触发器的时序电路设计方法，能够根据功能要求确定电路状态及其转换关系，列出状态转换表，得到状态方程和输出方程，选择触发器并得出驱动方程，画出能够自启动的逻辑电路。

4. 掌握中规模集成电路寄存器和计数器的使用方法，能够基于集成电路寄存器和计数器进行数字系统设计，实现任意进制计数器、顺序脉冲发生和脉冲序列发生等功能。

5. 了解有限状态机的概念，为现代数字系统设计打好基础。

数字逻辑电路分为组合逻辑电路和时序逻辑电路两大类。时序逻辑电路的特点是在任意时刻的输出不仅与当时的输入有关，而且还与电路的原有状态有关，即时序电路具有“记忆”功能，时序逻辑电路的记忆功能一般由触发器实现，因此触发器是时序逻辑电路的基本单元。时序电路在生产和生活中的应用是非常广泛的，例如生产流水线上的工件计数，就是当工件通过时，计数器在原有的计数值上加一，也就是说，计数器要将之前的数值记住，因此计数器是典型的时序逻辑电路。本章将介绍时序逻辑电路的基本概念、分析方法、同步时序电路的设计步骤、典型的时序逻辑器件及应用，最后介绍时序逻辑电路的通用模型——有限状态机，给出有限状态机的一般模型，以及利用现代数字系统设计技术设计有限状态机的方法和实例。

8.1　时序逻辑电路概述

【微课视频】

时序逻辑电路

时序逻辑电路是数字逻辑电路的重要组成部分，可简称为时序电路。时序逻辑电路的结构框图如图 8.1 所示，由组合逻辑电路和存储电路两部分组成，存储电路通常由触发器构成。电路的输入信号为 X（x_1～x_i），电路的输出信号为 Y（y_1～y_j），其中组合逻辑电路的输出信号可以作为存储电路的输入信号，称为激励信号 Z（z_1～z_k），存储电路的输出信号即电路的状态信号 Q（q_1～q_l），反馈至组合逻辑电路的输入。可见，时序逻辑电路具有如下特点：时序逻辑电路中存在信号的反馈，电路的输出信号及电路任一时刻的状态都由电路的输入信号和电路的原有状态共同决定，时序逻辑电路具有记忆功能。电路的原有状态通常被称为现态，用 Q^n 或 Q 表示；电路转换后的下一个状态称为次态，用 Q^{n+1} 表示。

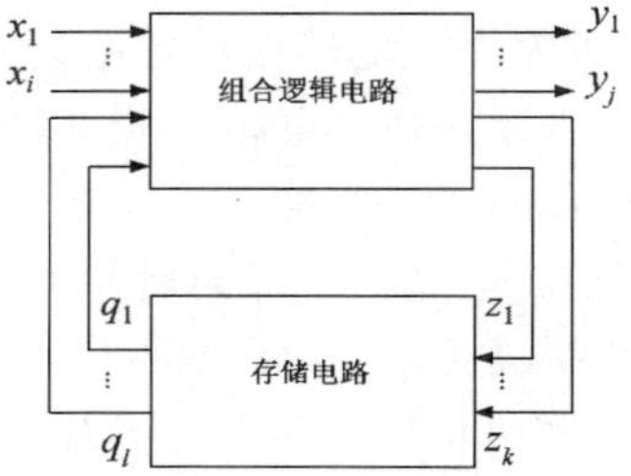

图 8.1　时序逻辑电路结构框图

时序逻辑电路的工作原理可以通过逻辑方程组、状态转换表、状态转换图和时序波形图等方式来表达。逻辑方程组包括驱动方程、输出方程和状态方程。驱动方程也称激励方程，描述存储电路的激励信号与输入信号以及电路原有状态之间的关系，表示为

$$Z=f(X,Q^n) \tag{8.1}$$

输出方程描述电路的输出信号与输入信号以及电路原有状态之间的关系，表示为

$$Y=g(X,Q^n) \tag{8.2}$$

状态方程描述存储电路的状态转换关系。存储电路的次态取决于存储电路的激励信号与电路原有的状态，状态方程表示如下：

$$Q^{n+1}=h(Z,Q^n) \tag{8.3}$$

时序逻辑电路根据时钟信号源可以分为同步时序电路和异步时序电路。同步时序电路中，所有触发器的时钟输入端连接在同一个时钟信号源上，也就是说，所有触发器会在同一时刻发生状态转换。同步时序电路中，如果时钟信号没来，输入信号的变化可以引起输出信号的变化，但触发器的状态不会改变。现代数字系统通常采用同步时序逻辑电路。异步时序电路中，不同的触发器采用不同的时钟信号源，因此在不同的时刻发生状态转换，容易因为时间差异带来短时间输出

状态不稳定，给电路设计和调试造成困难。在高速的现代数字系统中一般不采用异步时序电路。

时序逻辑电路根据对输入信号的依赖关系，可以分为米里（Mealy）型和莫尔（Moore）型。米里型时序电路的输出信号 Y 是输入信号 X 和电路状态 Q 两者的函数，米里型时序电路又称为米里型有限状态机，结构如图 8.2 所示。

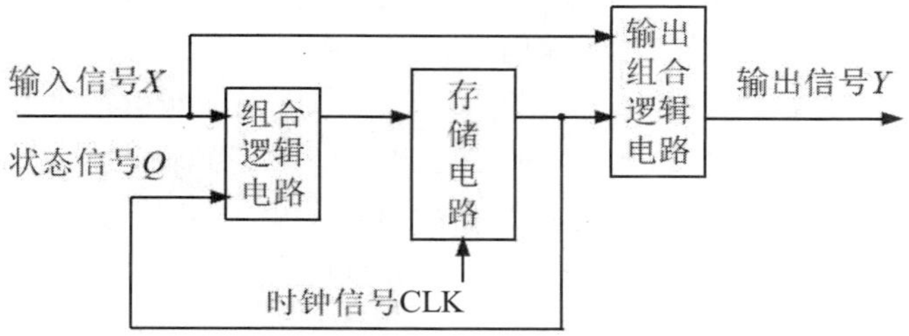

图 8.2　米里型有限状态机

莫尔型时序电路的输出信号 Y 仅仅是电路状态 Q 的函数，可见，莫尔型时序电路是米里型电路的一种特例，又称为莫尔型有限状态机，结构如图 8.3 所示。

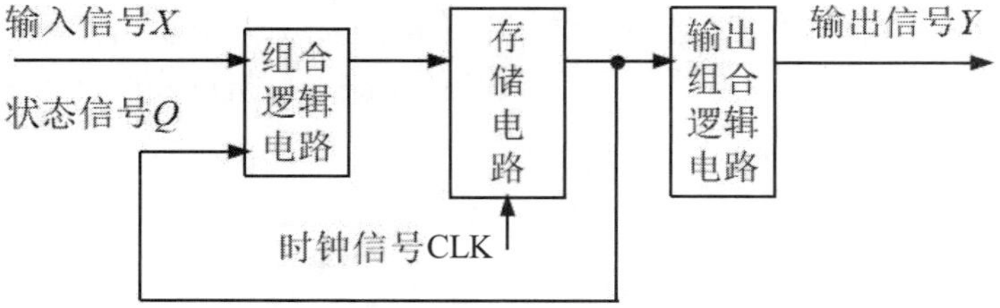

图 8.3　莫尔型有限状态机

具体的时序电路并不一定都完整地包含图 8.1 所示的所有信号，如有的时序电路没有组合电路部分，有的时序电路可能没有输入信号或输出信号，但它们的逻辑功能仍然具有时序电路的基本特征。时序电路工作时，电路在有限多个状态之间按照一定的规律转换，因此又被称为有限状态机（Finite State Machine，FSM）。

8.2　时序逻辑电路分析方法

【微课视频】
同步时序电路分析

时序电路分析就是针对给定的时序逻辑电路，分析电路在时钟信号的作用下如何进行状态转换，以及输出信号的变化规律，进而了解电路的逻辑功能和工作特性。在分析时序电路时，通常将电路的现态 Q^n 与输入信号 X 一起作为逻辑函数的输入变量，由于时序电路的状态转换不仅与电路的输入信号有关，还与电路的原有状态有关，因此分析起来就比较复杂，描述时序逻辑电路的方法与组合电路相比也更丰富，除了逻辑方程组，还有状态转换表、状态转换图和时序波形图等方式。分析时序逻辑电路通常从逻辑方程组入手，一般来说，逻辑方程确定后，就能够求出任意输入信号和电路现态下的电路输出信号和次态。

分析时序电路主要包含以下步骤：

（1）根据电路，写出每个触发器的输入端信号表达式，即可得到驱动方程。由时序电路结构可知，触发器的输入端信号表达式通过分析组合逻辑电路就可获得。

（2）根据触发器的特性方程，将输入端信号代入，即可得到状态方程。

（3）根据电路，写出输出信号的表达式，即可得到输出方程。由时序电路结构可知，输出信号的表达式也是通过分析组合电路就能获得的。

（4）根据状态方程和输出方程，列写状态转换表，画出状态转换图和时序波形图。

（5）根据状态转换图或时序波形图，分析电路的逻辑功能，如有必要，可用文字进行描述。

无论是同步时序电路还是异步时序电路都可以按照以上步骤进行分析，区别在于同步时序电路只有一个时钟信号源，所有触发器的状态转换发生在同一时刻；而异步时序电路中，不同的触发器可能对应不同的时钟源，分析时必须注意每个触发器状态转换发生的时刻。以下将分别通过具体电路，分析同步时序电路和异步时序电路。

8.2.1 同步时序电路分析举例

【例 8.1】分析图 8.4 所示时序逻辑电路的逻辑功能。

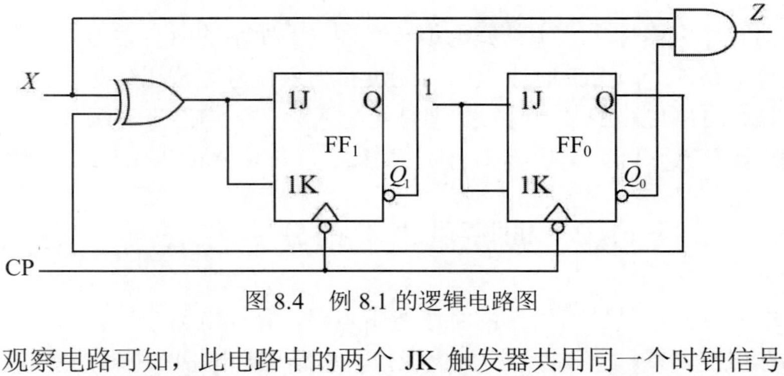

图 8.4 例 8.1 的逻辑电路图

解：观察电路可知，此电路中的两个 JK 触发器共用同一个时钟信号源，因此是同步时序电路。电路的输出 Z 是输入信号 X 和触发器状态信号的函数，因此是米里型时序电路。

（1）根据电路写出驱动方程

$$J_0 = K_0 = 1$$

$$J_1 = K_1 = X \oplus Q_0^n$$

（2）将上述触发器的输入信号代入 JK 触发器特性方程 $Q^{n+1} = J\bar{Q}^n + \bar{K}Q^n$，得到状态方程

$$Q_0^{n+1} = J_0\bar{Q}_0^n + \bar{K}_0 Q_0^n = \bar{Q}_0^n$$

$$Q_1^{n+1} = J_1\bar{Q}_1^n + \bar{K}_1 Q_1^n = X \oplus Q_0^n \bar{Q}_1^n + \overline{X \oplus Q_0^n} = X \oplus Q_0^n \oplus Q_1^n$$

（3）根据电路写出输出方程

$$Z = X\bar{Q}_1^n\bar{Q}_0^n$$

（4）列写状态转换表、画状态转换图和时序图。时序逻辑电路的逻辑状态转换表类似于组合逻辑电路的真值表，用于描述时序电路状态转换的所有过程。将电路的现态和输入信号同时作为状态转换表的输入变量，将电路的次态和输出信号作为状态转换表的输出变量。根据以上状态方程和输出方程得到的状态转换表见表 8.1。

表 8.1　例 8.1 状态转换表

输入信号	现态		次态		输出信号
X	Q_1^n	Q_0^n	Q_1^{n+1}	Q_0^{n+1}	Z
0	0	0	0	1	0
0	0	1	1	0	0
0	1	0	1	1	0
0	1	1	0	0	0
1	0	0	1	1	1
1	0	1	0	0	0
1	1	0	0	1	0
1	1	1	1	0	0

表 8.1 中，先将输入信号和现态的所有取值按二进制数递增的顺序罗列在表格中，然后根据状态方程计算得到电路的次态值，根据输出方程计算得到输出信号的值，并填入相应位置。

在时序电路的分析和设计时，还常采用如表 8.2 所示的状态转换功能表。

表 8.2 例 8.1 状态转换功能表

$Q_1^n\ Q_0^n$		$Q_1^{n+1}\ Q_0^{n+1}/Z$	
		X=0	X=1
0	0	01/0	11/1
0	1	10/0	00/0
1	0	11/0	01/0
1	1	00/0	10/0

状态转换功能表直观地表现了所有电路现态在不同输入信号取值下的状态转换方向和电路输出信号的值。根据状态转换功能表，可以方便地画出时序电路的状态转换图，如图 8.5 所示。

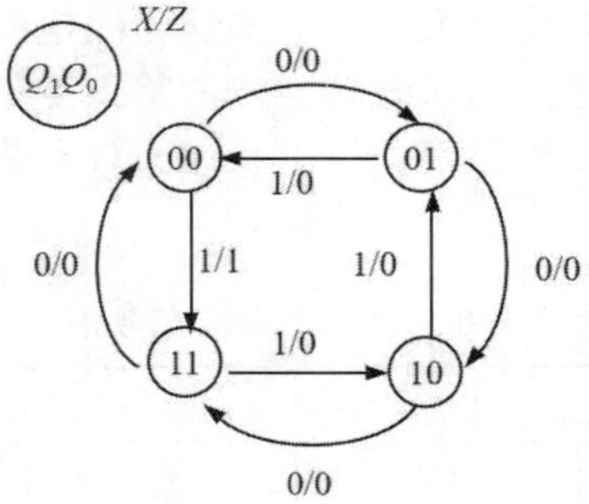

图 8.5 例 8.1 的状态转换图

状态转换图能够更加直观地表达时序电路的全部状态及其相互转换的条件和结果。状态转换图中，用一个圆圈表示一个电路状态，圆圈内数字对应触发器状态，用箭头表示状态转换方向，箭头旁用数字分别对应输入/输出信号的值。

由图 8.5 不难理解，当电路输入信号个数为 n 时，从每一个状态出发的箭头应该有 2^n 个，本例中有 1 个输入信号 X，因此，每个状态都有 2 个箭头出发指向下一个状态，分别对应 X=0 和 X=1 两种条件下的状态转换方向。

时序图描述时序电路中各信号在时间上的对应关系，反映时序逻辑电路中电路状态和输出信号对时钟脉冲和输入信号的响应。本例的时序图如图 8.6 所示。

由电路可知，触发器状态变化发生在时钟信号的下降沿，需要注意的是，电路的输出信号 Z 是组合逻辑信号，其值取决于 X、Q_1 和 Q_0 的变化，不需要与时钟信号同步，也就是说，只要 X、Q_1 和 Q_0 的值发生变化，输出信号 Z 就会立刻发生相应的变化，而不必等待时钟信号的下降沿。

在现代数字系统设计中常常应用时序图对电路功能进行仿真分析。

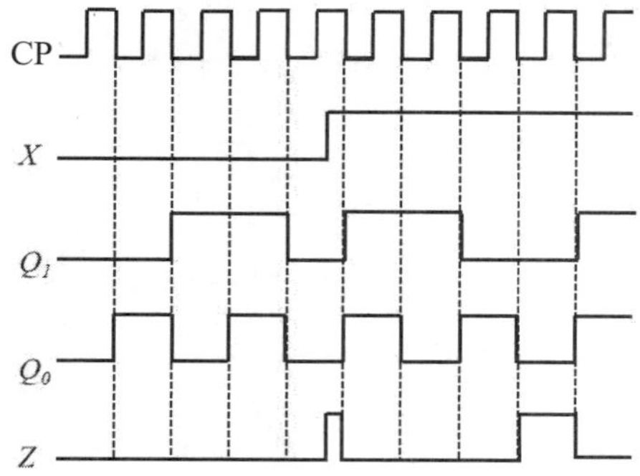

图 8.6　例 8.1 的时序波形图

（5）分析电路的逻辑功能。分析电路的状态转换关系可以发现，当输入信号 X=0 时，电路中两个触发器的状态转移是按 Q_1Q_0=00、01、10、11、00...的顺序循环变化，实现模 4 的加法计数器，或称为四进制加法计数器；当输入信号 X=1 时，电路触发器状态转移是按 Q_1Q_0=00、11、10、01、00...的顺序循环变化，实现模 4 的减法计数器，或称为四进制减法计数器。不难得到结论，此电路是一个模 4 的可逆计数器，X 是加/减计数的控制信号，Z 是减法计数器的借位输出。

可以看出，此电路在外部信号 X 的控制下，受时钟信号驱动，在有限个状态（00、01、10、11）之间发生转换，我们把这样的电路称为有限状态机，状态变量为 Q_1Q_0，状态个数是 4，Q_1Q_0 对应的取值叫作状态编码，有限状态机的应用非常广泛，其概念和设计方法将在本章最后一节介绍。

【例 8.2】分析图 8.7 所示的同步时序电路。

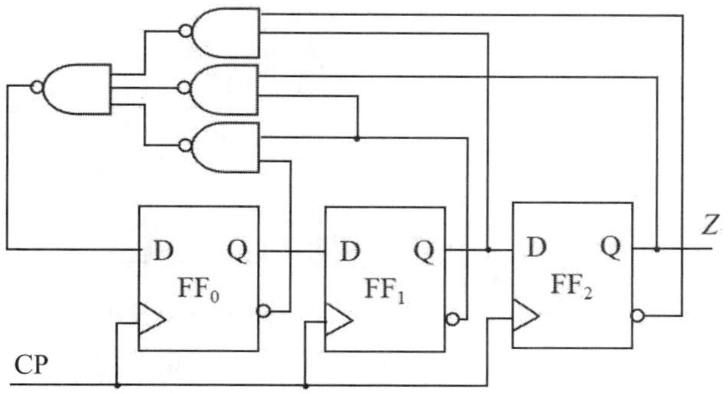

图 8.7　例 8.2 的逻辑电路图

解：此电路由三个 D 触发器组成，输出信号仅由电路中的触发器状态决定，因此是一个莫尔型的同步时序电路。

（1）根据电路，可以得到三个 D 触发器的输入端信号如下：

$$D_2 = Q_1^n$$
$$D_1 = Q_0^n$$
$$D_0 = \overline{Q}_0^n \overline{Q}_1^n + \overline{Q}_1^n Q_2^n + Q_1^n \overline{Q}_2^n$$

（2）将上述方程代入 D 触发器的特性方程，可得

$$Q_2^{n+1} = D_2 = Q_1^n$$
$$Q_1^{n+1} = D_1 = Q_0^n$$
$$Q_0^{n+1} = D_0 = \overline{Q}_0^n \overline{Q}_1^n + \overline{Q}_1^n Q_2^n + Q_1^n \overline{Q}_2^n$$

（3）根据电路，可以写出电路的输出信号

$$Z = Q_2^n$$

（4）列写状态转换表、状态转换图和时序图。从电路可以发现，本例中没有输入信号，因此状态转换表中只有电路的现态作为输入变量。根据以上方程，计算得到不同现态对应的次态和输出，得到电路的状态转换表，见表 8.3。

表 8.3 例 8.2 状态转换表

现态			次态			输出信号
Q_2^n	Q_1^n	Q_0^n	Q_2^{n+1}	Q_1^{n+1}	Q_0^{n+1}	Z
0	0	0	0	0	1	0
0	0	1	0	1	0	0
0	1	0	1	0	1	0
0	1	1	1	1	1	0
1	0	0	0	0	1	1
1	0	1	0	1	1	1
1	1	0	1	0	0	1
1	1	1	1	1	0	1

电路的状态转换图如图 8.8 所示，由于电路没有输入信号，因此图中左上角的圆圈旁边，输入信号的位置为空缺。假设初始状态为 $Q_2Q_1Q_0$=000。

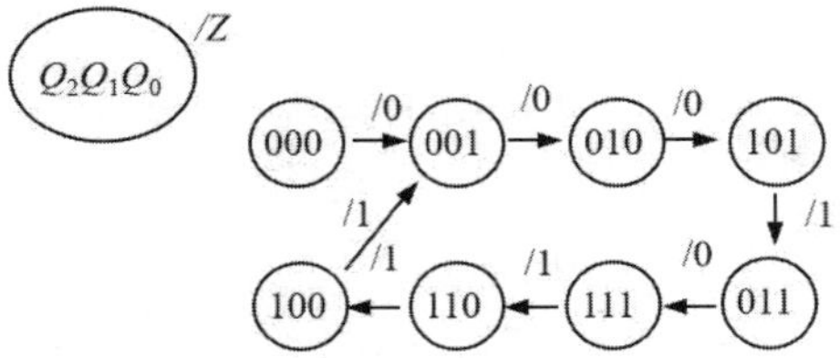

图 8.8　例 8.2 电路的状态转换图

图 8.8 中，电路的状态转换形成了一个闭合回路。电路正常工作时，状态就按箭头方向在闭合回路中循环变化，这个闭合回路中的状态称为“有效状态”，闭合回路之外的状态称为“无效状态”。

从状态转换图不难看出，无论电路初始状态如何，总能经过若干个时钟脉冲之后进入有效状态。电路能够自动从无效状态经过若干时钟脉冲进入有效状态的这种能力，称为“自启动能力”。因此，本例的电路具有自启动能力。

电路的时序图如图 8.9 所示，假设初始状态为 $Q_2Q_1Q_0$=000，由电路可知，电路中的触发器在时钟信号的上升沿发生翻转。

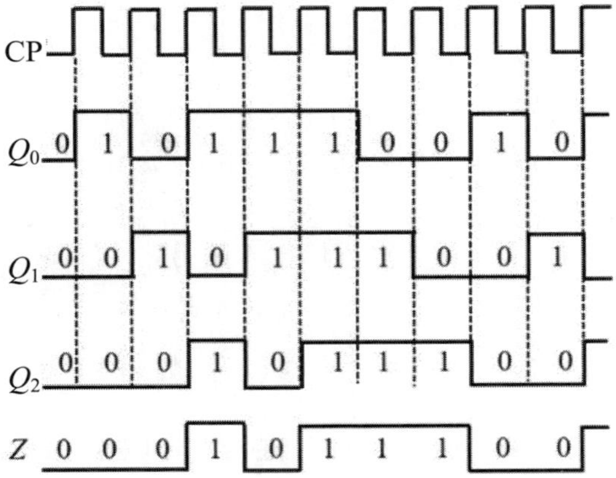

图 8.9　例 8.2 电路的时序图

（5）分析电路的逻辑功能。分析电路的状态转换关系可以发现，电路状态 $Q_2Q_1Q_0$ 随着时钟脉冲信号在 001、010、101、011、111、110、100、001 之间循环变化，输出端 Z 相应产生循环的 0010111 信号。因此，电路是一个序列信号发生器。

8.2.2　异步时序电路分析举例

异步时序电路的分析方法与同步时序电路基本相同，但是异步时序电路中各触发器没有统一的时钟脉冲，触发器的状态转换不是同时发生的。因此，除了要考虑驱动信号外，还要考虑时钟脉冲，各触发器只有在对应的时钟脉冲信号有效时，状态才会发生转换，具体分析过程比同步时序电路更复杂。

分析异步时序电路时，要从输入信号所能作用的第一个触发器开始推导，确定其状态变化，然后根据其输出信号分析下一个触发器的时钟信号，以确定第二个触发器是否发生状态变化，依此逐级类推，直到最后一个触发器。只有完成了所有触发器的状态转换分析后，才能确定电路的次态。

【例 8.3】分析图 8.10 所示异步时序电路的逻辑功能。

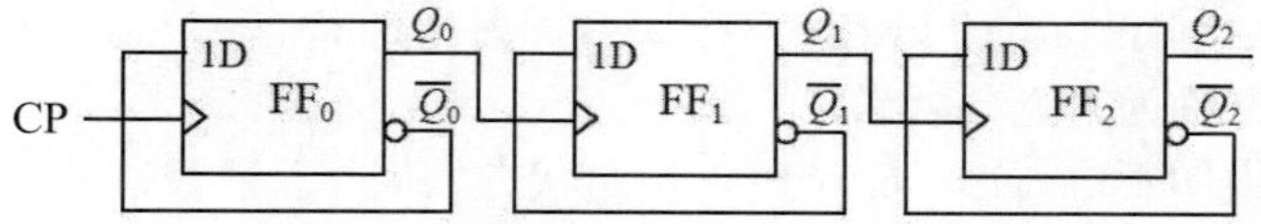

图 8.10 例 8.3 异步时序电路图

解：由电路可以看出，每个触发器都有各自不同的时钟信号源，因此是异步时序电路，触发器在时钟信号的上升沿发生状态更新。

（1）根据电路写出时钟信号方程

$$CP_2=Q_1\ \uparrow$$
$$CP_1=Q_0\ \uparrow$$
$$CP_0=CP\uparrow$$

以上方程中，↑表示时钟信号的上升沿，即信号值从 0 转变为 1 的跳变。为了方便表达，不妨规定各触发器的时钟信号出现有效跳变时，CP=1，例如当 Q_1 出现从 0 到 1 的跳变时，CP_2=1；类似地，当 Q_0 出现从 0 到 1 的跳变时，CP_1=1。对于第一个触发器的时钟信号 CP_0，每个脉冲周期都有从 0 到 1 的跳变，因此可以看作恒有 CP_0=1。

（2）由电路可知，各触发器的驱动方程为

$$D_2=\bar{Q}_2^n$$
$$D_1=\bar{Q}_1^n$$
$$D_0=\bar{Q}_0^n$$

（3）将上述方程代入 D 触发器的特性方程，考虑触发器时钟信号，可得

$$Q_2^{n+1}=\bar{Q}_2^n\cdot CP_2$$
$$Q_1^{n+1}=\bar{Q}_1^n\cdot CP_1$$
$$Q_0^{n+1}=\bar{Q}_0^n\cdot CP_0$$

（4）列写状态转换表，画状态转换图和时序图。例 8.3 的异步时序电路状态转

换表见表 8.4。由于电路没有输入信号和输出信号，因此只需要将电路现态和时钟信号作为输入变量，将电路次态作为输出变量列表。按以下步骤填写状态转换表：

1）首先把电路现态的所有组合列于表中，即状态 $Q_2^n\ Q_1^n\ Q_0^n$ 从 000 依次变化到 111。

2）从时钟信号 CP 能触发的第一个触发器即 FF_0 开始推导状态转换，可知对于每个时钟信号 CP，都会使 FF_0 的状态 Q_0 发生翻转，因此可以确定 Q_0^{n+1} 的值。

3）确定 CP_1 的值：当 Q_0 从现态 0 跳变到次态 1 时，$CP_1=1$，否则 $CP_1=0$。

4）触发器 FF_1 的状态在 $CP_1=1$ 时发生翻转，因此可以确定 Q_1^{n+1} 的值。

5）依此类推，可以确定 CP_2 的值，即当 Q_1 从现态 0 跳变到次态 1 时，$CP_2=1$，触发器 FF_2 的状态发生翻转，进而确定 Q_2^{n+1} 的值。

表 8.4 例 8.3 状态转换表

现态			时钟信号			次态		
Q_2^n	Q_1^n	Q_0^n	CP_2	CP_1	CP_0	Q_2^{n+1}	Q_1^{n+1}	Q_0^{n+1}
0	0	0	1	1	1	1	1	1
0	0	1	0	0	1	0	0	0
0	1	0	0	1	1	0	0	1
0	1	1	0	0	1	0	1	0
1	0	0	1	1	1	0	1	1
1	0	1	0	0	1	1	0	0
1	1	0	0	1	1	1	0	1
1	1	1	0	0	1	1	1	0

根据状态转换表，可以画出例 8.3 的电路状态转换图如图 8.11 所示。

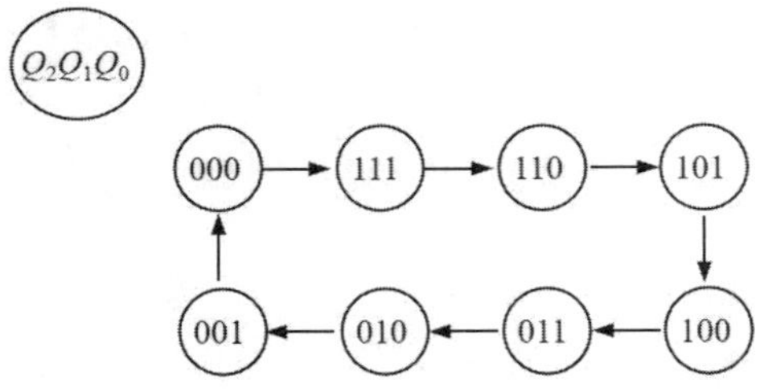

图 8.11 例 8.3 电路的状态转换图

电路的时序图如图 8.12 所示，由于触发器的翻转存在延迟时间，因此从时钟脉冲到来到所有触发器完成翻转，期间有短时间存在状态不确定的现象。

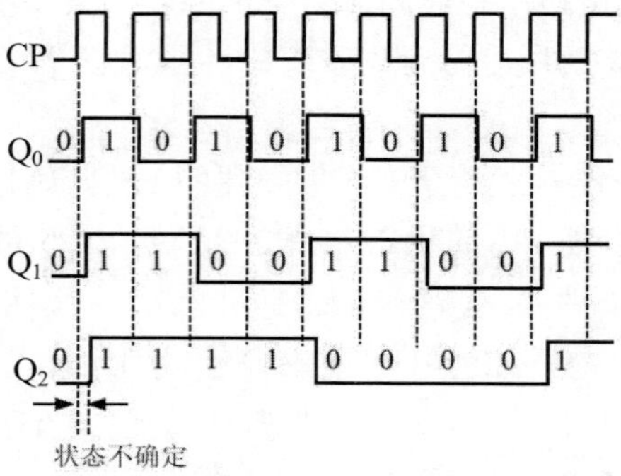

图 8.12　例 8.3 电路的时序图

（5）分析电路的逻辑功能。由状态转换图可知，电路是一个八进制的减法计数器。

通过以上分析可知，同步时序电路的所有触发器是同时更新状态的，而异步时序电路的各个触发器之间的状态更新存在延迟，也就是说，电路从现态到次态的转换过程中，有一段时间内各个触发器分别更新状态，在此期间，电路的状态是不确定的，只有当所有触发器都完成了状态更新，电路才进入稳定的次态。因此，对于异步时序电路，输入信号必须等电路进入稳定状态后才允许发生变化，否则电路会处于不确知的状态。异步时序电路的最大缺点是速度低，易产生冒险竞争，且不容易排除，所以实用意义不大。

8.3　基于触发器的时序电路设计方法

【微课视频】

基于触发器的时序电路设计方法

时序电路设计就是根据给定的逻辑功能要求，设计相应的驱动方程、状态方程和输出方程，选择适当的逻辑器件，画出符合功能要求的时序逻辑电路图。本节介绍应用触发器和逻辑门设计同步时序逻辑电路的方法，是基于传统低速小规模数字电路的手工设计方法，是现代数字系统设计的基础。

设计时序逻辑电路时，在满足逻辑功能要求的前提下，应力求逻辑电路简单，也就是说，电路用到的触发器和逻辑门数量和种类都应最少。若电路不能满足最简，则会导致所需的触发器数量多、电路复杂，从而引起故障增多的问题。

8.3.1　时序逻辑电路设计方法

同步时序逻辑电路的设计一般按如下步骤进行。

（1）根据给定的逻辑功能要求，建立原始状态图和状态表。给定的逻辑功能要求通常会以文字、图形或波形图等方式描述，首先需要通过逻辑抽象，确定电路的输入变量、输出变量和电路的状态数，将设计要求转换成规范的状态转换图或状态转换表，得到原始状态图或状态表。原始状态图按以下步骤建立：

1）确定电路模型。分析电路的输入条件和输出要求，确定输入变量、输出变量的数量和名称。时钟脉冲信号一般不作为输入变量考虑。

2）找出所有可能的状态、状态之间的转换关系和转换条件，将不同的状态按规律编号。

3）假定一个初始状态，根据输入条件确定电路的次态和输出，以此类推，将每一个状态的次态和输出都根据设计要求确定下来，就完成了原始状态图。

4）根据原始状态图，建立状态转换表。

建立了原始状态图和状态转换表，就建立了时序电路设计的基础。

（2）状态化简。原始的状态图或状态表可能包含多余的状态，为了使所设计的电路使用尽量少的元件，有必要对原始状态图进行化简，消除多余的状态，保留有效状态。如果电路中存在若干状态，在相同的输入条件下，具有相同的输出和相同的次态，则称这些状态为等价状态。将状态图中的等价状态进行合并，可以使状态简化而不影响电路功能。

（3）状态编码。状态编码就是为每一个电路状态指定一个二进制代码，也称状态分配。设同步时序电路中触发器的个数为 N，即状态编码的位数为 N，电路状态数为 M，则应满足

$$2^{N-1}<M\leqslant 2^N \tag{8.4}$$

从 2^N 个代码中选出 M 个来进行状态编码，方案不同，对应的电路结构也就不同。编码方案选择得好，设计出的电路就简单可靠，一般应选有利于方程化简和电路工作稳定的编码方案，例如以二进制数自然递增顺序编码有利于简化电路，使用格雷码等具有一定特征的编码有利于降低输出信号的竞争冒险。

（4）选择触发器，确定逻辑方程。选用的触发器不同，设计出来的电路也会不同，选择器件时要从工程特性角度考虑器件的供应情况，并尽量减少器件种类，一般选择常用的 D 触发器或 JK 触发器。将编码后的状态替换原始状态图或状态表中的状态名，列出状态转换真值表，分别对各触发器的次态和电路的输出信号进行卡诺图化简，得到电路的状态方程和输出方程，根据所选触发器类型和对应的特性方程，可以求出各触发器的驱动方程。

（5）画逻辑电路，检查自启动功能。根据驱动方程和输出方程画出逻辑电路图。由于触发器的状态数（2^N）可能多于电路的有效状态数（M），因此需要检查电路的自启动能力。若电路进入无效状态后，经过若干时钟周期，能够自动回到有效状态中，则称电路能够自启动。如果电路不能自启动，则必须修改设计，或增加复

位电路。若电路要求从指定的状态开始工作，可以利用触发器的置 0 或置 1 功能设置电路的初始状态。

实际设计时可以根据情况省略或简化某些步骤。

8.3.2 同步时序电路设计举例

下面通过设计实例来具体说明同步时序逻辑电路的设计流程。

【例 8.4】试用 D 触发器设计一个模五计数器，要求状态在 000-001-011-101-110 之间循环变化。

解：分析设计要求可知，电路共有 5 个状态，因此需要 3 个触发器。计数器能够在时钟信号驱动下自动地从一个状态转换到下一个状态，因此电路没有输入信号。由于没有进位要求，因此也没有输出信号，这是一个莫尔型时序电路。根据题目要求，电路的状态转换图如图 8.13 所示。

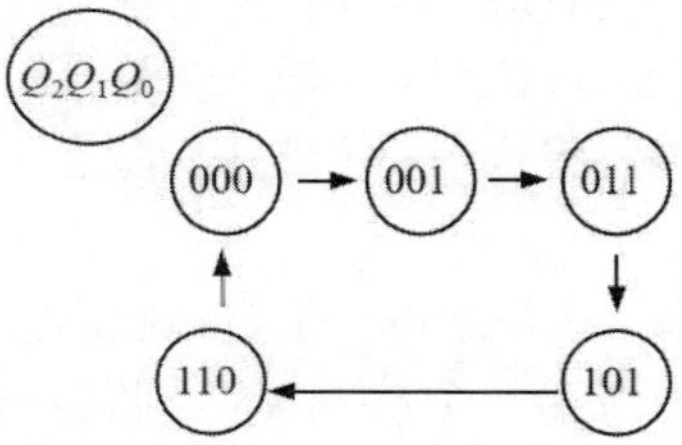

图 8.13　例 8.4 状态转换图

（1）列写电路的状态转换，见表 8.5，表中×表示现态为无效状态。

表 8.5　例 8.4 状态转换表

现态			次态		
Q_2^n	Q_1^n	Q_0^n	Q_2^{n+1}	Q_1^{n+1}	Q_0^{n+1}
0	0	0	0	0	1
0	0	1	0	1	1
0	1	0	×	×	×
0	1	1	1	0	1
1	0	0	×	×	×
1	0	1	1	1	0
1	1	0	0	0	0
1	1	1	×	×	×

（2）根据状态转换表，画出各触发器次态的卡诺图如图 8.14 所示。

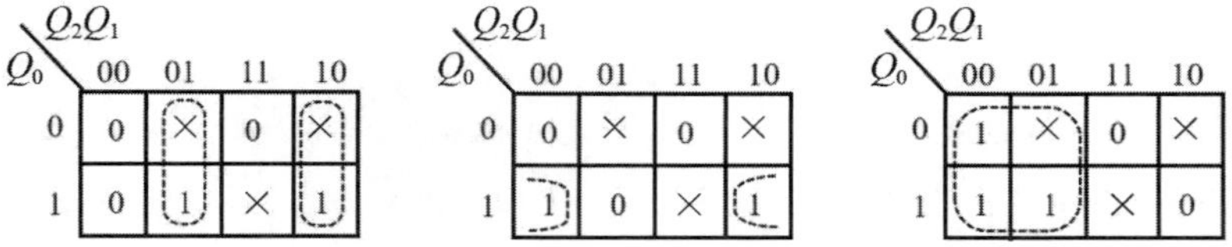

（a）Q_2^{n+1} 卡诺图　（b）Q_1^{n+1} 卡诺图　（c）Q_0^{n+1} 卡诺图

图 8.14　例 8.4 次态卡诺图

（3）确定逻辑方程组。根据各次态卡诺图，可求得各触发器的状态方程

$$Q_2^{n+1} = Q_1^n\bar{Q}_2^n + \bar{Q}_1^n Q_2$$
$$Q_1^{n+1} = Q_0^n\bar{Q}_1^n$$
$$Q_0^{n+1} = \bar{Q}_2^n$$

根据 D 触发器的特性方程 $Q^{n+1}=D$，得到各触发器的驱动方程

$$D_2 = Q_1^n\bar{Q}_2^n + \bar{Q}_1^n Q_2^n$$
$$D_1 = Q_0^n\bar{Q}_1^n$$
$$D_0 = \bar{Q}_2^n$$

（4）检查自启动功能。由于三个触发器的状态数总共有 8 个，而电路的状态数只有 5 个，因此需要检查电路的自启动功能。分别将三种无效状态 010、100、111 代入状态方程，计算出对应的次态，画出完整的状态转换图如图 8.15。

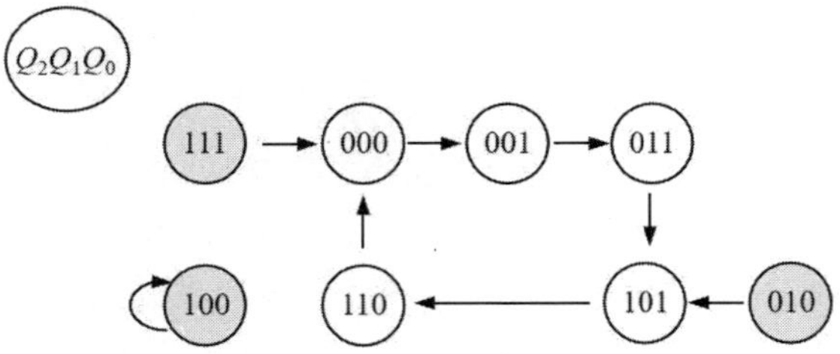

图 8.15　例 8.4 完整状态图

可以看出，电路的无效状态 100 不能回到有效状态序列中，因此电路不能自启动，需要修改设计。

（5）修改设计，使电路能够自启动。修改设计有两种方法，一种是对次态卡诺图重新画圈，例如对 Q_2^{n+1} 重新画圈（图 8.16），得到 $Q_2^{n+1} = Q_1^n\bar{Q}_2^n + Q_2^n Q_0^n$，此时重复（4）的操作，重新画出完整的状态图。修改后电路状态转换图如图 8.17 所示，可以发现电路能够自启动了。

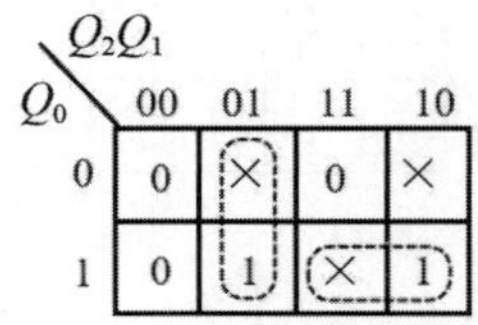

图 8.16 Q_2^{n+1} 卡诺圈重画

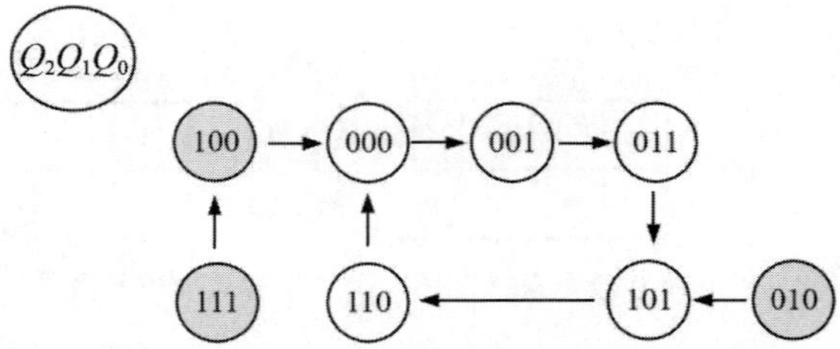

图 8.17 例 8.4 修改设计后状态图

修改设计后的驱动方程为

$$D_2 = Q_1^n\bar{Q}_2^n + Q_2^nQ_0^n$$
$$D_1 = Q_0^n\bar{Q}_1^n$$
$$D_0 = \bar{Q}_2^n$$

（6）根据方程画出逻辑电路图如图 8.18 所示。

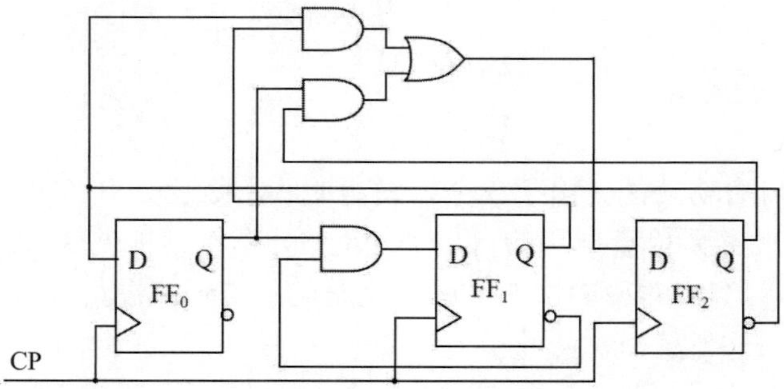

图 8.18 例 8.4 逻辑电路图

对于不能自启动的电路，修改设计的第二种方法是，将状态转换表中无效状态的次态直接规定为某一有效状态，然后重新通过卡诺图获得状态方程和驱动方程。例如对表 8.5 中三个无效状态的次态“×××”修改为有效状态“000”，这样得到的设计一定是能够自启动的。这种方法比较简单，但是设计得到的电路可能会复杂一些。

【例 8.5】试用 JK 触发器设计一个 111 序列检测器。电路输入信号为 X，输出信号为 Z，当连续输入 3 个或 3 个以上的 1 时，输出为 1，否则输出为 0。

解：仅从题目难以直接确定电路有几个状态，需要几个触发器。

（1）设置状态。根据题意，电路的状态分为这样几种：没有收到 1；收到 1 个 1；连续收到 2 个 1；连续收到 3 个 1。不妨设

- S0：表示没有接收到 1 的状态。

- S1：表示收到 1 个 1 的状态。
- S2：表示收到连续 2 个 1 的状态。
- S3：表示收到连续 3 个 1 的状态。

当电路处于 S0 状态时，输入 X=0，则次态仍为 S0，输出 Z=0；输入 X=1，则次态转为 S1，输出 Z=0。

当电路处于 S1 状态时，输入 X=0，则次态转为 S0，输出 Z=0；输入 X=1，则次态转为 S2，输出 Z=0。

当电路处于 S2 状态时，输入 X=0，则次态转为 S0，输出 Z=0；输入 X=1，则次态转为 S3，输出 Z=1。

当电路处于 S3 状态时，输入 X=0，则次态转为 S0，输出 Z=0；输入 X=1，则次态仍为 S3，输出 Z=1。

（2）建立状态图和状态表。根据以上分析，可画出原始状态转换图如图 8.19 所示。

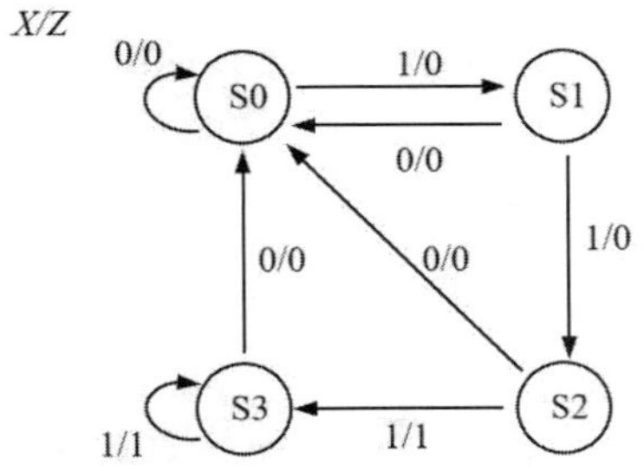

图 8.19　例 8.5 原始状态转换图

原始状态转换表见表 8.6。

表 8.6　例 8.5 原始状态转换表

输入信号 X	现态	次态	输出信号 Z
0	S0	S0	0
0	S1	S0	0
0	S2	S0	0
0	S3	S0	0
1	S0	S1	0
1	S1	S2	0
1	S2	S3	1
1	S3	S3	1

（3）状态化简。根据设计要求设置的原始状态可能存在多余的状态，多余状态会导致电路结构复杂，需要进行状态化简。状态化简就是要找到原始状态中的等价状态，即在相同输入情况下具有相同输出信号和相同次态的状态。从原始状态表中不难发现，状态 S2 和状态 S3 就符合等价状态的特点，不妨将 S2 和 S3 合并为一个状态。化简后的状态表见表 8.7。

表 8.7 例 8.5 化简后的状态转换表

输入信号 X	现态	次态	输出信号 Z
0	S0	S0	0
0	S1	S0	0
0	S2	S0	0
1	S0	S1	0
1	S1	S2	0
1	S2	S2	1

（4）状态分配。化简后电路状态有 3 个，因此需要 2 位二进制编码，分别对应两个触发器的状态，编码方案并不唯一，这里不妨设 S0 对应于 Q_1Q_0=00，S1 对应 Q_1Q_0=10，S2 对应 Q_1Q_0=11。状态分配后，得到状态转换表见表 8.8。

表 8.8 例 8.5 状态分配后的转换表

输入信号 X	现态		次态		输出信号 Z
	Q_1^n	Q_0^n	Q_1^{n+1}	Q_0^{n+1}	
0	0	0	0	0	0
0	1	0	0	0	0
0	1	1	0	0	0
1	0	0	1	0	0
1	1	0	1	1	0
1	1	1	1	1	1

（5）画卡诺图，确定驱动方程和输出方程。根据状态转换表，分别画出两个触发器次态和输出信号的卡诺图如图 8.20 所示。

分别对卡诺图化简，得到状态方程和输出方程。

状态方程为

$$Q_1^{n+1} = X\overline{Q}_1^n + XQ_1^n$$

$$Q_0^{n+1} = XQ_1^n\overline{Q}_0^n + XQ_0^n$$

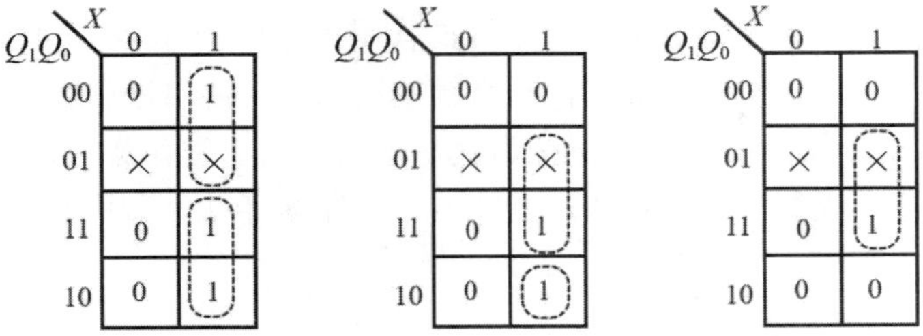

（a）Q_1^{n+1}　　（b）Q_0^{n+1}　　（c）Z

图 8.20　例 8.5 次态和输出的卡诺图

输出方程为

$$Z = XQ_0^n$$

将状态方程代入 JK 触发器特性方程，得到驱动方程如下：

$$J_1 = X$$

$$K_1 = \overline{X}$$

$$J_0 = XQ_1$$

$$K_0 = \overline{X}$$

（6）检查自启动功能。由于两个触发器的总状态数多于电路有效状态数，需要检查自启动能力。分析电路的无效状态 Q_1Q_0=01，当 X=0 时，次态为 00，当 X=1 时，次态为 11，可见能够自动进入有效状态，电路具有自启动功能。

（7）画逻辑电路图，如图 8.21 所示。

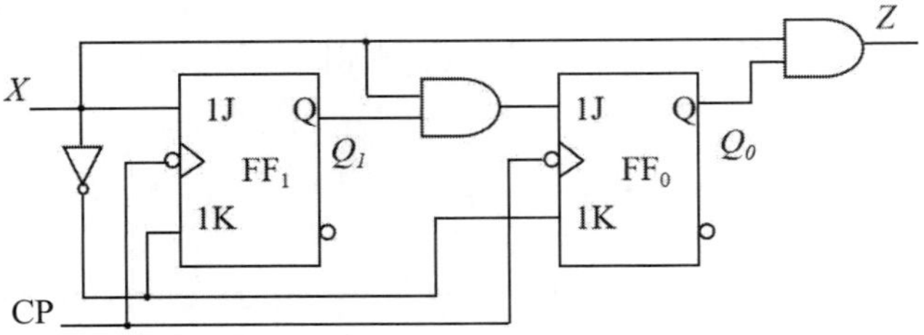

图 8.21　例 8.5 逻辑电路图

8.4　集成电路寄存器及其应用

【微课视频】

集成电路寄存器

寄存器和计数器是数字系统中广泛应用的典型时序逻辑电路，有许多中规模集成电路可直接用于数字系统的设计。现代数字系统常采用大规模可编程逻辑器件或专用集成电路，设计时也可以直接引用寄存器或计数器模块，简化系统设计。

寄存器在计算机或数字系统中用来存储代码或数据，由具有存储功能的触发器构成。寄存器用来存放二进制数据，一个触发器保存一位二进制数据，如果要存放 N 位二进制数据，则需要 N 个触发器，称为 N 位寄存器。寄存器的数据必须存得进、记得住、取得出。根据电路结构和功能特点，寄存器可以分为基本寄存器和移位寄存器。

8.4.1 基本寄存器

基本寄存器的特点是数据并行输入、并行输出。四个 D 触发器构成的 4 位基本寄存器电路结构如图 8.22 所示。

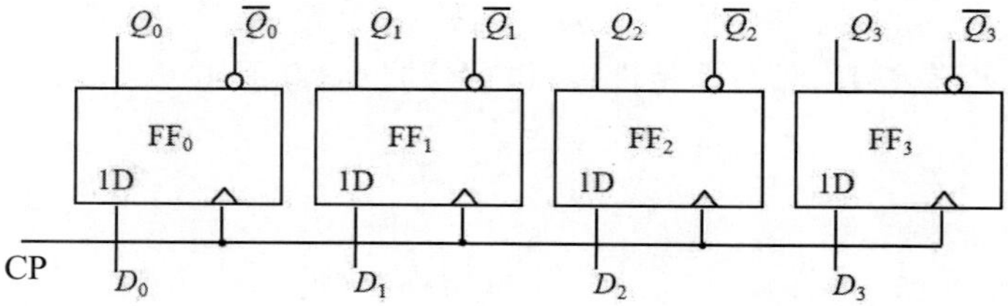

图 8.22　4 位基本寄存器电路结构图

从电路可以分析其工作原理：当时钟信号 CP 上升沿到来时，加在触发器输入端 D_0、D_1、D_2、D_3 的 4 位数据并行送入触发器的输出端 Q_0、Q_1、Q_2、Q_3，触发器的状态将一直保持，直到下一个时钟信号上升沿到来。

常用的基本寄存器集成电路有 74LS175、74HC374 等。74LS175 是具有清零功能的 4 位寄存器，其逻辑符号图和内部结构图如图 8.23 所示。

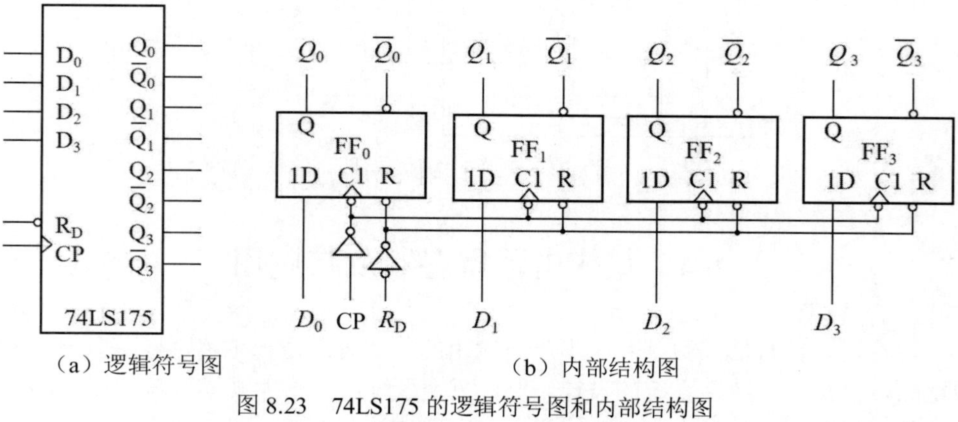

（a）逻辑符号图　　（b）内部结构图

图 8.23　74LS175 的逻辑符号图和内部结构图

由内部结构图可以知道，74LS175 在时钟信号上升沿将输入数据存入寄存器，R_D 是异步清零信号，当 R_D 为低电平时，所有触发器被清零。74LS175 的功能表见表 8.9。

表 8.9　74LS175 功能表

清零	时钟	输入				输出				工作模式
R_D	CP	D_0	D_1	D_2	D_3	Q_0	Q_1	Q_2	Q_3	
0	×	×	×	×	×	0	0	0	0	异步清零
1	↑	D_0	D_1	D_2	D_3	D_0	D_1	D_2	D_3	数据寄存
1	1	×	×	×	×	保持				数据保持
1	0	×	×	×	×	保持				数据保持

8.4.2　移位寄存器

移位寄存器不仅可以寄存数据，还可以在时钟信号作用下对数据依次逐位左移或右移。移位寄存器有四种工作方式，分别是并行输入/并行输出、并行输入/串行输出、串行输入/并行输出以及串行输入/串行输出，使用方法灵活。由 D 触发器构成的 4 位右移移位寄存器电路结构如图 8.24 所示，数据从 D_i 输入，左边触发器的输出作为右侧触发器的输入，每个时钟脉冲的上升沿数据右移一位。例如要输入数据 1101，那么依次将 1、1、0、1 输入 D_i，经过 4 个时钟脉冲后，四个触发器的输出端信号为 $Q_3Q_2Q_1Q_0$=1101。

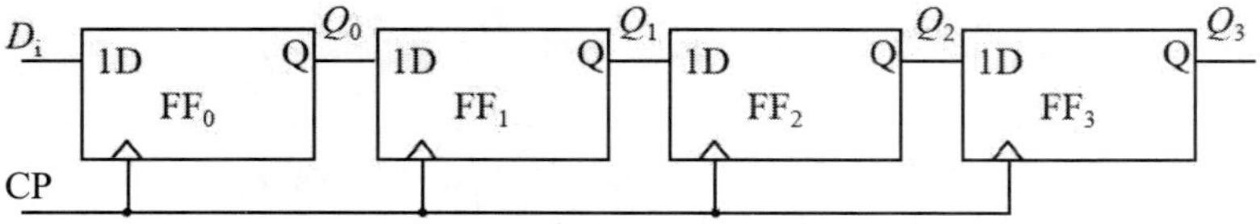

图 8.24　D 触发器构成的 4 位移位寄存器

常用的移位寄存器集成电路有 74LS164、74LS165 等 8 位单向移位寄存器，74LS198 等 8 位双向移位寄存器，以及 74LS194 等 4 位双向移位寄存器。下面以 74LS194 为例介绍多功能双向移位寄存器。

74LS194 具有串行/并行输入，串行/并行输出，以及双向移位功能。其逻辑符号如图 8.25 所示，A、B、C、D 为输入信号，Q_A、Q_B、Q_C、Q_D 为输出信号，M_1、M_0 为工作模式控制端，D_{SR} 为串行右移输入，D_{SL} 为串行左移输入，$\overline{CR}$ 为清零信号，CLK 为时钟信号。

74LS194 的功能表见表 8.10。

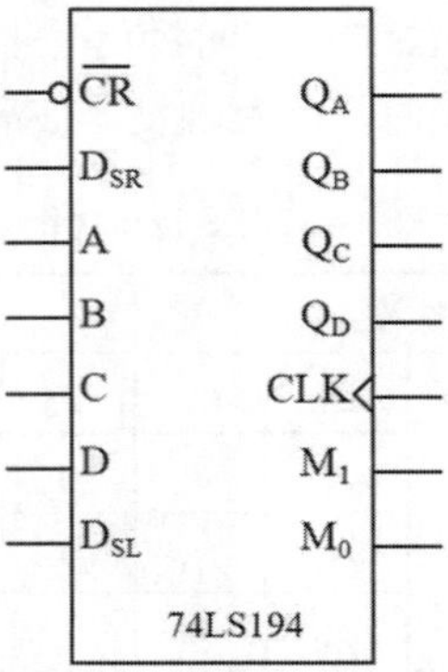

图 8.25　74LS194 逻辑符号图

表 8.10　74LS194 功能表

清零	模式控制		串行输入		时钟	并行输入				输出				工作模式
$\overline{CR}$	M_1	M_0	D_{SR}	D_{SL}	CLK	A	B	C	D	Q_A	Q_B	Q_C	Q_D	
0	×	×	×	×	×	×	×	×	×	0	0	0	0	异步清零
1	0	0	×	×	×	×	×	×	×	Q_A	Q_B	Q_C	Q_D	保持
1	0	1	**0**	×	↑	×	×	×	×	**0**	Q_A	Q_B	Q_C	串行右移，D_{SR}串行输入，Q_A串行输出
1	0	1	**1**	×	↑	×	×	×	×	**1**	Q_A	Q_B	Q_C	
1	1	0	×	**0**	↑	×	×	×	×	Q_B	Q_C	Q_D	**0**	串行左移，D_{SL}串行输入，Q_D串行输出
1	1	0	×	**1**	↑	×	×	×	×	Q_B	Q_C	Q_D	**1**	
1	1	1	×	×	↑	A	B	C	D	A	B	C	D	并行置数

由功能表可知，当 M_1M_0=00 时，寄存器保持原来状态不变；当 M_1M_0=01 时，输入数据从 D_{SR} 进入，在时钟信号作用下，数据逐位右移，即从 $D_{SR}\to Q_A\to Q_B\to Q_C\to Q_D$；当 M_1M_0=10 时，输入数据从 D_{SL} 进入，在时钟信号作用下，数据逐位左移，即从 $D_{SL}\to Q_D\to Q_C\to Q_B\to Q_A$；当 M_1M_0=11 时，数据并行输入，并行输出，即数据同时从 A、B、C、D 端输入，在时钟信号作用下，数据同时从 Q_A、Q_B、Q_C、Q_D 端输出。

8.4.3　寄存器扩展电路

在实际应用中，可以将多片双向移位寄存器级联，以扩展移位寄存器的数据位数。

【例 8.6】试用 4 位双向移位寄存器 74LS194 构成 8 位的双向移位寄存器。

解：将两片 74LS194 级联，可以获得 8 位移位寄存器，电路如图 8.26 所示。

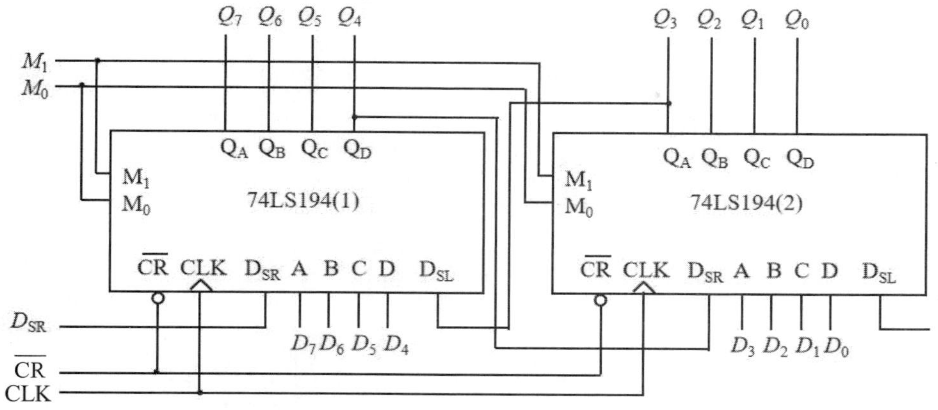

图 8.26　74LS194 级联电路

左边芯片 74LS194（1）作为高四位，右边芯片 74LS194（2）作为低四位。右移时数据从 74LS194（1）的 D_{SR} 输入，其 Q_D 连接至 74LS194（2）的 D_{SR}；左移时数据从右边 74LS194（2）的 D_{SL} 输入，其 Q_A 连接至左边 74LS194（1）的 D_{SL}；并行置数时数据同时从两片芯片的并行输入端 A、B、C、D 进入。

8.4.4　环形计数器和扭环形计数器

如果将移位寄存器的数据输出端通过不同方式反馈至串行数据输入端，则可以在移位过程中保持数据不丢失，构成环形计数器或扭环形计数器。

把移位寄存器的最低位输出端直接反馈至串行输入端，就构成了环形计数器，移位寄存器的状态不断循环，根据输出端的值可以判断输入时钟的个数，作为时钟脉冲的计数器。

【例 8.7】利用移位寄存器 74194 构成环形计数器，电路如图 8.27（a）所示。首先令 M_1M_0=11，从并行数据输入端输入事先设定的数值 $ABCD$=1000，然后设置 M_1M_0=01。试分析电路工作原理，画出电路输出端的状态转换图。

解：移位寄存器的数据输出端直接反馈至串行数据输入端，构成环形移位寄存器，其内部等效电路结构如图 8.27（b）所示。

图 8.27（a）所示电路中，当 M_1M_0=11 时，为并行置数模式，数据从并行数据输入端 ABCD 输入，在时钟信号作用下，$Q_AQ_BQ_CQ_D=ABCD$=1000；然后设置 M_1M_0=01，电路工作在串行右移模式，由电路可知，满足 $D_{SR}=Q_D$，在时钟信号作用下，数据依次右移，即 $Q_A \to Q_B \to Q_C \to Q_D$，$Q_D$ 的数据反馈至 Q_A，因此得到电路状态转图如图 8.28 所示。

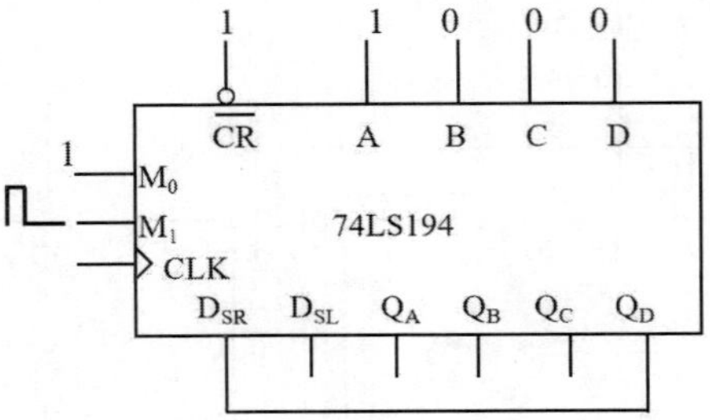

（a）环形计数器电路

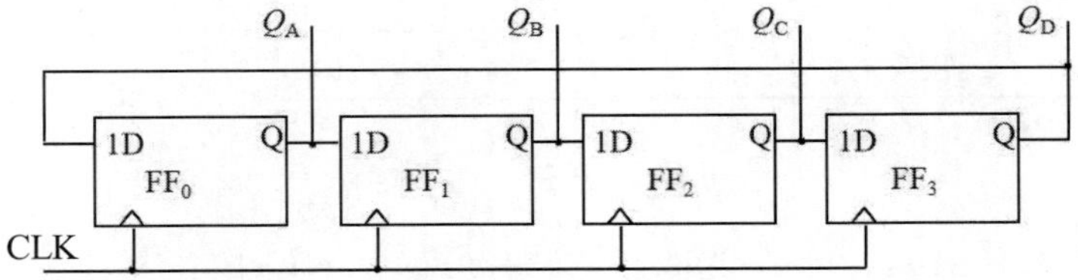

（b）环形计数器内部结构

图 8.27　移位寄存器构成的环形计数器

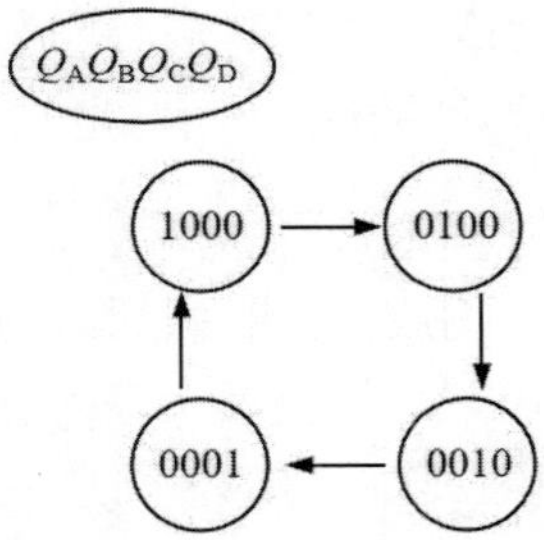

图 8.28　环形计数器的状态转换图

可见将移位寄存器的数据输出端直接反馈至串行数据输入端，可以将数据保存在电路中不丢失，电路输出在四个状态中循环转换，构成一个模 4 计数器，输出的四个状态由设置的初始值决定，上述环形计数器电路可以产生顺序脉冲信号。如果电路脱离初始设置的循环，进入其他状态，如 1100，则通过分析不难发现，电路将无法自动回到原来的有效循环中，也就是说，电路不具备自启动能力。n 位移位寄存器一共有 2^n 个状态，而环形计数器只用了其中 n 个状态，因此状态的利用率很低。

将移位寄存器的最低位输出端通过反相器后反馈至串行输入端，就构成了扭环形计数器，又称约翰逊计数器（Johnson Counter）。

【例 8.8】扭环形计数器的电路如图 8.29（a）所示，试分析电路工作原理，画出电路输出端的状态转换图。

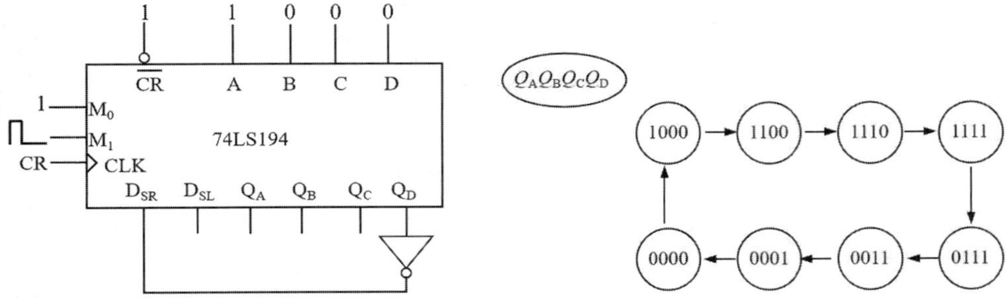

（a）扭环形计数器电路　　（b）扭环形计数器状态转换图

图 8.29　移位寄存器构成的扭环形计数器

解：由电路可知，移位寄存器 74194 的数据输出端最低位 Q_D 经反相器后反馈至串行数据输入端，即 $D_{SR}=\overline{Q_D}$。

首先令 M_1M_0=11，从并行数据输入端输入事先设定的数值 $ABCD$=1000。

然后令 M_1M_0=01，电路串行右移，在时钟信号作用下，数据依次右移，即 $Q_A\to Q_B\to Q_C\to Q_D$。

与上例不同的是，电路中 $D_{SR}=\overline{Q_D}$，Q_D 的数据反相后反馈至 Q_A，因此得到电路的状态转换图如图 8.29（b）所示，有效循环中共有 8 个状态。与上例相比较，不难发现，扭环形计数器的状态比环形计数器增加了一倍，提高了电路状态利用率。

当电路进入无效状态时，通过分析发现，该电路也不能自启动。如果要电路具备自启动能力，需要对电路的反馈逻辑函数进行修改，例如令 $D_{SR}=\overline{Q_D}+Q_B\overline{Q_C}$，电路就能自启动了。

8.5　集成电路计数器及其应用

【微课视频】集成电路计数器

计数器是数字系统中最常用的时序电路，能够对脉冲进行计数，还能用于分频、定时、产生脉冲序列等。计数器运行时，在某些特定的状态之间循环转换，这些特定的状态数量称为计数器的模，用 M 表示。例如在数字时钟中常常用到六十进制的计数器，即计数器在 60 个状态之间循环转换，称为模 60 计数器，可表示为 M=60 计数器。

计数器种类很多，按工作方式可分为同步计数器和异步计数器，现代数字系统中同步计数器更为常用；按编码方式可分为二进制计数器、十进制计数器和任意进制计数器；按计数增减方式可分为加法计数器、减法计数器和可逆计数器。

8.5.1 二进制计数器

二进制计数器是按照二进制数递增或递减的计数器。n 位二进制计数器由 n 个触发器组成，模最大为 2^n。以 3 位二进制计数器为例，加法计数和减法计数的状态转换表见表 8.11。

表 8.11 3 位二进制计数器转换表

计数顺序	加法计数			减法计数		
	Q_2	Q_1	Q_0	Q_2	Q_1	Q_0
0	0	0	0	0	0	0
1	0	0	1	1	1	1
2	0	1	0	1	1	0
3	0	1	1	1	0	1
4	1	0	0	1	0	0
5	1	0	1	0	1	1
6	1	1	0	0	1	0
7	1	1	1	0	0	1
8	0	0	0	0	0	0

观察转换表可以发现，二进制加法计数器具有以下特点：最低位的状态每一个时钟脉冲都会翻转，其他高位的状态翻转发生在低位全部为 1 时。二进制减法计数器具有以下特点：最低位的状态每一个时钟脉冲都会翻转，其他高位的状态翻转发生在低位全部为 0 时。因此，只要控制触发器的驱动信号，使其在适当的时刻翻转，就能实现所需的功能。

1. 异步二进制计数器电路

如果采用 JK 触发器来构成二进制计数器，异步二进制加法计数器的电路设计如图 8.30 所示。

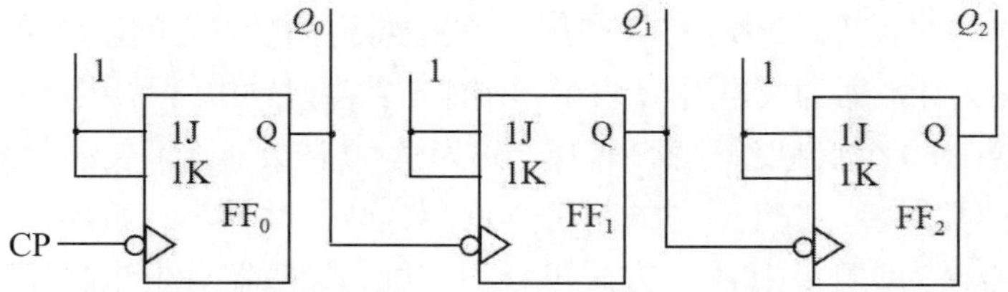

图 8.30 3 位异步二进制加法计数器电路

异步二进制计数器中，最低位触发器 FF_0 的时钟信号输入端接外部时钟信号 CP，其他触发器的时钟信号输入端连接至前级低位触发器的输出 Q，因此每一级触发器的时钟信号都不相同。异步二进制计数器电路的工作原理和结构都比较简单，但各级触发器不在同一时钟沿作用下翻转，信号逐级传输存在延迟，又称为纹波计数器。

图 8.30 中，FF_0 的输出信号是对时钟信号的二分频，FF_1 的输出信号是对 FF_0 输出信号的二分频，以此类推。因此，二进制计数器可以用来产生 2^n 分频信号。

从减法计数器状态转换表可以发现，只要将触发器的时钟信号输入端连接至前级低位触发器的输出端 $\overline{Q}$，就能实现二进制减法计数器。

2. 同步二进制计数器电路

采用 JK 触发器实现同步二进制加法计数器时，所有触发器的时钟信号连接在同一个时钟信号上，每一个触发器是否翻转可以根据各低位触发器的值来预先判断。由 3 位二进制计数器转换表可知，最低位触发器在每个时钟脉冲的有效边沿都发生翻转，高位触发器的状态翻转发生在低位触发器状态全部为 1 时，因此可以得到各触发器的驱动方程为

$$J_0 = K_0 = 1$$
$$J_1 = K_1 = Q_0$$
$$J_2 = K_2 = Q_0Q_1$$

JK 触发器同步二进制加法计数器电路如图 8.31 所示。

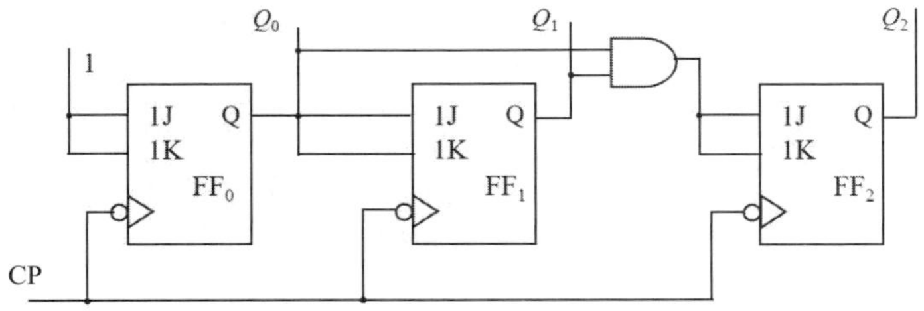

图 8.31　3 位同步二进制加法计数器电路

同步二进制加法计数器的时序波形如图 8.32 所示。由时序图不难发现，计数器具有分频功能，最低位 Q_0 对时钟频率二分频，Q_1 对时钟频率四分频，依次类推，因此计数器也可以作为分频器。

同步计数器克服了异步计数器中各级触发器之间的触发延迟和可能存在的竞争-冒险等缺点，提高了计数器的工作速度，在现代数字系统中更为常用。

除了二进制计数器之外，常用的非二进制计数器还有十进制计数器等，与二进制计数器类似，有同步和异步实现方式，以及加法、减法或可逆等类型。非二进制计数器通常称为任意进制计数器。

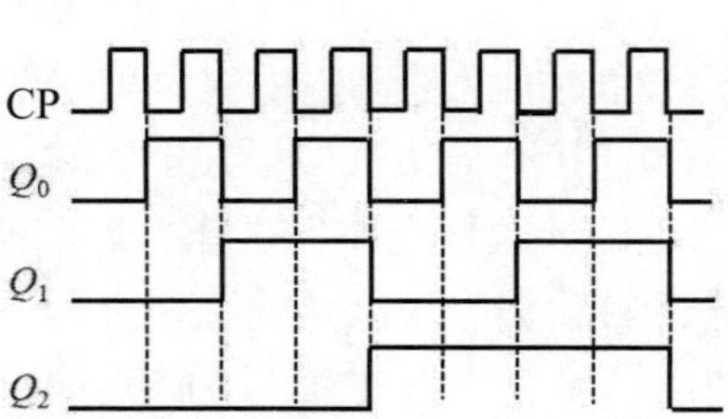

图 8.32 同步二进制加法计数器时序图

8.5.2 集成电路计数器

常用的集成电路计数器有 74LS161、74LS163、74LS160、74LS191、74LS193 等。集成电路计数器具有体积小、功能灵活和可靠性高等诸多优点，以二进制和十进制计数器为主，在现代数字系统设计中可以直接调用集成计数器模块。下面以 74LS161 为例介绍集成计数器的功能和应用。

74LS161 是典型的集成同步 4 位二进制加法计数器，具有同步加载、异步清零和保持等功能。74LS161 的逻辑符号图如图 8.33 所示，功能表见表 8.12。

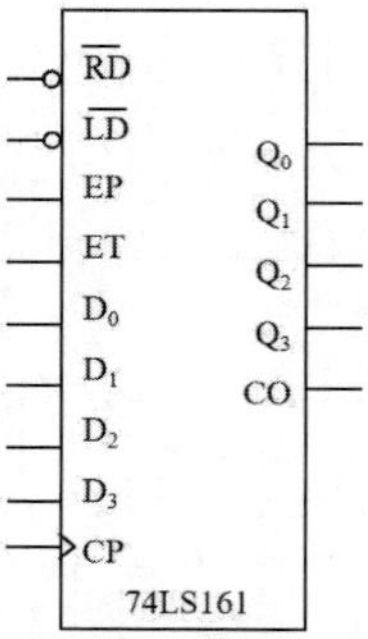

图 8.33 74LS161 逻辑符号图

表 8.12 74LS161 功能表

清零	置数	使能		时钟	预置输入				输出				
$\overline{RD}$	$\overline{LD}$	ET	EP	CP	D_3	D_2	D_1	D_0	Q_3	Q_2	Q_1	Q_0	CO
0	×	×	×	×	×	×	×	×	0	0	0	0	0
1	0	×	×	↑	D_3	D_2	D_1	D_0	D_3	D_2	D_1	D_0	*
1	1	×	0	×	×	×	×	×	数据保持				*
1	1	0	×	×	×	×	×	×	数据保持				0
1	1	1	1	↑	×	×	×	×	计数				*

注：*表示当 Q_3～Q_0 全为 1 时，CO 为 1；当 Q_3～Q_0 为其他值时，CO 为 0。

图 8.33 中，CP 是时钟信号，上升沿触发计数。$\overline{RD}$ 是异步清零端，$\overline{LD}$ 是同步加载置数控制端，加载和清零信号均为低电平有效。EP、ET 是计数使能输入端，高电平有效。D_0～D_3 是预置数输入端，CO 是进位输出，Q_0～Q_3 是计数值输出端。

从功能表可以了解 74LS161 具备以下功能：

（1）异步清零功能：当 $\overline{RD}$ 为低电平时，不论其他输入端状态如何，也不必考虑时钟信号，此时输出端全为零。由于清零无需配合时钟信号，因此称为异步清零。

（2）同步加载置数功能：当 $\overline{LD}$ 为低电平时，随着时钟信号上升沿的到来，预置数输入端 D_3～D_0 的值被加载到输出端 Q_3～Q_0。由于加载置数功能必须配合时钟信号上升沿，因此称为同步加载置数。

（3）保持功能：当 $\overline{RD}=\overline{LD}=1$ 时，若 $ET \cdot EP=0$，则计数器停止计数，保持原有状态不变。

（4）同步二进制计数功能：当 $\overline{RD}=\overline{LD}=ET=EP=1$ 时，74LS161 处于计数器状态，电路从预置数开始，每个时钟信号的上升沿计数值 Q_3～Q_0 加 1，当计数值加到 1111 时，CO 为 1，随着下一个时钟信号的到来，计数值返回到 0000，同时进位输出恢复为 0。

（5）进位输出功能：当计数使能控制端 ET=1，且计数值 Q_3～Q_0 全为 1 时，CO 为 1，否则 CO 为 0。

74LS163 的功能与 74LS161 相似，区别在于 74LS163 为同步清零，也就是清零信号必须等到时钟信号的有效边沿到来才能完成清零操作。

74LS160 是集成同步 4 位十进制加法计数器，计数范围为 0000～1001，当电路状态为 1001 时输出进位信号，下一个时钟电路回到 0000。电路结构和功能与 74LS161 类似，具有相同的同步加载和异步清零控制方式，引脚排列也与 74LS161 相同。

此外 74LS191、74LS193 是较常用的 4 位二进制可逆计数器，具有加法和减法控制端。

8.5.3　任意进制计数器设计

集成计数器加上适当的反馈电路可以构成任意进制计数器。假设某集成计数器的最大计数值为 N，希望得到一个模 M 的计数器，若 $M<N$，只需一片集成计数器，当计数到预设值时，电路产生一个信号反馈到清零端或置数端，使计数器回到初始值，从而改变计数长度，称为“反馈清零法”或“反馈置数法”；若 $M>N$，可将多片集成计数器级联，得到的计数长度为每个芯片计数长度之积。下面通过具体例子介绍利用集成计数器构成任意进制计数器的方法。

1. M<N 的任意进制计数器设计

设计 $M<N$ 的任意进制计数器通常采用“反馈清零法”或“反馈置数法”。“反

馈清零法”适用于有清零控制端的集成计数器，当计数值到 M（异步清零）或 M-1（同步清零）时，产生清零信号，越过后续 N-M 个状态，实现模 M 计数器；“反馈置数法”适用于有置数控制端的集成计数器，通过将进位输出信号反馈至置数控制端，或者用与非门对电路的任意状态产生有效的反馈信号至置数端，配合预置数值，使电路运行在 0000～1111 之间的任意 M 个状态，实现模 M 计数器。需要特别注意的是同步清零或同步置数，是指清零或置数控制信号配合有效时钟信号才能进行清零或置数操作；而异步清零或异步置数则不需要时钟配合，只要清零或置数信号有效就能立刻清零或置数。

【例 8.9】采用反馈清零法，利用 4 位二进制计数器 74LS161 构成模 12 的计数器。

解：4 位二进制计数器 74LS161 最大计数值可达 2^4=16，即 N=16，M=12，可见 $M<N$。如果在 74LS161 计数器的 16 个计数状态中，设法跳过(N-M)个状态，即跳过 4 个状态，就可以得到模 12 计数器。

在计数过程中，当计数值为 12（1100B）时，在 74LS161 的异步清零端输入一个低电平信号，74LS161 的输出会立刻回到 0000，当清零信号消失后，74LS161 又从 0000 开始重新计数，这样就能实现设计要求。

反馈清零法的电路设计如图 8.34（a）所示，电路的状态转换如图 8.34（b）所示。

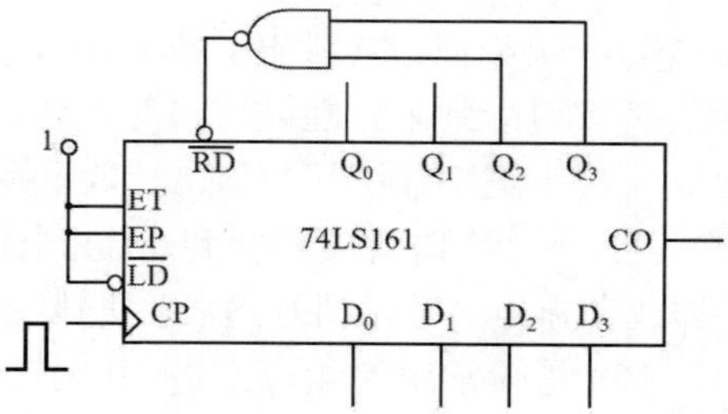

（a）电路图

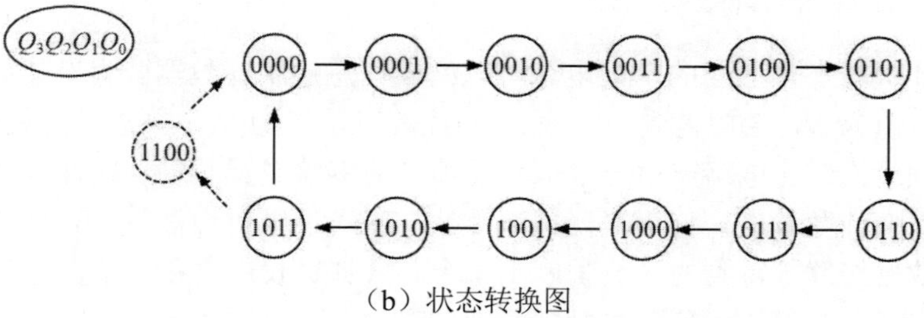

（b）状态转换图

图 8.34 反馈清零法实现模 12 计数器

根据电路可知，电路状态从 0000 开始计数，计数值增加至 1100 时，通过与非门产生一个低电平信号，反馈至异步清零端，使电路状态立刻回到 0000，与非门的输出随即转为高电平，清零信号无效，电路重新开始计数，实现模 12 的计数器。由于 74LS161 是异步清零，因此 1100 的状态只存在一瞬间，而不是存在一个时钟周期的长度，不能算在电路计数状态中，状态转换图中用虚线表示。

如果采用具有同步清零功能的集成计数器如 74LS163，那么造成反馈清零的状态将存在一个时钟周期的时间长度，这个状态将包含在电路的状态中，设计时必须注意这一点。

【例 8.10】试用反馈置数法将 4 位二进制计数器 74LS161 构成模 6 的计数器。

解：由题意可知，M=6，N=16，M<N。对于具有同步置数功能的 74LS161，可以通过预置特定的数值，使电路从预置的数值开始计数，直到 1111，产生进位信号 CO=1，将进位信号经反相器反馈至置数控制端，使电路状态回到预置数值。

本题中要求计数器模为 6，因此可以知道预置数为 1010，电路状态为 1010→1011→1100→1101→1110→1111 循环变化。电路设计如图 8.35（a）所示，状态转换如图（b）所示。

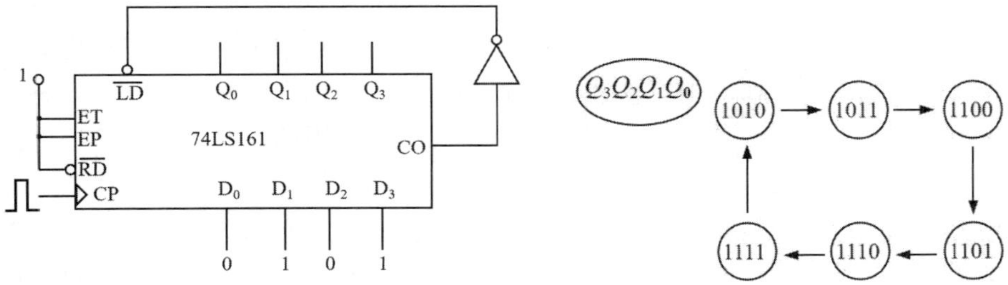

（a）电路图　　（b）状态转换图

图 8.35　反馈置数法实现模 6 计数器

由于 74LS161 是同步置数计数器，因此当电路状态为 1111 时，输出的进位信号 CO 经反相后作用于同步置数端，等到下一个时钟信号的上升沿到来时，电路的状态才会改变成预置的数据，因此 1111 的状态将会持续一个时钟周期的长度，是电路的有效状态。

如果采用异步置数控制的集成计数器，那么需要注意，当置数端一旦出现有效信号，无需等待时钟信号，电路状态立刻变成预置数值，因此 1111 的状态只能存在一瞬间，不能算作电路的有效状态，这种情况下应当修改预置数。

【例 8.11】试分析以下电路计数器的模，画出状态转换图。

解：由电路图可知，当电路状态 $Q_3Q_2Q_1Q_0$=1011 时，与非门输出一个低电平信号反馈到同步置数端，当时钟信号上升沿到来时，电路状态转变成预置

$D_3D_2D_1D_0$=0010，重新开始计数，因此电路状态在 0010→0011→0100→0101→0110→0111→1000→1001→1010→1011 之间循环转换，是一个模 10 的计数器。状态转换图如图 8.36（b）所示。

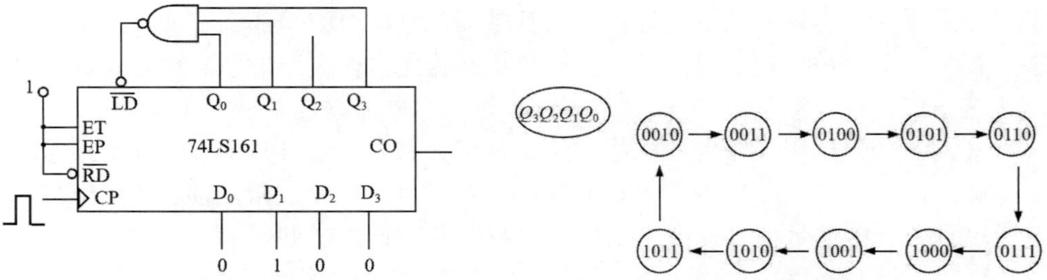

（a）电路图　　（b）状态转换图

图 8.36　电路计数器

2. *M*>*N* 的任意进制计数器设计

设计 *M*>*N* 的任意进制计数器需要将多片集成计数器级联，各级芯片之间可以通过串行进位或并行进位连接，采用整体反馈清零法或整体反馈置数法实现模 *M* 计数器。串行进位是将低位计数器的进位输出连接至高位计数器的时钟输入端；并行进位方式中，所有计数器的时钟信号连接在一起，采用同一个计数时钟，低位计数器的进位输出信号连接至高位计数器的计数使能端，控制高位计数器工作。

如果可以将 *M* 分解成若干小于 *N* 的因数相乘，则可以将第一片计数器的模设计为 *M*1，第二片计数器的模为 *M*2……，级联后，计数器的模为 $M1 \cdot M2 \ldots$。

【例 8.12】试用 74LS161 构成 24 进制计数器。

解：由题意知 *M*=24，*N*=16，*M*>*N*，因此需要多片 74LS161 级联。两片 74LS161 级联，可以实现最大值为 N×N=256 的计数器，若采用整体反馈置数法实现 24 进制计数器，设计电路如图 8.37 所示。

图 8.37 中 74LS161(2)为计数器高位，74LS161(1)为计数器低位，低位计数器的进位输出 CO 连接至高位的计数使能端 ET。当整体计数值为 00011000 时，与非门产生低电平信号，反馈至同步置数端，当时钟到来时，预设值 00000001 被置入，并重新开始计数。可知电路的状态从 00000001 开始计数，至 00011000 时同步置数，循环变换，实现模 24 计数器。

显然，电路的设计方案并不唯一，可以采用不同的预置数和相应的反馈状态来实现，也可以采用反馈清零法实现电路功能。

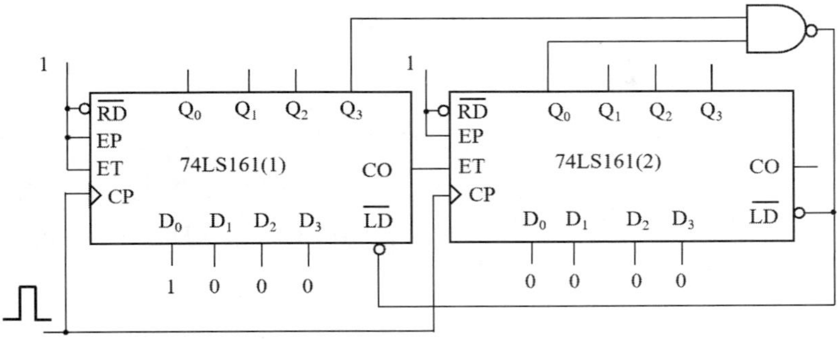

图 8.37　两片 74LS161 构成 24 进制计数器

【例 8.13】试分析图 8.38 所示电路工作原理，并说明计数器的模。

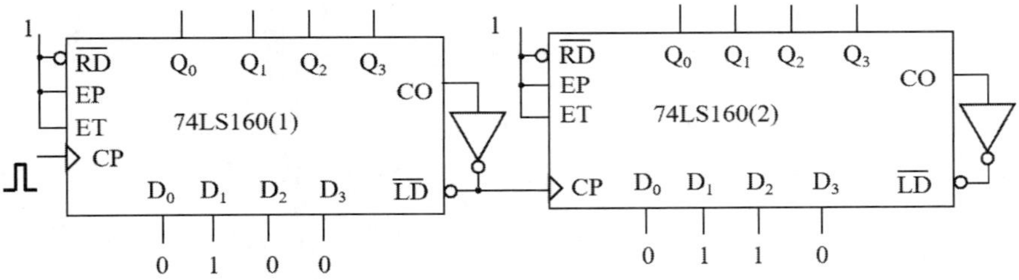

图 8.38　例 8.13 电路

解：74LS160 是集成 4 位同步十进制加法计数器，计数范围为 0000～1001，当电路状态为 1001 时输出进位信号，下一个时钟电路回到 0000。74LS160 电路结构和功能与 74LS161 类似，具有相同的同步加载和异步清零控制方式。

观察电路，74LS160(1)的进位输出 CO 经反相后连接至 74LS160(2)的时钟信号输入端，可知左边芯片 74LS160(1)为计数器低位，右边芯片 74LS160(2)为计数器高位。

低位计数器预置数为 $D_3D_2D_1D_0$=0010，在时钟信号作用下，计数至 1001 时产生进位输出信号，经反相后接至同步置数端，实现 0010～1001 的状态转换，可知低位计数器的模为 8。

高位计数器预置数为 $D_3D_2D_1D_0$=0110，同理，可实现 0110～1001 的状态转换，因此高位计数器的模为 4。

两级计数器级联后，模为 8×4=32。

8.5.4　顺序脉冲发生器

在一些工业生产流水线、数控机床、纺织机等应用场合中，需要按时间先后顺序周期性地产生系列脉冲，用来控制按照事先规定好的顺序进行的一系列操作。顺序脉冲发生器能够产生这样按时间先后顺序排列的一系列脉冲信号，又称为节拍脉冲发生器。

顺序脉冲发生器的输出波形如图 8.39 所示，W_0、W_1、W_2、…、W_m 在时钟信号的驱动下按顺序依次输出一个高电平脉冲。顺序脉冲发生器的电路结构可分为计数器型和移位寄存器型，计数器型顺序脉冲发生电路的结构如图 8.40 所示，由计数器和译码器组成。

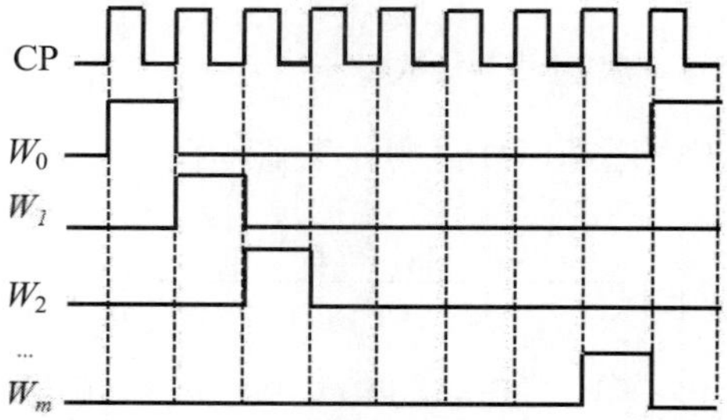

图 8.39 顺序脉冲波形图

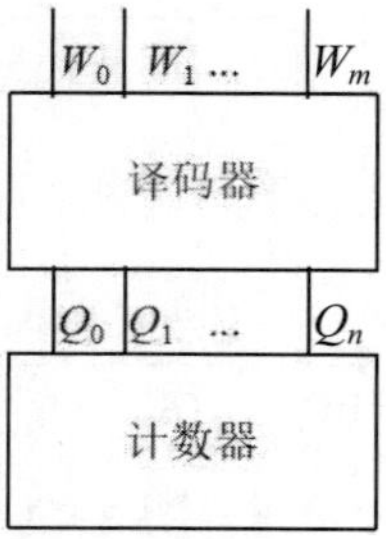

图 8.40 计数器型顺序脉冲发生器结构

【例 8.14】由集成电路计数器 74LS161 和译码器 74LS138 组成的顺序脉冲发生电路如图 8.41 所示，试分析电路工作原理，说明电路输出状态的变化规律。

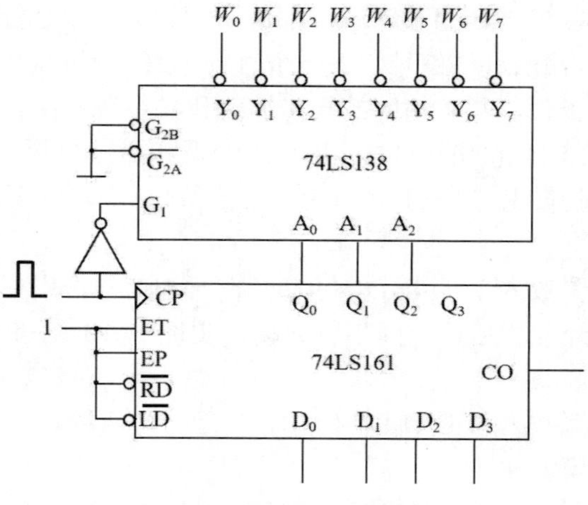

图 8.41 顺序脉冲发生电路

解：由电路可知，二进制计数器 74161 在时钟信号驱动下，输出端 $Q_3Q_2Q_1Q_0$ 从 0000 开始加 1 计数，加到 1111 后回到 0000，周而复始。

74LS161 输出端的低 3 位 $Q_2Q_1Q_0$ 对应连接至译码器 74LS138 的三个地址输入端，使地址信号 $A_2A_1A_0$ 在时钟脉冲驱动下依次从 000 加 1 变化到 111，然后恢复到 000，循环往复。

由 74LS138 的功能表（见第 6 章）可知，在 G_1 的高电平期间，依次在 Y_0～Y_7 端输出一个低电平脉冲，实现顺序脉冲输出。电路在时钟脉冲驱动下的输出状态变化见表 8.13。

表 8.13　图 8.41 电路输出状态

CP	W_0	W_1	W_2	W_3	W_4	W_5	W_6	W_7
1	0	1	1	1	1	1	1	1
2	1	0	1	1	1	1	1	1
3	1	1	0	1	1	1	1	1
4	1	1	1	0	1	1	1	1
5	1	1	1	1	0	1	1	1
6	1	1	1	1	1	0	1	1
7	1	1	1	1	1	1	0	1
8	1	1	1	1	1	1	1	0

8.5.5　序列信号发生器

在数字系统中有时候需要产生一组周期性的串行数字信号，称为序列信号，广泛地应用于数字信号的传输、遥控和数字系统测试等场合。序列信号的位数称为序列长度，例如序列“11001”的序列长度为 5。序列发生器的构成方法有多种，例如通过前述的环形计数器可以产生“100...0”型序列，使用扭环形计数器可以产生由 n 个 1 和 n 个 0 构成的序列。对于任意类型的序列信号，可以由计数器和数据选择器产生，也可以由移位寄存器加上反馈电路来产生。

采用计数器和数据选择器产生序列信号的设计步骤如下：

（1）根据序列信号的长度 L，将计数器设计成模为 L 的计数器。

（2）将数据选择器的输入端按照序列信号连接。

（3）将计数器的输出端连接至数据选择器的地址输入端。

【例 8.15】试用计数器和数据选择器设计序列信号发生器，产生序列 11001010。

解：由于序列长度为 8，因此需要设计一个模 8 计数器，选择集成二进制计数器 74LS161，按照芯片正常工作条件，将 EP、ET、$\overline{RD}$ 和 $\overline{LD}$ 都接至高电平，使 74LS161 在时钟信号驱动下按二进制加法计数规律输出 0000～1111。取输出信号的低三位，连接至数据选择器的地址输入端，使地址信号依次在 000～111 之间变化。

由于序列信号有 8 位，需要选择有 8 位数据输入端的数据选择器，例如集成 8 选 1 数据选择器 74LS151，按照序列信号从左至右分别将 $D_0D_1D_2D_3D_4D_5D_6D_7$ 接到 11001010。这样，当地址为 $A_2A_1A_0$=000 时，输出 $Y=D_0$=1，当地址为 $A_2A_1A_0$=001 时，输出 $Y=D_1$=1，以此类推，在时钟信号驱动下，依次输出 11001010，产生所求的序列信号。

电路设计如图 8.42 所示。

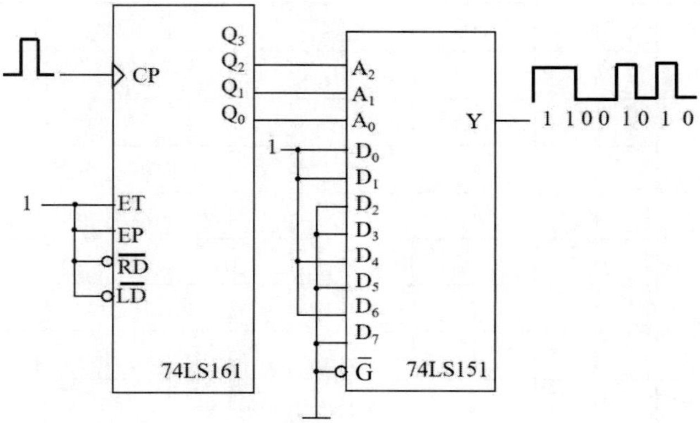

图 8.42 例 8.15 电路图

【例 8.16】序列信号发生电路如图 8.43 所示，试分析电路工作原理，说明电路产生的序列信号。

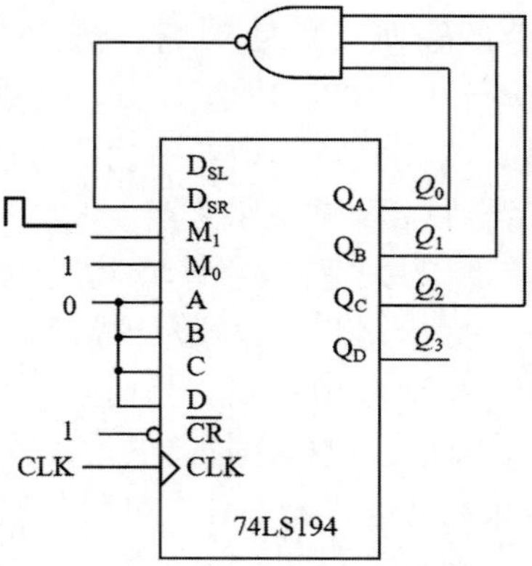

图 8.43 例 8.16 电路图

解：根据 74LS194 的功能表可知，当 M_1M_0=11 时，在时钟信号上升沿并行置数，将 A、B、C、D 的值置入 Q_A、Q_B、Q_C、Q_D。当 M_1M_0=01 时，串行右移，数据移动方向为 D_{SR}→Q_A→Q_B→Q_C→Q_D。

由电路可知，M_0 始终接高电平，M_1 初始值为 1，在第一个时钟的上升沿完成并行置数，$Q_AQ_BQ_CQ_D$=0000，$D_{SR}=\overline{Q_A \cdot Q_B \cdot Q_C}$，随后 M_1 变为 0，开始串行右移。分析可得 74LS194 输出端的状态变化表见表 8.14。

表 8.14 74LS194 输出状态表

CLK	$D_{SR}=\overline{Q_A \cdot Q_B \cdot Q_C}$	Q_A	Q_B	Q_C	Q_D
1	1	0	0	0	0
2	1	1	0	0	0
3	1	1	1	0	0
4	0	1	1	1	0
5	1	0	1	1	1
6	1	1	0	1	1
7	1	1	1	0	1
8	0	1	1	1	0
9	1	0	1	1	1

由 74LS194 输出端的状态表可知，在 74LS194 的输出端 Q_A 可以得到 0111 的序列信号。

8.6 有限状态机的概念和设计

【微课视频】
有限状态机的概念

本书在第六章的最后给出了组合逻辑电路的通用模型，即广义译码器的概念，并介绍了使用硬件描述语言中的 CASE 语句实现广义译码器设计的方法和实例。本节将给出时序逻辑电路的通用模型——有限状态机的概念和基本设计方法，为后续开展现代数字系统设计打下基础。

8.6.1 有限状态机概念

有限状态机 FSM 是一种广义的时序逻辑电路，由寄存器和组合逻辑电路组成，其中寄存器用于存储电路状态，组合逻辑电路用于状态译码和产生输出信号。由于实际系统中的电路状态数量都是有限的，因此称为有限状态机。有限状态机是实现高效率、高可靠性和高速控制逻辑系统的重要途径，在数字通信、自动化控制等领域广泛应用。有限状态机的一般模型结构如图 8.44 所示。

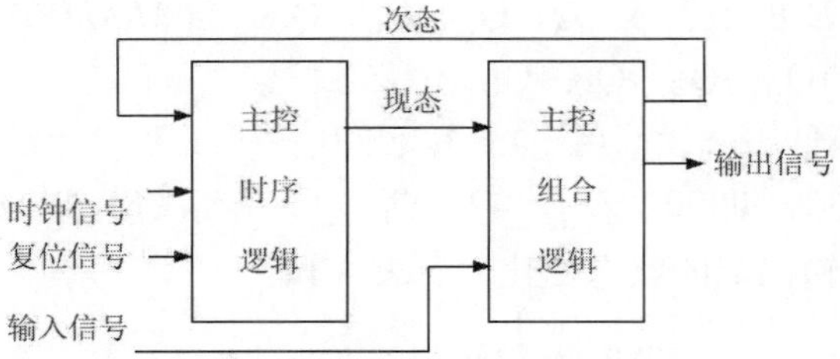

图 8.44 有限状态机结构图

图中主控时序逻辑是用于存储电路状态的寄存器，寄存器的位数取决于状态数量，n 位寄存器最多可以存储 2^n 个状态。主控组合逻辑是一个状态译码器，由第六章的广义译码器概念可知，任何组合电路都可以看作广义译码器，可以表达为真值表，电路的现态和输入信号作为真值表的输入变量，电路次态和输出信号作为真值表的输出变量，只要明确状态转换关系和转换条件，不难列出状态译码器的真值表。可见有限状态机虽然是时序电路，但设计的重点却是其中的组合电路，即状态译码器。

8.6.2 有限状态机的设计

应用状态机设计时序电路与传统设计方法相比可以大大简化设计过程，不必进行繁琐的状态分配、状态表绘制、卡诺图化简次态方程等过程，也不必画逻辑电路图，运用硬件描述语言等现代数字系统设计技术可以轻松完成时序电路设计。

有限状态机设计的基本步骤如下：

（1）首先根据系统要求确定状态数量，状态转移的条件和每个状态对应的输出信号。

（2）画出状态转移图。

（3）针对状态转移图，可用硬件描述语言中的 CASE 语句来编写状态转移程序。

（4）设计寄存器电路。

（5）在数字系统开发环境中完成电路的设计和调试。

【例 8.17】采用有限状态机方式设计 3 位二进制计数器。

解：由题意，3 位二进制计数器有 $2^3=8$ 个状态，在时钟信号作用下，状态转移图如图 8.45 所示。

根据状态转换图，编写状态译码器的硬件描述语言程序：

```
module count8(state,nextstate);
input [2:0] state;
output [2:0] nextstate;
reg [2:0] nextstate;
always @(state)
```

```
    case (state)
        3'b000 : nextstate<=3'b001;
        3'b001 : nextstate<=3'b010;
        3'b010 : nextstate<=3'b011;
        3'b011 : nextstate<=3'b100;
        3'b100 : nextstate<=3'b101;
        3'b101 : nextstate<=3'b110;
        3'b110 : nextstate<=3'b111;
        default : nextstate<=3'b000;
    endcase
endmodule
```

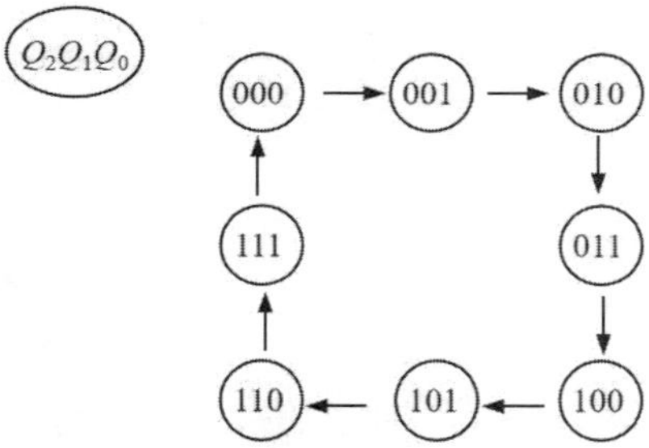

图 8.45　3 位二进制计数器状态转移图

对于有限状态机的时序逻辑即寄存器的设计，可以采用硬件描述语言编写程序，也可以采用其他方法设计。下面采用硬件描述语言设计 3 位寄存器。

```
module dff3(clk,D,Q);
input clk;
input [2:0] D;
output [2:0] Q;
reg [2:0] Q;
always @(posedge clk)
    Q<=D;
endmodule
```

将有限状态机的时序逻辑 dff3 与组合逻辑 count8 连接在一起，如图 8.46 所示，就构成了 3 位二进制计数器。

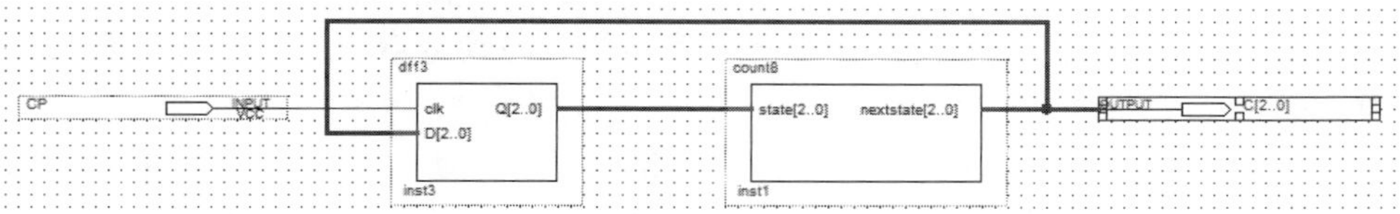

图 8.46　3 位二进制计数器的有限状态机设计结构

8.6.3 Quatus II 中有限状态机仿真分析

Quatus II 是一种数字系统开发环境，可以完成数字系统的设计、综合、仿真、编程等环节，具体结构和使用方法将在第 12 章中进行介绍。在 Quatus II 中分别完成以上 dff3 和 count8 模块的设计，并以图形方式将它们连接成 3 位二进制计数器电路 jishuqi3，新建仿真文件 jishuqi3.vwf，在仿真文件中添加输入输出引脚，将输入信号 CP 设置为每 1μs 变化一次的时钟信号，设置仿真时间长度为 16μs，运行仿真程序后，得到仿真波形如图 8.47 所示。

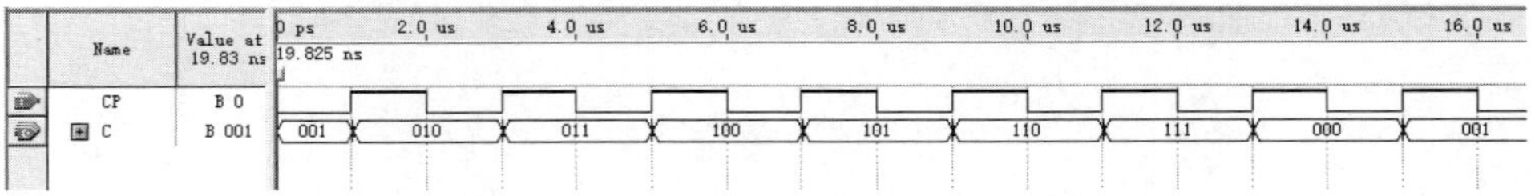

图 8.47 Quatus II 中 3 位二进制计数器仿真波形

观察图中仿真波形，输出引脚 C 的值在每个时钟信号 CP 的上升沿发生变化，变化规律符合上述程序中 count8 的描述，在 000→001→010→011→100→101→110→111 之间循环往复。不难理解，有限状态机电路的状态在时钟信号驱动下，按状态表设计的转换顺序依次变换。

上面以计数器为例介绍状态机的概念、基本设计方法和在 Quatus II 中的仿真。有限状态机是时序逻辑电路的通用模型，设计时序电路的关键在于根据要求得到状态转换图或状态转换表，有限状态机设计的关键是得到状态译码器，当然根据不同的设计要求，还可以增加控制组合逻辑等，以完成更加复杂的功能。深入学习有限状态机设计对于掌握现代数字系统设计技术具有重要意义。

本章重点小结

1. 时序逻辑电路具有记忆功能，电路状态和输出不仅与当前输入有关，而且还与电路原来状态有关，描述时序电路的方法有方程组（包括驱动方程、状态方程、输出方程）、状态转换表、状态转换图和时序波形图等。

2. 时序电路的分析方法是根据逻辑电路写出触发器的驱动方程和输出方程，将驱动方程代入触发器特性方程后得到状态方程，根据方程列写状态转换表和状态转换图，进而分析电路的逻辑功能。

3. 时序电路的设计则是根据功能要求设计逻辑电路，基于触发器等小规模集成电路的设计流程重点及难点都在于抽象出逻辑电路所包含的状态及其转换关系，得到状态转换表之后的设计流程与组合逻辑设计类似。

4. 对于存在无效状态的时序电路设计，需要检查自启动功能，若电路不能自启动，则应返回卡诺图化简，或修改状态表，将无效状态的次态明确规定为某一有效状态。

5. 寄存器和计数器是常用的中规模集成电路，可以构成在数字系统中常用的移位寄存器、任意进制计数器、顺序脉冲发生器和序列信号发生电路等。

6. 时序逻辑电路的本质可以表达为有限状态机，由寄存器和组合逻辑电路组成，其中寄存器用于存储电路状态，组合逻辑电路用于状态译码和产生输出信号。有限状态机是实现高效率、高可靠性和高速控制逻辑系统的重要途径。

探究研讨：机器人中的数字技术

机器人是自动执行工作的机器装置，具有感知、决策、执行等基本特征，可以辅助甚至替代人类完成危险、繁重、复杂的工作，提高工作效率与质量，服务人类，扩大或延伸人的活动及能力范围，因而正受到越来越广泛的关注，在社会生产生活各个领域得到广泛应用。

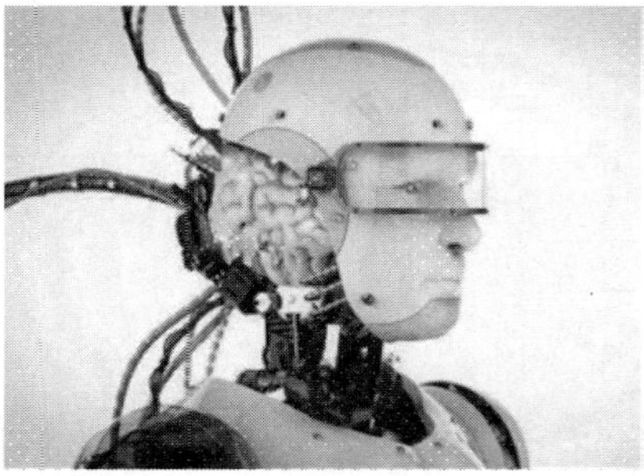

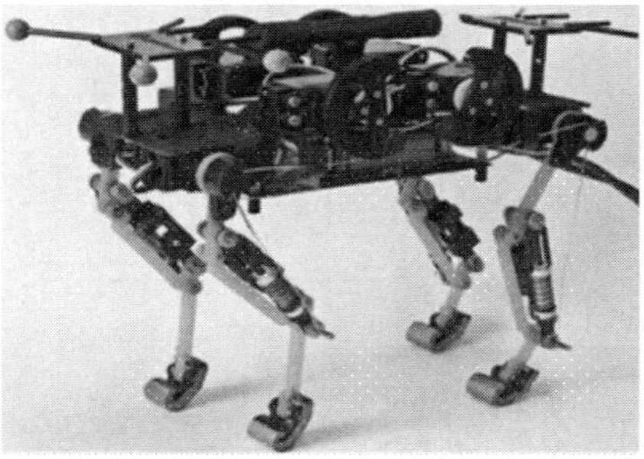

机器人一般由检测装置、控制系统、驱动装置、执行机构和复杂的机械等组成。请通过课外拓展和探究，从数字电路的角度分析机器人的结构和原理，并从以下角度进行小组研讨:

（1）你所了解的机器人之最：最聪明、最强大、最善解人意……

（2）机器人的种类、应用领域和控制特点。

（3）选择一款机器人，剖析其输入、输出、状态转换关系，谈谈对机器人控制系统和数字技术的理解。

（4）从社会、经济、安全、法律、健康、环境等角度分析机器人的意义和工程伦理。

（5）了解世界与我国机器人产业和研究的发展历程、面对的困难和挑战、机遇和成就。

习题

在线测试

8.1　分析图 8.48 所示的同步时序逻辑电路，写出驱动方程、状态方程和输出方程。

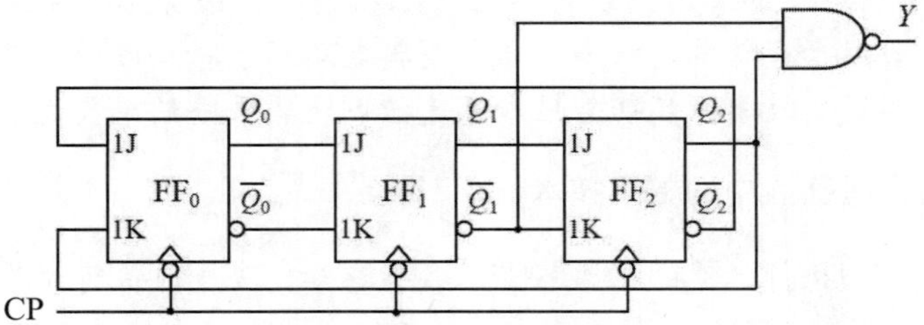

图 8.48　习题 8.1 的图

8.2　分析图 8.49 所示的同步时序逻辑电路，画出状态转换图，说明电路功能。

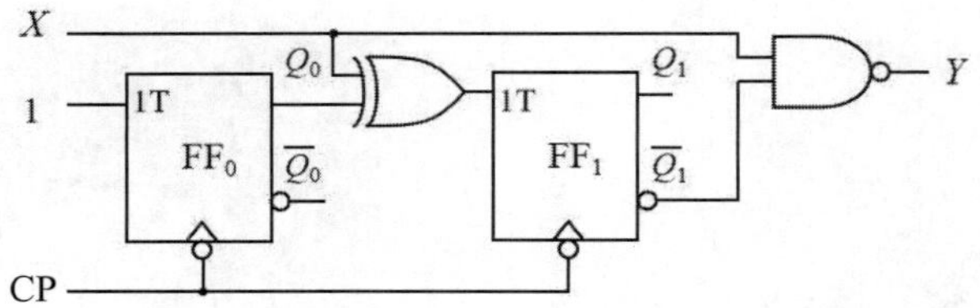

图 8.49　习题 8.2 的图

8.3　分析图 8.50 所示电路，说明电路的有效状态和无效状态，设电路初始状态为 $Q_2Q_1Q_0$=000，画出时序图，并分析电路的自启动能力。

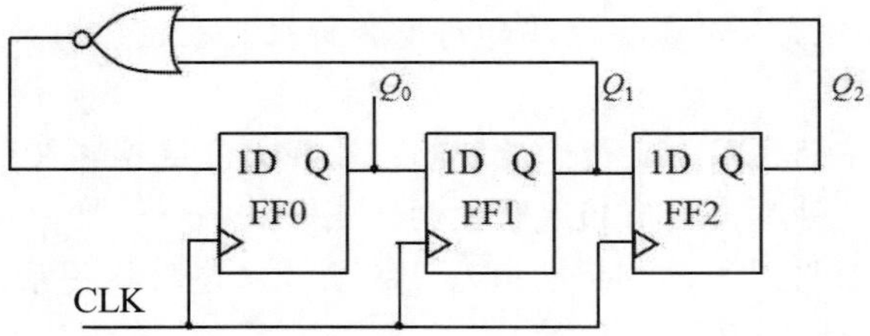

图 8.50　习题 8.3 的图

8.4　分析图 8.51 所示电路，设电路初始状态为 0，在给出的时序图中补充 Q_1、Q_0 和 Y 的波形。

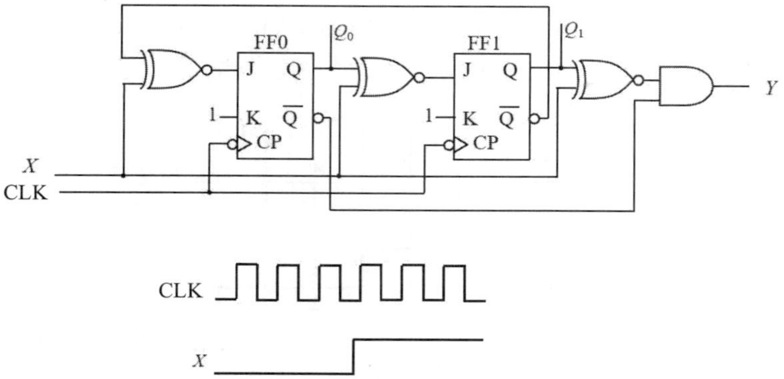

图 8.51　习题 8.4 的图

8.5　若已知状态转换表见表 8.15，试画出状态转换图，说明功能。

表 8.15　习题 8.5 表

输入信号	现态		次态		输出信号
X	Q_1^n	Q_0^n	Q_1^{n+1}	Q_0^{n+1}	Z
0	0	0	1	1	1
0	0	1	0	0	0
0	1	0	0	1	0
0	1	1	1	0	0
1	0	0	0	1	0
1	0	1	1	0	0
1	1	0	1	1	0
1	1	1	0	0	1

8.6　已知电路的状态转换图如图 8.52 所示，试给出电路的状态转换表。

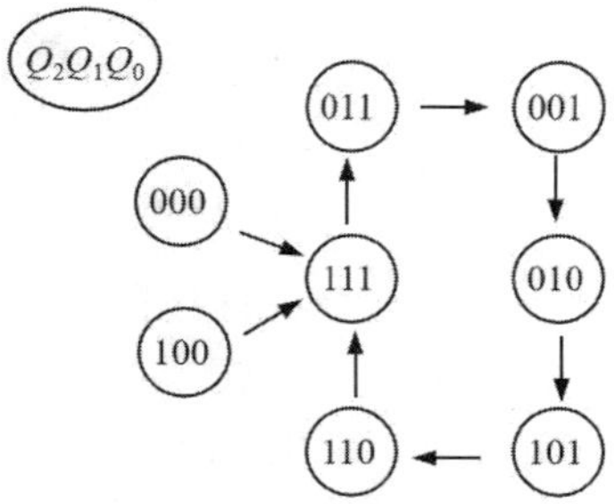

图 8.52　习题 8.6 的图

8.7 已知三相六拍步进电机的控制信号时序图如图 8.53 所示，试给出状态转换表和状态转换图。

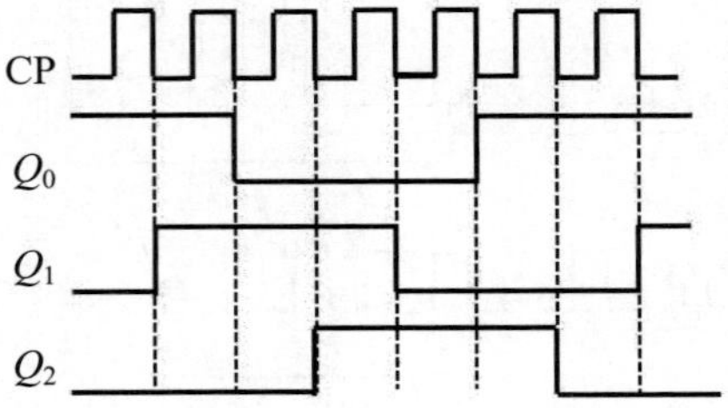

图 8.53 习题 8.7 的图

8.8 试用 D 触发器设计一个电路，能完成题 8.5 所要求的状态转换功能。

8.9 试设计一个序列信号发生器，能循环输出“1101”。

8.10 使用 JK 触发器设计一个“110”序列检测器电路，即当检测到输入信号为“110”时，输出 1，否则输出 0。例如输入为 001100010011000 时，输出为 000010000000100。

8.11 选择触发器设计电路控制步进电机，控制信号波形见题 8.7，要求具有自启动功能。

8.12 设计一个六进制计数器，要求具有进位输出信号。

8.13 试用 D 触发器设计同步时序电路，电路的状态转换图见题 8.6，要求写出驱动方程，画出电路图。

8.14 电路状态转换如图 8.54 所示，试用 D 触发器设计同步时序电路。

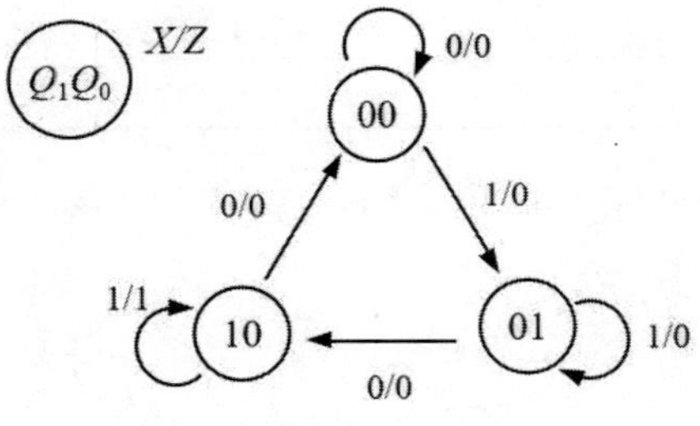

图 8.54 习题 8.14 的图

8.15 分析图 8.55 所示电路，画出状态转换图，说明电路功能。

8.16 分析图 8.56 所示电路，画出状态转换图，说明电路功能。

8.17 试用反馈清零法将集成 4 位二进制计数器 74LS161 设计成 6 进制计数器，画出电路和状态转换图。

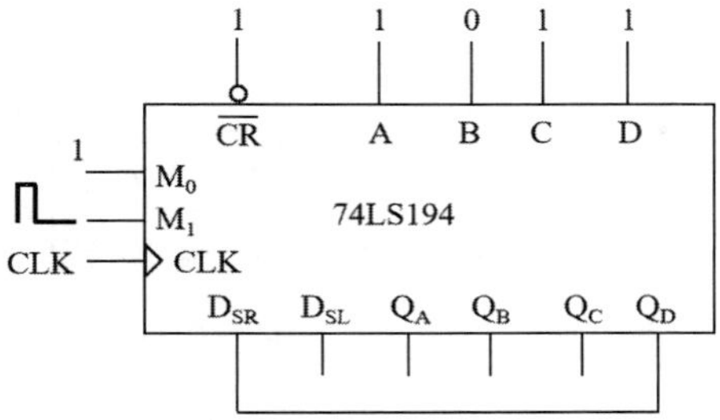

图 8.55　习题 8.15 的图

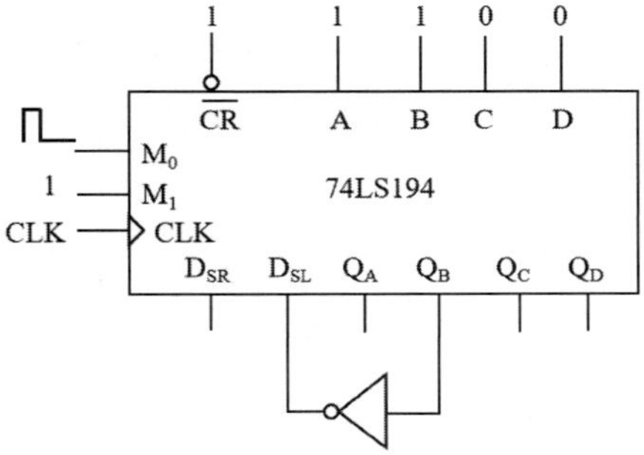

图 8.56　习题 8.16 的图

8.18　试用反馈置数法将 74LS161 设计成 6 进制计数器，要求电路状态在 0011～1000 之间循环。

8.19　用 74LS161 设计模 8 计数器，要求电路状态在 0100～1011 之间循环。

8.20　试用反馈置数法将 74LS160 设计成模 6 计数器，画出电路和状态转换图。

8.21　分析图 8.57 所示电路，画出电路状态转换图。

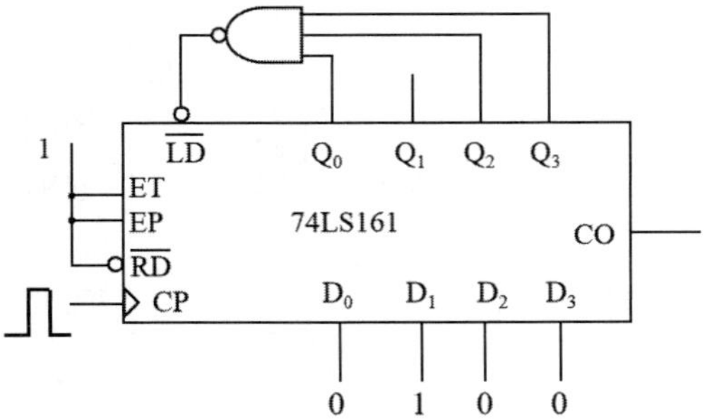

图 8.57　习题 8.21 的图

8.22　分析图 8.58 所示电路，说明计数器的模，画出电路状态转换图。

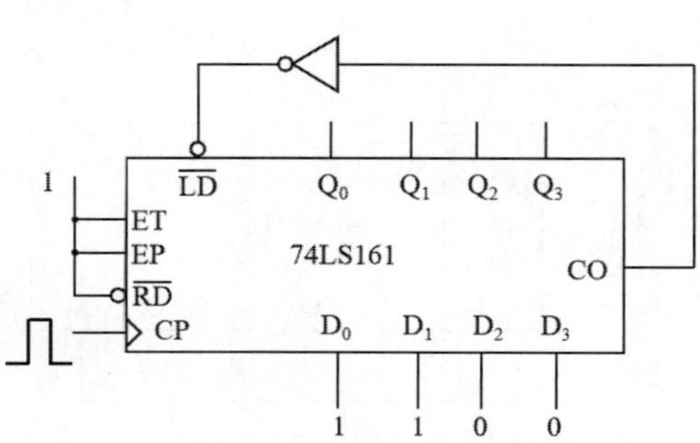

图 8.58 习题 8.22 的图

8.23 分析图 8.59 所示电路，说明计数器的模，画出电路状态转换图。

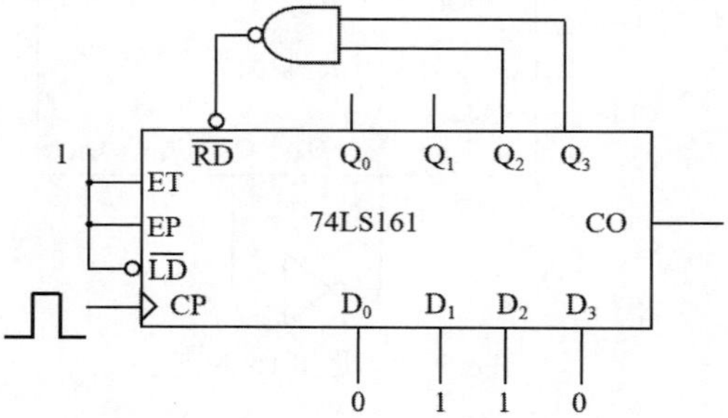

图 8.59 习题 8.23 的图

8.24 采用 74LS163 设计模 24 计数器，画出电路，说明设计思想。

8.25 采用 74LS160 设计模 50 计数器，画出电路，说明设计思想。

8.26 分析图 8.60 所示电路，说明电路功能。

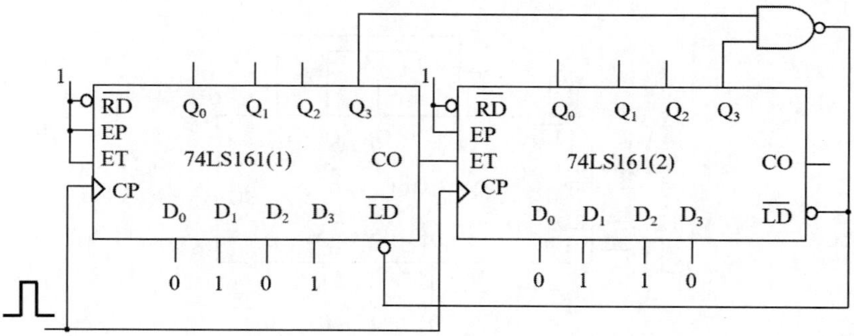

图 8.60 习题 8.26 的图

8.27 分析图 8.61 所示电路，说明计数器的模。

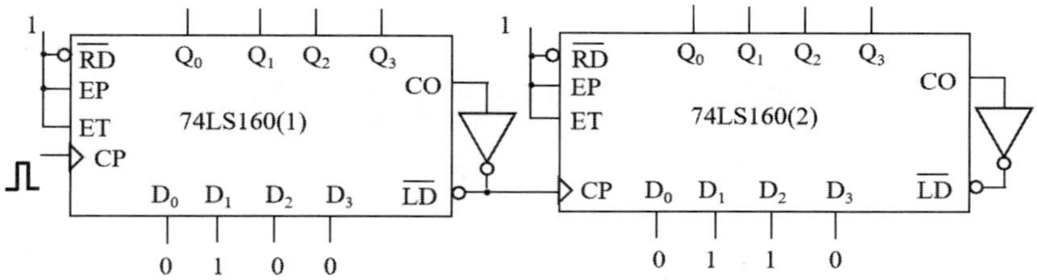

图 8.61　习题 8.27 的图

8.28　试用集成电路计数器 74LS160 和集成电路数据选择器 74LS151 设计序列信号发生器，产生序列 10001010，画出电路图。

8.29　电路的状态转换图如图 8.62 所示，写出硬件描述语言实现此功能的 CASE 语句部分程序。

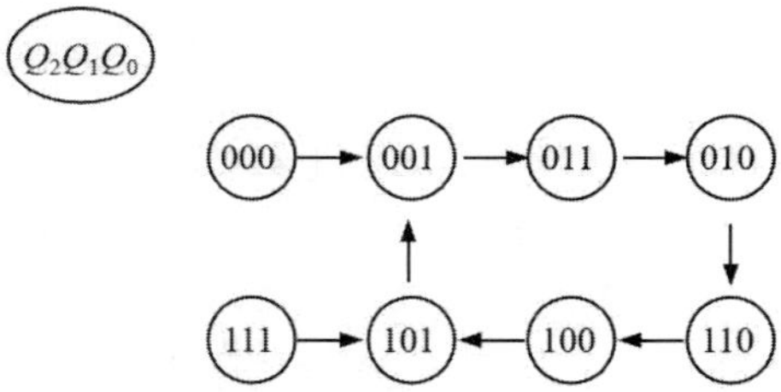

图 8.62　习题 8.28 的图

8.30　以下是用硬件描述语言表达状态转换关系的部分程序，试画出状态转换图，并判断是否具有自启动功能。

```
case (state)
        3'b001 : nextstate<=3'b011;
        3'b010 : nextstate<=3'b110;
        3'b011 : nextstate<=3'b010;
        3'b100 : nextstate<=3'b101;
        3'b101 : nextstate<=3'b001;
        3'b110 : nextstate<=3'b100;
        default : nextstate<=3'b000;
    endcase
```

8.31　试用硬件描述语言设计一个序列信号发生器，循环输出“11010100”信号。

第 9 章　半导体存储器及其应用

本章课程目标

1. 了解存储器的分类和指标，能够根据需要选择合适的存储器。
2. 了解 ROM、RAM 的结构和原理，掌握存储器芯片引脚功能和读写操作，能够正确使用存储器。
3. 掌握存储器扩展原理，能够根据系统要求配置和设计存储器电路。

数字系统常常需要存储大量数据，如人工智能、大数据应用等。半导体存储器采用半导体集成电路工艺制作，用来存储大量的二进制数据和信息，是数字系统不可或缺的重要组成部分，广泛应用于计算机系统等数字产品中。半导体存储器由存储单元和输入/输出电路构成，从集成度划分，属于大规模集成电路，具有存取速度快、存储容量大、体积小等优点。本章首先介绍半导体存储器的分类和性能指标，然后分别介绍只读存储器 ROM 和随机存取存储器 RAM 的结构、原理，最后介绍存储器的使用方法。

9.1　存储器分类与性能指标

【微课视频】

半导体存储器概述

半导体存储器种类很多，可以从不同的角度进行分类。通常按照存取信息方式划分，半导体存储器分为只读存储器（Read-Only Memory，ROM）和随机存取存储器（Random Access Memory，RAM）两大类。

ROM 在正常工作状态时只能读出数据，不能写入或修改数据。ROM 里的信息在制造时用专门的装置写入，可长期保存，断电后信息也不会丢失，属于非易失性存储器，一般用来存放系统不常变动的数据，例如系统的启动程序和数据等，ROM 的优点是电路简单。只读存储器可分为掩膜只读存储器（Mask Read Only Memory，简称 MROM）、可编程只读存储器（Programmable Read Only Memory，PROM）、紫外线可擦除可编程只读存储器（Erasable Programmable Read Only Memory，

EPROM）、电可擦除可编程只读存储器（Electrically Erasable Programmable Read Only Memory，简称 EEPROM 或 E^2PROM）、快闪存储器（Flash Memory）等。

RAM 也称为读写存储器，是一种可以随时读出或写入数据的存储器。RAM 在系统掉电后，数据会丢失，属于易失性存储器。RAM 的特点是容量大、速度快，经常用于系统的主存储器或高速数据交换和存取的场合。RAM 又可分为静态存储器（SRAM）和动态存储器（DRAM），SRAM 的存储单元相当于一个锁存器，DRAM 利用电容存储电荷来保存 0 或 1，存储单元结构非常简单，集成度高于 SRAM，但需要定时刷新以保持数据，DRAM 的存取速度通常不如 SRAM。

此外，按照制造工艺划分，半导体存储器分为双极型存储器和 MOS 型存储器。双极型存储器以双极型触发器为基本存储单元，工作速度快，但功耗大，主要用于对速度要求高的场合；MOS 型存储器以 MOS 触发器或电荷存储结构作为存储单元，具有集成度高、功耗小、工艺简单等特点，主要用于大容量存储系统中。

由于计算机等数字系统需要处理的数据量越来越大，运算速度越来越快，要求存储器具有更大的容量和更快的存取速度，因此，存储容量和存取速度是衡量半导体存储器性能的两个重要指标。

存储容量指的是存储器所能容纳的二进制数据总量。二进制数通常以位（bit）为单位，1 个 bit 代表 1 个 0 或 1，以 8 位为一个字节（Byte），一般将“位”简写为小写字母“b”，将“字节”简写为大写字母“B”。

存储器内通常排列成存储矩阵，且按一定的位数进行编组，每次读或写一组数据。这里的组称为字，一个字所包含的位数称为字长。不同的存储器，字长不一定相同，例如常见的存储器有半字节的 4 位、单字节的 8 位、双字节的 16 位或 8 字节的 64 位字长等。

存储器里的每个字都有一个地址，读或写存储器时，先将地址输入存储器，选择相应的一组存储单元，然后才能读出或写入数据。

存储器的容量可以用字数×字长来表示，例如 1K×8 表示存储器有 1K 个字，每个字有 8 位二进制数据，因此总的存储容量为 1KB（或 8Kb），由于 $1K=2^{10}=1024$，所以 1K×8 也可以表示 1024B，或 8192b。

存储器结构示意如图 9.1 所示。

存储器的存取速度一般用存取时间或存取周期来表示。存取时间是指从读或者写的命令发出到该操作完成所需要的时间。存储周期指连续启动两次独立的存储器操作（比如连续两次读操作）所需间隔的最小时间。随着半导体技术和制造工艺的进步，半导体存储器的容量越来越大，速度越来越快，体积越来越小。

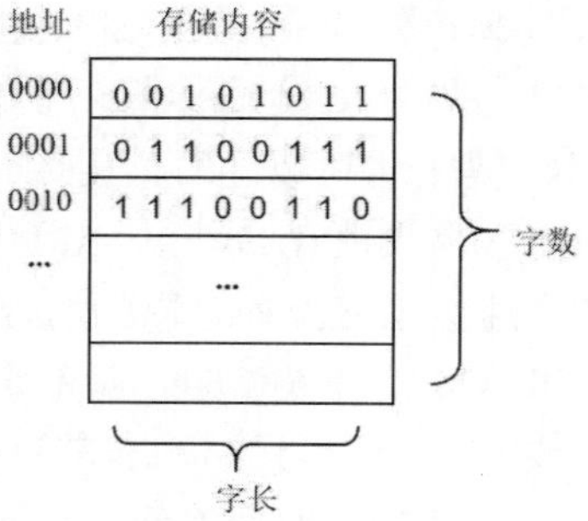

图 9.1 存储器结构示意图

9.2 只读存储器（ROM）

ROM 是永久性数据存储器，数据一般由专用装置写入，数据不会丢失，即使切断电源，通电后数据依然可以继续使用。ROM 用来存放不需要经常修改的程序或数据，例如计算机系统中控制启动和初始化的 BIOS 程序、系统监控程序以及显示器字符发生器中的点阵代码等。

9.2.1 ROM 结构和原理

ROM 的结构由存储矩阵、地址译码器和输出控制电路三部分组成，如图 9.2 所示。

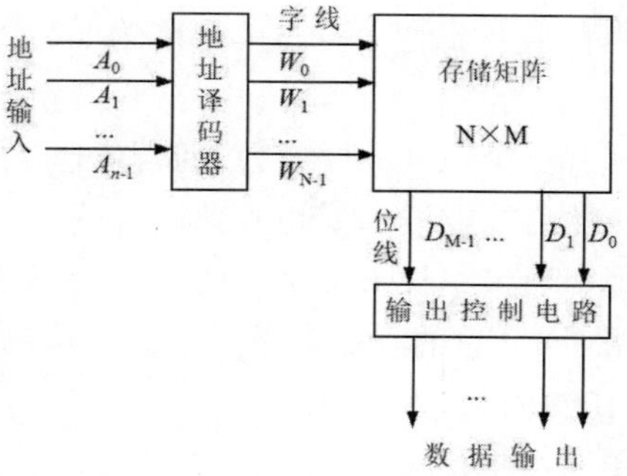

图 9.2 ROM 的结构框图

数据存放在存储矩阵中，存储矩阵中包含许多结构相同的存储单元。最小的存储单元由二极管、双极型三极管或 MOS 管构成，可以存放一位二进制数据。若干个存储单元组成一个字，每个字都有一个对应的地址。

在存储矩阵中，一般按字寻址检索数据，每当输入一个地址，可以读出一个字。

地址译码器的作用是将输入的地址译码成相应的控制信号，在存储矩阵中找到对应的一组存储单元，将其中的数据送到输出电路。n 根地址线可以寻址 2^n 个地址。

输出控制电路通常由三态输出缓冲器构成，可以实现输出的三态控制，以便与系统总线进行连接，也可以提高存储器的输出驱动能力。

图 9.3 给出了具有两位地址输入和四位数据输出的 ROM 电路结构，图中 A 为地址线，W 为字线，D 为位线。

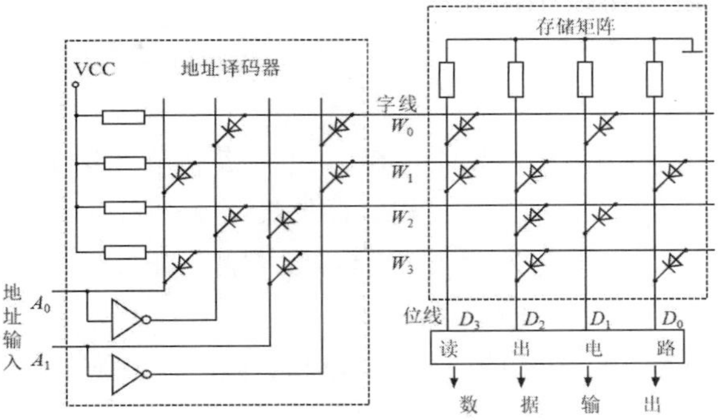

图 9.3　二极管 ROM 结构图

地址线 A_1、A_0 经地址译码器能输出 4 个不同地址，分别对应 W_0、W_1、W_2、W_3 四条字线上的高电平，例如 A_1A_0=00 时，对应 W_0=1，W_1=W_2=W_3=0，表示选中 W_0 这个字。

存储矩阵中每个存储单元由二极管构成，W_0～W_3 四条字线分别选择存储矩阵中的四个字，每个字由四位数据组成。若在字线 W 和位线 D 之间接有二极管，则此位数据为“1”，反之数据为“0”，例如图中 W_0 对应的字，四位数据为 $D_3D_2D_1D_0$=1010。

读出数据时，首先输入地址，选中对应的字线，然后输出对应的四位数据。例如当输入地址 A_1A_0=01 时，选中字线 W_1 为高电平，输出的四位数据为 1101。图中 ROM 存储的数据见表 9.1。

表 9.1　图 9.3 ROM 数据表

A_1	A_0	D_3	D_2	D_1	D_0
0	0	1	0	1	0
0	1	1	1	0	1
1	0	0	1	1	0
1	1	0	1	0	1

9.2.2 ROM 的编程与分类

ROM 的编程是指将信息写入 ROM。根据编程方式不同，ROM 可分为掩膜 ROM（MROM）、可编程 ROM（PROM）和可擦除可编程 ROM（EPROM）等。

1. 掩膜 ROM

掩膜 ROM 中存放的信息是由生产厂家采用掩膜工艺制作的，在出厂时已经将固化的信息存放在芯片中，也称固定 ROM，在使用时只能读出，不能写入，因此通常只用来存放固定的数据、程序和函数表等，多用于大批量、定型的电子产品中。

2. 可编程 ROM（PROM）

PROM 的总体结构与掩膜 ROM 一样，由存储矩阵、地址译码器和输出控制电路组成。出厂时在存储矩阵每个字线和位线的交叉点上都制作了存储元件，相当于每个存储单元的内容在出厂时为全 1（或全 0），用户可以根据需要对某些单元进行改写。

图 9.4 所示为熔丝型 PROM 存储单元结构，由一个三极管和串在发射极的快速熔断丝组成。三极管的 BE 结相当于二极管，出厂时每个存储单元数据为 1，使用时通过专用的编程装置，根据用户的编程数据（也称为熔丝图），将某些存储单元的熔丝烧断，从而改变存储单元的数据。

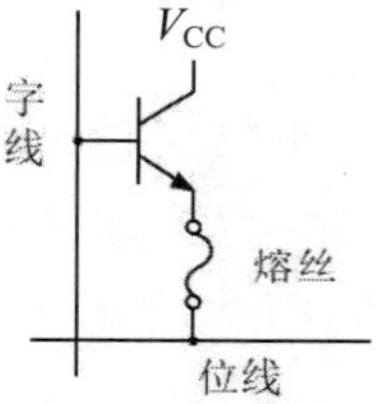

图 9.4 熔丝型 PROM 存储单元结构

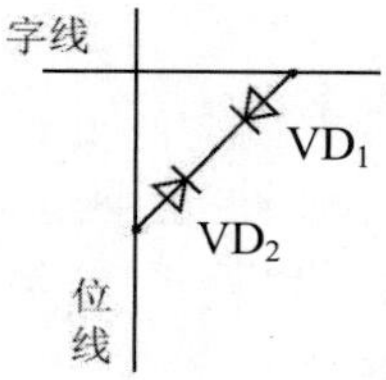

图 9.5 击穿型 PROM 存储单元结构

在集成电路中，由于熔丝所占面积较大，又出现一种反熔丝结构的 PROM，其存储单元不是用熔丝，而是采用绝缘连接件，通常是特殊的绝缘材料或两个反向串联的肖特基势垒二极管，如图 9.5 所示为 PN 结击穿型 PROM 存储单元结构。出厂时，由于 PN 结不导通，存储单元的数据为 0，编程时根据用户设计，将某些单元的 PN 结反向击穿，使连接点导通，从而改变存储单元的值。由于熔丝烧断或 PN 结击穿后不能再恢复，因此 PROM 只能改写一次。

3. 可擦除可编程 ROM（EPROM）

EPROM 中的数据可以擦除重写，满足实际工作中需要多次修改程序或数据的要求，从而得到广泛的应用。最早出现的是用紫外线照射擦除的 EPROM，不久出现了电可擦除的 EEPROM，即 E^2PROM，后来出现的快闪存储器也是一种电可擦除的可编程 ROM。

EPROM 的存储单元采用浮栅型 MOS 管，芯片上方有一个石英玻璃窗口，当用一定波长和光强的紫外线照射窗口时，存储单元浮栅上的电荷会泄放掉，使浮栅恢复初态。照射一定时间长度后，读出所有存储单元的内容均为 1，说明 EPROM 中的内容已经被擦除。EPROM 的内容被擦除后才能被重新编程，通常采用专门的编程装置将程序写入 EPROM 芯片。

常用的 EPROM 芯片有 2716（2K×8 位）、2732（4K×8 位）、2764（8K×8 位）和 27512（64K×8 位）等。EPROM 芯片 2764 的外观如图 9.6 所示，圆形的石英玻璃窗口用来接受紫外线照射。EPROM 擦除数据时需要从电路板上取下来照射紫外光，照射的时间一般需要十几分钟，并且会同时擦除芯片内的所有数据，使用不太方便。

图 9.6　EPROM 芯片外观

E^2PROM 进一步克服了 EPROM 的不足，使用更为方便。E^2PROM 的存储单元也采用浮栅型 MOS 管，但采用了隧道效应，可以使存储的二进制数据通过电擦除，并且擦除的速度比 EPROM 快许多，可达到毫秒数量级。

E^2PROM 写入的过程就是电擦除的过程，利用电脉冲进行擦除和写入，不需要将芯片从电路上取下，使用比较方便，而且数据的修改以字为单位进行，不需要将芯片内所有内容都擦除，因此编程所需的时间比 EPROM 短得多，重复擦写的次数也是 EPROM 的数十倍。大多数 E^2PROM 芯片内部带有升压电路，只需提供单电源供电，便可进行读、擦除、写的操作，极大地方便了数字系统的设计和在线调试。不过，与 EPROM 相比，E^2PROM 的存储单元电路比较复杂，集成度低。常见的 E^2PROM 芯片有 2816、2817、2864、28256 等。

快闪存储器的存储单元采用快闪叠栅 MOS 管，是新一代电可擦除的可编程 ROM，擦除和写入是分开进行的，在写入前要先擦除。快闪存储器的存储单元结构简单，编程可靠，擦除快捷，集成度可以做得非常高，成本低，使用方便。

9.2.3 用 ROM 实现组合逻辑函数

ROM 除了具有存储数据的功能外，还可以用来实现组合逻辑函数。将 ROM 的地址视为组合逻辑的输入变量，则 ROM 内存储的数据可视为组合逻辑的输出变量。根据组合逻辑函数的真值表，将逻辑函数值存入相应的地址，那么 ROM 的数据就是一组关于地址的组合逻辑函数。如表 9.2 所示是一个 ROM 的数据表。

表 9.2 ROM 数据表

A_1	A_0	D_3	D_2	D_1	D_0
0	0	0	0	0	1
0	1	0	0	1	0
1	0	1	0	1	0
1	1	1	1	0	1

由表可知

$$D_3=A_1$$
$$D_2=A_1 \cdot A_2$$
$$D_1=A_1 \oplus A_0$$
$$D_0=A_1 \odot A_0$$

因此，ROM 的数据表可以看作组合逻辑函数的真值表，其中地址译码器的输出包含了输入变量的所有最小项，每一位数据输出是若干最小项之和，因此，任何形式的组合逻辑函数都可以通过向 ROM 中写入相应的数据来实现。

【例 9.1】已知七段数码管的译码器真值表见表 9.3，试用 ROM 实现该译码器功能。

表 9.3 七段译码器真值表

输入变量				输出变量							显示
D	C	B	A	a	b	c	d	e	f	g	
0	0	0	0	1	1	1	1	1	1	0	0
0	0	0	1	0	1	1	0	0	0	0	1
0	0	1	0	1	1	0	1	1	0	1	2
0	0	1	1	1	1	1	1	0	0	1	3
0	1	0	0	0	1	1	0	0	1	1	4
0	1	0	1	1	0	1	1	0	1	1	5
0	1	1	0	1	0	1	1	1	1	1	6

续表

输入变量				输出变量							显示
D	*C*	*B*	*A*	*a*	*b*	*c*	*d*	*e*	*f*	*g*	
0	1	1	1	1	1	1	0	0	0	0	7
1	0	0	0	1	1	1	1	1	1	1	8
1	0	0	1	1	1	1	1	0	1	1	9
1	0	1	0	1	1	1	1	1	0	1	a
1	0	1	1	0	0	1	1	1	1	1	b
1	1	0	0	0	0	0	1	1	0	1	c
1	1	0	1	0	1	1	1	1	0	1	d
1	1	1	0	1	1	0	1	1	1	1	e
1	1	1	1	1	0	0	0	1	1	1	f

解： 由真值表可知，有 4 位输入变量、7 位输出变量，因此应选用具有 4 位地址线、8 位数据线的 ROM 来实现此译码器，按上述真值表对 ROM 编程。地址线 A_3、A_2、A_1、A_0 分别作为译码器的输入端，对应输入信号 D、C、B、A，选择 ROM 的 7 位数据线 D_1～D_7，分别对应译码器的输出端 a～g，电路连接如图 9.7 所示。

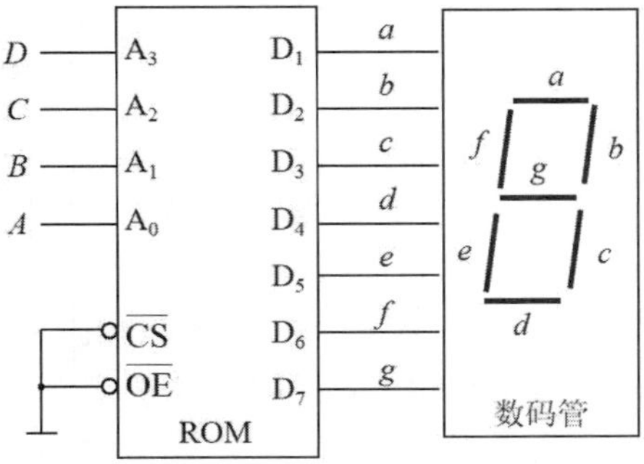

图 9.7　例 9.1 电路连接

9.3　随机存取存储器（RAM）

RAM 在正常工作状态下可以随时快速地向存储器里写入数据或读出数据，与 ROM 相比，最大的不同在于 RAM 数据具有易失性，一旦失去电源供电，所存储的数据立即丢失。RAM 根据存储单元的工作原理不同，分为静态存储器 SRAM 和动态存储器 DRAM。

9.3.1 静态存储器（SRAM）

SRAM 的基本结构由存储矩阵、地址译码器和读/写控制电路组成，如图 9.8 所示。

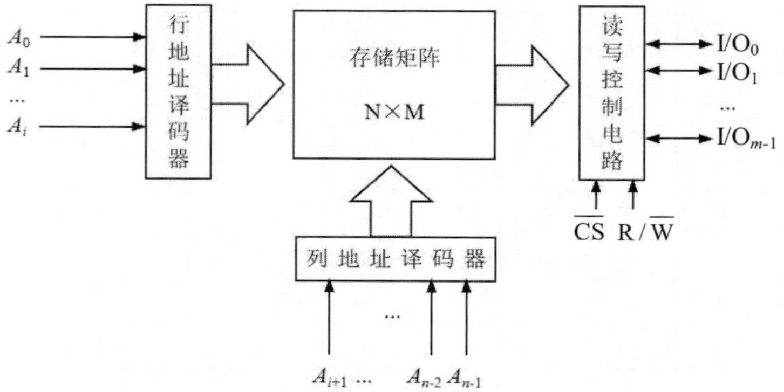

图 9.8 SRAM 结构图

存储矩阵由存储单元排列组成，每个存储单元存放一位二进制数据，在读/写控制信号作用下进行读/写操作。图中 $A_0 \ldots A_{n-1}$ 为地址线，共 n 根，可寻址 2^n 个字，$I/O_0 \ldots I/O_{m-1}$ 为双向数据线，说明每个字由 m 位数据组成，因此存储器容量为 $2^n \times m$ 位。

地址译码器分为行地址译码器和列地址译码器，其中行地址译码器输入为 A_0～A_i，列地址译码器输入为 A_{i+1}～A_{n-1}。读/写控制电路的控制信号有片选信号 $\overline{CS}$ 和读/写信号 $R/\overline{W}$，片选信号 $\overline{CS}$ 低电平有效，只有当片选信号为 0 时，才能进行正常的读写操作。读/写信号 $R/\overline{W}$ 高电平时为读操作，低电平时为写操作。当片选信号 $\overline{CS}$=1 时，存储器的输入/输出端口处于高阻态，无法与外部电路进行数据交换。当片选信号 $\overline{CS}$=0，并且读/写信号 $R/\overline{W}$=1 时，存储器内的数据可以读出；当片选信号 $\overline{CS}$=0，并且读/写信号 $R/\overline{W}$=0 时，数据可以写入存储器。

SRAM 存储单元的一种结构如图 9.9 所示，由 6 个 MOS 管组成，称为 6 管结构。其中 M_1～M_4 构成两个交叉耦合的 CMOS 反相器，相当于一个触发器，用来存放 1 位数据。M_5 和 M_6 控制存储单元到位线 BL 的开关状态，由行地址选择线（即字线 WL）控制，当字线为 1 时，M_5 和 M_6 导通，将存储的数据 Q 和 $\overline{Q}$ 送到位线。当列地址选择线（即位线 BL）选中时，位线上的数据就与输入/输出端 I/O 相通。通过输入的行地址和列地址，可以选择特定的字线和位线，字线和位线的交点处就是被选中的存储单元。

不同应用场合的 SRAM 有不同的结构类型和技术指标，随着集成电路技术的发展，还会出现越来越多的结构类型。SRAM 的数据由锁存器记忆，只要不断电，就可以永久保存。采用 CMOS 工艺的 SRAM 功耗很低，而且能在降低电源电压的状态下保存数据，因此可以在系统断电后采用电池供电，以保持数据不丢失，目前大容量 SRAM 大多采用 CMOS 工艺。双极型的 SRAM 工作速度快，但是功耗很大，一般应用于超高速系统。常用的 SRAM 集成电路有 6116、6264、62256 等。

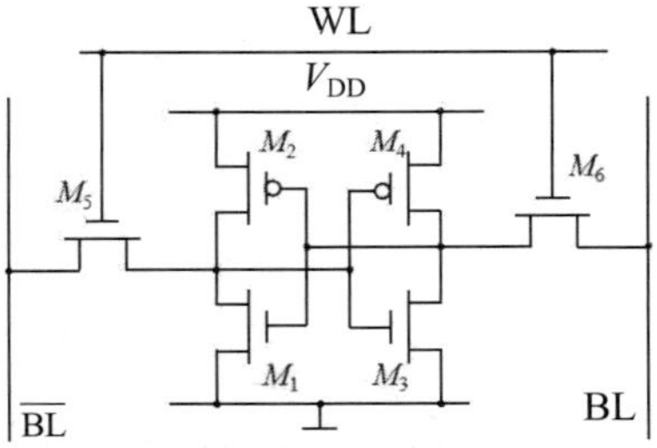

图 9.9 SRAM 存储单元结构图

9.3.2 动态存储器（DRAM）

DRAM 的整体结构与 SRAM 相似，也是由地址译码器、存储矩阵和 I/O 读写控制电路组成。存储矩阵由大量存储单元按行、列排列在一起组成巨大的存储空间。

DRAM 与 SRAM 最大的不同在于存储单元的结构，最常见的 DRAM 由一个 MOS 管构成，利用 MOS 管的栅极电容来存储信息。相较于 SRAM 存储单元的 6 个 MOS 管，DRAM 存储单元的 MOS 管数量少得多，因此功耗更低，集成度更高，存储容量可达 1Gbit 以上。由于 MOS 管栅极电容的容量很小，并且电容上的电荷会逐渐泄漏，需要定时对电容进行充电以维持存储内容不丢失，这个操作称为动态刷新，因此 DRAM 的结构要包含刷新控制电路，外围电路比 SRAM 复杂。尽管如此，由于 DRAM 存储单元的结构能做得非常简单，所用元件很少，而且功耗低，因此是大容量 RAM 的主流产品。

单管 DRAM 的存储单元结构如图 9.10 所示。二进制数据保存在 MOS 管的栅极电容 C 上，若电容上充有电荷，表示存储的数据为“1”；若电容上没有电荷，表示存储的数据为“0”。场效应管 T 主要起开关作用，当行选择信号有效时，T 管导通，可以访问存储单元，进行读或写。

当对存储单元进行读操作时，根据地址译码的输出选中对应的行选择信号，使该行上所有存储单元电路中的 MOS 管 T 导通，此时各列上的刷新电路可以读取相应存储单元中电容上的电压，并刷新其中的数据。根据列地址译码器输出的列选择信号，将对应存储单元中的电容电压放大后输出到 I/O 端口中。

当对存储单元进行写操作时，地址译码器的输出选中对应的行和列信号，使 MOS 管导通，I/O 端口的数据被写入选中的存储单元电容上。

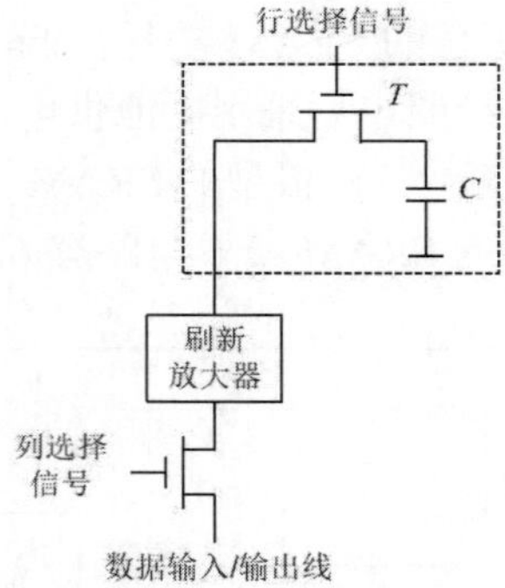

图 9.10 单管 DRAM 存储单元结构图

【微课视频】

半导体存储器应用

9.4 存储器的读写操作

对存储器的主要操作包括读取指定存储单元中的数据和将数据写入指定的存储单元，统称为访问存储器。下面分别介绍存储器的读操作和写操作。

9.4.1 存储器的读操作

以 EPROM 芯片 2764 为例，介绍存储器的读操作。

M27C64A 是 8K×8 位可擦除可编程存储器，具有高速、低功耗的特点，读出时间最短为 150ns，静态工作电流为 100μA。

M27C64A 的框图如图 9.11 所示，V_{CC} 为工作电源，V_{PP} 为编程电源，A_0～A_{12} 为 13 根地址线，可寻址 2^{13}=8K 个字，Q_0～Q_7 为 8 根数据线，说明每个字长为 8 位，因此存储容量为 8K×8 位。控制信号 $\overline{\text{E}}$ 为片选信号，$\overline{\text{P}}$ 为编程信号，$\overline{\text{G}}$ 为输出使能信号，三者均为低电平有效。芯片的引脚如图 9.12 所示。

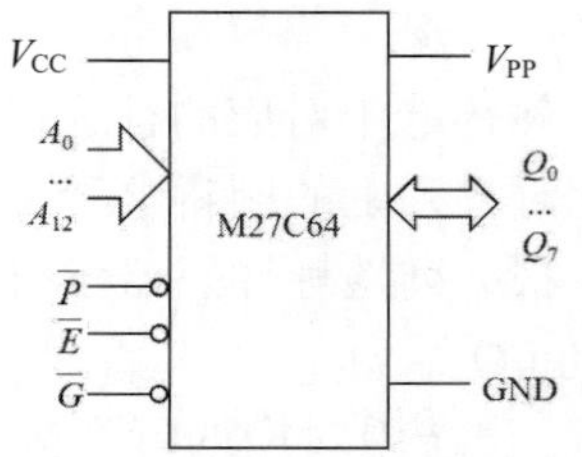

图 9.11 M27C64A 框图

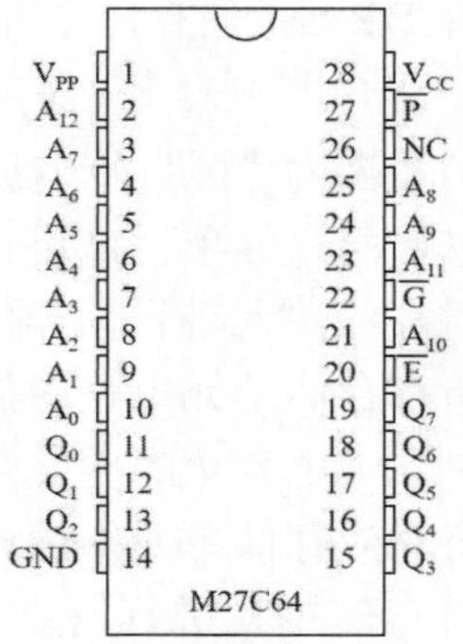

图 9.12 M27C64A 引脚图

M27C64A 的工作模式见表 9.4。

表 9.4　M27C64A 工作模式

工作模式	$\overline{E}$	$\overline{G}$	$\overline{P}$	V_{PP}	$Q_0 \sim Q_7$
读	L	L	H	V_{CC}	数据输出
输出无效	L	H	H	V_{CC}	高阻态
编程	L	H	低电平脉冲	V_{PP}	数据输入
编程校验	L	L	H	V_{PP}	数据输出
等待	H	×	×	V_{CC}	高阻态

存储器的读写有严格的时序要求，只有当控制信号和地址信号符合芯片的时序要求时，才能对存储器进行正确的读写操作。M27C64A 的读操作时序如图 9.13 所示，读数据的操作顺序如下：

（1）首先将要读取的一组存储单元地址加到存储器的地址线 $A_0 \sim A_{12}$ 上。

（2）使片选信号有效。

（3）使输出使能信号有效，经过一定延时后，在数据线上出现有效的输出数据。

（4）使片选信号或输出使能信号无效，经过一定延时后，数据线呈高阻态，读操作结束。

从时序图中可以看出，在数据线上输出稳定的数据之前，必须保持地址线、片选信号和输出使能信号均为有效状态，且要满足芯片的延迟时间要求，才能保证读出有效的数据。当地址线、片选信号和输出使能信号都失效后，数据线上的数据还要满足一定的延时要求才会失效。

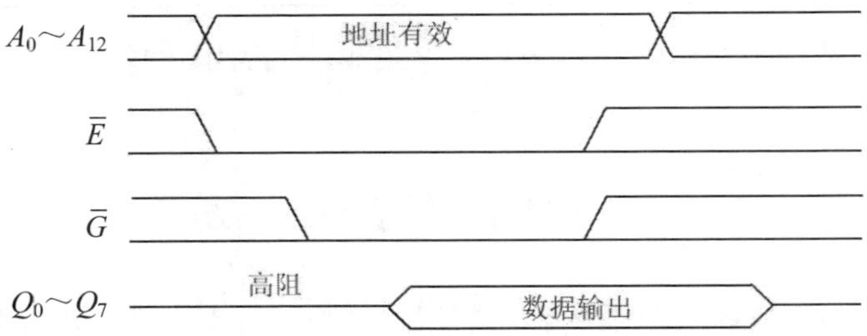

图 9.13　M27C64A 读操作时序图

9.4.2　存储器的写操作

以 SRAM 芯片 6116 为例介绍存储器的写操作。UM6116 是 2K×8 位 CMOS

SRAM 芯片，引脚排列如图 9.14 所示。芯片有 11 根地址线和 8 根数据线，可寻址 2K 字，字长 8 位。$\overline{CS}$是片选信号，$\overline{OE}$是输出使能信号，$\overline{WE}$是写使能信号。写操作时，有效地址加到地址输入端 A_0～A_{10}，片选信号和写使能信号有效时，数据线上的数据被写入 SRAM 中。SRAM6116 的工作模式见表 9.5。

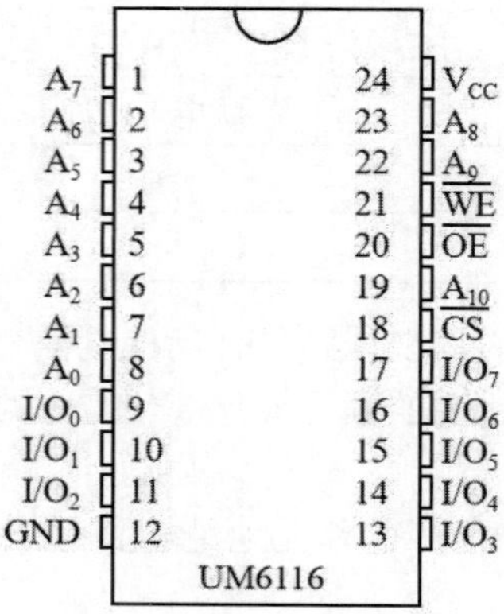

图 9.14 UM6116 引脚图

表 9.5 SRAM 6116 的工作模式

工作模式	$\overline{CS}$	$\overline{OE}$	$\overline{WE}$	I/O_0～I/O_7
等待	H	X	X	高阻
输出禁止	L	H	H	高阻
读	L	L	H	数据输出
写	L	X	L	数据输入

EPROM 的数据写入由专门的编程装置完成，无需用户直接对芯片引脚提供控制时序。

9.5 存储器的扩展方法

单片 ROM 或 RAM 存储器的容量有限，如果一片存储器不能满足系统对存储容量的要求，就需要将多片存储器芯片连在一起，以扩展存储容量。扩展可以通过增加位数或字数来实现，即位扩展或字扩展。

9.5.1 位扩展方式

通常存储器芯片的字长为 1 位、4 位、8 位、16 位或 32 位等，如果每一片存储器的字数能够满足实际数字系统的需要，但是每个字的位数不够长时，可以进行位扩展。位扩展采用芯片并联的方式实现，将各片存储器的地址线、读写控制线、片选线对应地连接在一起，而各芯片的数据线并行作为字的不同位线。

【例 9.2】某单片机系统需要 8K×16 位的存储器，而能获得的存储器芯片只有 8K×8 位的 6264，试通过位扩展将存储器扩展为 8K×16 位。

解： 由于系统需要 8K×16 位存储器，而 6264 为 8K×8 位的存储器，可知进行位扩展需要将两片 6264 并联，以提供 16 位数据线。电路如图 9.15 所示。

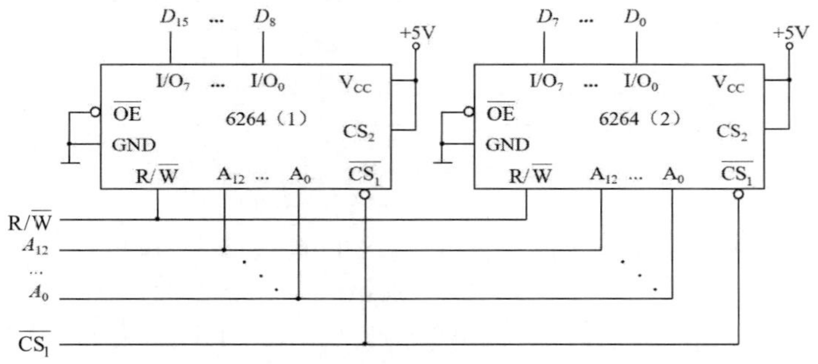

图 9.15　存储器位扩展电路连接

图中两片 6264 的地址线 A_0～A_{12}、片选信号线 $\overline{CS_1}$ ，以及读写控制线 $R/\overline{W}$ 分别连接在一起，片选信号线 CS_2 都接高电平，左边 6264（1）的数据作为高 8 位 D_{15}～D_8，右边 6264（2）的数据作为低 8 位 D_7～D_0。

当片选信号线 $\overline{CS_1}$ 为低电平时，两片 6264 被同时选中，当读写控制线为高电平时，两片 6264 的数据同时输出，分别构成 16 位数据的高 8 位和低 8 位；当读写控制线为低电平时，16 位数据的高 8 位和低 8 位分别写入两片 6264。当片选信号线 $\overline{CS_1}$ 为高电平时，两片存储器同时不被选中，不能进行数据读写。

9.5.2　字扩展方式

如果每一片存储器的位数能满足实际数字系统的需要，而字数不够时，可以进行字扩展。字扩展会导致地址线增加，每增加一位地址，可寻址的单元数就乘以 2。字数的扩展可以利用外加译码器控制存储器芯片的片选信号来实现。

【例 9.3】试分析图 9.16 所示电路的存储器容量，以及每片存储器芯片的访问地址。

解： 图中电路采用字扩展方式将四片 256×8 位的 RAM 扩展为 1024×8 位 RAM，数据线为 I/O_0～I/O_7，说明数据的字长仍为 8 位。每个存储器芯片有 8 根地址线 A_0～A_7，能寻址 256 个字，对应地址为 00H～FFH。

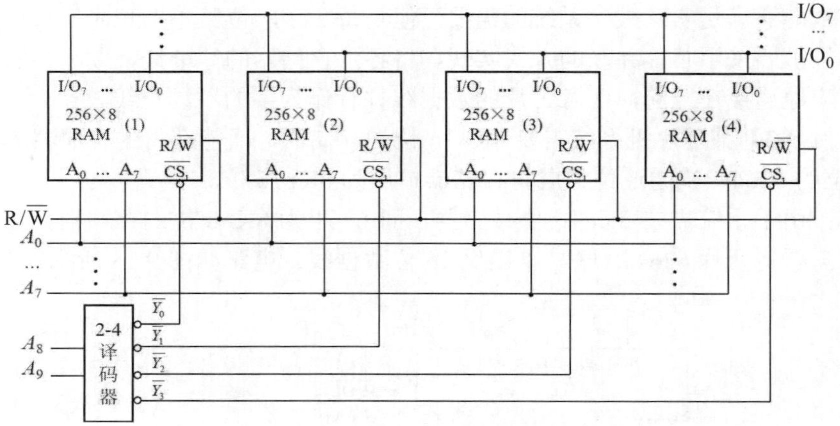

图 9.16　存储器字扩展电路连接

2-4 译码器的输入是系统高位地址 A_9、A_8，经过 2-4 译码器后，输出信号分别控制各存储器的片选信号。若 A_9A_8=00，则第一片存储器的片选信号为 0，即第一片存储器被选中，只有此芯片的数据可以输入/输出，因此第一片存储器的寻址范围为 000H～0FFH。当 A_9A_8=01 时，第二片存储器被选中，寻址范围为 100H～1FFH，以此类推，第三片存储器的寻址范围为 200H～2FFH，第四片存储器的寻址范围为 300H～3FFH。控制 A_9、A_8 的值，可以使四片存储器轮流工作，因此系统的存储容量扩大为四倍。在任意时刻，只有一片存储器处于工作状态。

如果存储器的字数和位数都小于实际系统的要求，那么需要同时进行字扩展和位扩展。

本章重点小结

1. 半导体存储器是用来存储大量二进制数据的大规模集成电路，分为只读存储器（ROM）和随机存取存储器（RAM），技术指标主要有存储容量和存取速度。

2. ROM 用来存放不需要经常修改的程序或数据，分为掩膜 ROM 和可编程 ROM，由存储矩阵、地址译码器和输出控制电路三部分组成，通过地址译码器获得存储矩阵中的数据地址，通过控制电路将数据输出到数据线上。ROM 还可以用来实现组合逻辑功能，PROM 属于早期的可编程逻辑器件。

3. RAM 可以随时读写数据，但掉电时数据会丢失。RAM 分为静态存储器（SRAM）和动态存储器（DRAM），SRAM 工作速度快，但功耗大，常应用于超高速系统，DRAM 功耗低，容量大。

4. 存储器的读写具有严格的时序要求，对不同型号的存储器芯片，需要根据芯片时序要求提供控制信号和地址信号。

5. 存储器有不同的字数和字长，字数由地址线的数量决定，字长由数据线的数量决定。当需要扩展时，要根据系统要求进行字扩展或位扩展。

习题

在线测试

9.1　ROM 和 RAM 的结构有什么异同？各自的特点适合什么应用场合？

9.2　256×8 位的 SRAM 有几根地址线和数据线？字数和位数分别是多少？总容量是多少位？

9.3　某存储器有 10 根地址线和 4 根数据线，分析该存储器的容量。

9.4　指出以下存储器有多少个字，每个字有几位数据，需要几根地址线和数据线。

（1）64K×1　　（2）256K×4　　（3）1M×1

9.5　某数字系统需要 32K×8 位的 RAM 存储容量，用 16K×8 位的 RAM 芯片来构建存储系统，画出连接图，说明存储系统共需要几根地址线和数据线。

9.6　用 ROM 实现一组逻辑函数，写出 ROM 的数据表。

$Y_3=\Sigma m(0,3,6,8,9)$

$Y_2=\Sigma m(1,2,3,7,8,9,12,15)$

$Y_1=\Sigma m(0,1,3,6,7,9,10,14)$

$Y_0=\Sigma m(1,3,6,8,9,11,12)$

9.7　如图 9.17 所示电路中的存储系统，请说明总的存储容量是几位？每一片存储器芯片的地址范围如何？

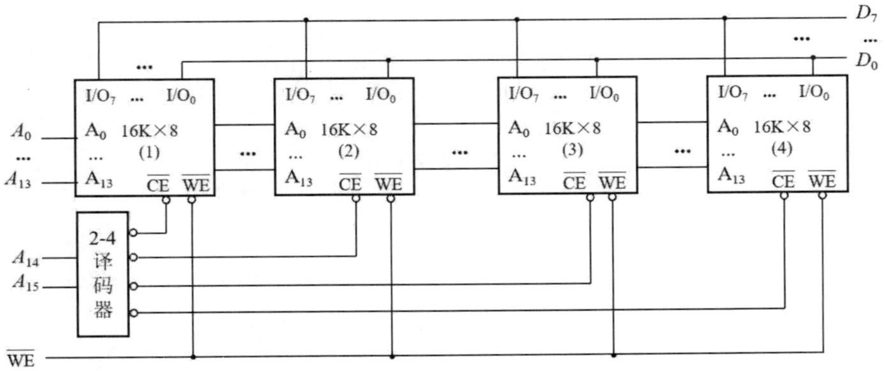

图 9.17　习题 9.7 的图

9.8 如图 9.18 所示电路，分析存储器扩展采用了什么方式。扩展后存储容量是多少？

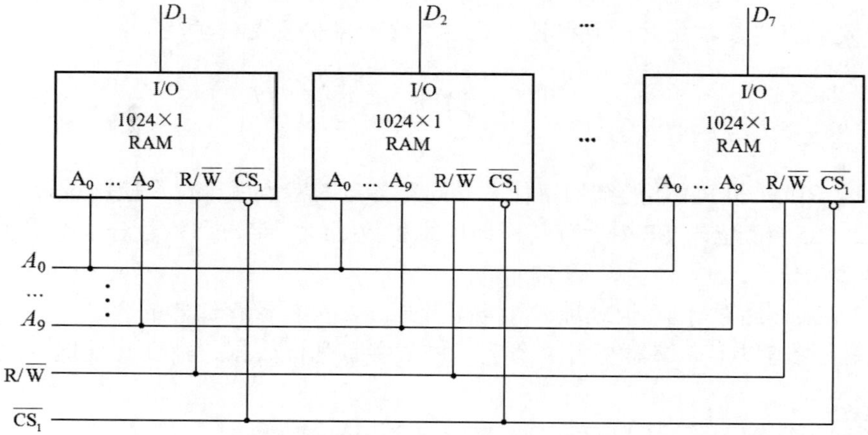

图 9.18 习题 9.8 的图

9.9 RAM 芯片 2114 的引脚如图 9.19 所示，试判断该存储器的字数和字长，并设计应用此芯片构建 2K×8 位存储系统的电路。

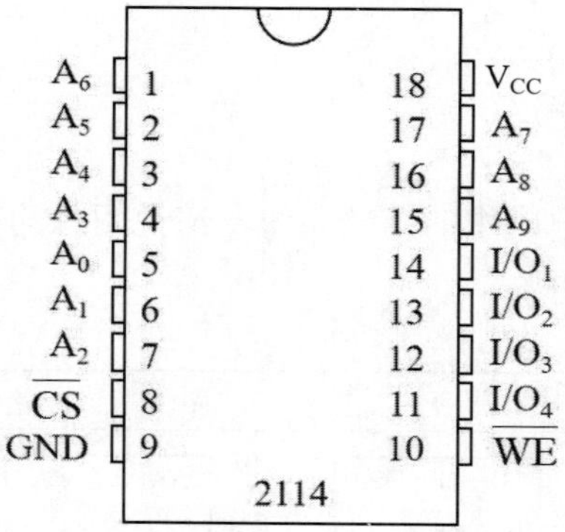

图 9.19 习题 9.9 的图

第 10 章　脉冲发生与整形电路

本章课程目标

1. 掌握多谐振荡器电路结构和工作原理，能够设计方波发生电路，并确定电路参数。

2. 掌握单稳态电路结构和工作原理，理解单稳态电路的实际应用，能运用集成电路设计单稳态电路。

3. 理解施密特触发电路特性和实际应用，能够正确使用施密特触发器进行波形变换或整形。

4. 理解 555 定时器的结构和使用方法，能够正确使用 555 定时器产生方波、构成单稳态电路或施密特触发器。

在数字电路中经常需要用到各种脉冲信号，如计算机、单片机、DSP 数字系统中的时钟信号，控制过程中的各种触发脉冲信号等。本章介绍矩形脉冲信号的产生和整形电路。脉冲信号的产生常采用振荡电路，脉冲信号的整形常采用单稳态电路和施密特触发电路。广为应用的 555 定时器既可以用于发生给定周期、给定占空比的脉冲波形，又可以作为单稳态电路和施密特电路用于脉冲波形的整形。

10.1　多谐振荡器

在数字电路中常用到时钟脉冲，用来控制和协调整个系统的工作。通常时钟脉冲都是连续的矩形脉冲，实际的矩形波脉冲信号波形以及描述矩形脉冲的主要参数如图 10.1 所示。图中描述矩形脉冲信号的主要参数说明如下：

【微课视频】
脉冲发生电路

（1）T：脉冲周期，是指周期性重复的脉冲序列中，两个相邻脉冲之间的时间间隔。脉冲频率 f 表示单位时间内脉冲重复的次数，频率和周期互为倒数。

（2）V_m：脉冲幅度，是指脉冲电压的最大变化幅度。

（3）t_W：脉冲宽度，是指从脉冲前沿上升至 $0.5V_m$ 开始，到脉冲后沿下降至 $0.5V_m$ 为止的时间间隔。

（4）t_r：上升时间，是指脉冲前沿从$0.1V_m$开始上升到$0.9V_m$所需要的时间。

（5）t_f：下降时间，是指脉冲后沿从$0.9V_m$开始下降到$0.1V_m$所需要的时间。

脉冲信号的占空比q是指脉冲宽度与脉冲周期的比值，表示为$q = t_W / T$。

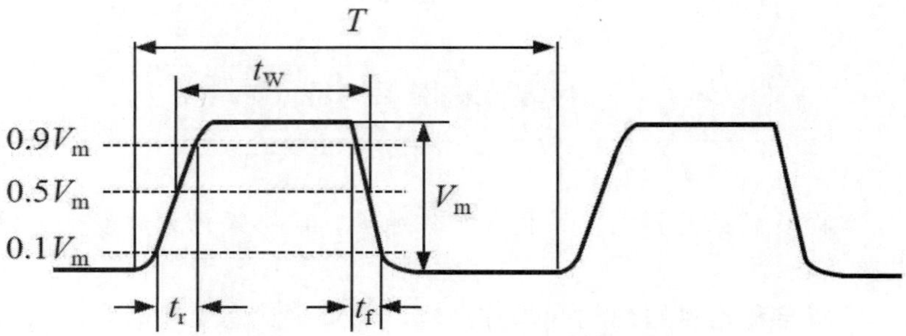

图 10.1　矩形脉冲及其主要参数

用来产生连续矩形脉冲的方法很多，这里介绍用多谐振荡电路来产生矩形脉冲信号。多谐振荡电路也称为多谐振荡器，是一种自激振荡电路，接通电源后会自发产生振荡，不需要外加触发信号。由于矩形波包含丰富的谐波分量，所以产生矩形脉冲的电路被称为多谐振荡电路。多谐振荡电路的输出状态能够自动地在高低电平之间不断变换，产生矩形脉冲，因此是一种无稳态电路。

10.1.1　环形多谐振荡器

最简单的多谐振荡器可以使用普通的非门元件来构成，如图 10.2 所示的电路中，由三个非门首尾相接构成了环形多谐振荡器。通过分析不难看出，这个电路没有稳定状态，非门完成输入信号到输出信号相位的 180°反转。假设一个非门的传输延迟时间为t_{pd}，那么第一个非门输入端的信号经过$3t_{pd}$的时间后翻转，产生输出信号，如此周而复始，产生自激振荡，电路输出信号的波形如图 10.3 所示。

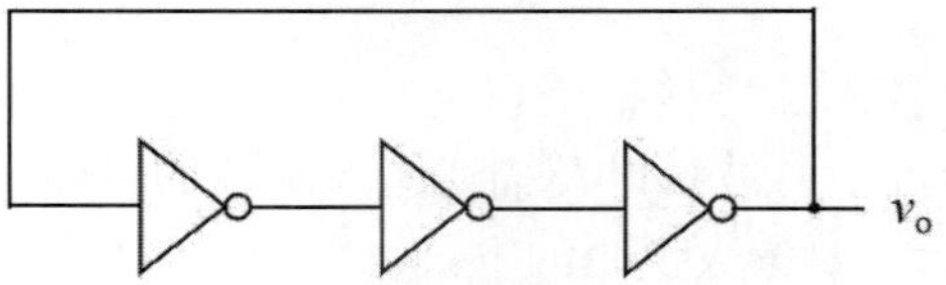

图 10.2　环形多谐振荡器电路

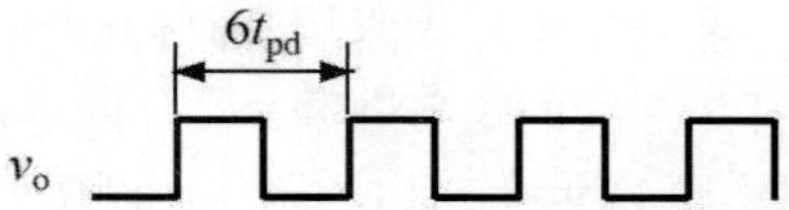

图 10.3　环形多谐振荡器电路输出波形

基于此原理可知，使用数量大于 3 的奇数个非门首尾相接就能构成环形多谐振荡器，设组成多谐振荡器的非门个数为n，则振荡周期为

$$T = 2nt_{pd} \tag{10.1}$$

这个电路的输出脉冲频率取决于非门的延迟，如果需要降低输出的脉冲频率，可以使用更多的非门。但这种构成多谐振荡器的方法并不实用，因为输出频率受器件工艺和工作温度的影响过大，频率不易调节。

10.1.2　门电路构成多谐振荡器

由 CMOS 门电路和 *RC* 电路可构成一种常用的多谐振荡器电路，如图 10.4 所示。由于该多谐振荡器采用了 *RC* 阻容元件作为振荡元件，因此也称为 *RC* 振荡器。该电路采用 CMOS 反相器作为开关器件，用来产生高、低电平，通过 *RC* 电路将输出电压反馈至输入端，并利用 *RC* 电路的充电和放电特性实现延时，获得所需要的振荡频率。

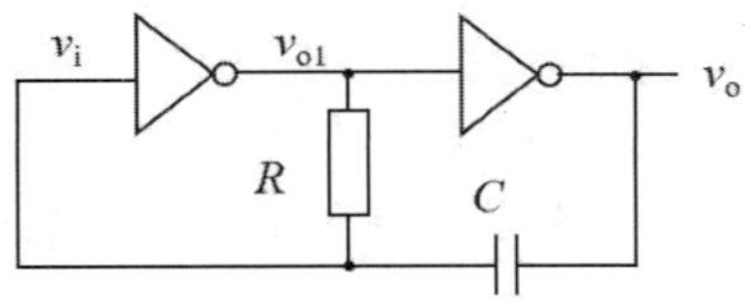

图 10.4　门电路和 RC 电路构成的多谐振荡器电路

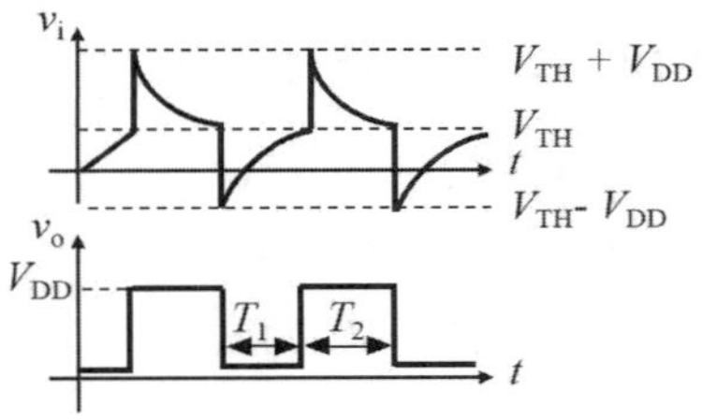

图 10.5　多谐振荡器的波形

该多谐振荡器的波形如图 10.5 所示，为分析方便，设反相器翻转的阈值电平为 V_{TH}，高电平为电源电压 V_{DD}，低电平为 0V。当电路上电时，由于电容 *C* 尚未充电，电路的初始状态为 $v_i = v_o = 0V$，电源经反相器内的 MOS 管和电阻 *R* 对电容 *C* 充电，使 v_i 逐渐上升，当 v_i 增大到反相器的阈值电平 V_{TH} 时，第一个反相器的输出从高电平翻转为低电平，第二个反相器的输出从低电平翻转为高电平，即 v_o 达到电源电压 V_{DD}。

由于电容两端的电压不能突变，此刻电容两端电压为 V_{TH}，第一个反相器输入端 v_i 的值跳变为 $V_{TH}+V_{DD}$，电容 *C* 通过电阻 *R* 和反相器内的 MOS 管放电。随着放电过程的进行，v_i 逐渐下降，当下降到反相器的阈值电平时，第一个反相器输出翻转为高电平，第二个反相器的输出翻转为低电平，v_o 的值变为 0V。

由于电容两端的电压不能突变，在电路状态翻转前的瞬间，电容 *C* 两端电压为 $V_{DD}-V_{TH}$，电路翻转后的瞬间，输入端电压 v_i 跳变为 $V_{TH}-V_{DD}$，电路又开始对电容 *C* 充电，如此周而复始，输出电压 v_o 在低电平和高电平之间反复翻转，输出连续的矩形脉冲。

输出端为低电平维持的时间记为 T_1，高电平维持的时间记为 T_2，分别称为电路的两个暂稳态，脉冲周期$T = T_1 + T_2$。由电路的电源电压V_{DD}、反相器翻转的阈值电平V_{TH}、充放电回路中的电阻R和电容C的大小共同决定脉冲周期的值：

$$T_1 = RC\ln\frac{V_{DD}}{V_{DD} - V_{TH}} \tag{10.2}$$

$$T_2 = RC\ln\frac{V_{DD}}{V_{TH}} \tag{10.3}$$

当电源电压和门电路确定时，通过调整电阻R和电容C的值，可以调节输出的矩形脉冲周期。RC的值越大，充放电需要的时间越长，脉冲周期就越大。

门电路构成的多谐振荡器输出的矩形脉冲周期受诸多因素影响，频率稳定性较差，特别是当电源电压、环境温度等因素发生波动时，将严重影响时钟频率的稳定性，不适合对频率稳定性要求高的场合。

10.1.3 石英晶体振荡电路

现代数字系统不仅要求时钟频率稳定性高，同时要求系统工作时钟有较高的频率，通常在数十至数百 MHz 之间，而由RC电路构成的振荡器频率通常在数十 kHz，无法适应现代数字系统的要求。在实际应用中，大部分数字系统采用石英晶体振荡电路。

石英晶体振荡器简称晶振。如果在晶振两端加上变化的电压，晶体会产生机械振动，当电压变化的频率与晶振的频率相等时，晶体的振动会急剧增加，因此，晶振的阻抗频率特性适合构成稳定振荡，而且输出频率比RC多谐振荡器高得多。石英晶体的电路符号和阻抗频率特性如图 10.6 所示。

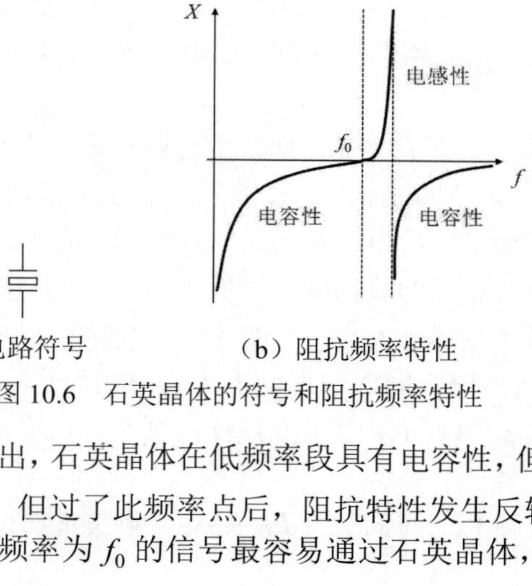

（a）电路符号　　　（b）阻抗频率特性

图 10.6　石英晶体的符号和阻抗频率特性

从图 10.6 中可以看出，石英晶体在低频率段具有电容性，但到接近某个频率f_0的时候，体现出电感性，但过了此频率点后，阻抗特性发生反转，呈现电容性。频率f_0称为谐振频率，即频率为f_0的信号最容易通过石英晶体，其他频率的信号经过时将衰减，因此，电路的振荡频率就是石英晶体的谐振频率 f_0。对于确定的石英晶体，谐振频率是固定的，仅与晶体的切割方向、机械尺寸相关，具有非常高的精确度与稳定度。这个稳定度的数量级可以达到 10^{-10} 以上，完全可以满足绝大部分数字系统的时钟要求。

石英晶体振荡器的典型电路如图 10.7 所示，反相器输出信号 v_o 为连续的矩形脉冲。在单片机、DSP 等器件内部，通常集成了振荡电路的反相器和电阻，外部电路只需要设计晶振和电容。单片机的晶振电路如图 10.8 所示。

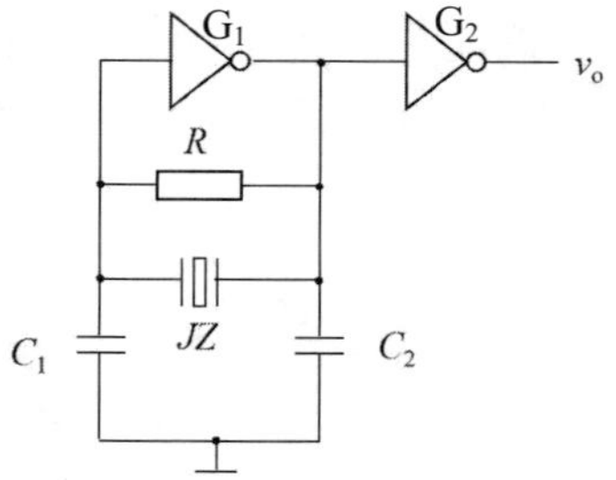

图 10.7　石英晶振电路

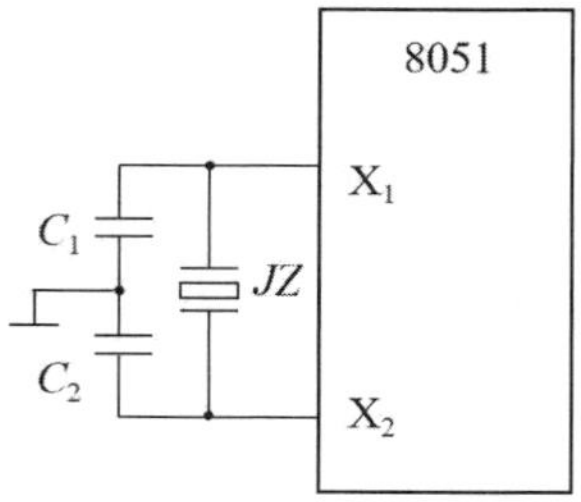

图 10.8　单片机的晶振电路

如果数字系统中需要多个频率的时钟源，就可以采用振荡器加分频器的集成芯片，如 74HC4060 等，芯片内部带有可外接石英晶振的电路，并有 14 级分频电路，能对石英晶振频率进行 $2^4 \sim 2^{14}$ 倍分频后输出。

10.2　单稳态触发器

【微课视频】

脉冲整形电路

多谐振荡器的工作方式是在两个暂稳态上反复切换，从而构成振荡。单稳态触发器也称单稳态电路，工作状态由一个稳态和一个暂稳态构成。在外加脉冲的触发激励下，能从稳态翻转到暂稳态，在暂稳态维持一段时间以后，自动返回到稳态，暂稳态维持时间的长短取决于电路参数，与触发信号的宽度和幅度无关。由于这些特点，单稳态触发器常用于脉冲信号整形、脉冲定时（即产生固定时间宽度的脉冲信号）、脉冲信号延迟（即产生滞后于触发脉冲的输出脉冲）等。单稳态触发器的暂稳态通常靠 *RC* 电路的充、放电过程来维持。

10.2.1　门电路组成单稳态电路

单稳态电路根据 *RC* 电路的不同接法，可以分为积分型单稳态电路和微分型单稳态电路。

1. 积分型单稳态电路

积分型单稳态电路如图 10.9 所示，由一个反相器、一个与非门和 RC 积分电路构成。设门电路翻转的阈值电平为 V_{TH}，当输入端 v_i 为低电平时，反相器的输出端为高电平，与非门的输出端 v_o 也是高电平，此时电路对电容 C 充电，电容充电达到高电平时，电路处于稳定状态。

此时，若输入端有触发脉冲输入，即 v_i 由低变高，反相器的输出端变为低电平，由于电容 C 上的电压不能突变，依然是高电平，此刻与非门两个输入端都为高电平，输出 v_o 变为低电平，电路进入暂稳态，电容 C 开始通过电阻 R 放电。这个状态并不能持久，随着放电的进行，电容 C 上的电压不断降低，当达到与非门的阈值电平 V_{TH} 时，与非门的输出 v_o 将重新变成高电平，电路回到稳态。电路的波形如图 10.10 所示。

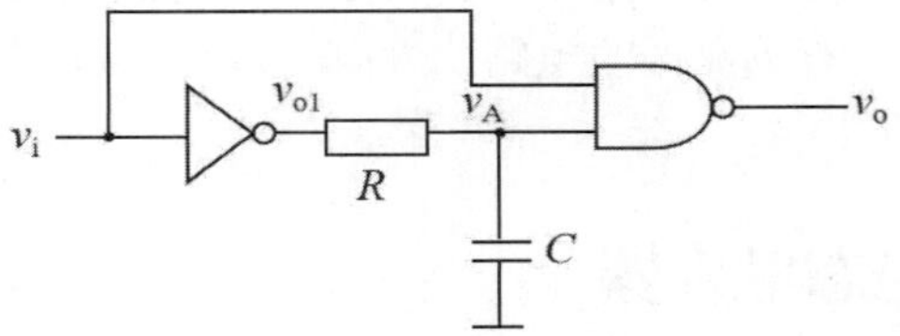

图 10.9 积分型单稳态电路

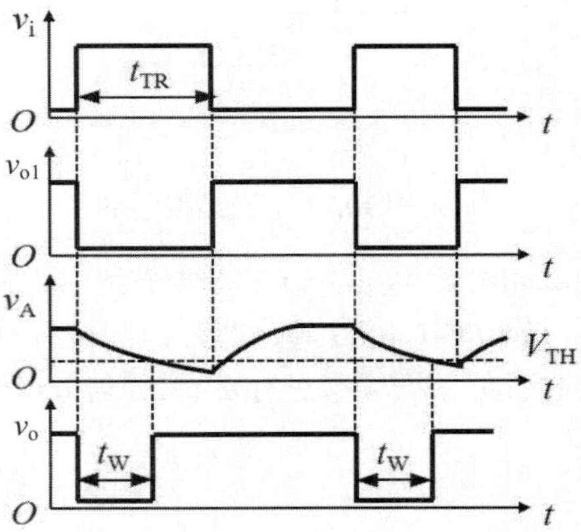

图 10.10 积分型单稳态电路的波形

由波形图可知，电路输出端的负脉冲宽度 t_W 从输入信号出现上升沿、电容开始放电时算起，到电容电压达到与非门翻转的阈值电平 V_{TH}，与非门发生翻转时结束。这个脉冲宽度由 RC 的值决定，RC 的值越大，产生的脉冲宽度就越大。若忽略门电路内部电阻，脉冲宽度

$$T_W = RC\ln\frac{V_{DD}}{V_{TH}} \tag{10.4}$$

根据输入正脉冲的宽度，可以分为两种情况：当 v_i 的正脉冲宽度足够宽，即触发脉冲宽度 t_{TR} 大于输出脉冲宽度 t_W，电路暂稳态结束时，输入仍处于高电平期间，这种情况下，触发脉冲的高电平维持时间不会改变稳态的结果，也就是说单稳态触发器输出的低电平宽度固定。当 v_i 的正脉冲宽度不够宽，即触发脉冲宽度 t_{TR} 小于

输出脉冲宽度 t_W 时，电路的暂稳态尚未结束，输入信号已经变为低电平，这种情况下，输出 v_o 将立即变为高电平，电路再次回到稳态，电容 C 再次进入充电状态。对于这样的输入窄脉冲，该单稳态电路就如同一个缓冲器。

2. 微分型单稳态电路

微分型单稳态电路的结构如图 10.11 所示，由反相器、或非门和 RC 微分电路组成。当电路处于稳态时，输入端 v_i 为低电平，v_A 为低电平，v_{i2} 为高电平，输出端 v_o 为低电平，或非门的输出 v_{o1} 为高电平，电阻 R_1、R_2 都没有电流流过，电容 C_2 上没有电压。

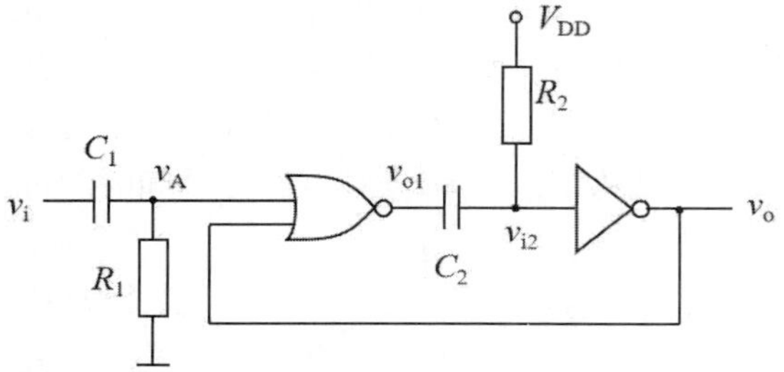

图 10.11　微分型单稳态电路

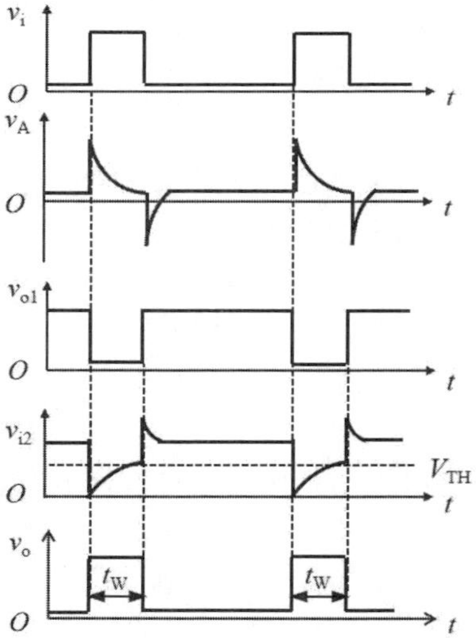

图 10.12　微分型单稳态电路的波形

当触发脉冲加到输入端时，v_i 输入一个正脉冲，由于电容 C_1 上的电压不能突变，v_A 电压瞬间到达高电平，使或非门的一个输入端变为高电平，输出 v_{o1} 转为低电平，电容 C_2 上的电压同样不能突变，使 v_{i2} 瞬间到达低电平，反相器输出 v_o 变为高电平，电路进入暂稳态，这时即使 v_A 回到低电平，电路输出 v_o 仍将维持高电平。

与此同时，电容 C_2 开始充电，随着充电过程的进行，v_{i2} 逐渐升高，当达到门电路翻转阈值电压 V_{TH} 时，反相器输出 v_o 变为低电平，若此时触发脉冲已消失，即 v_A 回到低电平，则 v_{o1} 转为高电平，电容 C_2 通过电阻放电，直到电容两端电压为 0，电路恢复稳定状态。

电路各点的波形如图 10.12 所示，输出脉冲的宽度 t_W 是从电容 C_2 开始充电到 v_{i2} 上升至 V_{TH} 的这段时间，因此输出脉冲宽度除了与电源电压和门电路的阈值电压有

关之外，主要受 R_2C_2 影响，计算公式为

$$T_W = R_2C_2 \ln\frac{V_{DD}}{V_{TH}} \tag{10.5}$$

微分型单稳态触发器可以采用窄脉冲触发，触发脉冲的宽度与输出脉冲宽度无关。微分型单稳态触发器的这些特性可用作脉冲信号的整形和脉冲宽度的调整，或用作定时脉冲的生成。

10.2.2 集成电路单稳态触发器

门电路构成的单稳态触发器虽然电路简单，但输出脉冲的宽度稳定性比较差，调节范围小，触发方式单一，为适应单稳态电路在数字系统中的广泛应用，TTL 和 CMOS 都有集成电路单稳态触发器。

集成电路单稳态触发器有不可重复触发单稳态触发器和可重复触发单稳态触发器两种，它们的区别在于：电路进入暂稳态后，再次输入的触发脉冲信号是否会影响电路的工作过程。

对于不可重复触发的单稳态触发器，如果电路处于暂稳态期间，输入端再次接收到触发脉冲，电路的工作过程不受影响，只有当电路结束暂稳态后，输入的触发脉冲信号才能重新使电路进入暂稳态，电路输出的脉冲宽度由 R、C 的参数决定。

对于可重复触发的单稳态触发器，当电路处在暂稳态期间，输入端再次接收到触发脉冲时，电路会再次被触发，重新开始暂稳态，只有当触发脉冲的间隔超过暂稳态的输出脉冲宽度时，电路才会返回稳态。

集成电路单稳态触发器有 74121、74122、74123、74221 等芯片，其中 74121、74221 是不可重复触发的单稳态电路，74122、74123 是可重复触发的单稳态电路。这两种单稳态电路的工作波形如图 10.13 所示，图中 v_{o1} 是不可重复触发的输出波形，v_{o2} 是可重复触发的输出波形。

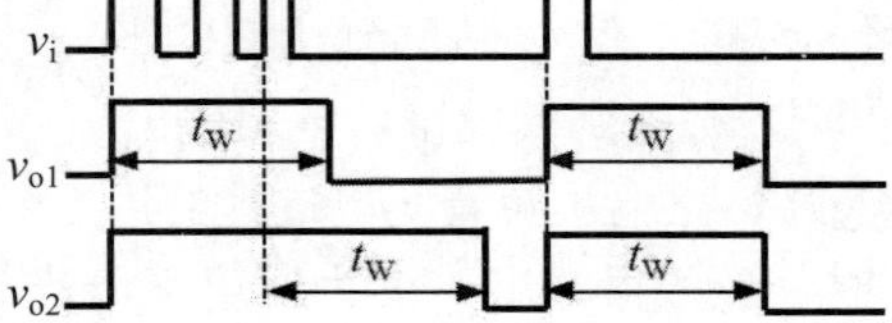

图 10.13 单稳态电路的工作波形

下面以 74122 为例介绍集成电路单稳态触发器。74122 是可重复触发的单稳态电路，引脚如图 10.14 所示，引脚说明见表 10.1。

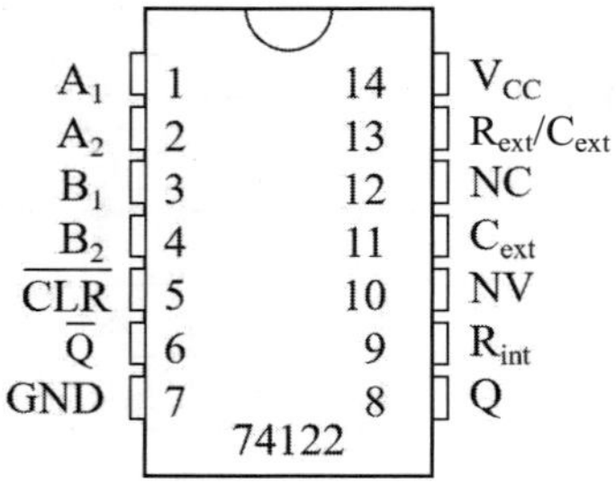

图 10.14　74122 的引脚图

表 10.1　74122 的引脚说明

引脚号	引脚名	引脚功能
1，2	A_1，A_2	负触发输入端
3，4	B_1，B_2	正触发输入端
5	$\overline{CLR}$	直接清除端，低电平有效
6	$\overline{Q}$	负脉冲输出端
8	Q	正脉冲输出端
9	R_{int}	内电阻端
11	C_{ext}	外接电容端
13	R_{ext}/C_{ext}	外接电阻/电容端

74122 芯片内部集成上升沿触发与下降沿触发的控制和清零等电路，使用非常方便，外部电路只需要接很少的元件和连线。74122 内部还集成了 *RC* 单稳态电路的一个电阻 R_{int}，可以直接用来作为单稳态定时元件。74122 的功能见表 10.2。

表 10.2　74122 功能表

输入端					输出端	
$\overline{CLR}$	A_1	A_2	B_1	B_2	Q	$\overline{Q}$
L	×	×	×	×	L	H
×	H	H	×	×	L	H
×	×	×	L	×	L	H
×	×	×	×	L	L	H
H	L	×	↑	H	⊓	⊔
H	L	×	H	↑	⊓	⊔
H	×	L	↑	H	⊓	⊔

续表

输入端					输出端	
$\overline{CLR}$	A_1	A_2	B_1	B_2	Q	$\overline{Q}$
H	×	L	H	↑	⎍	⊔
H	H	↓	H	H	⎍	⊔
H	↓	↓	H	H	⎍	⊔
H	↓	H	H	H	⎍	⊔
↑	L	×	H	H	⎍	⊔
↑	×	L	H	H	⎍	⊔

说明：

H——表示高电平。

L——表示低电平。

X——表示任意值。

↑——表示低电平到高电平的跳变。

↓——表示高电平到低电平的跳变。

⎍——表示一个高电平脉冲

⊔——表示一个低电平脉冲

74122 外接电容接在 C_{ext} 和 R_{ext}/C_{ext} 之间，如果使用内部定时电阻，需要将 R_{int} 接电源 V_{CC}；为了改善脉冲宽度的精度和重复性，可在 R_{ext}/C_{ext} 和 V_{CC} 之间接外部电阻，并且将 R_{int} 开路；若要得到可调节宽度的输出脉冲，可以在 R_{int} 或 R_{ext}/C_{ext} 与 V_{CC} 之间外接可变电阻。使用外部电阻的电路如图 10.15 所示，使用内部电阻的电路如图 10.16 所示。

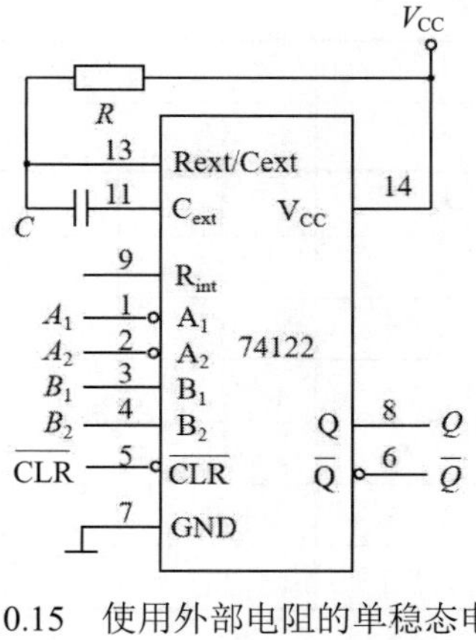

图 10.15　使用外部电阻的单稳态电路

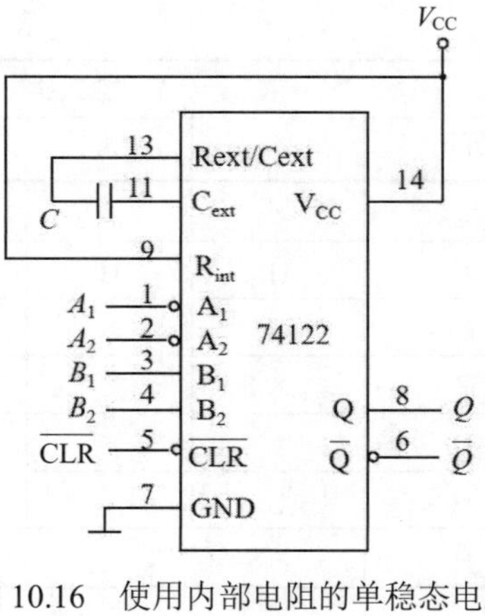

图 10.16　使用内部电阻的单稳态电路

10.3　施密特触发电路

施密特触发电路（Schmitt Trigger）又称为施密特触发器或迟滞比较器，简称施密特电路，是脉冲波形变换中经常使用的一种电路，具有独特的双门限输入电平检测，常用于数字系统中的脉冲整形、去除干扰信号等。

10.3.1　施密特触发电路的特性

施密特触发电路有两个重要特点：

第一个特点是，若令输入信号从低电平上升的过程中，电路状态发生转换时对应的输入电压为V_{T+}，输入信号从高电平下降的过程中，电路状态发生转换时对应的输入电压为V_{T-}，对于施密特触发电路，这两个输入电压的值不同，即$V_{T+} \neq V_{T-}$。

第二个特点是，电路状态转换时，通过电路内部正反馈过程使输出电压波形的边沿变得很陡峭。

利用施密特触发电路的这两个特点，能将边沿比较平缓的波形整形为边沿陡峭的矩形波，清除矩形脉冲上的噪声。施密特触发电路的电压传输特性和符号如图 10.17 所示。

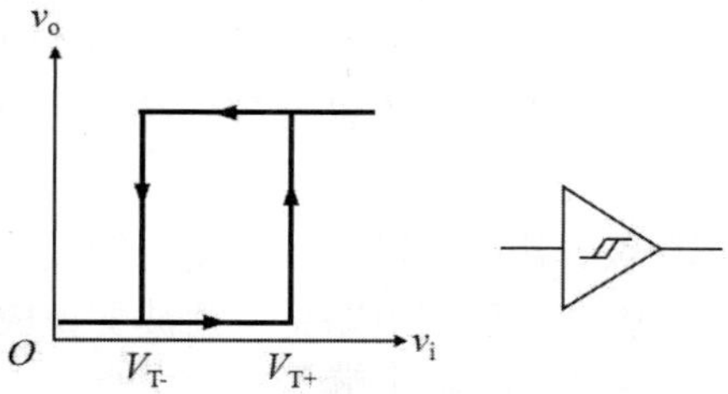

（a）同相输出的施密特电路

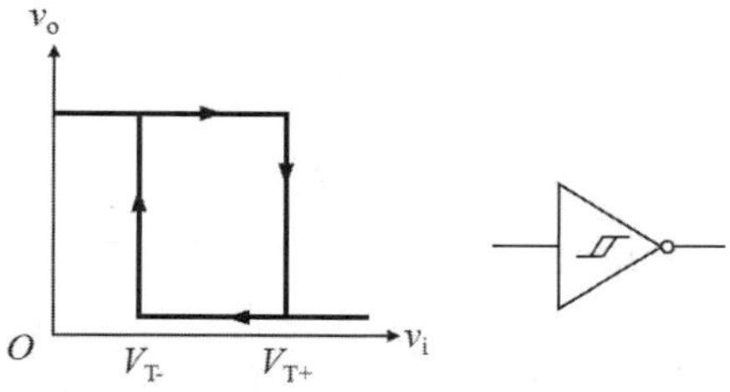

（b）反相输出的施密特电路

图 10.17　施密特触发电路的电压传输特性和符号

从施密特电路的电压传输特性可以看出，电路状态发生翻转时对应的输入电压不同，以同相输出的施密特电路为例，电路的输出端v_o从低电平跳变到高电平对应的输入端电压为V_{T+}，从高电平跳变到低电平时，对应的输入端电压为V_{T-}，因此，电路存在两个阈值电压V_{T+}和V_{T-}，分别称为正向阈值电压和负向阈值电压，这两个阈值电压之差的绝对值称为回差电压：

$$\Delta V_T = |V_{T+} - V_{T-}| \tag{10.6}$$

当输入波形是一个常规的矩形波形上叠加了一个幅值小于回差电压的干扰信号时，施密特电路可以滤除这个干扰信号。反相的施密特电路具有反相器的功能，也称为施密特反相器。

如图 10.18 所示的电路是由门电路构成的一种施密特触发电路，两级反相器串接，经过分压电阻将输出端的电压反馈到输入端，v_o 与 v_i 之间具有同相的施密特触发特性，v_o' 与 v_i 之间具有反相的施密特触发特性。

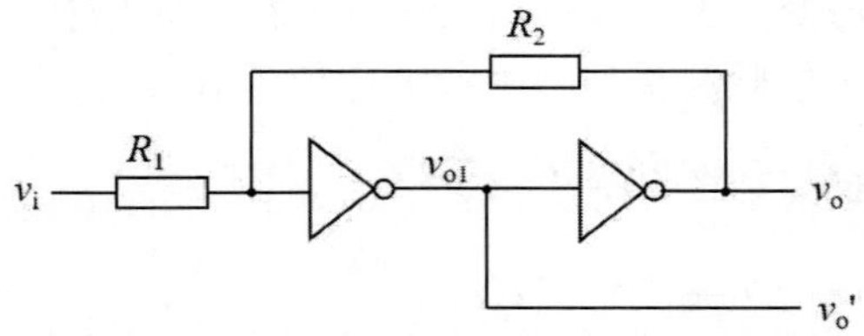

图 10.18 门电路构成的施密特触发电路

若图 10.18 中的反相器为 CMOS 电路，设阈值电压为 V_{TH}，通过分析可以得知，施密特电路的正向阈值电压和负向阈值电压分别为

$$V_{T+} = (1 + R_1 / R_2) / V_{TH} \quad (10.7)$$

$$V_{T-} = (1 - R_1 / R_2) / V_{TH} \quad (10.8)$$

10.3.2 施密特触发电路的应用

很多集成电路芯片在其数字输入接口处都加了施密特电路，用于抗干扰和改善信号，如 74LS14、74HC14 等芯片，内部含有 6 个施密特反相器。施密特触发电路在电子系统中常用来波形变换和整形、脉冲鉴幅，以及构成多谐振荡器等。

1. 波形变换和整形

利用施密特触发电路状态转换过程中的正反馈作用，可以将边沿变化缓慢的信号变成边沿陡峭的矩形脉冲。如图 10.19 所示，施密特反相电路将三角波变换成了矩形波，当输入的三角波电压大于正向阈值电压 V_{T+} 时，输出端变为低电平，当输入电压小于负向阈值电压 V_{T-} 时，输出端跳变为高电平。

数字系统中的矩形脉冲经过传输或受到干扰时会产生畸变，由传感器电路获得的波形也可能是不规则的，此时可以通过施密特触发电路对波形进行整形，设置合适的回差电压，就能得到比较理想的矩形脉冲，如图 10.20 所示。

2. 脉冲鉴幅

施密特触发电路可以进行脉冲鉴幅，若输入一系列幅度各异的脉冲信号，则只有幅度大于正向阈值电压 V_{T+} 的脉冲才会在输出端产生输出信号，也就是说，施密特电路能将幅度大于 V_{T+} 的脉冲选出，如图 10.21 所示。

3. 构成多谐振荡器

利用施密特反相器的双门限特性可以构成多谐振荡器，电路如图 10.22（a）所示。电路由施密特反相器外接 *RC* 元件组成，并将输出信号经 *RC* 接回输入端。

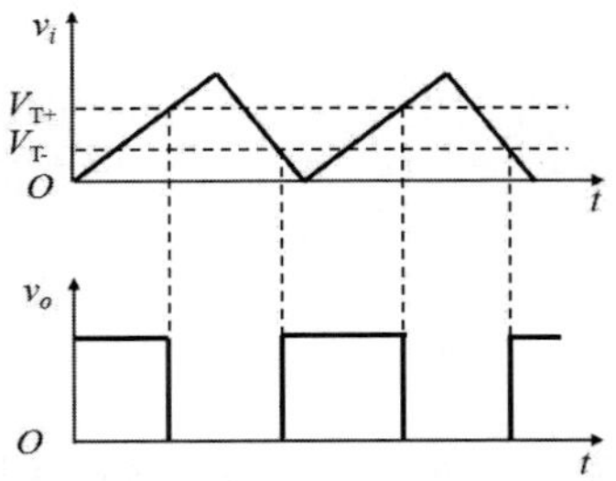

图 10.19　施密特电路用于波形变换

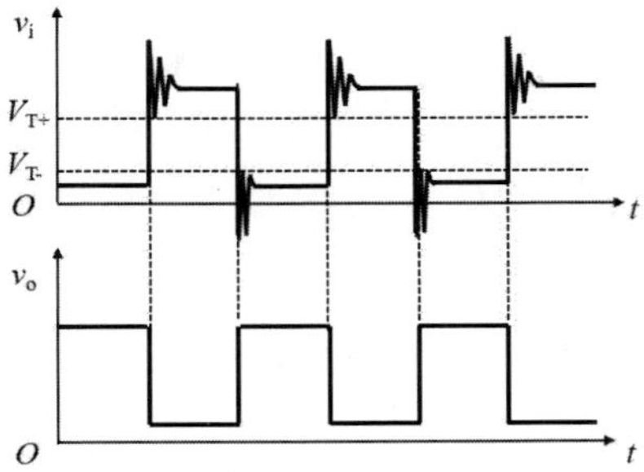

图 10.20　施密特电路用于波形整形

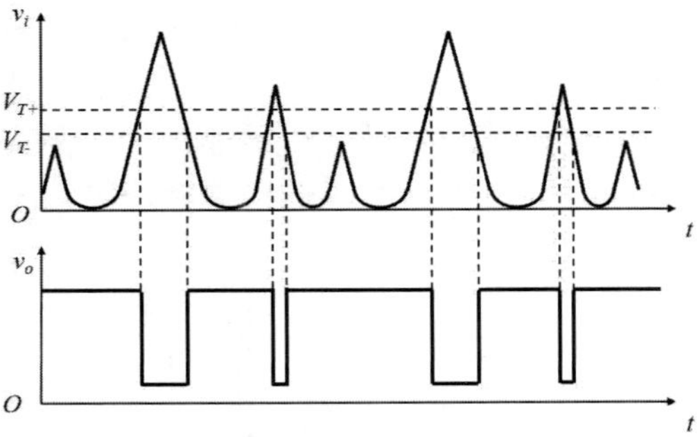

图 10.21　施密特电路用于脉冲鉴幅

若输入电压在 V_{T+} 和 V_{T-} 之间往复变化，则在输出端就可以得到矩形脉冲。当电路接通电源时，由于电容 *C* 的初始电压为 0V，输出端为高电平，通过电阻 *R* 对 *C* 充电，输入电压逐渐上升。当输入电压达到 V_{T+} 时，输出端翻转为低电平，电容开始放电，输入端电压随之下降，当减小到 V_{T-} 时，输出端翻转为高电平。

如此反复，电路输出连续的矩形脉冲，波形如图 10.22（b）所示，电路的振荡周期 $T=T_1+T_2$，由 *R*、*C*、V_{T+} 和 V_{T-} 的值共同决定。

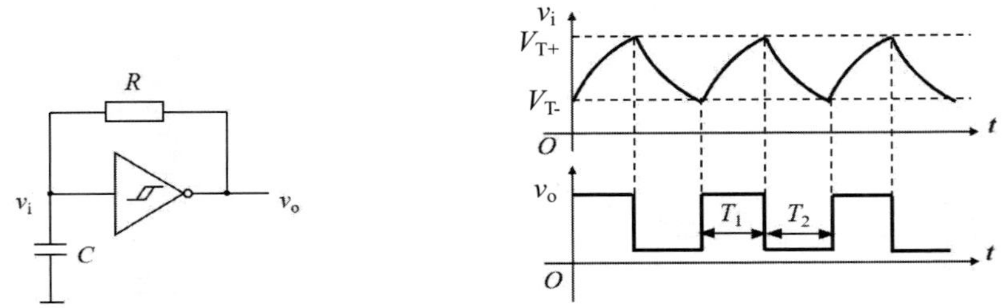

（a）施密特电路构成多谐振荡器的电路　　（b）多谐振荡器波形

图 10.22　施密特电路构成多谐振荡器

10.4 555 定时器

【微课视频】

555 定时器

555 定时器是应用广泛的中规模集成电路，只需外接少数电阻和电容元件就可以构成多谐振荡器、单稳态电路和施密特触发电路等，使用灵活方便，在波形发生与变换、测量与控制等许多领域得到广泛应用。

10.4.1 555 定时器电路结构与功能

555 定时器常见的型号有 TTL 工艺的 NE555 和 CMOS 工艺的 C7555，以及带双 555 定时器的 NE556 等。TTL 工艺具有较大的驱动能力，CMOS 工艺具有低功耗、输入阻抗高等特点，555 定时器的电源电压范围宽，能承受较大的负载电流。例如 TTL 的定时器电源电压范围为 5～16V，最大负载电流可达 200mA。虽然不同公司生产的 555 产品型号繁多，但功能和外部引脚排列相同。

555 定时器芯片引脚如图 10.23 所示，引脚说明见表 10.3。

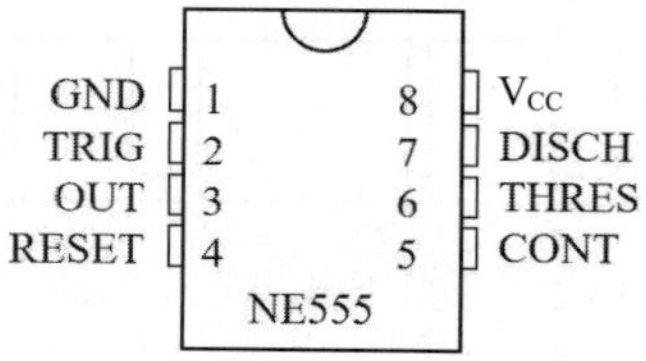

图 10.23 NE555 引脚图

表 10.3 NE555 引脚说明

引脚号	引脚名	功能
1	GND	地
2	TRIG	触发信号输入
3	OUT	信号输出
4	RESET	复位信号输入，低电平有效
5	CONT	控制电压输入
6	THRES	阈值电压输入
7	DISCH	放电端
8	V_{CC}	电源

NE555 定时器内部结构如图 10.24 所示，由两个运放 A 和 B 组成比较器电路，分别比较同相输入端和反相输入端信号的大小。当同相输入端（+）的电压高于反

相输入端（-）的电压时，比较器输出高电平，反之输出低电平。

比较器的输出信号进入 RS 触发器，触发器输出信号去控制放电三极管 T 的开关状态。芯片的第 4 脚为复位端，第 3 脚为输出端。当复位端输入低电平时，经或门和反相器后，输出端为低电平，此时芯片的其他输入引脚不起作用；当复位端输入高电平时，芯片可以正常工作。下面分析复位端为高电平时，芯片的工作情况。

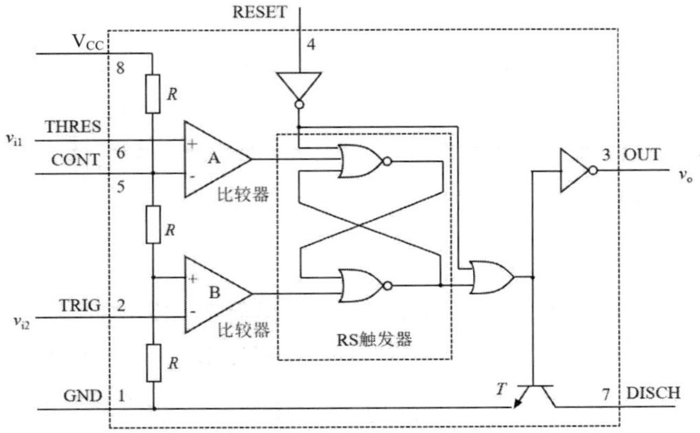

图 10.24　NE555 电路结构

定时器的功能主要取决于比较器，三个电阻分压后为比较器提供比较电压。由图可知，当 5 脚悬空时，比较器 A 和 B 的比较电压分别是$\frac{2}{3}V_{CC}$和$\frac{1}{3}V_{CC}$。设第 6 脚的阈值电压输入v_{i1}，第 2 脚的触发信号输入为v_{i2}，第 3 脚的输出电压为v_o，则

（1）当$v_{i1} > \frac{2}{3}V_{CC}$，$v_{i2} > \frac{1}{3}V_{CC}$时，比较器 A 输出高电平，比较器 B 输出低电平，则 RS 触发器输出高电平，输出电压v_o为低电平，同时放电三极管 T 导通。

（2）当$v_{i1} < \frac{2}{3}V_{CC}$，$v_{i2} < \frac{1}{3}V_{CC}$时，比较器 A 输出低电平，比较器 B 输出高电平，则 RS 触发器输出低电平，输出电压v_o为高电平，同时放电三极管 T 截止。

（3）当$v_{i1} < \frac{2}{3}V_{CC}$，$v_{i2} > \frac{1}{3}V_{CC}$时，比较器 A 输出低电平，比较器 B 输出低电平，则 RS 触发器输出保持原来状态不变，输出电压v_o和放电三极管都保持不变。

当在第 5 脚接入控制电压时，则会改变比较器的比较电压，使触发电压和阈值电压都发生相应的变化。555 定时器的功能见表 10.4。由功能表可知，触发端 TRIG 的控制优先级高于阈值电压 THRES，当 TRIG 端电压小于$\frac{1}{3}V_{CC}$时，无论 THRES 是什么状态，输出端 OUT 恒为高电平。

表 10.4 555 定时器功能表

RESET 复位	TRIG 触发电压	THRES 阈值电压	OUT 输出	DISCH 放电端
L	×	×	L	导通
H	$<\frac{1}{3}V_{CC}$	×	H	关断
H	$>\frac{1}{3}V_{CC}$	$>\frac{2}{3}V_{CC}$	L	导通
H	$>\frac{1}{3}V_{CC}$	$<\frac{2}{3}V_{CC}$	保持	保持

10.4.2 555 定时器应用

1. 555 定时器构成多谐振荡器

555 定时器构成多谐振荡器的电路和波形如图 10.25 所示。将触发电压输入端和阈值电压输入端连接在一起，电路上电时，电容 C 上初始电压为 0，不能突变，因此触发电压小于 $\frac{1}{3}V_{CC}$，输出端为高电平，放电三极管截止，电源通过电阻 R_1 和 R_2 对电容进行充电。

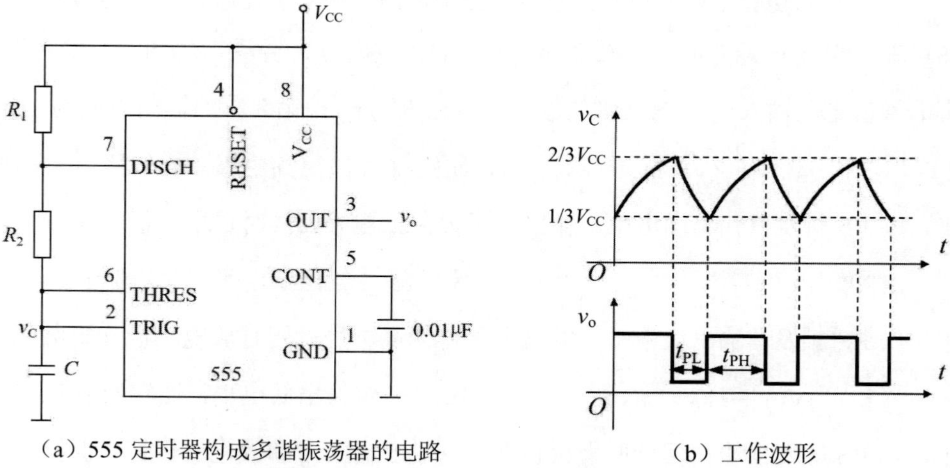

（a）555 定时器构成多谐振荡器的电路　　（b）工作波形

图 10.25 555 定时器构成多谐振荡器

当电容电压充电到大于 $\frac{2}{3}V_{CC}$ 时，输出端变为低电平，同时放电三极管导通，DISCH 端为低电平，电容通过电阻 R_2 放电，直到电容电压下降到小于 $\frac{1}{3}V_{CC}$，输出端再次变为高电平，循环反复，在输出端产生连续的方波脉冲。

电容两端的电压 v_c 在 $\frac{1}{3}V_{CC}$ 和 $\frac{2}{3}V_{CC}$ 之间交替变化，充电回路的电阻是 R_1 和 R_2，放电回路的电阻是 R_2，因此充电和放电的时间常数不同，充电的时间大于放电的时间，产生的方波脉冲占空比不会等于 50%，即图中 $t_{PL} \neq t_{PH}$。

图 10.25（b）中，电容充电的时间

$$t_{PH} = (R_1 + R_2) \cdot C \cdot \ln\left(\frac{\frac{2}{3}V_{CC}}{\frac{1}{3}V_{CC}}\right) = (R_1 + R_2) \cdot C \cdot \ln 2 \tag{10.9}$$

电容放电时间

$$t_{PL} = R_2 \cdot C \cdot \ln\left(\frac{\frac{2}{3}V_{CC}}{\frac{1}{3}V_{CC}}\right) = R_2 \cdot C \cdot \ln 2 \tag{10.10}$$

输出的方波脉冲周期

$$T_W = t_{PL} + t_{PH} = (R_1 + 2R_2) \cdot C \cdot \ln 2 \tag{10.11}$$

方波脉冲占空比

$$q = \frac{t_{PH}}{t_{PH} + t_{PL}} = \frac{R_1 + R_2}{R_1 + 2R_2} \tag{10.12}$$

将电路改成如图 10.26 所示，利用二极管 D1 和 D2 单向导电性将电容 C 的充电和放电回路分开，通过电位器调节电阻值，便得到占空比可调节的方波脉冲发生电路。

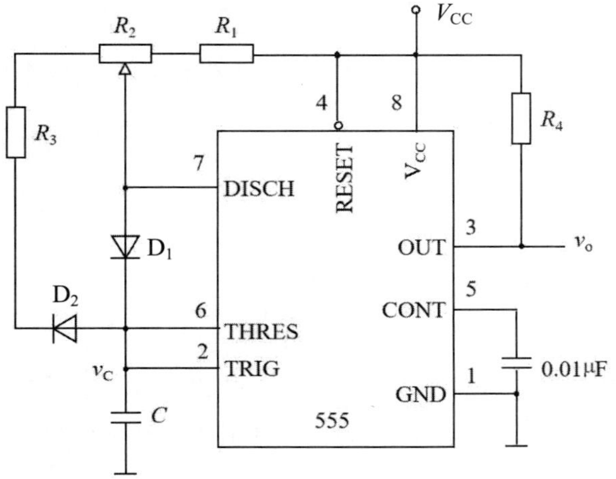

图 10.26　占空比可调的方波发生电路

2. 555 定时器构成单稳态电路

555 定时器构成单稳态电路的连接方式和波形如图 10.27 所示，输入信号接至触发端 TRIG，THRES 通过电容接地，DISCH 端反馈到 THRES 端，并通过电阻 R 接电源。

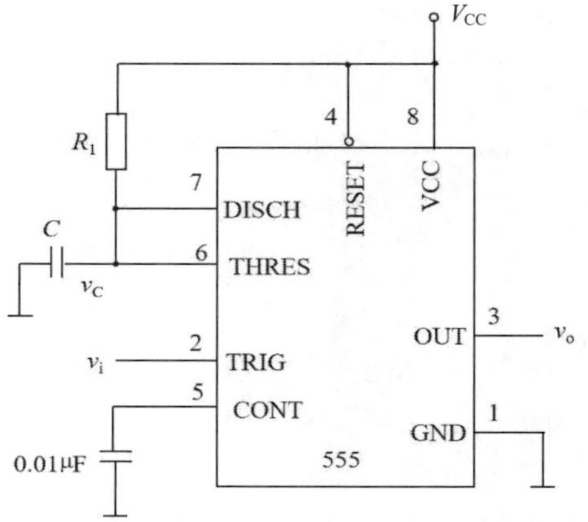

（a）555 定时器构成单稳态的电路

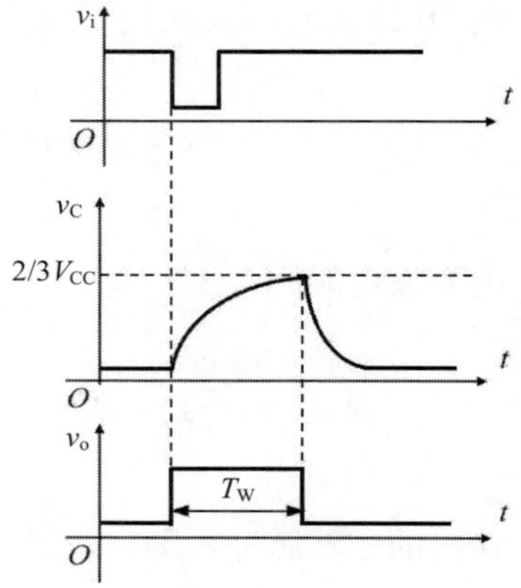

（b）工作波形

图 10.27　555 定时器构成单稳态的电路及工作波形

当电路处于稳态时，输入端处于高电平，输出端处于低电平，放电三极管导通，DISCH 为低电平。

当输入端接收到一个负的触发脉冲时（$v_i < \frac{1}{3}V_{CC}$），触发器翻转，电路进入暂稳态，输出端 v_o 为高电平，放电三极管截止。

此时，电源经过电阻 R 对电容 C 进行充电，当电容 C 上的电压上升到 $\frac{2}{3}V_{CC}$ 时，电路又发生翻转，使输出端 v_o 为低电平，放电三极管导通，电容 C 上的电压被快速地释放掉，电路回到稳态。

单稳态电路在触发后输出的脉冲宽度 T_W 与 v_i 输入的触发脉冲宽度无关，而是由电容 C 的电压从 0V 充电到 $\frac{2}{3}V_{CC}$ 的时间决定，则

$$T_W = RC\ln 3 \approx 1.1RC \tag{10.13}$$

这个电路产生的脉冲宽度可从几微秒到几分钟，通常电阻取值可以是几百欧姆至几兆欧姆，电容取值可以是几百皮法至几百微法，随着脉冲宽度增加，其精度和稳定度将下降。

在电路的暂稳态期间，若输入端加入新的触发信号，不会引起新的触发，因此

这是一个不可重复触发的单稳态触发器。555 定时器也能构成可重复触发的单稳态电路，这里不再介绍。

3. 555 定时器构成施密特触发器

555 定时器构成施密特触发电路的连接方式和波形如图 10.28 所示。直接把阈值输入端 THRES 和触发输入端 TRIG 连接到一起，作为信号输入端，就构成了施密特触发器，如果在输入端施加三角波，则施密特触发器的输出端 OUT 就会输出矩形波。

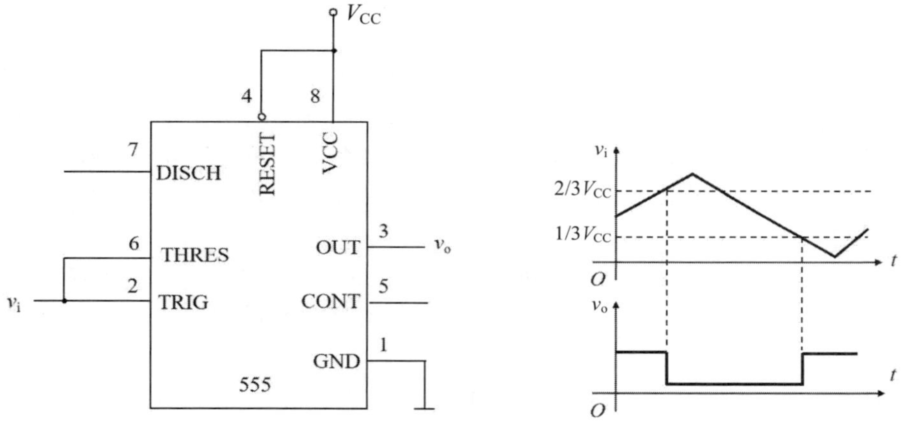

（a）555 定时器构成施密特电路　　（b）工作波形

图 10.28　555 定时器构成施密特电路及工作波形

由于 555 定时器内的两个比较器参考电压不同，因此 RS 触发器的置 0 信号和置 1 信号对应不同的输入电压，电路输出端发生上跳变和下跳变对应的输入电压值也不同，这样就形成了施密特触发器，具体工作过程如下：

（1）当 $v_i < \frac{1}{3}V_{CC}$ 时，v_o 输出高电平。

（2）当 $\frac{1}{3}V_{CC} < v_i < \frac{2}{3}V_{CC}$ 时，输出 v_o 保持不变。

（3）当 $v_i > \frac{2}{3}V_{CC}$ 时，v_o 输出低电平。

可见，施密特触发电路负向阈值电压和正向阈值电压分别是 $\frac{1}{3}V_{CC}$ 和 $\frac{2}{3}V_{CC}$，回差电压 $\Delta V_T = |V_{T+} - V_{T-}| = \frac{1}{3}V_{CC}$。通过调整控制电压输入端 CONT 的电压，可以调整施密特触发器的正向阈值电压、负向阈值电压和回差电压。

本章重点小结

1. 数字系统中常用到方波脉冲信号，可以通过环形多谐振荡器、逻辑门电路构成的多谐振荡器、石英晶振电路或 555 定时器构成的多谐振荡器电路产生。

2. 环形多谐振荡器中方波脉冲周期主要由反相器的传输延迟时间决定，逻辑门电路构成的多谐振荡器中，方波脉冲周期由电路的 R、C、电源电压和门电路阈值电压决定，石英晶体的谐振频率决定了方波脉冲的频率，555 定时器构成的多谐振荡器频率由 R、C 元件决定。

3. 单稳态电路和施密特触发电路是常用的脉冲整形电路。单稳态电路分为不可重复触发和可重复触发，输出的脉冲宽度由充放电回路的 RC 参数决定，与输入信号无关。单稳态定路可用于产生固定宽度的脉冲信号，用于定时或延时。施密特触发电路的正向阈值电压和负向阈值电压决定了输出脉冲的翻转时刻；施密特触发电路能对输入信号进行整形，使输出波形的边沿能得到明显改善。

4. 555 定时器是多功能的模数混合电路，外接少数元件后可组成多谐振荡器、单稳态电路和施密特触发电路，在数字电路中具有广泛应用。

习题

在线测试

10.1 已知六反相器集成电路 74LS04 的电路结构如图 10.29 所示，开关特性见表 10.5，试用单片 74LS04 设计电路输出方波，并分析方波的频率范围。

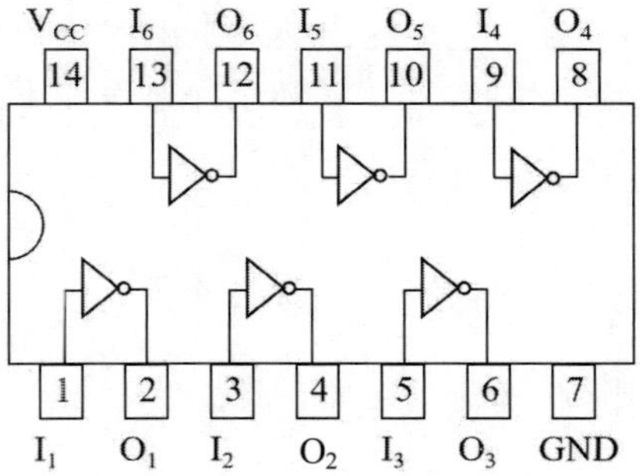

图 10.29 习题 10.1 的图

10.2 用集成电路反相器和必要的电阻电容元件设计方波发生电路，方波频率分别为 50Hz 和 1kHz，设反相器的阈值电压 V_{TH} 是电源电压 V_{CC} 的一半，试估算电阻和电容的值。

表 10.5　习题 10.1 的表

符号	参数	R_L=2kΩ				单位
		C_L=15pF		C_L=50pF		
		最小值	最大值	最小值	最大值	
t_{PLH}	输出低电平到高电平的传播延迟时间	3	10	4	15	ns
t_{PHL}	输出高电平到低电平的传播延迟时间	3	10	4	15	ns

注：开关特性（工作条件：电源电压 V_{CC}=5V、工作环境温度 T_A=25℃）（数据引自 TI 公司 74LS04 数据手册）

10.3　可编程逻辑器件 EPM320T100 采用 50MHz 晶振，试设计其晶振电路。

10.4　试用 74LS00 和电阻电容等元件设计单稳态电路控制楼道路灯，要求灯亮时间不小于 30s。

10.5　试用单稳态集成电路设计一个定时器，用于班级联欢的知识竞赛环节，要求题目发布后 10 秒内完成答题，画出电路并确定参数。

10.6　试用集成电路反相器和必要元件设计施密特触发电路，要求电路回差电压为 1V，确定电路参数。

10.7　用 555 定时器构成的方波发生器电路如图 10.30 所示，若 V_{CC}=5V，R_1=20kΩ，R_2=80kΩ，C=0.1μF，试分析方波脉冲的周期和占空比。

10.8　用 555 定时器构成施密特触发器，对如图 10.31 所示的输入信号进行整形，已知电路电源为 5V，试画出整形后的波形。

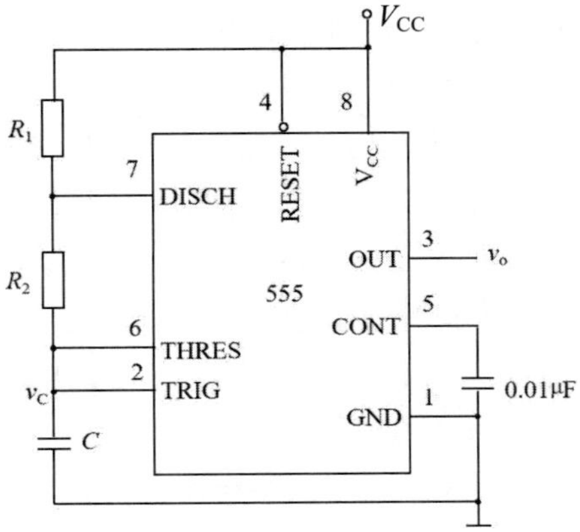

图 10.30　习题 10.7 的图

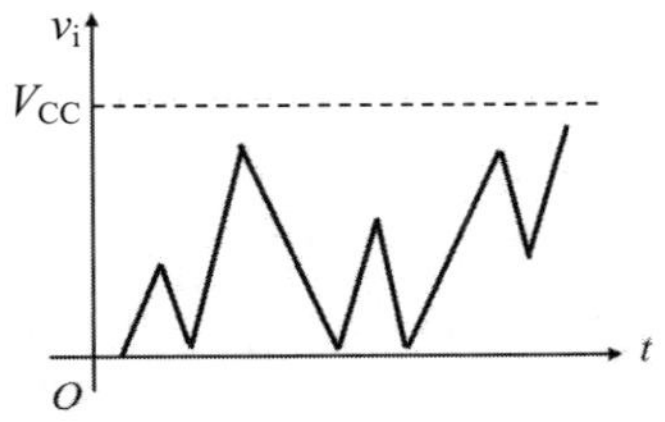

图 10.31　习题 10.8 的图

第 11 章　数模转换器与模数转换器

本章课程目标

1. 了解模拟信号与数字信号的不同，能够区分电子系统中的模拟信号和数字信号。

2. 理解 DAC 和 ADC 电路的工作原理和关键技术指标，能够根据系统要求选择合适的集成电路，实现数模转换和数模转换。

随着数字电子技术的快速发展，数字系统在信息处理、现代控制、通信及检测等越来越多的领域得到广泛的应用。数字信号是取值为 0 和 1 的二值信号，而自然界中的实际信号大多是连续取值的模拟量。本章介绍数字信号与模拟信号之间的相互转换电路，即数模转换器和模数转换器。

生产过程中的许多物理量，例如压力、温度、位移等，都是在时间上连续变化的，幅值上也连续取值，这些连续变化的物理量称为模拟量。通常用传感器将这些物理量转换成电压或电流信号后，输入电子系统进行处理。而数字电路中的信号是一系列时间离散、数值也离散的数字信号，模拟信号不能直接进入数字系统进行处理，需要经过转换后才能变成数字信号，进入数字系统进行处理，因此，模数转换和数模转换成为数字控制系统和生产设备之间的重要接口部分。以机器人为例，通过传感器将各种物理信号转换成电信号，此时的电信号通常为连续的模拟信号，需要转换成数字信号，才能由数字系统进行分析和处理。将连续的模拟信号转换成数字信号的电路就是模数转换电路，简称为 ADC（Analog-Digital Converter）。

数字系统产生的控制信号有时需要转换成模拟信号输出，如以数字信号存储的音频信号在播放前需要转换成模拟信号。能把数字信号转换成模拟信号的电路就是数模转换电路，简称为 DAC（Digital-Analog Converter）。

ADC 和 DAC 构成了现代电子系统中沟通模拟电路和数字电路的桥梁，典型的数字控制系统结构如图 11.1 所示。

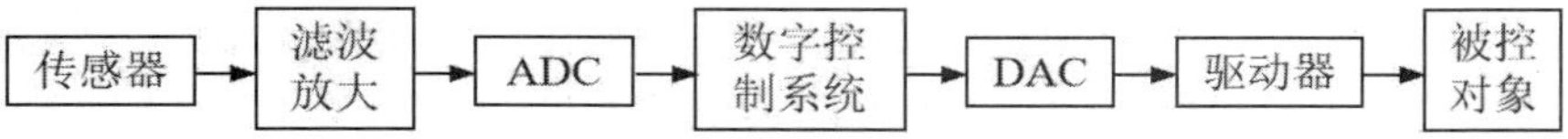

图 11.1　典型的数字控制系统框图

为了保证数据处理结果的准确性，转换电路必须保证有足够的精度，因此，转换精度是模数转换电路和数模转换电路的重要指标之一。

为了适应实际过程的快速检测和控制，转换电路还必须有足够快的转换速度，因此转换速度也是衡量模数转换电路和数模转换电路性能优劣的重要指标。

从工作原理来分，数模转换器的基本原理主要有两类，一类是电流求和型，另一类是分压器型。电流求和型的电路包括权电阻型 DAC、权电流型 DAC 和倒 T 型电阻网络 DAC 等。分压器型的电路主要有开关树形 DAC 和权电容网络 DAC。

从数字量的输入方式来分，数模转换器可以分为并行输入和串行输入两类。

模数转换器从工作原理可以分为直接转换和间接转换两大类。直接转换 ADC 中，输入的模拟电压信号直接被转换成相应的数字信号，主要有并联比较型 ADC 和逐次逼近型 ADC。间接转换 ADC 中，输入的模拟信号首先被转换成某种中间变量，如时间、频率等，然后再将中间变量转换为输出的数字信号，主要有双积分型 ADC 和 V-F 变换型 ADC。

从数字量的输出方式来分，模数转换器可以分为并行输出和串行输出两类。

11.1　数模转换器（DAC）

11.1.1　DAC 的原理与结构

【微课视频】
数模转换器
DAC

数模转换器（DAC）输出的模拟量与输入的数字量之间是成比例变化的，此模拟量可以是输出电压或输出电流。设 DAC 的输入是一个 n 位二进制数 $B = B_{n-1}B_{n-2}...B_0$，则从最高位（Most Significant Bit，MSB）到最低位（Last Significant Bit，LSB）的权依次为 2^{n-1}、2^{n-2}、…、2^0，可以将二进制数按权展开相加，表示为：

$$B = B_{n-1}2^{n-1} + B_{n-2}2^{n-2} + ... + B_1 2^1 + B_0 2^0 = \sum B_i \cdot 2^i \qquad (11.1)$$

要实现数模转换，首先要将输入二进制数中为 1 的每一位按权值大小转换为模拟量，然后对这些模拟量求和，所得的总量就是与数字量成正比的模拟量。

DAC 的结构框图如图 11.2 所示。

数字量输入并且存储于寄存器中，寄存器输出驱动对应数字位的电子开关，将相应数位的权值经解码网络输入求和电路，求和电路将各位权值相加，得到与数字量成正比的模拟量输出。

按照电路结构的不同，可以将 DAC 分为权电阻网络 DAC、倒 T 型电阻网络 DAC、权电流网络 DAC、权电容网络 DAC 等多种类型。下面介绍结构比较简单、使用比较广泛的权电阻网络和倒 T 型电阻网络两类 DAC 的结构和原理。

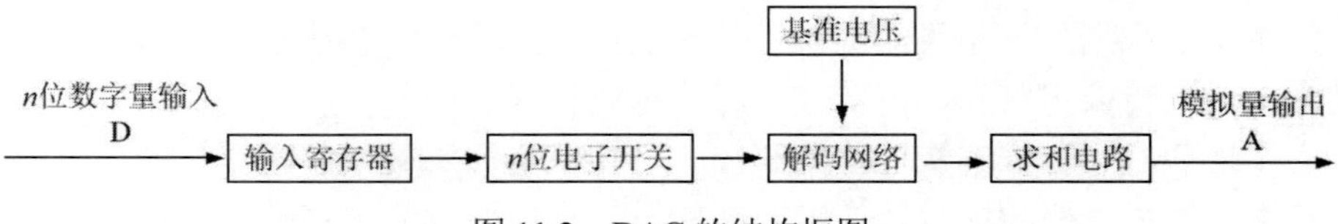

图 11.2 DAC 的结构框图

11.1.2 权电阻网络 DAC

权电阻网络 DAC 电路的原理如图 11.3 所示，由基准电压、权电阻网络、电子模拟开关以及运算放大器组成。

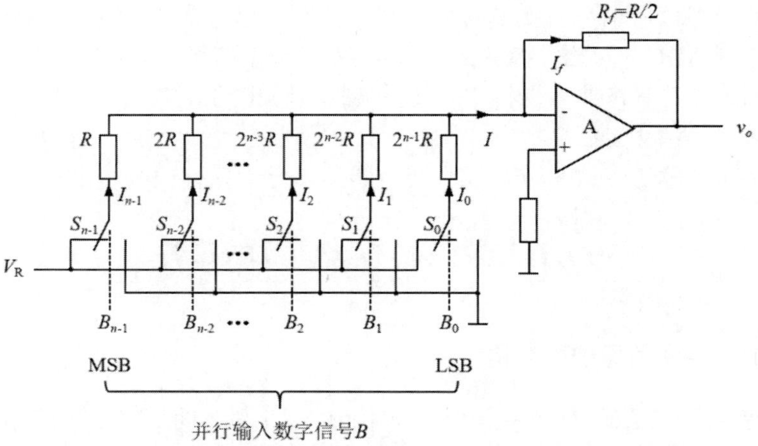

图 11.3 权电阻网络 DAC 电路原理图

图中基准电压为 V_R，模拟开关为 S_0、S_1、S_2、…、S_{n-2} 和 S_{n-1}，开关的状态由输入的数字信号控制，输入的数字信号为“1”时，则对应的开关位置接 V_R，反之则接地。

权电阻网络中电阻的阻值选择应使流过该电阻的电流与该位的权值成正比，从 MSB 位到 LSB 位，每一支路的电阻值逐位递增 2 倍，使得各支路的电流逐位递减 1/2。例如，输入的二进制数最高位 B_{n-1}，权值为 2^{n-1}，驱动开关 S_{n-1} 连接的权电阻值为 R；最低位 B_0，权值为 2^0，驱动开关 S_0 连接的权电阻值为 $2^{n-1}R$。对于任意位 B_i，其权值为 2^i，驱动开关 S_i 连接的权电阻值为 $R_i = 2^{n-1-i}R$，二进制数的位权越大，对应的权电阻越小。

运算放大器，简称运放。图 11.3 中采用理想的集成运放构成负反馈的求和电路。关于集成运算放大器的具体结构和工作原理，将在后续的电路与电子技术课程中详细介绍，为便于理解和分析，在这里简单介绍集成运放的特性和分析方法。集成运放有两个信号输入端和一个信号输出端，两个信号输入端分别称为同相输入端（用“+”表示）和反相输入端（用“-”表示）。当信号从同相输入端输入时，输出信号 v_o 与输入信号 v_+ 同相，当信号从反相输入端输入时，输出信号 v_o 与输入信号 v_- 反相。设集成运放的电压放大倍数为 A_{vo}，则输出信号与输入信号之间的关系表达为

$$v_o = A_{vo}(v_+ - v_-) \tag{11.2}$$

理想的集成运放具有输入电阻和电压放大倍数无穷大的特性，实际集成运放的输入电阻和放大倍数也非常大，在电路分析中常将集成运放视为理想运放。

由集成运放的输出信号和输入信号关系可知，当运放的输出信号为一个有限值时，其输入端信号必然接近于 0，即有 $v_+ \approx v_-$，称为“虚短”，表示集成运放的两个输入端好像短路一样，若其中一个输入端接地，则另一个输入端也好像接地一样，此时称为“虚地”。

由输入电阻的概念可知，输入电阻等效为输入端电压与电流之比，由于集成运放的输入电阻接近无穷大，而输入电压为有限值，不难得知，输入电流接近于零，称为“虚断”，即流入集成运放的电流近似为 0。

理想运放的“虚断”和“虚短”概念是分析集成运放电路非常有效的方法。

图 11.3 中当输入二进制数的某一位 $B_i = 1$ 时，开关 S_i 接至基准电压 V_R，在相应的电阻 R_i 支路上产生的电流为

$$I_i = \frac{V_R}{R_i} = \frac{V_R}{2^{n-1-i}R} = \frac{V_R}{2^{n-1}R} \cdot 2^i \tag{11.3}$$

当 $B_i = 0$ 时，开关 S_i 接地，此时支路电流为 0。

因此，对应某一位 B_i 的电流表达式为

$$I_i = \frac{V_R}{2^{n-1}R} \cdot B_i \cdot 2^i \tag{11.4}$$

在运放的反相输入端节点，根据虚断特性，流入运放的电流为 0，由 KCL 有 $I = I_f$。

根据 KCL 同时可以得到

$$I = \sum I_i = \sum \frac{V_R}{2^{n-1}R} \cdot B_i 2^i = \frac{V_R}{2^{n-1}R} \sum B_i \cdot 2^i \tag{11.5}$$

在集成运放的输出端，输出电压 v_o 为

$$v_o = -R_f I_f = -R_f \cdot \frac{V_R}{2^{n-1}R}\sum B_i \cdot 2^i \tag{11.6}$$

令 $R_f = \frac{R}{2}$，代入式（11.6）得

$$v_o = \frac{-V_R}{2^n}\sum B_i \cdot 2^i = \frac{-V_R}{2^n} \cdot B \tag{11.7}$$

可见，输出的模拟电压大小与输入的二进制数成正比，实现了数字量到模拟量的转换。

【例 11.1】图 11.3 中，已知 $V_R = 8V$，输入 8 位二进制数为 11001000，求集成运放的输出电压为多少？

解：由题意，$n = 8$，二进制数 $B = (11001000)_B = (200)_D$，则输出电压为

$$v_o = \frac{-V_R}{2^n} \cdot B = \frac{-8}{256} \times 200 = -6.25V$$

权电阻网络 DAC 结构简单，工作原理典型，缺点是电阻网络中电阻种类多且取值范围宽，制作时存在较大困难，因为要保证数字量到模拟量的精确转换，要求每个电阻都要满足很高的精度，特别当输入数字量位数较多时，势必会增加制作成本，提高集成电路制造工艺难度。倒 T 型电阻网络 DAC 能够克服这个缺点。

11.1.3 倒 T 型电阻网络 DAC

倒 T 型电阻网络 DAC 电路结构如图 11.4 所示，电路由基准电压 V_R、模拟开关 $S_0 \sim S_{n-1}$、呈倒 T 型的 $R-2R$ 电阻网络及集成运算放大器求和电路组成。

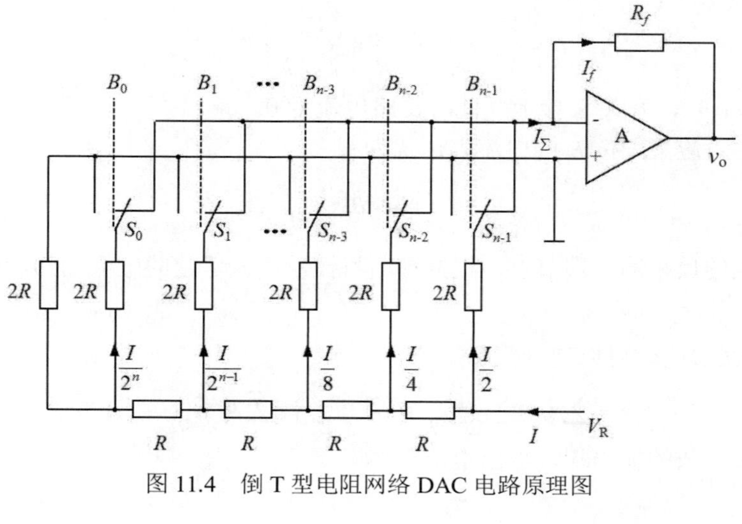

图 11.4 倒 T 型电阻网络 DAC 电路原理图

模拟开关 S_i 由输入的数字量 B_i 控制。当 $B_i=1$ 时，S_i 接集成运放的反相输入端，电流 I_i 流入求和电路；当 $B_i=0$ 时，S_i 接地，同时接集成运放的同相输入端。

根据集成运放的虚地概念，无论模拟开关接在哪个位置，与 S_i 相连的 $2R$ 电阻均为接地，因此流过 $2R$ 电阻的电流并不随开关位置而变化。

分析 $R-2R$ 电阻网络可知，从每个节点向左看，二端网络的等效电阻均为 R，流过 $2R$ 支路的电流从高位到低位按 2 的整数倍递减。

设由基准电压 V_R 提供的总电流为 I，则流过各 $2R$ 支路的电流从高位到低位依次为 $\frac{I}{2}$、$\frac{I}{2^2}$、…、$\frac{I}{2^{n-1}}$、$\frac{I}{2^n}$。因此流入集成运放的总电流 I_Σ 为

$$
\begin{aligned}
I_\Sigma &= B_{n-1}\frac{I}{2^1}+B_{n-2}\frac{I}{2^2}+\ldots+B_0\frac{I}{2^n}\\
&=\frac{I}{2^n}(B_{n-1}2^{n-1}+B_{n-2}2^{n-2}+\ldots+B_0 2^0)\\
&=\frac{I}{2^n}\sum B_i 2^i
\end{aligned}
$$

根据集成运放的虚断特性，有 $I_\Sigma=I_f$，因此，集成运放的输出电压为

$$v_o=-I_\Sigma R_f=-\frac{I\cdot R_f}{2^n}\sum B_i\cdot 2^i \tag{11.8}$$

若 $R_f=R$，并将 $I=\frac{V_R}{R}$ 代入上式，则有

$$v_o=-\frac{I\cdot R_f}{2^n}\sum B_i\cdot 2^i=-\frac{V_R}{2^n}B \tag{11.9}$$

可见，输出模拟电压与输入的数字量成正比。

倒 T 型电阻网络的特点是电阻种类少，只有 R 和 $2R$ 两种，因此可以提高制作精度，而且无论输入信号如何变化，流过基准电源和和各支路的电流始终不变，因此不需要电流建立时间，有利于提高转换速度。倒 T 型电阻网络 DAC 是目前应用较多的一种数模转换电路。

【例 11.2】已知 4 位 $R-2R$ 倒 T 型电阻网络的基准电压为 $-8V$，$R_f=R$，试求其最大输出电压值。

解：由题意知，$n=4$，$V_R=-8V$，输入的最大二进制数为 $B=(1111)_B=(15)_D$，代入式（11.9）得

$$v_o=-\frac{-8}{2^4}\times 15=-7.5V$$

因此，电路输出的最大电压值为 $7.5V$。

11.1.4 主要技术指标

DAC 的主要技术指标包括分辨率、转换精度、转换速度等。

1. *分辨率*

DAC 的分辨率是 DAC 对输入微小量变化敏感程度的表征，是电路所能分辨的最小输出电压增量 V_{LSB} 与满刻度输出电压 V_{MSB}（即输出电压最大值 V_m）之比。最小输出电压增量就是输入数字量中最低位 B_0 状态变化引起对应输出电压变化的幅值。由 DAC 转换特性可知，当 V_m 一定时，输入数字量的位数 n 越多，V_{LSB} 越小。分辨率为

$$\frac{V_{LSB}}{V_m}=\frac{1}{2^n-1} \tag{11.10}$$

式中，n 越大，输出电压可分离的等级越多，DAC 的分辨能力越强。例如当 $n=10$ 时，DAC 分辨率为 $\frac{1}{2^{10}-1}=1‰$，当 $n=11$ 时，DAC 分辨率为 $\frac{1}{2^{11}-1}=0.5‰$。因此在实际应用中，常常用输入数字量的位数来表示 DAC 的分辨率。

【例 11.3】已知 10 位 DAC 的满刻度输出电压 $V_m=10V$，试求：

（1）此 DAC 的最小输出电压增量 V_{LSB}。

（2）若要求分辨的最小电压为 $5mV$，试问至少应选用几位的 DAC。

解：（1）由题意知，$n=10$，则分辨率为 $1‰$，根据式（11.10）可得

$$V_{LSB}=V_m\times 分辨率=10\times 1‰=10mV$$

（2）将 $V_{LSB}=5mV$，$V_m=10V$ 代入式（11.10），可得

$$2^n-1=\frac{V_m}{V_{LSB}}=\frac{10}{0.005}=2000$$

因此，$n\approx 11$，应选用 11 位的 DAC。

2. *转换精度*

转换精度是实际输出值与理论计算值之差，这种差值是由转换过程中的各种误差引起的，主要指静态误差，包括以下几种误差类型。

（1）非线性误差：是由电子开关导通的电压降和电阻网络电阻值偏差产生的，常用满刻度的百分数表示。

（2）比例系数误差：是基准电压偏离标准值引起的误差，也用满刻度的百分数表示。

（3）漂移误差：是由集成运放零点漂移产生的误差。

转换精度与分辨率是两个不同的概念，即使 DAC 的分辨率很高，如果电路的稳定性不好，也可能使电路的转换精度不高。

3. 转换速度

转换速度也可以用转换时间来表示，是从输入数字信号开始，到输出电压或电流达到稳定值时所需要的时间。

此外，DAC 的技术指标还有温度系数、基准电压范围、电源电压范围等。

11.1.5　集成电路 DAC 及其应用电路

集成电路 DAC 有很多种类，从数据输入方式分，有串行输入和并行输入；从输出方式分，有电压输出型和电流输出型；从输出通道分，有单通道输出和多通道输出。在选用集成电路 DAC 时，要根据实际系统的要求进行选择，同时考虑器件的价格、封装、控制端口、转换速度、转换精度、工作电压等多方面因素。下面介绍并行 DAC 芯片 AD7520 和串行 DAC 芯片 DAC7512。

1. 并行 DAC 芯片 AD7520

AD7520 是 10 位并行输入 DAC 芯片，内部结构含 *R*-2*R* 倒 T 型电阻网络、模拟开关和反馈电阻，输出端为电流输出。AD7520 内部不含运算放大器，使用时需要外接基准电压和运算放大器。AD7520 的主要技术指标如下：

- 分辨率：10 位
- 功耗：20mW
- 线性误差：0.05%
- 转换时间：1μs
- 电源范围：±5V～+15V

AD7520 的内部电路结构和引脚分别如图 11.5 和图 11.6 所示。

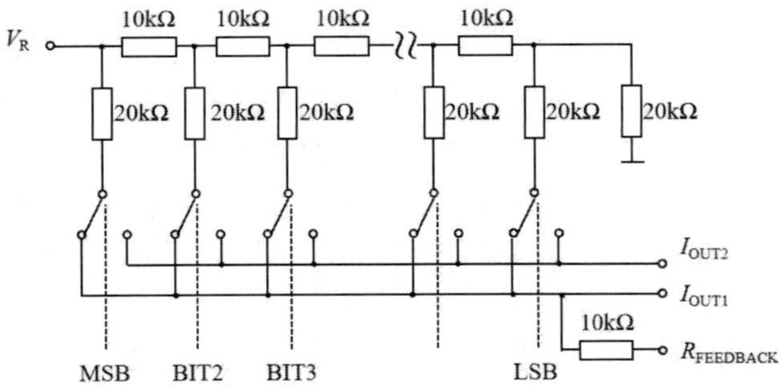

图 11.5　AD7520 内部电路结构

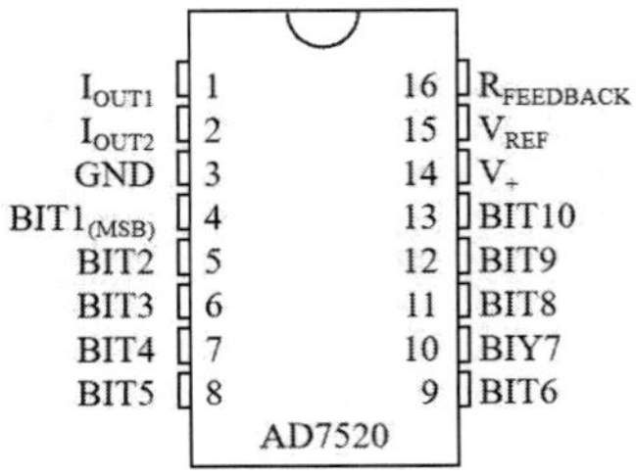

图 11.6　AD7520 引脚图

AD7520 共有 16 个引脚，各引脚的功能见表 11.1。

表 11.1 AD7520 引脚说明

引脚号	引脚名称	功能描述
1	I_{out1}	模拟电流输出端，接运放反相输入端
2	I_{out2}	模拟电流输出端，接地
3	GND	地
4～13	BIT1～BIT10	数字量输入，其中 BIT1 为最高位（MSB），BIT10 为最低位（LSB）
14	V+	电源输入端
15	V_{REF}	基准电压输入端
16	$R_{FEEDBACK}$	反馈电阻输出端，接运放输出端

AD7520 的典型应用电路如图 11.7 所示。电源电压采用+15V，需要转换的数字量按位连接在 BIT1～BIT10 输入端，转换后输出电流信号 I_{OUT1} 和 I_{OUT2} 接至运算放大器输入端，将电流信号转变为电压信号输出。

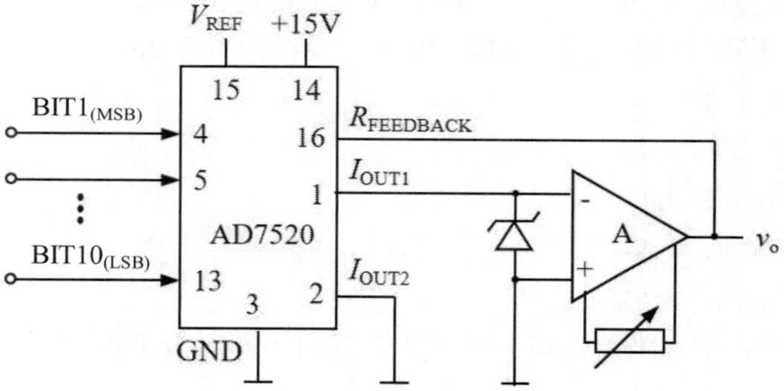

图 11.7 AD7520 的典型应用电路

在工程实践中，DAC 应用很广泛，不仅作为数字系统和模拟系统之间的接口电路，还能用于对模拟信号的处理。例如在 CD 播放器中将各种数字化的音频信号转换成失真度极低的优质声音；又如在电机控制领域，CPU 通过 DAC 将控制信号转换成电流输出，实现对电机的精确控制。DAC 也能用于产生各种波形输出，如下例所示。

【例 11.4】DAC 芯片 AD7520 与计数器芯片 74161 连接构成锯齿波发生电路如图 11.8 所示，试分析电路工作原理，画出输出电压波形。

解：计数器 74161 为 16 进制计数器，如图电路连接时，在时钟信号 CP 的驱动下，输出 $Q_3Q_2Q_1Q_0$ 的值在 0000～1111 之间循环往复变化。$Q_0Q_1Q_2Q_3$ 依次连接至数模转换器 AD7520 数字量输入端的低 4 位，AD7520 的高位 BIT6～BIT1 均为 0。在时钟信号作用下，AD7520 的输入值从 0000 开始，逐一增加至 1111，然后回到 0000，对应输出电压值从 0 开始按固定斜率增加，至最大值后回到 0，波形如图 11.9 所示，为锯齿波。

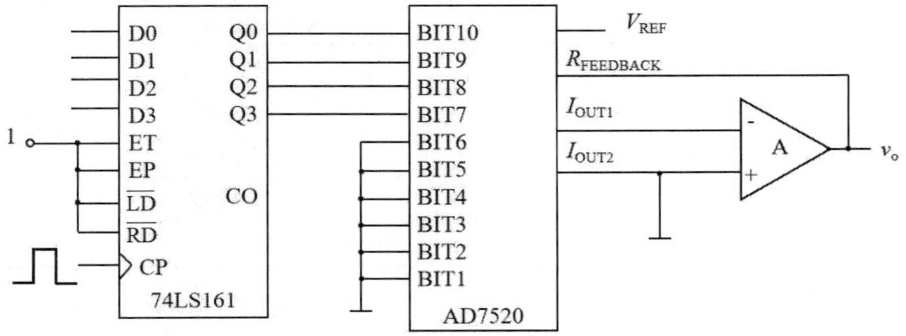

图 11.8　DAC 组成锯齿波发生电路

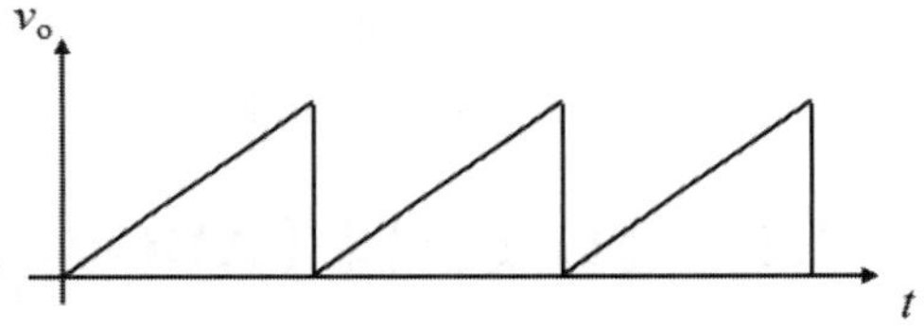

图 11.9　锯齿波波形

如果采用可逆的计数器，则可以在输出端得到三角波。如果在 AD7520 的输入端输入数字化的正弦波信号，则能在输出端得到正弦波。

2. 串行 DAC 芯片 DAC7512

DAC7512 是 TI 公司生产的具有内置缓冲放大器的低功耗 12 位串行数模转换器。其片内高精度输出放大器可获得满幅（供电电源电压与地电压间）任意输出。DAC7512 的引脚分布如图 11.10 所示，内部结构如图 11.11 所示。

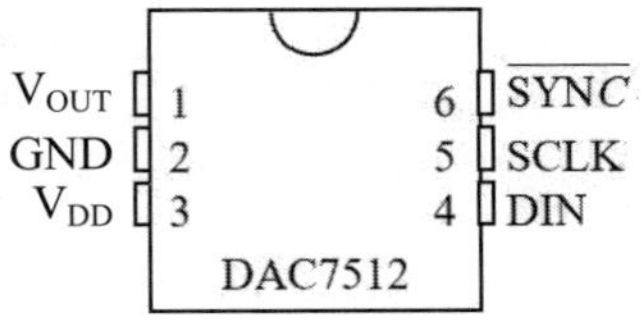

图 11.10　DAC7512 引脚图

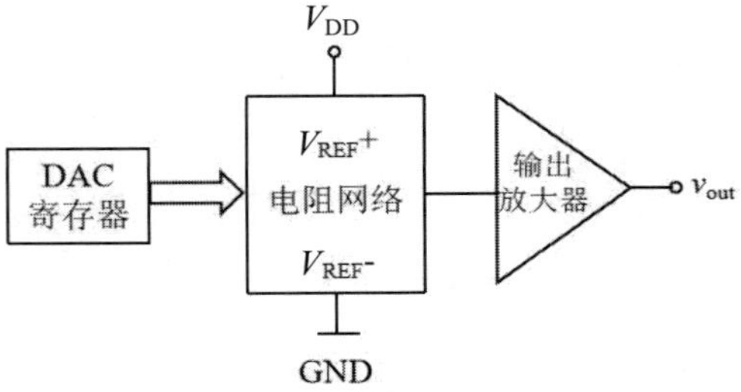

图 11.11　DAC7512 内部结构图

DAC7512 的引脚功能见表 11.2。

表 11.2 DAC7512 引脚说明

引脚号	引脚名称	功能描述
1	V_{OUT}	模拟电压输出
2	GND	地
3	V_{DD}	电源输入端
4	DIN	串行数据输入
5	SCLK	串行时钟输入
6	$\overline{SYNC}$	输入控制信号，低电平有效

DAC7512 内部具有可达 30MHz 的通用三线串行接口，与 SPI、QSPI 及 DSP 接口兼容，可与单片机直接连接而无须任何其他接口电路。DAC7512 串行数模转换器采用供电电源作为参考电压，因而具有很宽的动态输出范围。正常工作状态下，DAC7512 在 5V 电压下的功耗仅为 0.7mW，而在省电状态下的功耗为 1μW。因此，低功耗的 DAC7512 是便携式电池供电设备的理想器件。

11.2 模数转换器（ADC）

【微课视频】

模数转换器 ADC

模数转换器（ADC）要将时间和幅值都连续的模拟量，转换成时间和幅值都离散的数字量，一般要经过采样、保持、量化和编码等过程。

11.2.1 A/D 转换工作原理

A/D 转换的工作原理如图 11.12 所示。输入模拟信号 $v_i(t)$ 经过采样保持电路后，成为时间上离散、数值上仍连续的模拟量 $v_i'(t)$，再通过量化编码电路，输出 n 位数字量。

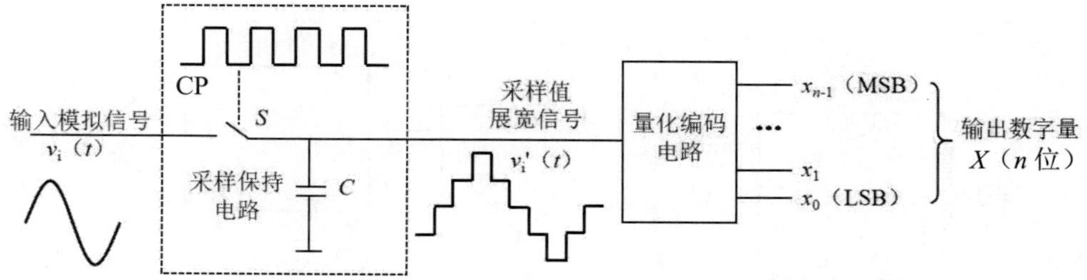

图 11.12 A/D 转换工作原理示意图

1. 采样保持

采样是将时间上连续变化的模拟量转换成时间上离散的信号，即一系列时间上等间隔的脉冲信号，脉冲信号的幅度保持输入模拟量的幅度。

采样保持电路由受控的理想模拟开关和存储电容组成。模拟开关受周期性的采样脉冲 CP 控制，将输入模拟量 $v_i(t)$ 转换成时间上离散的模拟量 $v_i'(t)$，此采样值暂时存储于电容 C 上，一直保持到下一个采样脉冲到来，采样和保持的结果是将连续的 $v_i(t)$ 转换成了阶梯状的 $v_i'(t)$，采样保持的波形如图 11.13 所示。

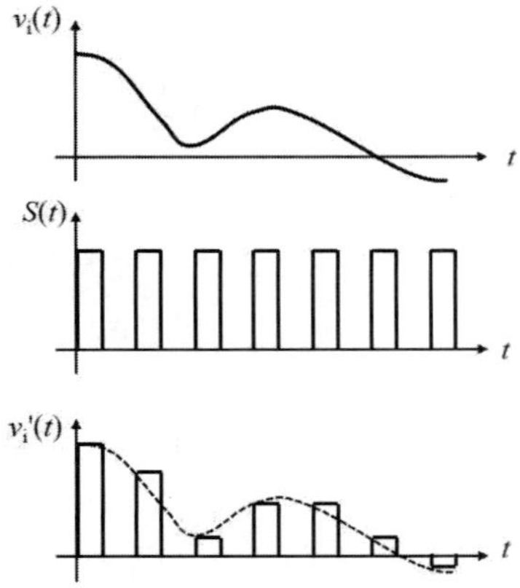

图 11.13　采样保持波形图

根据采样定理，采样时钟的频率 f_s 和输入信号频率必须满足

$$f_s \geqslant 2f_{max}$$

f_{max} 是输入模拟信号中所包含的最高频率。采样频率越高，获得的离散信号越能正确反映输入模拟量的大小，即失真越小，通常取 $f_s = (3\sim5)f_{max}$。

采样保持的电路原理如图 11.14 所示。由于 AD 转换需要一定的时间，在每次采样后，需要把采样的电压保持一段时间。在采样脉冲 $S(t)$ 有效期间，开关管 VT 导通，v_i 向电容 C 充电，运放组成电压跟随器，即输出电压与输入电压 v_i 相同；在采样脉冲 $S(t)$ 无效期间，开关管 VT 截止，电容上的电压保持不变，直到下次采样。由于集成运放具有很高的输入阻抗，保持在电容 C 上的电荷不易泄放。

2. 量化编码

通过采样保持电路，实现了对输入模拟量在时间上的离散，在数值上，$v_i'(t)$ 虽然是阶梯状，但仍然是连续可变的，可能有无限多个数值，无法与 n 位数字量组成的 2^n 个有限输出数值相对应，要转换成数字量，还需要实现数值上的离散。

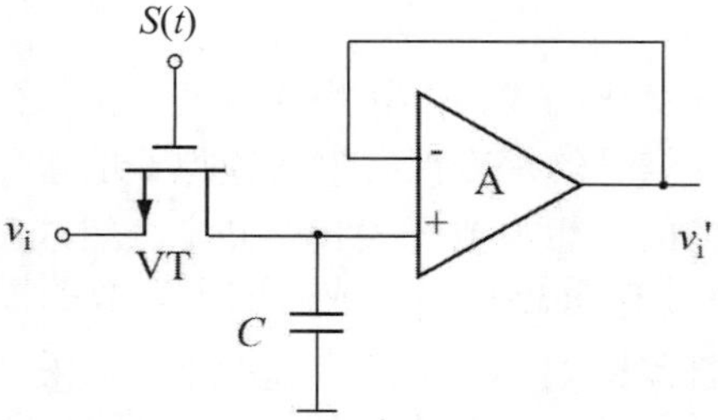

图 11.14 采样保持电路原理图

将采样取得的电压值表示为某个最小数量单位的整数倍，这个转换过程称为量化。量化的最小数量单位称为量化单位，用 Δ 表示。量化单位 Δ 是数字信号最低有效位（LSB）为 1，其他位为 0 时，所对应的模拟量，即 1LSB。

由于采样电压是连续变化的，不一定能都被 Δ 整除，因此量化过程不可避免存在误差，称为量化误差，用 ε 表示。ε 属于原理误差，是无法消除的，只能靠增加二进制位数来缩小量化误差，因此，ADC 的位数越多，1LSB 对应的 Δ 值越小，量化误差的绝对值就越小。

将模拟电压划分为不同的量化等级通常有舍尾取整数法和四舍五入法两种方法。设输入模拟电压 v_i 的值在两个相邻的量化值之间，即 $(n-1)\Delta < v_i < n\Delta$ 时，舍尾取整法将量化值取为 $(n-1)\Delta$，四舍五入法则根据 v_i 的值进行四舍五入，若 $v_i-(n-1)\Delta$ 的尾数不足 $(\Delta/2)$，则舍去尾数，若尾数大于或等于 $(\Delta/2)$，则量化值加 1。

例如要将取值在 0～1V 之间的输入模拟信号转换为 3 位的二进制代码，即输入信号最大值 $V_M=1$，二进制代码位数 $n=3$。采用舍尾取整法，取 $\Delta=(V_M/2^n)\text{V}=(1/8)\text{V}$，凡是数值在 $0\text{V}\sim(1/8)\text{V}$ 之间的输入信号，都被量化为 0Δ，对应二进制代码为 000；凡是数值在 $(1/8)\text{V}\sim(2/8)\text{V}$ 之间的输入信号，都被量化为 1Δ，对应二进制代码为 001，以此类推，如图 11.15（a）所示。显然，这种量化方法的最大量化误差为 Δ。

采用四舍五入法时，取 $\Delta=2V_M/(2^{n+1}-1)\text{V}=(2/15)\text{V}$，$\Delta/2=(1/15)\text{V}$。凡是数值在 $0\text{V}\sim(1/15)\text{V}$ 之间的输入信号，都被量化为 0Δ，对应二进制代码为 000；凡是数值在 $(1/15)\text{V}\sim(3/15)\text{V}$ 之间的输入信号，都被量化为 1Δ，对应二进制代码为 001，以此类推。如图 11.5（b）所示。不难看出，这种量化方法的最大误差为 $\Delta/2$，比舍尾取整法要小得多，因此实际电路中多采用这种量化方法。

将量化后的结果用二进制码或其他代码表示出来，这个过程称为编码。经编码输出的代码就是 ADC 的转换结果。

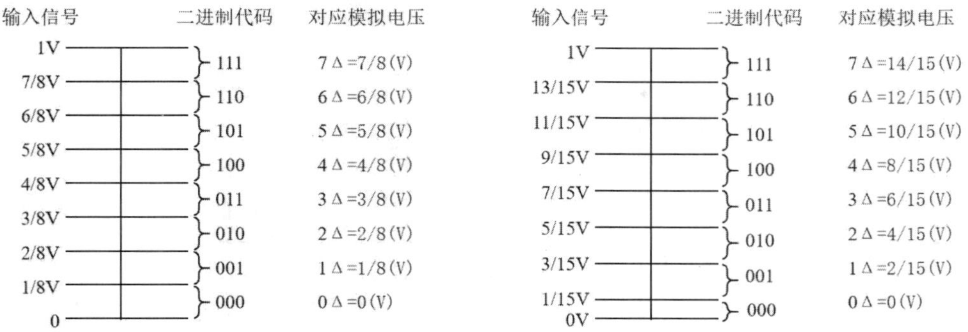

（a）舍尾取整法　　（b）四舍五入法

图 11.15　量化电平划分方法示例图

【例 11.5】若输入模拟信号的取值在 0～1V 间，要转换为 4 位二进制代码，试分析当输入信号为0.81V 时，采用舍尾取整法和四舍五入法分别得到什么样的二进制代码。

解：由题意可知，输入信号最大值 $V_{\mathrm{M}}=1\mathrm{V}$ ，二进制代码位数 $n=4$ 。

舍尾取整方法中，取 $\Delta=(V_{\mathrm{M}}/2^n)\mathrm{V}=(1/16)\mathrm{V}$ ，输入信号为 0.81V ，在 $(12/16)\mathrm{V}$～$(13/16)\mathrm{V}$ 之间，量化为12Δ，对应二进制代码为 1100。

采用四舍五入法时，取 $\Delta=2V_{\mathrm{M}}/(2^{n-1}-1)\mathrm{V}=(2/31)\mathrm{V}$ ，输入信号为0.81V ，在 $(25/31)\mathrm{V}$～$(27/31)\mathrm{V}$ 之间，量化为13Δ，对应二进制代码为 1101。

11.2.2　并行比较型 ADC

根据 AD 转换的方法，ADC 可以分为并行比较型、双积分型和逐次逼近型。并行比较型的特点是转换速度快，但精度不高；双积分型的特点是精度较高，抗干扰能力强，但转换速度慢；逐次逼近型的特点是转换精度高。

根据 AD 转换的原理，ADC 可以分为直接型和间接型。直接型 ADC 可直接将模拟量转换为数字信号，并行比较型和逐次逼近型都属于这一类，此类转换的工作速度快，转换精度容易保证，一般采用数字电路构成，比较方便调整。间接型 ADC 需要先将模拟量转换成某个中间量，如时间或频率等，然后再转换成数字信号，双积分型和计数式 ADC 就属于间接型 ADC，此类转换的转换速度较慢，转换精度比较高，抑制干扰能力强，在测试仪表中运用较多。下面分别介绍并行比较型、双积分型和逐次逼近型 ADC 电路的工作原理。

并行比较型 ADC 又称为闪速 ADC（Flash ADC），电路结构如图 11.16 所示。电路由电阻分压器、电压比较器、寄存器和优先编码器等部分组成，图中电路未包含采样保持电路。采样保持电路输入的模拟量 v_{i} 数值在 0～V_{REF} 之间，输出的数字量为 3 位二进制数码 $D_2D_1D_0$。

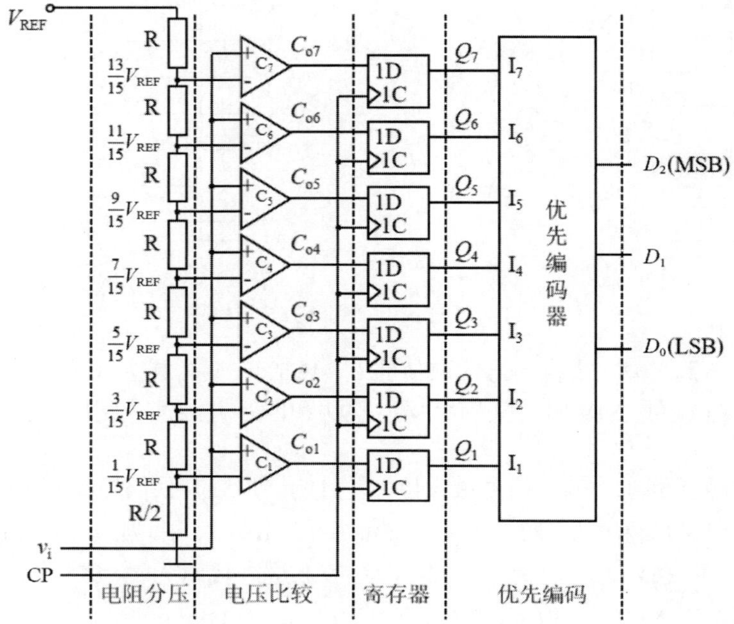

图 11.16　并行比较型 ADC 电路结构

基准电压 V_{REF} 通过电阻分压器得到从 $\frac{1}{15}V_{REF}$ 到 $\frac{13}{15}V_{REF}$ 之间的 7 个比较电平，量化单位 $\Delta=\frac{2}{15}V_{REF}$，这 7 个比较电平分别连接至 7 个电压比较器 C_1～C_7 的反相输入端，作为比较基准。输入的模拟量 v_i 同时连接至每个电压比较器的同相输入端，与 7 个比较基准进行比较。

若 $v_i<\frac{1}{15}V_{REF}$，则所有电压比较器的输出全为低电平。若 $\frac{1}{15}V_{REF}\leqslant v_i<\frac{3}{15}V_{REF}$，则只有比较器 C_1 的输出 C_{o1} 为高电平，其余比较器的输出为低电平。以此类推，可得输入模拟量为不同电压值时的比较器输出状态。

7 个电压比较器的输出值并行输入由 D 触发器构成的寄存器，再经过优先编码器电路，将比较结果转换成二进制编码。优先编码器中，I_7 的优先级最高，I_1 的优先级最低，编码后得到 3 位二进制数码，完成模拟量到数字量的转换。输入模拟量、比较器输出与优先编码器的输出见表 11.3。

表 11.3　并行比较型 ADC 二进制代码转换表

输入模拟量 v_i	电压比较器输出							优先编码器输出		
	C_{o7}	C_{o6}	C_{o5}	C_{o4}	C_{o3}	C_{o2}	C_{o1}	D_2(MSB)	D_1	D_0
$(0\sim\frac{1}{15})V_{REF}$	0	0	0	0	0	0	0	0	0	0
$(\frac{1}{15}\sim\frac{3}{15})V_{REF}$	0	0	0	0	0	0	1	0	0	1
$(\frac{3}{15}\sim\frac{5}{15})V_{REF}$	0	0	0	0	0	1	1	0	1	0
$(\frac{5}{15}\sim\frac{7}{15})V_{REF}$	0	0	0	0	1	1	1	0	1	1
$(\frac{7}{15}\sim\frac{9}{15})V_{REF}$	0	0	0	1	1	1	1	1	0	0
$(\frac{9}{15}\sim\frac{11}{15})V_{REF}$	0	0	1	1	1	1	1	1	0	1
$(\frac{11}{15}\sim\frac{13}{15})V_{REF}$	0	1	1	1	1	1	1	1	1	0
$(\frac{13}{15}\sim 1)V_{REF}$	1	1	1	1	1	1	1	1	1	1

【例 11.6】图 11.16 中，若已知基准电压 $V_{REF}=9V$，输入模拟电压 $v_i=5V$，试分析 ADC 电路输出的二进制编码。

解: 根据并行比较型 ADC 的工作原理，输入模拟电压 $v_i=5V$，介于 $(\frac{7}{15}\sim\frac{9}{15})V_{REF}$ 之间，由表 11.3 可知，输出的二进制编码为 $D_2D_1D_0=100$。

并行比较型电路的特点是转换速度快，因为转换是并行的，模拟量输入后，只需经过电压比较器、D 触发器和编码器的延迟时间，就可完成一次转换。并行比较型是目前各种模数转换电路中转换速度最快的一种，以 8 位数字量输出的并行比较型模数转换器 ADC08100 为例，转换一次仅需 10ns。

并行比较型电路的主要缺点是需要比较多的电压比较器，对于 n 位数字量输出，需要 (2^n-1) 个电压比较器，随着输出数字量位数增加，电路的规模会急剧增大，因此并行比较型电路常常应用于输出位数较少的情况。并行比较型 ADC 的转换精度主要取决于量化单位，Δ 越小，精度越高。并行比较型 ADC 集成电路产品有 AD1674、ADS8364、TLC5510 等。

11.2.3 双积分型 ADC

双积分型 ADC 又称为双斜率 ADC，是一种间接型 ADC。这种电路先将输入的模拟量转换成与之大小对应的时间信号，然后在这个时间内对固定频率的时钟脉冲计数，计数的结果就是正比于输入模拟量的数字信号，因此双积分型 ADC 也称为电压-时间变换型 ADC，简称 V-T 变换型。

双积分型 ADC 的电路结构如图 11.17 所示，由积分器、比较器、计数器、控制逻辑门和时钟信号源等部分组成。

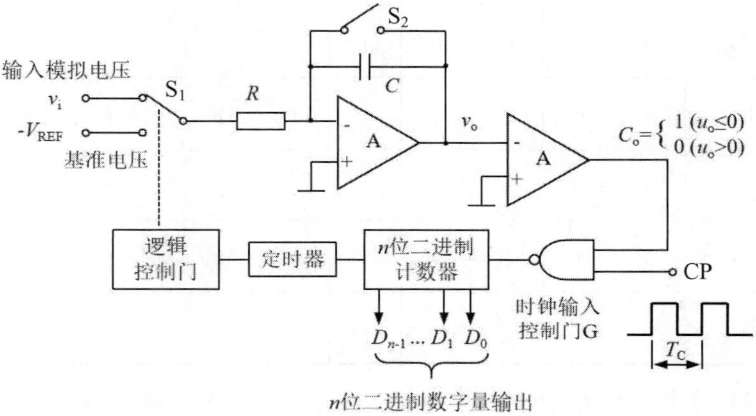

图 11.17　双积分型 ADC 电路结构

在开始转换前，首先将开关 S_2 闭合，使积分电容 C 完全放电，然后再打开开关 S_2，为积分做好准备。

开始工作时，首先将开关 S_1 连接到输入模拟电压 v_i 端，积分器对 v_i 进行积分，此时为第一次积分。由于积分器的输出小于 0，使比较器反转为高电平，从而打开与非门，使时钟脉冲得以进入二进制计数器，计数器开始计数。当计数器计到最大值时，会产生一个进位信号，同时计数器清零。这个阶段相当于积分器对输入信号进行固定时间宽度的积分，假设计数器从零开始计数到最大值所需要的时间为 T_1，则积分器的输出电压为

$$v_o = \frac{1}{C}\int_0^{T_1} -\frac{v_i}{R}\mathrm{d}t = -\frac{T_1}{RC}v_i \tag{11.11}$$

在积分时间固定的条件下，积分器的输出电压与输入模拟量成正比。

计数器的进位信号通过逻辑控制门使开关 S_1 连接至基准电压 $-V_{REF}$，积分器开始对基准电压进行积分，此时为第二次积分。由于基准电压的极性与输入模拟电压

相反，积分器向反方向积分，计数器从 0 开始计数。当积分器的输出电压上升到 0 时，比较器翻转，与非门被关闭，时钟脉冲无法继续进入计数器，计数器停止计数。此时计数器所计的数值 N 即为模数转换的结果。

设积分器反向积分，输出电压上升到 0 经历的时间为 T_2，则

$$v_o = \frac{1}{C}\int_0^{T_2} \frac{V_{REF}}{R} dt - \frac{T_1}{RC} v_i = 0$$

$$\frac{T_2}{RC} V_{REF} = \frac{T_1}{RC} v_i$$

可得

$$T_2 = \frac{T_1}{V_{REF}} v_i \tag{11.12}$$

可见反向积分到 0 所需的时间 T_2 与输入信号 v_i 成正比，因此计数器在 T_2 这段时间的计数值 N 也与 v_i 成正比。

双积分型 ADC 电路的电压波形如图 11.18 所示。图中 v_i 和 v_i' 为两个大小不同的输入模拟量，其中 v_i 的值较小，对应图中的实线线段，v_i' 的值较大，对应图中虚线线段。

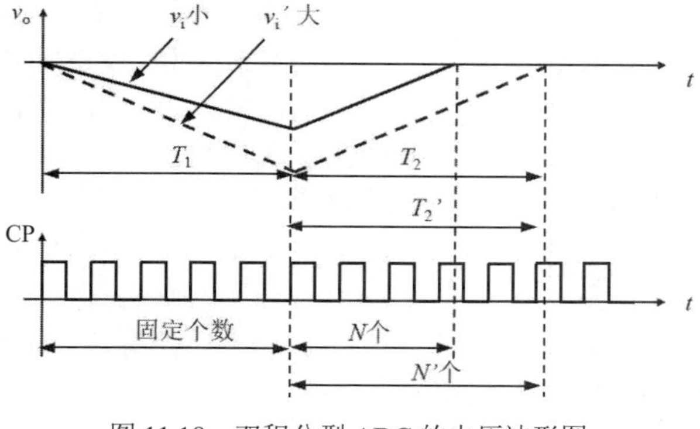

图 11.18　双积分型 ADC 的电压波形图

经过第一次固定时间 T_1 的积分后，积分器输出不同大小的电压，图 11.18 中实线表示的输出电压比虚线的输出电压小。由于第二次积分是对基准电压的积分，基准电压是固定的，因此第二次积分的斜率是固定的，图中反向积分的两条线段平行，积分器反向积分到 0 的时间就不同，v_i 对应的实线线段第二次积分时间为 T_2，计数器的值为 N，v_i' 对应的虚线线段第二次积分时间为 T_2'，计数器的值为 N'，容易看出，$T_2' > T_2$，$N' > N$。

可见，当输入的模拟量较小时，积分器经过固定时间的积分，输出电压也比较

小，反向积分所需要的时间就比较短，对应的计数器输出值比较小。反之亦然，当输入的模拟量较大时，如图 11.18 中虚线所示，积分器的输出比较大，计数器的输出也相应较大，这就是双积分型模数转换的原理。

双积分型 ADC 最突出的优点是工作性能比较稳定。由于转换过程先后进行了两次积分，只要积分过程中 R、C 的参数不变，转换结果就与 R、C 的参数无关，因此对 R、C 参数的精度要求不高。双积分型 ADC 的另一个优点是抗干扰能力强。由于转换器的输入端使用了积分器，对平均值为 0 的各种噪声有很强的抑制能力，当积分时间等于交流电网电压周期的整数倍时，能有效抑制来自电网的工频干扰。

双积分型 ADC 的主要缺点是工作速度低，因为要进行两次积分，加上转换前的准备时间以及输出转换结果的时间，完成一次模数转换所需要的时间就比较长。

双积分型 ADC 的转换精度受比较器的灵敏度、运算放大器的零点漂移、计数器的位数、时钟频率的波动等多种因素影响。为了提高转换精度，不仅要增加计数器的位数，还要增加零点漂移的自动补偿电路等。

双积分型 ADC 主要应用于精度要求高，抗干扰能力强，转换速度要求不高的场合，集成电路产品如 ICL7135，是 4 位双积分型 ADC，可以转换输出±20000 个数字量，具有 STB 选通控制的 BCD 码输出，与微机接口十分方便。双积分型 ADC 集成电路还有 MC14433、CC7106 等，只需接少量外部元件就可工作。为了能直接驱动数码管，通常在集成电路中还附加了数据锁存器和译码驱动等电路，计数器采用二-十进制接法，便于驱动二-十进制译码器，此外在集成电路的模拟量输入端还设置输入缓冲器，以提高电路的输入阻抗，内部的自动调零电路能消除比较器和放大器的零点漂移和失调电压，可以保证输入为零时输出为零。

11.2.4 逐次逼近型 ADC

逐次逼近型 ADC 采用反馈比较原理，其转换过程与天平称重相似。天平称重时，先用最重的砝码与被称物体比较，若物体重量大于砝码，则该砝码保留，否则移去该砝码。然后用一个次重的砝码，再次和被称物体比较，如此反复，一直到最小的砝码。将所有留下的砝码相加，就得到物体的重量。

逐次逼近型模数转换器首先将最高位置 1，其他位置 0 的数字量通过数模转换后与输入的模拟信号比较大小。若模拟信号大于数字信号，则保留该最高位，若模拟信号小于该数字量，则将该位置零。然后将次高位取 1，继续与输入的模拟量比较大小，如此反复，直至最低位比较结束。比较结束后的数字量就代表输入的模拟量大小，逐次逼近型 ADC 电路结构如图 11.19 所示。

逐次逼近型 ADC 电路由电压比较器、数模转换电路、逐次逼近寄存器、时钟信号和转换控制逻辑等部分构成。模数转换开始前，首先将逐次逼近寄存器清零。

转换开始时，在转换控制信号作用下，时钟信号驱动寄存器，将最高位置 1，即寄存器的内容变为 100…0。寄存器的数据经过数模转换电路，转换成模拟电压 v_o，与输入模拟信号 v_i 一起进入电压比较器进行比较，如果 $v_o > v_i$，说明数字量太大了，应将此位置零，若 $v_o < v_i$，说明数字量不够大，应将此位保留。

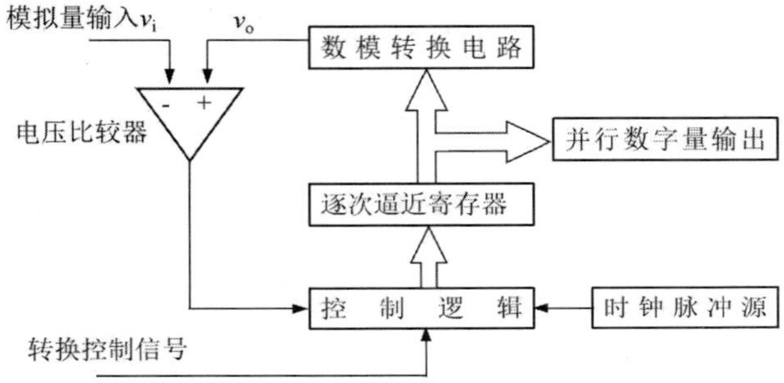

图 11.19　逐次逼近型 ADC 电路结构

控制逻辑根据比较器的输出修改寄存器的数字量，并在时钟信号驱动下，将寄存器的下一位置 1，然后再次比较数字量与输入模拟量的大小，重复此过程，直到寄存器的最低位比较完成。当寄存器的所有位都比较完成时，寄存器里的数据就是输入模拟量对应的数字量输出，即模数转换的结果。

n 位逐次比较型 ADC 完成一次转换需要 $n+2$ 个时钟周期的时间，可知其转换速度比并行比较型 ADC 低一些，但是在输出位数较多时，逐次比较型 ADC 的电路规模比并行比较型 ADC 要小很多，因此，对于转换速度不是特别高的场合，逐次逼近型 ADC 以其简单的电路、较高的速度和精度而得到广泛的应用。

常用的逐次比较型 ADC 集成电路有 ADC0809 和 AD574A 等，分别输出 8 位和 12 位数字量，转换时间在几微秒至几十微秒范围，个别高速器件的转换时间可达 1 微秒以内。

11.2.5　主要技术指标

ADC 的主要技术指标有转换精度和转换速度等，在选择 ADC 时除了要注意这两项技术指标外，还应注意满足其输入电压的范围、输出数字的编码、工作温度范围和电压稳定度等。

1. 分辨率

ADC 的转换精度可以由分辨率和转换误差来描述。分辨率说明 ADC 对输入信号的分辨能力，用输出二进制数或十进制数的位数表示。理论上，n 位二进制数输出的 ADC 能将输入模拟电压信号划分为 2^n 个不同等级，能区分输入电压的最小值为满量程输入的$1/2^n$。当最大输入电压一定时，输出位数越多，量化单位越小，分辨率越高，分辨率计算公式为：

$$分辨率 = \frac{V_{REF}}{2^n} \tag{11.13}$$

例如某 10 位二进制数 ADC，若输入的模拟信号最大值为$9V$，则$9V/2^{10} = 8.79mV$，也就是说，ADC 能区分出模拟信号的最小差异为$8.79mV$。

【例 11.7】已知输入模拟电压的变化范围为$0 \sim 5V$，试分析 8 位的 ADC 与 12 位的 ADC 能分辨的最小输入模拟电压值。

解：对于 8 位的 ADC，能分辨的最小输入模拟电压为$\frac{5}{2^8} = \frac{5}{256} \approx 20mV$。

对于 12 位的 ADC，能分辨的最小输入模拟电压为$\frac{5}{2^{12}} = \frac{5}{4096} \approx 1.2mV$。

2. 转换误差

转换误差表示 ADC 实际输出的数字量和理论上的输出数字量之间的差别，通常以输出误差的最大值形式给出，以最低有效位的倍数来表示。例如转换误差小于$\pm\frac{1}{2}LSB$，表明实际输出的数字量和理论上应得到的输出数字量之间的误差小于最低有效位的半个字。

3. 转换速度

ADC 的转换速度通常用转换时间或转换速率来描述。转换时间是指完成一次转换所需要的时间，即从转换控制信号到来开始，到输出端得到稳定的数字信号所经过的时间。转换速率表示单位时间内能够完成转换的次数，通常采用 SPS（Sample Per Second）来衡量。

ADC 的转换速度取决于转换电路的类型，不同电路结构的 ADC，转换速度相差甚远。并行比较型 ADC 的转换速度最快，某些高速的 ADC 转换时间小于$10ns$，例如 8 位并行比较型集成电路 ADC08200，最高转换速率达到 200MSPS。逐次逼近型 ADC 的速度次之，转换时间在μs级，例如 AD7472，是 12 位逐次逼近型 ADC，最高转换速率可达 1.5MSPS。逐次逼近型 ADC 的转换精度和转换速度可以满足大多数应用场合的需要，价格远低于并行比较型高速 ADC，因此应用非常广泛。间接 ADC 的速度最慢，转换时间通常为ms级，由于此类 ADC 具有抗干扰能力强，价格低廉的特点，在一些低速系统中仍有广泛应用。

11.2.6 集成电路 ADC 及其应用电路

在实际应用中，系统所能达到的精度和速度最终是由 ADC 和 DAC 的转换精度和转换速度决定的。选用 ADC 可以参考以下 4 个基本准则：

（1）根据检测通道的总误差和分辨率要求，选取 ADC 转换精度和分辨率。

（2）根据被测信号的变化率及转换速度要求，确定 ADC 的转换速度。

（3）根据环境条件选择 ADC 芯片的环境参数。

（4）根据接口设计是否简便及价格成本等选取适当的 ADC 芯片。

下面介绍两种常见的集成电路 ADC 芯片，来说明 ADC 的使用方法。

1. ADC0809

ADC0809 是采用 CMOS 工艺的 8 通道 8 位逐次逼近式模数转换器，具有与微处理器兼容的控制逻辑，能与 51 系列单片机直接接口。ADC0809 的主要技术指标如下：

- 分辨率：8 位
- 转换精度：8 位
- 转换时间：≤100μS
- 输入电压范围：5～15V
- 功耗：15mW

ADC0809 的内部结构如图 11.20 所示。AD0809 由一个 8 路模拟开关、一个地址锁存与译码器、一个 A/D 转换器和一个三态输出锁存器组成。8 路模拟量开关允许 8 路模拟量分时输入，共用 A/D 转换器进行转换。三态输出锁存器用于锁存 A/D 转换完的数字量，当 OE 端为高电平时，可以从三态输出锁存器取走转换完的数字量。

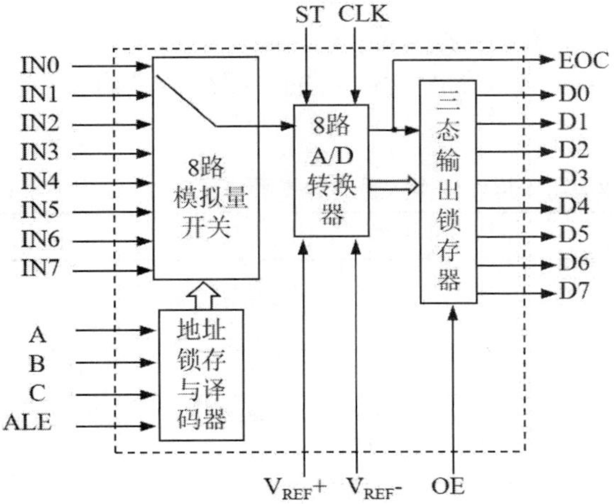

图 11.20　ADC0809 内部结构图

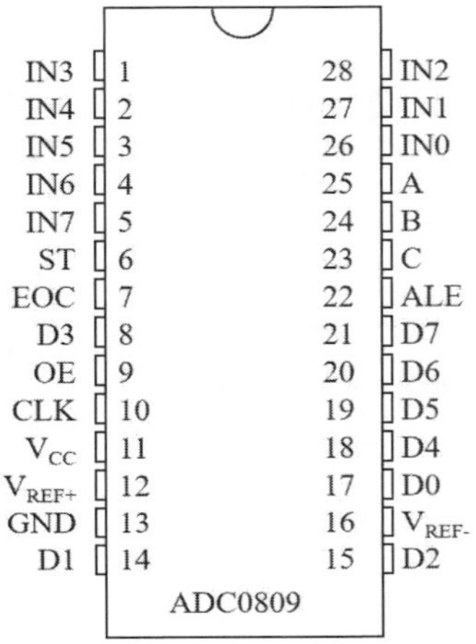

图 11.21　ADC0809 引脚图

ADC0809 的引脚排列如图 11.21 所示，引脚功能见表 11.4。

表 11.4 ADC0809 引脚功能说明

引脚编号	引脚名称	功能说明
1～7、26～28	IN0～IN7	8 路模拟量输入
8、14、15、17～21	D0～D7	8 位数字量输出
6	ST	A/D 转换启动信号，输入端，该信号的上升沿到来时，片内寄存器被复位，在该信号下降沿开始 A/D 转换
7	EOC	A/D 转换结束信号，输出端，当 A/D 转换结束时，EOC 变为高电平，并将转换结果送入三态输出缓冲器，EOC 可以作为向 CPU 发出的中断请求信号
9	OE	输出使能信号，输入端，当 OE=1 时，三态输出缓冲器的数据送到数据总线
10	CLK	时钟信号输入端
11	V_{CC}	+5V 工作电源输入端
12	V_{REF+}	参考电压正输入端，通常接 V_{CC}
13	GND	地
16	V_{REF-}	参考电压负输入端，通常接地
22	ALE	地址锁存允许信号，输入端，当输入地址稳定后，ALE 的上升沿将地址锁存在地址锁存器中
23～25	A、B、C	地址输入端，不同的地址选择不同通道的模拟量输入

ADC0809 要求输入模拟量的电压范围为 0～5V，若信号太小，应对信号进行放大，或调节参考电压 V_{REF}，以保证 8 位转换精度。输入的模拟量在转换过程中应保持不变，若模拟量变化太快，应在输入前增加采样保持电路。

ADC0809 的地址线 A、B、C，用于选通 IN0～IN7 中的一路模拟量输入，地址线取值与通道选择的关系如表 11.5 所示。

表 11.5 地址线取值与模拟信号输入通道的关系

C	B	A	输入信号通道
0	0	0	IN0
0	0	1	IN1
0	1	0	IN2
0	1	1	IN3
1	0	0	IN4
1	0	1	IN5
1	1	0	IN6
1	1	1	IN7

地址锁存允许信号 ALE 高电平有效，当 ALE=1 时，地址锁存与译码器将 A、B、C 三条地址线上的地址信号进行锁存，经译码后，被选中通道的模拟信号进入转换器。

ST 为转换启动信号，当 ST 上升沿时，所有内部寄存器清零，在 ST 下降沿时，开始 A/D 转换，在转换期间，ST 应保持低电平。

EOC 为转换结束信号，当 EOC 为高电平时，表示转换结束，否则表示转换正在进行中。

OE 为输出使能信号，用于控制三态输出锁存器输出转换结果，当 OE=1 时，数据线 D0～D7 上输出转换得到的数字量，当 OE=0 时，数据线呈高阻态。

CLK 是时钟信号，ADC0809 内部不含时钟电路，因此，需由外部提供时钟信号，通常采用 500KHz 的时钟频率。ADC0809 的模数转换时序如图 11.22 所示。

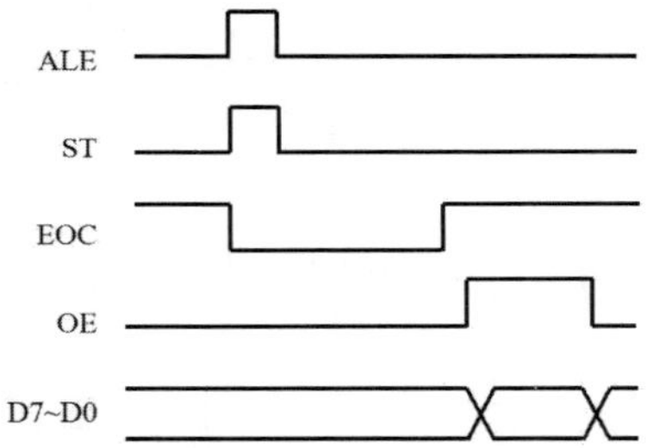

图 11.22　ADC0809 转换时序图

【例 11.8】ADC0809 与 51 单片机共同组成数据采集系统的典型应用电路如图 11.23 所示，试分析电路工作原理。

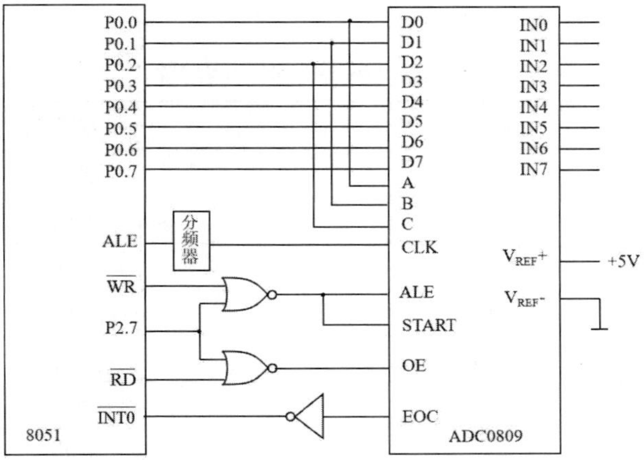

图 11.23　ADC0809 与单片机构成的数据采集电路

解：由图可知，ADC0809 的时钟由单片机时钟分频后提供，单片机 P0 端口输出地址线信号 A、B、C，选择数据采集通道；单片机输出的 $\overline{WR}$ 信号与地址线 P2.7 通过或非运算后控制模数转换器的地址锁存允许信号 ALE 和模数转换启动信号 ST。当 ADC0809 完成模数转换后，输出 EOC 信号，向单片机发出中断请求，单片机输出的 $\overline{RD}$ 信号与 P2.7 通过或非运算后控制 ADC0809 的输出使能信号 OE，将转换完成的数字量送到数据线上供单片机读取。

2. 串行模数转换器 ADC0832

模数转换器是现代测控系统中非常重要的环节，根据数据输出方式，可以分为串行模数转换器和并行模数转换器。并行模数转换器传输速度快，但引脚多、体积大、需要占用较多数据线；而串行模数转换器具有体积小、功耗低、占用数据线少等优点，并且数据传输速率也可以做得很高，因此，串行 ADC 的应用越来越广泛。

ADC0832 是一种 8 位分辨率、双通道的逐次逼近型 A/D 转换芯片，具有体积小、功耗低、兼容性好、性价比高的优点。ADC0832 具有双数据输出，可作为数据校验，以减小数据误差，转换速度快且稳定性强，独立的使能输入，便于多器件连接和处理器的控制。

ADC0832 的引脚排列如图 11.24 所示。引脚功能见表 11.6。

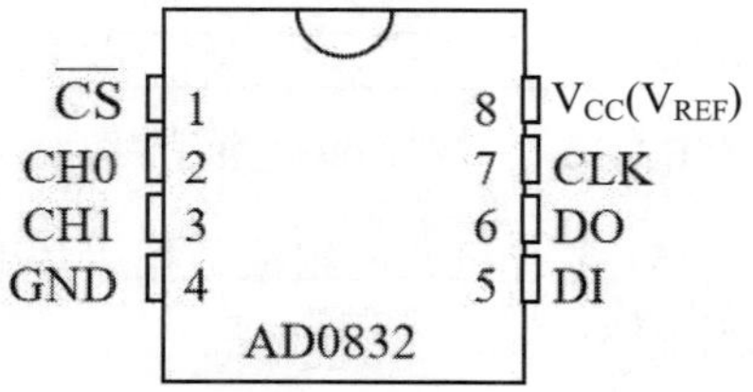

图 11.24 ADC0832 引脚图

表 11.6 ADC0832 引脚功能

引脚号	引脚名称	功能说明
1	$\overline{CS}$	片选输入端，低电平有效
2,3	CH0,CH1	两路模拟信号输入端
4	GND	地
5	DI	两路模拟输入选择端
6	DO	模数转换结果串行输出
7	CLK	串行时钟输入
8	V_{CC}	电源和基准电压输入

ADC0832 的主要特点如下：

- 分辨率：8 位
- 电源电压：5V
- 基准电压：5V
- 输入模拟信号电压范围：0～5V
- 转换速率：250kHz 时钟频率下，转换时间为 32μs
- 功耗：15mW
- 输入输出电平：兼容 TTL 与 CMOS

ADC0832 通过 $\overline{CS}$、CLK、DO 和 DI 等信号线与单片机连接，由于 DO 与 DI 在通信时不会同时有效，并且与单片机的接口是双向的，所以电路设计时可以将 DO 和 DI 并联在一根数据线上使用。ADC0832 与单片机的连接电路如图 11.25 所示。

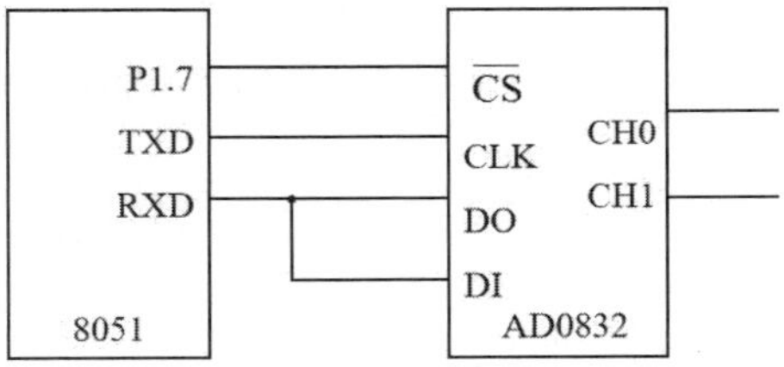

图 11.25　ADC0832 与单片机接口电路

图 11.25 中，单片机输出信号控制 ADC0832 的片选信号 $\overline{CS}$。当进行模数转换时，须先将片选端 $\overline{CS}$ 置于低电平，并保持低电平直到转换结束。当芯片处于模数转换过程中时，单片机向 ADC0832 输入时钟信号 CLK。DI 为两路模拟输入选择端，单片机首先应向 ADC0832 的 DI 端发送高电平作为 AD 转换的启动信号，接着发送数据用于选择模拟输入的通道；ADC0832 完成模数转换后，通过 DO 输出 A/D 转换结果给单片机。数据输出完成表示一次 ADC 结束，单片机将 $\overline{CS}$ 置高电平，禁用芯片，并对 ADC 转换结果进行处理。

本章重点小结

1. 采用数字系统进行控制的生产过程中，许多测量对象物理量是模拟量，不能直接进入数字电路进行处理，需要通过模数转换或数模转换才能实现数字电路与其他设备的接口。

2. 将数字量转换成模拟量的电路简称 DAC，能够将二进制数中的每一位，按权值大小转换为模拟量，然后将这些模拟量求和，得到与数字量成正比的模拟量。按照电路结构不同，分为权电阻网络 DAC 和倒 T 型电阻网络 DAC 等。DAC 的主要技术指标包括分辨率、转换精度和转换速度等。DAC 电路在工程实践中有广泛的应用，除了能作为数字系统和模拟电路之间的接口以外，还可以实现精确控制和波形发生。

3. 将模拟量转换为数字量的电路简称为 ADC，包括采样、保持、量化和编码等环节。根据 AD 转换的不同原理，分为并行比较型 ADC、双积分型 ADC 和逐次比较型 ADC 等类型，在转换精度和转换速度等方面各有特点。ADC 的主要技术指标有转换精度和转换速度等，此外，使用时还要注意电压范围、输出数字编码、工作温度范围和电压稳定度等。

习题

在线测试

11.1 现有一个 8 位的权电阻网络 DAC 电路如图 11.3 所示，若 $V_R = 5V$，电阻 $R = 1k\Omega$，输入 8 位二进制数分别为 $B = 00000001$、00010000、11111111，试求数模转换的结果。

11.2 倒 T 型电阻网络 DAC 电路如图 11.4 所示，若数模转换的位数为 8，基准电压为 8V，电阻 $R = 1k\Omega$，反馈电阻 $R_f = R$，试求输入数字量为 00001111、10000000 时电路的输出电压。

11.3 图 11.4 所示电路中，若基准电压为 $-5V$，$R_f = R$，转换位数 $n = 4$，试求数字量 $B = 1000$ 对应的输出电压。

11.4 若要求数模转换的分辨率为 4‰，则转换位数应不少于几位？

11.5 已知 AD7520 是 10 位并行输入数模转换器，满刻度输出电压为 12V，试分析当输入数字量为 1 时的输出电压是多少。当输入数字量为 1000010000 时，输出电压是多少？

11.6 AD7520 与计数器 74161 的电路如图 11.26 所示，试分析电路的工作原理，画出运放输出端的波形。

11.7 某输入模拟信号中，最高频率可达 1kHz，试求模数转换电路的采样频率最低值。

11.8 输入模拟信号电压值在 0～5V 之间，现将其转换为 3 位二进制代码，采用四舍五入量化法，分析当信号电压分别为 1V、2V、3V、4V 和 5V 时，对应的二进制代码。

11.9 某 3 位并行比较型模数转换电路，基准电压为 15V，分析当输入模拟信号为 1.5V、4V、10V 时对应的二进制编码。

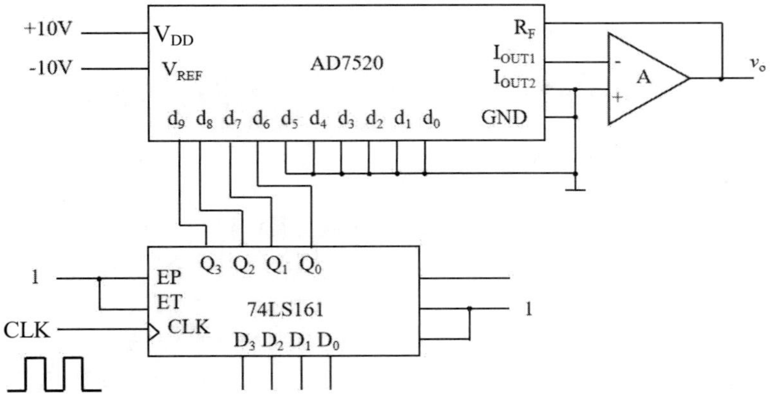

图 11.26　习题 11.6 图

11.10　若 3 位并行比较型模数转换电路的基准电压为 5V，分析当输入模拟信号为 1.5V、4V 时对应的二进制编码。

11.11　某个 8 位的逐次逼近型模数转换电路，时钟频率为 1MHz，完成一次模数转换需要的时间是多少？

11.12　某 10 位 ADC 电路，满量程值输入电压为 10V，请问电路能分辨的最小模拟电压值是多少？

11.13　如图 11.23 所示电路，从 AD0809 输入的模拟信号，最小能分辨的电压是多少？

第 12 章　现代数字电路设计概述

本章课程目标

1. 了解现代数字电路设计要素，能够识别数字电路的 PLD 表达方法。
2. 理解硬件描述语言的结构和常用语句，能够阅读和分析硬件描述语言常用代码。
3. 了解 EDA 集成开发工具，能够在 Quatus II 中完成简单逻辑电路设计的完整流程。

随着微电子技术和计算机技术的飞速发展，数字电路的传统设计方法已经无法适应以大规模、高密度和高速度为特征的现代数字系统，基于 EDA 技术的现代数字系统设计正逐步取代传统的手工设计方法，成为数字系统设计的主流。EDA 是先进的数字电路设计技术，是电子工程师必须掌握的技术之一。EDA 技术是以计算机为工作平台的电子设计自动化技术，辅助进行集成电路设计、电子电路设计和 PCB 设计等工作。EDA 技术是现代电子系统设计的有效手段，如果没有 EDA 技术的支持，要完成超大规模集成电路的设计和制造是难以想象的，当然，EDA 技术也随着电子技术的发展而不断进步。本章简要介绍基于可编程逻辑器件的 EDA 技术，内容包含可编程逻辑器件、硬件描述语言和 EDA 集成开发环境等要素。

12.1　EDA 技术概述

【微课视频】

现代数字电路设计概述

EDA 技术利用计算机完成电子系统的设计，是随着集成电路和计算机技术的飞速发展应运而生的一种高级、快速、有效的电子设计自动化工具。EDA 技术是以计算机和微电子技术为先导的先进技术，汇集了计算机图形学、拓扑学、逻辑学、微电子工艺与结构学以及计算数学等多种计算机应用学科的最新成果。EDA 技术是电子设计技术的发展趋势，利用 EDA 工具可以代替设计者完成电子系统设计中的大部分工作，设计人员只需要完成对系统功能的描述，就可以由计算机软件进行处理，得到设计结果，可以极大地提高设计效率。

广义的 EDA 技术应用于半导体工艺设计自动化、可编程器件设计自动化、电子系统设计自动化、印刷电路板设计自动化、仿真与测试等领域。狭义的 EDA 技术是指以大规模可编程逻辑器件为设计载体，以硬件描述语言为系统逻辑描述的主要表达方式，以计算机、大规模可编程逻辑器件的开发软件及实验开发系统为设计工具，自动完成用软件方式描述的电子系统到硬件系统的逻辑编译、逻辑简化、逻辑分割、逻辑综合及优化、布局布线、逻辑仿真，直至完成对特定目标芯片的适配编译、逻辑映射、编程下载等工作，最终形成集成电子系统或专用集成芯片的一门多学科融合的新技术。

12.1.1　EDA 技术发展历程

随着计算机技术的发展，从 20 世纪 60 年代中期开始，人们就不断开发出各种计算机辅助设计工具来帮助设计人员进行电子系统的设计。电路理论和半导体工艺水平的提高，也对 EDA 技术的发展起了巨大的推进作用，使 EDA 作用范围从 PCB（Printed Circuit Board）板设计延伸到电子线路和集成电路设计，直至整个系统的设计，使 IC 芯片系统应用、电路制作和整个电子系统生产过程都集成在一个环境之中。一般认为 EDA 技术发展大致经历了 CAD、CAE 和 EDA 三个阶段。

1. CAD 阶段

20 世纪 70 年代，随着中小规模集成电路的开发应用，越来越多不同外形的元件被用到印刷电路板上，每片集成电路包含的元件也从几十、几百到几千甚至千万。传统的手工制图设计印刷电路板和集成电路的方法已无法满足设计的精度和效率要求。因此，工程师们开始进行二维平面图形的计算机辅助设计，替代繁杂、机械的版图设计工作，这就产生了第一代 EDA 工具即 CAD 软件。

这一阶段 EDA 技术的特点是一些单独的工具软件，主要有 PCB 布线设计、电路模拟、逻辑模拟及版图的绘制等，通过使用计算机，将设计人员从大量繁琐重复的计算和绘图工作中解脱出来。目前常用的 Protel 早期版本 Tango，以及用于电路模拟的 SPICE 软件和后来产品化的 IC 版图编辑与设计规则检查系统等软件，都是这个阶段的产品。CAD 工具存在的问题主要有两个方面：第一，由于各个工具软件是由不同的公司和专家开发的，只能解决一个领域的问题，完成一个电子系统的设计需要轮流使用不同的软件，设计效率较低；第二，缺乏系统级的设计考虑，对于复杂电子系统的设计，不能提供系统级的仿真与综合，设计错误如果在开发后期才被发现，将给修改工作带来极大不便。

2. CAE 阶段

随着集成电路规模的不断扩大，以及电子系统设计的逐步复杂，电子设计 CAD 的工具随之发展和完善，人们在集成电路与电子系统设计方法学以及设计工具集成化方面取得了许多成果，进入了 CAE 阶段。

在 CAE 阶段，各种设计工具，如原理图输入、编译与连接、逻辑模拟、测试码生成、版图自动布局以及各种单元库已经齐全，由于采用了统一数据管理技术，因而能够将各个工具集成为一个 CAE 系统，按照设计方法学制定的设计流程，可以实现从设计输入到版图输出的全程自动化。设计者能在产品制作之前预知产品的功能与性能，能生成产品制造文件，在设计阶段对产品性能的分析前进了一大步。多数 CAE 系统还集成了 PCB 自动布局布线软件及热特性、噪声、可靠性等分析软件，进而可以实现电子系统设计自动化。如果说自动布局布线的 CAD 工具代替了设计工作中绘图的重复劳动，那么具有自动综合能力的 CAE 工具则代替了设计者的部分工作，对保证电子系统的设计，制造出最佳的电子产品起着关键的作用。但是，大部分从原理图出发的电子设计工具软件仍然不能适应复杂电子系统的设计要求，而具体化的元件图形又制约着优化设计。

3. EDA 阶段

20 世纪 90 年代以后，微电子工艺水平已达到深亚微米级，芯片的工作速度达到 Gbps，相继出现了集成上万只晶体管的微处理器、集成几十万直到上千万储存单元的随机存储器和只读存储器、支持定制单元电路设计的门阵列和可编程逻辑器件等。基于单元库的半定制设计方法，采用门阵列和标准单元法设计的各种专用集成电路 ASIC（Application Specific Integrated Circuit）得到了极大的发展，设计师逐步从使用硬件转向设计硬件，从电路级电子产品开发转向系统级电子产品开发，相应地对电子系统的设计工具提出了更高的要求。这个阶段出现了以高级语言描述、系统仿真和综合技术为特征的第三代 EDA 技术。

第三代 EDA 技术以系统级设计为核心，包括系统行为级描述与结构级综合，系统仿真与测试验证，系统划分与指标分配，系统决策与文件生成等一整套的电子系统设计自动化工具，不仅极大地提高了系统的设计效率，而且使设计人员摆脱了大量的辅助性及基础性工作，将精力集中于创造性的方案与概念的构思上，属于高层次的电子设计方法。

EDA 技术提供了一种“自顶向下”（Top-Down）的全新设计方法，首先从系统设计入手，在顶层进行功能方框图的划分和结构设计，在方框图一级进行仿真、纠错。用硬件描述语言对高层次的系统行为进行描述，在系统一级进行验证。然后用综合优化工具生成具体门电路的网表，其对应的物理实现级可以是印刷电路板或专用集成电路。由于设计的主要仿真和调试过程是在高层次上完成的，有利于早期发现结构设计上的错误，避免设计工作的浪费，同时也减少了逻辑功能仿真的工作量，提高了设计的一次成功率。

12.1.2　EDA 技术特点

传统的数字系统设计采用“自底向上”（Bottom-Up）搭积木的方法，将具有固定功能的通用芯片如 74 系列 TTL 器件或 4000 系列 CMOS 器件搭建成系统，缺乏灵活性，不易实现大型系统的设计，且设计过程中产生大量的设计文档，不易管理。

EDA 技术运用硬件描述语言 HDL 进行电子系统设计，具有很多优势，具体表现为：

（1）以软件设计的方式来设计硬件，提高了设计的自由度，减少所需芯片种类和数量，使整个系统可集成在一个芯片上，体积小、功耗低、可靠性高。

（2）HDL 语言比传统的电路图设计更适合于描述大规模、功能复杂的数字系统，标准化的语言便于设计的复用、交流、修改和文档的管理保存。

（3）采用 HDL 语言设计电子系统时，与具体的器件无关，可以在不同的可编程逻辑器件上实现，设计者拥有完全的自主知识产权。

（4）用软件方式设计的系统到硬件的物理实现之间，由 EDA 工具软件自动完成转换，降低了对设计者硬件知识和硬件经验的要求。

（5）在 EDA 设计过程中可用软件进行各个阶段的仿真，保证设计过程的正确性，降低设计成本，缩短设计周期。

（6）EDA 技术可以实现系统现场编程、在线升级，为产品更新换代提供极大便利。

（7）EDA 工具采用标准化和开放性的框架结构，与硬件平台无关的用户界面可以实现各种 EDA 工具间的优化组合，实现资源共享，有利于大规模、有组织的设计开发工作。

（8）EDA 工具软件配有丰富的库，如元器件图形符号库、元器件模型库、工艺参数库、标准单元库、电路模块库以及 IP 库等，适用于电子系统设计的各个阶段。

12.1.3　EDA 技术发展趋势

未来的 EDA 技术将在仿真、时序分析、集成电路自动测试、高速印刷电路板设计及开发操作平台的扩展等方面取得新的突破，向着功能强大、简单易学、使用方便的方向发展。一方面，电子系统 EDA 设计正从主要着眼于数字逻辑向模拟电路和数模混合电路的方向发展，开发工具要具有混合信号处理能力；另一方面，在硅集成电路制造工艺已进入超深亚微米（Very Deep Sub-Micron，VDSM）阶段，可编程逻辑器件向高密度、高速度、宽频带方向发展。

随着芯片集成度提高，单个芯片内集成通用微控制器/微处理器核心（MCU/MPU Core）、专用数字信号处理器核心（DSP Core）、存储器核心（Memory

Core)、嵌入式软件/硬件、数模混合器件、RF 处理器等，EDA 技术与上述器件间的物理与功能界限已日益模糊，系统描述方式须简便化，高效化和统一化，许多公司已经尝试在 C 语言基础上设计硬件描述语言。

随着 EDA 技术的不断成熟，软件和硬件的概念将日益模糊，使用单一的高级语言直接设计整个系统将成为发展趋势。可以肯定，EDA 技术将在 21 世纪得到快速发展，并产生重大影响。

12.2 可编程逻辑器件

可编程逻辑器件（Programmable Logic Device，PLD）是一种已经封装好，具有一定连线结构的全功能标准电路，可以由用户编程或配置实现所需逻辑功能。在计算机硬件、工业控制、智能仪表、数字视听设备、家用电器等领域得到了广泛的应用，可编程逻辑器件的出现极大地改变了传统的电子系统设计方法。

PLD 自 20 世纪 70 年代后开始发展，经历了可编程逻辑阵列（Programmable Logic Array，PLA）、可编程阵列逻辑（Programmable Array Logic，PAL）、通用阵列逻辑（Generic Array Logic，GAL）、现场可编程门阵列（Field Programmable Gate Array，FPGA）和复杂可编程逻辑器件（Complex Programmable Logic Device，CPLD）等阶段。PLD 的广泛使用不仅简化了电路设计、降低了研制成本、提高了系统可靠性，而且给数字系统的设计和实现过程带来了革命性变化。

随着微电子技术以惊人的速度发展，芯片制造工艺水平已达到深亚微米级，在一个芯片上可集成数百万乃至上千万只晶体管，工作速度可达到 Gbit/s，为制造出规模更大、速度和信息容量更高的芯片系统提供了基础条件，人们已经能够把一个完整的电子系统集成在一个芯片上，即 SoC（System on Chip）。

PLD 是大规模集成电路技术飞速发展和计算机辅助设计、生产和测试相结合的产物，是现代数字系统向超高集成度、超低功耗、超小型封装和专用化方向发展的重要基础，掌握可编程逻辑器件的使用方法，已成为现代电子系统设计人员必须具备的基本技能之一。

目前生产大规模可编程逻辑器件的厂商主要有 Altera、Xilinx、Lattice 和 Actel 等公司，产品各有特点，如 Altera 的产品具有高性能、高集成度和高性价比的特点，且开发工具软件丰富，提供免费使用版本，市场份额大；Xilinx 公司追求高集成度、高速度、低价格和低功耗，发明了 FPGA 器件；Lattice 公司是 CPLD 的开拓者，首创了在系统编程 ISP 技术；Actel 公司的产品加密性好，广泛用于航空航天和军事领域等。

12.2.1　可编程逻辑器件分类

可编程逻辑器件的种类很多，也没有统一的分类标准，通常可以从以下几个角度去分类。

1. 依据可编程逻辑器件的集成度分类

可编程逻辑器件从集成密度上可分为低密度可编程逻辑器件和高密度可编程逻辑器件两类，如图 12.1 所示。

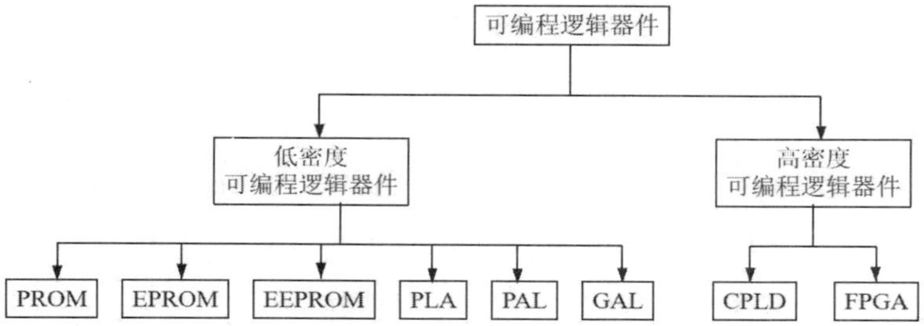

图 12.1　可编程逻辑器件按集成度分类

低密度可编程逻辑器件通常是指早期发展起来的、集成密度小于 700 门/片左右的 PLD，如 PROM、EPROM、EEPROM、PLA、PAL 和 GAL 等。

高密度可编程逻辑器件主要包括复杂可编程逻辑器件 CPLD 和现场可编程门阵列 FPGA，其集成密度大于 700 门/片。如 Altera 公司的 EPM9560，其密度为 12000 门/片，Lattice 公司的 ispLSI3320 为 14000 门/片等，目前集成度最高的 PLD 器件可达几十万门/片以上。

2. 依据可编程逻辑器件内部互连结构分类

从 PLD 的内部互连结构和逻辑单元结构来分，可以分为 CPLD 和 FPGA。

CPLD 的内部互连资源由固定长度的连线资源组成，布线资源确定，因此器件的定时特性通常可以从数据手册上查阅，属于确定型结构。其逻辑单元主要由“与-或”阵列组成，属于阵列型 PLD，或称为乘积项技术，PROM、EPROM、EEPROM、PLA、PAL、GAL 和 CPLD 都属于阵列型 PLD。由于任意组合逻辑都可以用“与-或”表达式描述，所以阵列型结构能实现大量的组合逻辑功能。

FPGA 内部互连结构由多种不同长度的连线资源组成，布线不同，则延时不同，属于统计型结构。其逻辑单元主要是由 SRAM 构成的函数发生器，即查找表 LUT（Look Up Table），通过查找表来实现逻辑函数功能。FPGA 最小的逻辑单元包括查找表、进位链、级联链和一个可编程的寄存器，每个 FPGA 器件中有成千上万个这样的基本单元。

3. 依据可编程特性分类

可编程逻辑器件的编程特性分为一次性编程 OTP（One Time Programmable）和可多次编程 MTP（Many Time Programmable）。

OTP 器件是属于一次性编程的器件，只允许用户对器件编程一次，编程后不能修改，其优点是可靠性与集成度高，抗干扰能力强。典型的产品有 PROM、PAL 和熔丝型 FPGA。

MTP 器件是属于可多次重复编程的器件，允许用户对其进行多次编程、修改或设计，特别适合于系统样机的研制和初级设计者的使用。

4. 依据可编程器件的编程元件分类

可编程逻辑器件的编程元件通常可以分为四类：采用一次性编程的熔丝或反熔丝元件的可编程器件，如 PROM 和 PAL；采用电可写紫外线擦除元件的可多次编程器件如 EPROM 和部分 FPGA；采用电可写电擦除编程元件即 EEPROM 和 Flash 结构的可多次编程器件，包括 GAL、ispLSI 和部分 FPGA；基于静态存储器 SRAM 结构的可多次编程器件，主要是多数的 FPGA 器件。

CPLD 主要是基于 EEPROM 或 Flash 存储器编程，又可分为在编程器上编程和在系统编程两类，编程次数可达 1 万次，系统断电时编程信息也不丢失。

FPGA 大部分是基于 SRAM 编程，编程信息在系统断电时丢失，每次上电时，需从器件外部的存储器中将编程数据重新写入 SRAM，优点是可以编程任意次，也可以在工作中快速编程，从而实现板级和系统级的动态配置。

12.2.2 PLD 电路符号表示方法

在 PLD 电路设计中，逻辑电路符号的表示方法与传统电路中有所不同。如图 12.2 所示是 PLD 电路中最简单和常用的输入互补缓冲器电路符号，输入信号 A 经过输入缓冲电路后，提供原变量 A 和反变量 $\overline{A}$。

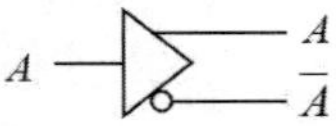

图 12.2 PLD 的互补缓冲器

图 12.3 是 PLD 电路中的不同连接表示方法，图（a）表示不连接，图（b）表示固定连接，图（c）表示编程连接。

图 12.4 是 PLD 中“与”门的表示方法，A、B、C、D 表示与门的输入信号，其中信号 A 是固定连接，C 是编程连接，B 和 D 不连接，F 是输出信号，电路表示的逻辑功能是

$$F=A\cdot C$$

（a）不连接　　（b）固定连接　　（c）编程连接

图 12.3　PLD 电路连接表示

图 12.5 是“或”门的表示方法，信号 A 是固定连接，B、D 是编程连接，C 不连接，F 是输出信号，电路实现的逻辑功能是 $F=A+B+D$。

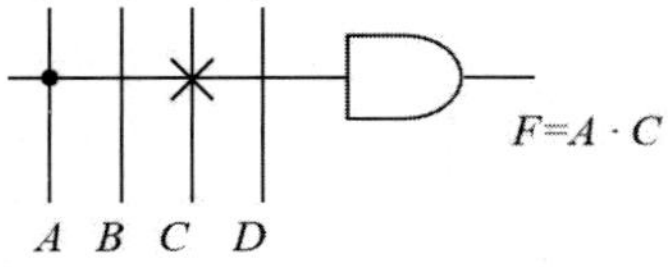

图 12.4　PLD 中“与”阵列表示

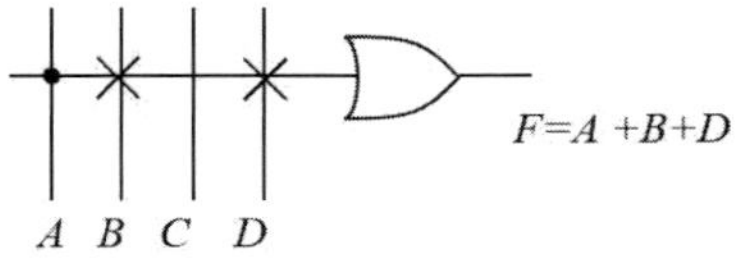

图 12.5　PLD 中“或”阵列表示

12.2.3　PLD 器件的基本结构

PLD 器件的基本结构是由与阵列、或阵列、输入电路和输出电路组成的，如图 12.6 所示。

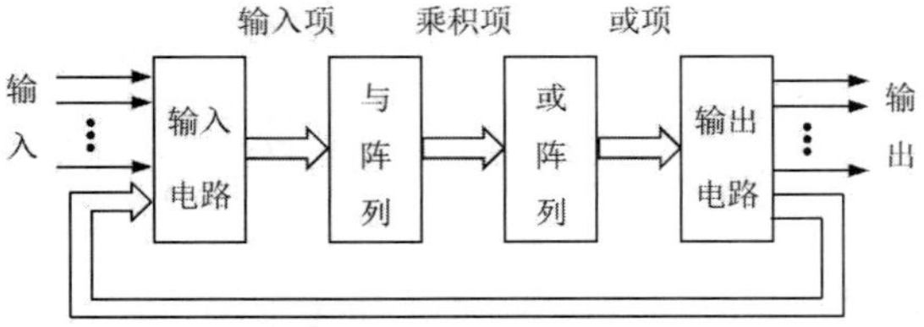

图 12.6　PLD 的基本结构

与阵列和或阵列是电路的主体，主要用来实现组合逻辑函数。因为任意一个组合逻辑都可以用“与-或”表达式来描述，所以 PLD 能以乘积项之和的形式完成组合逻辑功能。

输入电路使输入信号具有足够的驱动能力，并产生互补输入信号。输出电路可以提供不同的输出方式，输出端口上往往带有三态门，通过三态门控制数据直接输出或反馈回输入端。通常 PLD 电路中只有部分电路可以编程或组态。

1. PROM 的基本结构

最早的 PLD 器件是 20 世纪 70 年代初出现的可编程只读存储器 PROM、紫外线可擦除只读存储器 EPROM 和电可擦除只读存储器 EEPROM。除了可以用作只读存储器以外，它们也可以作为 PLD 使用，其逻辑阵列如图 12.7 所示。

图中，I_0、I_1、I_2 是输入信号，经过输入缓冲电路，产生互补信号。PROM 的“与”门阵列固定，8 个“与”门分别产生 I_0、I_1、I_2 的 8 个最小项。PROM 的“或”门阵列可以编程，选择需要的最小项进行"或"运算。例如要实现 $F_1=I_0I_2$，$F_2 = I_0\overline{I}_1 + \overline{I}_0I_1$，则经过编程的 PROM 结构如图 12.8 所示。

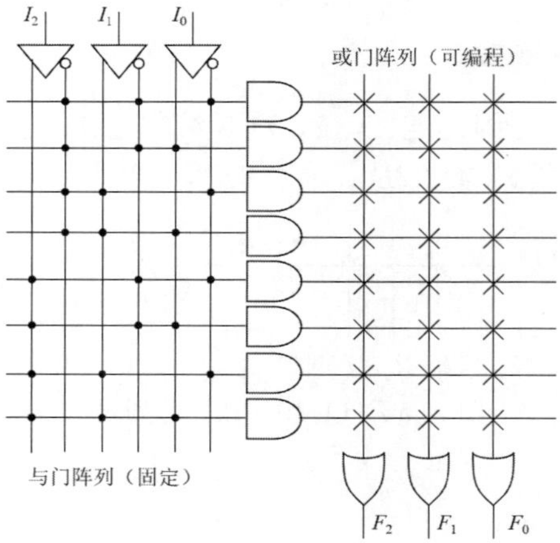

图 12.7 PROM 阵列结构

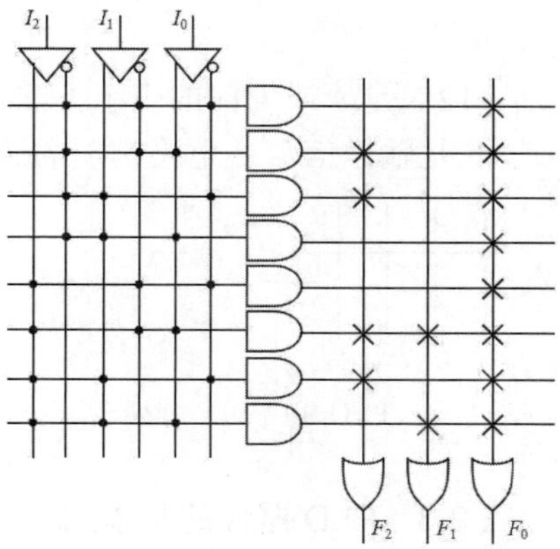

图 12.8 用 PROM 实现组合逻辑功能

对于 n 个输入信号，PROM 可以实现 2^n 个最小项，随着输入变量数的增加，PROM 的阵列规模呈指数增长，芯片利用率大大降低。此外，在实际应用中，绝大多数组合逻辑并不需要所有最小项，因此受结构的限制，PROM 只用于实现简单的逻辑功能。

2. PLA 的基本结构

其后出现了结构更为灵活的可编程逻辑器件，能够完成各种数字逻辑功能，产品主要有可编程逻辑阵列（PLA），阵列结构如图 12.9 所示。

PLA 的与阵列和或阵列都可以编程，使用时需要逻辑函数的最简"与-或"表达式，芯片的利用率高，但是涉及的软件算法比较复杂，尤其对多输入多输出的逻辑函数，处理更加困难。此外，由于两个阵列都需要编程，不可避免使器件的运行速度降低，因此 PLA 不具实用性，但在全定制的 ASIC 设计中仍然吸收其面积利用率高的优势，只是需要由设计者手工完成逻辑函数化简。

3. PAL 和 GAL 的基本结构

PLA 之后又推出了可编程阵列逻辑（PAL）和通用阵列逻辑（GAL）。PAL 和 GAL 器件的逻辑阵列结构相同，如图 12.10 所示。

PAL 与 GAL 的与门阵列可编程，或门阵列固定，连接到或门的乘积项数目固定，大大简化了设计算法。但是单个输出的乘积项数有限，如图 12.10 中，每个输出只允许包含 2 个乘积项之和。对于多个乘积项，PAL 和 GAL 通过输出反馈和互连的方式解决，允许输出端的信号反馈到下一个与阵列。图 12.11 是 GAL16V8 器件的结构图，可以看到输出反馈的结构。

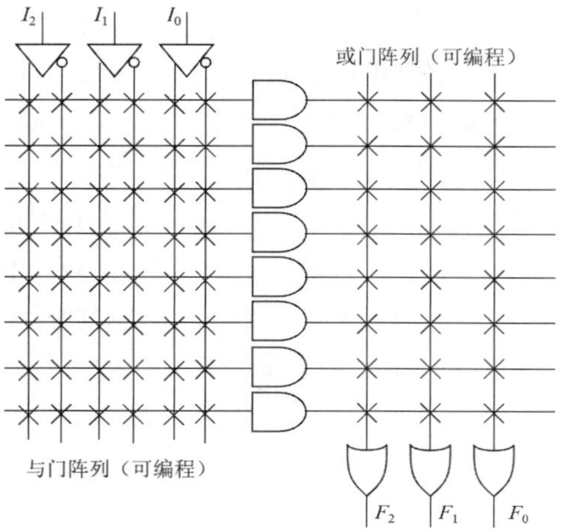

图 12.9　PLA 器件的阵列结构

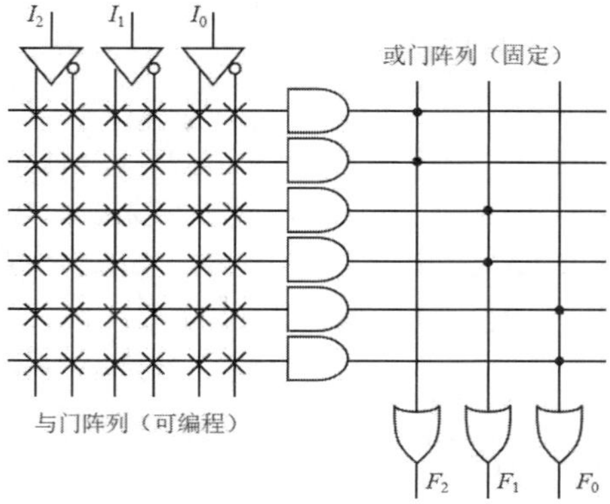

图 12.10　PAL 和 GAL 的门阵列结构

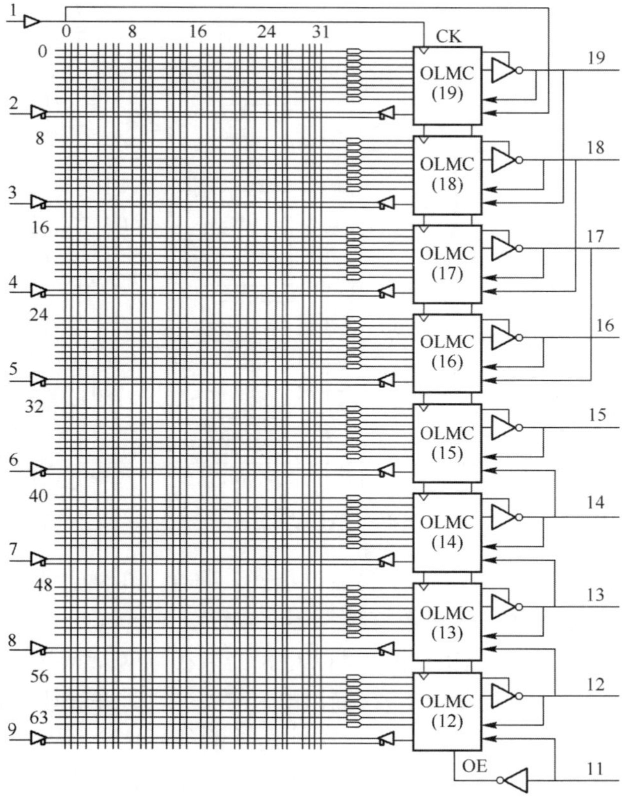

图 12.11　GAL16V8 的结构图

与门阵列和或门阵列只能实现组合逻辑功能，对于时序逻辑电路，必须要有触发器等基本单元。PAL 在输出电路中增加了寄存器单元，能够完成时序电路功能。不同型号的 PAL 器件具有不同的 I/O 结构，在设计不同功能电路时，需要选择不同 I/O 结构的 PAL，给生产和使用带来不便，此外，PAL 采用熔丝编程技术，修改不方便，因此 PAL 芯片在实际中已不存在，在中小规模的数字系统中，GAL 器件仍有应用。

GAL 对 I/O 结构做了很大改进，在输出部分增加了输出逻辑宏单元（Output Logic Macro Cell，OLMC）。OLMC 设有多种组态，可以配置成为专用组合输出、专用输入、组合型输入/输出双向口、寄存器输出、寄存器型输入/输出双向口等，为逻辑电路设计提供了极大的灵活性。

GAL 作为第一个得到广泛应用的 PLD 器件，很多优点都源于 OLMC，OLMC 的内部结构如图 12.12 所示。

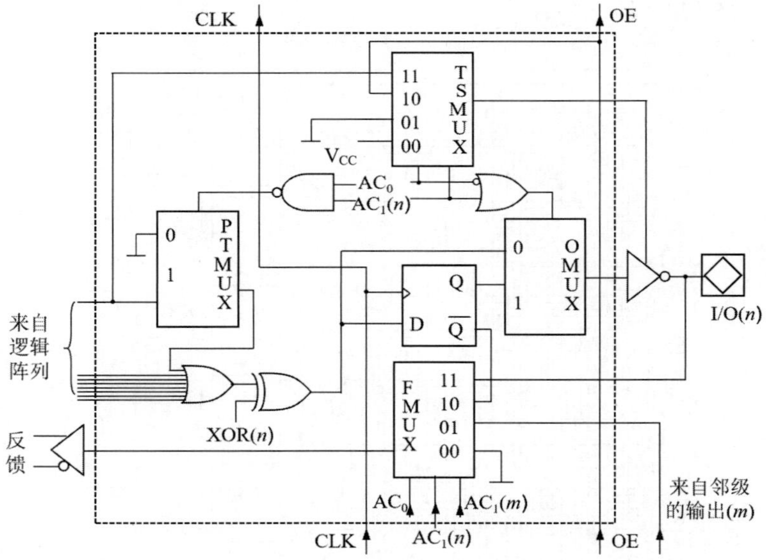

图 12.12　GAL 的 OLMC 结构

OLMC 是一种灵活的、可编程的输出结构，每个 OLMC 主要由 1 个或门、1 个异或门、1 个 D 触发器和 4 个数据选择器（MUX）组成。

OLMC 中的或门有 8 个输入端，可以对 8 个乘积项进行或运算；异或门可以选择输出信号的极性；D 触发器用于存储输出状态，实现时序逻辑功能；数据选择器分别为乘积项选择器（PTMUX）、三态缓冲器使能信号选择器（TSMUX）、输出类型选择器（OMUX）和反馈源选择器（FMUX）。通过不同的选择方式可以产生多种输出结构。

OLMC 中的 AC0，AC1(*n*)和 AC1(*m*)是可编程的位，AC0 是整个芯片共用的编程位，AC1(*n*)是对应 OLMC 的编程位，AC1(*m*)表示相邻 OLMC 单元的编程位，这些编程位取不同的 0 或 1 值，可以对四个数据选择器的输入进行不同的选择。这些编程位由 GAL 的结构控制字决定。以 GAL16V8 为例，共有 8 个 OLMC，最多有 64 个乘积项输入，其结构控制字如图 12.13 所示。

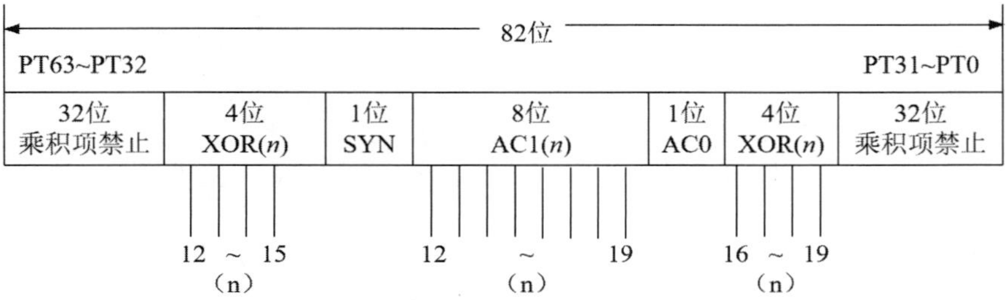

图 12.13　GAL 的结构控制字

GAL16V8 的结构控制字共 82 位，每位取值为 1 或 0，XOR(*n*)和 AC1(*n*)字段下的数字对应各个 OLMC 的引脚号。64 个乘积项禁止位决定某一个乘积项是否参加或门运算，XOR(*n*)对相应输出引脚的信号极性进行控制，SYN 的取值决定组合型输出或是时序型输出（寄存器型），AC0 和 AC1(*n*)共同控制各数据选择器的工作。通过对结构控制字中每位的编程设置，将 OLMC 配置为不同的输出结构。

OLMC 能够对电路进行重构，也能将输出端的功能移植到相邻输入引脚上，在一定程度上简化了电路板的布局布线，使系统可靠性进一步提高。GAL 是在 PAL 基础上设计的，与许多 PAL 器件保持兼容性，一个 GAL 器件能替代多片 PAL 器件，是目前仍在应用的简单 PLD 器件。

4. CPLD 的基本结构和工作原理

CPLD 是复杂可编程逻辑器件，能够实现复杂的数字系统功能。CPLD 器件的逻辑规模比较大，一般把集成度超过某一规模（例如 1000 门以上）的 PLD 器件都称为 CPLD，目前已有集成度高达 300 万门以上、系统频率为 200MHz 以上的产品。生产 CPLD 器件的著名厂家主要有美国的 Altera、AMD、Lattice、Cypress 和 Xilinx 等。

CPLD 由 GAL 发展起来，其主体仍是与或阵列，其中与阵列可编程，或阵列固定，称为可编程逻辑宏单元；在器件中心有一个时延固定的可编程连线阵列，固定长度的金属线实现逻辑单元之间的互连；CPLD 增加了 I/O 控制模块的数量和功能。

虽然 CPLD 种类繁多、特点各异，但基本结构主要由三部分组成——可编程逻辑块（Logic Array Block，LAB）、可编程 I/O 控制模块（Input Output Control，IOC）和可编程内部连线阵列（Programmable Interconnect Array，PIA），如图 12.14 所示。

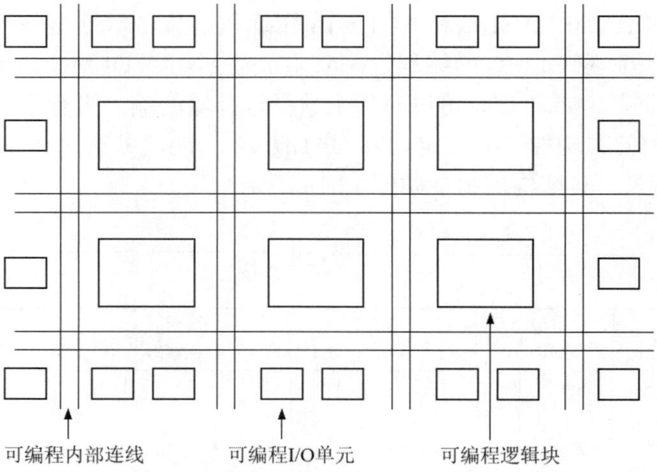

图 12.14　CPLD 基本结构

（1）可编程逻辑块。CPLD 由多个可编程逻辑块组成的阵列以及阵列之间的连线组成。可编程逻辑块通过可编程连线阵列与全局总线连接在一起，全局总线可连接至所有的专用输入和双向 I/O 引脚。每个可编程逻辑块内有多个逻辑宏单元，逻辑宏单元主要包括与阵列、或阵列、可编程触发器和多路选择器等电路，能独立地配置为组合逻辑或时序逻辑工作方式，如图 12.15 所示是可编程逻辑宏单元的结构，图中“⊕”表示可编程单元。

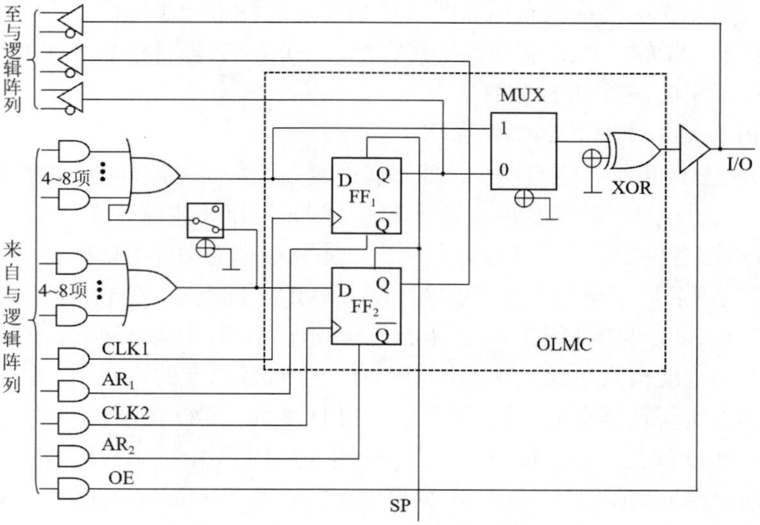

图 12.15　可编程逻辑宏单元结构

CPLD 与 GAL 器件相比，不仅集成度高，逻辑宏单元也做了很多改进，使器件功能得到极大增强。CPLD 的逻辑宏单元采用乘积项共享结构，如图 12.16 所示。图中每个或门的输入乘积项为 5 个，当要实现多于 5 个乘积项的逻辑函数时，可以借助编程开关将其他宏单元中未使用的乘积项拿来共享，即乘积扩展项，如图 12.16（a）所示；也可以编程将其他逻辑宏单元中的或门与之联合起来使用，即并联扩展项，如图 12.16（b）所示。可以看出每个共享扩展项可以被任何宏单元使用和共享，并联扩展项可以从邻近的宏单元中借用，宏单元中不用的乘积项也可以分配给其他的宏单元。因此，乘积项共享结构提高了资源利用率，可以快速实现复杂的逻辑函数。

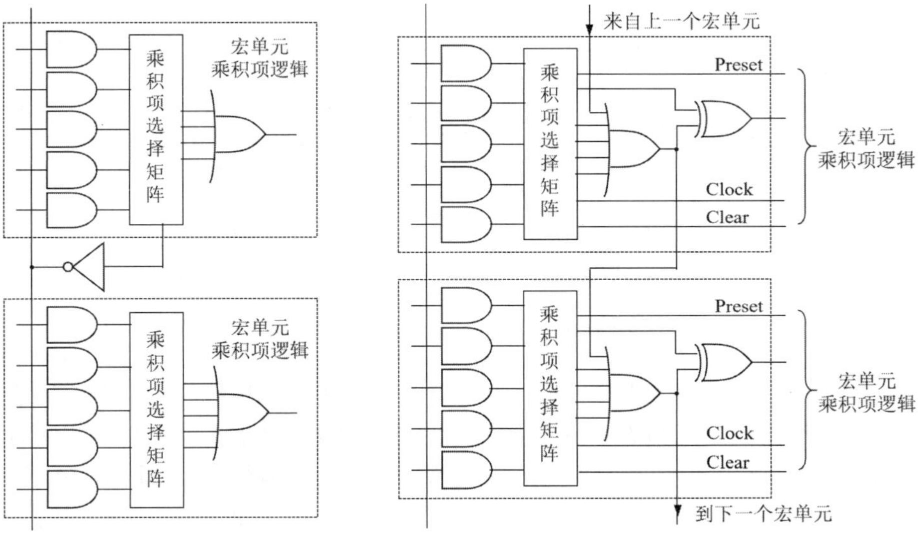

（a）乘积扩展项　　（b）并联扩展项

图 12.16　乘积项共享结构

GAL 器件的输出逻辑宏单元 OLMC 中只有 1 个触发器，而 CPLD 器件的逻辑宏单元中通常含有 2 个或以上的触发器，其中只有 1 个触发器和输出端相连，其余的触发器不与输出端连接，但可以通过相应的缓冲电路反馈到与阵列，从而与其他触发器一起构成较复杂的时序逻辑电路，这些不与输出端连接的触发器叫作“隐埋”触发器，“隐埋”触发器在不增加引脚数目的情况下，增加了内部资源。这种多触发器结构增强了器件实现时序逻辑功能的能力。

CPLD 器件中各触发器可以通过数据选择器或时钟网络选择不同的时钟。此外，各触发器的异步清零和异步置位也可以用乘积项进行控制，使用更加灵活。

（2）可编程 I/O 控制模块。CPLD 的可编程 I/O 控制模块是内部信号到 I/O 引脚的接口部分。不同器件的 I/O 控制结构有所不同。CPLD 器件的端口除了少数几个专用输入端，如全局清零信号输入、时钟信号输入等，其余大部分为双向 I/O 端。每个 I/O 引脚都有对应的 I/O 控制单元，可以单独地配置为各种输入输出结构，如专用输入、专用输出、双向工作、寄存器输入等。图 12.17 所示为 CPLD 的一种 I/O 控制单元结构。

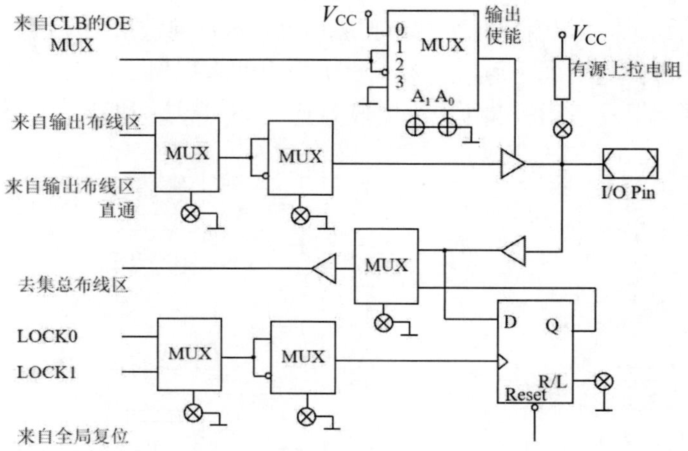

图 12.17　可编程 I/O 控制单元结构

（3）可编程内部连线阵列。CPLD 器件的可编程内部连线阵列在各逻辑宏单元之间以及各逻辑宏单元和 I/O 单元之间提供互连网络。CPLD 全局总线将所有的专用输入、I/O 控制模块和逻辑宏单元输出信号送至连线阵列，连线阵列再把这些信号送到器件内各个地方，这种互连机制有很大的灵活性，允许在不影响引脚分配的情况下改变内部的设计。

MAX II 是 Altera 公司的 CPLD 器件，采用基于查找表的 FPGA 技术，在内部集成配置芯片，因此是瞬时接通。MAX II 的器件型号和片内资源见表 12.1，具体的结构这里不作详细介绍。

表 12.1　MAX II 器件及内部资源

特征	EPM240/G	EPM570/G	EPM1270/G	EPM2210/G
逻辑单元数	240	570	1270	2210
等效宏单元数	192	440	980	1700
最大用户 I/O	80	160	212	272
内置 Flash 大小/bit	8K	8K	8K	8K
管脚到管脚延时/ns	3.6～4.5	3.6～5.5	3.6～6.0	3.6～6.5

5. FPGA 的结构和工作原理

FPGA 通常是指采用查找表技术的 PLD 器件，查找表（Look-Up-Table）简称 LUT，LUT 本质上就是一个 RAM。目前 FPGA 中多使用 4 输入的 LUT，所以每一个 LUT 都可以看成一个有 4 位地址线的 16×1 位的 RAM，如图 12.18 所示。

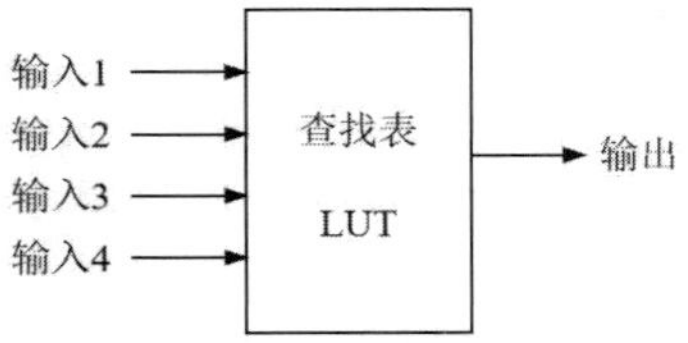

图 12.18　查找表原理

当用户通过原理图或硬件描述语言描述了一个逻辑电路以后，EDA 开发软件会自动计算逻辑电路所有可能的结果，并把结果事先写入 RAM，这样，每次输入一个信号进行逻辑运算，就等于输入一个地址进行查表，找出地址对应的内容，然后输出即可。例如设输入信号为 A、B、C、D，输出信号为 F，如果要实现 $F=\overline{ABCD}+ABCD$ 的逻辑功能，只要在 RAM 中地址为 0000 和 1111 的单元内写入 1，其余单元写入 0，就能实现相应的逻辑功能。

Xilinx 公司在 1985 年推出了 FPGA 器件，随后 FPGA 不断向着集成度更高，速度更快，价格更低，功耗更小的方向发展。不同公司的不同 FPGA 产品具有不同的结构体系、处理工艺和编程方法。下面以 Xilinx 公司的 XC4000 系列产品为例，介绍基于查找表技术的 FPGA 基本结构。典型的 FPGA 结构如图 12.19 所示，主要由可配置逻辑功能块（Configurable Logic Blocks，CLB）、可编程输入输出模块（Input Output Block，IOB）、可编程内部连线资源（Interconnect Resource，IR）组成。

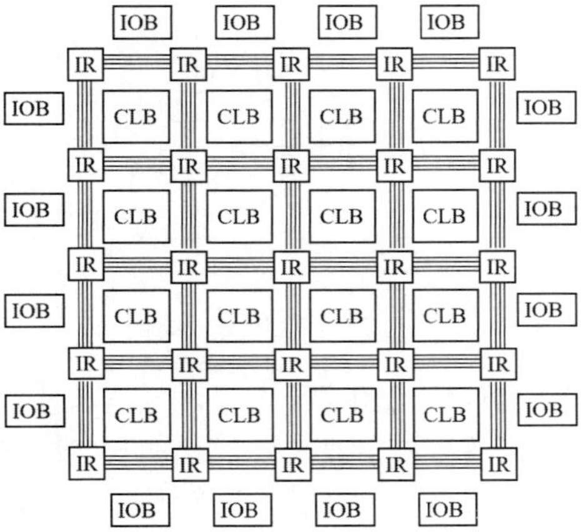

图 12.19　FPGA 的基本结构

可配置逻辑功能块 CLB 是 FPGA 的基本逻辑单元，提供用户需要的逻辑功能，通常规则地排列成一个阵列，散布于整个芯片；IOB 完成芯片上内部逻辑与外部封装引脚的接口，排列在芯片的四周，可以通过编程配置为输入、输出或双向工作三种方式；IR 包括各种长度的连线线段和可编程连接开关，连接各个 CLB 及 IOB，构成特定功能的电路。改变 CLB 的设置或改变各 CLB 与 IOB 之间的连接就能改变芯片的功能，因此 FPGA 的功能很灵活。

由于 LUT 主要适合 SRAM 工艺生产，所以目前大部分 FPGA 都是基于 SRAM 工艺的，即配置数据存放在芯片内的 SRAM，而 SRAM 工艺的芯片在掉电后信息就会丢失，一定需要外加一片专用配置芯片，如 EPROM、E^2PROM 等，在系统上电的时候，由这个专用配置芯片把数据加载到 FPGA 中，然后 FPGA 就可以正常工作，由于配置时间很短，不会影响系统正常工作。也有少数 FPGA 采用反熔丝或 Flash 工艺，对这种 FPGA 就不需要外加专用的配置芯片。

（1）可配置逻辑功能块。如图 12.20 所示是 XC4000 系列 FPGA 器件的可配置逻辑功能块 CLB 结构。

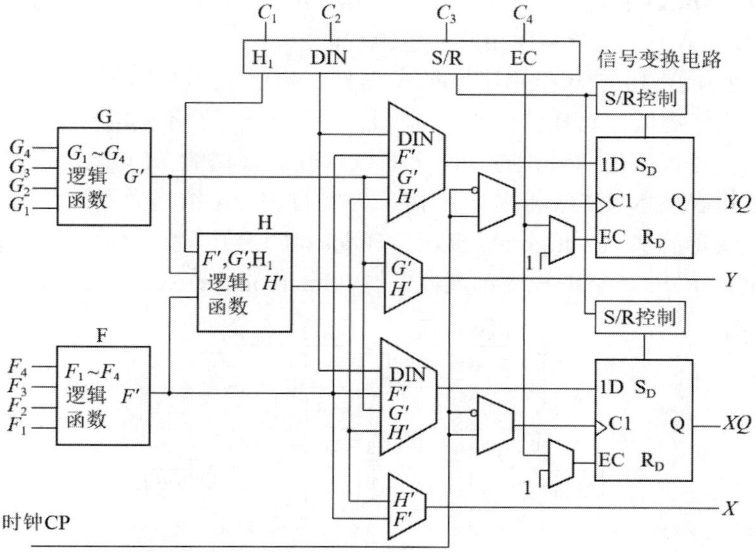

图 12.20　CLB 基本结构

每个 CLB 包含 3 个逻辑函数发生器，2 个触发器和若干编程控制的多路开关。有 N 个输入信号的函数发生器可以由容量为 2^N 位的 SRAM 实现，输入线作为 SRAM 的地址线，SRAM 的输出就是逻辑函数值。3 个逻辑函数发生器分别以 G、F 和 H 表示，它们的传输延时与函数的复杂程度无关，每个函数发生器的结果都可以以组合逻辑或时序逻辑的方式独立输出。一般大多数组合逻辑函数的输入不多于 4 个，因此两个独立的函数发生器 G、F 为设计者提供了很大的灵活性。函数发生器 H 的 3 个输入端分别是 G'、F'和来自外部的输入 H_1，这样，1 个 CLB 可以产生最高达 9 输入的任何逻辑函数，CLB 逻辑函数发生器的配置如图 12.21 所示。

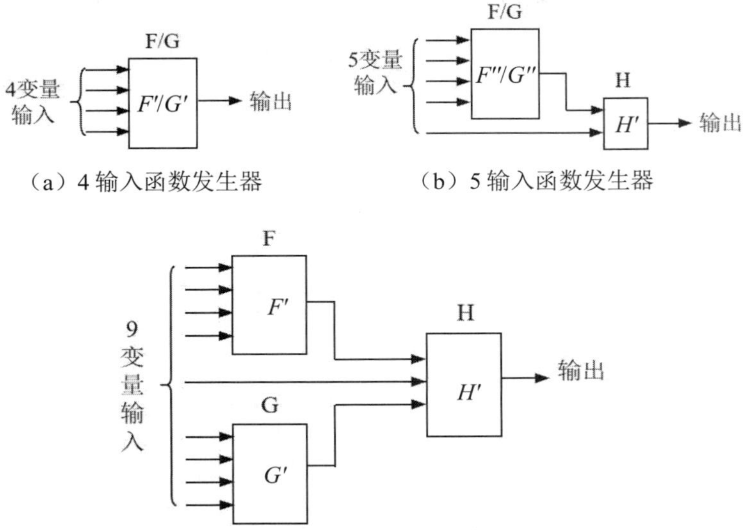

（a）4 输入函数发生器　（b）5 输入函数发生器

（c）9 输入函数发生器

图 12.21　CLB 的逻辑函数发生器配置

（2）可编程输入输出模块。可编程输入输出模块 IOB 分布于 FPGA 器件的四周，可以灵活编程以实现不同的功能，每个 IOB 控制一个外部引脚，基本结构如图 12.22 所示。图中 IOB 的输出端配有两只 MOS 管，构成输出专用推拉电路，它们的栅极均可编程，使 MOS 管导通或截止，分别经上拉电阻或下拉电阻接通电源、地线或者不接通，用以改善输出波形和负载能力。

（3）可编程内部连线资源。可编程内部连线资源 IR 将 CLB 的输入与输出之间、CLB 与 CLB 之间、CLB 与 IOB 之间连接起来，布线通道由许多金属段构成，带有可编程开关，可以选择单长线或双长线连接，通过自动布线实现所需功能的电路连接。

单长线是贯穿于 CLB 之间的垂直和水平金属线段，长度分别等于相邻 CLB 的行距和列距，如图 12.23（a）所示，提供了相邻 CLB 之间的快速互连和复杂互连的灵活性，任意两点间的连接都要通过开关矩阵。

双长线用于将两个并不相邻的 CLB 连接起来，长度是单长线的两倍，需要经过两个 CLB 之后，才能通过开关矩阵，如图 12.23（b）所示。

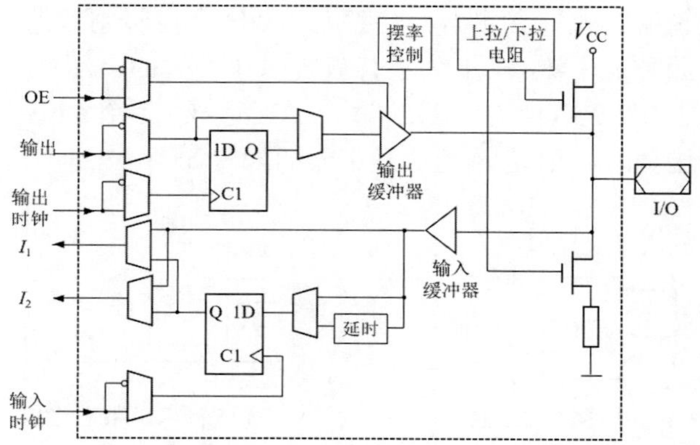

图 12.22 IOB 基本结构

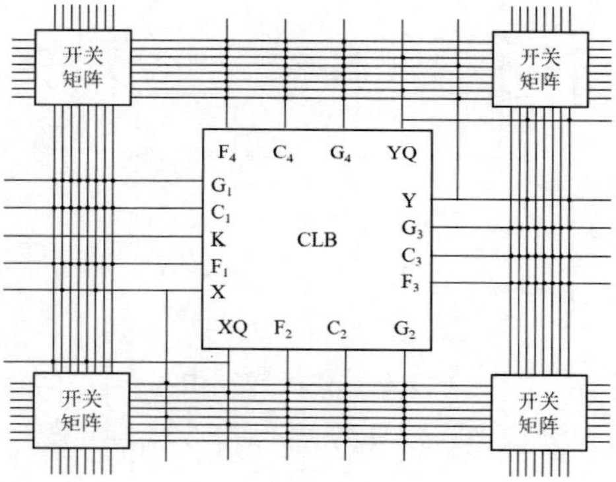

（a）单长线结构

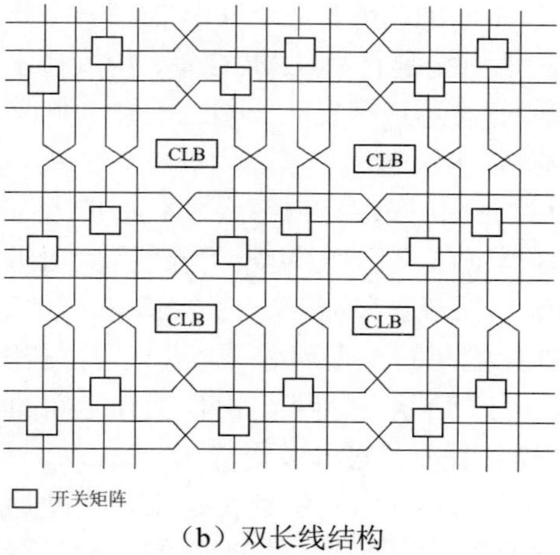

（b）双长线结构

图 12.23 可编程内部连线

由于单长线和双长线的信号传输要经过开关矩阵，因此信号传输有延时，对于某些特别重要的信号，可以通过专用长线传输，专用长线不经过开关矩阵，长度跨越整个芯片，如图 12.24 所示。可见，FPGA 器件的内部时延与器件结构及逻辑布线等有关，信号传输时延不确定。

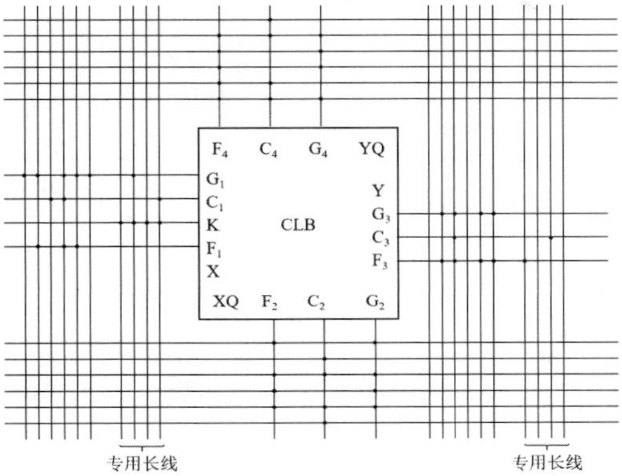

图 12.24　长线结构

Altera 公司的 FPGA 器件包括 Stratix、Cyclone、APEX、FLEX10K、ACEX1K 等系列器件，其中 Stratix 是高端的主流器件，Cyclone 是低成本的主流产品。Cyclone 系列器件的型号和内部逻辑资源见表 12.2。

表 12.2　Cyclone 系列器件的内部逻辑资源

特性	EP1C3	EP1C4	EP1C6	EP1C12	EP1C20
LE	2910	4000	5980	12060	20060
M4K RAM 块（128×36bits）	13	17	20	52	64
RAM bits	59904	78336	92160	239616	294912
PLLS	1	2	2	2	2
最大可用 I/O 引脚数	104	301	185	249	301

12.3　硬件描述语言 HDL

12.3.1　HDL 概述

设计一个数字逻辑系统，传统的做法是采用通用的标准逻辑器件，例如 74 系列，绘制电路原理图，设计者必须通过搭建硬件平台例如电路板来进行验证。随着电子系统设计的集成度、复杂度越来越高，传统的原理图设计方法已经不能满足设计的要求。

硬件描述语言 HDL 是用来设计电子系统硬件电路的计算机语言，它用软件编程的方式来描述电子系统的逻辑功能、信号连接和时序关系，采用形式化方式描述数字电路，设计数字逻辑系统。硬件描述语言是 EDA 技术的重要组成部分，也是 EDA 技术发展到高级阶段的一个重要标志。

常见的硬件描述语言包括 VHDL、Verilog HDL、AHDL、System Verilog 和 System C 等，但在 IEEE 工业标准中，主要有 VHDL 和 Verilog HDL，是当前最流行的硬件描述语言，得到几乎所有主流 EDA 工具的支持。VHDL 发展较早，始于美国国防部的超高速集成电路计划，目的是给出一种与工艺无关、支持大规模系统设计的标准方法和手段，其语法严格，是一种全方位的硬件描述语言。Verilog HDL 语言最初是由 Gateway Design Automation 公司于 1983 年为其模拟器产品开发的硬件建模语言，于 1995 年成为 IEEE 标准。Verilog HDL 是在 C 语言的基础上发展起来的，语法较自由，具有简洁、高效、易用的特点。

HDL 语言可以采用三种不同方式或混合方式对设计建模，包括：

（1）行为描述方式：使用过程化结构建模。

（2）数据流方式：使用连续赋值语句方式建模。

（3）结构化方式：使用门电路和模块实例语句描述建模。

HDL 语言和传统的原理图输入方法的关系就好比是高级语言和汇编语言的关系。HDL 的可移植性好，使用方便，易于共享和复用，但效率不如原理图；原理图输入的可控性好，效率高，比较直观，但设计大规模逻辑系统时显得很繁琐，移植性差。HDL 更适合大规模数字系统的设计，例如设计一个 32 位的加法器，利用传统图形输入软件需要输入 500 至 1000 个逻辑门，而利用 HDL 语言只需要用“A=B+C”即可表达。在实际的 PLD 设计中，通常建议采用原理图和 HDL 结合的方法来设计。需要注意的是，HDL 描述的毕竟是硬件电路，包含有许多硬件特有的结构和特点，例如电路具有并行性，程序在调试时不能采用单步执行或断点等调试手段等。

本书以 Verilog HDL 语言为例介绍硬件描述语言基本知识。

12.3.2 Verilog HDL 基本结构

Verilog HDL 语言中的基本描述单位是模块（module）。模块描述某个设计的功能或者结构，并包括该模块与其他外部模块进行通信的端口。模块可以进行层次嵌套，将大型的数字电路设计分割成不同的小模块来实现特定的功能，最后通过顶层模块调用子模块来实现整体功能。

模块是由两部分组成的，一部分是接口描述，另一部分是逻辑功能描述。一个模块由模块名（module_name）、端口列表（port_list）、变量声明（reg、wire、parameter）、端口声明（input、output、inout）、行为描述语言（initial、always）、赋值语句（continuous assignment）、其他子模块（module instantiation、UDP instantiation）、任务及函数（task、function）等组成。

模块的基本结构如下：

```
module   module_name( port_list);       //module_name 是模块名，port_list 是端口列表
    reg,wire,parameter,                  //变量声明
    input,output,inout…                  //端口说明

    initial statement                    //行为描述，功能定义
    always statement
    continuous assignment                //赋值语句

    module instantiation                 //模块例化
    UDP instantiation                    //用户自定义模块例化

endmodule
```

Verilog HDL 模块总是以 module 开始，并在最后以 endmodule 结尾。每个 Verilog HDL 程序都包括端口定义、I/O 说明、内部信号声明和功能定义 4 个主要部分。

【例 12.1】如图 12.25 所示为一个上升沿有效的 D 触发器，其中 clk 为触发器的时钟，data 和 q 分别为触发器的输入和输出，试用 Verilog HDL 语言描述此触发器的结构和功能。

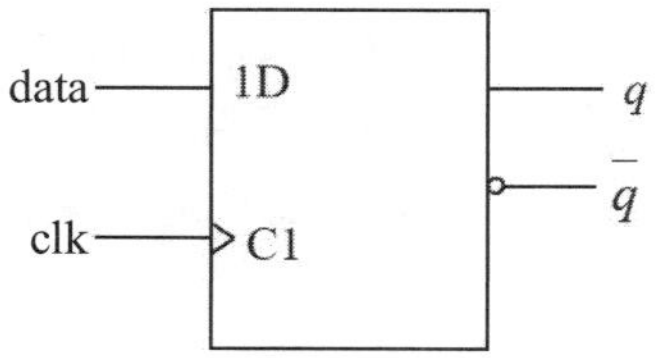

图 12.25　上升沿 D 触发器

解：描述如图 12.25 所示 D 触发器的 Verilog HDL 语言程序如下：

```
module dff_pos(data,clk,q);
input data,clk;
output q;
req q;
always   @ (posedge clk)
   q=data;
```

endmoudle

1. 模块的端口定义

模块的端口声明了模块的输入输出口。其格式如下：

module 模块名（端口 1，端口 2，端口 3，……）

模块的端口定义，是对该模块中与其他外部模块进行通信端口的说明，表示模块的输入和输出端口名。

2. I/O 说明

常见 I/O 端口类型有输入（input）、输出（output）和双向（inout），分别表示数据流的方向是输入，输出或双向的。举例说明如下：

```
inout [31:0]   sign;             //32 位双向口 sign
output[7:0]   data_1,data_2; //两个 8 位输出口 data_1，data_2
input   clk;                     //1 位时钟输入口 clk
module mux（output dat_out, input a,input b,input cs）;
                                 //定义多路器 mux，一个输出口 dat_out，三个输入口 a、b、cs
```

3. 内部信号声明

内部信号声明格式与 I/O 说明格式比较类似，在 Verilog HDL 中，数据类型有两个大类，分别为线网类型（Net Type）和变量类型（Variable Type）。线网类型表示结构实体之间的物理连接；变量类型表示一个抽象的数据存储单元。

例如：

```
reg   [7:0]   reg_number;    //8 位变量 reg_number
wire   data,clk;             //1 位线网类型信号 data,clk
wire   [31:0]   paralleldata; //32 位线网类型信号 paralleldata
```

4. 功能描述

功能描述是 Verilog HDL 模块中最重要的部分，它决定模块的逻辑功能。这部分最常用到的是 assign 声明语句和 always 声明语句。

（1）assign 声明语句。assign 声明语句通常用来描述组合逻辑，句法很简单，只需要写一个“assign”（赋值），后面再加一个方程式即可。例如：

```
assign   s=a & b & c;
```

该语句描述了一个三输入的与门，这是一个组合逻辑。

assign 声明语句大多用在输出信号可以和输入信号建立某种直接联系的情况，这种联系通常可以用逻辑表达式或算术表达式描述。需要注意的是，assign 只能用来描述组合逻辑电路，而不能用于描述时序逻辑电路。

（2）always 声明语句。always 声明语句既可以用来描述组合逻辑，也可以用来描述时序逻辑。在 Verilog HDL 中，只要指定的事件发生，由 always 指定的内容将不断地重复运行，不论该事件已经发生了多少次。这恰恰反映了硬件电路的实际特征，即在通电的情况下电路将不断运行。

always 声明语句最常用的两种事件是电平触发和边沿触发。电平触发是指当某个信号的电平发生变化时，执行 always 指定的内容；边沿触发是指当某个信号的上升沿或下降沿到来时，执行 always 指定的内容。

电平触发的写法是在“@”后面直接写触发信号的名称；边沿触发的写法是在“@”后面写“posedge 信号名”或者“negedge 信号名”，posedge 代表信号的上升沿，negedge 则代表信号的下降沿。例如：

```
always @(a or b or c)
s=a&b&c;
```

该语句描述的是一个三输入的与门，是组合逻辑。

always 语句同样可以描述时序逻辑，例如：

```
always@（posedge clr or posedge clk）        //触发条件是 clr 和 clk 信号的上升沿
    begin
        if(clr) q<=0;
        else q<=d;
    end
```

上述语句描述了一个带有异步清零端的 D 触发器，clr 为清零端，clk 为时钟信号。

在 Verilog HDL 模块中的所有过程块（如 initial、always）、连续赋值语句、实例引用都是并行的，在同一个模块中他们出现的先后次序不会影响电路动作的先后。

5. 模块调用

在 Verilog HDL 程序中，高层模块常常通过调用低层模块来构成复杂系统。如图 12.26 所示通过调用 1 位全加器构建一个 4 位全加器。

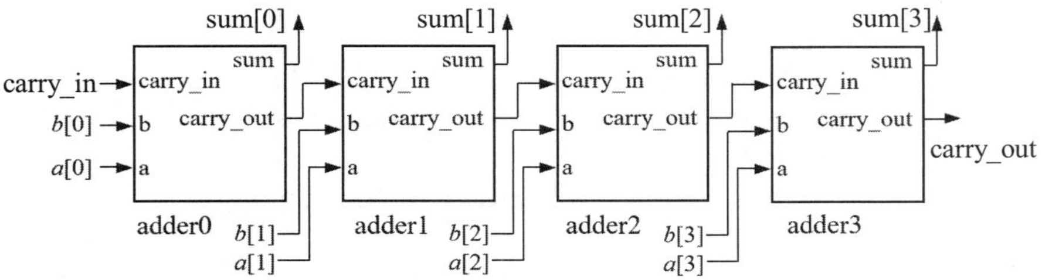

图 12.26　由 1 位全加器构建的 4 位全加器示意图

图中，adder0、adder1、adder2 和 adder3 是 4 个 1 位全加器，通过将低位的进位 carry_out 连接到高位的 carry_in 就组成了一个 4 位的串行全加器。

【例 12.2】试将图 12.26 中的 4 位串行全加器用 Verilog HDL 语言描述。

解： 首先用 Verilog HDL 语言构建 1 位全加器。

```
module myadder(a,b,carry_in,sum,carry_out); //myadder 是 1 位全加器的模块名称
```

```
    //端口类型列表
    input   a,b,carry_in;           //1 位加数 a 和 b, 从低位传入的进位 carry_in
    output  sum, carry_out;         //1 位和, 向高位的进位 carry_out
    wire   a,b,carry_in;            //线网型信号
    wire   sum, carry_out;          //线网型信号
    // 逻辑功能描述
    assign { carry_out ,sum}=a+b+carry_in;
endmodule
```

然后通过调用 1 位全加器模块构建 4 位全加器。

```
`include "myadder"                 //文件包含语句，在编译时，这一行将被 myadder 模块替代
module adder4(a,b,carry_in,sum,carry_out);   //adder4 是模块名称
    //端口类型列表
    input [3:0] a,b;               //4 位加数
    input        carry_in;         //从低位传入的进位
    output [3:0]   sum;            //4 位的和
    output       carry_out;        //向高位的进位
    wire [3:0] a,b;                //4 位线网型
    wire        carry_in;
    wire [3:0]   sum;
    wire       carry_out;
    reg [3:0]    sum;              //4 位寄存器型
    reg         carry_out;
    //定义内部变量
    wire   carry_out0;
    wire   carry_out1;
    wire   carry_out2;
    //逻辑功能描述部分
    //创建 4 个 1 位全加器模块实例，构建 1 个 4 位全加器
    myadder adder0 (.a(a[0]),.b(b[0]),.carry_in(carry_in),.sum(sum[0]),
    .carry_out(carry_out0));
    myadder adder1 (.a(a[1]),.b(b[1]),.carry_in(carry_out0),.sum(sum[1]),
    .carry_out(carry_out1));
    myadder adder2 (.a(a[2]),.b(b[2]),.carry_in(carry_out1),.sum(sum[2]),
    .carry_out(carry_out2));
    myadder adder3 (.a(a[3]),.b(b[3]),.carry_in(carry_out2),.sum(sum[3]),
    .carry_out(carry_out));
endmodule
```

对于由 4 个 1 位全加器模块实例，构建 1 个 4 位全加器语句，myadder 是要调用的模块名称，随后的 adder0-3 是在调用 myadder 模块时创建的实例名称。

在 Verilog HDL 中要调用某个模块就要创建一个该模块的实例。这和面向对象

语言中创建某个类的对象一样，模块 myadder 就相当于类，而 adder0-3 就相当于创建的对象。一共创建了 4 个 myadder 模块的实例，分别是 adder0、adder1、adder2 和 adder3。随后的括号内列出了 myadder 模块的端口列表和 adder0-3 实例端口的连接方式。

整个电子系统就由这样的 module 模块所组成，一个模块可以大到代表一个完整系统，也可以小到仅仅代表一个最基本的逻辑单元。从模块外部加以考察，一个模块由模块名以及相应的端口特征所唯一确定。模块内部具体行为的描述并不会影响该模块与外部之间的连接关系。

一个 Verilog HDL 程序模块可以被任意多个其他模块所调用。 但由于 Verilog HDL 所描述的是具体硬件电路，一个模块代表具有特定功能的一个电路块，每当它被某个其他模块调用一次时，则在该模块内部被调用的电路块将被原原本本地复制一次，这是与软件中子程序调用完全不同的，软件子程序调用并不会重复占用资源。

12.3.3　Verilog HDL 的描述方式

Verilog HDL 具有行为描述和结构描述功能。

行为描述是对设计电路逻辑功能的描述，并不用关心设计电路使用哪些元件以及这些元件之间的连接关系。行为描述属于高层次的描述方法，在 Verilog HDL 中，行为描述包括系统级（System Level）、算法级（Algorithm Level）描述方法和寄存器传输级（Register Transfer Level，RTL）等 3 种抽象级别。

结构描述是对设计电路的结构进行描述，即描述电路使用的元件以及这些元件之间的连接关系。结构描述属于低层次的描述方法，在 Verilog HDL 中，结构描述包括门级（Gate Level）和开关级（Switch Level）两种抽象级别。

1. Verilog HDL 行为描述

Verilog HDL 行为描述是最能体现 EDA 风格的硬件描述方式，它和其他软件编程语言类似，通过行为语句来描述电路要实现的功能，表示输入与输出间的转换，不涉及具体结构。

下面以图 12.27 所示的 2 选 1 数据选择器为例，介绍其 Verilog HDL 行为描述程序模块。

【例 12.3】试用 Verilog HDL 语言描述图 12.27 所示的 2 选 1 数据选择器。

解：2 选 1 数据选择器的输入信号为两个数据源 a 和 b，选择端为 sel；输出信号为选择输出端 out，采用 Verilog HDL 语言行为描述方式，源代码如下：

```
module   mux2_1 _beh( out,a ,b , sel );
              output   out ;                    //选择输出端
              input   a, b, sel ;               //数据源信号与选择端
```

```
        reg    out ;
        always @ ( a or b or sel )
        begin
              if ( sel )   out = b ;
              else    out = a ;
        end
endmodule
```

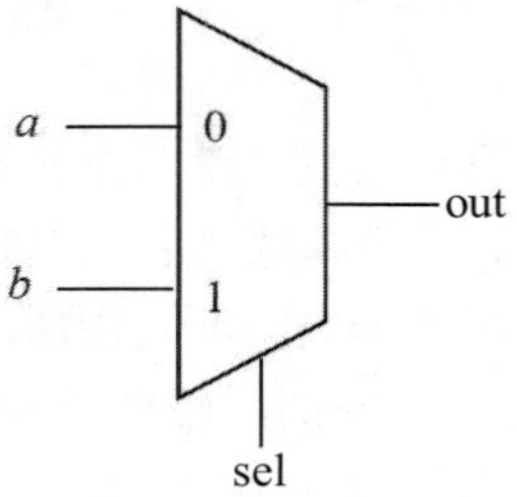

图 12.27　2 选 1 数据选择器

行为描述中，实现了在 sel 的控制下，输出信号 out 与输入信号 a、b 之间的硬件连接关系，每当 sel、a、b 三个信号有任何变化时，都将被随时反映到输出端 out 信号上来。当选择端 sel 为高电平时，输出端口 out 选择 b 端口信号作为输出；当选择端 sel 为低电平时，输出端口 out 选择 a 端口信号作为输出。逻辑关系满足 2 选 1 数据选择器电路的逻辑功能。

2. Verilog HDL 结构描述

结构描述是将硬件电路描述成一个分级子模块互连的结构。通过对组成电路的各个子模块间互相连接关系的描述来说明电路的组成。仍以 2 选 1 数据选择器为例，它的 Verilog HDL 结构描述程序模块见例 12.4.

【例 12.4】试用 Verilog HDL 结构描述方式设计 2 选 1 数据选择器。

```
module mux2_1 _str(out,a,b,sel);
    output out;
    input a,b,sel;
    wire net1,net2,net3;                    //定义线网型变量
    not gate1 (net1,sel);                   //构造一个非门
    and gate2 (net2,a,net1);                //构造一个 2 输入与门
    and gate3(net3,b,sel)
    or gate4 (out,net2,net3);
endmodule;
```

以上结构描述模块对应的逻辑电路如图 12.28 所示。

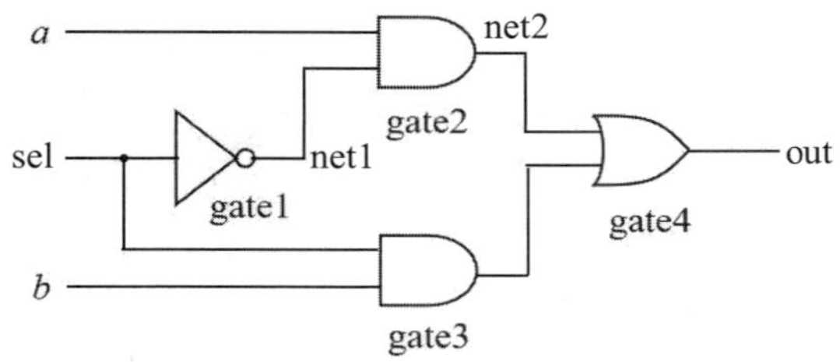

图 12.28　2 选 1 数据选择器逻辑电路

可以发现，结构描述只是忠实地将图形方式的逻辑连接关系转变为相应的文字表达。在对每一个逻辑电路进行结构描述前，先给电路中的每个元件取一个名字，并以同样的方式给每条内部连线也取相应的名字，然后再依据逻辑图中的连接关系，确定各单元端口间的信号连接，完成描述的全过程。

12.3.4　Verilog HDL 的基本语法

Verilog HDL 基本语法是描述复杂数字系统的基础，Verilog HDL 的语法规则和 C 语言十分近似，但是也有体现硬件设计的特点。

Verilog HDL 语言要素包括注释、常量、变量、操作符、关键字和标识符等，Verilog HDL 常用的语句包括块语句、赋值语句、条件语句、循环语句等。

1. Verilog HDL 语言要素

Verilog HDL 的程序注释方法与 C 语言类似。Verilog HDL 的常量分为数字和参数，表达数字时一般要表达出位宽和进制，也可以采用默认的十进制。Verilog HDL 的参数型常数经常用于指定延时时间和变量宽度，要用 parameter 来定义。

Verilog HDL 的变量分为线网型和寄存器型。线网类型可以理解为实际电路中的导线，通常用于表示结构实体之间的物理连接，不能存储数值，其值由驱动元件的值决定，例如 assign 赋值语句。wire 是用于连接电路元件最常见的线网类型。寄存器是数据储存单元的抽象，寄存器数据类型的关键字是 reg。通过赋值语句可以改变寄存器储存的值，其作用与改变触发器储存的值相当，在设计中要由 always 模块通过使用行为描述语句来表达逻辑关系。

Verilog HDL 的运算符可以分为 9 个类别：①算术运算符；②位运算符；③逻辑运算符；④关系运算符；⑤等式运算符；⑥移位运算符；⑦缩减运算符；⑧位拼接运算符；⑨条件运算符。Verilog HDL 表达式中，运算符按照执行优先级从高到低执行，除条件操作符从右至左执行外，其余所有操作符均为从左至右执行，括号可以用来改变优先级的执行顺序。

关键字是 Verilog HDL 预留的，用来定义语言结构的特殊标识，全部由小写字母定义。Verilog HDL 是一种区分大小写的语言，因此在书写代码时需要特别注意区分大小写，以免出错。标识符是模块、变量、端口、实例、块结构、函数等对象的名称，程序通过标识符访问相应的对象。

2. Verilog HDL 常用语句

（1）赋值语句。赋值语句是使用频率最高、最重要的语句。Verilog HDL 有两种为变量赋值的方法，一种叫作连续赋值（Continuous Assignment），另一种叫作过程赋值（Procedural Assignment）。

连续赋值是为线网型变量提供驱动的一种方法，它只能为线网型变量赋值，并且线网型变量也必须用连续赋值的方法赋值，连续赋值的表达方式是以关键字 assign 开头，后面跟“=”赋值的语句。

过程赋值提供了为寄存器型变量赋值的方法，出现的位置是在各种块结构中，例如 always 块、initial 块等。过程赋值又分为阻塞赋值和非阻塞赋值两种。阻塞赋值使用“=”为变量赋值，如 a=b；在赋值结束以前不可以进行其他操作，在赋值结束后才继续后面的操作。这个过程好像阻断了程序的运行，因而被称为阻塞赋值。显然，连续的阻塞赋值操作是顺序完成的。非阻塞赋值使用“<=”为变量赋值，在执行到连续的非阻塞赋值语句时，仅仅对“<=”右端表达式进行评估，并不立即赋值给左端，然后继续执行后面的操作，当块结构结束后，所有的非阻塞赋值同时进行赋值。这个过程好像没有阻断程序的运行，因而被称为非阻塞赋值，多条非阻塞语句是并行执行的。

（2）块语句。块语句通常用来将两条或多条语句组合在一起，使其在格式上看更像一条语句。在 Verilog HDL 中有两条语句块：

1）顺序语句块（begin…end）。

2）并行语句块（fork…join）。

顺序语句块中的语句按照给定的次序顺序执行；并行语句块中的语句并行执行，无先后顺序。

（3）条件语句。Verilog HDL 有 2 种实现条件结构的方法，一种是 if…else 语句，另一种是 case 语句。这和 C 语言非常类似。

（4）循环语句。Verilog HDL 中有 4 类循环语句，用来控制执行语句的执行次数，分别是 for 循环语句、repeat 循环语句、while 循环语句和 forever 循环语句。

（5）过程语句。Verilog HDL 有两种过程性语句，分别是 always 语句和 initial 语句。一个程序模块可以有多个 initial 和 always 过程块。每个 initial 和 always 语句在仿真的一开始就同时立即开始执行。initial 语句只执行一次，而 always 语句则是不断地重复被运行着，直到仿真过程结束。但 always 语句后跟着的过程块是否运行，则要看它的触发条件是否满足，如满足则运行过程块一次，再次满足则再运行一次，直至仿真过程结束。

（6）任务与函数。task 和 function 说明语句分别用来定义任务和函数，它们是存在于模块中的一种“子程序结构”。

引入任务和函数的目的是对需要多次执行的语句进行描述，以便于理解和调试，同时还可以使程序结构简化，增强代码的可读性。使用函数的目的是通过返回一个值来响应输入信号，Verilog HDL 模块使用函数时，则把它当作表达式中的操作符，这个操作的结果就是这个函数的返回值；任务却能支持多种目的，能计算多个结果值，这些结果只能通过被调用任务的输出口送出。

12.4 EDA 集成开发工具

12.4.1 EDA 开发工具概述

EDA 开发工具大体分为两类。一类是专业的 EDA 软件公司开发的工具，也称为第三方 EDA 软件工具，比较著名的有 Synopsys、Cadence Design System、Mentor Graphics 等，这些公司有各自独立的设计流程和相应的 EDA 设计工具，独立于 PLD 器件厂商，开发的 EDA 工具软件功能强，涉及电子设计的各个方面，包括数字电路设计、模拟电路设计、数模混合设计、系统设计、仿真验证等电子设计的许多领域。这些软件对硬件环境要求高，适合进行复杂和高效率的设计，价格昂贵。另一类 EDA 工具是半导体器件厂商为了销售其产品而开发的，比较著名的有 Altera 公司的 MAX+PLUS II 和 Quartus II、Xilinx 公司的 Foundation 和 ISE，以及 Lattice 公司的 ispDesignEXPERT 和 ispLEVER 等。这些器件厂商根据各自 PLD 器件的工艺特点推出 EDA 工具软件，从器件的开发与应用角度做出优化设计，针对性强，能提高器件资源利用率，降低功耗，改善性能，并且软件使用操作简单，对硬件环境要求低，适合产品开发单位使用。

EDA 集成开发工具软件一般应包含设计输入编辑器、设计仿真工具、HDL 综合器、布局布线适配器和编程下载工具等模块。设计输入编辑器包括文本编辑和图形编辑功能，帮助设计者完成 HDL 文本或原理图的输入与编辑工作，并进行语义正确性、语法规则的检查。设计仿真工具帮助设计者验证设计的正确性，在系统设计的各个层次都要用到仿真器。在复杂的设计中，仿真可能比设计本身还要艰巨，仿真速度、仿真准确性和易用性是衡量仿真器性能的重要指标。HDL 综合器将 HDL 文本或图形输入，依据给定的硬件结构和约束控制条件进行编译、优化和转换，最终获得门级电路甚至更底层的电路描述网表文件。布局布线适配器实现由逻辑设计到物理实现的映射，因此与物理实现的方式密切相关。例如，最终的物理实现可以是 CPLD 或 FPGA 等，由于对应的器件不同，布局布线工具也会有很大的差异，适配器最后输出的是各厂商自己定义的下载文件，由编程下载工具下载到器件中实现设计。

12.4.2 Quartus II 集成开发工具

Quartus II 是世界上最大的 CPLD/FPGA 器件供应厂商之一 Altera 公司在 21 世纪初推出的新一代 EDA 开发工具，支持 APEX20K、APEXII、Excalibur、Mercury、Cyclone 以及 Stratix 等新器件和大规模 FPGA 的开发。Quartus II 界面友好，使用便捷，提供了一种与结构无关的设计环境，使设计者能方便地进行设计输入、编译处理和器件编程。Quartus II 软件提供完整的多平台设计环境，为设计流程的每个阶段提供图形用户界面、EDA 工具界面以及命令行界面，具有更优化的综合和适配功能，改善了第三方仿真和时域分析工具的支持。Quartus II 还包含了 DSP Builder、SOPC Builder 等开发工具，支持系统级的开发，支持 Nios II 嵌入式核、IP 核和用户定义逻辑等。Quartus II 软件加强了网络功能，具有最新的 Internet 技术，可以直接通过网络获得 Altera 的技术支持。

Quartus II 集成开发环境用户界面如图 12.29 所示，包括菜单、资源管理窗、工程编译窗、工程工作区、信息提示窗等区域。

Quartus II 软件是一个全面的、易于使用的独立解决方案，可以完成设计流程的所有阶段，具有数字逻辑设计的全部特性。支持原理图、结构框图、Verilog HDL、VHDL 和 AHDL 等方式完成电路描述，并将其保存为设计实体文件；具有功能强大的逻辑综合工具和芯片（电路）平面布局连线编辑功能；具有四种编程模式，即被动串行模式、JTAG 模式、主动串行模式和插座内编程模式。

利用 Quartus II 进行 EDA 设计开发包括以下步骤。

1. 设计输入

设计输入包括原理图输入、HDL 文本输入、EDIF 网表输入及波形输入等几种方式。

2. 编译

先根据设计要求设定编译方式和编译策略，如器件的选择、逻辑综合方式的选择等。然后根据设定的参数和策略对设计项目进行网表提取、逻辑综合、器件适配，并产生报告文件、延时信息文件及编程文件，供分析、仿真和编程使用。

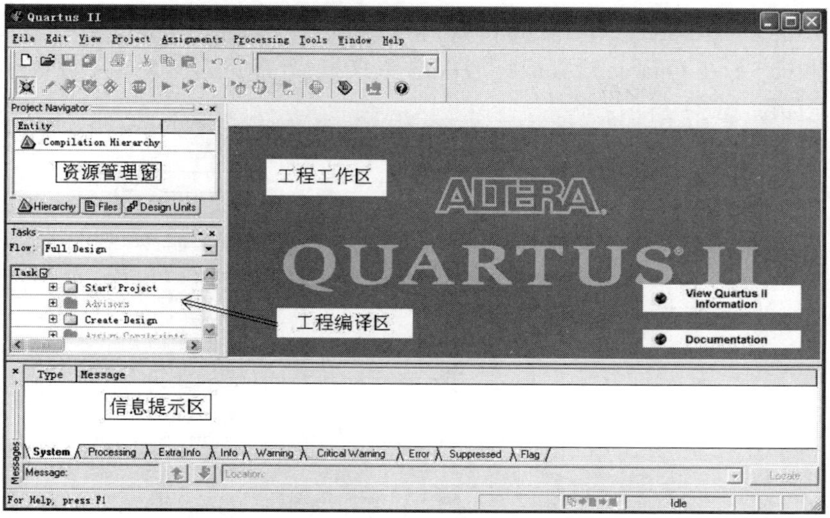

图 12.29　Quartus II 集成开发环境界面

3. *仿真*

仿真包括功能仿真、时序仿真和定时分析，用以验证设计项目的逻辑功能和时序关系是否正确。

4. *编程和验证*

用得到的编程文件通过编程电缆配置 PLD，加入实际激励，进行在线测试。

在设计过程中，如果出现错误，则需重新回到设计输入阶段，改正错误或调整电路后重复上述过程。开发流程如图 12.30 所示。

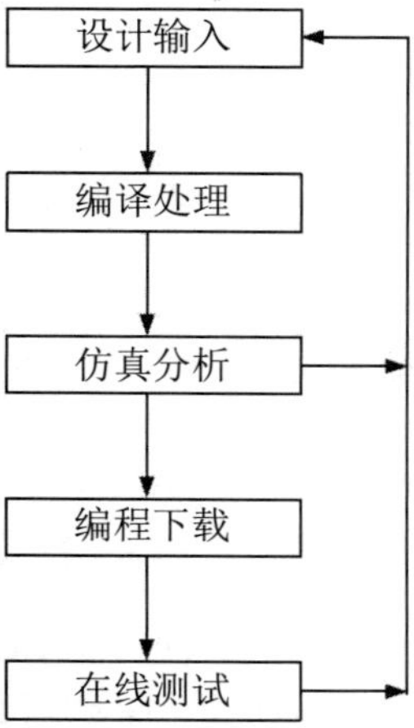

图 12.30　EDA 设计流程图

下面通过一个例子来介绍 QuatusII 的使用方法。

【例 12.5】在 Quatue II 集成环境中选择 HDL 语言完成逻辑电路设计和仿真，逻辑功能如图 12.31 所示。

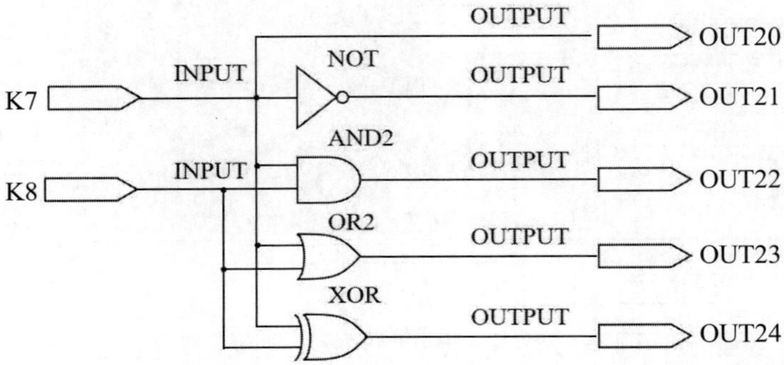

图 12.31 例 12.5 逻辑电路图

解：启动 Quatue II 软件，新建一个工程：在 File 菜单下选中 New Project Wizard，在弹出的对话框中输入新建工程的路径和名称，如图 12.32 所示。注意命名或路径中只能由英文字母、数字和下划线组成，且只能以英文字母作开头，其中不能出现任何汉字字符，否则无效。

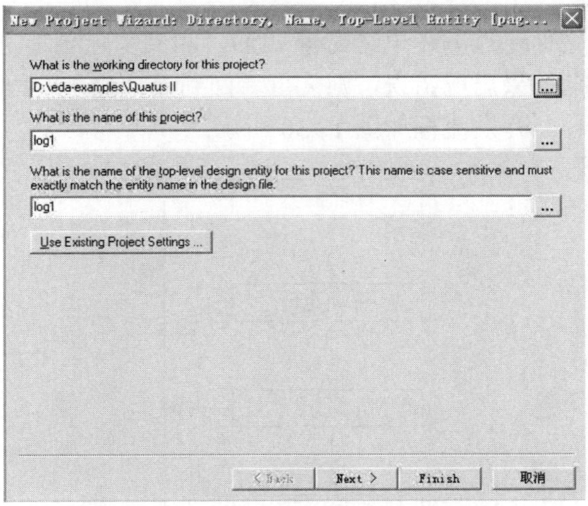

图 12.32 为新建工程选择路径和命名文件

根据提示完成新工程的创建。其中器件（Device）要选择与实验开发板上的芯片一致，如图 12.33 所示。EDA 工具选项可采用默认状态。

新建文件，选择 Verilog HDL 或者 VHDL 文件类型，如图 12.34 所示。

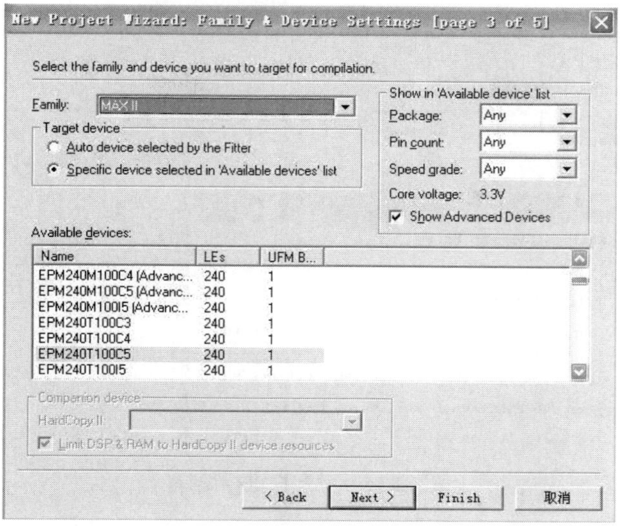

图 12.33　新建工程时选择器件

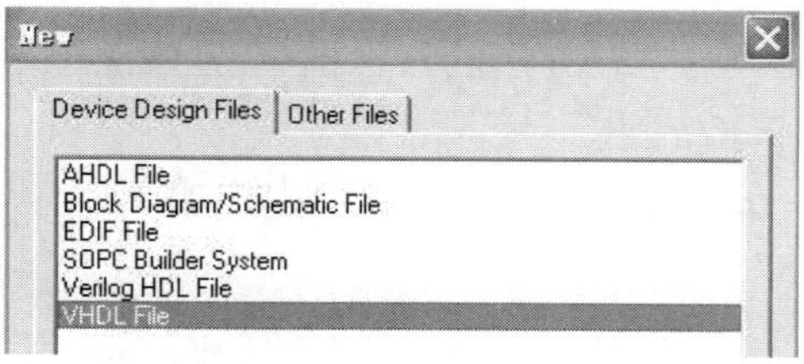

图 12.34　选择新建文件的类型

在编辑窗口输入源程序，以 Verilog HDL 为例。输入完毕后保存，注意工程、文件以及模块三者的名称必须一致。

```
module exp1(K7,K8,OUT20,OUT21,OUT22,OUT23,OUT24);
    output OUT20,OUT21,OUT22,OUT23,OUT24;
    input K7,K8;
    reg OUT20,OUT21,OUT22,OUT23,OUT24;
    always @(K7 or K8)
        begin
            OUT20<=K7;
            OUT21<= ~ K7;
            OUT22<= K8 & K7;
            OUT23<= K8 | K7;
            OUT24<= K8 ^ K7;
        end
endmodule
```

对输入的文件进行编译，选择 Processing→Start Compilation 进行全编译，如图 12.35 所示。如有错误，返回文件编辑窗口进行修改并重新编译，直至编译成功。

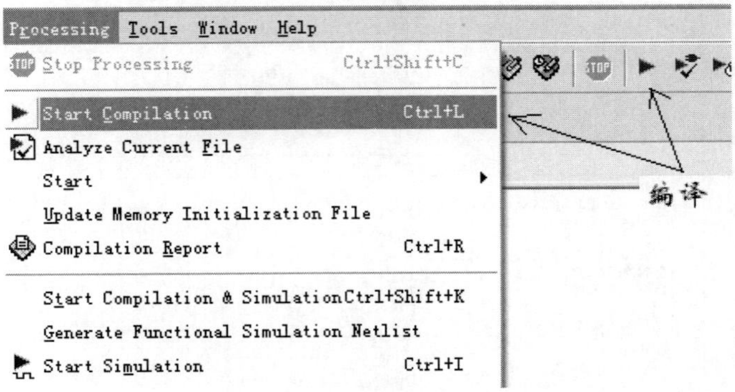

图 12.35 对文件进行编译

编译后可以选择 File→Creat 生成符号文件或包含文件，以供其他设计调用。

完成输入和编译的设计，需要通过仿真来检查逻辑功能的正确性。具体步骤如下：新建波形文件 File\New，在弹出的对话框中选 Other Files 选项卡下的 Vector Waveform File，如图 12.36 所示。

仿真文件建立后，在打开的波形编辑窗口中添加节点，即输入输出信号和必要的中间变量，如图 12.37 所示。

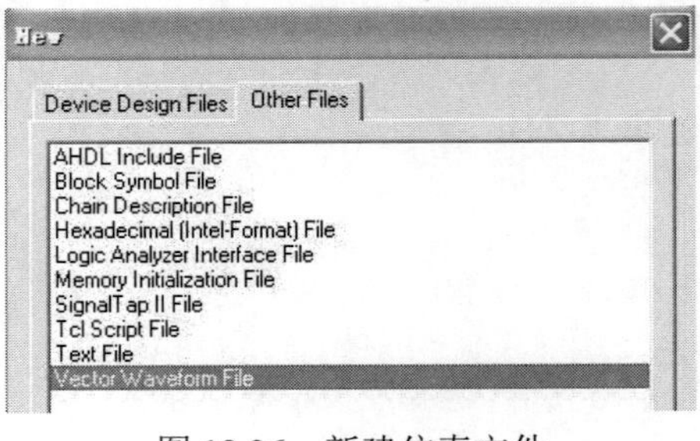

图 12.36 新建仿真文件

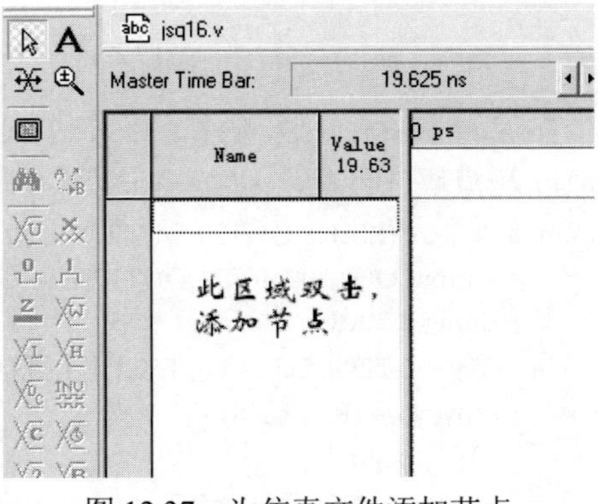

图 12.37 为仿真文件添加节点

选择好节点后，返回波形编辑窗口，设置栅格大小 Grid Size，决定仿真的最高频率。设置仿真时间长度 End Time。对输入节点进行赋值，赋值应覆盖信号所有可能的取值。保存仿真文件，开始仿真，如图 12.38 所示。

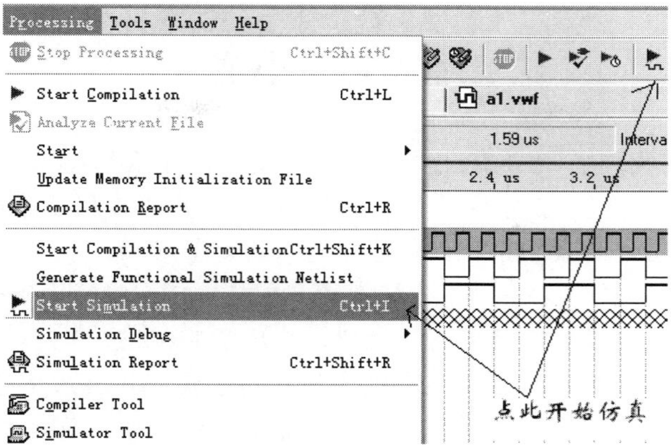

图 12.38　仿真菜单和指令

对完成的仿真文件进行分析，如果输出与输入信号的逻辑关系不正确，则应返回设计文件进行修改。若输出与输入信号逻辑关系正确，则完成设计，可以根据目标器件，对设计文件分配输入输出引脚，具体操作为：选择 Assignment→Pin 选项，进入 Pin Planner 窗口，如图 12.39 所示，窗口中显示出器件的封装视图，不同类型的引脚和 I/O 块以不同的符号和颜色进行区分，下方的表格列出已分配的引脚和未分配的引脚。

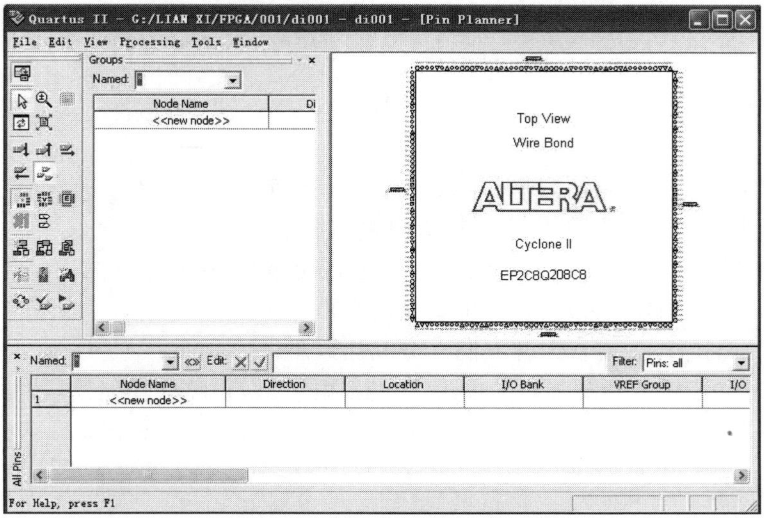

图 12.39　引脚分配窗口

引脚分配完成后再编译一次，然后通过 JTAG 模式编程下载至实验开发板，进行运行验证。

本章重点小结

1. 现代数字电路系统具有大规模、高密度、高速度的特点，传统设计方法无法胜任，EDA 技术是现代数字电路设计的基本方法，广泛应用于集成电路芯片设计、基于可编程逻辑器件的数字系统设计和电路板设计等领域。

2. 可编程逻辑器件是一种已经封装好，具有一定连线结构的全功能标准电路，可以由用户编程或配置实现所需逻辑功能，经历了 PROM、PLA、PAL 和 GAL，以及 CPLD 和 FPGA 的发展阶段，集成度高，可用于实现片上系统 SoC。

3. 硬件描述语言 HDL 是 EDA 技术的重要组成部分，用软件编程的方式来描述电子系统的逻辑功能、信号连接和时序关系，当前最流行的硬件描述语言主要有 VHDL 和 Verilog HDL。Verilog HDL 语言采用模块为基本描述单位，由模块名、端口列表、变量声明、端口声明、行为描述语言、赋值语句、任务及函数等表达模块的接口和功能，能够通过行为描述和结构描述等方式设计数字系统，语法比较接近 C 语言。

4. EDA 集成开发工具包含设计输入编辑器、设计仿真工具、HDL 综合器、布局布线适配器和编程下载工具等模块，比较流行的 Quartus II 是 Altera 公司的新一代 EDA 开发工具，界面友好，使用便捷，能方便地进行设计输入、编译处理和器件编程。

习题

在线测试

12.1 EDA 技术经历了哪几个发展阶段？各有什么特点？

12.2 可编程逻辑器件和专用集成电路的关系是什么？

12.3 查阅资料，以一个工程实例分析 Verilog HDL 程序的结构、语法。

12.4 试用 HDL 语言设计一个全加器电路。

12.5 试用 HDL 语言设计双向十进制计数器。

12.6 EDA 集成开发工具的主流产品有哪些？包含哪些功能模块？

12.7 试在 Quatus II 中进行十二进制加法计数器的设计和仿真。

习题参考答案

第 1 章

1.1　（1）1 元件关联，2 元件非关联，3 元件非关联、4 元件关联，5 元件非关联

（2）$P_1 = 560\text{W}$，吸收正功率，实际吸收 560W，$P_2 = -540\text{W}$，发出负功率，实际吸收 540W，$P_3 = 600\text{W}$，发出正功率，实际发出 600W，$P_4 = -320\text{W}$，吸收负功率，实际发出 320W，$P_5 = 180\text{W}$，发出正功率，实际发出 180W

（3）1、2 元件是负载，3、4、5 元件是电源，元件发出的功率=元件吸收的功率，所以功率守恒

1.2　2mA，100V

1.3　3.7kΩ，20W

1.4　（a）$u = 2i$　　（b）$u = -2i$　　（c）$u = 4i - 3$　　（d）$u = 4i + 3$

1.5　6V，24W，吸收功率

1.6　（a）3V 电压源发出功率 1.5W，0.5A 电流源发出功率 1.5W，2Ω 电阻吸收功率 2W，1V 电压源吸收功率 1W

（b）2V 电压源发出功率 1W，2Ω 电阻吸收功率 0.5W，1Ω 电阻吸收功率 1W，1V 电压源发出功率 0.5W

1.7　13A、-1A

1.8　6V

1.9　$\begin{cases} -u_1 + u_4 + u_3 = 0 \\ -u_3 + u_5 - u_2 = 0 \\ -u_1 + u_4 + u_5 - u_2 = 0 \end{cases}$，不是，2 个

1.10　6V

1.11　2kΩ

1.12　1A，吸收 20W

1.13　电压源吸收 36W，受控源发出功率 144W

1.14　11A、2V

1.15　3A

1.16　5V

1.17 1V

1.18 断开 2V，闭合 16/3 V

1.19 -6W

1.20 2Ω（50Ω）

第 2 章

2.1 a）2.5Ω b）4Ω

2.2 –6A

2.3 2A

2.4 6A，12V，324W

2.5 1A，10V，40W

2.6 a）$R_1=\dfrac{50\times30}{50+20+30}=15\,\Omega$ $R_2=\dfrac{50\times20}{50+20+30}=10\,\Omega$ $R_3=\dfrac{30\times20}{50+20+30}=6\,\Omega$

b）$R_1=40\mathrm{k}\Omega$ $R_2=20\mathrm{k}\Omega$ $R_3=13.33\mathrm{k}\Omega$

2.7 a）$R_{12}=5.33\mathrm{k}\Omega$ $R_{23}=R_{31}=8\mathrm{k}\Omega$

b）$R_{12}=4.7\mathrm{k}\Omega$ $R_{23}=7.05\mathrm{k}\Omega$ $R_{31}=10.31\mathrm{k}\Omega$

2.8 $R_{\mathrm{ab}}\approx100\Omega$ $R_{\mathrm{ab}}\approx6.7\mathrm{k}\Omega$

2.9 $\dfrac{R_1^{\,2}+R_1R_2}{3R_1+R_2}$ $1.5R$

2.10 （a）

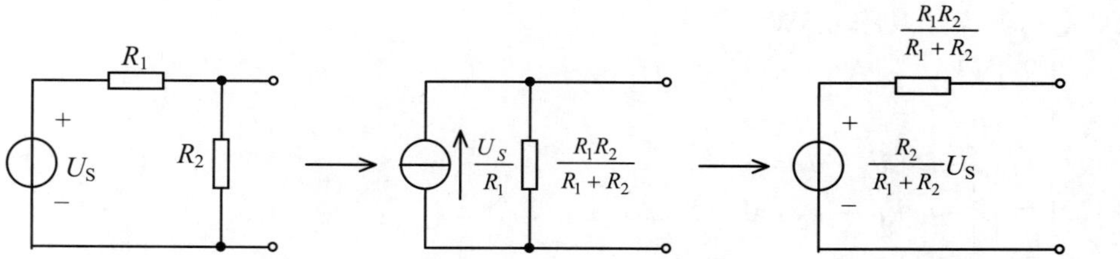

（b）

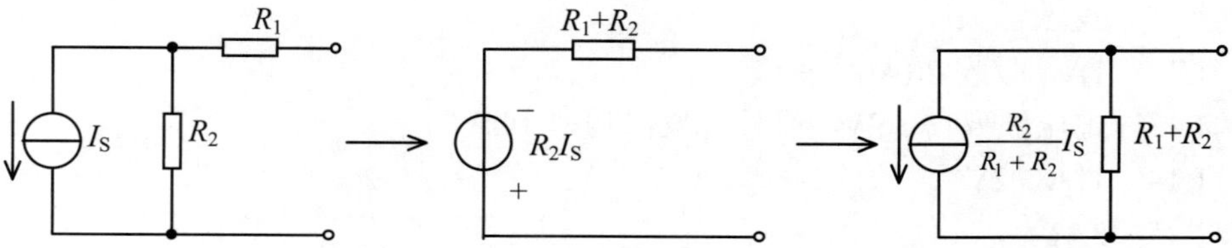

（c）

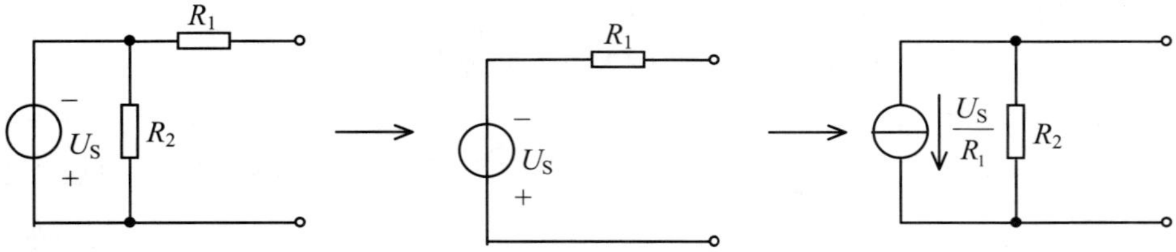

（d）

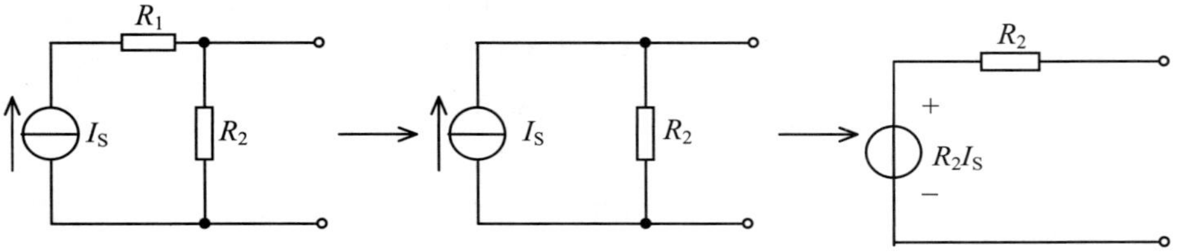

题 2.10 图

2.11　（a）0.125A　　（b）1.951A

2.12　$0.8u_s$

2.13　（a）$(1-\mu)R_1+R_2$　　（b）$R_1+(1+\beta)R_2$

2.14　0.4Ω

2.15（a）4 个结点，8 条支路，独立的 KCL 方程 3 个，独立的 KVL 方程 5 个

（b）5 个结点，9 条支路，独立的 KCL 方程 4 个，独立的 KVL 方程 5 个

2.16　$i_1=1A$　$i_2=3A$　$i_3=4A$　$i_4=3A$　$i_5=2A$　$i_6=1A$

2.17　$i_1=1.85A$　$i_2=1.332A$　$i_3=-1.207A$

$i_4=2.539A$　$i_5=-0.643A$　$i_6=-3.182A$

2.18　$i_1=0.313A$　$i_2=-0.636A$　$i_3=-0.774A$

$i_4=0.323A$　$i_5=-0.138A$　$i_6=0.461A$

2.19　$i_{m1}=i_1=1A$　$i_{m2}=i_2=3A$　$i_{m3}=i_3=4A$

$i_4=3A$　$i_5=2A$　$i_6=1A$

2.20　$i=i_1=i_3=0.5\times4.8=2.4A$　$i_2=4.8A$

$p=i_1\times16=2.4\times16=38.4W$　16V 电压源发出功率

2.21　$I_1=4A$　$I_2=2A$　$I_3=5A$　$U=8A$

2.22　$i_1=0.8A$　$i_2=-0.4A$　$i=1.2A$

2Ω电阻上的功率分别是 1.28W、2.88W、0.32W

4V 电压源发出 3.2W，2V 电压源发出 0.8W，受控电压源发出 0.48W
发出的功率=吸收的功率　功率守恒

2.23　$i_1 = 1.8\text{A}$　$i_2 = 7\text{A}$　$i_3 = 0.2\text{A}$　$u_1 = -6\text{V}$

2.24　$i_3 = 1\text{A}$　$i_4 = 3.17\text{A}$

2.25　$I_{l1} = 5\text{A}$　$I_{l2} = -1\text{A}$　$I_{l3} = -5\text{A}$　$I_3 = I_{l2} - I_{l3} = 4\text{A}$　受控电压源发出功率 125W

2.26　$I_x = 3\text{A}$　CCVS（电流控制电压源）发出的功率为 0W
5A 电流源电压　$u = 30 + 3\times 10 - 50 = 10\text{V}$
5A 电流源功率（发出）$P_{5\text{A}} = 10\times 5 = 50\text{W}$

2.27　$u_{n1} = 1.667\text{V}$　$u_{n2} = 1\text{V}$　$u_{n3} = 2.333\text{V}$

2.28
$$\begin{cases} \left(\dfrac{1}{R_1}+\dfrac{1}{R_2}\right)u_{n1} - \dfrac{1}{R_2}u_{n2} = i_{\text{S1}} - i_{\text{S2}} \\ -\dfrac{1}{R_2}u_{n1} + \left(\dfrac{1}{R_2}+\dfrac{1}{R_3}\right)u_{n2} - \dfrac{1}{R_3}u_{n3} = i_{\text{S2}} + \dfrac{U_{\text{S3}}}{R_3} - i_{\text{S3}} - i_{\text{S4}} \\ -\dfrac{1}{R_3}u_{n2} + \left(\dfrac{1}{R_3}+\dfrac{1}{R_5}\right)u_{n3} = i_{\text{S3}} + i_{\text{S5}} - \dfrac{U_{\text{S3}}}{R_3} \end{cases}$$

2.29　$u_{n1} = -0.13\text{V}$　$u_{n2} = -3.03\text{V}$　$i_1 = -2.26\text{A}$　$i_2 = 5.61\text{A}$
$i_3 = -0.4\text{A}$　$i_5 = 11.82\text{A}$

2.30　$U = 1.6\times 20 = 32\text{V}$

2.31　$u_1 = 3\text{V}$　$u_2 = 2\text{V}$　$u_3 = 3.5\text{V}$

2.32　$u_{n1} = 9.76\text{V}$　$u_{n2} = 2.44\text{V}$

2.33　$u_{n1} = 3\text{V}$　$u_{n2} = 4\text{V}$

2.34　$U_{n2} = 4\text{V}$　$I_{\text{S}} = -8\text{A}$　$I = 2.44\text{A}$

2.35　$\left(\dfrac{1}{5}+\dfrac{1}{2}\right)u_{n1} - \dfrac{1}{2}u_{n2} = 4 - 10$

$$-\frac{1}{2}u_{n1} + \left(3+\frac{1}{2}+\frac{3}{2}\right)u_{n2} = 10$$

$u_{n1} = -7.69\text{V}$　$u_{n2} = 1.23\text{V}$

2.36　$u_{n1} = 2.274\text{V}$　$u_{n2} = 1.306\text{V}$　$u_{n3} = 3.436\text{V}$　$i = -1.752\text{A}$
受控电压源发出功率 3.392W

第 3 章

3.1 11，26，53，163，0.375，3.125

3.2 AF，2A5，97，6D，0.5F，3.2

3.3 101 1110，10 1101 0100，1110 0000， 1000 1110 1111 1111，10000.0101，11 1101.1011 1110

3.4 25，138，7D，9.3

3.5 160，244，106.125，140

3.6 01110100，0001 0011 0110.01000101，01010011.0101

3.7 68，74，69，74.75

3.8 $[+35]_{原码}$=0100011，$[+35]_{反码}$=0100011，$[+35]_{补码}$=0100011，
$[-26]_{原码}$=111010，$[-26]_{反码}$=100101，$[-26]_{补码}$=100110

3.9 $[+1011]_{原码}$=01011，$[+1011]_{补码}$=01011，$[-00101]_{原码}$=100101，$[-00101]_{补码}$=111011

3.10 01101，00010

3.11 正确，错误，正确

第 4 章

4.3 （1）AB （2）$A\overline{B}$ （3）$A+C$

4.4 （1）$\overline{L}=(\overline{A}+\overline{B})(\overline{B}+\overline{C})$ （2）$\overline{L}=\overline{A}\,\overline{B}+\overline{D+\overline{A}\,\overline{C}}$
（3）$\overline{L}=\overline{D+A}+C$

4.6 （1）$F=\overline{\overline{\overline{B}\,\overline{C}}\cdot\overline{\overline{A}BC}\cdot\overline{ABC}}$ 或 $F=\overline{\overline{\overline{B}\,\overline{C}}\cdot\overline{BC}}$
（2）$F=\overline{\overline{A\overline{B}\,\overline{C}D}\cdot\overline{\overline{A}BCD}\cdot\overline{A\overline{B}C}}$
（3）$F=\overline{\overline{A\overline{B}C}\cdot\overline{\overline{A}\,\overline{B}C}\cdot\overline{ABC}}$

4.7 $L=B$

4.8 $Y=\overline{C}\,\overline{D}$

4.9 （a）$X=\overline{\overline{AB}\cdot\overline{AC}}$ （b）$Y=(A\odot B)\oplus(C\odot D)$

4.10 $L_1=A\overline{B}$，$L_2=\overline{\overline{A}B+A\overline{B}}=\overline{A}\,\overline{B}+AB$，$L_3=\overline{A}B$

4.13 （1）$F=\sum m(0,1,3,4,6,7)$ （2）$F=\sum m(3,7,9,10,11)$
（3）$F=\sum m(1,4,5,6,7)$

4.14 （1）$F=\prod M(0,3,4,6)$ （2）$F=\prod M(0,1,3,4,7)$

4.15 （3）$F(A,B,C)=\sum m(3,4,7)$

4.16 $F(A,B,C,D)=\sum m(2,3,6,7,8,9,10,13)$

4.18 （1）$F=\bar{A}BC+ABD+BC\bar{D}$ 或 $F=\bar{A}B\bar{D}+B\bar{C}D+ABC$

（2）$F=\overline{AC}+\overline{AD}+ABD$　　（3）$F=A\bar{C}+\overline{BD}+\bar{C}D$

（4）$F=\bar{C}+\overline{BD}+BD$　　（5）$F=B\bar{D}+\overline{ABCD}$

（6）$F=BD+\overline{BD}+\bar{A}B\bar{C}$

第 5 章

5.1 $F_1=AB$， $F_2=CD$， $F_3=AB+CD$， $F=\overline{AB+CD}$

5.2 Y_1高电平，Y_2高阻态，Y_3低电平，Y_4高电平，Y_5低电平。

5.3 $F_1=AC+\bar{B}$

5.4 $F=\bar{A}B+\bar{B}\bar{C}$

5.5 $F=A+B$

5.6 （a）√　$Y=\overline{AB}\cdot\overline{CD}$　　（b）×

（c）×　　（d）√　$Y=\overline{AB}$

5.7 （1）片选信号任何时刻只能有一个为低电平。

（2）总线冲突。

（3）高阻态。

5.8 $F=\bar{A}\bar{B}+\bar{A}\bar{C}$

5.9 $S=A\oplus B$

5.10 （a）更合理

第 6 章

6.1 $Y=\bar{A}\bar{B}\bar{C}+ABC$

6.2 $Y=A\oplus B\oplus C\oplus D$

6.3 $Y_1=A\oplus B\oplus C$， $Y_2=AB+(A\oplus B)C$，1 位二进制全加器

6.4 $Y=\overline{\overline{AB}\cdot\overline{AC}\cdot\overline{BC}}$

6.5 $Y=\overline{\overline{ABC}\cdot\overline{ABD}\cdot\overline{ACD}\cdot\overline{BCD}}$

6.6 $Y=\overline{\overline{\bar{S}\cdot\bar{A}}\cdot\overline{\bar{A}\cdot B}\cdot\overline{A\cdot\bar{B}}}$

6.7 $X=\bar{A}B\bar{C}+A\bar{B}\bar{C}+ABC$， $Y=AB+C$

6.8 设输血者血型编码为CD，受血者血型编码为EF，编码为 00、01、10 和 11 时分别表示 O、A、B 和 AB 血型。$Y=\overline{\overline{\bar{C}\bar{D}}\cdot\overline{EF}\cdot\overline{\bar{C}F}\cdot\overline{\bar{D}E}}$

6.9 8421 BCD 码为$DCBA$， $Y=D+\bar{C}B+\bar{A}$

6.10 $Y_1 = \bar{I}_3\bar{I}_2$， $Y_0 = \bar{I}_3 \cdot \overline{\bar{\bar{I}}_2 I_1}$， $GS = \overline{\bar{\bar{I}}_0\bar{\bar{I}}_1\bar{\bar{I}}_2\bar{\bar{I}}_3}$

6.11 $F(A,B,C) = \bar{A}BC + A\bar{B}\bar{C} + A\bar{B}C + AB\bar{C}$

6.12 $F_1 = \bar{A}\bar{B}\bar{C} + ABC$， $F_2 = \bar{F}_1$

6.13 $F = m_0 + m_4 + m_6 + m_7 = \overline{\bar{\bar{Y}}_0 \cdot \bar{\bar{Y}}_4 \cdot \bar{\bar{Y}}_6 \cdot \bar{\bar{Y}}_7}$

6.14 $F(A,B,C,D) = (\bar{A}B\bar{C} + AB\bar{C} + A\bar{B}C + ABC)D = \overline{\bar{Y}_2 \cdot \bar{Y}_5 \cdot \bar{Y}_6 \cdot \bar{Y}_7} \cdot D$

6.15 $F_1 = 1$， $F_2 = \bar{m}_0 = \bar{Y}_0$， $F_3 = \overline{\bar{m}_0 \cdot \bar{m}_6 \cdot \bar{m}_7} = \overline{\bar{\bar{Y}}_0 \cdot \bar{\bar{Y}}_6 \cdot \bar{\bar{Y}}_7}$

6.16 74LS138 的 C 接地， $F_1(A,B) = \Sigma m(0,2) = \overline{\bar{\bar{Y}}_0 \cdot \bar{\bar{Y}}_2}$，

$F_2(A,B) = \Sigma m(1,2,3) = \overline{\bar{\bar{Y}}_1 \cdot \bar{\bar{Y}}_2 \cdot \bar{\bar{Y}}_3}$

6.17 $F(A,B,C) = \overline{\bar{\bar{Y}}_3 \cdot \bar{\bar{Y}}_5 \cdot \bar{\bar{Y}}_6 \cdot \bar{\bar{Y}}_7}$， $F_{AD}(A,B,C) = \bar{\bar{Y}}_0$， $F_{AP}(A,B,C) = \bar{\bar{Y}}_7$

6.18 $F_1 = A \oplus B$， $F_2 = A + B$

6.19 $F(A,B,C,D) = \Sigma m(0,1,2,6,7,10,14,15)$， $F(A,B,C,D) = \bar{A}\bar{B}\bar{C} + BC + C\bar{D}$

6.20 $F(D,C,B,A) = \Sigma m(1,2,3,4,8,9,10,11,12)$，

$F(D,C,B,A) = \bar{C}A + \bar{C}B + C\bar{B}\bar{A} + D\bar{C}$

6.21 $1D_0 = 1D_3 = 1$， $1D_1 = 1D_2 = 0$， $2D_0 = 2D_1 = 1$， $2D_2 = 2D_3 = 0$

6.22

（1） $D_0 = D_4 = D_6 = D_7 = 1$， $D_1 = D_2 = D_3 = D_5 = 0$

（2） $D_1 = D_2 = D_4 = D_7 = 1$， $D_0 = D_3 = D_5 = D_6 = 0$

（3） $D_0 = D_1 = D_2 = D_3 = D_4 = D_5 = D_6 = D_7 = D$

（4） $D_0 = D_1 = D_2 = D_3 = \bar{D}$， $D_4 = D_5 = D_6 = D_7 = 0$ 或

$D_0 = 1$， $D_1 = D_2 = D_3 = \bar{D}$， $D_4 = D_5 = D_6 = D$， $D_7 = 0$

6.23

（1） $F(A,B,C,D) = \Sigma m(1,2,3,4,5,6,7,8,9)$

（2） $Y = \bar{A}B + \bar{A}C + \bar{A}D + A\bar{B}\bar{C}$

（3） $D_0 = D$， $D_1 = D_2 = D_3 = D_4 = 1$， $D_5 = D_6 = D_7 = 0$

6.24

（1） $Y = \bar{A}B + \bar{A}C + BC$

（2） $F(A,B,C) = \Sigma m(1,2,3,7) = \overline{\bar{\bar{Y}}_1 \cdot \bar{\bar{Y}}_2 \cdot \bar{\bar{Y}}_3 \cdot \bar{\bar{Y}}_7}$

6.25 $S_o = \overline{\bar{\bar{Y}}_1 \cdot \bar{\bar{Y}}_2 \cdot \bar{\bar{Y}}_4 \cdot \bar{\bar{Y}}_7}$， $C_o = \overline{\bar{\bar{Y}}_3 \cdot \bar{\bar{Y}}_5 \cdot \bar{\bar{Y}}_6 \cdot \bar{\bar{Y}}_7}$

6.26 $1D_0 = 1D_3 = C_{\mathrm{i}}$， $1D_1 = 1D_2 = \bar{C}_{\mathrm{i}}$， $S_{\mathrm{o}} = 1Y$；

$2D_0 = 0$， $2D_1 = 2D_2 = C_{\mathrm{i}}$， $2D_3 = 1$， $C_{\mathrm{o}} = 2Y$

6.27 4 位二进制求补电路。

6.28　8421 BCD 码与 1010 比较，$F = F_{A<B}$

6.29　$Y = \bar{A}CD + A\bar{B}D + B\bar{C} + C\bar{D}$，

当 $C=1$、$D=1$、$B=0$ 时，$Y = \bar{A} + A$

当 $A=1$、$D=1$、$C=0$ 时，$Y = \bar{B} + B$

当 $B=1$、$D=0$ 或 $B=1$、$A=0$ 时，$Y = C + \bar{C}$

当 $C=1$、$A=0$ 或 $C=1$、$A=1$、$B=0$ 时，$Y = D + \bar{D}$

第 7 章

7.2　$\bar{S}_{\mathrm{D}} = \overline{\mathrm{CP} \cdot D}$、$\bar{R}_{\mathrm{D}} = \overline{\mathrm{CP} \cdot \overline{\mathrm{CP} \cdot D}} = \overline{\mathrm{CP} \cdot \bar{D}}$

7.7　（a）$J = K = 1$，$Q^{n+1} = \bar{Q}^n$；　（b）$J = \bar{Q}^n$，$K = Q^n$，$Q^{n+1} = \bar{Q}^n$；

（c）$J = Q^n$，$K = \bar{Q}^n$，$Q^{n+1} = Q^n$；（d）$D = 1$，$Q^{n+1} = 1$；

（e）$D = \bar{Q}^n$，$Q^{n+1} = \bar{Q}^n$；　（f）$D = Q^n$，$Q^{n+1} = Q^n$；

（g）$T = 1$，$Q^{n+1} = \bar{Q}^n$；　（h）$T = \bar{Q}^n$，$Q^{n+1} = 1$。

7.8　$Q^{n+1} = J\bar{Q}^n + \bar{K}Q^n = (A \oplus B)\bar{Q}^n + (\overline{A \oplus B})Q^n = A \oplus B \oplus Q^n$

7.9　$Q^{n+1} = D = A \odot Q^n$

第 8 章

8.1　$Y = \overline{\bar{Q}_1{}^n Q_2{}^n}$，$J_2 = Q_1{}^n$，$K_2 = \bar{Q}_1{}^n$，$J_1 = Q_0{}^n$，$K_1 = \bar{Q}_0{}^n$ $J_0 = \bar{Q}_2{}^n$，$K_0 = Q_2{}^n$，$Q_2{}^{n+1} = Q_1{}^n$，$Q_1{}^{n+1} = Q_0{}^n$，$Q_0{}^{n+1} = \bar{Q}_2{}^n$

8.2　2 位二进制同步可逆计数器

8.3　Q2Q1Q0 有效状态：000,001,011,110,100；无效状态：010,101,111；能自启动

8.15　模 4 计数器

8.16　模 6 计数器

第 9 章

9.2　8 根，8 根，256 字，8 位，2048 位。

9.3　4096 位

9.4　（1）64K 字，1 位，16 根，1 根

（2）256K 字，4 位，18 根，4 根

（3）1M 字，1 位，20 根，1 根

9.5　15 根，8 根

9.7 64K×8 位，0000～3FFFH，4000～7FFFH，8000～BFFFH，C000～FFFFH

9.8 位扩展，1K×7

9.9 1K×4 位

第 10 章

10.1 周期最短：3 个反相器，T_{pd}=3，T=2×3×T_{pd}=18ns

周期最长：5 个反相器，T_{pd}=15，T=2×5×T_{pd}=150ns

10.2 50Hz：T=20ms≈2RCln2=1.4RC，RC=14ms，若取 C=10μF，则 R=1.4kΩ

1kHz：T=1ms，RC=0.71ms，若取 C=10μF，则 R=71Ω

10.4 $T \approx RC\ln 2 = 0.7RC = 30\text{s}$，$RC \approx 43\text{s}$

10.5 $T \approx RC\ln 2 = 0.7RC = 10\text{s}$，$RC \approx 14\text{s}$

10.6 $V_{T+}=(1+R_1/R_2)V_{TH}$，$V_{T-}=(1-R_1/R_2)V_{TH}$，令 V_{DD}=5V，V_{TH}=2.5V，$\Delta V_T=(2R_1/R_2)V_{TH}$=1V，$R_1/R_2$=0.2

10.7 T=(R_1+2R_2)Cln2≈13ms，占空比 $q=\dfrac{R_1+R_2}{R_1+2R_2}=\dfrac{20+80}{20+2\times 80}=56\%$

10.8 $V_{T+}=2/3\times V_{CC}\approx 3.3\text{V}$，$V_{T-}=1/3\times V_{CC}\approx 1.7\text{V}$

第 11 章

11.1 0.02V，0.3V，5V

11.2 0.5V，4V

11.3 2.5V

11.4 8 位

11.5 0.01V，6.19V

11.7 3kHz

11.8 001，011，100，110，111

11.9 001，010，101

11.10 010，110

11.11 10μs

11.12 约 10mV

11.13 约 20mV

参考文献

[1] 邱关源，罗先觉．电路[M]．5 版．北京：高等教育出版社，2006．

[2] 汪建，王欢．电路原理[M]．2 版．北京：清华大学出版社，2016．

[3] 周庭阳，江濰澄．电路原理[M]．3 版．杭州：浙江大学出版社，2010．

[4] 于歆杰，朱桂萍，陆文娟，等．电路原理[M]．北京：清华大学出版社，2007．

[5] 陈晓平．电路原理[M]．3 版．北京：机械工业出版社，2018．

[6] 闫石，王红．数字电子技术基础[M]．6 版．北京：机械工业出版社，2016．

[7] 华中科技大学电子技术课程组，康华光，秦臻．电子技术基础：数字部分[M]．6 版．北京：高等教育出版社，2014．

[8] 江晓安，周慧鑫，付少锋．数字电子技术[M]．4 版．西安：西安电子科技大学出版社，2015．

[9] 杨颂华，冯毛官，孙万蓉，等．数字电子技术基础[M]．3 版．西安：西安电子科技大学出版社，2016．

[10] 陈龙，盛庆华，黄继业，等．数字电子技术基础[M]．3 版．北京：科学出版社，2019．

[11] 蔡良伟．数字电路与逻辑设计[M]．3 版．西安：西安电子科技大学出版社，2018．

[12] 陈明义，覃爱娜，陈革辉．数字电子技术[M]．北京：中国水利水电出版社，2015．

[13] 陈海宴，游余新，郑玉珍．EDA 技术与应用[M]．北京：机械工业出版社，2012．

[14] 潘松，黄继业，潘明．EDA 技术实用教程-Verilog HDL[M]．5 版．北京：科学出版社，2013．

[15] 李建忠，余新拴，闵永智，等．单片机原理及应用[M]．3 版．西安：西安电子科技大学出版社，2017．

[16] 李朝青，卢晋，王志勇，等．单片机原理及接口技术[M]．5 版．北京：北京航空航天大学出版社，2017．